省级人民政府及主要电网企业大面积停电事件应急预案汇编

《省级人民政府及主要电网企业大面积停电事件应急预案汇编》编写组　编

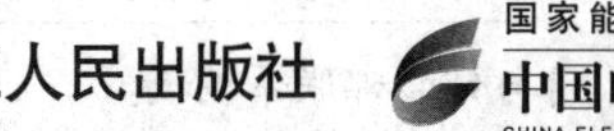

国家能源局主管
中国电力传媒集团
CHINA ELECTRIC POWER MEDIA GROUP

图书在版编目（CIP）数据

省级人民政府及主要电网企业大面积停电事件应急预案汇编 /《省级人民政府及主要电网企业大面积停电事件应急预案汇编》编写组编. —杭州 ：浙江人民出版社，2019.6

ISBN 978-7-213-08832-2

Ⅰ. ①省… Ⅱ. ①省… Ⅲ. ①停电事故-应急对策-中国 Ⅳ. ①TM08

中国版本图书馆CIP数据核字(2018)第151331号

省级人民政府及主要电网企业大面积停电事件应急预案汇编

《省级人民政府及主要电网企业大面积停电事件应急预案汇编》编写组 编

出版发行 浙江人民出版社 中国电力传媒集团

经 销  中电联合(北京)图书有限公司

销售部电话:(010)52238170 52238190

网 址 http://www.cpnn.com.cn/tsyxzx/

责任编辑 潘玉凤

责任校对 陈 春

责任印务 刘彭年

封面设计 王英磊

电脑制版 北京海利得文化发展有限公司

印 刷 廊坊市海翔印刷有限公司

开 本 787毫米×1092毫米 1/16

印 张 46.5

字 数 859千字

版 次 2019年6月第1版

印 次 2019年6月第1次印刷

书 号 ISBN 978-7-213-08832-2

定 价 188.00元

编 制 说 明

本书主要收录了2015年12月26日之后各省级人民政府及主要电网企业陆续印发的大面积停电事件应急预案，以及现行有效的相关配套法律法规、规章制度和标准规范。

本书基于对文件的原文原版进行收录的原则，未对体例做统一修改；在内容编排上力求系统准确、科学精炼，可作为政府有关部门、电力及相关行业的应急工作人员、法律工作者、高等院校师生的重要工具书，还可作为电力安全和电力普法工作者的参考用书。

目　录

各省、自治区、直辖市人民政府及新疆生产建设兵团大面积停电事件应急预案

主要电网企业大面积停电事件应急预案

附录　大面积停电事件应对工作相关法律法规、规章制度和标准规范

各省、自治区、直辖市人民政府及新疆生产建设兵团大面积停电事件应急预案

北京市大面积停电事件应急预案

（2017 年修订）

（京应急委发〔2017〕21 号）

目　　录

1 总则

1.1 编制目的

建立健全北京市大面积停电事件应对工作机制，实现科学、及时、有效应对北京市大面积停电事件，最大程度预防和减少人员伤亡和财产损失，维护首都城市安全和社会稳定。

1.2 编制依据

依据《中华人民共和国突发事件应对法》《中华人民共和国安全生产法》《中华人民共和国电力法》《国家大面积停电事件应急预案》《北京市实施〈中华人民共和国突发事件应对法〉办法》《北京市突发事件总体应急预案》及有关法律法规等，结合本市电力应急工作实际，制定本预案。

1.3 适用范围

本预案适用于北京市行政区域内发生的大面积停电事件应对工作。

本预案所指的大面积停电事件是由于自然灾害、电力安全事故和外力破坏等原因造成北京市电网大量减供负荷，对首都城市安全、社会稳定以及人民群众生产生活构成严重影响和威胁的停电事件。

当北京市发生其他类型突发事件而导致大面积停电时，根据需要参照本预案开展大面积停电事件应对工作。

1.4 工作原则

北京市大面积停电事件应对工作坚持统一领导、综合协调、属地为主、分工负责、重在预防、保障重点、维护稳定、全社会共同参与的原则。

大面积停电事件发生后，有关单位各负其责，落实属地管理和专业处置责任，做好电力突发事件的预防、处置和善后工作，保障城市电力安全运行。

1.5 事件分级

根据国家大面积停电事件分级标准，按照事件严重性和受影响程度，将北京市大面积停电事件由高到低依次分为特别重大、重大、较大和一般 4 个级别，分级标准如下：

1.5.1 特别重大大面积停电事件

北京市电网减供负荷 50%以上，或 60%以上供电用户停电。

1.5.2 重大大面积停电事件

北京市电网减供负荷 20%以上 50%以下，或 30%以上 60%以下供电用户停电。

1.5.3 较大大面积停电事件

北京市电网减供负荷 10%以上 20%以下，或 15%以上 30%以下供电用户停电。

1.5.4 一般大面积停电事件

北京市电网减供负荷5%以上10%以下，或10%以上15%以下供电用户停电。

上述分级标准有关数量的表述中，“以上”含本数，“以下”不含本数。

对于尚未达到一般大面积停电标准，但对社会构成较大影响的其他大面积停电事件，本预案中统称为其他电力突发事件。

1.6 北京市大面积停电事件应急预案体系

北京市大面积停电事件应急预案体系由北京市大面积停电事件应急预案、各区（含重点地区）大面积停电事件应急预案、各电力企业大面积停电应急预案、各重要电力用户停电事件应急预案，以及市相关应急预案构成。

2 组织体系

2.1 市级组织指挥机构

市电力事故应急指挥部是本市大面积停电事件应急工作的领导机构，统一领导、组织和指挥成员单位、事发地区政府和电力企业协同开展大面积停电事件预防、准备和应对工作。总指挥由市政府分管副市长担任，副总指挥由市政府分管副秘书长、市城市管理委主任担任。市电力事故应急指挥部办公室设在市城市管理委，办公室主任由市城市管理委主任担任，办公室副主任由市城市管理委分管副主任和国网北京市电力公司主管副总经理担任。

当发生一般、较大大面积停电事件时，市电力事故应急指挥部启动应急响应，在市电力应急指挥中心启动联合办公机制，组织抽调各工作组牵头单位和成员单位参与应对工作。

当发生重大、特别重大大面积停电事件时，在上述工作基础上，启动市应急委决策机制，成立市大面积停电事件总指挥部。总指挥由市长担任，负责市大面积停电事件总指挥部的领导工作，对重大问题进行决策。执行总指挥由分管市领导担任，负责协调指挥相关部门对大面积停电事件进行应急处置。

对于其他电力突发事件，由事发地区政府负责指挥协调处置工作。发生在轨道交通、铁路、民航、核等领域或重点地区，由市相关专项应急指挥部办公室或相关部门负责指挥协调处置工作。市电力事故应急指挥部办公室协助做好指导与协调工作。

2.2 现场指挥机构

大面积停电事件发生后，根据应急处置工作需要成立现场指挥部，任命现场总指挥和执行总指挥。现场总指挥负责应急处置的决策和协调工作，现场执行总指挥负责事件的具体指挥和处置工作。现场指挥部设立综合协调组、电力恢复组、交通保障组、治安保障组、通信保障组、综合保障组、新闻发布组、专家顾问组等，各工作组组成及职责分工如下：

（1）综合协调组

由市城市管理委牵头，成员单位包括：国网华北分部、国网冀北电力有限公司、国网北京市电力公司、在京发电企业、事发地区政府等。

主要职责：协调电力企业开展应急处置工作；负责向各工作组传达事故处置进展情况；根据事故情况及时调拨应急发电车及调运应急物资；负责电力突发事件处置过程中信息收集、汇总、上报、续报工作；按照有关规定完成事故调查等。

（2）电力恢复组

由市城市管理委牵头，成员单位包括：华北能源监管局、市水务局、国网华北分部、国网冀北电力有限公司、国网北京市电力公司、在京发电企业、事发地区政府等。

主要职责：开展大面积停电事件抢险救援、抢修恢复工作，研究大面积停电应急处置方案与重大决策建议；负责国网新源控股有限公司北京十三陵蓄能电厂应急补水方案的落实和实施，组织协调相关企业做好电力突发事件紧急状况下的供水和污水处理等工作；负责重要电力用户、重点区域的临时供电保证工作；组织力量积极参加社会应急救援；根据大面积停电事件可能造成的次生、衍生灾害，向市应急办、国家电网公司有关职能部门提出联动请求，共同开展大面积停电事件处置。

（3）交通保障组

由市交通委牵头，成员单位包括：市公安局交管局、事发地区政府等。

主要职责：负责组织现场的交通管制，保障应急处置过程中人员、车辆和物资装备的应急通道需要；组织事故可能危及区域有关人员的交通保障、紧急疏散等工作。

（4）治安保障组

由市公安局牵头，成员单位包括：事发地区政府、事发单位等。

主要职责：负责事故现场控制、警戒与保护；加大社会面检查、巡逻、控制力度，维护社会公共秩序，及时疏导、化解矛盾和冲突；对特定区域内的建筑物、设备、设施以及燃料、燃气、电力、水的供应进行管制；加强对易受冲击的核心机关和单位、重要场所部位的安全保卫。

（5）通信保障组

由市经济信息化委、市通信管理局牵头，成员单位包括：事发地区政府、有关电信运营企业等。

主要职责：负责为应急指挥提供通信保障，确保应急期间通信联络和信息传递畅通；保障本市有线电子政务网络、800 兆无线政务网的通信恢复工作，并负责公众通信网的通信恢复工作。

（6）综合保障组

由事发地区政府牵头，成员单位包括：市发展改革委、市民政局、市财政局、市商务委、市国资委、市规划国土委、市住房城乡建设委、市城市管理委、市卫生计生委、市安全监管局、市公安局消防局、市环保局、市园林绿化局、市地震局、市气象局、北京铁路局、中国民用航空华北地区管理局等。

主要职责：负责组织协调电力突发事件中热力、燃气设施及地下管线的抢险工作，协调做好供热、供气工作；负责组织协调生活必需品及部分应急物资的储备、供应和调拨工作；保障受灾群众的基本生活，做好铁路、机场受困人员的疏散转移安置工作；负责组织对电力突发事件致伤人员开展医疗救治工作；负责生产安全事故的预防与处置工作；负责大面积停电背景下的消防安全保障与救援工作；协调组织设立现场指挥部办公场所，为现场抢险救援工作人员提供生活后勤保障，安置事故伤亡人员家属。

（7）新闻发布组

由市委宣传部牵头，成员单位包括：市城市管理委、市网信办、市政府新闻办、事发地区政府、国网北京市电力公司、事发单位。

主要职责：组织大面积停电事件的信息发布，及时准确发布事件信息，主动与媒体沟通，做好宣传报道，加强舆情收集分析，正确引导国内外舆论；适时组织安排境外新闻媒体进行采访报道。

（8）专家顾问组

由市电力事故应急指挥部办公室负责组建和联系，成员由电力、气象、地质、水文、应急等领域相关专家组成。

主要职责：为本市电力系统安全规划和防灾减灾应急系统建设提供专家意见；为本市电力突发事件的预警和处置提供决策咨询；根据事故现场情况，对事故进行分析判断和事态评估，参与制定应急抢险方案，为现场指挥部提供决策咨询。

当其他电力突发事件发生后，由事发地区政府或相关部门根据需要设置现场指挥部。

2.3　电力企业

本预案所指的电力企业包括本市范围内的电网企业和发电企业。电力企业应建立健全应急指挥机构，积极开展大面积停电事件的预防与应对工作。

电网企业包括国网华北分部、国网冀北电力有限公司、国网北京市电力公司。

电网企业及时分析、上报预警信息及事态进展，开展事故处置和电力恢复工作，协调周边省市有关电网企业配合开展抢修工作。

本市范围内的各发电企业接受国网华北分部、国网北京市电力公司的统一调度，收集上报燃料短缺等预警信息，开展发电机组设备故障停机的抢修恢复等工作。

2.4 重要电力用户

重要电力用户应制定本单位的停电事件应急预案，并按有关规定备案。结合自身重要等级，根据《重要电力用户供电电源及自备应急电源配置技术规范》（GB/Z 29328—2012）自备应急电源。落实停电事件的预防和准备措施，制定本单位的事故抢险和应急处置措施，防止发生次生、衍生灾害。严格执行需求侧负荷控制措施。

2.5 专家组

市电力事故应急指挥部设置专家顾问组，由市电力事故应急指挥部办公室负责组建、更新专家库信息，成员由电力、气象、地质、水文和应急等领域相关专家组成，为预防大面积停电事件的发生和快速、有效处置大面积停电事件，减少后续影响提供专业化的技术咨询和建议。

3 风险分析与危害程度分析

3.1 风险分析

（1）北京及华北地区发生的地震、雨雪冰冻、洪涝、滑坡、泥石流等各类自然灾害，将可能造成电网设施设备大范围损毁，从而引发大面积停电。

（2）北京市作为华北电网末端受电地区，外受电比例高，来电输送通道集中、距离远，电网安全控制难度大，重要发电、输电、变电设备和自动化系统故障，均可能引发大面积停电。

（3）违法违规施工、非法侵入、火灾爆炸、吊车碰线、电力设施偷盗、暴恐袭击等外力破坏或社会安全事件造成电网设施损毁、电力监控系统遭受网络攻击，均可能引发大面积停电。

（4）因燃气等能源短缺造成发电企业的发电出力大规模减少，可能引发大面积停电。

3.2 危害程度分析

大面积停电事件会对国计民生造成巨大影响，可能导致交通与通信瘫痪，水、气、油等供应中断，严重影响公众生活和社会运转，甚至对国家安全造成重大威胁。

（1）导致国家和本市重要机关团体、企事业单位电力中断，影响社会稳定和国家安全，甚至造成重大国际影响。

（2）导致本市交通系统瘫痪，城市轨道交通指挥系统、城市交通监控系统、铁路调度系统、高速公路收费系统、机场运行系统等无法正常运转。

（3）导致本市政务、公网通信枢纽电力中断，大部分基站停电，大部分政务网络和公用通信网络中断。

（4）水、热、气等城市生命线工程停止运行，相关水厂泵站、热电站、燃气加压站、压缩天然气供应站停止运行，排水、排污系统瘫痪。

（5）大型商场、广场、影剧院、住宅小区、医院、学校、大型写字楼、大型游乐场等高密度人口聚集点的电力中断，容易引发群众恐慌，影响社会秩序。城市高层建筑电梯停止运行，大量被困人员等待救援。

（6）导致危险化学品生产运营单位、核生化实验室等高危场所的电力中断，易引发生产安全事故及次生、衍生灾害。

（7）长时间的停电易导致物资供应囤积居奇、供不应求，商场、超市可能发生抢购基本生活必需品的现象。冷库内存储的食物出现变质、腐烂等。

（8）医院手术室、重要医疗仪器停止作业，需冷藏药品无法储藏，医院结算与医保系统无法正常使用，进而引发就医秩序混乱。

（9）公安、消防等公共安全保障机构电力中断，指挥、调度受到严重影响，容易导致社会恐慌。

4 监测预警

4.1 监测

北京地区各电力企业负责重要电力设施设备运行、电力供需平衡、相关电厂运行以及发电燃料供应情况的监测。各电力企业在市电力事故应急指挥部协调下建立与气象、水务、园林绿化、地震、公安、交通、规划国土、经济信息化等部门的信息共享机制，及时汇总、分析各类情况对电力运行可能造成的影响，预估可能影响的范围和程度，提出相应预警建议并报市电力事故应急指挥部办公室。

4.2 预警

4.2.1 市电力事故应急指挥部办公室负责大面积停电事件预警工作，建立健全大面积停电事件预警制度。

4.2.2 预警分级

根据可能发生大面积停电事件的紧急程度、发展态势和可能造成的危害程度，将大面积停电事件预警级别由低到高依次分为四级、三级、二级和一级，分别用蓝色、黄色、橙色和红色标示。

4.2.3 预警信息发布

（1）电力企业

电力企业研判可能发生大面积停电事件时，第一时间向市电力事故应急指挥部办公室、华北能源监管局提出预警信息发布建议，内容包括事件类别、预警级别、可能影响范围、预防措施和发布范围等，并通报相关电网、发电企业和可能波及的重要电力用户。

（2）市电力事故应急指挥部办公室接电力企业预警信息发布建议后，经综合分析研判，确定预警级别。

蓝色预警（四级）由属地区政府或电力企业负责发布和解除。

黄色预警（三级）由市电力事故应急指挥部办公室负责发布和解除，并报市应急办备案，同时通知指挥部成员单位。

橙色预警（二级）由市电力事故应急指挥部办公室报请总指挥批准后，负责发布和解除，并报市应急办备案，同时通知指挥部成员单位。

红色预警（一级）由市电力事故应急指挥部办公室向市应急办提出预警建议，经市应急委主任批准后，由市应急办或授权市电力应急指挥部办公室负责发布和解除，并由市电力事故应急指挥部办公室通知指挥部成员单位。市应急办和市电力事故应急指挥部办公室应按相关规定和程序分别报国务院应急办和国家能源局。

（3）预警信息发布内容包括：起始时间、事件类别、预警级别及符号、可能影响范围、预防措施、发布范围和发布机关等。

（4）预警信息的发布、调整和解除可通过广播、电视、报刊、互联网、微博微信、手机短信、特定区域应急短信、警报器、宣传车或组织人员逐户通知等方式进行，对老幼病残孕等特殊人群以及学校等特殊场所和警报盲区应当采取有针对性的公告方式。

4.2.4 预警行动

预警信息发布后，相关主体视情况采取下列措施：

1．蓝色预警响应

（1）相关属地区政府和电力企业实行领导带班，并确保通信联络畅通。

（2）相关电力企业组织分析研判，及时收集信息，随时进行分析评估，预测事件发生可能性的大小、影响范围和强度，采取有效措施预防突发事件发生。

（3）电力企业组织应急救援队伍进入待命状态，并调集应急所需物资和设备，做好应急准备工作。

（4）根据电力公司的需要，相关属地区政府启动应急联动机制，组织有关部门和单位做好应急准备工作。

（5）停电可能涉及的重要电力用户启动本单位的停电预案，做好自救互救准备工作。根据需要，接受业务主管部门的统一调度和指挥。

2．黄色预警响应

在蓝色预警响应的基础上，采取下列措施：

（1）电力企业做好抢险的各项准备工作，采取有序用电等有效措施预防突发事件发生。通知可能受到供电影响的用户做好采取应急措施的准备。对重点部位、重点地区的线路加强巡查，调集应急装备物资，确保可以正常使用。抢修救援人员在固定地点待命，确保能够及时开展应急处置。

（2）市电力事故应急指挥部办公室组织各成员单位做好应急准备工作，及时向副总指挥报告有关情况，并上报市应急办。

（3）指挥部各成员单位密切关注电力发展态势，做好应急准备工作，各成员单位实行局级领导带班。有关部门、专业机构、监测网点和负有特定职责的人员加强监测预警、预报工作，做好维持公共秩序、供水供气供热、商品供应、交通物流等方面的应急准备工作。

（4）新闻单位和各成员单位宣传部门加强宣传，号召机关团体、企事业单位及广大市民节约用电。加强相关舆情监控，主动回应社会公众关注的热点问题，及时澄清谣言传言，做好舆论引导工作。

3．橙色预警响应

在黄色预警响应的基础上，采取下列措施：

（1）电网企业严密监视电网运行情况，分析事故可能发生的地点，采取有序用电、紧急拉路等有效措施预防突发事件发生。合理调度应急抢修队伍和救援装备物资，做好第一时间开展应急处置的准备工作。

（2）市电力事故应急指挥部办公室及时向总指挥报告有关情况。市电力事故应急指挥部责令有关成员单位的应急救援队伍、负有特定职责的人员进入待命状态，并动员后备人员做好参加应急救援和处置工作的准备。

（3）各成员单位局级领导在单位带班，主动配合电网企业督促所辖区域内用户落实应急用电措施；调集应急救援所需物资、设备、工具，准备应急设施，并确保其处于良好状态、随时可以投入正常使用；加强对重点单位、重要部位和重要基础设施的保电工作；采取必要措施，确保交通、通信、供水、排水、供电、供气、供热等公共设施的安全和正常运行。

（4）新闻单位和各成员单位宣传部门进一步加强节电宣传与舆情监控，主动对电力形势和工作情况进行报道，及时向社会发布避免或者减轻危害的特定措施。

4．红色预警响应

在橙色预警响应的基础上，采取下列措施：

（1）各级政府、各部门、各单位高度关注电力态势，动员各种力量全力以赴落实各项应对措施。

（2）市电力事故应急指挥部上报国家能源局，请求国家有关部门与周边地区支持。

（3）根据需要，启动市应急委决策机制。

4.2.5　预警的调整与解除

市电力事故应急指挥部办公室可依据事态进展和专家顾问组提出的预警建议，按照预警发布权限及时调整预警级别，并将调整结果及时通报各成员单位。

根据事态发展，经判断不可能发生大面积停电事件或者大面积停电风险已经消除时，按照“谁发布、谁解除”的原则，由发布单位按程序宣布解除预警，适时终止相关措施。

5　应急响应

5.1　信息报告

5.1.1　获悉电力突发事件信息的公民、法人或其他任何单位、组织，应立即拨打国家电网 95598 服务热线或向所在地人民政府、有关主管部门报告。

5.1.2　电力突发事件发生后，国网北京市电力公司会同国网华北分部组织核实、研判、会商是否构成大面积停电事件。同时，受影响的重要电力用户应将影响情况告知国网北京市电力公司。

如达到大面积停电事件分级标准，国网北京市电力公司立即向市电力事故应急指挥部办公室、事发地区政府、华北能源监管局及电力企业上级单位报告。

如未达到大面积停电事件分级标准，但对社会构成较大影响，国网北京市电力公司应立即向事发地区政府报告，并同时报市电力事故应急指挥部办公室。

报告内容包括：事发时间、停电范围、减供负荷、事件级别、先期处置情况、事态发展趋势等。

5.1.3　市电力事故应急指挥部办公室接大面积停电事件报告后，应立即进行核实，组织专家会同电力企业对大面积停电事件的性质、类别、事件等级进行研判。

当初判为一般或较大大面积停电事件后，市电力事故应急指挥部办公室立即将有关情况向总指挥与市应急办报告，并同时通知各成员单位。详细信息最迟不得晚于事件发生后 2 小时报送。

当初判为重大或特别重大大面积停电事件后，在前述报告基础上，由市应急办和市电力事故应急指挥部办公室按相关规定和程序分别报国务院应急办和国家能源局。

5.1.4 当发生大面积停电事件时，各现场指挥部、电力企业应每 30 分钟向市电力事故应急指挥部续报本地区和本行业的事态发展和处置情况。

5.1.5 针对其他电力突发事件，由区政府或电力企业开展应急处置工作，向市电力事故应急指挥部办公室报告。市电力事故应急指挥部办公室密切关注电力形势，必要时应协助事发地区政府和电力企业做好应急处置工作。

5.1.6 发生在特殊时期、重点地区的停电事件不受分级条件限制，事发地区政府、电力企业等相关单位应立即报告市电力事故应急指挥部办公室。

5.2 响应分级

根据电力突发事件的紧急程度、发展态势和可能造成的危害程度，将响应级别由低到高依次分为Ⅳ级、Ⅲ级、Ⅱ级和Ⅰ级。

5.2.1 Ⅳ级应急响应

其他电力突发事件发生后，事发地区政府与电力企业是应急处置主体，并启动Ⅳ级应急响应。市电力事故应急指挥部办公室对事发地区政府或电力企业的应急处置给予指导和协调。

5.2.2 Ⅲ级应急响应

（1）发生一般大面积停电事件后，市电力事故应急指挥部宣布启动Ⅲ级应急响应，并上报市应急办。

（2）在市电力事故应急指挥部的统一领导下，事发地区政府、指挥部成员单位按照本预案的职责分工，开展相应的停电应急处置工作。

（3）市电力事故应急指挥部办公室副主任赶赴国网北京市电力公司进行指挥协调，必要情况下，由副总指挥赶赴国网北京市电力公司进行指挥协调。市电力事故应急指挥部委派相关负责同志、专家赶赴事故现场，成立现场指挥部，负责现场的协调与处置工作。

（4）处置过程中，在市电力事故应急指挥部统一领导下，各现场指挥部、电力企业等应急处置主体之间保持联络畅通。

5.2.3 Ⅱ级应急响应

（1）发生较大大面积停电事件后，市电力事故应急指挥部宣布启动Ⅱ级应急响应，并上报市应急办。

（2）在市电力事故应急指挥部的统一领导下，事发地区政府、指挥部成员单位按照本预案的职责分工，开展相应的停电应急处置工作。

（3）市电力事故应急指挥部副总指挥赶赴国网北京市电力公司进行指挥协

调，必要情况下，由总指挥赶赴国网北京市电力公司进行指挥协调。市电力事故应急指挥部委派相关负责同志、专家赶赴事故现场，成立现场指挥部，负责现场的协调与处置工作。

（4）处置过程中，在市电力事故应急指挥部统一领导下，各现场指挥部、电力企业等应急处置主体之间保持联络畅通。

5.2.4　Ⅰ级应急响应

（1）发生特别重大或重大大面积停电事件后，市电力事故应急指挥部要立即向市应急办报告，启动Ⅰ级应急响应，由市应急委负责统一指挥应急处置工作。

（2）在市应急委统一领导下，成立市大面积停电事件总指挥部。事发地区政府以及其他有特定职责的单位和队伍、相关成员单位在市大面积停电事件总指挥部的领导下，开展相应的停电应急处置工作。

（3）市大面积停电事件总指挥部总指挥在市应急指挥中心或赶赴国网北京市电力公司进行指挥协调。市大面积停电事件总指挥部委派相关负责同志、专家赶赴现场或国网北京市电力公司，成立现场指挥部，负责现场的协调与处置工作。

（4）处置过程中，在市大面积停电事件总指挥部的统一领导下，各专项应急指挥部、现场指挥部、电力企业等应急处置主体之间保持联络畅通。

5.3　响应措施

大面积停电事件发生后，相关电力企业和重要电力用户要开展先期处置，全力控制事件发展态势，减少损失。市电力事故应急指挥部及其成员单位、电力企业、重要电力用户根据事态需要，采取以下措施：

5.3.1　组织态势评估

市电力事故应急指挥部及时组织专家对大面积停电事件影响范围、影响程度、发展趋势及恢复进度进行评估，为进一步做好应对工作提供决策依据。

5.3.2　抢修电网并恢复运行

电力调度机构合理安排运行方式，控制停电范围。尽快恢复重要输变电设备、电力主干网架运行。在条件具备时，优先恢复重要电力用户和重点地区的电力供应。

电网企业迅速组织力量抢修受损电网设备设施，根据市电力事故应急指挥部要求，向重要电力用户及重要设施提供必要的电力支援。

发电企业保证设备安全，抢修受损设备，做好发电机组并网运行准备，按照电力调度指令恢复运行。

5.3.3　交通运输保障

交通部门和公安交管部门保障发电燃料、抢险救援物资、必要生活物资的运输和应急通行。交通部门加强路网监测，公安交管部门加强停电地区道路交通指挥和疏导，缓解交通拥堵。

5.3.4 通信保障

通信管理部门负责组织、协调电信运营企业为应急指挥与处置提供应急通信保障。必要时，向市电力事故应急指挥部申请提供应急供电。

5.3.5 社会治安保障

公安部门加强对重要电力设施的治安巡逻。加强对事关国计民生、国家安全和公共安全的重点单位的安全保卫工作，严密防范和严厉打击违法犯罪活动。加强对停电区域内繁华街区、大型居民区、大型商场、学校、医院、金融机构、机场、城市轨道交通、车站及其他重要生产经营场所等重点地区、重点部位、人员密集场所的治安巡逻，及时疏散人员，解救被困人员，防范治安事件。

5.3.6 公众生活保障

水务部门迅速启用应急供水措施，保障居民用水需求。城市管理部门统筹安排燃气供应和采暖期内居民生活热力供应。卫生部门立即组织开展相应应急医疗救治工作。民政部门配合事发地区政府做好受灾群众转移安置工作。发展改革部门负责市场物资供应价格的监控与查处。公安部门负责严厉打击造谣惑众、囤积居奇、哄抬物价等各种违法行为。商务部门负责受灾群众所需食物、水等基本生活物资的调拨与供应，保证停电期间居民基本生活。电网企业为临时安置点提供应急保电、供电服务。

5.3.7 防范次生衍生事故

重要电力用户按照有关技术要求迅速启动自备应急电源，执行有限动力条件下的核心业务运转方案，对重大危险源、重要目标、重大关键基础设施采取有效防范措施，防止停电事件可能造成的重大社会影响、重大财产损失和人员伤亡事故。公安、消防部门负责指导相关单位开展事故预防与救援，解救遇困人员。

5.3.8 信息发布

由市委宣传部牵头，市政府新闻办、市网信办和事件处置主责部门、属地区应急委负责收集、整理网络等舆情信息，及时向社会发布停电相关信息和应对工作情况，提示相关注意事项和安保措施。加强舆情收集分析，及时回应社会关切，澄清不实消息，正确引导社会舆论，稳定公众情绪。

对于可能产生国际影响的电力突发事件，对外信息发布和新闻报道工作应由市电力事故应急指挥部办公室会同市委宣传部、市政府新闻办、市政府外办等部门共同组织，各新闻媒体要严格遵守突发事件新闻报道的有关规定。

重大、特别重大大面积停电事件发生后，应最迟在5小时内发布权威信息，在24小时内举行新闻发布会，并持续发布权威信息。

对于其他电力突发事件，由事发地区政府报请市委宣传部并组织发布相关信息。

5.4 扩大响应

当大面积停电事件造成的危害程度十分严重，超出本市自身控制能力，需要国家或其他省市提供援助和支持时，依据《北京市突发事件总体应急预案》，市应急委应提请市委、市政府将情况立即上报党中央、国务院，请其统一协调、调动各方面应急资源和武装力量共同参与事件处置工作。

当《国家大面积停电事件应急预案》启动时，市相关部门、有关单位要在国家相关应急指挥机构的统一指挥下配合做好各项应急处置工作。

5.5 响应终止

5.5.1 在满足以下条件时，由启动应急响应的部门宣布终止应急响应。

（1）电网主干网架基本恢复正常，电网恢复正常运行方式，电网运行参数保持在稳定限额之内，主要发电厂机组运行稳定。

（2）停电负荷恢复90%以上。

（3）造成停电事件的隐患基本消除。

（4）停电事件造成的重特大次生衍生事故基本处置完成。

5.5.2 应急响应的结束，按照“谁启动，谁解除”的原则，由启动单位按程序宣布终止应急响应。

5.5.3 市电力事故应急指挥部、事发地区政府、电力企业按照责任分工及时将解除应急状态的信息通知相关单位，必要时通过新闻媒体向社会发布。

6 后期处置

6.1 善后处置

应急响应结束后，在市委、市政府、市应急委统一领导下，组织制订善后工作方案，停电涉及的事发地区政府和有关部门、单位要做好善后处置工作，相关保险机构要及时开展相关理赔工作，最大限度降低大面积停电事件的影响。

6.2 总结评估

大面积停电事件应急响应终止后，市电力事故应急指挥部办公室会同相关单位和事发地区政府及时对事件处置工作进行评估，分析事故原因，总结经验教训，提出改进措施，形成处置评估报告。

6.3 恢复重建

大面积停电事件应急响应终止后，在市委、市政府、市应急委统一领导下，市电力事故应急指挥部办公室会同相关单位和事发地区政府及时制订恢复重建计划。相关电力企业和事发地区政府应当按照规划做好受损电力系统恢复重建工作。

6.4 事故调查

大面积停电事件应急响应终止后，依据《生产安全事故报告和调查处理条例》《电力安全事故应急处置和调查处理条例》等有关法律、法规和规定，成立调查组，查明事件原因、性质、影响范围、经济损失等情况，提出防范、整改措施和处理建议。

7 应急保障

7.1 队伍保障

（1）电力企业应建立健全电力专业抢修救援队伍，并组建市级专业应急队伍，通过开展综合、专项演练等手段，提高相关人员的应急处置能力，保证电力突发事件的快速有效处置。

（2）各相关单位和属地区政府结合本单位职责，组建本系统专业应急队伍，负责本地区、本系统的抢险和跨地区、跨部门的救援工作。

（3）各相关单位、部门和属地区政府把应急志愿者服务纳入本市应急管理体系；应建立健全社会动员工作机制，对社区和应急志愿者队伍在技术装备、培训、应急演练等方面给予支持，帮助提高应急志愿者参与处置电力突发事件的基本技能。

7.2 应急联动

（1）交通、通信、供水、供电、供油及教育、医疗卫生等重要部门要建立部门间应急联动机制，并积极协调、推动相关重点企业之间建立应急联动机制。

（2）应急联动机制主要包括应急联络对接机制、重点目标保障机制、应急信息共享机制、应急处置联动机制、应急预案衔接机制、应急演练协调机制等。

（3）发生大面积停电事件，相关重点企业按照应急联动机制及时启动应急响应。必要时，报请市电力事故应急指挥部协调解决。

（4）建立健全及时有效的京津冀大面积停电应急联动机制，加强与当地政府、电力企业间的沟通协调，密切配合，稳妥处置各类电力突发事件。

7.3 装备物资保障

（1）电力企业应配备必要的应急抢险装备，以满足紧急供电和现场快速处置需要，建立和完善相应保障体系。

（2）各有关部门要加强应急救援装备物资及生产生活物资的紧急生产、储备调拨和紧急配送工作，保障支援大面积停电事件应对工作需要。鼓励支持社会化储备。

（3）重点地区及重要电力用户应合理配置自备应急电源、紧急照明等装置，保障在应急状态下本系统的有序运转。

7.4 通信、交通与运输保障

（1）各级政府及通信主管部门要建立健全大面积停电事件应急通信保障体

系，形成可靠的通信保障能力，确保应急期间通信联络和信息传递畅通。

（2）交通部门要健全紧急运输保障体系，保障应急响应所需人员、物资、装备、器材等的运输。

（3）公安交管部门要加强交通应急管理，保障应急救援车辆优先通行。

7.5　技术保障

（1）市规划国土委、市水务局、市气象局、市地震局、市园林绿化局等部门要提供相关灾害预警信息，为电力日常监测预警及电力应急抢险提供必要的水文、地质、气象等技术支撑服务。

（2）电力企业要加强大面积停电事件先进监测技术、装备的研发，加强应急信息化平台建设。

（3）市电力事故应急指挥部办公室依托国网华北分部、国网冀北电力有限公司和国网北京市电力公司现有指挥技术系统，建立健全电力应急指挥技术支撑体系。

7.6　应急电源保障

（1）电力企业应配备适量的应急发电装备，提升电力系统抗灾与恢复能力，扩建、新建具备大面积停电后能够自恢复供电功能的电厂电源，优化多条“黑启动”路径。

（2）重要电力用户应按照国家有关技术要求自备应急电源，并加强维护和管理，确保应急状态下能够投入运行。

7.7　资金保障

（1）市电力事故应急指挥部相关成员单位应在年度部门预算中安排电力突发事件预防与应急准备、监测与预警、事故处置等工作经费。

（2）大面积停电事件发生后，根据实际情况调整部门预算结构，集中财力应对突发事件。

（3）突发事件发生后，当部门预算经费不能满足需要时，经市政府批准后启动应对突发事件专项准备资金，必要时动用公共财政应急储备资金。

7.8　宣教培训与应急演练

（1）市电力事故应急指挥部办公室负责开展大面积停电事件的相关宣传教育工作，重点宣传大面积停电状态下公众自救、互救的知识，提高全社会应对大面积停电事件的能力。

（2）市电力事故应急指挥部办公室负责组织指挥部成员单位开展本预案和电力应急相关知识培训。相关单位和各区政府要负责组织本单位、本地区应对大面积停电事件的培训工作。各电力企业和重要电力用户负责组织本企业、本单位从业人员的安全知识、安全技能、应急救援工作培训，提高专业应急处置的水平。

（3）市电力事故应急指挥部办公室会同相关单位，定期组织全市综合性或专业性的大面积停电事件应急演练。各区政府定期组织本行政区域内综合性或专业性的大面积停电事件应急演练。电力企业和重要电力用户定期组织开展本企业、本单位专业性的大面积停电事件应急演练。

8　预案管理

8.1　预案制定

本预案由北京市人民政府负责制定，由市应急办会同市电力事故应急指挥部办公室负责解释。

各区政府及相关成员单位、各电力企业应依据本预案，结合自身实际，制定相应的应急预案，并报市电力事故应急指挥部办公室备案。

8.2　预案修订

随着相关法律法规的制定、修改和完善，有关情况发生变化，以及应急处置过程和应急演练中发现的问题，适时对本预案进行修订。

8.3　预案实施

本预案自印发之日起实施。原《北京地区电力突发事件应急预案》（京应急委发〔2014〕8号）同时废止。

9　附件

1．北京市大面积停电事件应急预案体系框架图

2．市电力事故应急指挥部组成及工作职责

3．专家顾问组成员及联系方式　（略）

4．大面积停电事件对城市运行系统的影响

5．市大面积停电事件预警分级标准

6．市大面积停电事件预警信息发布流程

7．市大面积停电事件信息报送流程

8．《电力突发事件情况快报》（样式）

9．《电网运行情况简报》（样式）

10．响应分级及其组织指挥机构

11．名词和专业术语说明

12．指挥部成员单位联络表（略）

附件 1

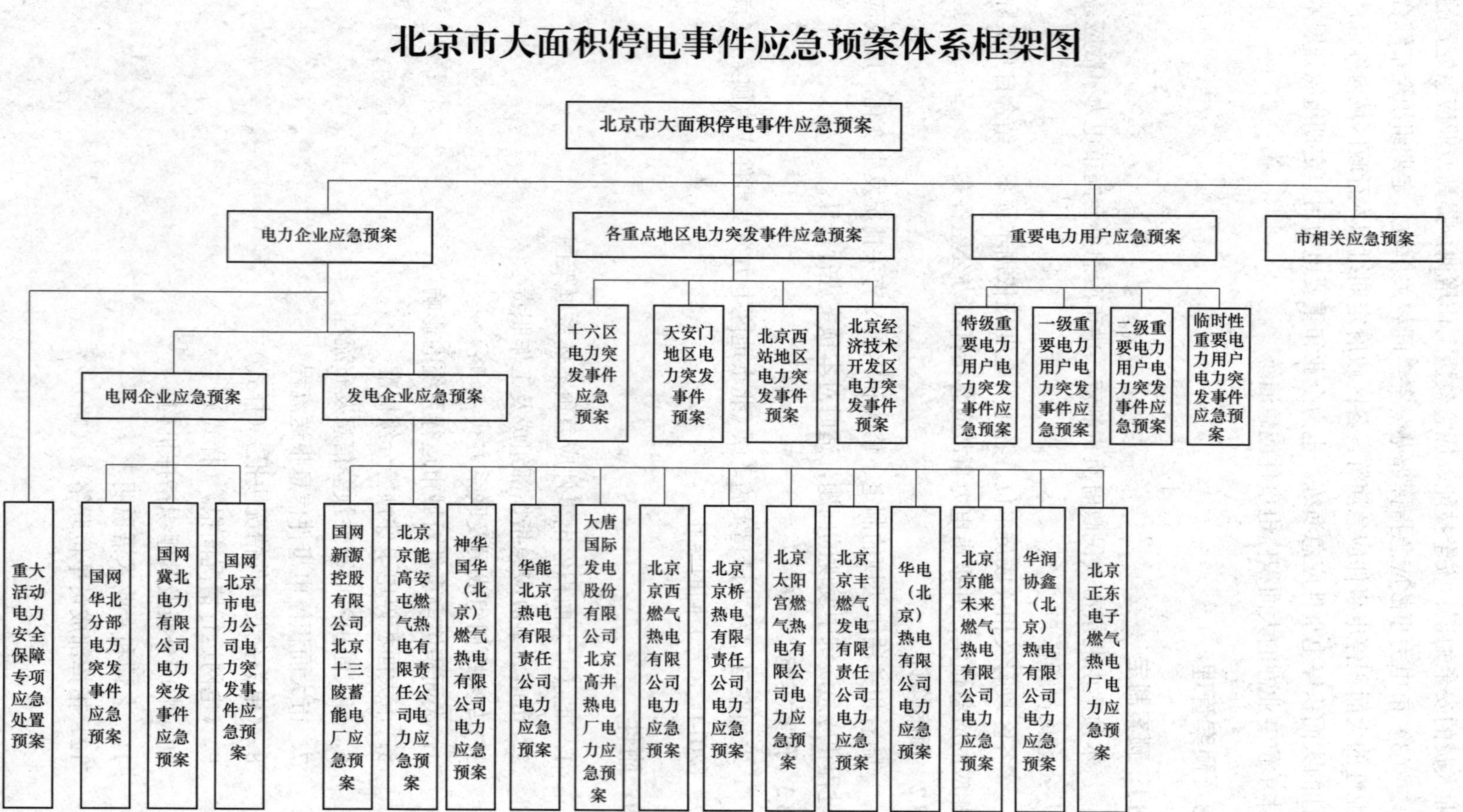
北京市大面积停电事件应急预案体系框架图
北京市大面积停电事件应急预案
电力企业应急预案
各重点地区电力突发事件应急预案
重要电力用户应急预案
市相关应急预案
十六区电力突发事件应急预案
天安门地区电力突发事件预案
北京西站地区电力突发事件预案
北京经济技术开发区电力突发事件预案
特级重要电力用户电力突发事件应急预案
一级重要电力用户电力突发事件应急预案
二级重要电力用户电力突发事件应急预案
临时性重要电力用户电力突发事件应急预案
电网企业应急预案
发电企业应急预案
重大活动电力安全保障专项应急处置预案
国网华北分部电力突发事件应急预案
国网冀北电力有限公司电力突发事件应急预案
国网北京市电力公司电力突发事件应急预案
国网新源控股有限公司北京十三陵蓄能电厂应急预案
北京京能高安屯燃气热电有限责任公司电力应急预案
神华国华（北京）燃气热电有限公司电力应急预案
华能北京热电有限责任公司电力应急预案
大唐国际发电股份有限公司北京高井热电厂电力应急预案
北京京西燃气热电有限公司电力应急预案
北京京桥热电有限责任公司电力应急预案
北京太阳宫燃气热电有限公司电力应急预案
北京京丰燃气发电有限责任公司电力应急预案
华电（北京）热电有限公司电力应急预案
北京京能未来燃气热电有限公司电力应急预案
华润协鑫（北京）热电有限公司电力应急预案
北京正东电子燃气热电厂电力应急预案

附件 2

市电力事故应急指挥部组成及工作职责

一、指挥机构及其职责

市电力事故应急指挥部在市应急委领导下，按照“统一指挥、分级负责、专业处置”的原则，负责本市行政区域内因电力生产事故、电力设施破坏、自然灾害、电力供应持续危机等引起的对首都安全、社会稳定，以及人民群众生产生活构成影响或威胁的电力突发事件的应急处置工作，其主要职责是：

（1）贯彻落实《中华人民共和国突发事件应对法》及《北京市实施〈中华人民共和国突发事件应对法〉办法》等法律法规；

（2）研究制定本市应对电力突发事件政策措施和指导意见；

（3）负责具体指挥本市大面积停电事件Ⅱ级和Ⅲ级响应的应急处置工作，协助各区和电力企业做好其他电力突发事件响应的应急处置工作；

（4）分析总结本市电力突发事件应对工作，制定工作规划和年度工作计划；

（5）负责指导本市电力应急救援队伍的建设管理以及应急物资的储备保障等工作；

（6）承办市应急委交办的其他事项。

二、办事机构及其职责

市电力事故应急指挥部办公室为市电力事故应急指挥部常设办事机构，设在市城市管理委，具体承担本市电力突发事件应对工作的规划、组织、协调、指导、检查职责。主要职责是：

（1）组织落实市电力事故应急指挥部决定，协调和调动成员单位应对电力突发事件相关工作；

（2）承担市电力事故应急指挥部应急值守工作；

（3）收集、分析工作信息，及时上报重要信息；

（4）负责本市电力突发事件风险评估控制、隐患排查整改工作；

（5）负责大面积停电事件预警信息研判和预警信息报告，负责预警分级研判，并发布（或协助发布）黄色、橙色和红色预警信息；

（6）指导各区电力应急指挥机构开展电力应急管理工作，监督检查有关单位电力应急工作的准备和执行情况；

（7）配合有关部门开展新闻发布工作；

（8）组织拟订（修订）与市电力事故应急指挥部职能相关的专项、部门应急预案，指导各区制定（修订）区级电力突发事件专项、部门应急预案，督促有关单位制定本系统电力突发事件应急预案；

（9）负责本市应对电力突发事件的宣传教育与培训，组织本市电力突发事件应急演练；

（10）建立健全电力应急工作信息联络网，负责本市电力应急指挥系统的建设与管理工作；

（11）负责市电力事故应急指挥部专家顾问组的联系等工作；

（12）承担市电力事故应急指挥部的日常工作。

三、成员单位及其职责

各成员单位在承担市电力事故应急指挥部下达的任务，做好组织实施工作的基础上，具体分工和职责如下：

（1）市城市管理委：承担市电力事故应急指挥部办公室常设办事机构职能，根据市电力事故应急指挥部的决定，负责组织、协调、指导、检查本市大面积停电事件的预防和应对工作。负责组织协调大面积停电事件中热力、燃气设施及地下管线的抢险工作，做好供热、供气的紧急协调工作。

（2）市发展改革委：开展居民生活必需品价格巡查，必要时，采取价格应急干预措施。

（3）市经济信息化委：负责组织、协调相关单位保障本市有线电子政务网络、800兆无线政务网通信畅通，为大面积停电事件的指挥和应对提供应急通信支持。

（4）市公安局：负责大面积停电事件的现场控制、疏散救助、秩序维护，开展消防、反恐等工作。

（5）市民政局：负责应急救助物资的储备、调拨工作，保障受灾群众的基本生活，配合各区政府和有关部门做好群众转移安置工作。

（6）市规划国土委：负责对地质灾害进行监测和预报，为恢复重建提供用地支持。

（7）市住房城乡建设委：负责组织做好施工工地因停电引发的突发事件的应急处置工作，督促房屋管理单位和物业服务企业按照合同约定做好本市建筑物电梯设备停电时的应急处置工作。

（8）市交通委：负责组织协调大面积停电事件中的交通运输保障工作。

（9）市水务局：负责国网新源控股有限公司北京十三陵蓄能电厂应急补水方案的落实和实施，组织协调相关企业做好大面积停电事件紧急状况下的供水和污水处理等工作。

（10）市商务委：负责组织协调生活必需品及部分应急物资的储备、供应和调拨工作。

（11）市卫生计生委：负责组织对大面积停电事件致伤人员开展医疗救治工作。

（12）市委宣传部：按照本市突发事件新闻发布应急预案等有关规定，负责组织开展大面积停电事件的新闻发布工作，组织市属新闻单位进行电力安全知识的宣传，加强对互联网信息的管理，加强舆情监控，做好舆论引导工作。

（13）市公安局交管局：负责组织大面积停电事件现场的交通管制，为抢险提供交通绿色通道，并与其他有关部门组织专业队伍，尽快恢复本市交通秩序。

（14）市通信管理局：负责组织电信系统的通信恢复工作，为大面积停电事件应急处置指挥提供通信保障。

（15）市安全监管局：按有关规定参与本市电力安全事故的调查处理工作。

（16）市园林绿化局：协助做好因森林火灾造成大面积停电事件的相关处置工作；负责向国网北京市电力公司通报实时火情信息等。

（17）市气象局：负责对气象灾害进行监测和预报，在大面积停电事件应急救援过程中提供气象监测和预报信息，做好气象服务工作。

（18）市粮食局：组织做好储备粮食和食用油的调拨供应工作。

（19）北京铁路局：指导所属铁路系统启动停电应急预案，开展应急处置，具体实施发电燃料、抢险救援物资的铁路运输。

（20）中国民用航空华北地区管理局：指导所属民航系统启动停电应急预案，开展应急处置，负责维护民航基本交通通行，协调抢险救援物资运输工作。

（21）华北能源监管局：负责监督、检查电力企业应急管理和工作开展情况；按照有关规定参与事故调查；协调电力企业开展应急处置工作。

（22）各区政府：按照属地管理的原则，负责组织本行政区域内电力突发事件的处置工作，负责大面积停电事件响应的先期处置、社会联动和善后工作。

（23）国网华北分部：负责组织制定北京地区主网主系统电力突发事件应急预案，提出主网主系统预警建议，及时上报突发事件信息；负责统筹华北地区电力资源，做好调度协调，保证北京地区的电力供应。

（24）国网冀北电力有限公司：负责制定冀北电网涉及北京地区500千伏电力突发事件应急预案；负责组织开展应急抢险抢修，按照华北分部的调度协调，保证北京地区的电力供应。

（25）国网北京市电力公司：负责制定北京电网大面积停电事件应急预案，提出预警建议，及时上报突发事件信息；负责组织开展应急抢险抢修，保证北京地区的电力供应；为重要电力用户内部电力事故的处置提供必要的技术支援。

（26）在京发电企业：负责制定本企业电力突发事件应急预案，负责本企业运行预警、电力突发事件的报告和应急抢险抢修工作，服从电网调度指挥，按电网调度命令调整发电出力和运行方式。

附件 4

大面积停电事件对城市运行系统的影响

序号	影响范围	影响程度	对应政府及社会部门	相关预案
1	机关团体	大面积停电事件发生后，国家及北京市重要机关团体、企事业单位正常工作受到影响。	国家重要机关团体、北京市重要机关团体、企事业单位	
2	城市公共交通系统	大面积停电事件发生后，交通信号中断，车辆拥堵，交通秩序混乱，引发交通事故，加大交通压力。轨道交通系统瘫痪，大量乘客滞留，易发生拥挤踩踏事故。	市交通委	北京市交通行业应急运输保障预案、北京市轨道交通运营突发事件应急预案
3	铁路系统	大面积停电事件发生后，铁路调度指挥系统失控，站内大量旅客滞留。高速列车、动车组和电气化机车停运，对全国铁路运输网产生冲击。	北京铁路局	北京铁路局交通事故应急预案、北京铁路局火灾事故应急预案、北京铁路局危险货物运输事故应急预案、北京铁路局高速铁路突发事件应急预案
4	民航系统	大面积停电事件发生后，民航调度指挥系统失控，大量航班停运，致使旅客滞留，严重影响民航正常运行，全国的飞机航线都将受到影响。	中国民用航空华北地区管理局、首都国际机场、南苑机场	北京首都国际机场应急救援计划手册
5	城市通信系统	大面积停电事件发生后，相关通信设备超负荷运转，造成通信系统堵塞、中断，长时间停电将导致城市通信系统全面瘫痪。	市经济信息化委、市通信管理局	北京市通信保障应急预案、北京市互联网网络安全应急预案、北京市网络与信息安全事件应急预案
6	城市燃气供应	大面积停电事件发生后，人工煤气无法正常生产，天然气管道危险运行，燃气生产安全监测系统停止运行，将导致燃气泄漏、火灾、爆炸、中毒等次生衍生事故。	市燃气集团	北京市燃气系统应急预案
7	城市供排水系统	大面积停电事件发生后，加压站、进水泵站和出水泵站停止工作，水厂的水处理、水运输等工	市水务局、市自来水集团、市排水集团	北京市城市水源系统突发事件应急预案、

续表

序号	影响范围	影响程度	对应政府及社会部门	相关预案
7	城市供排水系统	作中断，供水系统瘫痪，城市污水处理系统停止运行，将导致水环境污染。		北京市突发生活饮用水污染事件应急预案
8	人员密集区域	大面积停电事件发生后，学校、商场、剧院等人员密集区域易引发拥挤踩踏等安全事故。在人员密集区域很易发生打、砸、抢等违法犯罪行为。	学校、商场、剧院、广场	北京市突发公共事件应急预案、各学校突发公共卫生事件应急预案、各商场突发公共卫生事件应急预案
9	城市市政设施	大面积停电事件发生后，隧道、立交桥机电设备停止运行，人行天桥电梯停运，若遇暴雨，隧道、立交桥无法及时排水，易因积水影响交通。	市城市管理委、市水务局	北京市城市照明系统突发事件应急预案、北京市轨道工程施工突发事故应急预案、北京市城市排水突发事件应急预案、北京市灾害救助应急预案
10	城市工业生产系统	大面积停电事件发生后，精密制造行业生产线、石油化工行业生产系统停止运行，易产生机械故障、异常化学反应、生产链中断、制冷设备失灵等问题，将导致人员伤害、火灾、重大环境污染等次生衍生事故。	各重要企业	北京市矿山事故应急救援预案、北京市危险化学品事故应急预案、北京市特种设备事故应急预案、北京市尾矿库事故灾害应急预案
11	城市广播电视系统	大面积停电事件发生后，北京市模拟广播、地面移动数字电视、有线模拟电视和有线数字电视停止运行，严重减少政府部门信息发布渠道。	市新闻出版广电局、各广播台及电视台	北京市通信保障应急预案、北京市互联网网络安全应急预案、北京市网络与信息安全事件应急预案
12	城市医疗卫生系统	大面积停电事件发生后，医疗仪器、照明设备、结算系统、医保系统、冷藏系统停止运行，引发就医秩序混乱。	市卫生计生委	北京市突发公共卫生事件应急预案、北京市突发事件医疗救援应急预案
13	城市环境卫生系统	大面积停电事件发生后，大量生活垃圾无法及时有效处理，易产生各类流行病等次生衍生灾害。	市环保局	国家突发环境事件应急预案、北京市突发环境事件应急预案

附件 5

市大面积停电事件预警分级标准

大面积停电事件预警级别由低到高依次分为四级、三级、二级和一级，分别用蓝色、黄色、橙色和红色标示。

一、蓝色预警（四级）

当符合下列条件之一时，发布蓝色预警：

1．受供需矛盾、送电瓶颈等因素影响，京津唐电网可支撑负荷能力下降，预计负荷达到资源供应能力、设备承载能力两者最小值的95%，可能需要节约用电或采取部分有序用电措施。

2．当电网、电厂发生事故，预计出现当期最大用电需求5%以下的电力缺口，可能需要采取部分有序用电措施或个别限电措施。

3．有关部门发布相关突发事件预警信息，经综合分析判断，事件已经临近，事态有扩大趋势，预计将要发生对社会构成较大影响的其他电力突发事件。

二、黄色预警（三级）

当符合下列条件之一时，发布黄色预警：

1．受供需矛盾、送电瓶颈等因素影响，京津唐电网可支撑负荷能力下降，预计负荷达到资源供应能力、设备承载能力两者最小值的98%，可能需要节约用电或采取部分有序用电措施。

2．当电网、电厂发生事故，预计出现当期最大用电需求5%～10%的电力缺口，可能需要采取部分有序用电措施或个别限电措施。

3．有关部门发布相关突发事件预警信息，经综合分析判断，事件已经临近，事态有扩大趋势，预计将要发生一般大面积停电事件。

三、橙色预警（二级）

当符合下列条件之一时，发布橙色预警：

1．受供需矛盾、送电瓶颈等因素影响，京津唐电网可支撑负荷能力下降，预计负荷达到资源供应能力、设备承载能力两者最小值的100%，需要进一步加大节约用电或可能需要启动有序用电方案。

2．当电网、电厂发生事故，预计出现当期最大用电需求10%～20%的电力缺口，可能需要启动有序用电方案或采取部分限电措施。

3．有关部门发布相关突发事件预警信息，经综合分析判断，事件已经临近，事态有扩大趋势。预计将要发生较大大面积停电事件。

四、红色预警（一级）

当符合下列条件之一时，发布红色预警：

1. 电网、电厂发生事故，预计出现当期最大用电需求20%以上的电力缺口。

2. 有关部门发布相关突发事件预警信息，经综合分析判断，预计将要发生特别重大或重大大面积停电事件。

附件 6

市大面积停电事件预警信息发布流程

6.1 蓝色预警信息发布流程

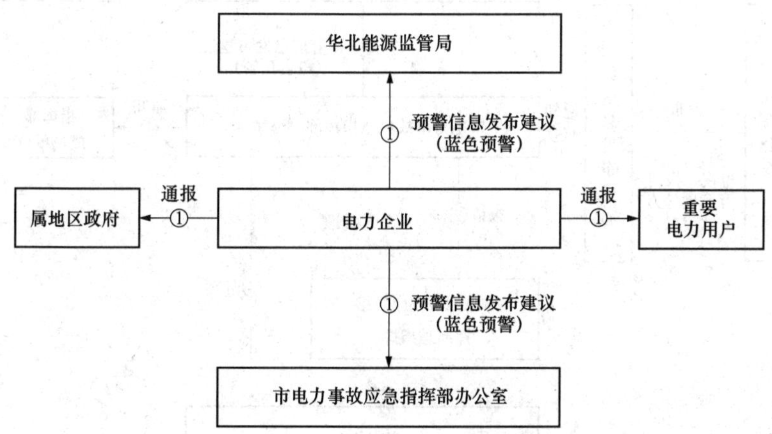

6.2 黄色预警信息发布流程

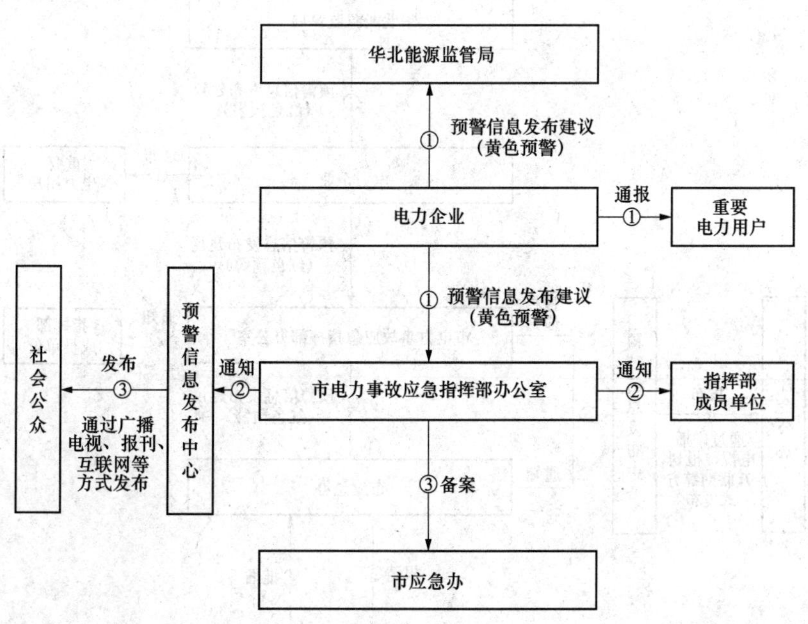

6.3 橙色预警信息发布流程

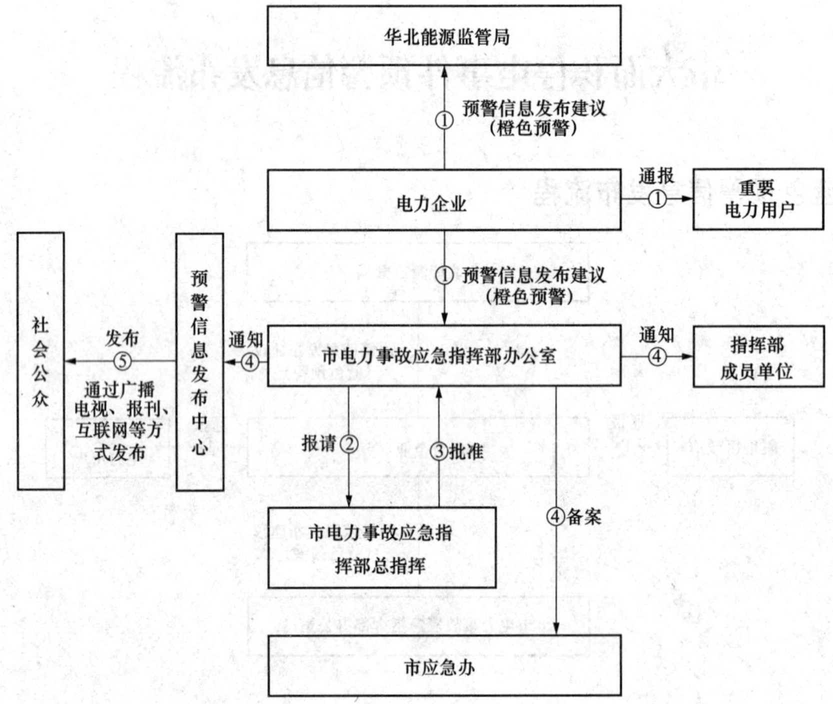

6.4 红色预警信息发布流程

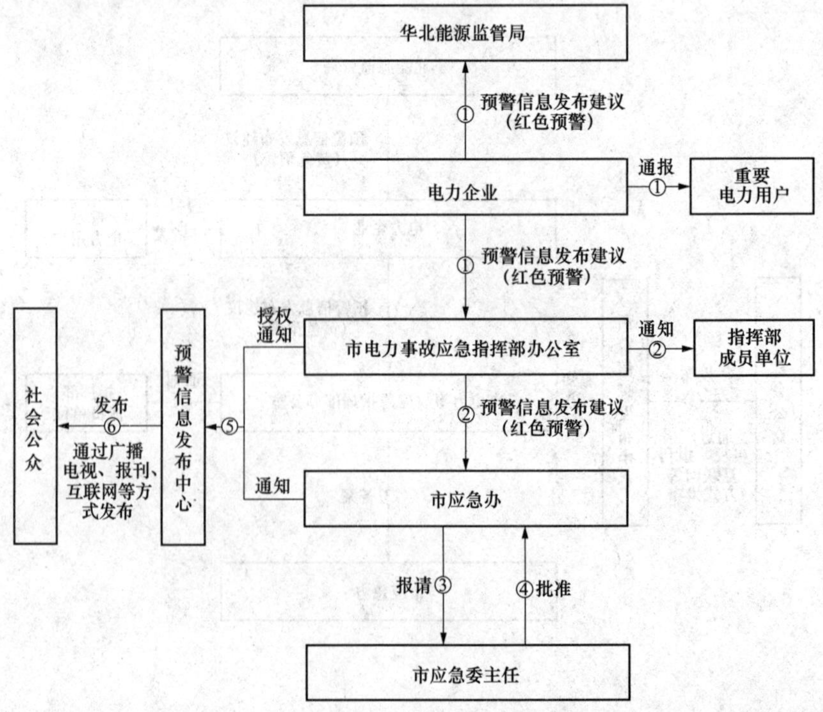

附件 7

市大面积停电事件信息报送流程

7.1 达到大面积停电事件标准时的信息报送

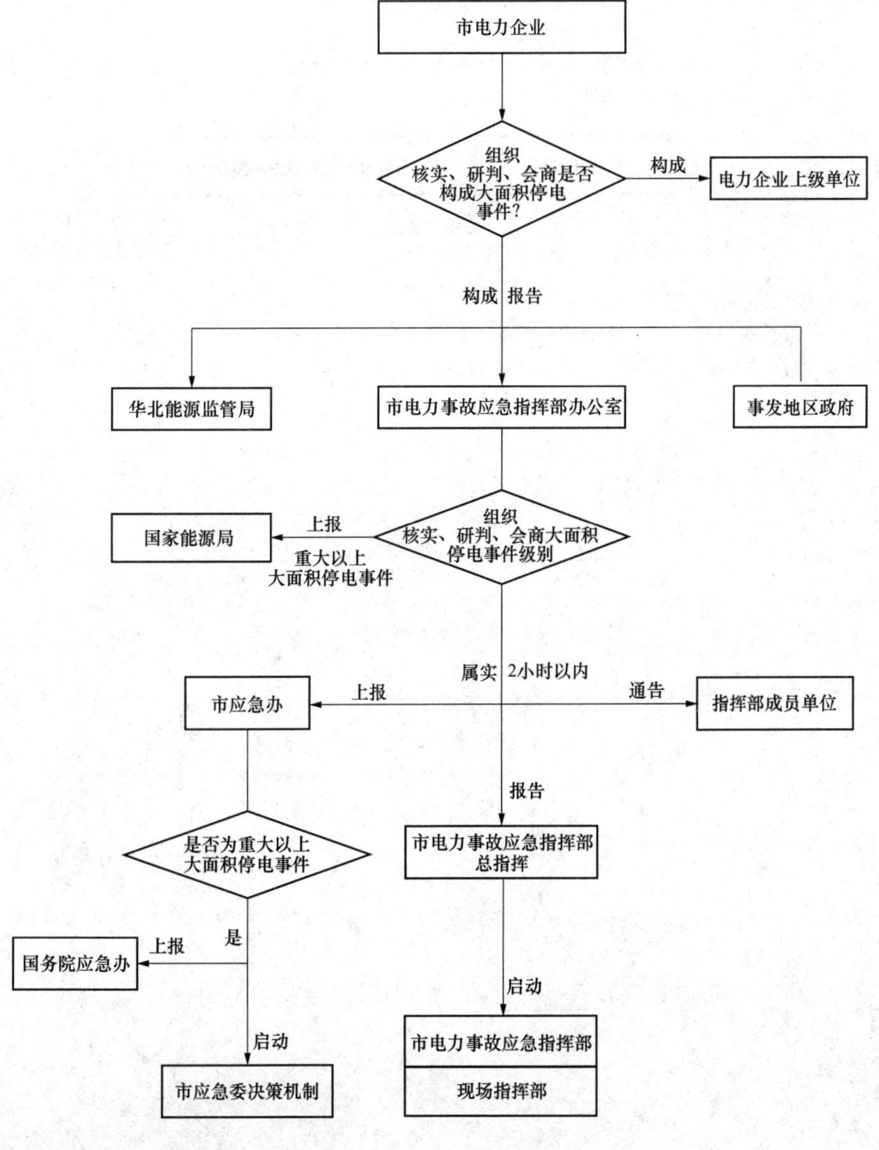

7.2　未达到大面积停电事件标准时的信息报送

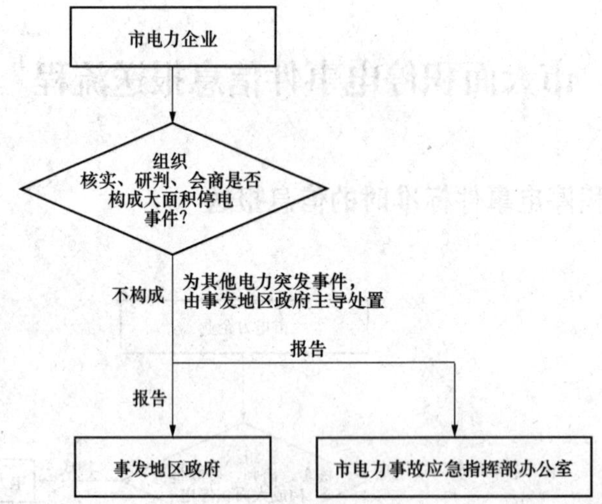

附件 8

《电力突发事件情况快报》（样式）

报送时间：　　年　月　日　时

一、信息来源： 二、接报时间及事故发生时间： 三、事故发生具体地点： 四、事故原因初步分析： 五、事件响应级别判定：（Ⅰ级、Ⅱ级、Ⅲ级） 六、影响地区和户数（注明是否有重要电力用户）： 七、事故处置情况： 八、预计恢复供电时间： 九、需协调事项：

报告单位：　　　　　　　　　签 发 人：

联 系 人：　　　　　　　　　联系电话：

附件 9

《电网运行情况简报》（样式）

报告时间	年　　月　　日　　时　　分
电力负荷情况	1．今日最大负荷：　　万千瓦；发生在　　时　　分； 2．预测明日最大负荷：　　　万千瓦。
电网运行总体情况	
填报人	部门：　　　　　　　　　姓名： 联系电话：
填报说明	电网运行故障填写内容主要包括： 1．10 千伏、35 千伏电网运行故障，主要填写故障起数、影响范围（重点体现用户数）、涉及区恢复情况等； 2．110 千伏及以上电网运行故障，主要填写发生时间、线路级别、发生起数、发生位置、影响范围、涉及区、故障原因、恢复情况等； 3．集中性停电情况：发生时间、发生位置、影响范围（重点体现用户数）、故障原因、涉及区、恢复情况等。

附件 10

响应分级及其组织指挥机构

<table>
<tr><th>事件分级</th><th>响应分级</th><th>指挥机构</th><th>总（副）指挥</th></tr>
<tr><td>重大以上</td><td>Ⅰ级</td><td>启动市应急委决策机制
1．市大面积停电事件总指挥部
2．市电力事故应急指挥部
3．其他专项应急指挥部
4．电力企业大面积停电事件应急指挥部
5．现场指挥部</td><td>总指挥：市长
执行总指挥：各分管市领导</td></tr>
<tr><td>较大</td><td>Ⅱ级</td><td rowspan="2">市电力事故应急指挥部启动应急响应
1．市电力事故应急指挥部
2．电力企业大面积停电事件应急指挥部
3．现场指挥部</td><td rowspan="2">总指挥：分管副市长
副总指挥：分管副秘书长、市城市管理委主任</td></tr>
<tr><td>一般</td><td>Ⅲ级</td></tr>
<tr><td>其他电力突发事件</td><td>Ⅳ级</td><td>由事发地区政府和电力企业启动应急响应，负责协调和指挥处置工作。根据实际需要，市电力事故应急指挥部办公室负责协助做好相关工作。</td><td>—</td></tr>
</table>

附件 11

名词和专业术语说明

（1）电力系统：俗称电网，是由发电厂、变电站、输配电线路和用户的电气装置连接而成的一个整体。

（2）电力突发事件：是指本市行政区域内的供电设施因设备故障、外力破坏、火灾、水灾、雪灾、地震等自然灾害以及其他突发事件等，造成供电中断或人员伤亡及财产损失的突发情况。

（3）黑启动：指整个系统因故障停运后，不依赖别的网络帮助，通过系统中具有自启动能力的机组启动，带动无自启动能力的机组，逐步扩大系统的恢复范围，最终实现整个系统的恢复。

（4）电力企业：是本市范围内电网企业、发电企业的统称。

（5）电力用户：是重要电力用户和一般电力用户的统称。

（6）重要电力用户：指在本市的社会、政治、经济生活中占有重要地位，对其中断供电将可能造成人员伤亡、较大环境污染、较大政治影响、较大经济损失、社会公共秩序严重混乱的用电单位或对供电可靠性有特殊要求的用电场所。

（7）重点地区：指重要政治、外交、商贸、文化、体育等机构、场所、地区。包括党政军首脑机关所在地；在京外国使馆，国际组织在京办事机构，外国人聚集区；重大国事活动、外事活动及重大文艺、体育、商贸等活动现场，重点繁华商贸区和文化、体育中心；国家重点高校、科研机构；重要交通枢纽和地铁、长途汽车站等。

（8）特殊时期：指法定节假日，重大历史和政治事件纪念日，政治敏感期，党和国家及本市举行重要会议和重大活动期间，在京举办的重大国际性政治、商贸、文艺、体育等活动期间等。

（9）需求侧负荷：电力需求侧是指电力用电侧，即指需要用电的企业、用户等。电力需求侧管理是让企业、用户通过搭建电能精细化管理平台来管理自己企业的用电情况。企业通过电能精细化管理平台进行设备改造、整体优化等技术措施，改善自身用电情况，从而达到节能减排、省电省钱、降低成本的目的。通过需求侧管理的负荷称为需求侧负荷。

（10）本预案所指减供负荷均为实际停电负荷，因设备自投等方式造成短时间停电后恢复负荷不在此内。本预案有关数量的表述中“以上”含本数，“以下”不含本数。

天津市大面积停电事件应急预案

（津停电应急〔2017〕1号）

一、总则

（一）编制目的

建立健全大面积停电事件应对工作机制，正确、有效、快速处置天津市大面积停电事件，最大程度减少人员伤亡和财产损失，维护天津市经济安全、社会稳定和人民生命财产安全。

（二）编制依据

依据《中华人民共和国突发事件应对法》《中华人民共和国电力法》《电力安全事故应急处置和调查处理条例》《国家大面积停电事件应急预案》《天津市安全生产条例》《天津市实施〈中华人民共和国突发事件应对法〉办法》《天津市突发事件总体应急预案》《天津市重要用户供用电安全管理办法》及相关法律、法规、文件等，制定本预案。

（三）预案体系

天津市大面积停电事件应急预案体系包括：天津市大面积停电事件应急预案、政府部门大面积停电事件应急保障预案、各区人民政府大面积停电事件应急预案、国网天津市电力公司大面积停电事件应急预案和重要电力用户大面积停电事件应急预案。天津市大面积停电事件应急预案体系构成图见附件2。

（四）适用范围

本预案适用于本市行政区域内大面积停电事件应对工作。

大面积停电事件是指由于自然灾害、电力安全事故和外力破坏等原因造成区域性电网、省级电网或城市电网大量减供负荷，对国家安全、社会稳定以及人民群众生产生活造成影响和威胁的停电事件。

（五）工作原则

1．以人为本，预防为主。坚持安全第一、预防为主的方针，把保障人民生命财产安全作为本市大面积停电事件应对工作重点，加强电力安全管理，完善应急预案体系，不断提高大面积停电事件应急处置能力。

2．统一指挥，分级负责。在市委、市政府领导下，建立健全统一领导、综合协调、分级负责、属地管理为主的大面积停电事件应急管理体制，确保应对工作规范、有序、高效。

3．快速响应，协同应对。建立健全本市大面积停电事件快速响应机制，形成各级指挥机构、电力企业、应急专家、重要用户配合密切、联动高效的工作机制。

（六）事件分级

根据国家有关规定，按照事件严重性和受影响程度，天津市大面积停电事件分为特别重大、重大、较大和一般四个等级。天津市大面积停电事件分级见附件3。

二、组织体系

（一）市级指挥机构

1．市指挥部组成及职责

设天津市大面积停电事件应急指挥部（以下简称“市指挥部”），负责组织指挥本市大面积停电事件应对工作。市指挥部总指挥由市人民政府分管电力工作的副市长担任，市指挥部副总指挥由市人民政府分管副秘书长和市工业和信息化委主任担任。市人民政府分管副秘书长负责协助总指挥做好组织协调工作，协调停电事件重大问题，检查各项工作落实情况；市工业和信息化委主任负责协助总指挥开展指挥协调工作，组织成员单位开展大面积停电事件具体应对工作。

2．市指挥部成员单位及职责

市指挥部成员单位由市工业和信息化委、市发展改革委、市商务委、市教委、市国资委、市城乡建设委、市交通运输委、市政府新闻办、市公安局、市民政局、市财政局、市水务局、市文化广播影视局、天津广播电视台、市卫生计生委、市体育局、市安全监管局、市气象局、市通信管理局、国网天津市电力公司、市轨道交通集团、北京铁路局天津铁路办事处、华北能源监管局天津业务办公室、中国石化天津石油分公司、中国石油天津销售分公司、中国海油天津分公司组成，并根据实际需要进行增补。市指挥部各成员单位制定有关应急保障预案，并在市指挥部领导下，开展大面积停电事件应对工作。

天津市大面积停电事件指挥部成员单位职责见附件4。

3．市指挥部办公室组成及职责

市指挥部办公室设在市工业和信息化委。办公室主任由市工业和信息化委主任兼任，副主任由市工业和信息化委分管副主任和国网天津市电力公司总经理担任。

主要职责：负责市指挥部日常工作，组织落实市指挥部各项工作部署；组织修订、实施本预案，督促指导市指挥部成员单位、国网天津市电力公司及重要电力用户制定有关应急预案；组织、协调、指导、检查本市大面积停电事件预防和应急处置工作；组织开展大面积停电事件宣传教育、培训和应急演练；按照规定开展大面积停电事件应急处置工作的调查与评估。

（二）各区指挥机构

各区人民政府成立本区停电事件应急指挥机构，作为市指挥部的分部，具体负责本行政区大面积停电事件应对工作，完善本区大面积停电事件应急预案，组织、指挥、协调本区大面积停电事件应急处置工作。

（三）现场指挥机构

发生重大、特别重大大面积停电事件，或市指挥部认为必要的其他情况，立即成立处置大面积停电事件现场指挥部，由市指挥部总指挥兼任或指定现场总指挥，统一负责现场应急处置工作。现场总指挥负责召集有关工作组，确定现场处置方案，调度现场应急救援力量和应急物资，协调有关单位开展现场应急处置工作。天津市大面积停电事件现场指挥部组成及职责见附件5。

（四）电力企业

电力企业（包括电网企业、发电企业等，下同）建立健全应急指挥机构，制定本企业大面积停电事件应急预案。在市指挥部统一指挥下，开展大面积停电事件应对工作，落实应急处置措施。

（五）应急专家组

市指挥部办公室组建大面积停电事件应急专家组，成员由电力、气象、水务、交通、化工、冶金、通信、医疗、公安、消防等领域相关专家组成。应急专家组负责为本市大面积停电事件预警、处置及调查评估提供技术咨询和决策支持，并根据需要参与应急处置工作。

（六）重要电力用户

制定本单位大面积停电事件应急预案，根据自身重要等级配备应急电源，落实大面积停电事件预防措施；负责本企业大面积停电事件抢险和应急处置，防止引发次生灾害；服从电网调度统一指挥，确保电网安全。

三、监测预警和报告

（一）风险监测

结合本市辖区人口、政治、经济发展特点，建立健全大面积停电事件监测机制。市工业和信息化委组织相关部门、专家开展常规数据监测分析，及时收集、汇总大面积停电事件信息并进行评估和研判。电力企业开展大面积停电事件风险评估和监测，及时掌握并报告重大风险信息。

1．自然灾害风险监测。建立与气象、水务、地震、国土资源、环境保护等政府部门建立信息共享机制，常态化开展自然灾害风险评估。

2．电网运行风险监测。通过日常设备运行维护、巡视检查、隐患排查和在线监测等手段监测风险，及时发现电网运行隐患。

3．电源侧风险监测。建立与电力企业预警信息联动机制，组织发电企业做好设备运行故障排查和预控，组织电网企业电源侧线路巡检。

4．外力破坏风险监测。加强电网运行环境外部隐患治理，通过技术、管理手段，做好重要电网设备设施外破风险监测。

5．燃料供应风险监测。优化发电调度，加强发电企业燃料供应监测，动态掌握电能生产供需平衡情况。

（二）预警分级

预警级别分为一级、二级、三级、四级，分别用红色、橙色、黄色、蓝色标示，依次代表可能发生特别重大、重大、较大、一般停电事件。天津市大面积停电事件预警分级见附件 6。

（三）预警报告

1．市气象局、地震局等自然灾害监测部门、市发电企业、国网天津市电力公司根据自然灾害、燃料储备、电网运行等监测信息，评估大面积停电事件风险，提出相应预警建议并报市指挥部办公室。

2．市指挥部办公室组织应急专家进行综合研判，对满足预警条件的，立即向市指挥部提出预警建议报告。报告内容主要包括：危险源提示、预警级别、预警期、可能涉及的地区、当前状况、拟解决方案以及发布预警等级建议等。

（四）预警发布

1．蓝色预警信息经市指挥部办公室主任批准，由市指挥部办公室组织发布。黄色、橙色预警信息经市指挥部总指挥批准，由市指挥部办公室组织发布。红色预警信息经市人民政府主要领导批准，预警信息以市人民政府名义发布。

2．预警信息通过市突发事件预警信息发布系统进行发布。必要时，可通过广播、电视、报刊、通信、信息网络、手机短信等渠道进行发布。

（五）预警响应

1．启动本市大面积停电事件预警响应，各级指挥机构、市指挥部成员单位保持通讯联络畅通。

2．市指挥部办公室密切关注事态发展，组织研判大面积停电事件发生可能性及影响程度，做好随时启动应急响应准备；调集应急抢险队伍进入待命状态，检查救援装备、物资，确保随时实施抢险救援行动；通知重要电力用户做好自备应急电源启用准备。

3．相关区人民政府、市指挥部各成员单位立即做好启动本地区、本系统大面积停电事件应急响应准备。

4．电力企业加强设备巡查检修和运行监测，控制事态发展，做好应对大面积停电事件准备工作。

5．加强舆情监测，主动回应社会公众关注热点问题，及时澄清谣言传言，做好舆论引导工作。

（六）预警调整与解除

1．市指挥部办公室密切关注事态进展情况，根据预警阶段电力供应趋势、电网运行、预警行动效果和专家会商建议，按权限适时调整或提出调整预警级别建议。

2．经市指挥部办公室研判不会发生大面积停电事件或停电事件风险已基本解除时，按照“谁发布，谁解除”原则，由预警信息发布单位发布解除预警信息，终止预警期并解除已经采取的措施。

天津市大面积停电事件预警流程图见附件7。

四、应急响应

（一）信息报告

1．国网天津市电力公司应在获知事件发生后30分钟内通过电话将初报信息报市指挥部办公室；获知事件发生后60分钟内，将续报信息报市指挥部办公室。情况紧急时，同时向市应急指挥中心报告。停电事件报告内容包括事发时间、停电范围、减供负荷、基本经过和事故后果等。

2．市指挥部办公室接到大面积停电事件报告后，应立即进行核实，对大面积停电事件性质和类别作出初步认定，按照规定时限、程序和要求向市人民政府和国家能源局报告，并通报市指挥部相关成员单位。对初判为重大及以上大面积停电事件，市人民政府立即按程序向国务院报告。

3．事件处置过程中，停电涉及区、市指挥部成员单位应及时向市指挥部办公室续报事态发展和处置情况。

（二）先期处置

国网天津市电力公司立即启动应急响应，迅速开展故障抢修和供电恢复；停电涉及区人民政府、有关部门、单位和重要用户立即启动本地区、本系统、本单位大面积停电事件应急响应，开展自救互救和应急抢险救援行动，并将事态发展和处置情况随时向市指挥部办公室报告。

（三）响应分级

按照大面积停电事件严重程度和发展态势，大面积停电事件应急响应分为Ⅰ级、Ⅱ级、Ⅲ级和Ⅳ级四个等级，分别对应特别重大、重大、较大和一般电网大面积停电事件。

1．Ⅰ级响应

发生或初判发生特别重大大面积停电事件，由市指挥部报请市人民政府决定启动Ⅰ级应急响应。涉及跨省（市）行政区域、超出本市人民政府处置能力或者需要由国务院负责处置的，报请国务院启动应急响应。市指挥部立即组织各单位成员和专家进行分析研判，对事件影响及其发展趋势进行综合评估，由市人民政府向有关单位发布启动应急响应命令。市指挥部立即派出工作组赶赴现场开展应急处置工作，并将有关情况迅速报告国务院及有关部门。

2．Ⅱ级响应

发生或初判发生重大大面积停电事件，由市指挥部总指挥决定启动Ⅱ级应急响应。市指挥部立即组织各成员单位和专家进行分析研判，对事件影响及其发展趋势进行综合评估，向各有关单位发布启动应急响应命令。市指挥部立即派出工作组赶赴事发现场开展应急处置工作，并将有关情况迅速报告国务院及有关部门。

3．Ⅲ级响应

发生或初判发生较大大面积停电事件，由市指挥部总指挥启动Ⅲ级应急响应。市指挥部立即组织各单位成员和专家进行分析研判，对事件及其发展趋势进行综合评估，向各有关单位发布启动应急响应命令。协调有关市指挥部成员单位共同做好相关应急处置工作。必要时，派出工作组赶赴事发现场，指导相关各区人民政府大面积停电事件应急指挥部开展应急处置工作。

4．Ⅳ级响应

发生或初判发生一般大面积停电事件，由市指挥部副总指挥（市工业和信息化委主任）决定启动Ⅳ级应急响应，市指挥部办公室立即组织各单位成员和专家进行分析研判，对事件及其发展趋势进行综合评估，向各有关单位发布启动应急响应命令。必要时，协调有关市指挥部办公室成员单位共同做好相关应急处置工作。

对于尚未达到一般等级，但对社会产生较大影响停电事件，市指挥部视情况启动相应级别应急响应。

（四）响应措施

根据实际情况，组织采取以下措施：

1．抢修电网并恢复运行

开展电力抢险救援，修复损坏电力设施，尽快恢复电网运行和电力供应，优先恢复重点地区、重要电力用户电力供应。发电企业保证设备安全，抢修受损设备，做好发电机组并网运行准备，按照电力调度指令恢复运行。

2．防范次生衍生事故

重要电力用户按照有关技术要求迅速启动自备应急电源，加强重大危险源、重要目标、重大关键基础设施隐患排查与监测预警，及时采取防范措施，防止发生次生衍生事故，避免造成更大影响和损失。

3．保障居民基本生活

启用应急供水措施，保障居民用水需求；采用多种方式，保障燃气供应和采暖期内居民生活热力供应；组织生活必需品的应急生产、调配和运输，保障停电期间居民基本生活。加强停电地区道路交通指挥和疏导，缓解交通堵塞，避免出现交通混乱，保障本预案各项应急救援工作正常进行。

4．维护社会稳定

加强停电区域关系国计民生、国家安全和公共安全重点单位、重点目标安全保卫工作，加强社会巡逻防范工作，严密防范和严厉打击违法犯罪活动，维护社会稳定。对于车站、机场、高层建筑、商场、影剧院、体育场（馆）、学校、公共娱乐场所等各类人员聚集场所迅速启用应急照明，组织人员有组织、有秩序地集中或疏散，确保人身安全。开展灭火、解救受困人员等应急救援工作。严厉打击造谣惑众、囤货居奇、哄抬物价等各种违法行为。

5．加强信息发布

按照及时准确、公开透明、客观统一的原则，加强网络舆情监控和媒体引导，主动向社会发布停电相关信息和应对工作情况，提示相关注意事项和安保措施。加强舆情收集分析，及时回应社会关切，澄清不实信息，正确引导社会舆论，稳定公众情绪。

6．组织事态评估

及时组织对大面积停电事件影响范围、影响程度、发展趋势及恢复进度进行评估，为做好应对工作提供依据。

（五）扩大响应

1．当国家启动《国家大面积停电事件应急预案》应急响应后，本市各相关部门、单位全力配合国家大面积停电事件应急指挥部或国务院工作组开展各项应急处置工作。

2．当停电事件危害程度十分严重，超出本市控制能力，需要国家或其他省市提供援助和支持时，由市人民政府向国务院报告，请求国家调动资源支援本市大面积停电事件应急处置工作。

（六）响应等级调整

根据事态发展和响应效果进行综合研判，适时调整响应等级，响应等级调整一般由低向高递升。当大面积停电事件发生在重点地区、重大节假日、重大活动和重要会议期间时，应急响应等级视情况相应提高。

（七）新闻报道与发布

重大及以上大面积停电事件由市政府新闻办按照相关规定召开新闻发布会。一般、较大大面积停电事件发生后，由市指挥部办公室按照本市相关规定配合宣传部门做好信息发布和新闻报道工作。

（八）响应终止

1．响应终止的条件是：停电事件处置工作基本完成；电网主干网架基本恢复正常，停电的负荷已恢复90%；基本消除停电事件的危害及次生、衍生灾害。

2．特别重大响应结束后，由市指挥部报请市人民政府决定响应终止；重大、较大响应结束后，由市指挥部决定响应终止；一般响应处置工作结束后，由市指挥部办公室决定响应终止。

3．市指挥部办公室及时将解除应急响应状态信息通报有关区人民政府和市指挥部成员单位。

天津市大面积停电事件处置流程图见附件8。

五、后期处置

（一）善后处置

应急结束后，停电涉及区人民政府和有关部门、单位及时组织制订善后工作方案并组织实施；及时组织开展相关保险理赔工作，尽快减轻或消除事件影响。

（二）调查评估

事件处置工作结束后，由市指挥部办公室牵头，会同市指挥部相关成员单位、有关区人民政府及专家组成事故调查评估工作组，对事件进行全面调查评估。

事故调查评估工作包括：对现场事故调查、抢险救援等情况进行技术分析和判定事故原因，查明事故性质和责任，撰写事故调查报告，提出预防措施及建议。

（三）恢复重建

大面积停电事件应急响应终止后，需对电网网架结构和设备设施进行修复或重建的，由市政府根据实际情况组织编制恢复重建规划。相关电力企业和区人民政府应当根据规划做好受损电力系统恢复重建工作。

六、保障措施

（一）人员保障

1．电力企业建立电力专业抢修救援队伍，加强设备维护和应急抢修技能培训，定期开展综合、专项演练，提高应急处置能力，保证大面积停电事件得到快速有效处置。

2．根据需要组织动员社会应急队伍和志愿者参与大面积停电事件及其次生衍生灾害处置工作；组织公安消防、军队、武警部队等做好应急力量支援保障。

3．重要电力用户应加强用电管理，提高业务素质、技术水平和应急能力。

（二）装备物资保障

1．市指挥部成员单位配备必要的移动通讯装备和应急交通工具，保证应急指挥和现场抢险救援通道畅通。

2．国网天津市电力公司配备应急发电车等应急抢险物资和装备，用于紧急供电和现场快速处置。

3．地铁、机场、火车站、医院、电台、电视台、金融机构、商场、学校、幼儿园、监狱等重要部位及其他重要基础设施、大型公共场所以及停电后将会造成严重后果和重大影响的工矿企业等部位，应合理配置自备应急电源、紧急照明装置，确保在电力应急状态下正常运转。

（三）通信、交通与运输保障

建立健全大面积停电事件应急通信保障体系，确保应急期间通信联络和信息传递需要。健全紧急运输保障体系，保障人员、物资、装备、器材应急运输需要。配备必要应急车辆，保障应急救援需要。

（四）技术保障

1．加强应急专家队伍建设，提高大面积停电事件应对处置能力，为本市电力系统安全、防灾应急系统建设提供专家意见，在技术、法律等方面给予指导和决策支持。

2．电力企业应优化电网结构，采用先进技术和设备，提高电网供电可靠水平。

（五）应急电源保障

1．电力企业应配备应急发电装备，提高电力系统快速恢复能力，保障天津电网“黑启动”电源。

2．重要电力用户应按照国家有关技术要求配置应急电源，并加强维护和管理，确保应急状态下能够投入运行。

（六）资金保障

市、区各级财政部门按照相关规定，对大面积停电事件应对工作提供必要资金保障。电力企业、重要电力用户安排必要经费，用于大面积停电事件应对工作。

七、宣教培训和应急演练

（一）宣传教育

各区人民政府、市有关部门要积极组织开展停电事件应急处置宣传教育，通过新闻媒体开展停电事件应急知识宣传，提高企事业单位、人民群众对大面积停电事件的安全防范意识和自救能力。

（二）培训

各区人民政府、市有关部门开展安全理论培训，提高全社会应急救援意识。市工业和信息化委指导电力企业和重要电力用户开展安全知识、安全技能、应急救援培训，提高应急救援专业水平。

（三）应急演练

1．市指挥部办公室会同相关部门、单位适时开展大面积停电事件应急演练，提高重大、特别重大大面积停电事件应急处置能力。

2．各区人民政府、有关部门和单位应定期组织开展专项应急演练。

3．电力企业和重要电力用户定期组织开展本系统、本单位大面积停电事件应急演练。

八、附则

（一）名词术语

1．电力系统：是指由发电厂、变电站、输配电线路和用户的电气装置连接而成的一个整体。

2．重要电力用户：是指在国家或者一个地区（城市）的社会、政治、经济生活中占有重要地位，对其中断供电将可能造成人身伤亡、较大环境污染、较大政治影响、较大经济损失、社会公共秩序严重混乱的用电单位或对供电可靠性有特殊要求的用电场所。

3．“黑启动”方案：是指整个系统因故障停运后，系统全部停电（不排除孤立小电网仍维持运行），处于全“黑”状态，不依赖别的网络帮助，通过系统中具有自启动能力的发电机组启动，带动无自启动能力的发电机组，逐渐扩大系统恢复范围，最终实现整个系统的恢复。

4．本预案所指减供负荷均为实际停电负荷，因设备自投等方式造成短时间停电后恢复负荷不在此内。

5．本预案有关数量表述中，“以上”含本数，“以下”不含本数。

（二）监督检查

市工业和信息化委会同有关部门和单位，对本预案实施过程进行监督检查，确保应急措施落实到位。

（三）预案管理

1．本预案由市大面积停电事件应急指挥部办公室负责解释。

2．各区人民政府、各成员单位按照本预案，制定本地区、本部门停电事件应急预案和应急保障预案，并报市指挥部办公室备案。

3．市指挥部办公室应结合应急管理工作实践，及时组织修订预案。遇有特殊情况可随时修订。修订后的应急预案应重新办理审查、论证、备案等各项程序。

4．本预案自发布之日起实施。

附件：1．天津市大面积停电事件风险分析及情景构建

2．天津市大面积停电事件应急预案体系构成图

3．天津市大面积停电事件分级

4．天津市大面积停电事件指挥部成员单位职责

5．天津市大面积停电事件现场指挥部组成及职责

6．天津市大面积停电事件预警分级

7．天津市大面积停电事件预警流程图

8．天津市大面积停电事件处置流程图（略）

附件 1

天津市大面积停电事件风险分析及情景构建

一、风险分析

可能导致本市大面积停电事件发生的主要危险源包括：

1. 自然灾害风险。本市辖区内易发地震、城市内涝、风暴潮等地质、气象灾害，北部山区以雨雪冰冻、山火等为主，东部沿海地区以风暴潮、海潮为主。极端自然灾害，会导致电力设施设备大范围损毁，引发大面积停电事件。

2. 电网运行风险。本市辖区用电负荷不断增长，高峰负荷时期部分电力设备承受满载、过载压力，给电网安全稳定运行带来风险，可能引发大面积停电事件。

3. 电源侧风险。在特高压规划和外受电比例持续发展趋势下，由于电源侧线路、重要发电厂故障可能造成重大及以上事故，引发大面积停电事件。

4. 外力破坏。市政工程施工、电力设施被盗、线路通道内超高树木、违章建筑、非法侵入、火灾爆炸、恐怖袭击等外力破坏或重大社会安全事件引发电网设施损毁有可能导致大面积停电。

5. 燃料供应。发电用煤：受运输组织、船舶调度及天气因素等影响，造成电煤供应不足，导致被迫减少负荷，造成大面积停电事件。

二、情景构建

发生大面积停电事件，将会导致交通、通信瘫痪，水、气、煤、油等城市公用服务供应中断，严重影响经济建设、人民生活，对社会安定、国家安全造成极大威胁。

1. 华北区域主网重要枢纽变电设备、关键输电线路发生故障，华北电力系统失稳甚至解列，可能导致华北电网分片运行，局部地区电网停止运行，引发重大以上大面积停电事件。

2. 政府部门、军队、公安、消防等重要机构电力供应中断，影响其正常运转，威胁社会安定和国家安全。

3. 化工、冶金、矿山等高危用户的电力供应中断，引发环境污染、爆炸等次生衍生灾害。

4. 医院、学校、大型商场、大型写字楼、住宅小区等高密度人口聚集点供电中断，引发群众恐慌，严重影响社会秩序。

5．城市轨道交通、机场、港口等电力供应中断，城市交通拥塞甚至瘫痪，大批旅客滞留。

6．大面积停电事件在当前新媒体时代极易成为社会舆论的热点，造成公众恐慌情绪，影响社会稳定。

附件 2

天津市大面积停电事件应急预案体系构成图

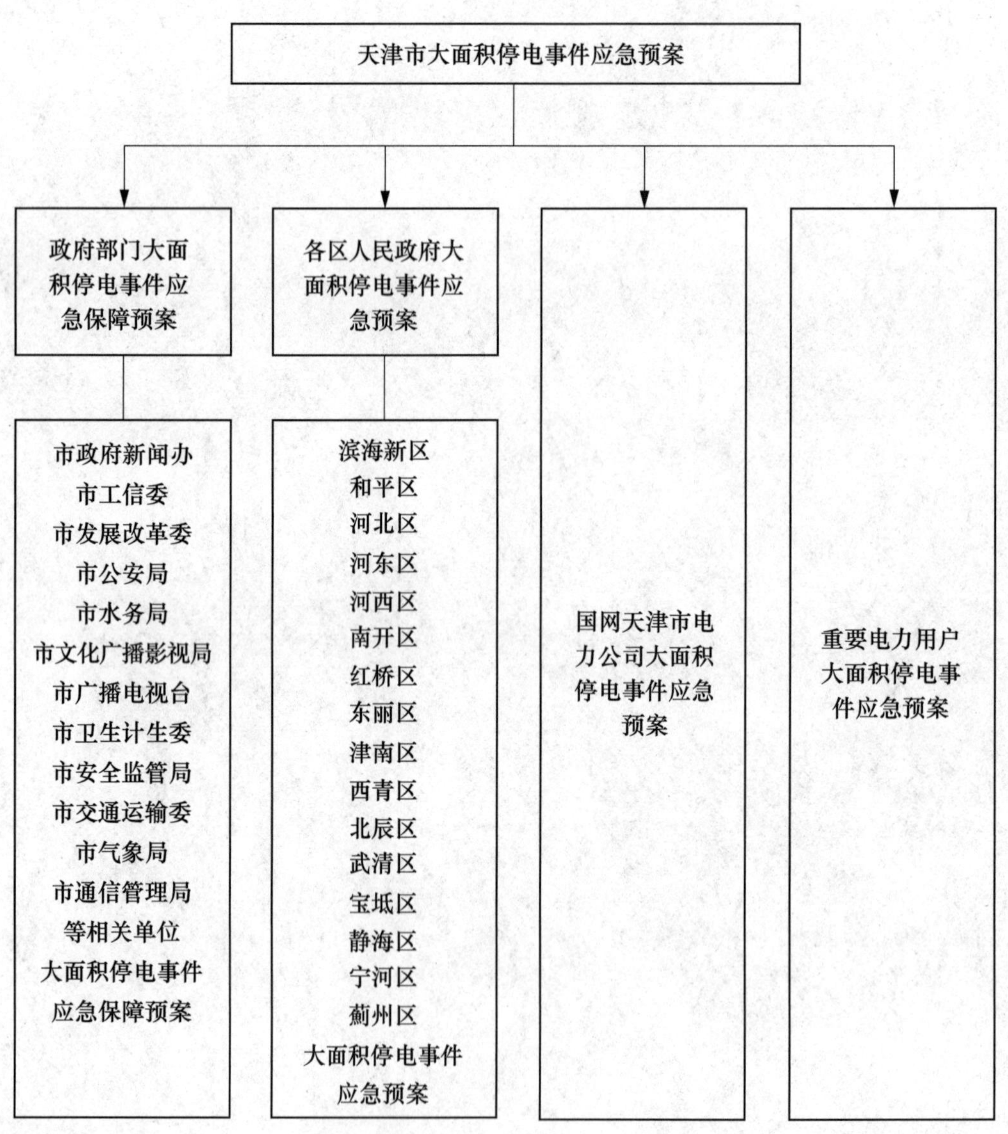
天津市大面积停电事件应急预案
政府部门大面积停电事件应急保障预案
各区人民政府大面积停电事件应急预案
国网天津市电力公司大面积停电事件应急预案
重要电力用户大面积停电事件应急预案
市政府新闻办
市工信委
市发展改革委
市公安局
市水务局
市文化广播影视局
市广播电视台
市卫生计生委
市安全监管局
市交通运输委
市气象局
市通信管理局
等相关单位
大面积停电事件
应急保障预案
滨海新区
和平区
河北区
河东区
河西区
南开区
红桥区
东丽区
津南区
西青区
北辰区
武清区
宝坻区
静海区
宁河区
蓟州区
大面积停电事件
应急预案

附件 3

天津市大面积停电事件分级

一、特别重大大面积停电事件

1．全市减供电力负荷达到事故前总电力负荷的 50%以上；

2．全市居民停电用户数达到供电总用户数 60%以上；

3．市指挥部视停电事件危害程度、次生衍生灾害、社会影响及稳定等综合因素，研究确定为Ⅰ级（特别重大）停电事件。

二、重大大面积停电事件

1．全市减供电力负荷达到事故前总电力负荷的 20%以上、50%以下；

2．全市居民停电用户数达到供电总用户数 30%以上、60%以下；

3．市指挥部视停电事件危害程度、次生衍生灾害、社会影响及稳定等综合因素，研究确定为Ⅱ级（重大）停电事件。

三、较大大面积停电事件

1．全市减供电力负荷达到事故前总电力负荷的 10%以上、20%以下；

2．全市居民停电用户数达到供电总用户数 15%以上、30%以下；

3．市指挥部视停电事件危害程度、次生衍生灾害、社会影响及稳定等综合因素，研究确定为Ⅲ级（较大）停电事件。

四、一般大面积停电事件

1．全市减供电力负荷达到事故前总电力负荷的 5%以上、10%以下；

2．全市居民停电用户数达到供电总用户数 10%以上、15%以下；

3．市指挥部视停电事件危害程度、次生衍生灾害、社会影响及稳定等综合因素，研究确定为Ⅳ级（一般）停电事件。

附件 4

天津市大面积停电事件指挥部成员单位职责

市政府新闻办：负责协调市主要新闻单位发布停电信息，及时引导舆论；协调相关新闻单位做好对外宣传工作。

市工业和信息化委：承担市指挥部办公室日常工作；监测分析电力运行态势，进行预测预警、信息发布和信息引导；负责大面积停电事件信息收集、汇总和上报，传达市指挥部的指示和命令；负责组织停电期间电力生产和供应；组织电力企业启动相关应急预案，及时对电力设施进行抢修，全力恢复和保障电网运行；承办市指挥部交办的其他事项。

市发展改革委：按照市指挥部提出的应急物资储备品种和数量，做好相关应急物资储备的综合管理工作；加强应急期间市场物价监督检查，采取必要措施保持市场价格基本稳定。

市商务委：在大面积停电事件引发市场波动时，应加强市场监测，指导协调做好市场调控以及重要生活必需品的供应工作。

市教委：配合相关部门指导协调停电区域教育场所等的大面积停电事件应急处置工作。

市国资委：配合相关部门指导所监管企业开展大面积停电事件应急处置工作。

市公安局：负责组织开展停电区域治安秩序维护和重点单位、部位安全保卫工作，必要时对现场实施管控，并开展抢险救援工作；加强停电区域及周边道路交通疏导，保障应急救援工作正常进行。

市民政局：会同相关部门，协助指导当地人民政府共同做好大面积停电地区紧急转移和安置群众的基本生活保障工作。

市财政局：负责按照市指挥部意见，为大面积停电事件应急处置工作提供资金保障。

市建委：负责组织供热、供气等单位开展大面积停电事件应对工作；指导协调供热、供气等单位开展大面积停电事件应急处置工作。

市水务局：负责指导协调防洪、供水、排水和污水处理等单位开展停电事件的预防，包括配备应急电源等保障措施；做好停电期间设施设备安全自保工作。

市文化广播影视局：负责指导广播电视台、影院及所属剧院等单位和场所开展停电事件的预防；指导协调广播电视台、影院及所属剧院等单位和场所开展停电事件应急处置。

天津广播电视台：负责组织开展本单位大面积停电事件应对工作，核心部位配备应急电源；配合市政府开展大面积停电事件应急预案培训、演练宣传工作，做好大面积停电事件舆论引导和新闻报道工作。

市卫生计生委：负责组织医疗卫生机构配备相应应急物资设备，做好大面积停电事件应急处置工作；组织开展因停电引发的医疗救援工作。

市体育局：负责组织体育场（馆）、训练场所等部位开展大面积停电事件应对工作，包括配备应急电源等保障措施；指导协调体育场（馆）、训练场所等部位开展大面积停电事件应急处置。

市安全监管局：在大面积停电事件发生后，依法参与涉及安全生产事故的调查。

市交通运输委：负责组织协调停电期间物资运输保障，主要包括发电燃料、抢险救援物资、必要生活资料等；参与协调公交站、长途客运站等场所开展大面积停电事件应对工作。

市轨道交通集团：负责建立轨道交通运营大面积停电事件预防体系并组织实施。

市气象局：负责大面积停电事件应急处置过程中提供气象监测和气象预报等信息，做好气象服务工作。

市通信管理局：负责组织电信运营企业开展大面积停电事件应对工作，包括配备应急电源等保障措施；组织电信系统通信恢复；为大面积停电事件应急指挥提供通信保障。

国网天津市电力公司：监测电网运行态势，对大面积停电事件发展趋势进行分析和判断，提出大面积停电事件预警和响应建议；组织应急抢险队伍，开展事故抢险，修复损坏电力设施，恢复供电；必要时，为重要电力用户提供援助。

北京铁路局天津铁路办事处：负责发电燃料、抢险救援物资、必要生活资料的铁路运力协调保障。

华北能源监管局天津业务办公室：配合有关部门协调电力企业尽快恢复供电，并按照国家有关规定开展停电事件调查工作。

中国石化天津石油分公司、中海石油（中国）有限公司天津分公司：配合市政府做好燃料储备、调运工作，为救援运输车辆、发电车、应急照明设备提供燃料供应。

附件 5

天津市大面积停电事件现场指挥部组成及职责

1．电力恢复组：由市工业和信息化委牵头，市发展改革委、交通运输委、国网天津市电力公司等参加，视情况增加其他电力企业。

主要职责：组织电力抢修恢复工作，尽快恢复受影响地区供电工作；负责重要电力用户、重点区域的临时供电保障。组织协调停电期间的物资运输保障，主要包括发电燃料、抢险救援物资、必要生活资料等。

2．新闻宣传组：由市政府新闻办牵头，市工业和信息化委、市发展改革委、市文化广播影视局、天津广播电视台、市安全监管局、华北能源监管局天津业务办公室、国网天津市电力公司参加。

主要职责：组织开展事件进展、应急工作情况等权威信息发布，加强新闻宣传报道；收集分析舆情和社会公众动态，加强媒体、电信和互联网管理，正确引导舆论，澄清不实信息。

3．秩序维护组：由市公安局牵头，事发区人民政府、市政府新闻办、市商务委、市教委、市民政局、华北能源监管局天津业务办公室等参加。

主要职责：加强停电区域关系国计民生、国家安全和公共安全重点单位、重点目标的安全保卫工作，加强社会巡逻防范工作，严密防范和严厉打击违法犯罪活动，维护社会稳定。加强公共交通场所、停电区域及周边道路交通指挥和疏导，缓解交通堵塞，避免出现混乱，保障应急处置工作正常进行。

4．综合保障组：由市发展改革委、市工业和信息化委、市商务委、市教委、市国资委、市公安局、市民政局、市财政局、市建委、市水务局、市卫生计生委、市体育局、国网天津市电力公司、北京铁路局天津铁路办事处、中国石化天津石油分公司、中海石油（中国）有限公司天津分公司等参加。

主要职责：对大面积停电事件受灾情况进行核实，指导恢复电力抢修方案，落实人员、资金和物资；做好应急救援物资的生产、调拨和紧急配送工作；加强燃料供应，维护供水、供气、供热、通信、广播电视、电力抢修等保障工作的正常运行。

附件 6

天津市大面积停电事件预警分级

一、红色预警

符合下列条件之一，发布红色预警：

1．受电力供需矛盾、送电瓶颈等因素影响或电网、电厂发生事故，预计出现用电需求 50%以上的电力缺口；

2．市气象局、市地震局等部门已发布自然灾害或其他预警信息，在一定时间内极有可能发生特别重大停电事件；

3．市指挥部根据停电风险监控情况、可能危害程度和社会影响及稳定等综合因素，研究发布一级预警。

二、橙色预警

符合下列条件之一，发布橙色预警：

1．受电力供需矛盾、送电瓶颈等因素影响或电网、电厂发生事故，预计出现用电需求 20%以上、50%以下的电力缺口；

2．市气象局、市地震局等部门已发布自然灾害或其他预警信息，在一定时间内极有可能发生重大停电事件；

3．市指挥部根据停电风险监控情况、可能危害程度和社会影响及稳定等综合因素，研究发布二级预警。

三、黄色预警

符合下列条件之一，发布黄色预警：

1．受电力供需矛盾、送电瓶颈等因素影响或电网、电厂发生事故，预计出现用电需求 10%以上、20%以下的电力缺口；

2．市气象局、市地震局等部门已发布自然灾害或其他预警信息，在一定时间内极有可能发生较大停电事件；

3．市指挥部根据停电风险监控情况、可能危害程度和社会影响及稳定等综合因素，研究发布三级预警。

四、蓝色预警

符合下列条件之一，发布蓝色预警：

1．受电力供需矛盾、送电瓶颈等因素影响或电网、电厂发生事故，预计出现用电需求 5%以上、10%以下的电力缺口；

2．市气象局、市地震局等部门已发布自然灾害或其他预警信息，在一定时间内极有可能发生一般停电事件；

3．市指挥部根据停电风险监控情况、可能危害程度和社会影响及稳定等综合因素，研究发布四级预警。

附件 7

天津市大面积停电事件预警流程图

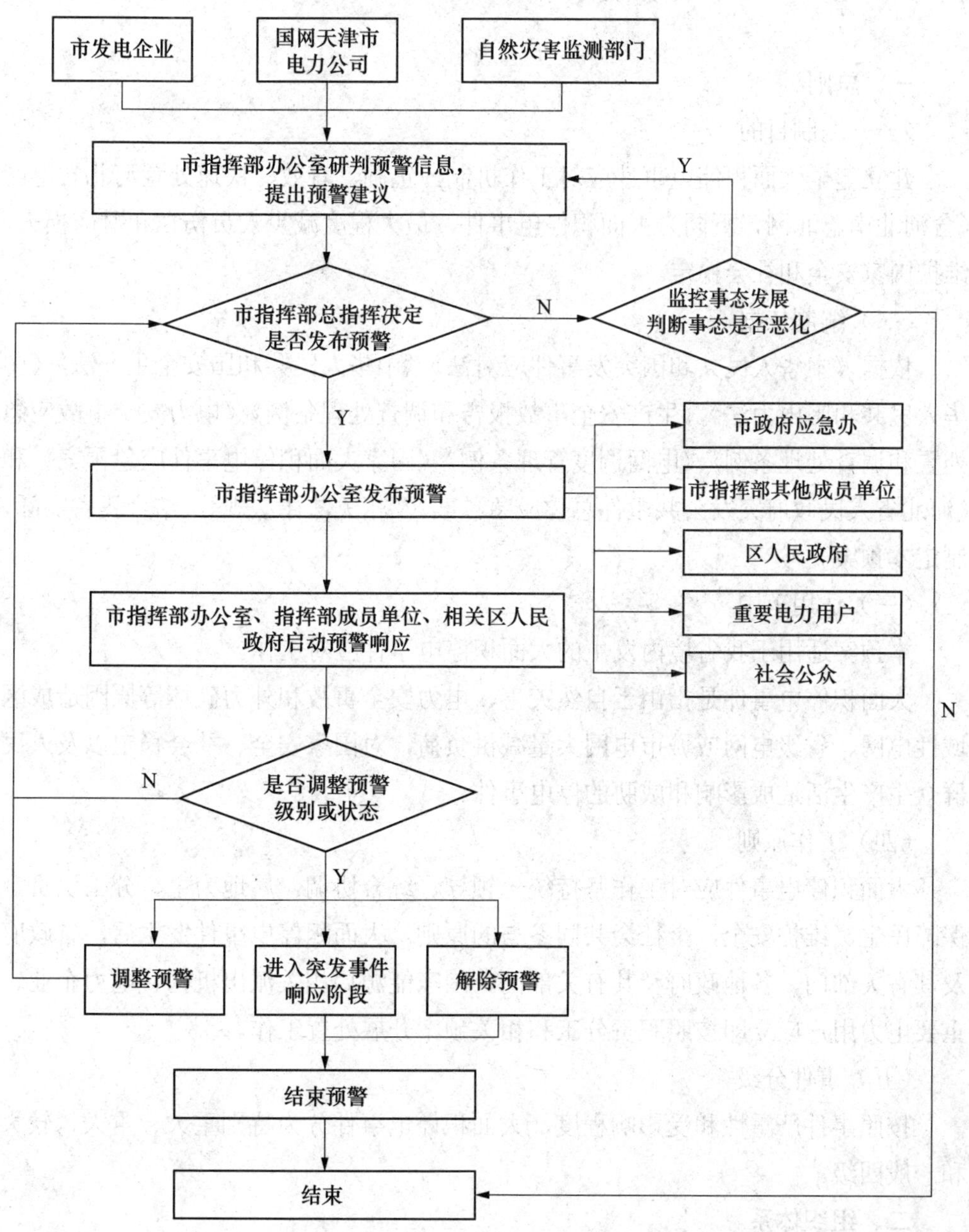
市发电企业
国网天津市电力公司
自然灾害监测部门
市指挥部办公室研判预警信息，提出预警建议
市指挥部总指挥决定是否发布预警
N
监控事态发展判断事态是否恶化
Y
Y
市指挥部办公室发布预警
市政府应急办
市指挥部其他成员单位
区人民政府
重要电力用户
社会公众
市指挥部办公室、指挥部成员单位、相关区人民政府启动预警响应
N
是否调整预警级别或状态
N
Y
调整预警
进入突发事件响应阶段
解除预警
结束预警
结束

河北省大面积停电事件应急预案

（冀政办字〔2016〕40 号）

一、总则

（一）编制目的

建立健全大面积停电事件应对工作机制，正确、有效、快速处置河北省电网（含河北南、北网，下同）大面积停电事件，最大程度减少人员伤亡和财产损失，维护国家安全和社会稳定。

（二）编制依据

依据《中华人民共和国突发事件应对法》《中华人民共和国安全生产法》《中华人民共和国电力法》《生产安全事故报告和调查处理条例》《电力安全事故应急处置和调查处理条例》《电网调度管理条例》《国家大面积停电事件应急预案》和《河北省人民政府突发公共事件总体应急预案》及相关法律法规等，结合我省实际，制定本预案。

（三）适用范围

本预案适用于我省境内发生的大面积停电事件应对工作。

大面积停电事件是指由于自然灾害、电力安全事故和外力破坏等原因造成区域性电网、省级电网或城市电网大量减供负荷，对国家安全、社会稳定以及人民群众生产生活造成影响和威胁的停电事件。

（四）工作原则

大面积停电事件应对工作坚持统一领导、综合协调，属地为主、分工负责，保障民生、维护安全，全社会共同参与的原则。大面积停电事件发生后，省政府及其有关部门、各地政府及其有关部门、国家能源局相关派出机构、电力企业、重要电力用户应立即按照职责分工和相关预案开展处置工作。

（五）事件分级

按照事件严重性和受影响程度，大面积停电事件分为特别重大、重大、较大和一般四级。

二、组织体系

发生特别重大、重大大面积停电事件时，由省政府负责指挥应对，负责配合国家层面的应对工作。发生较大、一般大面积停电事件时，省发展改革委或事发地市级政府按程序报请省政府批准，或根据省政府领导同志指示，成立省政府工作组，负责指导、协调、支持有关地方政府开展大面积停电事件应对工作。必要时，由省政府或省政府授权省发展改革委成立河北省大面积停电事件应急指挥部，统一领导、组织和指挥大面积停电事件应对工作。

（一）省级层面组织指挥机构

1．大面积停电事件应急领导小组及主要职责。成立河北省大面积停电事件应急领导小组（以下简称省应急领导小组），统一领导指挥大面积停电事件应急处置工作。组长由分管工业的副省长担任，常务副组长由省政府分管副秘书长担任，副组长由省发展改革委副主任、省政府应急办主任、省安全监管局副局长、国网河北省电力公司总经理、国网冀北电力有限公司总经理担任；成员单位包括省政府应急办、省安全监管局、省公安厅、省财政厅、北京铁路局石家庄铁路办事处、省交通运输厅、省商务厅、省通信管理局、国家能源局相关派出机构等有关部门以及国网河北省电力公司、国网冀北电力有限公司。

省应急领导小组主要职责：

（1）统一领导大面积停电事件各项应急工作；

（2）协调各市（含定州、辛集市）政府、各有关部门应急指挥机构之间的关系，指挥社会应急救援工作；

（3）研究重大应急决策和部署；

（4）决定启动和终止特别重大、重大大面积停电事件应急响应。

2．省应急领导小组办公室及主要职责。省应急领导小组办公室设在省发展改革委，负责日常工作。办公室主任由省发展改革委副主任兼任。

省应急领导小组办公室主要职责：

（1）落实省应急领导小组部署的各项任务；

（2）执行省应急领导小组下达的应急指令；

（3）组织制定应急预案并监督执行；

（4）掌握应急处理和供电恢复情况；

（5）负责信息发布；

（6）协调组织应急救援演练。

3．相关部门（应急机构）及职责。省发展改革委、省政府应急办、省通信管理局、省公安厅、省财政厅、省交通运输厅、北京铁路局石家庄铁路办事处、省商务厅、省安全监管局、国家能源局相关派出机构等部门，按照省应急领导小组的统一部署和各自职责配合做好大面积停电应急工作。

（1）省发展改革委：负责协调做好社会应急措施落实的综合工作，以及有关应急物资的紧急生产及调运；负责协调电力企业应急工作。

（2）省政府应急办：负责传达上级和省政府领导的指示批示精神，督促各地政府、省有关部门和相关电力企业贯彻落实；了解掌握事件处置整体进度情况，为省政府决策部署提供参考建议。

（3）省通信管理局：负责建立健全大面积停电事件应急通信保障体系，形成可靠的通信保障能力，确保应急期间通信联系和信息传递需要。

（4）省公安厅：负责组织、指导各地公安机关维护社会治安、交通秩序，做好消防工作；依法打击各种违法犯罪活动。

（5）省财政厅：负责应急救援与抢险及演练等有关经费协调。

（6）省交通运输厅：负责健全紧急运输保障体系，保障应急响应所需人员、物资、装备、器材的运输，保障道路、桥梁完好畅通。

（7）北京铁路局石家庄铁路办事处：负责发电燃料、抢险救援物资、必要生活资料等的运力保障准备。

（8）省商务厅：负责组织生活资料调运和市场供应，并会同海关、检验检疫等有关部门组织重要商品进口及口岸检验检疫工作。

（9）省安全监管局：协调有关生产安全事故应急工作，并监督应急措施的落实情况。

（10）国家能源局相关派出机构：配合有关部门协调电力企业尽快恢复供电，对大面积停电事件的原因进行调查，对责任单位或人员提出处理意见。

（二）市、县层面组织指挥机构

县级以上政府负责指挥、协调本行政区域内大面积停电事件应对工作，要结合本地实际，明确相应组织机构，建立健全应急联动机制。

发生跨行政区域大面积停电事件时，有关市、县政府应根据需要建立跨区域大面积停电应急合作机制。

（三）现场指挥机构

负责大面积停电事件应对的有关政府根据需要成立现场指挥部，负责现场组织指挥工作。参与现场处置的有关单位和人员应服从现场指挥部的统一指挥。

（四）电力企业

电力企业（包括河北南、北网电网企业、发电企业等，下同）建立健全应急指挥机构，在政府组织指挥机构领导下开展大面积停电事件应对工作。电网调度工作按照《电网调度管理条例》及相关规程执行。

（五）重要用户

负责本单位事故抢险和应急处理。

（六）专家组

各级组织指挥机构根据需要成立大面积停电事件应急专家组，成员由电力、气象、地质、水文等领域相关专家组成，为大面积停电事件应对工作提供技术咨询和建议。

三、监测预警和信息报告

（一）监测和风险分析

电力企业要结合实际加强对重要电力设施设备运行、发电燃料供应等情况的监测，建立与气象、水利、林业、地震、公安、交通运输、国土资源、工业和信息化等部门的信息共享机制，及时分析各类情况对电力运行可能造成的影响，预估可能影响的范围和程度。

（二）预警

1．预警信息发布。电力企业研判可能造成大面积停电事件时，要及时将有关情况报告受影响区域政府电力运行主管部门，提出预警信息发布建议，并视情通知重要电力用户。政府电力运行主管部门应及时组织研判，必要时报请当地政府批准后向社会公众发布预警，并通报同级其他相关部门和单位。当可能发生重大以上大面积停电事件时，省级电网企业要及时报告省发展改革委，同时报告国家能源局相关派出机构。

2．预警行动。预警信息发布后，电力企业要加强设备巡查检修和运行监测，采取有效措施控制事态发展；组织相关应急救援队伍和人员进入待命状态，动员后备人员做好参加应急救援和处置工作准备，并做好大面积停电事件应急所需物资、装备和设备等应急保障准备工作。重要电力用户做好自备应急电源启用准备。受影响区域政府启动应急联动机制，组织有关部门和单位做好维持公共秩序、供水供气供热、商品供应、交通物流等方面的应急准备；加强相关舆情监测，主动回应社会公众关注的热点问题，及时澄清谣言传言，做好舆论引导工作。

3．预警解除。根据事态发展，经研判不会发生大面积停电事件时，按照“谁发布、谁解除”的原则，由发布单位宣布解除预警，适时终止相关措施。

（三）信息报告

大面积停电事件发生后，相关电力企业应立即向受影响区域政府电力运行主管部门和国家能源局相关派出机构报告。

事发地政府电力运行主管部门接到大面积停电事件信息报告或者监测到相关信息后，应立即进行核实，对大面积停电事件的性质和类别作出初步认定，按照国家规定的时限、程序和要求向上级电力运行主管部门和同级政府报告，并通报同级其他相关部门和单位。各级政府及其电力运行主管部门应按有关规定逐级上报，必要时可越级上报。国家能源局相关派出机构接到大面积停电事件报告后，应立即核实有关情况并向国家能源局报告。对初判为重大以上级别的大面积停电事件，省政府要立即按程序向国务院报告。对初判为较大级别的大面积停电事件，各市（含定州、辛集市）要向省发展改革委、国家能源局相关派驻机构报告。

四、应急响应

（一）响应分级

根据大面积停电事件的严重程度和发展态势，将应急响应设定为Ⅰ级、Ⅱ级、Ⅲ级和Ⅳ级四个等级。初判发生特别重大大面积停电事件，启动Ⅰ级应急响应，由省政府负责指挥应对工作。必要时，省政府报请国务院批准，成立国家大面积停电事件应急指挥部，或派出国务院工作组，统一领导、组织和指挥大面积停电事件应对工作。初判发生重大大面积停电事件，启动Ⅱ级应急响应，由省政府领导、组织和指挥应对工作。初判发生较大大面积停电事件、一般大面积停电事件，分别启动Ⅲ级、Ⅳ级应急响应，由事发地市级或县级政府负责指挥应对工作。

对尚未达到一般大面积停电事件标准，但对社会产生较大影响的其他停电事件，各地政府可结合实际启动应急响应。

应急响应启动后，可视事件造成损失情况及其发展趋势调整响应级别，避免响应不足或响应过度。

（二）响应措施

大面积停电事件发生后，相关电力企业和重要电力用户要立即实施先期处置，全力控制事件发展态势，减少损失。省应急领导小组研究并报请省政府决定，是否报请国务院批准成立国家大面积停电事件应急指挥部或成立国务院工作组。研究成立河北省大面积停电事件应急指挥部或向事发地派出工作组。有关地方、部门和单位根据工作需要，组织采取以下措施：

1．抢修电网并恢复运行。电力调度机构合理安排运行方式，控制停电范围；尽快恢复重要输变电设备、电力主干网架运行；在条件具备时，优先恢复重要电力用户、重要城市和重点地区的电力供应。

电网企业迅速组织力量抢修受损电网设备设施，根据应急指挥机构要求，向重要电力用户及重要设施提供必要的应急电力支援。

发电企业保证设备安全，抢修受损设备，做好发电机组并网运行准备，按照电力调度指令恢复运行。

2．防范次生衍生事故。重要电力用户按照有关技术要求迅速启动自备应急电源，加强重大危险源、重要目标、重大关键基础设施隐患排查与监测预警，及时采取防范措施，防止发生次生衍生事故。

3．保障居民基本生活。启用应急供水措施，保障居民用水需求；采用多种方式，保障燃气供应和采暖期内居民生活热力供应；组织生活必需品的应急生产、调配和运输，保障停电期间居民基本生活。

4．维护社会稳定。加强涉及国家安全和公共安全的重点单位安全保卫工作，严密防范和严厉打击违法犯罪活动；加强对停电区域内繁华街区、大型居民区、大型商场、学校、医院、金融机构、机场、城市轨道交通设施、车站、码头及其他重要生产经营场所等重点地区、重点部位、人员密集场所的治安巡逻，及时疏散人员，解救被困人员，防范治安事件；加强交通疏导，维护道路交通秩序；尽快恢复企业生产经营活动；严厉打击造谣惑众、囤积居奇、哄抬物价等各种违法行为。

5．加强信息发布。按照及时准确、公开透明、客观统一的原则，加强信息发布和舆论引导，主动向社会发布停电相关信息和应对工作情况，提示相关注意事项和安保措施；加强舆情收集分析，及时回应社会关切，澄清不实信息，正确引导社会舆论，稳定公众情绪。

6．组织事态评估。及时组织专家对大面积停电事件影响范围、影响程度、发展趋势及恢复进度进行评估，为进一步做好应对工作提供依据。

（三）省级层面应对

1．部门应对。初判发生较大、一般大面积停电事件时，省发展改革委开展以下工作：

（1）密切跟踪事态发展，督促相关电力企业迅速开展电力抢修恢复等工作，指导督促各地有关部门做好应对工作；

（2）视情派出部门工作组赴现场指导协调事件应对等工作；

（3）根据电力企业和地方请求，协调有关方面为应对工作提供支援和技术支持；

（4）指导做好舆情信息收集、分析和应对工作。

2．省政府工作组应对。初判发生特别重大、重大大面积停电事件时，省政府工作组主要开展以下工作：

（1）传达上级和省政府领导同志指示批示精神，督促事发地政府、有关部门和电力企业贯彻落实；

（2）了解事件基本情况、造成的损失和影响、应对进展及当地需求等，根据地方和电力企业请求，协调有关方面派出应急队伍、调运应急物资和装备、安排专家和技术人员等，为应对工作提供支援和技术支持；

（3）对跨省级行政区域大面积停电事件应对工作进行协调；

（4）赶赴现场指导地方开展事件应对工作；

（5）指导开展事件处置评估；

（6）协调指导大面积停电事件宣传报道工作；

（7）及时向省政府报告相关情况。

3．省大面积停电事件应急指挥部应对。根据事件应对工作需要和省政府决策部署，成立省大面积停电事件应急指挥部。主要开展以下工作：

（1）组织有关部门和单位、专家组进行会商，研究分析事态，部署应对工作；

（2）根据需要赴事发现场，或派出前方工作组赴事发现场，协调开展应对工作；

（3）研究决定事发地政府、有关部门和电力企业提出的请求事项，重要事项报省政府决策；

（4）统一组织信息发布和舆论引导工作；

（5）组织开展事件处置评估；

（6）对事件处置工作进行总结并报告省政府。

（四）响应终止

同时满足以下条件时，由启动响应的政府终止应急响应：

1．电网主干网架基本恢复正常，电网运行参数保持在稳定限额之内，主要发电厂机组运行稳定；

2．减供负荷恢复 80%以上，受停电影响的重点地区、重要城市负荷恢复90%以上；

3．造成大面积停电事件的隐患基本消除；

4．大面积停电事件造成的重特大次生衍生事故基本处置完成。

五、后期处置

（一）处置评估

大面积停电事件应急响应终止后，履行统一领导职责的政府要及时组织对事件处置工作进行评估，总结经验教训，分析查找问题，提出改进措施，形成处置评估报告。鼓励开展第三方评估。

（二）事件调查

大面积停电事件发生后，根据有关规定成立调查组，查明事件原因、性质、影响范围、经济损失等情况，提出防范、整改措施和处理处置建议。

（三）善后处置

事发地政府要及时组织制定善后工作方案并组织实施。保险机构要及时开展相关理赔工作，尽快消除大面积停电事件的影响。

（四）恢复重建

大面积停电事件应急响应终止后，需对电网网架结构和设备设施进行修复或重建的，由省发展改革委或事发地政府根据实际工作需要组织编制恢复重建规划。相关电力企业和受影响区域政府应根据规划做好受损电力系统恢复重建工作。

六、保障措施

（一）队伍保障

电力企业应建立健全电力抢修应急专业队伍，加强设备维护和应急抢修技能方面的人员培训，定期开展应急演练，提高应急救援能力。各级政府根据需要组织动员其他专业应急队伍和志愿者等参与大面积停电事件及其次生衍生灾害处置工作。军队、武警部队、公安消防部门等要做好应急力量支援保障。

（二）装备物资保障

电力企业应储备必要的专业应急装备及物资，建立和完善相应保障体系。省有关部门和各级政府要加强应急救援装备物资及生产生活物资的紧急生产、储备调拨和紧急配送工作，保障支援大面积停电事件应对工作需要。鼓励支持社会化储备。

（三）通信、交通与运输保障

各级政府及通信主管部门要建立健全大面积停电事件应急通信保障体系，形成可靠的通信保障能力，确保应急期间通信联络和信息传递需要。交通运输部门要健全紧急运输保障体系，保障应急响应所需人员、物资、装备、器材等的运输。公安部门要加强交通应急管理，保障应急救援车辆优先通行；根据全面推进公务用车制度改革有关规定，有关单位应配备必要的应急车辆，保障应急救援需要。

（四）技术保障

电力行业要加强大面积停电事件应对和监测先进技术、装备的研发，制定电力应急技术标准，加强电网、电厂安全应急信息化平台建设。有关部门要为电力日常监测预警及电力应急抢险提供必要的气象、地质、水文等服务。

（五）应急电源保障

提高电力系统快速恢复能力，加强电网“黑启动”能力建设。省有关部门和电力企业应充分考虑电源规划布局，保障各地区“黑启动”电源。电力企业应配备适量的应急发电装备，必要时提供应急电源支援。重要电力用户应按照国家有关技术要求配置应急电源，并加强维护和管理，确保应急状态下能够投入运行。

（六）资金保障

省发展改革委、省财政厅、省民政厅、省国资委、国家能源局相关派出机构等有关部门和各级政府以及各相关电力企业应按照职责分工，为大面积停电事件处置及演练工作提供必要的资金保障。

七、附则

本预案实施后，省发展改革委要会同有关部门组织预案宣传、培训和演练，并根据实际，适时组织评估和修订。各级政府要结合当地实际制定或修订本级大面积停电事件应急预案。

本预案自印发之日起实施，由省发展改革委负责解释。

附件：1. 河北省大面积停电事件分级标准

2. 河北省大面积停电事件应急指挥部组成及工作组职责

附件 1

河北省大面积停电事件分级标准

一、特别重大大面积停电事件

（一）区域性电网：减供负荷 30%以上。

（二）省级电网：负荷 20000 兆瓦以上的减供负荷 30%以上，负荷 5000 兆瓦以上 20000 兆瓦以下的减供负荷 40%以上。

（三）省政府所在地城市电网：负荷 2000 兆瓦以上的减供负荷 60%以上，或 70%以上供电用户停电。

二、重大大面积停电事件

（一）区域性电网：减供负荷 10%以上 30%以下。

（二）省级电网：负荷 20000 兆瓦以上的减供负荷 13%以上 30%以下，负荷 5000 兆瓦以上 20000 兆瓦以下的减供负荷 16%以上 40%以下，负荷 1000 兆瓦以上 5000 兆瓦以下的减供负荷 50%以上。

（三）省政府所在地城市电网：负荷 2000 兆瓦以上的减供负荷 40%以上 60%以下，或 50%以上 70%以下供电用户停电；负荷 2000 兆瓦以下的减供负荷 40%以上，或 50%以上供电用户停电。

（四）其他市级电网：负荷 600 兆瓦以上的减供负荷 60%以上，或 70%以上供电用户停电。

三、较大大面积停电事件

（一）区域性电网：减供负荷 7%以上 10%以下。

（二）省级电网：负荷 20000 兆瓦以上的减供负荷 10%以上 13%以下，负荷 5000 兆瓦以上 20000 兆瓦以下的减供负荷 12%以上 16%以下，负荷 1000 兆瓦以上 5000 兆瓦以下的减供负荷 20%以上 50%以下，负荷 1000 兆瓦以下的减供负荷 40%以上。

（三）省政府所在地城市电网：减供负荷 20%以上 40%以下，或 30%以上 50%以下供电用户停电。

（四）其他市级电网：负荷 600 兆瓦以上的减供负荷 40%以上 60%以下，或 50%以上 70%以下供电用户停电；负荷 600 兆瓦以下的减供负荷 40%以上，或 50%以上供电用户停电。

（五）县级电网：负荷 150 兆瓦以上的减供负荷 60%以上，或 70%以上供电用户停电。

四、一般大面积停电事件

（一）区域性电网：减供负荷4%以上7%以下。

（二）省级电网：负荷20000兆瓦以上的减供负荷5%以上10%以下，负荷5000兆瓦以上20000兆瓦以下的减供负荷6%以上12%以下，负荷1000兆瓦以上5000兆瓦以下的减供负荷10%以上20%以下，负荷1000兆瓦以下的减供负荷25%以上40%以下。

（三）省政府所在地城市电网：减供负荷10%以上20%以下，或15%以上30%以下供电用户停电。

（四）其他市级电网：减供负荷20%以上40%以下，或30%以上50%以下供电用户停电。

（五）县级电网：负荷150兆瓦以上的减供负荷40%以上60%以下，或50%以上70%以下供电用户停电；负荷150兆瓦以下的减供负荷40%以上，或50%以上供电用户停电。

本预案有关数量的表述中，“以上”含本数，“以下”不含本数；省会城市、市减供负荷包括市区和所辖县；南网指保定、石家庄、邢台、邯郸、沧州、衡水市供电营业区域，北网指廊坊、唐山、秦皇岛、张家口、承德市供电营业区域。

附件 2

河北省大面积停电事件应急指挥部组成及工作组职责

省大面积停电事件应急指挥部主要由省发展改革委、省委宣传部、省委外宣局（省政府新闻办）、省政府应急办、省网信办、省工业和信息化厅、省公安厅、省民政厅、省财政厅、省国土资源厅、省住房城乡建设厅、省交通运输厅、省水利厅、省商务厅、省国资委、省新闻出版广电局、省安全监管局、省林业厅、省地震局、省气象局、国家能源局相关派出机构、省地理信息局、北京铁路局石家庄铁路办事处、河北机场管理集团公司、省通信管理局、省军区、武警河北省总队、国网河北省电力公司、国网冀北电力有限公司等部门和单位组成，并可根据应对工作需要，增加有关地方政府、其他有关部门和相关电力企业。

河北省大面积停电事件应急指挥部设立相应工作组，各工作组组成及职责分工如下：

一、电力恢复组：由省发展改革委牵头，省工业和信息化厅、省公安厅、省水利厅、省安全监管局、省林业厅、省地震局、省气象局、国家能源局相关派出机构、省地理信息局、省军区、武警河北省总队、国网河北省电力公司、国网冀北电力公司等参加，视情增加其他电力企业。

主要职责：组织进行技术研判，开展事态分析；组织电力抢修恢复工作，尽快恢复受影响区域供电工作；负责重要电力用户、重点区域的临时供电保障；负责组织跨区域的电力应急抢修恢复协调工作；协调军队、武警有关力量参与应对。

二、新闻宣传组：由省委宣传部牵头，省委外宣局（省政府新闻办）、省网信办、省发展改革委、省工业和信息化厅、省公安厅、省新闻出版广电局、省安全监管局、省通信管理局、国家能源局相关派出机构等参加。

主要职责：组织开展事件进展、应急工作情况等权威信息发布，加强新闻宣传报道；收集分析国内外舆情和社会公众动态，加强媒体、电信和互联网管理，正确引导舆论；及时澄清不实信息，回应社会关切。

三、综合保障组：由省发展改革委牵头，省政府应急办、省工业和信息化厅、省公安厅、省民政厅、省财政厅、省国土资源厅、省住房城乡建设厅、省交通运输厅、省水利厅、省商务厅、省国资委、省新闻出版广电局、省通信管理局、国家能源局相关派出机构、北京铁路局石家庄铁路办事处、河北机场管理集团公司、国网河北省电力公司、国网冀北电力有限公司等参加，视情增加其他电力企业。

主要职责：对大面积停电事件受灾情况进行核实，指导恢复电力抢修方案，落实人员、资金和物资；组织做好应急救援装备物资及生产生活物资的紧急生产、储备调拨和紧急配送工作；及时组织调运重要生活必需品，保障群众基本生活和市场供应；维护供水、供气、供热、通信、广播电视等设施正常运行；维护铁路、公路、水路、民航等基本交通运行；组织开展事件处置评估。

四、社会稳定组：由省公安厅牵头，省网信办、省发展改革委、省工业和信息化厅、省民政厅、省交通运输厅、省商务厅、省通信管理局、国家能源局相关派出机构、省军区、武警河北省总队等参加。

主要职责：加强受影响地区社会治安管理，严厉打击借机传播谣言制造社会恐慌，以及趁机盗窃、抢劫、哄抢等违法犯罪行为；加强转移人员安置点、救灾物资存放点等重点地区治安管控；加强对重要生活必需品等商品的市场监管和调控，打击囤积居奇行为；加强对重点区域、重点单位的警戒；做好受影响人员与涉事单位、地方政府及有关部门矛盾纠纷化解等工作，切实维护社会稳定。

山西省大面积停电事件应急预案

（晋政办发〔2016〕177号）

1 总则

1.1 编制目的

为建立健全大面积停电事件应对工作机制，提高应对效率，最大程度减少人员伤亡和财产损失，维护国家安全和社会稳定，特编制本预案。

1.2 编制依据

本预案依据《中华人民共和国突发事件应对法》《中华人民共和国安全生产法》《中华人民共和国电力法》《生产安全事故报告和调查处理条例》《电力安全事故应急处置和调查处理条例》《电力供应与使用条例》《电网调度管理条例》《电力安全生产监督管理办法》（发改委第21号令）、《山西省突发事件应对条例》《山西省电力设施保护条例》等法律法规以及《国家大面积停电事件应急预案》（国办函〔2015〕134号）、《山西省突发公共事件总体应急预案》《山西省突发事件应急预案管理办法》（晋政办发〔2014〕56号）等编制。

1.3 适用范围

本预案适用于山西省行政区域内发生的大面积停电事件应对工作。

1.4 工作原则

大面积停电事件应对工作坚持“统一领导、综合协调，属地为主、分工负责，保障民生、维护安全，全社会共同参与”的原则。

1.5 事件分级

按照事件严重性和受影响程度，大面积停电事件分为特别重大、重大、较大和一般四级。分级标准依照《国家大面积停电事件应急预案》（国办函〔2015〕134号）执行。

2 组织指挥体系及职责

2.1 组织体系

山西省大面积停电事件应急工作组织体系由山西省大面积停电事件应急

指挥部（以下简称省指挥部）及事发地市、县人民政府大面积停电事件组织指挥机构组成。

发生跨市、县行政区域的大面积停电事件时，根据需要建立跨区域大面积停电事件应急合作机制。

2.2 省指挥部组成及职责

省指挥部总指挥由分管电力运行的副省长担任，副总指挥由协助电力运行工作的副秘书长、省经信委主任、山西能监办专员、省发展改革委主任、省电力公司总经理担任。省指挥部成员单位由省委宣传部、省网信办、省发展改革委、省经信委、省公安厅、省民政厅、省财政厅、省国土资源厅、省住房城乡建设厅、省交通运输厅、省水利厅、省林业厅、省商务厅、省卫生计生委、省国资委、省新闻出版广电局、省安监局、省气象局、省地震局、省测绘局、省通信管理局、太原铁路局、山西能监办、省民航机场管理局、省军区、武警山西总队、新华社山西分社、省电力公司、晋能集团等部门和单位组成。根据应对工作需要，可增加有关市、县人民政府和其他有关部门和相关电力企业。

省指挥部主要职责为：

（1）负责全省电网大面积停电事件应急处置的组织领导和指挥协调，研究山西电力系统安全稳定运行和电力供应秩序等重要事项，研究重大应急决策和部署；

（2）统一领导大面积停电应急处置、事故抢险、电网恢复、信息发布、舆情引导等各项应急工作；

（3）协调各相关地区、各有关部门应急指挥机构之间的关系，指挥社会应急救援工作；

（4）决定实施和终止应急响应，宣布进入和解除应急状态，发布应急指令；

（5）按授权发布信息。

2.3 省指挥部办事机构及职责

省指挥部办公室设在省经信委，为省指挥部日常办事机构。

办公室主要职责为：

（1）落实省指挥部部署的各项任务和下达的各项指令；

（2）组织修订本预案，指导各市修订应急预案并监督执行情况；

（3）及时掌握应急处置和供电恢复情况。

2.4 省指挥部成员单位及职责

（1）省委宣传部：负责各新闻媒体单位协调衔接，做好新闻报道、舆论引导和新闻发布工作。

（2）省网信办：指导有关单位开展网络舆情监测和引导工作，组织新闻网站开展网上新闻宣传。

（3）省发展改革委：负责组织电力企业电力恢复中的规划建设等相关工作。

（4）省经信委：负责指导电力供应平衡工作；负责制定事故状态下拉闸限电序位表、保电序位表和恢复供电序位表；协调全省发、供、用电力资源的紧急调配及发电企业燃料在应急状态下的供应工作。

（5）省公安厅：组织对事发地关系国计民生、国家安全和公共安全的重点单位安全保卫和秩序维护工作，维护社会稳定。

（6）省民政厅：负责组织协调电网大面积停电突发事件影响居民的安抚和临时基本生活救助工作。

（7）省财政厅：负责组织协调电力应急救援工作所需经费，并列入年财政预算，做好应急资金使用的监督管理工作。

（8）省国土资源厅：负责对造成电力设施破坏的地质灾害进行评估。

（9）省住房城乡建设厅：负责指导因电网大面积停电导致城市供水、排水、燃气、热力、道路照明等市政公用设施抢、排险工作。

（10）省交通运输厅：协助征用应急救援客货运输车辆，协调发电燃料、抢险救援物资、必要生活资料和抢险救灾人员公路运输的畅通。

（11）省水利厅：组织做好生活用水和水利工程供水的应急处置工作。

（12）省林业厅：组织做好大面积停电事件发生后全省森林防火工作，配合电力抢修使用林地工作。

（13）省商务厅：负责做好抢险物资及必要生活资料的流通工作，协调有关部门保证抢险所需物资及必要生活资料的生产、调运管理，加强市场宏观调控，做好生活必需品的供应。

（14）省卫生计生委：督导受影响地区医疗卫生机构实施自保电应急启动和临时应急措施，保障医疗卫生服务有序正常，保障人民群众生命安全。

（15）省国资委：配合电力行业主管部门，督促本行政区所监管企业做好应急处置工作。

（16）省新闻出版广电局：负责电网大面积停电事件的应急公益宣传及应急广播。

（17）省安监局：配合省指挥部组织协调事件救援，提出安全预防建议等。

（18）省气象局：负责根据电网大面积停电事件应急处置需要，提供相关气象信息。

（19）省地震局：负责提供地震信息监测和报送工作。

（20）省测绘局：负责组织提供大面积停电测绘应急保障工作。

（21）省通信管理局：负责组织协调各电信运营企业做好通信保障应急工作。

（22）太原铁路局：负责组织疏导、运输所辖火车站的滞留旅客，保障发电燃料、抢险救援物资、必要生活资料等的所辖铁路运输。

（23）山西能监办：负责组织、指挥、协调电力企业的应急处置工作，指导电力企业尽快恢复电力生产和电力供应。

（24）省民航机场管理局：做好机场滞留旅客疏导，协调航空公司组织应急救援物资、设备及伤员的空中运输。

（25）省军区：根据需要负责组织民兵预备役部队，必要时协调驻军参加应急救援。

（26）武警山西总队：根据需要组织指挥所属部队参与抢险救灾工作；配合公安机关维护当地社会秩序，保卫重要目标；做好各项灭火救援应急工作，及时扑灭电网大面积停电期间发生的各类火灾。

（27）新华社山西分社：配合相关部门，协调相关媒体记者做好处置电网大面积停电事件的信息发布和舆论引导工作。

（28）省电力公司、晋能集团：在省指挥部领导下，负责按照调度管理权限开展电网恢复工作，具体实施本行政区内的大面积停电事件应急处置工作和应急抢修工作，加强日常应急管理工作，不断完善企业应急预案。

2.5 应急专业组及其职责

根据应急工作实际，省指挥部设立四个专业组。

（1）电力恢复组

由省经信委牵头，省发展改革委、省公安厅、省水利厅、省林业厅、省安监局、省气象局、省地震局、省测绘局、山西能监办、省军区、省武警总队、省电力公司、晋能集团等参加，视情增加其他电力企业。

主要职责：组织进行技术研判，开展事态分析；组织电力抢修恢复工作，尽快恢复受影响区域供电工作；做好重要电力用户、重点区域的临时供电保障；负责组织跨区域的电力应急抢修恢复协调工作；协调军队、武警有关力量参与应对。

（2）新闻宣传组

由省委宣传部牵头，省网信办、省发展改革委、省经信委、省公安厅、省新闻出版广电局、省安监局、山西能监办、新华社山西分社等参加。

主要职责：组织开展事件进展、应急工作情况等信息发布，加强新闻宣传报道；收集分析舆情和社会公众动态，加强媒体、电信和互联网管理，正确引导舆论；及时澄清不实信息，回应社会关切。

（3）综合保障组

由省经信委牵头，省发展改革委、省公安厅、省民政厅、省财政厅、省国土资源厅、省住房城乡建设厅、省交通运输厅、省水利厅、省商务厅、省国资委、省新闻出版广电局、省通信管理局、太原铁路局、山西能监办、省民航机场管理局、省电力公司、晋能集团等参加，视情增加其他电力企业。

主要职责：对大面积停电事件受灾情况进行核实，指导恢复电力抢修方案，落实人员、资金和物资；组织做好应急救援装备物资及生产生活物资的紧急生产、储备调拨和紧急配送工作；及时组织调运重要生活必需品，保障群众基本生活和市场供应；维护供水、供气、供热、通信、广播电视等设施正常运行；维护铁路、道路、水路、民航等基本交通运行；组织开展事件处置评估。

（4）社会稳定组

由省公安厅牵头，省网信办、省发展改革委、省经信委、省民政厅、省交通运输厅、省商务厅、省卫生计生委、山西能监办、省军区、武警山西总队等参加。

主要职责：加强受影响地区社会治安管理，严厉打击借机传播谣言制造社会恐慌，以及趁机盗窃、抢劫、哄抢等违法犯罪行为；加强转移人员安置点、救灾物资存放点等重点地区治安管控；督导受影响地区医疗卫生机构实施自保电应急启动和临时应急措施，保障医疗卫生服务有序正常，保障人民群众生命安全；加强对重要生活必需品等商品的市场监管和调控，打击囤积居奇行为；加强对重点区域、重点单位的警戒；做好受影响人员与涉事单位、市、县人民政府及有关部门矛盾纠纷化解等工作，切实维护社会稳定。

2.6 现场指挥机构

负责大面积停电事件应对的人民政府根据需要成立现场指挥部，负责现场组织指挥工作。参与现场处置的有关单位和人员要服从现场指挥部的统一指挥。

2.7 电力企业、重要电力用户

电力企业（包括电网企业、发电企业等，下同）建立健全应急指挥机构，在政府组织指挥机构领导下开展大面积停电事件应对工作。电网调度工作按照《电网调度管理条例》及相关规程执行，电力抢修人员按照国家、行业相关安全作业规程开展事故抢修。

重要用户接受各级人民政府电网大面积停电事件应急指挥部的领导，落实本单位事故抢险和应急处置工作，做好自备应急电源配备和安全使用管理工作。

2.8 专家组

省指挥部根据需要成立大面积停电事件应急专家组，成员由电力、气象、地质、水文等领域相关专家组成，对大面积停电事件应对工作提供技术咨询和建议。

3 监测预警

3.1 监测和风险分析

电力企业要结合实际加强对重要电力设施设备运行、发电燃料供应等情况的监测，建立与气象、水利、林业、地震、公安、交通运输、国土资源、经信等部门的信息共享机制，及时分析各类情况对电力运行可能造成的影响，预估可能影响的范围和程度。

3.2 预警

3.2.1 预警信息发布

电力企业研判可能造成大面积停电事件时，要及时将有关情况报告受影响区域的县级以上人民政府电力运行主管部门和山西能监办，提出预警信息发布建议，并视情通知重要电力用户。各级人民政府电力运行主管部门应及时组织研判，必要时报请当地人民政府批准后向社会公众发布预警，并通报同级其他相关部门和单位。

3.2.2 预警行动

预警信息发布后，电力企业要加强设备巡查检修和运行监测，采取有效措施控制事态发展；组织相关应急救援队伍和人员进入待命状态，动员后备人员做好参加应急救援和处置工作准备，并做好大面积停电事件应急所需物资、装备和设备等应急保障准备工作。重要电力用户做好自备应急电源启用准备。受影响区域人民政府启动应急联动机制，组织有关部门和单位做好维持公共秩序、供水供气供热、商品供应、交通物流等方面的应急准备；加强相关舆情监测，主动回应社会公众关注的热点问题，及时澄清谣言传言，做好舆论引导工作。

3.2.3 预警解除

根据事态发展，经研判不会发生大面积停电事件时，按照“谁发布、谁解除”的原则，由发布单位宣布解除预警，适时终止相关措施。

4 信息报告

大面积停电事件发生后，相关电力企业应立即向受影响区域县级以上人民政府电力运行主管部门和山西能监办报告。

事发地人民政府电力运行主管部门接到大面积停电事件信息报告或者监测到相关信息后，应当立即进行核实，对大面积停电事件的性质和类别作出初步认定，按照国家规定的时限、程序和要求向上级电力运行主管部门和同级人民政府报告，并通报同级其他相关部门和单位。各级人民政府及其电力运行主管部门应当按照有关规定逐级上报，必要时可越级上报。山西能监办接到大面积停电事件报告后，应当立即核实有关情况并向国家能源局报告，同时通报省经信委。对初判为重大以上的大面积停电事件，省人民政府要立即按程序向国务院报告。

5 应急响应

根据大面积停电事件的严重程度和发展态势，山西省省级层面大面积停电事件应急响应分为Ⅰ级、Ⅱ级、Ⅲ级三个等级。应急响应启动后，可视事件造成损失情况及其发展趋势调整响应级别，避免响应不足或响应过度。

5.1 Ⅰ级响应

5.1.1 启动条件

满足下列条件之一时，启动Ⅰ级响应：

（1）山西省电网：负荷 20000 兆瓦以上时，减供负荷 13%以上；负荷 5000 兆瓦以上 20000 兆瓦以下时减供负荷 16%以上；负荷 1000 兆瓦以上 5000 兆瓦以下时减供负荷 50%以上。

（2）太原市电网：减供负荷 40%以上，或 50%以上供电用户停电。

（3）其他设区市电网：负荷 600 兆瓦以上的减供负荷 60%以上，或 70%以上供电用户停电。

（4）大面积停电事件超出市级人民政府处置能力。

5.1.2 启动程序

大面积停电事件发生后，省指挥部办公室经分析评估，认定事件达到启动Ⅰ级响应标准，向省指挥部提出启动Ⅰ级响应的建议，由省指挥部决定启动Ⅰ级响应。

5.1.3 响应措施

Ⅰ级响应由省指挥部统一领导、组织和指挥。省指挥部主要开展以下工作：

（1）组织有关部门和单位、专家组进行会商，研究分析事态，部署应对工作；

（2）成立现场指挥部，指挥、组织应急处置与救援工作。

（3）研究决定市、县人民政府、有关部门和电力企业提出的请求事项，重要事项报省人民政府决策；

（4）统一组织信息发布和舆论引导工作；

（5）组织开展事件处置评估；

（6）按照相关规定，对事件处置工作进行总结、报告；

（7）超出省级处置能力时，向国务院申请支援；

（8）当国务院成立大面积停电事件应急指挥部，统一领导、组织和指挥大面积停电事件应对工作后，省指挥部要立即移交指挥权，并继续配合做好应急处置工作。

5.2 Ⅱ级响应

5.2.1 启动条件

满足下列条件之一时，启动Ⅱ级响应：

（1）山西省电网：负荷20000兆瓦以上时减供负荷10%以上13%以下；负荷5000兆瓦以上20000兆瓦以下时减供负荷12%以上16%以下；负荷1000兆瓦以上5000兆瓦以下时减供负荷20%以上50%以下；负荷1000兆瓦以下时减供负荷40%以上。

（2）太原市电网：减供负荷20%以上40%以下，或30%以上50%以下供电用户停电。

（3）其他设区市电网：负荷600兆瓦以上的减供负荷40%以上60%以下，或50%以上70%以下供电用户停电；负荷600兆瓦以下的减供负荷40%以上，或50%以上供电用户停电。

（4）县级市电网：负荷150兆瓦以上的减供负荷60%以上，或70%以上供电用户停电。

（5）大面积停电事件超出县级人民政府处置能力。

（6）尚未达到上述条件，但对社会产生严重影响的其他停电事件。

5.2.2 启动程序

大面积停电事件发生后，省指挥部办公室经分析评估，认定事件达到启动Ⅱ级响应标准，向省指挥部提出启动Ⅱ级响应的建议，省指挥部决定启动Ⅱ级响应。

5.2.3 响应措施

启动Ⅱ级响应后，省指挥部主要开展以下工作：

（1）传达省人民政府领导同志指示批示精神，督促市、县人民政府、有关部门和电力企业贯彻落实；

（2）成立工作组，赶赴现场指导市、县开展应对工作；

（3）了解事件基本情况、造成的损失和影响、应对进展及当地需求等，根据市、县和电力企业请求，协调有关方面派出应急队伍、调运应急物资和装备、安排专家和技术人员等，为应对工作提供支援和技术支持；

（4）对跨市级行政区域大面积停电事件应对工作进行指导协调；

（5）指导开展事件处置评估；

（6）协调指导大面积停电事件宣传报道工作。

5.3 Ⅲ级响应

5.3.1 启动条件

满足下列条件之一时，启动Ⅲ级响应：

（1）山西省电网：负荷20000兆瓦以上时减供负荷5%以上10%以下；负荷5000兆瓦以上20000兆瓦以下时减供负荷6%以上12%以下；负荷1000兆瓦以上5000兆瓦以下时减供负荷10%以上20%以下；负荷1000兆瓦以下时减供负荷25%以上40%以下。

（2）太原市电网：减供负荷10%以上20%以下，或15%以上30%以下供电用户停电。

（3）其他设区市电网：减供负荷20%以上40%以下，或30%以上50%以下供电用户停电。

（4）县级市电网：负荷150兆瓦以上的减供负荷40%以上60%以下，或50%以上70%以下供电用户停电；负荷150兆瓦以下的减供负荷40%以上，或50%以上供电用户停电。

（5）尚未达到上述条件，但对社会产生较大影响的其他停电事件。

5.3.2 启动程序

大面积停电事件发生后，省指挥部办公室经分析评估，认定事件达到启动Ⅲ级响应标准，省指挥部办公室决定启动Ⅲ级响应。

5.3.3 响应措施

启动Ⅲ级响应后，省指挥部办公室主要开展以下工作：

（1）密切跟踪事态发展，督促相关电力企业迅速开展电力抢修恢复等工作，指导督促地方有关部门做好应对工作；

（2）视情况派员赴现场指导协调应对等工作；

（3）对跨市、县行政区域大面积停电事件应对工作进行指导协调；

（4）根据电力企业和市、县政府请求，协调有关方面，为应对工作提供支援和技术支持；

（5）指导做好舆情信息收集、分析和应对工作。

5.4 应急处置

大面积停电事件发生后，相关电力企业和重要电力用户要立即实施先期处置，全力控制事件发展态势，减少损失。各级人民政府、有关部门和单位根据职责分工和工作需要，组织采取以下措施。

5.4.1 抢修电网并恢复运行

电力调度机构合理安排运行方式，控制停电范围；尽快恢复重要输变电设备、电力主干网架运行；根据实际情况，优先恢复重要电力用户、重要城市和重点地区的电力供应。

电网企业迅速组织力量抢修受损电网设备设施，根据应急指挥机构要求，向重要电力用户及重要设施提供必要的电力支援。

发电企业保证设备安全，抢修受损设备，做好发电机组并网运行准备，按照电力调度指令恢复运行。

5.4.2 防范次生衍生事故

重要电力用户按照有关技术要求迅速启动自备应急电源，加强重大危险源、重要目标、重大关键基础设施隐患排查与监测预警，及时采取防范措施，防止发生次生衍生事故。

5.4.3 保障居民基本生活

启用应急供水措施，保障居民用水需求；采用多种方式，保障燃气供应和采暖期内居民生活热力供应；组织生活必需品的应急生产、调配和运输，保障停电期间居民基本生活。

5.4.4 维护社会稳定

加强涉及国家安全和公共安全的重点单位安全保卫工作，严密防范和严厉打击违法犯罪活动。加强对停电区域内繁华街区、大型居民区、大型商场、学校、医院、金融机构、机场、城市轨道交通设施、车站、码头及其他重要生产经营场所等重点地区、重点部位、人员密集场所的治安巡逻，及时疏散人员，解救被困人员，防范治安事件。加强交通疏导，维护道路交通秩序。尽快恢复企业生产经营活动。严厉打击造谣惑众、囤积居奇、哄抬物价等各种违法行为。

5.4.5 加强信息发布

按照及时准确、公开透明、客观统一的原则，加强信息发布和舆论引导，主动向社会发布停电相关信息和应对工作情况，提示相关注意事项和安保措施。加强舆情收集分析，及时回应社会关切，澄清不实信息，正确引导社会舆论，稳定公众情绪。

5.4.6 组织事态评估

及时组织对大面积停电事件影响范围、影响程度、发展趋势及恢复进度进行评估，为进一步做好应对工作提供依据。

5.5 响应终止

同时满足以下条件时，由启动响应的组织和单位终止应急响应：

（1）电网主干网架基本恢复正常，电网运行参数保持在稳定限额之内，主要发电厂机组运行稳定；

（2）减供负荷恢复 80%以上，受停电影响的重点地区、重要城市负荷恢复 90%以上；

（3）造成大面积停电事件的隐患基本消除；

（4）大面积停电事件造成的重特大次生衍生事故基本处置完成。

6　后期处置

6.1　处置评估

大面积停电事件应急响应终止后，履行统一组织领导和指挥职责的人民政府要及时组织对事件处置工作进行评估，总结经验教训，分析查找问题，提出改进措施，形成处置评估报告。鼓励开展第三方评估。

6.2　事件调查

大面积停电事件发生后，根据有关规定成立调查组，查明事件原因、性质、影响范围、经济损失等情况，提出防范、整改措施和处理处置建议。

6.3　善后处置

事发地人民政府要及时组织制订善后工作方案并组织实施。保险机构要及时开展相关理赔工作，尽快消除大面积停电事件的影响。

6.4　恢复重建

大面积停电事件应急响应终止后，需对电网网架结构和设备设施进行修复或重建的，按照相关规定和实际工作需要组织编制恢复重建规划。相关电力企业和受影响区域人民政府应当根据规划做好受损电力系统恢复重建工作。

7　保障措施

7.1　队伍保障

电力企业应建立健全电力抢修应急专业队伍，加强设备维护和应急抢修技能方面的人员培训，定期开展应急演练，提高应急救援能力。各级人民政府根据需要组织动员其他专业应急队伍和志愿者等参与大面积停电事件及其次生衍生灾害处置工作。驻晋部队、武警、公安消防等要做好应急力量支援保障。

7.2　装备物资保障

电力企业应储备必要的专业应急装备及物资，建立和完善相应保障体系。各级人民政府及有关部门要加强应急救援装备物资及生产生活物资的紧急生产、储备调拨和紧急配送工作，保障支援大面积停电事件应对工作需要。鼓励支持社会化储备。

7.3　通信、交通与运输保障

各级人民政府及通信主管部门要建立健全大面积停电事件应急通信保障体系，形成可靠的通信保障能力，确保应急期间通信联络和信息传递需要。交通运输部门要健全紧急运输保障体系，协助应急响应所需人员、物资、装备、器材等的运输；公安部门要加强交通应急管理，保障应急救援车辆优先通行；根据全面推进公务用车制度改革有关规定，有关单位应配备必要的应急车辆，保障应急救援需要。

7.4 技术保障

电力行业要加强大面积停电事件应对和监测先进技术、装备的研发，制定电力应急技术标准，加强电网、电厂安全应急信息化平台建设。有关部门要为电力日常监测预警及电力应急抢险提供必要的气象、地质、水文等服务。

7.5 应急电源保障

提高电力系统快速恢复能力，加强电网“黑启动”能力建设。有关部门和电力企业应充分考虑电源规划布局，保障各地区“黑启动”电源。电力企业应配备适量的应急发电装备，必要时提供应急电源支援。重要电力用户应按照国家有关技术要求配置应急电源，并加强维护和管理，确保应急状态下能够投入运行。

7.6 资金保障

省发展改革委、省财政厅、省民政厅等有关部门和市、县人民政府以及各相关电力企业应按照有关规定，对大面积停电事件处置工作提供必要的资金保障。

8 附则

8.1 术语解释

本预案所称大面积停电事件是指由于自然灾害、电力安全事故和外力破坏等原因造成区域性电网、省级电网或城市电网大量减供负荷，对国家安全、社会稳定以及人民群众生产生活造成影响和威胁的停电事件。

本预案有关数量的表述中，“以上”含本数，“以下”不含本数。

8.2 预案管理

本预案实施后，省经信委会同有关部门组织预案宣传、培训和演练，并根据实际情况，适时组织评估和修订。市、县人民政府要结合当地实际制定或修订本级大面积停电事件应急预案。

8.3 预案解释

本预案由省经信委负责解释。

8.4 预案实施时间

本预案自印发之日起实施。

内蒙古自治区大面积停电事件应急预案

（内政办发〔2018〕30号）

目　录

1 总则

1.1 编制目的

建立健全大面积停电事件应急处置机制，提高自治区科学、有效、快速处置大面积停电事件能力，最大程度地预防和减少因大面积停电事件造成的影响和损失，切实维护国家安全、社会稳定和人民生命财产安全。

1.2 编制依据

依据《中华人民共和国安全生产法》《中华人民共和国突发事件应对法》《生产安全事故报告和调查处理条例》《电网调度管理条例》《电力安全事故应急处置和调查处理条例》《电力供应与使用条例》《国家突发公共事件总体应急预案》《国家大面积停电事件应急预案》及其他法律法规，制定本预案。

1.3 适用范围

本预案适用于自治区行政区域内发生的大面积停电事件应对和处置工作。

大面积停电事件是指由于自然灾害、电力安全事故和外力破坏等原因造成区域性电网、自治区级电网或城市电网大量减供负荷，对公共安全、社会稳定以及人民群众生产生活造成影响和威胁的停电事件。

1.4 工作原则

自治区大面积停电事件应急处置工作应坚持统一领导、综合协调，属地为主、分工负责，加强预警监测、强化应急措施，全社会共同参与的原则。

1.5 事件分级

按照事件严重性和影响范围，参照《国家大面积停电事件应急预案》分级原则，自治区大面积停电事件分为特别重大、重大、较大、一般四级（分级标准见附件1）。

2 组织体系

2.1 自治区组织指挥机构

自治区经济和信息化委负责大面积停电事件应对的指导协调和组织管理工作。当发生重大、特别重大大面积停电事件时，自治区经济和信息化委或事发地人民政府按程序报请自治区人民政府批准，或根据自治区领导指示，成立自治区工作组，负责指导、协调、支持有关地方人民政府开展大面积停电事件应对工作。必要时，由自治区人民政府或自治区人民政府授权自治区经济和信息化委成立自治区大面积停电事件应急指挥部（以下简称自治区指挥部），统一领导、组织和指挥大面积停电事件应对工作（自治区指挥部组成及工作职责见附件2）。

2.2 各盟市和计划单列市组织指挥机构

各盟行政公署、市人民政府要结合本地区实际，建立健全应急组织指挥机构，负责指挥、协调处置本行政区域内大面积停电事件工作。要建立健全跨区域应急合作和联动机制，一旦发生跨区域大面积停电事件时立即启动。

2.3 现场指挥机构

发生大面积停电事件时，事发地盟行政公署、市人民政府和当地政府根据需要成立现场指挥部，负责现场应对处置的组织指挥工作。参与现场处置的有关部门、单位和人员应服从现场指挥部的统一指挥。

2.4 电力企业

电力企业（包括电网企业、发电企业等，下同）要建立健全应急组织指挥机构，制定停电应急预案，在有关各级人民政府组织指挥机构领导下负责本企业电力突发事件的报告、抢险工作。电网调度工作按照《电网调度管理条例》及相关规程执行。

2.5 重要电力用户

重要电力用户要制定本单位停电事件应急预案，配备应急电源，建立停电事故预防措施，完善重大危险源电力安全保障和防护机制，防范重大危险源因停电引发的次生灾害。

2.6 应急专家组

各级组织指挥机构根据需要成立大面积停电事件应急专家组，成员由电力、气象、地质、水文等领域相关专家组成，对大面积停电事件应对处置工作提供技术支持，参与修订完善应急预案以及事态和处置评估。

3　监测预警和信息报告

3.1　监测和风险分析

电力企业要结合实际加强对重要电力设施设备运行、发电燃料供应情况的监测，建立与气象、水利、林业、地震、公安、交通运输、国土资源、经济和信息化委等部门的信息共享机制，及时分析各类情况对电力运行可能造成的影响，预估可能影响的范围和程度。

3.2　预警

3.2.1　预警信息发布

电力企业研判可能发生大面积停电事件时，要及时将有关情况报告受影响区域经济和信息化委，提出预警信息发布建议，并视情况通知重要电力用户。事发地经济和信息化委应及时组织研判，必要时报请当地人民政府批准后由自治区预警信息发布中心向社会公众发布预警，并通报同级其他部门和单位。当研判可能发生重大及以上大面积停电事件时，电力企业应报告自治区经济和信息化委，蒙西区域电力企业应同时报告国家能源局华北监管局，蒙东区域电力企业应同时报告国家能源局东北监管局。

3.2.2　预警行动

预警信息发布后，电力企业要加强设备巡查检修和运行监测，采取有效措施控制事态发展；组织相关应急救援队伍和人员进入待命状态，动员后备人员做好参加应急救援和处置工作准备，并做好大面积停电事件应急所需物资、装备和设备等应急保障准备工作。重要电力用户做好自备应急电源启用准备。受影响区域人民政府启动应急联动机制，组织有关部门和单位做好维持公共秩序、供水供气供热、商品供应、交通物流等方面的应急准备；做好舆论引导工作，加强相关舆情监测，主动回应社会公众关注的热点问题，及时澄清谣言传言。

3.2.3　预警解除

根据事态发展，经研判不会发生大面积停电事件、恢复供电后不会产生次生灾害时，按照“谁发布、谁解除”的原则，由发布单位宣布解除预警，终止相关应急响应。

3.3　信息报告

大面积停电事件发生后，相关电力企业应立即向受影响区域经济和信息化委和受影响区域人民政府报告，同时蒙西区域电力企业报告国家能源局华北监管局，蒙东区域电力企业报告国家能源局东北监管局。

事发地经济和信息化委接到大面积停电事件信息报告或检测到相关信息后，应当立即进行核实，对大面积停电事件的性质、类别作出初判认定，按照国家规定的时限、程序和要求向上级经济和信息化委和同级人民政府报告，并通报同级其他相关部门和单位。地方各级人民政府及经济和信息化委应当按照有关规定逐级上报，必要时可越级上报。自治区经济和信息化委接到大面积停电事件报告后，应当立即核实有关情况并向自治区人民政府报告。对初判为重大以上的大面积停电事件，自治区经济和信息化委要立即向自治区人民政府报告，由自治区人民政府按程序向国务院报告。

4 应急响应

4.1 响应分级

根据大面积停电事件的严重程度和发展态势，将应急响应设定为Ⅰ级、Ⅱ级、Ⅲ级和Ⅳ级四个等级。初判发生特别重大大面积停电事件，启动Ⅰ级应急响应，由自治区人民政府负责指挥应对处置工作。必要时，由自治区人民政府报请国务院或国务院授权国家发展改革委成立国家大面积停电事件应急指挥部，统一领导、组织和指挥大面积停电事件应对处置工作。初判发生重大大面积停电事件，启动Ⅱ级应急响应，由自治区人民政府负责指挥应对处置工作。初判发生较大、一般大面积停电事件，分别启动Ⅲ级、Ⅳ级应急响应，根据事件影响范围，由事发地盟行政公署、市人民政府或旗县（市、区）人民政府负责指挥应对处置工作。

对尚未达到一般大面积停电事件标准，但对社会产生较大影响的其他停电事件，事发地人民政府可结合实际情况启动应急响应。

应急响应启动后，可视事件造成的损失情况及发展趋势调整响应级别，避免响应不足或响应过度。

4.2 响应措施

大面积停电事件发生后，相关电力企业和重要电力用户要立即实施先期处置，全力控制事件发展态势，减少损失。各有关部门和单位根据工作需要组织实施应对措施。

4.2.1 电力企业应对措施

电力调度机构合理安排运行方式，控制停电范围；尽快恢复重要输变电设备、电力主干网架运行；条件具备时，优先恢复重要电力用户、重要城市和重点地区的电力供应。

电力企业迅速组织力量抢修受损电网设备设施，根据事发地人民政府或相应组织指挥机构要求，向重要电力用户及重要设施提供必要的电力支援。

发电企业保证设备安全，抢修受损设备，做好发电机组并网运行准备，按照电力调度制定恢复运行。

4.2.2 重要电力用户应对措施

重要电力用户按照有关技术要求，迅速启动自备应急电源，加强重大危险源、重要目标、重大关键基础设施隐患排查与监测预警，及时采取防范措施，防止发生次生衍生事故。

4.2.3 居民基本生活保障应对措施

启用应急供水措施，保障居民用水需求；采用多种方式，保障燃气供应和采暖期内居民生活热力供应；组织生活必需品的应急生产、调配和运输，保障停电期间居民基本生活。

4.2.4 维护社会稳定应对措施

加强涉及国家安全和公共安全的重点单位安全保卫工作，严密防范和严厉打击违法犯罪活动。加强对停电区域内繁华街区、大型商场、学校、医院、金融机构、城市交通设施、机场、车站及其他重要生产经营场所等重点区域、重点部位、人员密集场所的治安巡逻，及时疏散人员，解救被困人员。加强交通疏导，维护道路交通秩序。

4.2.5 公众舆情应对措施

各级人民政府或组织指挥机构应统一对社会公众及时准确、客观透明的发布舆情信息，加强舆论引导，提示和指导社会公众注意各类安全事项和基本生活保障措施事项。要建立社会舆情信息反馈渠道，及时应对社会舆情，澄清不实信息。

4.2.6 大面积停电事态分析评估措施

各级人民政府或组织指挥机构在大面积停电事件应急处置过程中，要根据事件影响范围、影响程度、发展趋势、应急救援进展和社会舆情反馈等信息，做好大面积停电事态定时评估工作。

4.3 自治区层面应对

4.3.1 部门应对

初判发生一般或较大大面积停电事件时，自治区经济和信息化委要密切跟踪事态发展，督促相关电力企业迅速开展电力抢修恢复等工作，指导督促当地有关部门做好应对工作；视情况派出部门工作组赴现场指导协调事件应对等工作；根据电力企业和当地请求，协调有关方面为应对工作提供支援和技术支持；指导做好舆情信息收集、分析和应对工作。

4.3.2 自治区组织指挥机构应对

初判发生重大或特别重大大面积停电事件时，自治区人民政府要组织有关部门和单位、专家组进行会商，研究分析事态，部署应对工作；视情况成立工作组或授权自治区经济和信息化委成立自治区指挥部；及时传达自治区及国家领导同志指示批示精神，督促当地政府、有关部门和电力企业贯彻落实；了解事件基本情况，根据地方人民政府或电力企业请求，协调有关方面派出应急队伍、调动应急物资和装备、安排专家和技术人员等，为应对工作提供支援和技术支持；统一组织信息发布和舆论引导工作；及时了解掌握相关应急处置工作情况；对事件处置工作进行总结并按程序向国务院报告，同时报告国家能源局。

4.4 响应终止

同时满足以下条件时，由启动响应的当地政府终止应急响应：

（1）电网主干网架基本恢复正常，电网运行参数保持在合格范围之内，主要发电厂机组运行稳定；

（2）减供负荷恢复80%以上，受停电影响的重点地区、重要城市负荷恢复90%以上；

（3）造成大面积停电事件的隐患基本消除；

（4）大面积停电事件造成的重特大次生衍生事故处置完成。

5 后期处置

5.1 处置评估

大面积停电事件应急响应终止后，受影响区域人民政府要及时组织对事件处置工作进行评估，分析损失及影响，提出明确的整改措施，形成处置评估报告。

5.2 事件调查

大面积停电事件应急响应终止后，由事发地人民政府牵头成立调查组，查明事件原因、性质、影响范围、经济损失等情况，提出处理处置结论。

5.3 善后处置

受影响区域人民政府要及时组织制定善后工作方案并组织实施。保险机构要及时开展相关理赔工作，尽快消除大面积停电事件的影响。

5.4 恢复重建

大面积停电事件应急响应终止后，需对电网网架结构和设备设施进行修复或重建的，由自治区能源局根据实际工作需要组织编制恢复重建规划。重要电力用户受到损失的，要在确保安全的前提下，进行生产设施恢复重建。

6 保障措施

6.1 队伍保障

电力企业应建立健全电力抢修应急专业队伍，加强设备维护和应急抢修技能方面的人员培训，定期开展应急演练，提高应急救援能力。各盟行政公署、市人民政府根据需要组织动员其他专业应急队伍和志愿者等参与大面积停电事件及其次生衍生灾害处置工作。武警内蒙古总队、公安消防总队等要做好应急力量支援保障。

6.2 装备物资保障

电力企业应储备必要的专业应急装备及物资，建立和完善相应保障体系。各盟行政公署、市人民政府，各有关部门要加强应急救援装备物资及生产生活物资的紧急生产、储备调拨和紧急配送工作，保障支援大面积停电事件应对工作需要。

6.3 通信、交通与运输保障

各盟行政公署、市人民政府及通信主管部门要建立健全大面积停电事件应急通信保障体系，形成可靠的通信保障能力，确保应急期间通信联络和信息传递需要。交通运输部门要健全紧急运输保障体系，保障应急响应所需人员、物资、装备、器材等的运输；公安部门要加强交通应急管理，保障应急救援车辆优先通行；盟市、旗县（市、区）应急指挥机构应配备必要的应急车辆，保障应急救援需要。

6.4 技术保障

电力行业要加强大面积停电事件应对能力建设，使用先进成熟技术装备，加强电网、电厂安全应急信息化平台建设，着重开展信息化系统安全防护工作。有关部门要为电力日常检测预警及电力应急抢险提供必要的气象、地质、水文等服务。

6.5 应急电源保障

提高电力系统快速恢复能力，加强电网“黑启动”能力建设。有关部门和电力企业应充分考虑电源规划布局，保障各地区“黑启动”电源。电力企业应配备适量的应急发电装备，必要时提供应急电源支援。重要电力用户应按照国家有关技术要求配置应急电源，并加强维护和管理，确保应急状态下能够投入运行。

6.6 资金保障

自治区发展改革委、财政厅、国资委、能源局等有关部门和各盟市行署、政府以及各相关电力企业应按照有关规定，对大面积停电事件处置工作提供必要的资金保障。

7 附则

7.1 预案管理

本预案实施后，自治区人民政府将根据预案实施过程中发现的问题适时组织评估和修订。自治区经济和信息化委要会同有关部门组织预案宣传、培训。各盟市、各有关单位要做好大面积停电事件应急知识的宣传和普及工作，充分利用各类宣传媒介加大宣传教育力度，增强公众应急意识，提高公众应急能力。

各盟行政公署、市人民政府，各旗县（市、区）人民政府要结合当地实际制定本级大面积停电事件应急预案。

7.2 预案解释

本预案由自治区经济和信息化委负责解释。

7.3 预案实施时间

本预案自印发之日起实施。

附件：1．内蒙古自治区大面积停电事件分级标准

2．内蒙古自治区大面积停电事件应急指挥部组成及工作职责

附件 1

内蒙古自治区大面积停电事件分级标准

一、特别重大大面积停电事件

1．内蒙古自治区电网：减供负荷 30%以上。

2．呼和浩特市电网：减供负荷 60%以上，或 70%以上供电用户停电。

二、重大大面积停电事件

1．内蒙古自治区电网：减供负荷 10%以上 30%以下。

2．呼和浩特市电网：减供负荷 40%以上，或 50%以上供电用户停电。

3．其他各盟市电网：负荷 600 兆瓦以上的减供负荷 60%以上，或 70%以上供电用户停电。

三、较大大面积停电事件

1．内蒙古自治区电网：减供负荷 7%以上 10%以下。

2．呼和浩特市电网：减供负荷 20%以上 40%以下，或 30%以上 50%以下供电用户停电。

3．其他各盟市电网：负荷 600 兆瓦以上的减供负荷 40%以上 60%以下，或 50%以上 70%以下供电用户停电；负荷 600 兆瓦以下的减供负荷 40%以上，或 50%以上供电用户停电。

4．县级市电网：负荷 150 兆瓦以上的减供负荷 60%以上，或 70%以上供电用户停电。

四、一般大面积停电事件

1．内蒙古自治区电网：减供负荷 4%以上 7%以下。

2．呼和浩特市电网：减供负荷 10%以上 20%以下，或 15%以上 30%以下供电用户停电。

3．其他各盟市电网：减供负荷 20%以上 40%以下，或 30%以上 50%以下供电用户停电。

4．县级市电网：负荷 150 兆瓦以上的减供负荷 40%以上 60%以下，或 50%以上 70%以下供电用户停电；负荷 150 兆瓦以下的减供负荷 40%以上，或 50%以上供电用户停电。

上述分级标准有关数量的表述中，“以上”含本数，“以下”不含本数。

附件 2

内蒙古自治区大面积停电事件应急指挥部组成及工作职责

一、指挥部组成

指挥长：自治区分管副主席

副指挥长：自治区人民政府分管副秘书长

自治区经济和信息化委主任

国家能源局华北监管局局长

国家能源局东北监管局局长

内蒙古电力（集团）有限责任公司总经理

国网内蒙古东部电力有限公司总经理

成员单位：自治区党委宣传部（新闻办、网信办）、发展改革委、经济和信息化委、公安厅、民政厅、财政厅、住房城乡建设厅、交通运输厅、水利厅、商务厅、新闻出版广电局、安全监管局、林业厅、国土资源厅、能源局，内蒙古气象局、呼和浩特铁路局、民航机场集团公司、武警内蒙古总队、内蒙古电力（集团）有限责任公司、国网内蒙古东部电力有限公司等。根据应对处置工作需要，可增加有关盟行政公署、市人民政府，旗县（市、区）人民政府及其他有关部门和相关电力企业。

自治区大面积停电应急组织指挥部办公室设在自治区经济和信息化委，负责自治区大面积停电事件具体应对处置工作的指导协调和组织管理工作。

二、主要职责

在自治区人民政府和国家应急指挥机构的领导下，统一实施自治区大面积停电应急处置、事故抢险、电网恢复等各项应急工作；协调自治区各相关地区、各有关部门、各应急指挥机构之间的关系，协调与相关省（区、市）电力应急指挥机构的关系，协调指挥社会应急救援工作；研究重大应急决策和部署；决定调整相应级别和终止应急预案；配合国家大面积停电调查组工作。

三、成员单位职责

自治区党委宣传部（新闻办、网信办）：负责会同有关部门和单位，做好大面积停电事件信息发布、舆情引导、信息管控等工作，组织召开新闻发布会，做好媒体报道等有关工作。

自治区发展改革委：安排调拨应急储备物资，组织做好人民群众生活基本保障物资的调拨和供应工作，必要时采取物资价格干预措施维护物资供应交易秩序。

自治区经济和信息化委：承担自治区大面积停电应急组织指挥机构办公室职责；负责组织各有关单位（企业）和专家分析研判大面积停电事态分析，电力企业制定恢复供电方案，组织电力企业进行抢修，协调供水、天然气、油品等应急保障物资的调拨。

自治区公安厅：负责组织维护事发地社会治安、交通秩序，做好消防工作，依法监控公共信息网络。

自治区民政厅：负责组织协调事发地民政部门做好事发地生活困难群众的基本生活救助。

自治区财政厅：负责经费保障。

自治区住房城乡建设厅：负责组织保障和恢复城市正常供水，保障事发地市政应急照明，保障事发地城市排污系统正常。

自治区交通运输厅：负责组织调配应急运输工具，优先保障发电燃料、应急救援物资和生活必需品等的公路、铁路运输，负责疏散机场、车站等地区的滞留旅客。

自治区水利厅：负责及时提供大面积停电事发区域水文监测、预报、预警等信息。

自治区商务厅：负责生活必需品市场监测、保证生活必需品市场供应，做好应急调控工作。

自治区新闻出版广电局：负责及时启用应急广播电视，及时宣传应急保障措施，协调召开新闻发布会，确保广播电视信号稳定。

自治区安全监管局：负责组织大面积停电事发地化工等可能发生重大次生灾害的行业开展停电自救，依法组织开展重大安全生产事故调查处理。

自治区林业厅：负责大面积停电事发地林木火灾预防，配合电力企业开展受灾输电线路通道走廊林木清障工作。

自治区国土资源厅：负责做好大面积停电事发地地质灾害风险预警和评估。

内蒙古气象局：负责重要输变电设施和重要输电通道等区域气象监测、预警以及气象风险评估，及时提供大面积停电事发地气象信息，预防因天气原因引发的次生灾害。

自治区能源局：负责协助自治区发展改革委开展应急救援和灾后恢复重建工作，确保大面积停电事发区域石油天然气输送管道的用电应急管理。

呼和浩特铁路局：负责组织疏导、运输所辖火车站的滞留旅客，保障应急抢险救援物资、居民基本生活保障物资等的所辖铁路交通运输。

内蒙古民航机场集团公司：负责做好滞留旅客、应急物资、居民生活保障物资的航空运输保障工作。

武警内蒙古总队：负责组织武警部队参与大面积停电事件应急处置。

内蒙古电力（集团）有限责任公司、国网内蒙古东部电力有限公司：负责维护电网系统稳定运行，做好应急电力调度，做好电力设施应急抢修，加强对所辖区域内水库、水电站的巡查防护，及时报告险情。

辽宁省大面积停电事件应急预案

（辽政办〔2016〕26号）

目　　录

1 总则

1.1 编制目的

建立健全大面积停电事件应对工作机制，提高全省应对能力和应对效率，最大程度减少人员伤亡和财产损失，保证辽宁电网安全稳定运行，维护公共安全和社会稳定。

1.2 编制依据

依据《中华人民共和国突发事件应对法》《中华人民共和国安全生产法》《中华人民共和国电力法》《生产安全事故报告和调查处理条例》《电力安全事故应急处置和调查处理条例》《电网调度管理条例》《国家大面积停电事件应急预案》和《辽宁省突发事件应对条例》《辽宁省突发事件应急预案管理办法（试行）》《辽宁省突发事件总体应急预案》及相关法律法规，制定本预案。

1.3 适用范围

本预案适用于全省范围内发生的大面积停电事件应对工作。

大面积停电事件是指由于自然灾害、电力安全事故和外力破坏等原因造成区域性电网、省级电网或城市电网大量减供负荷，对国家安全、社会稳定以及人民群众生产生活造成影响和威胁的停电事件。

1.4 工作原则

大面积停电事件应对工作坚持统一领导、综合协调，属地为主、分工负责，保障民生、维护安全，全社会共同参与的原则。大面积停电事件发生后，各级政府及其有关部门、东北能源监管局、电力企业、重要电力用户应立即按照职责分工和相关预案开展处置工作。

1.5 事件分级

按照事件严重性和受影响程度，大面积停电事件分为特别重大、重大、较大和一般4级。

1.5.1 特别重大

出现下列情况之一，为特别重大大面积停电事件：省级电网负荷减供30%以上；沈阳地区城市电网负荷减供60%以上，或70%以上供电用户停电。

1.5.2 重大

出现下列情况之一，为重大大面积停电事件：省级电网负荷减供13%以上30%以下；沈阳地区城市电网负荷减供40%以上60%以下，或50%以上70%以下供电用户停电；其他设区的市电网负荷600兆瓦以上的减供负荷60%以上，或70%以上供电用户停电。

1.5.3　较大

出现下列情况之一，为较大大面积停电事件：省级电网负荷减供10%以上13%以下；沈阳地区城市电网减供负荷20%以上40%以下，或30%以上50%以下供电用户停电；其他设区的市电网：负荷600兆瓦以上的减供负荷40%以上60%以下，或50%以上70%以下供电用户停电，负荷600兆瓦以下的减供负荷40%以上，或50%以上供电用户停电；县级市电网负荷150兆瓦以上的减供负荷60%以上，或70%以上供电用户停电。

1.5.4　一般

出现下列情况之一，为一般大面积停电事件：省级电网负荷减供5%以上10%以下；沈阳地区城市电网减供负荷10%以上20%以下，或15%以上30%以下供电用户停电；其他设区的市电网减供负荷20%以上40%以下，或30%以上50%以下供电用户停电；县级市电网负荷150兆瓦以上的减供负荷40%以上60%以下，或50%以上70%以下供电用户停电，负荷150兆瓦以下的减供负荷40%以上，或50%以上供电用户停电。

上述分级标准有关数量的表述中，“以上”含本数，“以下”不含本数。

2　组织体系

2.1　省级层面组织指挥机构

成立辽宁省大面积停电事件应急指挥部（以下简称省应急指挥部），负责组织、指挥和协调大面积停电事件应对工作。总指挥由分管副省长担任，副总指挥由省政府分管副秘书长、省经济和信息化委主任、东北能源监管局局长和省电力公司总经理担任。下设电力恢复组、新闻宣传组、综合保障组、社会稳定组共4个工作组。省应急指挥部由省委宣传部、省政府办公厅（省政府应急办）、省发展改革委、省经济和信息化委、省公安厅、省民政厅、省财政厅、省国土资源厅、省环保厅、省住房城乡建设厅、省交通厅、省水利厅、省林业厅、省商务厅、省卫生计生委、省国资委、省新闻出版广电局、省安全生产监管局、省地震局、省气象局、省通信管理局、沈阳铁路局、民航东北地区管理局、东北能源监管局、省军区、省武警总队、省电力公司，国电投集团东北分公司、华能集团辽宁分公司、国电集团东北分公司、沈阳金山能源股份有限公司、大唐集团辽宁分公司等部门和单位组成。

省应急指挥部办公室设在省经济和信息化委，负责应对大面积停电事件所需日常应急准备工作，或承担应急响应期间应急指挥部相关任务。办公室主任由省经济和信息化委主任担任，副主任由省经济和信息化委分管电力工作的副主任担任。

2.2 省应急指挥部及各工作组职责

2.2.1 省应急指挥部职责

（1）统一领导、指挥、协调辽宁省大面积停电事件的应急处理、事故抢险、电网恢复等各项应急工作，研究重大应急决策和部署；

（2）决定实施和终止应对预案，负责启动特别重大、重大大面积停电事件的应急响应，负责应急处理的评价与考核；

（3）负责向省政府和上级指挥机构汇报突发事件及其应对情况；

（4）根据应对需要，下达疏散运行现场人员，隔离现场设备，紧急调集人员、备品备件、交通工具以及相关设施等指令；

（5）掌握电网运行突发事件的动态情况，对突发事件的应急处理以及有关预防措施的制定和落实进行检查和指导；

（6）配合国家层面大面积停电事件应对领导小组的工作；

（7）发生跨行政区域的大面积停电事件时，根据需要建立跨区域大面积停电事件应急合作机制。

2.2.2 各工作组组成及职责分工

（1）电力恢复组：由省经济和信息化委牵头，省发展改革委，省公安厅、省水利厅、省林业厅、省地震局、省气象局、东北能源监管局、省军区、省武警总队、省电力公司等参加，视情增加其他电力企业。

主要职责：组织进行技术研判，开展事态分析；组织电力抢修恢复工作，尽快恢复受影响区域供电工作；负责重要电力用户、重点区域的临时供电保障；负责组织跨区域的电力应急抢修恢复协调工作；协调军队、武警有关力量参与应对。

（2）新闻宣传组：按照《中共辽宁省委办公厅　辽宁省人民政府办公厅关于印发〈辽宁省突发事件新闻报道应急预案〉的通知》（辽委办发〔2015〕38 号）要求，省突发事件应急新闻中心视情况组织省突发事件应急新闻中心相关成员单位，组建现场应急新闻协调机构，各成员单位根据各自职责开展工作。

主要职责：组织开展事件进展、应急工作情况等权威信息发布，加强新闻宣传报道；收集分析国内外舆情和社会公众动态，加强媒体、电信和互联网管理，正确引导舆论；及时澄清不实信息，回应社会关切。

（3）综合保障组：由省经济和信息化委牵头，省发展改革委、省公安厅、省民政厅、省财政厅、省国土资源厅、省住房城乡建设厅、省交通厅、省水利厅、省商务厅、省国资委、省新闻出版广电局、沈阳铁路局、民航东北地区管理局、东北能源监管局、省电力公司等参加，视情增加其他电力企业。

主要职责：对大面积停电事件受灾情况进行核实，指导恢复电力抢修工作，落实人员、资金和物资；组织做好应急救援装备物资及生产生活物资的紧急生产、储备调拨和紧急配送工作；及时组织调运重要生活必需品，保障群众基本生活和市场供应；维护供水、供气、供热、通信、广播电视等设施正常运行；维护铁路、道路、水路、民航等基本交通运行；组织开展事件处置评估。

（4）社会稳定组：由省公安厅牵头，省发展改革委、省经济和信息化委、省民政厅、省交通厅、省商务厅、东北能源监管局、省军区、省武警总队等参加。

主要职责：加强受影响地区社会治安管理，严厉打击借机传播谣言制造社会恐慌，以及趁机盗窃、抢劫、哄抢等违法犯罪行为；加强转移人员安置点、救灾物资存放点等重点地区治安管控；加强对重要生活必需品等商品的市场监管和调控，打击囤积居奇行为；加强对重点区域、重点单位的警戒；做好受影响人员与涉事单位、地方政府及有关部门矛盾纠纷化解等工作，切实维护社会稳定。

2.2.3 省应急指挥部办公室职责

（1）发生大面积停电事件时，按照省应急指挥部的要求，立即通知各相关成员单位，并确定相应会议场所；

（2）落实省应急指挥部部署的各项任务及应急指令；

（3）跟踪监控应急处理和供电恢复情况；

（4）建立大面积停电事件应急响应联动体系，并定期调整和完善；

（5）建立大面积停电事件报告体系和相关信息汇总体系；

（6）负责组织省级层面的大面积停电事件的应急培训与演练。

2.2.4 各成员单位职责

（1）省委宣传部：根据省应急指挥部的安排，协助有关部门统一宣传口径，组织媒体播发相关新闻；根据事件的严重程度或其他需要组织现场新闻发布会；加强对新闻单位、媒体宣传报道的指导和管理；正确引导舆论，及时对外发布信息；完成省应急指挥部交办的其他工作。

（2）省政府办公厅（省政府应急办）：负责统一收集、汇总报送省政府的重要信息，及时向省领导报告，同时向相关地区和部门通报；传达省领导的指示批示；完成省应急指挥部交办的其他工作。

（3）省发展改革委：负责协调综合保障，协调电力企业设备制定设施修复项目计划；完成省应急指挥部交办的其他工作。

（4）省经济和信息化委：负责组织、召集省应急指挥部成员、办公室成员会议；迅速掌握大面积停电情况，向省应急指挥部提出处置建议；负责组织协调全省电力资源的紧急调配；完成省应急指挥部交办的其他工作。

（5）省公安厅：负责协助省应急领导小组做好事故灾难的救援工作；及时妥善处理由大面积停电引发的治安事件，加强治安巡逻，维护社会治安秩序；及时组织疏导交通，保障救援工作及时有效地进行；完成省应急指挥部交办的其他工作。

（6）省民政厅：负责受影响且需政府救助人员的生活安排；完成省应急指挥部交办的其他工作。

（7）省财政厅：负责组织协调电力应急抢修救援工作所需经费，做好应急资金使用的监督管理工作；完成省应急指挥部交办的其他工作。

（8）省国土资源厅：负责对地质灾害进行监测和预报，为恢复重建提供用地支持；完成省应急指挥部交办的其他工作。

（9）省环保厅：负责组织对大面积停电事件发生地现场周边及波及范围的环境进行应急监测；提出控制、消除环境污染措施的建议，开展环境污染事故应急处置；完成省应急指挥部交办的其他工作。

（10）省住房城乡建设厅：负责协调维持和恢复城市供水、供气、供热、市政照明、排水等公用设施运行，保障居民基本生活需要；完成省应急指挥部交办的其他工作。

（11）省交通厅：负责组织协调应急救援客货运输车辆，保障发电燃料、抢险救援物资、必要生活资料和抢险救灾人员运输，保障应急救援人员、抢险救灾物资公路运输通道畅通；完成省应急指挥部交办的其他工作。

（12）省水利厅：组织、协调防汛抢险，负责水情、汛情、旱情的监测，提供相关信息；完成省应急指挥部交办的其他工作。

（13）省林业厅：负责森林火灾的预防和协调组织扑救工作，提供森林火灾火情信息；完成省应急指挥部交办的其他工作。

（14）省商务厅：负责组织生活必需品市场供应，加强市场监测和调控；完成省应急指挥部交办的其他工作。

（15）省卫生计生委：负责组织协调医疗卫生应急救援工作，重点指导当地医疗机构启动自备应急电源和停电应急预案；完成省应急指挥部交办的其他工作。

（16）省新闻出版广电局：负责维护广播电视等设施正常运行；加强新闻宣传，正确引导舆论；完成省应急指挥部交办的其他工作。

（17）省安全生产监管局：协调有关部门做好生产安全事故应急救援工作；完成省应急指挥部交办的其他工作。

（18）省地震局：对地震灾害进行监测和预报，提供震情发展趋势分析情况；完成省应急指挥部交办的其他工作。

（19）省气象局：负责在大面积停电事件应急救援过程中提供气象监测和气象预报等信息，做好气象服务工作；完成省应急指挥部交办的其他工作。

（20）省通信管理局：负责组织协调大面积停电事件应对处置中应急通信保障和通信抢险救援工作；完成省应急指挥部交办的其他工作。

（21）沈阳铁路局：指导所属铁路系统启动停电应急预案，开展应急处置，具体实施发电燃料、抢险救援物资的铁路运输；完成省应急指挥部交办的其他工作。

（22）民航东北地区管理局：组织、协调辖区民航各企事业单位启动停电应急预案；开展应急处置，维护民航安全运行工作，协调抢险救援物资运输工作；完成省应急指挥部交办的其他工作。

（23）东北能源监管局：迅速掌握大面积停电情况，向省应急指挥部提出处置建议；督促指导有关部门、各地政府、电力企业、重要电力客户应对处置工作；派员参加工作组赴现场指导协调事件应对工作；完成省应急指挥部交办的其他工作。

（24）省军区、省武警总队：负责协助省应急指挥部做好事故灾难的救援工作，加强治安巡逻，维护社会治安秩序；完成省应急指挥部交办的其他工作。

（25）省消防总队：负责指挥协调消防队伍和各专业应急救援队伍开展灭火和抢救生命的应急救援行动；完成省应急指挥部交办的其他工作。

（26）省电力公司：在省应急指挥部领导下，具体实施在电网大面积停电应急处置和救援中对所属企业的指挥；完成省应急指挥部交办的其他工作。

（27）各发电集团：组织、协调本集团及所属发电企业做好电网大面积停电时的应急工作。完成省应急指挥部交办的其他工作。

其他相关部门、单位做好职责范围内应急工作，完成省应急指挥部交办的各项工作任务。

2.3　市、县层面组织指挥机构

各市、县政府要根据本地区实际情况，制定本地区大面积停电事件应急预案，成立与上一级政府应急指挥部有效对接的大面积停电事件应急指挥部（以下简称地方应急指挥部），建立和完善应急救援与处置体系，并根据本地区实际情况确定地方应急指挥部办公室，相关组织机构情况上报省应急指挥部办公室备案。

发生跨行政区域的大面积停电事件时，有关市政府应根据需要建立跨区域大面积停电事件应急合作机制。

2.4　现场指挥机构

省应急指挥部可根据实际情况成立现场指挥部，负责现场组织指挥工作。参与现场处置的有关单位和人员应服从现场指挥部的统一指挥。

2.5 电力企业

电力企业（包括电网企业、发电企业等，下同）应建立健全大面积停电事件应急指挥部，在省应急指挥部和受影响区域地方应急指挥部和单位领导下开展大面积停电事件应对工作。电网调度工作按照《电网调度管理条例》及相关规程执行。电力企业要建立与省应急指挥部和受影响区域地方应急指挥部办公室畅通的信息报告渠道。

2.6 重要电力用户

对维护基本公共秩序、保障人身安全和避免重大经济损失具有重要意义的政府机关、医疗、交通、通讯、广播电视、供水、供气、加油（加气）、排水泵站、污水处理、工矿商贸等单位，应根据有关规定合理配置供电电源和自备应急电源，完善非电保安等各种措施，并定期检查维护，确保相关设施设备的可靠性和有效性。发生大面积停电时，负责本单位事故抢险和应急处置工作。根据情况向各级应急指挥部请求支援。

2.7 专家组

各级应急指挥部根据需要成立大面积停电事件应急专家组，成员由电力、气象、地质、水文等领域相关专家组成，对大面积停电事件应对工作提供技术咨询和建议。

3 监测预警和信息报告

3.1 监测和风险分析

电力企业要结合实际加强对重要电力设施设备运行、发电燃料供应等情况的监测，建立与省气象、水利、林业、地震、公安、交通、国土资源、通信管理等部门的信息共享机制，及时分析各类情况对电力运行可能造成的影响，预估可能影响的范围和程度。

3.2 预警发布与行动

3.2.1 预警信息发布

电力企业研判可能造成大面积停电事件时，应立即将有关情况报告省应急指挥部办公室和东北能源监管局，提出预警信息发布建议，并视情通知重要电力用户。

省应急指挥部办公室接到预警信息后，应及时组织研判，必要时报请省政府批准后向社会公众发布预警。

3.2.2 预警行动

预警信息发布后，电力企业要加强设备巡查检修和运行监测，采取有效措施控制事态发展；组织相关应急救援队伍和人员进入待命状态，动员后备人员做好参加应急救援和处置工作准备，并做好大面积停电事件应急所需物资、装备和设备等应急保障准备工作；省应急指挥部办公室及时通知有关成员单位，按照职责分工做好预防准备工作；重要电力用户做好自备应急电源启用准备。

省应急指挥部和受影响区域地方应急指挥部和单位做好维持公共秩序、供水供气供热、商品供应、交通物流等方面的应急准备；加强相关舆情监测，主动回应社会公众关注的热点问题，及时澄清谣言传言，做好舆论引导工作。

3.2.3 预警解除

根据事态发展，经研判不会发生大面积停电事件时，按照“谁发布、谁解除”的原则，由发布单位宣布解除预警，适时终止相关措施。

3.3 信息报告

大面积停电事件发生后，相关电力企业应立即向省应急指挥部办公室和东北能源监管局报告，中央电力企业同时报告国家能源局。

事发地政府电力运行主管部门接到大面积停电事件信息报告或监测到相关信息后，应当立即进行核实，对大面积停电事件的性质和类别作出初步认定，并向上级电力运行主管部门和同级政府报告。地方各级政府及其电力运行主管部门应当按照有关规定逐级上报，必要时可越级上报。东北能源监管局接到大面积停电事件报告后，应当立即核实有关情况并向国家能源局报告，同时通报事发地县级以上地方政府。对初判为重大以上大面积停电事件，由省政府按程序向国务院报告。

4 应急响应

4.1 响应分级

根据大面积停电事件的严重程度和发展态势，将应急响应等级由高到低设定为Ⅰ级、Ⅱ级、Ⅲ级和Ⅳ级响应，4个响应等级分别对应特别重大、重大、较大和一般4个等级事件。

应急响应启动后，可视事件造成损失情况及其发展趋势调整响应级别，避免响应不足或响应过度。

对于尚未达到一般大面积停电事件标准，但对社会产生较大影响的其他停电事件，地方应急指挥部应结合实际情况启动应急响应。

4.2 响应要点

大面积停电事件发生后，相关电力企业和重要电力用户要立即实施先期处置，全力控制事件发展态势，减少损失。各级应急指挥部根据工作需要，组织采取以下措施：

4.2.1 抢修电网并恢复运行

电力调度机构合理安排运行方式，控制停电范围；尽快恢复重要输变电设备、电力主干网架运行；在条件具备时，优先恢复重要电力用户、重要城市和重点地区的电力供应。

电网企业迅速组织力量抢修受损电网设备设施，根据应急指挥机构要求，向重要电力用户及重要设施提供必要的电力支援。

发电企业保证设备安全，抢修受损设备，做好发电机组并网运行准备，按照电力调度指令恢复运行。

4.2.2 防范次生衍生事故

停电后易造成重大影响和生命财产损失的核设施、金融机构、医院、交通枢纽、通信、广播电视、公用事业单位、城市轨道交通设施、煤矿及非煤矿山、危险化学品、冶炼企业等重要电力用户按照有关技术要求迅速启动自备应急电源或采取非电保安措施，及时启动相应停电事件应急响应，避免造成更大影响和损失。各类人员聚集场所停电后要迅速启用应急照明，组织人员有秩序地疏散，确保人身安全。消防、武警部门做好应急救援准备工作，及时处理各类火灾、爆炸事件，解救被困人员。在供电恢复过程中，各重要电力用户严格按照调度计划分时分步恢复用电。加大重大危险源、重要目标、重大关键基础设施隐患排查与监测预警，及时采取防范措施，及时扑灭各类火灾，解救被困人员，防止发生次生衍生事故。

4.2.3 保障居民基本生活

住房城乡建设部门、相关企业启用应急供水措施，保障居民用水需求，采用多种方式保障燃气供应和采暖期内居民生活热力供应；发展改革、经济和信息化、交通、铁路、民航等部门组织生活必需品的应急生产、调配和运输，保障停电期间居民基本生活；卫生计生部门准备好抢救、治疗病人的应急队伍、车辆、药品和物资，保证病人能得到及时救治。

4.2.4 维护社会稳定

公安、武警等部门加强涉及国家安全和公共安全的重点单位安全保卫工作，严密防范和严厉打击违法犯罪活动。加强对停电区域内繁华街区、大型居民区、大型商场、学校、医院、金融机构、机场、城市轨道交通设施、车站、码头及其他重要生产经营场所等重点地区、重点部位、人员密集场所的治安巡逻，及时疏散人员，解救被困人员，防范治安事件。加强交通疏导，维护道路交通秩序。尽快恢复企业生产经营活动。严厉打击造谣惑众、囤积居奇、哄抬物价等各种违法行为。

4.2.5 加强信息发布

新闻宣传部门按照及时准确、公开透明、客观统一的原则，加强信息发布和舆论引导，主动向社会发布停电相关信息和应对工作情况，提示相关注意事项和安保措施。加强舆情收集分析，及时回应社会关切，澄清不实信息，正确引导社会舆论，稳定公众情绪。

4.2.6 组织事态评估

各级应急指挥部组织对大面积停电事件影响范围、影响程度、发展趋势及恢复进度进行评估，为进一步做好应对工作提供依据。

4.3 响应措施

Ⅰ级响应：

（1）省应急指挥部接到事件信息后，全面负责指挥、协调大面积停电事件应对工作，并将情况上报国务院。立即启动各相关层级应急组织，并根据事件影响程度及处置进展，建立现场指挥部。如国务院成立工作组，全面配合国家工作组开展各项工作。

（2）省应急指挥部按照响应职责，全面开展应急响应工作。必要时考虑成立专家组，对大面积停电事件应对工作提供技术咨询和建议。

（3）相关电力企业、事发地及受影响区域地方应急指挥部立即启动本级应急预案中的Ⅰ级响应，根据预案要求全面开展应急响应工作，将事件信息及处置进展及时向省大面积停电事件应急指挥部和东北能源监管局报告，中央电力企业同时报告国家能源局。参与现场处置的有关单位和人员应服从现场指挥部（如有）和省应急指挥部的统一指挥。

（4）发生跨省际行政区域的大面积停电事件时，根据需要建立跨区域大面积停电事件应急合作机制。

Ⅱ级响应：

（1）省应急指挥部接到事件信息后，全面负责指挥、协调大面积停电事件应对工作，并将情况上报国务院。立即启动各相关层级应急组织，并根据事件影响程度及处置进展，酌情建立现场指挥部。

（2）省应急指挥部按照响应职责，全面开展应急响应工作。必要时考虑成立专家组，对大面积停电事件应对工作提供技术咨询和建议。

（3）相关电力企业、事发地及受影响区域地方应急指挥部立即启动本级应急预案中的Ⅱ级响应，根据预案要求全面开展应急响应工作，将事件信息及处置进展及时上报省应急指挥部和东北能源监管局，中央电力企业同时报告国家能源局。参与现场处置的有关单位和人员应服从现场指挥部（如有）和省应急指挥部的统一指挥。

（4）发生跨省际行政区域的大面积停电事件时，根据需要建立跨区域大面积停电事件应急合作机制。

Ⅲ级响应：

（1）省应急指挥部接到事件信息后，密切跟踪事态发展，督促相关电力企业迅速开展电力抢修恢复等工作，指导督促事发地及受影响区域地方应急指挥部做好应对工作。命令省应急指挥部办公室及各工作组相关岗位进入应急待命状态，必要时考虑成立现场工作组，全面指导、协调、支持事发地及受影响区域地方应急指挥部开展大面积停电事件应对工作。

（2）事发地及受影响区域地方应急指挥部接到事件信息后，全面负责指挥、协调大面积停电事件应对工作，并将情况上报省应急指挥部和东北能源监管局。立即启动辖区内各相关层级应急组织。如省应急指挥部已成立现场工作组，应全面配合现场工作组开展各项工作。

（3）相关电力企业、事发地及受影响区域地方应急指挥部立即启动本级应急预案中Ⅲ级响应，根据预案要求全面开展应急响应工作，将事件信息及处置进展及时上报省应急指挥部和东北能源监管局，中央电力企业同时报告国家能源局。

（4）发生跨行政区域的大面积停电事件时，根据需要建立跨区域大面积停电事件应急合作机制。

Ⅳ级响应：

（1）省应急指挥部接到事件信息后，密切跟踪事态发展，督促相关电力企业迅速开展电力抢修恢复等工作，指导督促事发地及受影响区域地方应急指挥部做好应对工作。命令省应急指挥部办公室进入应急待命状态。

（2）事发地及受影响区域地方应急指挥部接到事件信息后，全面负责指挥、协调大面积停电事件应对工作，并将情况上报省应急指挥部和东北能源监管局。

（3）相关电力企业、事发地及受影响区域应急指挥部立即启动辖区内各相关层级应急组织。立即启动本级应急预案中Ⅳ级响应，根据预案要求全面开展应急响应工作，将事件信息及处置进展及时上报省应急指挥部和东北能源监管局，中央电力企业同时报告国家能源局。

（4）发生跨行政区域的大面积停电事件时，根据需要建立跨区域大面积停电事件应急合作机制。

4.4 响应终止

同时满足以下条件时，由启动响应的属地政府终止应急响应：

（1）电网主干网架基本恢复正常，电网运行参数保持在稳定限额之内，主要发电厂机组运行稳定；

（2）减供负荷恢复 80%以上，受停电影响的重点地区、重要城市负荷恢复90%以上；

（3）造成大面积停电事件的隐患基本消除；

（4）大面积停电事件造成的重特大次生衍生事故基本处置完成。

5 后期处置

5.1 处置评估

大面积停电事件应急响应终止后，履行统一领导职责的属地政府要及时组织对事件处置工作进行评估，总结经验教训，分析查找问题，提出改进措施，形成处置评估报告。评估报告一般包括事件发生原因和经过、事件造成的直接损失和影响、事件处置过程、经验教训以及改进建议等。鼓励开展第三方评估。

5.2 事件调查

大面积停电事件发生后，由东北能源监管局牵头成立调查组，查明事件原因、性质、影响范围、经济损失等情况，提出防范、整改措施和处理处置建议。

5.3 善后处置

事发地政府要及时组织制订善后工作方案并组织实施。保险机构要及时开展相关理赔工作，尽快消除大面积停电事件的影响。

5.4 恢复重建

大面积停电事件应急响应终止后，需对电网网架结构和设备设施进行修复或重建的，由省政府根据实际工作需要组织编制恢复重建规划。相关电力企业和受影响区域市政府应当根据规划做好受损电力系统恢复重建工作。

6 保障措施

6.1 队伍保障

电力企业应建立健全电力抢修应急专业队伍，并将相关情况报省应急指挥部办公室备案。加强设备维护和应急抢修技能方面的人员培训，定期开展应急演练，提高应急救援能力。各级应急指挥部根据需要组织动员其他专业应急队伍和志愿者等参与大面积停电事件及其次生衍生灾害处置工作。公安消防部门等要做好应急力量支援保障。

6.2 装备物资保障

电力企业应储备必要的专业应急装备及物资，建立和完善相应保障体系，并将主要应急装备和物资情况报省应急指挥部办公室备案。各级政府相关部门要加强应急救援装备物资及生产生活物资的紧急生产、储备调拨和紧急配送工作，保障支援大面积停电事件应对工作需要。鼓励支持社会化储备。

6.3 通信、交通与运输保障

通信管理部门要建立健全大面积停电事件应急通信保障体系，形成可靠的通信保障能力，确保应急期间通信联络和信息传递需要。交通运输部门要健全紧急运输保障体系，保障应急响应所需人员、物资、装备、器材等的运输；公安部门要加强交通应急管理，保障应急救援车辆优先通行。

6.4 技术保障

电力行业要加强大面积停电事件应对和监测先进技术、装备的研发，制定电力应急技术标准，加强电网、电厂安全应急信息化平台建设。有关部门要为电力日常监测预警及电力应急抢险提供必要的气象、地质、水文等服务。

6.5 应急电源保障

提高电力系统快速恢复能力，加强电网“黑启动”能力建设。发展改革部门和电力企业应充分考虑电源规划布局，保障各地区“黑启动”电源。电力企业应配备适量的应急发电装备，必要时提供应急电源支援。重要电力用户应按照国家有关技术要求配置应急电源，并加强维护和管理，确保应急状态下能够投入运行。

6.6 资金保障

省发展改革委、省财政厅等有关部门和市、县级政府以及各相关电力企业应按照有关规定，对大面积停电事件处置工作提供必要的资金保障。

7 附则

7.1 预案管理

本预案实施后，省大面积停电事件应急指挥部要组织开展预案宣传、培训和演练，并根据实际情况，适时组织评估和修订。各市政府要结合当地实际制定或修订本级大面积停电事件应急预案。各成员单位要结合本预案中的职责分工，制定相应的部门配套工作预（方）案。

7.2 预案解释

本预案由省经济和信息化委负责解释。

7.3 预案实施时间

本预案自印发之日起实施。

吉林省大面积停电事件应急预案

（吉政办函〔2016〕239号）

目　录

1 总则

1.1 编制目的

建立健全大面积停电事件应对工作机制，提高应对效率，最大程度减少人员伤亡和财产损失，维护吉林省安全和社会稳定。

1.2 编制依据

依据《中华人民共和国突发事件应对法》《中华人民共和国安全生产法》《中华人民共和国电力法》《生产安全事故报告和调查处理条例》《电力安全事故应急处置和调查处理条例》《电网调度管理条例》《国家大面积停电事件应急预案》和《吉林省突发公共事件总体应急预案》及相关法律法规等，制定本预案。

1.3 适用范围

本预案适用于吉林省行政区域内发生的大面积停电事件应对工作。

大面积停电事件是指由于自然灾害、电力安全事故和外力破坏等原因造成区域性电网、省级电网或城市电网大量减供负荷，对国家安全、社会稳定以及人民群众生产生活造成影响和威胁的停电事件。

1.4 工作原则

大面积停电事件应对工作坚持统一领导、综合协调，属地为主、分工负责，保障民生、维护安全，全社会共同参与的原则。大面积停电事件发生后，地方政府及有关部门、国家能源局东北监管局、电力企业、重要电力用户应立即按照职责分工和相关预案开展处置工作。

1.5 事件分级

按照事件严重性和受影响程度，大面积停电事件分为特别重大、重大、较大和一般四级。分级标准执行国家大面积停电事件分级标准，见附件1。

2 组织体系

2.1 省级组织指挥机构

省能源局负责大面积停电事件应对的指导协调和组织管理工作。初判发生特别重大、重大大面积停电事件时，根据事件应对工作需要和省政府决策部署，由省政府或省政府授权省发展改革委成立省大面积停电事件应急指挥部（简称省指挥部，省指挥部组成及工作组职责见附件2），统一领导、组织和指挥大面积停电事件应对工作。省指挥部总指挥由分管副省长担任，副总指挥由省政府分管副秘书长、省发展改革委主任、省能源局局长担任。省指挥部办公室设在省能源局，办公室主任由省能源局局长兼任。当国家成立大面积停电事件应急指挥部后，省指挥部接受国家大面积停电事件应急指挥部领导。

根据大面积停电事件发展势态和影响，省能源局或事发地市（州）级政府可按程序报请省政府批准，或根据省政府领导指示，成立省政府工作组，负责指导、协调、支持有关地方政府开展大面积停电事件应对工作。

2.2 市（州）、县（市、区）组织指挥机构

市（州）、县（市、区）政府负责指挥、协调本行政区域内大面积停电事件应对工作，要结合本地实际，明确相应组织指挥机构，建立健全应急联动机制。

发生跨行政区域的大面积停电事件时，有关地方政府应根据需要建立跨区域大面积停电事件应急合作机制。

2.3 现场指挥机构

负责大面积停电事件应对的当地政府根据需要成立现场指挥部，负责现场组织指挥工作。参与现场处置的有关单位和人员应服从现场指挥部的统一指挥。

2.4 电力企业

电力企业（包括电网企业、发电企业等，下同）建立健全应急指挥机构，在政府组织指挥机构领导下开展大面积停电事件应对工作。电网调度工作按照《电网调度管理条例》及相关规程执行。

2.5 专家组

各级组织指挥机构根据需要成立大面积停电事件应急专家组，成员由电力、

气象、地质、水文等领域相关专家组成，对大面积停电事件应对工作提供技术咨询和建议。

3 监测预警和信息报告

3.1 监测和风险分析

电力企业要结合实际加强对重要电力设施设备运行、发电燃料供应等情况的监测，建立与气象、水利、林业、地震、公安、交通运输、国土资源、工业和信息化等部门的信息共享机制，及时分析各类情况对电力运行可能造成的影响，预估可能影响的范围和程度。

3.2 预警

3.2.1 预警信息发布

电力企业研判可能造成大面积停电事件时，要及时将有关情况报告受影响区域政府电力运行主管部门、省能源局和国家能源局东北监管局，提出预警信息发布建议，并视情通知重要电力用户。事发地政府电力运行主管部门应及时组织研判，必要时报请当地政府批准后向社会公众发布预警，并通报同级其他相关部门和单位。

3.2.2 预警行动

预警信息发布后，电力企业要加强设备巡查检修和运行监测，采取有效措施控制事态发展；组织相关应急救援队伍和人员进入待命状态，动员后备人员做好参加应急救援和处置工作准备，并做好大面积停电事件应急所需物资、装备和设备等应急保障准备工作。重要电力用户做好自备应急电源启用准备。受影响区域政府启动应急联动机制，组织有关部门和单位做好维持公共秩序、供水供气供热、商品供应、交通物流等方面的应急准备；加强相关舆情监测，主动回应社会公众关注的热点问题，及时澄清谣言传言，做好舆论引导工作。

3.2.3 预警解除

根据事态发展，经研判不会发生大面积停电事件时，按照“谁发布、谁解除”的原则，由发布单位宣布解除预警，适时终止相关措施。

3.3 信息报告

大面积停电事件发生后，相关电力企业应立即向受影响区域政府电力运行主管部门和省能源局报告，同时报告国家能源局东北监管局。

事发地政府电力运行主管部门接到大面积停电事件信息报告或者监测到相关信息后，应当立即进行核实，对大面积停电事件的性质和类别作出初步认定，按照国家规定的时限、程序和要求向上级电力运行主管部门和同级政府报告，并通报同级其他相关部门和单位。各级地方政府及其电力运行主管部门应当按照有关规定逐级上报，必要时可越级上报。省能源局接到大面积停电事件报告后，应当立即核实有关情况并向省政府报告，同时通报事发地县级以上政府。对初判为重大以上的大面积停电事件，省能源局要立即按程序向国家能源局报告，省政府要立即按程序向国务院报告。

4　应急响应

4.1　响应分级

根据大面积停电事件的严重程度和发展态势，将应急响应设定为Ⅰ级、Ⅱ级、Ⅲ级和Ⅳ级四个等级。初判发生特别重大、重大大面积停电事件时，省指挥部分别启动Ⅰ级、Ⅱ级应急响应，并牵头负责应对。当国家成立大面积停电事件应急指挥部后，省指挥部接受国家统一指挥领导。初判发生较大、一般大面积停电事件，事发地市（州）、县（市、区）应急指挥机构分别启动Ⅲ级、Ⅳ级应急响应，并牵头负责应对。各级地方政府必要时可以向上级政府请求支援。

对于尚未达到一般大面积停电事件标准，但对社会产生较大影响的其他停电事件，当地政府可结合实际情况启动应急响应。

应急响应启动后，可视事件造成损失情况及其发展趋势调整响应级别，避免响应不足或响应过度。

4.2　响应措施

大面积停电事件发生后，相关电力企业和重要电力用户要立即实施先期处置，全力控制事件发展态势，减少损失。各有关部门和单位根据工作需要，组织采取以下措施。

4.2.1　抢修电网并恢复运行

电力调度机构合理安排运行方式，控制停电范围；尽快恢复重要输变电设备、电力主干网架运行；在条件具备时，优先恢复重要电力用户、重要城市和重点地区的电力供应。

电网企业迅速组织力量抢修受损电网设备设施，根据应急指挥机构要求，向重要电力用户及重要设施提供必要的电力支援。

发电企业保证设备安全，抢修受损设备，做好发电机组并网运行准备，按照电力调度指令恢复运行。

4.2.2　防范次生衍生事故

重要电力用户按照有关技术要求迅速启动自备应急电源，加强重大危险源、重要目标、重大关键基础设施隐患排查与监测预警，及时采取防范措施，防止发生次生衍生事故。

4.2.3 保障居民基本生活

启用应急供水措施，保障居民用水需求；采用多种方式，保障燃气供应和采暖期内居民生活热力供应；组织生活必需品的应急生产、调配和运输，保障停电期间居民基本生活。

4.2.4 维护社会稳定

加强涉及国家安全和公共安全的重点单位安全保卫工作，严密防范和严厉打击违法犯罪活动。加强对停电区域内繁华街区、大型居民区、大型商场、学校、医院、金融机构、机场、城市轨道交通设施、车站、码头及其他重要生产经营场所等重点地区、重点部位、人员密集场所的治安巡逻，及时疏散人员，解救被困人员，防范治安事件。加强交通疏导，维护道路交通秩序。尽快恢复企业生产经营活动。严厉打击造谣惑众、囤积居奇、哄抬物价等各种违法行为。

4.2.5 加强信息发布

按照及时准确、公开透明、客观统一的原则，加强信息发布和舆论引导，主动向社会发布停电相关信息和应对工作情况，提示相关注意事项和安保措施。加强舆情收集分析，及时回应社会关切，澄清不实信息，正确引导社会舆论，稳定公众情绪。

4.2.6 组织事态评估

及时组织对大面积停电事件影响范围、影响程度、发展趋势及恢复进度进行评估，为进一步做好应对工作提供依据。

4.3 省级应对

4.3.1 部门应对

发生大面积停电事件时，省能源局主要开展以下工作：

（1）密切跟踪事态发展，督促相关电力企业迅速开展电力抢修恢复等工作，指导督促当地有关部门做好应对工作；

（2）视情派出部门工作组赴现场指导协调事件应对等工作；

（3）根据电力企业和当地请求，协调有关方面为应对工作提供支援和技术支持；

（4）指导做好舆情信息收集、分析和应对工作；

（5）及时向省政府、国家能源局报告相关情况。

4.3.2 省政府工作组应对

当需要省政府协调处置时，成立省政府工作组。主要开展以下工作：

（1）传达省政府领导指示批示精神，督促地方政府、有关部门和有关电力企业贯彻落实；

（2）了解事件基本情况、造成的损失和影响、应对进展及当地需求等，根据有关电力企业请求，协调有关方面派出应急队伍、调运应急物资和装备、安排专家和技术人员等，为应对工作提供支援和技术支持；

（3）对跨市（州）行政区域大面积停电事件应对工作进行协调；

（4）赶赴现场指导地方开展事件应对工作；

（5）指导开展事件处置评估；

（6）协调指导大面积停电事件宣传报道工作；

（7）及时向省政府报告相关情况。

4.3.3 省指挥部应对

初判发生特别重大或重大大面积停电事件时，根据事件应对工作需要和省政府决策部署，成立省指挥部，统一领导、组织和指挥大面积停电事件应急处置工作，主要开展以下工作：

（1）组织有关部门和单位、专家组进行会商，研究分析事态，部署应对工作；

（2）根据需要赴事发现场，或派出前方工作组赴事发现场，协调开展应对工作；

（3）研究决定地方政府、有关部门和有关电力企业提出的请求事项，重要事项报省政府决策；

（4）统一组织信息发布和舆论引导工作；

（5）组织开展事件处置评估；

（6）对事件处置工作进行总结并向省政府报告。

4.4 响应终止

同时满足以下条件时，由启动响应的政府终止应急响应：

（1）电网主干网架基本恢复正常，电网运行参数保持在稳定限额之内，主要发电厂机组运行稳定；

（2）减供负荷恢复 80%以上，受停电影响的重点地区、重要城市负荷恢复90%以上；

（3）造成大面积停电事件的隐患基本消除；

（4）大面积停电事件造成的重特大次生衍生事故基本处置完成。

5 后期处置

5.1 处置评估

大面积停电事件应急响应终止后，履行统一领导职责的政府要及时组织对事件处置工作进行评估，总结经验教训，分析查找问题，提出改进措施，形成处置评估报告。鼓励开展第三方评估。

5.2 事件调查

大面积停电事件发生后，根据有关规定成立调查组，查明事件原因、性质、影响范围、经济损失等情况，提出防范、整改措施和处理处置建议。

5.3 善后处置

事发地政府要及时组织制订善后工作方案并组织实施。保险机构要及时开展相关理赔工作，尽快消除大面积停电事件的影响。

5.4 恢复重建

大面积停电事件应急响应终止后，需对电网网架结构和设备设施进行修复或重建的，报请国家能源局或由省政府根据实际工作需要组织编制恢复重建规划。相关电力企业和受影响区域各级政府应当根据规划做好受损电力系统恢复重建工作。

6 保障措施

6.1 队伍保障

电力企业应建立健全电力抢修应急专业队伍，加强设备维护和应急抢修技能方面的人员培训，定期开展应急演练，提高应急救援能力。地方各级政府根据需要组织动员其他专业应急队伍和志愿者等参与大面积停电事件及其次生衍生灾害处置工作。省军区、武警吉林省总队、省公安消防总队等要做好应急力量支援保障。

6.2 装备物资保障

电力企业应储备必要的专业应急装备及物资，建立和完善相应保障体系。各有关部门和地方各级政府要加强应急救援装备物资及生产生活物资的紧急生产、储备调拨和紧急配送工作，保障支援大面积停电事件应对工作需要。鼓励支持社会化储备。

6.3 通信、交通与运输保障

地方各级政府及通信主管部门要建立健全大面积停电事件应急通信保障体系，形成可靠的通信保障能力，确保应急期间通信联络和信息传递需要。交通运输部门要健全紧急运输保障体系，保障应急响应所需人员、物资、装备、器材等的运输；公安部门要加强交通应急管理，保障应急救援车辆优先通行；根据全面推进公务用车制度改革有关规定，有关单位应配备必要的应急车辆，保障应急救援需要。

6.4 技术保障

电力行业要加强大面积停电事件应对和监测先进技术、装备的研发，制定电力应急技术标准，加强电网、电厂安全应急信息化平台建设。有关部门要为电力日常监测预警及电力应急抢险提供必要的气象、地质、水文等服务。

6.5 应急电源保障

提高电力系统快速恢复能力，加强电网“黑启动”能力建设。有关部门和电力企业应充分考虑电源规划布局，保障各地区“黑启动”电源。电力企业应配备适量的应急发电装备，必要时提供应急电源支援。重要电力用户应按照国家有关技术要求配置应急电源，并加强维护和管理，确保应急状态下能够投入运行。

6.6 资金保障

省政府有关部门和地方各级政府以及各相关电力企业应按照有关规定，对大面积停电事件处置工作提供或帮助协调必要的资金保障。

7 附则

7.1 术语解释

黑启动：大面积停电后的系统自恢复通俗地称为黑启动。是指整个系统因故障停运后，系统全部停电（不排除孤立小电网仍维持运行），处于全“黑”状态，不依赖别的网络帮助，通过系统中具有自启动能力的发电机组启动，带动无自启动能力的发电机组，逐渐扩大系统恢复范围，最终实现整个系统的恢复。

7.2 预案管理

本预案实施后，省能源局要会同有关部门组织预案宣传、培训和演练，并根据实际情况，适时组织评估和修订。地方各级政府要结合当地实际制定或修订本级大面积停电事件应急预案。

7.3 预案解释

本预案由省能源局负责解释。

7.4 预案实施时间

本预案自印发之日起实施。

附件：1．国家大面积停电事件分级标准

2．吉林省大面积停电事件应急指挥部组成及工作组职责

附件 1

国家大面积停电事件分级标准

一、特别重大大面积停电事件

达到下列情况之一的，为特别重大大面积停电事件：

1．区域性电网：减供负荷 30%以上。

2．省、自治区电网：负荷 20000 兆瓦以上的减供负荷 30%以上，负荷 5000 兆瓦以上 20000 兆瓦以下的减供负荷 40%以上。

3．直辖市电网：减供负荷 50%以上，或 60%以上供电用户停电。

4．省、自治区政府所在地城市电网：负荷 2000 兆瓦以上的减供负荷 60%以上，或 70%以上供电用户停电。

二、重大大面积停电事件

达到下列情况之一的，为重大大面积停电事件：

1．区域性电网：减供负荷 10%以上 30%以下。

2．省、自治区电网：负荷 20000 兆瓦以上的减供负荷 13%以上 30%以下，负荷 5000 兆瓦以上 20000 兆瓦以下的减供负荷 16%以上 40%以下，负荷 1000 兆瓦以上 5000 兆瓦以下的减供负荷 50%以上。

3．直辖市电网：减供负荷 20%以上 50%以下，或 30%以上 60%以下供电用户停电。

4．省、自治区政府所在地城市电网：负荷 2000 兆瓦以上的减供负荷 40%以上 60%以下，或 50%以上 70%以下供电用户停电；负荷 2000 兆瓦以下的减供负荷 40%以上，或 50%以上供电用户停电。

5．其他设区的市电网：负荷 600 兆瓦以上的减供负荷 60%以上，或 70%以上供电用户停电。

三、较大大面积停电事件

达到下列情况之一的，为较大大面积停电事件：

1．区域性电网：减供负荷 7%以上 10%以下。

2．省、自治区电网：负荷 20000 兆瓦以上的减供负荷 10%以上 13%以下，负荷 5000 兆瓦以上 20000 兆瓦以下的减供负荷 12%以上 16%以下，负荷 1000 兆瓦以上 5000 兆瓦以下的减供负荷 20%以上 50%以下，负荷 1000 兆瓦以下的减供负荷 40%以上。

3．直辖市电网：减供负荷10%以上20%以下，或15%以上30%以下供电用户停电。

4．省、自治区政府所在地城市电网：减供负荷20%以上40%以下，或30%以上50%以下供电用户停电。

5．其他设区的市电网：负荷600兆瓦以上的减供负荷40%以上60%以下，或50%以上70%以下供电用户停电；负荷600兆瓦以下的减供负荷40%以上，或50%以上供电用户停电。

6．县级市电网：负荷150兆瓦以上的减供负荷60%以上，或70%以上供电用户停电。

四、一般大面积停电事件

达到下列情况之一的，为一般大面积停电事件：

1．区域性电网：减供负荷4%以上7%以下。

2．省、自治区电网：负荷20000兆瓦以上的减供负荷5%以上10%以下，负荷5000兆瓦以上20000兆瓦以下的减供负荷6%以上12%以下，负荷1000兆瓦以上5000兆瓦以下的减供负荷10%以上20%以下，负荷1000兆瓦以下的减供负荷25%以上40%以下。

3．直辖市电网：减供负荷5%以上10%以下，或10%以上15%以下供电用户停电。

4．省、自治区政府所在地城市电网：减供负荷10%以上20%以下，或15%以上30%以下供电用户停电。

5．其他设区的市电网：减供负荷20%以上40%以下，或30%以上50%以下供电用户停电。

6．县级市电网：负荷150兆瓦以上的减供负荷40%以上60%以下，或50%以上70%以下供电用户停电；负荷150兆瓦以下的减供负荷40%以上，或50%以上供电用户停电。

上述分级标准有关数量的表述中，“以上”含本数，“以下”不含本数。

附件 2

吉林省大面积停电事件应急指挥部组成及工作组职责

吉林省大面积停电事件应急指挥部主要由省委宣传部、省委外宣办（省政府新闻办）、省网信办、省发展改革委、省工业和信息化厅、省公安厅、省民政厅、省财政厅、省国土资源厅、省住房城乡建设厅、省交通运输厅、省水利厅、省林业厅、省商务厅、省国资委、省工商局、省新闻出版广电局、省安监局、省食品药品监管局、省能源局、省测绘地信局、省地勘局、省气象局、省地震局、省通信管理局、沈阳铁路监管局、沈阳铁路局长春铁路办事处、省军区、武警吉林省总队、省公安消防总队，国网吉林省电力有限公司、吉林省地方水电有限公司、省民航机场集团公司等部门和单位组成，并可根据应对工作需要，增加有关地方政府和其他有关部门、单位、相关电力企业。

主要职责：在省政府和国家应急指挥机构的领导下，统一实施吉林省大面积停电应急处置等各项工作；协调省内各相关地区、各有关部门、各应急指挥机构之间的关系，协调本省与相关省（自治区）电力应急指挥机构的关系，指挥协调社会应急救援工作；研究重大应急决策和部署；决定启动、调整和终止应急响应；配合国家大面积停电应急处置工作。

省指挥部设立相应工作组，各工作组组成及职责分工如下：

一、综合协调组：由省能源局牵头，国网吉林省电力有限公司、吉林省地方水电有限公司等有关部门和单位参加。

主要职责：负责省指挥部的联络和协调工作，落实省指挥部部署的各项任务；执行省指挥部下达的应急指令；监督应急预案执行情况；掌握应急处理和供电恢复情况。

二、电力恢复组：由省能源局牵头，省发展改革委、省工业和信息化厅、省公安厅、省水利厅、省林业厅、省安监局、省测绘地信局、省地震局、省气象局、省军区、武警吉林省总队、省公安消防总队、国网吉林省电力有限公司、吉林省地方水电有限公司等参加，视情增加其他电力企业。

主要职责：组织进行技术研判，开展事态分析；组织电力抢修恢复工作，尽快恢复受影响区域供电工作；负责重要电力用户、重点区域的临时供电保障；负责组织跨区域的电力应急抢修恢复协调工作；协调军队、武警有关力量参与应对。

三、新闻宣传组：由省委宣传部牵头，省委外宣办（省政府新闻办）、省网信办、省发展改革委、省公安厅、省新闻出版广电局、省安监局、省能源局、省通信管理局等参加。

主要职责：组织开展事件进展、应急工作情况等权威信息发布，加强新闻宣传报道；收集分析国内外舆情和社会公众动态，加强媒体、电信和互联网管理，正确引导舆论；及时澄清不实信息，回应社会关切。

四、综合保障组：由省能源局牵头，省发展改革委、省工业和信息化厅、省公安厅、省民政厅、省财政厅、省国土资源厅、省住房城乡建设厅、省交通运输厅、省水利厅、省商务厅、省国资委、省新闻出版广电局、省地勘局、沈阳铁路监管局、沈阳铁路局长春铁路办事处、国网吉林省电力有限公司、吉林省地方水电有限公司、省民航机场集团公司等参加，视情增加其他电力企业。

主要职责：对大面积停电事件受灾情况进行核实，指导恢复电力抢修方案，落实人员、资金和物资；组织做好应急救援装备物资及生产生活物资的紧急生产、储备调拨和紧急配送工作；及时组织调运重要生活必需品，保障群众基本生活和市场供应；维护供水、供气、供热、通信、广播电视等设施正常运行；维护铁路、道路、水路、民航等基本交通运行；组织开展事件处置评估。

五、社会稳定组：由省公安厅牵头，省网信办、省发展改革委、省工业和信息化厅、省民政厅、省交通运输厅、省商务厅、省工商局、省食品药品监管局、省能源局、省军区、武警吉林省总队、省公安消防总队等参加。

主要职责：加强受影响地区社会治安管理，严厉打击借机传播谣言制造社会恐慌，以及趁机盗窃、抢劫、哄抢等违法犯罪行为；加强转移人员安置点、救灾物资存放点等重点地区治安管控；加强对食品、药品及其他重要生活必需品等商品的市场监管和调控，打击囤积居奇行为；加强对重点区域、重点单位的警戒；做好受影响人员与涉事单位、当地政府及有关部门矛盾纠纷化解等工作，切实维护社会稳定。

六、应急专家组：由省能源局牵头，省国土资源厅、省水利厅、省测绘地信局、省地震局、省气象局、省地勘局、国网吉林省电力有限公司、吉林省地方水电有限公司等参加，视情增加其他电力企业。

主要职责：深入事故现场，进行技术指导；对事故原因研判分析，为应急工作提供技术咨询和建议；参与事态和处置评估，修订完善应急预案。

黑龙江省大面积停电事件应急预案

（黑政办函〔2016〕48号）

目　录

1　总则

1.1　编制目的

切实履行政府社会管理和公共服务的职能，提升科学、有效、快速处置我省大面积停电事件的能力，迅速、有序地恢复电力供应，最大程度预防和减少大面积停电事件造成的影响和损失，维护国家安全、社会稳定和人民生命财产安全。

1.2　编制依据

依据《中华人民共和国安全生产法》《中华人民共和国突发事件应对法》《中华人民共和国电力法》《生产安全事故报告和调查处理条例》《电力安全事故应急

处置和调查处理条例》《电网调度管理条例》《国家大面积停电事件应急预案》《黑龙江省安全生产条例》《黑龙江省人民政府突发公共事件总体应急预案》等法律法规和有关规定，结合我省实际制定本预案。

1.3 适用范围

本预案适用于我省应对和处置由于自然灾害、电力安全事故和外力破坏等原因造成省级电网或城市电网大量减供负荷，对我省安全、社会稳定以及人民群众生产生活造成影响和威胁的停电事件。

1.4 工作原则

大面积停电事件应对工作坚持统一领导、综合协调，属地为主、分工负责，保障民生、维护安全，全社会共同参与的原则。大面积停电事件发生后，省政府及有关部门、东北能源监管局、电力企业、重要电力用户应立即按照职责分工和相关预案开展处置工作。

2 组织指挥体系及职责

2.1 省指挥部组成及职责

2.1.1 省指挥部组成

省政府成立由分管副省长任指挥长，省政府分管副秘书长、省电力公司总经理任副指挥长，省委宣传部、省工信委、教育厅、公安厅、民政厅、财政厅、国土资源厅、住建厅、交通运输厅、水利厅、林业厅、卫生计生委、国资委、新闻出版广电局、安全监管局、人防办、煤管局、通信管理局、气象局、黑龙江煤监局、民航黑龙江监管局、哈尔滨铁路局、龙煤集团、省机场管理集团、省军区、省武警总队负责人为成员的省大面积停电事件应急处置指挥部（以下简称省指挥部），统一领导、指挥、协调全省大面积停电事件的应急处置工作。省指挥部办公室设在省电力公司，具体负责电网抢修、恢复供电的日常应急处置工作。办公室主任由省电力公司总经理兼任。

2.1.2 指挥长职责

领导和指挥大面积停电事件应急处置工作。

2.1.3 副指挥长职责

在指挥长的领导下，省政府分管副秘书长负责协调成员单位做好各自职责范围内的应急救援和应急处置工作，力争将停电造成的损失和影响降到最低；省电力公司总经理负责领导和指挥具体的电网抢修、恢复供电的日常应急处置工作。

2.1.4 成员单位职责

省委宣传部负责指导省直新闻单位把握正确宣传导向，做好停电后的宣传报道工作。

省工信委做好停电后发电企业以及工业企业应急生产的协调组织工作。

省教育厅做好停电后学校等人员密集场所的人员疏散工作。

省公安厅协助做好停电后人员的抢险救援工作，做好道路交通的疏导工作，做好人员密集场所的治安工作。

省民政厅负责组织核查因自然灾害造成的农户生产生活受灾情况，做好农村受灾人员基本生活救助工作。

省财政厅做好停电后恢复重建相关的财政资金协调工作。

省国土资源厅做好停电后恢复重建相关的土地规划工作。

省住建厅做好停电后职责范围内的应急处置工作。

省交通运输厅做好停电造成的城市公共交通严重瘫痪，人员大量滞留等人员疏导、运力恢复等工作。

省水利厅指导做好农村供水和水利工程供水的应急处置工作。

省林业厅做好停电后相关的应急处置工作。

省卫生计生委做好停电后受伤人员的医疗救治工作。

省国资委做好停电后相关的应急处置工作。

省新闻出版广电局做好停电后尽快恢复备用电源或备用发电机供电，保证广播电视台的正常业务开展。

省安全监管局参与较大以上生产安全事故的应急处置工作。

省人防办做好停电后相关的应急处置工作。

省煤管局做好停电后煤矿应急救援配合工作。

省通信管理局做好停电后通信保障应急处置工作。

省气象局做好气象预报预警工作，做好大面积停电事件的气象预报预警信息发布工作。

黑龙江煤监局做好停电后指导和协调煤矿的应急救援工作。

民航黑龙江监管局负责协调省内民航各单位，做好停电后航空器转场。

哈尔滨铁路局做好停电造成的铁路调度指挥系统失控、铁路运输严重瘫痪，人员大量滞留等情况的恢复和疏导工作。

龙煤集团做好停电后作业人员安全升井，防止瓦斯爆炸等应急救援工作。

省机场管理集团做好停电后航空器转场，运行计划调整工作，协助航空公司做好旅客安抚、安置工作。

省军区做好停电后应急救援支持工作。

省武警总队做好停电后应急救援支持工作。

2.2 现场指挥部组成及职责

2.2.1 现场指挥部

发生特别重大、重大大面积停电事件，省指挥部成立由省指挥部副指挥长任总指挥的大面积停电事件应急处置现场指挥部（以下简称现场指挥部），指挥场所设在省电力公司应急指挥中心。

2.2.2 现场指挥部职责

负责全省大面积停电事件的电网抢修、恢复供电的应急处置工作。

2.3 专家组组成及职责

各级政府组织指挥机构根据需要成立大面积停电事件应急专家组，成员由电力、气象、地质、水文等领域相关专家组成。负责在应急工作中充分发挥决策咨询和技术支撑作用，确保应急管理和突发事件处置的科学合理、快速有效，促进应急能力的全面提升。

2.4 县级以上政府职责

各市（地）、县（市）政府（行署）参照本预案，结合本地实际制定预案并成立相应的大面积停电事件应急指挥机构，建立和完善相应的停电应急救援与处置体系。对突发大面积停电事件，事发地市（地）、县（市）政府（行署）要先期启动相应级别的应急响应，组织做好应对工作。上级政府有关部门和单位进行指导。

3 事件分级

根据大面积停电造成的危害程度、影响范围等因素，将大面积停电事件分为：特别重大（Ⅰ级）、重大（Ⅱ级）、较大（Ⅲ级）、一般（Ⅳ级）4 个级别。

3.1 特别重大大面积停电事件

发生下列情况之一，为特别重大大面积停电事件：

（1）造成黑龙江省电网减供负荷 40%以上的。

（2）造成哈尔滨市电网减供负荷 60%以上或者 70%以上供电用户停电的。

（3）跨 2 个以上市（地）同时发生重大电网大面积停电事件的。

3.2 重大大面积停电事件

发生下列情况之一，为重大大面积停电事件：

（1）造成黑龙江省电网减供负荷 16%以上 40%以下的。

（2）造成哈尔滨市电网减供负荷 40%以上 60%以下或者 50%以上 70%以下供电用户停电的。

（3）造成电网负荷 600 兆瓦以上的其他市（地）电网减供负荷 60%以上或者

70%以上供电用户停电的。

（4）跨 2 个以上市（地）同时发生较大电网大面积停电事件的。

3.3 较大大面积停电事件

发生下列情况之一，为较大大面积停电事件：

（1）造成黑龙江省电网减供负荷 12%以上 16%以下的。

（2）造成哈尔滨市电网减供负荷 20%以上 40%以下，或者 30%以上 50%以下供电用户停电的。

（3）造成其他市（地）电网减供负荷 40%以上（电网负荷 600 兆瓦以上的，减供负荷 40%以上 60%以下）或者 50%以上（电网负荷 600 兆瓦以上的，50%以上 70%以下）供电用户停电的。

（4）造成电网负荷 150 兆瓦以上的县（市）电网减供负荷 60%以上或者 70%以上供电用户停电的。

（5）跨 2 个以上地区的市、县同时发生一般电网大面积停电事件的。

3.4 一般大面积停电事件

发生下列情况之一，为一般大面积停电事件：

（1）造成黑龙江省电网减供负荷 6%以上 12%以下的。

（2）造成哈尔滨市电网减供负荷 10%以上 20%以下或者 15%以上 30%以下供电用户停电的。

（3）造成其他市（地）电网减供负荷 20%以上 40%以下或者 30%以上 50%以下供电用户停电的。

（4）造成其他县（市）电网减供负荷 40%以上（电网负荷 150 兆瓦以上的，减供负荷 40%以上 60%以下）或者 50%以上（电网负荷 150 兆瓦以上的，50%以上 70%以下）供电用户停电的。

本预案中所称的“以上”包括本数，“以下”不包括本数。

4 预防与预警

4.1 风险监测与报告

4.1.1 风险监测

省电力公司负责电网运行风险、自然灾害引发电网安全运行的风险监测工作；负责设备运行风险、自然灾害引发设备事故的风险监测；负责电厂来水、电煤供应等电力供需问题引发电网安全运行的风险监测工作。

（1）自然灾害风险监测：自然灾害可能影响电网、设备运行，并引发大面积停电事件。省电力公司应与气象、水力、林业、地震、公安、交通运输、国土资源、民政、工信等有关部门建立相关突发事件监测预报预警联动机制，实现相关灾情、险情等信息的实时共享。加强对气象、洪涝、地震、地质等灾害的监测预警。

（2）设备运行风险：外部运行环境变化、设备异常运行、设备故障均可能造成大面积停电事件。省电力公司应通过日常的设备运行维护、巡视检查、隐患排查和在线监测等手段监测风险．通过常态隐患排查治理及时发现设备隐患。

（3）电网运行风险：特殊的运行方式、运行人员误操作等可能引发大面积停电事件。省电力公司应加强运行方式的安排，常态化开展电网运行风险评估，加强电网检修等特殊运行方式的风险监测。通过常态化电网隐患排查治理工作及时治理电网隐患，通过电网安全稳定实时预警与协调防御系统监测电网安全稳定运行情况。

（4）外力破坏风险：外部环境复杂，外力破坏风险不断增加。省电力公司应加强外部隐患管理，通过技术手段和管理手段加强电网设备的外力破坏风险监测。

（5）供需平衡破坏风险：电网供需平衡被破坏可能直接导致大面积停电事件。省电力公司应加强调度计划管理，加强电网负荷平衡的调度计划管理，加强对发电厂电煤燃料等供应以及水电厂水情的监测，及时掌握电能生产供应情况。

4.1.2　报告程序

省电力公司发现、获得各类可能引发重大及以上大面积停电的风险信息后，立即向省政府相关部门和东北能源监管局报告。

4.2　预警级别及发布

4.2.1　预警分级

根据可能导致的大面积停电影响范围和严重程度，将大面积停电预警分为一级、二级、三级和四级，依次用红色、橙色、黄色和蓝色表示，一级为最高级别。

4.2.2　预警分级标准

一级预警：根据大面积停电风险监测综合分析，可能发生特别重大大面积停电事件。

二级预警：根据大面积停电风险监测综合分析，可能发生重大大面积停电事件。

三级预警：根据大面积停电风险监测综合分析，可能发生较大大面积停电事件。

四级预警：根据大面积停电风险监测综合分析，可能发生一般大面积停电事件。

4.2.3　预警信息发布

一级预警信息和二级预警信息由省政府批准后发布。

三级预警信息由市（地）政府（行署）发布。

四级预警信息由县（市）政府发布。

大面积停电事件预警信息由黑龙江省突发事件预警信息发布系统发布。

4.3 预警预防行动

省直各有关单位、各市（地）政府（行署）接到省突发事件预警信息发布中心预警信息后，应立即上岗到位，组织力量深入分析、评估可能造成的影响和危害，尤其是对本地、本部门（单位）风险隐患的影响情况，有针对性地提出预防和控制措施，落实抢险队伍和物资，做好启动应急响应的各项准备工作。如发生大面积停电事件，应立即进行应急救援和应急处置工作，将损失降至最低。

5 应急响应

根据事件严重程度和影响范围，应急响应分为Ⅰ级、Ⅱ级、Ⅲ级、Ⅳ级共 4 个级别。

5.1 Ⅰ级响应

启动条件：发生特别重大大面积停电事件。

响应措施：

（1）发生特别重大大面积停电事件时，省指挥部应将停电范围、停电负荷、发展趋势等有关情况立即向省政府报告，省政府向国务院报告并请求支援，同时宣布启动Ⅰ级应急响应，各成员单位按照各自职责进行应急处置工作。

（2）发生特别重大大面积停电事件后，省指挥部办公室负责向有关单位和公众就事故影响范围、发展过程、抢险进度、预计恢复时间等内容及时通报，使有关单位和公众对停电情况有客观的认识和了解。在特别重大大面积停电事件应急状态宣布解除后，及时向有关单位和公众通报信息。

（3）加强信息发布和舆论宣传工作，各级政府要积极组织力量，发动群众，坚决打击造谣惑众、散布谣言、哄抬物价、偷盗抢劫等各种违法违纪行为，减少公众恐慌情绪，维护社会稳定。

5.2 Ⅱ级响应

启动条件：发生重大大面积停电事件。

响应措施：

（1）发生重大大面积停电事件时，省政府宣布启动Ⅱ级应急响应，各成员单位按照各自职责进行应急处置工作。

（2）发生重大大面积停电事件后，省指挥部办公室负责向有关单位和公众就事故影响范围、发展过程、抢险进度、预计恢复时间等内容及时通报，使有关单位和公众对停电情况有客观的认识和了解。在重大大面积停电事件应急状态宣布解除后，及时向有关单位和公众通报信息。

（3）加强信息发布和舆论宣传工作，各级政府要积极组织力量，发动群众，坚决打击造谣惑众、散布谣言、哄抬物价、偷盗抢劫等各种违法违纪行为，减少公众恐慌情绪，维护社会稳定。

5.3 Ⅲ级响应

启动条件：发生较大大面积停电事件。

响应措施：事发地市（地）政府（行署）启动相应预案开展应急处置工作。必要时，省指挥部派出工作组给予指导。

5.4 Ⅳ级响应

启动条件：发生一般大面积停电事件。

响应措施：事发地县（市）政府启动相应预案开展应急处置工作，上级政府派出工作组给予指导。

对于尚未达到一般大面积停电事件标准，但对社会产生较大影响的其他停电事件，事发地县（市）以上政府可结合实际情况启动应急响应。

6 应急处置

6.1 信息报告

6.1.1 信息报告程序

（1）发生Ⅲ级、Ⅳ级大面积停电事件后，县级政府及有关单位要在事件发生后3小时内向市（地）政府（行署）及上级主管部门报告信息；市（地）政府（行署）及有关单位要在事件发生后4小时内向省政府及上级主管部门报告信息。

（2）发生Ⅰ级、Ⅱ级电网大面积停电事件后，县级政府及有关单位要在事件发生后2小时内向市（地）政府（行署）及上级主管部门报告信息；市（地）政府（行署）及有关单位要在事件发生后 3 小时内向省政府及上级主管部门报告信息；省政府及有关单位要在事件发生后 4 小时内向国务院及上级主管部门报告信息。

6.1.2 信息报告内容

事件信息来源、时间、地点、基本经过、影响范围、已造成后果、初步原因和性质、事件发展趋势和拟采取的措施以及信息报告人员的联系方式等。

6.2 处置措施

大面积停电事件发生后，相关电力企业和重要电力用户要立即实施先期处置，全力控制事件发展态势，尽量缩小和减轻事件影响。全面收集事件信息，及时向当地政府报告相关信息，各级政府有关部门和单位根据工作需要，组织采取以下措施。

6.2.1　抢修电网并恢复运行

电力调度机构合理安排运行方式，控制停电范围；尽快恢复重要输变电设备、电力主干网架运行；在条件具备时，优先恢复重要电力用户、重要城市和重点地区的电力供应。

电网企业迅速组织力量抢修受损电网设备设施，根据应急指挥机构要求，向重要电力用户及重要设施提供必要的电力支援。

发电企业保证设备安全，抢修受损设备，做好发电机组并网运行准备，按照电力调度指令恢复运行。

6.2.2　防范次生衍生事故

重要电力用户按照有关技术要求迅速启动自备应急电源．加强重大危险源、重要目标、重大关键基础设施隐患排查与监测预警，及时采取防范措施，防止发生次生衍生事故。

6.2.3　保障居民基础生活

启用应急供水措施，保障居民用水需求；采取多种方式，保障燃气供应和采暖期内居民生活热力供应；组织生活必需品的应急生产、调配和运输，保障停电期间居民基础生活。

6.2.4　维护社会稳定

加强涉及国家安全和公共安全的重点单位安全保卫工作，严密防范和严厉打击违法犯罪活动。加强对停电区域内繁华街区、大型居民区、大型商场、学校、医院、金融机构、机场、城市轨道交通设施、车站、码头及其他重要生产经营场所等重点地区、重点部位、人员密集场所的治安巡逻，及时疏散人员，解救被困人员，防范治安事件。加强交通疏导，维护道路交通秩序。尽快恢复企业生产经营活动。严厉打击造谣惑众、囤积居奇、哄抬物价等各种违法行为。

6.2.5　加强信息发布

按照及时准确，公开透明、客观统一的原则，加强信息发布和舆论引导，主动向社会发布停电相关信息和应对工作情况。提示相关注意事项和安保措施。加强舆情收集分析，及时回应社会关切，澄清不实信息，正确引导社会舆论，稳定公众情绪。

6.2.6　组织事态评估

及时组织对大面积停电事件影响范围、影响程度、发展态势及恢复进度进行评估，为进一步做好应对工作提供依据。

6.3　指挥与协调联动

遵循属地管理原则，建立在政府统一领导，以电力企业为主、有关单位参与的应急救援指挥协调机制。在省政府统一领导和协调下，受影响或受波及的地方各级政府、各有关部门、各类电力用户要按照职责分工立即行动，组织开展社会停电应急救援与处置工作。

6.4 信息发布

省电力公司应及时与省委宣传部、省政府新闻办联系并汇报相关情况，与主流新闻媒体联系沟通，做好新闻发布相关准备工作，由省指挥部统一向社会发布。

6.5 响应终止

同时满足以下条件时，由启动响应的地方政府终止应急响应：

（1）电网主干网架基本恢复正常，电网运行参数保持在稳定限额之内，主要发电厂机组运行稳定；

（2）减供负荷恢复 80%以上，受停电影响的重点地区、重要城市负荷恢复90%以上；

（3）造成大面积停电事件的隐患基本消除；

（4）大面积停电事件造成的重大次生衍生事故基本处置完成。

7 后期处置

7.1 处置评估

大面积停电事件应急响应终止后，履行统一领导职责的地方政府要及时组织对事件处置工作进行评估，总结经验教训，分析查找问题，提出改进措施，形成处置评估报告。

7.2 事件调查

大面积停电事件发生后，按照国务院《电力安全事故应急处置和调查处理条例》及国家能源局有关规定，东北能源监管局负责事故调查。相关电力企业和人员应当妥善保护事故现场以及工作日志、工作票、操作票等相关材料，及时保存故障录波图、电力调度数据、发电机组运行数据和输变电设备运行数据等相关资料，并在事故调查组成立后将相关材料、资料移交调查组。事件调查应坚持“实事求是、尊重科学”的原则，客观、公正、准确、及时地查清事件原因、发生过程、恢复情况、事件损失、事故责任等，提出防范措施和事故责任处理意见。

7.3 善后处置

事发地政府要及时组织制定善后工作方案并组织实施。保险机构要及时开展相关理赔工作，尽快消除大面积停电事件的影响。

7.4 恢复重建

大面积停电事件应急响应终止后，需对电网网架结构和设备设施进行修复或重建的，由省政府根据实际工作需要组织编制恢复重建规划。相关电力企业和受影响区域地方各级政府应当根据规划做好受损电力系统恢复重建工作。

8 保障措施

8.1 队伍保障

电力企业应建立健全电力抢修应急专业队伍，加强设备维护和应急抢修技能方面的人员培训，定期开展应急演练，提高应急救援能力。各级政府根据需要组织动员其他专业应急队伍和志愿者等参与大面积停电事件及其次生衍生灾害处置工作。军队、武警部队、公安消防等要做好应急力量支援保障。

8.2 装备物资保障

电力企业应储备必要的专业应急装备及物资，建立和完善相应保障体系。各级政府要加强应急救援装备物资及生产生活物资的紧急生产、储备调拨和紧急配送工作，保障支援大面积停电事件应对工作需要。

8.3 通信、交通与运输保障

各级政府及通信主管部门要建立健全大面积停电事件应急通信保障体系，形成可靠的通信保障能力，确保应急期间通信联络和信息传递需要。交通运输部门要健全紧急运输保障体系，保障应急响应所需人员、物资、装备、器材等的运输；公安部门要加强交通应急管理，保障应急救援车辆优先通行；根据全面推进公务用车制度改革有关规定，有关单位的应配备必要的应急车辆，保障应急救援需要。

8.4 技术保障

电力行业要加强大面积停电事件应对和监测先进技术、装备的研发，制定电力应急技术标准，加强电网、电厂安全应急信息化平台建设。省政府有关部门要为电力日常监测预警及电力应急抢险提供必要的气象、地质、水文等服务。

8.5 应急电源保障

提高电力系统快速恢复能力，加强电网“黑启动”能力建设。省政府有关部门和电力企业应充分考虑电源规划布局，保障各地区“黑启动”电源。电力企业应配备适量的应急发电装备，必要时提供应急电源支援。重要电力用户应按照国家有关技术要求配备应急电源，并加强维护和管理，确保应急状态下能够投入运行。

8.6 资金保障

各级政府以及各相关电力企业应按照有关规定，对大面积停电事件处置工作提供必要的资金保障。

9 预案管理

9.1 预案培训

各级政府、电力企业、重要电力用户要开展包括负责人、应急管理和救援人员的上岗前培训、常规性培训。并通过与专业人员的技术交流和研讨，提高应急救援和应急处置的业务知识水平。

9.2 预案演练

根据实际情况采取实战演练、桌面推演等方式，组织开展人员广泛参与、处置联动性强、节约高效的应急演练，并对演练频次、范围、内容、组织进行评估。

本预案应每 3 年至少举行 1 次演练。

9.3 预案更新

有下列情形之一的，应当及时修订本预案：

（1）有关法律、法规、规章、标准、上位预案中的有关规定发生变化的；

（2）应急指挥机构及其职责发生重大调整的：

（3）面临的风险发生重大变化的；

（4）重要应急资源发生重大变化的；

（5）预案中的其他重要信息发生变化的；

（6）在突发事件实际应对和应急演练中发现问题需要做出重大调整的；

（7）应急预案制定单位认为应当修订的其他情况。

市（地）、县（市）政府（行署）应及时更新本地区应急预案，确保与省级专项应急预案的有效衔接。

9.4 预案实施（生效）时间

本预案自发布之日起实施。

上海市大面积停电事件应急预案
（2017 年版）

（沪府函〔2017〕48 号）

目　录

1 总则

1.1 编制目的

迅速、高效、有序地处置本市大面积停电事件，最大限度地减少大面积停电事件及其可能造成的影响和损失，维护社会稳定和人民生命财产安全，保障经济社会持续稳定发展和城市安全运行。

1.2 编制依据

《中华人民共和国突发事件应对法》《中华人民共和国安全生产法》《中华人民共和国电力法》《生产安全事故报告和调查处理条例》《电力安全事故应急处置和调查处理条例》《国家大面积停电事件应急预案》和《上海市实施<中华人民共和国突发事件应对法>办法》《上海市突发公共事件总体应急预案》等。

1.3 适用范围

本预案适用于上海市行政区域内大面积停电事件应对工作。

大面积停电事件,是指由于自然灾害、电力安全事故和外力破坏等原因，造成区域性电网、省级电网或城市电网大量减供负荷，对国家安全、社会稳定以及人民群众生产生活造成影响和威胁的事件。

1.4 工作原则

统一指挥、分工负责，以人为本、科学决策，保证重点、分级处置，快速反应、协同应对，预防为主、处防结合。

2 组织体系

2.1 领导机构

《上海市突发公共事件总体应急预案》明确，本市突发公共事件应急管理工作由市委、市政府统一领导；市政府是突发公共事件应急管理工作的行政领导机构；市应急委决定和部署突发公共事件应急管理工作，其日常事务由市应急办负责。

2.2 工作机构

市经济信息化委是市政府主管本市电力运行的职能部门，也是应急管理工作机构之一，作为处置大面积停电事件的责任单位，承担大面积停电事件的应急常态管理。主要履行以下职责：

（1）贯彻执行国家和本市有关处置大面积停电事件的法律、法规、规章、政策及行政与技术规定；

（2）负责大面积停电事件相关信息的收集处理，初步判断响应等级，及时向市政府提出相关处置措施建议；

（3）组织大面积停电事件科普知识宣传，开展应对大面积停电事件的应急演练，提高市民防范与自救意识；

（4）按照规定进行大面积停电事件的调查与评估。

2.3 应急联动机构

市应急联动中心设在市公安局，作为本市突发公共事件应急联动先期处置的职能机构和指挥平台，履行应急联动处置较大和一般突发公共事件、组织联动单位对特大或重大突发公共事件进行先期处置等职责。各联动单位在各自职责范围内，负责突发公共事件应急联动先期处置工作。

2.4 指挥机构

2.4.1 市层面组织指挥机构

一旦发生特别重大、重大级别的大面积停电事件，市政府根据市经济信息化委的建议和应急处置需要，视情成立市应急处置指挥部，实施对大面积停电事件应急处置的统一指挥。总指挥由市领导确定，成员由市经济信息化委、市发展改革委、华东能源监管局、市公安局、武警上海市总队、市消防局、市安全监管局、市交通委、市卫生计生委、市政府新闻办、市气象局、市民政局、市通信管理局、事发地所在区政府、市电力公司、各发电企业等部门领导担任。市应急处置指挥部开设位置，根据应急处置需要选定。

根据发展态势和实际处置需要，市经济信息化委和事发地所在区政府负责成立现场指挥部。现场指挥部在市应急处置指挥部的统一指挥下，具体负责组织实施现场应急处置。

2.4.2 区层面组织指挥机构

区政府负责指挥、协调本行政区域内大面积停电事件应对工作，要结合本地实际，明确相应组织指挥机构，建立健全应急联动机制。

发生跨行政区域的大面积停电事件，由市一级的指挥机构负责指挥。

2.5 电力企业

国网上海市电力公司应急指挥中心作为本市应对大面积停电的电力专业指挥机构，设在市电力公司本部。

2.6 专家机构

市经济信息化委负责组建大面积停电事件应急处置专家组，并与本市其他专家机构建立联络机制。在大面积停电事件发生后，从大面积停电事件应急处置专家组中确定相关专家，负责提供应对大面积停电事件的决策咨询建议和技术支持。必要时，专家组参与事件调查。

3 风险分析与监测预警

3.1 风险分析

可能导致本市大面积停电事件发生的主要危险源包括：

（1）区外来电：上海区外来电比例较高，单通道输送容量大，发生故障概率较大，存在数条重要输电线路及通道同时停役的风险。

（2）自然灾害：上海地区受地域性灾害气候影响较大（如台风、大雾、雨雪冰冻以及雷击等），电网网架和设备所面临灾害源多。

（3）设备事故：上海地区负荷不断增长，部分电网配套设备老化，无法承受负荷满载或过载压力。

（4）外力破坏：电网安全运行受高空飘物、野蛮施工、吊车碰线、电力设施偷盗以及恶劣运行环境因素影响，易造成外力破坏事故，严重影响电网运行安全。

（5）燃料供应：发电燃料受运输组织、船舶调度、港口装卸及天气因素等影响，造成燃料现存不足或后续供应不足，导致被迫减负荷甚至停机，影响安全供电。

3.2 监测预警

3.2.1 本市建立大面积停电事件信息监测、预警体系与资料数据库，形成覆盖全市的大面积停电事件监测网络。市经济信息化委组织进行常规数据监测分析，及时收集、汇总有关信息并进行研判。

3.2.2 市电力公司及有关部门负责加强对大面积停电事件信息监测与收集，及时掌握和报告供电事故征兆。

3.2.3 大面积停电事件信息监测主要有：

（1）自然灾害类：与气象、水情、海洋、地震等政府有关部门建立相关突发事件监测预报预警联动机制，实现相关灾情、险情信息实时共享。

（2）设备运行类：通过日常设备运行维护、巡视检查、隐患排查和在线监测等手段监测风险，通过常态隐患排查治理及时发现设备隐患。

（3）电网运行类：开展电网运行风险评估，加强电网检修情况下特殊运行方式的风险监测。

（4）外力破坏类：加强电网运行环境外部隐患治理，通过技术手段和管理手段，强化重要电网设备设施外破风险监测。

（5）供需平衡类：优化发电调度，加强发电企业燃料供应监测，动态掌握电能生产供需平衡情况。

3.3 预警级别与发布

3.3.1 预警级别

本市大面积停电事件预警级别分为四级：Ⅰ级（特别严重）、Ⅱ级（严重）、Ⅲ级（较重）和Ⅳ级（一般），依次用红色、橙色、黄色和蓝色表示。

3.3.1.1 Ⅰ级（红色）预警：

下列情况之一的，可视情发布Ⅰ级（红色）预警：

（1）气象台发布自然灾害（暴雪、寒潮、台风）红色预警；

（2）电力燃料储备不足 2 天。

3.3.1.2 Ⅱ级（橙色）预警：

下列情况之一的，可视情发布Ⅱ级（橙色）预警：

（1）气象台发布自然灾害（暴雪、寒潮、霜冻、台风）橙色预警；

（2）电力燃料储备不足 3 天。

3.3.1.3 Ⅲ级（黄色）预警：

下列情况之一的，可视情发布Ⅲ级（黄色）预警：

（1）气象台发布自然灾害（雨雪冰冻、台风）黄色预警；

（2）上海电网对外直流输电通道非正常解列达四回；

（3）电力燃料储备不足4天。

3.3.1.4　Ⅳ级（蓝色）预警：

下列情况之一的，可视情发布Ⅳ级（蓝色）预警：

（1）气象台发布自然灾害（雨雪冰冻、台风）蓝色预警；

（2）上海电网对外直流通道非正常解列达三回；

（3）电力燃料储备不足5天；

（4）当本市重要用户出现停电风险时。

3.3.2　预警信息发布

市经济信息化委根据本预案，明确预警工作要求、程序和责任部门，落实预警监督管理措施，并按照权限适时发布预警信息。信息发布，可通过市预警发布中心、广播电视、信息网络等方式进行。

3.3.3　预警级别调整

根据大面积停电事件预警的发展态势和处置情况，预警信息发布部门可视情对预警级别做出调整。

3.4　预警行动

进入大面积停电事件预警期后，市经济信息化委、事发地所在区政府、市应急联动中心、市电力公司、发电企业等有关部门和单位可视情采取相关预防性措施。

（1）准备或直接启动相应的应急处置预案；

（2）根据可能发生的事件等级、处置需要和权限，向公众发布可能受到大面积停电事件影响的预警，宣传供电事故应急避难知识；

（3）通知重要用户做好启动应急响应和启动自备应急保安电源的准备；

（4）组织有关救援单位、应急救援队伍和专业人员进入待命状态，并视情况动员后备人员；

（5）调集、筹措所需物资和设备；

（6）加强警戒，确保通信、交通、供水等公用设施安全；

（7）法律、法规规定的其他预防性措施。

3.5　预警解除

一旦大面积停电事件风险消除，预警信息发布部门及时解除预警，中止预警响应行动，并组织发布预警解除信息。

4　信息报告

一旦发生本预案规定的大面积停电事件，市电力公司必须在30分钟内分别向市政府总值班室、市经济信息化委、华东能源监管局口头报告；在1小时内提供书面报告；事件发生后出现新情况，应立即续报。书面报告以及续报的内容，包括时间、地点（区域）、减供负荷、电网故障情况、重要电力用户停电情况、已采取措施等。发生重大和特别重大级别的大面积停电事件，必须立即报告。

市应急联动中心、市经济和信息化委、华东能源监管局、事发地所在区政府或其他有关机构接到报告后，要迅速汇总和掌握相关事件信息，第一时间做好处置准备。对于本市发生的大面积停电事件，由市经济信息化委及时向国家能源局报告。

市经济信息化委要与市有关部门和单位建立信息通报、协调机制，整合大面积停电事件有关信息，实现实时共享。一旦发生大面积停电事件，要根据应急处置需要，及时通报、联系和协调。

5　应急处置

5.1　先期处置

5.1.1　大面积停电事件发生后，有关责任单位采取以下措施，实施先期处置：

（1）派出有关人员迅速赶到现场，维护现场秩序，采取有效措施组织抢险救援，防止事态扩大；

（2）了解并掌握事件情况，及时报告事态发展趋势与处置情况。

5.1.2　市经济信息化委会同市应急联动中心组织、指挥、协调、调度各方面资源和力量，采取必要措施，实施先期处置，确定事件等级，并向市政府上报现场动态信息。当事件发展态势或次生衍生事件不能得到有效控制时，市经济信息化委或市应急联动中心要及时向市政府提出启动相应应急处置预案及响应等级的建议。

5.1.3　事发地所在区政府、市电力公司及有关部门要根据职责和规定的权限，启动相关应急处置预案，控制事态并向上级报告。

5.2　分级响应

5.2.1　本市大面积停电事件响应等级分为四级：Ⅰ级、Ⅱ级、Ⅲ级和Ⅳ级，分别应对特别重大、重大、较大和一般大面积停电事件。

（1）Ⅲ级、Ⅳ级应急响应

发生一般、较大级别的大面积停电事件，由市经济信息化委、市应急联动中心会同事发生地所在区政府决定响应等级，启动Ⅲ级、Ⅳ级响应，组织、指挥、协调、调度相关应急力量和资源实施应急处置，组织开展事件调查，进行事件评估。各有关部门和单位要按照各自职责和分工，密切配合，共同实施应急处置。

有关单位应及时将处置情况报告市政府。

（2）Ⅰ级、Ⅱ级应急响应

发生特别重大、重大级别的大面积停电事件，启动Ⅰ级、Ⅱ级响应。市政府视情况成立市应急处置指挥部，组织、指挥、协调、调度本市相关应急力量和资源，统一实施应急处置。各有关部门和单位要立即调动救援队伍和社会力量，及时赶到事发现场，按照各自职责和分工，密切配合，共同实施应急处置。由市应急处置指挥部及时将事件发生及处置情况报告市政府，事件超出上海应急处置能力时，按照程序上报国务院批准或根据国务院领导同志指示，成立国家层面组织指挥机构。

5.2.2　响应等级调整

响应等级一般由低向高递升，出现紧急情况和严重态势时，可直接提高相应等级。当大面积停电事件发生在重要地段、重大节假日、重大活动和重要会议期间，其应急响应等级视情况相应提高。

5.3　响应措施

5.3.1　抢修与恢复

（1）大面积停电事件发生后，电力企业要组织抢修，尽快恢复电网运行和电力供应。

（2）市电力公司负责协调电网、电厂、用户之间的电气操作、机组启动、用电恢复，保证电网安全稳定，并留有必要余度。条件具备时，优先恢复重点地区、重要用户电力供应。

（3）发电企业要有序恢复电力正常供应，确保机组设施安全稳定。

（4）电力用户配合电力企业，做好安全恢复供电准备。

5.3.2　社会响应

（1）易造成重大政治影响、重大生命财产损失的党政机关、部队、机场、铁路、港口、火车站、地铁、医院、金融、通信中心、新闻媒体、体育场（馆）、高层建筑、化工、钢铁等电力用户要按照有关技术要求，迅速启动本单位停电应急预案，加强对次生衍生灾害的监控，避免造成更大影响和损失。

（2）市公安局及时增派警力，加强全市主干道路交通疏导，收集汇总各类道路通行信息，预判拥堵趋势情况，及时向社会发布交通指引信息。

（3）交通委视情况及时增加运力，确保人员及时疏散。

（4）市应急救援总队要及时开展受困群众的救援工作，将被困群众转移出危险区域。同时，加强大面积停电区域内的隐患排查，对可能引起爆燃事故的重点单位和部位进行监管排险。

5.4 应急结束

5.4.1 大面积停电事件应急结束，须符合以下条件：

（1）电网主干网架基本恢复正常接线方式，电网运行参数保持在稳定限额之内，主要发电厂机组运行稳定；

（2）停电负荷恢复90%以上；

（3）发电燃料恢复正常供应、发电机组恢复运行，燃料储备基本达到规定要求；

（4）无其他对电网安全稳定存在重大影响或严重威胁的事件；

（5）大面积停电事件造成的重特大次生衍生事故基本处置完成。

5.4.2 特别重大、重大级别大面积停电事件处置结束后，由市应急处置指挥部组织专家进行分析论证，经现场检测、评估和鉴定，确定事故已处置结束，宣布终止应急响应。

5.4.3 大面积停电事件应急处置结束后，有关单位要及时将处置情况报市经济信息化委和市应急联动中心，经汇总后，及时上报市政府并通报有关部门。

6 后期处置

6.1 现场清理

6.1.1 大面积停电事件处置结束，市经济信息化委负责组织有关单位开展事发区域的勘察及相关工作。

6.1.2 责任单位负责清理现场，对因事故导致燃气泄漏、环境污染等，要立即通知供气、环保等部门进场处置。

6.2 善后工作

对因应急抢险需要，调集、征用有关单位、企业的物资等，各区政府、有关部门要进行合理评估，并按照有关规定给予补偿。

6.3 事件调查

由市经济信息化委会同相关部门和单位按照《生产安全事故报告和调查处理条例》《电力安全事故应急处置和调查处理条例》规定，及时对重大、特大级别的大面积停电事件发生原因、影响范围、人员伤亡以及社会影响情况，组织开展调查。

6.4 信息发布

6.4.1 大面积停电事件处置责任部门及上级主管部门是信息发布第一责任人，要及时发布事件相关信息，做好舆情追踪收集，回应社会关切。市政府新闻办指导和协调相关部门做好重大、特大级别大面积停电事件的信息发布、舆情引导等工作。

6.4.2 发生特别重大、重大级别大面积停电事件时，市应急处置指挥部视情成立信息发布工作小组，指导相关部门做好信息发布、舆情引导、记者采访管理等工作。

7 应急保障

7.1 通信保障

7.1.1 市通信管理局要组织协调各基础电信运营企业对处置大面积停电事件提供应急通信保障。

7.1.2 紧急情况下，要充分利用公共广播、电视媒体及手机短信等手段，发布预警和引导信息，及时疏导现场人员。

7.2 物资保障

7.2.1 市发展改革委、市经济信息化委、各区政府及有关部门和单位根据“分级管理”的原则和各自职责，负责组织协调相关应急物资的储备、调度和后续供应。

7.2.2 市经济信息化委以及各电力企业在积极利用现有装备的基础上，根据应急需要，建立和完善救援装备数据库和紧急调用机制，配备必要的应急救援装备，掌握各专业应急救援装备储备情况，并保证救援装备始终处在随时可用状态。

7.3 队伍保障

7.3.1 市经济信息化委、各电力企业及重要用户要加强应急抢险队伍建设，完善抢修装备的配备。通过培训和演练，提高相关人员业务水平和技术能力。

7.3.2 加强电力企业的电力调度、运行值班、抢修维护、生产管理、应急救援等专业队伍建设，通过培训和演练，提高各类人员专业技能和应急处置能力。

7.4 交通保障

7.4.1 由市公安局及时对相关区域实施交通管制，并根据需要，开设应急救援“绿色通道”。如有道路设施受损，由市路政管理部门迅速组织有关专业队伍进行抢修，尽快恢复良好状态。必要时，可紧急动员和征用其他部门及社会交通设施装备。

7.4.2 市交通委负责保障抢险救援、必要生活后勤物资的运输。

7.5 经费保障

由市经济信息化委将有关经费报请市财政列入年度预算。应急处置所需的经费，由市财政按照有关预案和规定予以安排。

7.6 医疗保障

由市或相关区卫生计生委根据事故应急响应级别，组织医护人员进行现场医疗救治或转送至相关医院进行专业救治。

7.7 治安保障

由市公安局组织警力实施现场治安警戒，武警上海市总队根据需要予以配合，事发地所在区政府协助做好治安保障工作。

7.8 技术保障

市经济信息化委、市电力公司要聘请电力生产、管理、科研等方面专家组成专家组，增加技术投入，不断完善大面积停电事件应急技术保障体系。

8 预案管理

8.1 预案解释

本预案由市经济信息化委负责解释。

8.2 预案修订

市经济信息化委根据实际情况，适时评估修订本预案。

8.3 预案报备

市经济信息化委将本预案报国家相关部门备案。

各区政府和本市各相关部门、单位根据本预案，制定相关配套实施方案，作为本预案的子预案，并抄送市经济信息化委备案。

8.4 预案实施

本预案由市经济信息化委组织实施。

本预案自印发之日起实施，有效期为 5 年。

附件：1．大面积停电事件分级标准

2．相关单位及职责

附件 1

大面积停电事件分级标准

按照大面积停电事件性质、可控性、严重程度和影响范围，本市大面积停电事件分为四级：Ⅰ级（特别重大）、Ⅱ级（重大）、Ⅲ级（较大）和Ⅳ级（一般）。具体分级标准（暂行）如下：

一、Ⅰ级（特别重大）大面积停电事件

（一）本市电网减供负荷达到故障前负荷的 50%以上；

（二）供电用户停电数 60%以上。

二、Ⅱ级（重大）大面积停电事件

（一）本市电网减供负荷达到故障前负荷的 20%以上、50%以下；

（二）供电用户停电数 30%以上、60%以下；

（三）因发电燃料供应短缺等原因，引起电力供应危机，造成本市电网失去发电能力达到可调机组容量的 30%以上，并造成拉限负荷达正常值的 10%以上。

三、Ⅲ级（较大）大面积停电事件

（一）本市电网减供负荷达到故障前负荷的 10%以上、20%以下；

（二）供电用户停电数 15%以上、30%以下；

（三）因发电燃料供应短缺等原因，引起电力供应危机，造成本市电网失去发电能力达到可调机组容量的 20%以上、30%以下，并造成拉限负荷达正常值的 5%以上。

四、Ⅳ级（一般）大面积停电事件

（一）本市电网减供负荷达到故障前负荷的 5%以上、10%以下；

（二）供电用户停电数 10%以上、15%以下；

（三）上海市重要用户管理办法认定的特级重要、一级重要用户发生停电事件。

上述分级标准有关数量的表述中，“以上”含本数，“以下”不含本数。

附件 2

相关单位及职责

市发展改革委、市商务委：以市级重要商品储备体系为基础，组织协调相关应急物资的储备、调拨和供应。

华东能源监管局：按照职责范围和国家能源局的授权，组织、指挥、协调本市电力行业开展大面积停电事件应急工作，指导电力企业恢复电力生产和电力供应；协调联系区域电网或其他省市电网向本市提供电力应急支援；组织或参与大面积停电事件调查处理；与国家能源局进行信息沟通和工作联系。

市公安局、武警上海市总队：负责事发现场治安维护和交通疏导，视情采取隔离警戒和交通管制等措施；为抢险人员开辟绿色通道，并会同有关部门开展遇险人员的疏散和救助。在停电地区加强关系国计民生、国家安全和公共安全重点单位的安全保卫，加强社会面巡逻防范，严密防范和严厉打击违法犯罪活动，维护社会稳定。

市消防局：负责扑救火灾或以抢救人员生命为主的应急救援。

市安全监管局：协调由事故引发的危险化学品事故应急处置，提出防止危险化学品事件扩大的建议，参与事件调查处理。

市交通委：负责应急处置所需的交通运输保障。

市卫生计生委：协调开展次生衍生灾害的医疗救治工作。

市政府新闻办：协助做好大面积停电事件信息发布和舆情应对工作。

市气象局：负责对事件现场及周边地区的气象监测，提供必要的气象信息服务。

市民政局：负责救助和协调遗体处理等善后事宜。

市通信管理局：协调应急通信保障工作。

事发地所在区政府：组织和协同有关部门搞好大面积停电事件救援及群众的疏散安置善后等工作。

市电力公司：负责大面积停电事件应急处置，根据需要，提供现场临时用电，抢修被损坏的电力设施。

各发电企业：服从市电力公司指挥，发生异常情况及时向市电力公司调度机构报告；正确迅速执行调度指令，防止事态扩大；搞好厂用电及支流系统的检查；做好上海电网黑启动准备。

重要用户：严格执行安全用电制度，并定期开展安全隐患排查和治理。因内部故障引发停电事件及时上报供电企业，合理配置自备应急电源，并制定相关运行操作和维护管理规程。

江苏省大面积停电事件应急预案

（苏政办发〔2017〕88号）

目　　录

1 总则

1.1 编制目的

建立健全大面积停电事件应对工作机制，正确、高效、快速处置电网大面积停电事件，最大程度减少影响和损失，保障电网安全稳定运行和可靠供电，维护社会稳定和人民群众生命财产安全。

1.2 编制依据

本预案依据《中华人民共和国突发事件应对法》《中华人民共和国安全生产法》《中华人民共和国电力法》《生产安全事故报告和调查处理条例》《电力安全事故应急处置和调查处理条例》《电网调度管理条例》《国家突发公共事件总体应急预案》《国家大面积停电事件应急预案》《大面积停电事件省级应急预案编制指南》《江苏省突发公共事件总体应急预案》《江苏省突发事件预警信息发布管理办法》及相关法律法规，结合江苏实际制定。

1.3 适用范围

本预案适用于我省行政区域内发生的大面积停电事件应对工作。

大面积停电事件是指由于自然灾害、电力安全事故和外力破坏等原因造成区

域性电网、省级电网或城市电网大量减供负荷，对国家安全、社会稳定以及人民群众生产生活造成影响和威胁的停电事件。

1.4 工作原则

大面积停电事件应对工作坚持统一领导、综合协调，属地为主、分工负责，保障民生、维护安全，全社会共同参与的原则。大面积停电事件发生后，各级人民政府及其有关部门、江苏能源监管办、电力企业、重要电力用户应立即按照职责分工和相关预案开展处置工作。

1.5 事件分级

按照事件严重性和受影响程度，大面积停电事件分为特别重大、重大、较大和一般四级。

1.5.1 特别重大大面积停电事件

（1）造成全省电网减供负荷30%以上；

（2）造成南京电网减供负荷60%以上，或70%以上供电用户停电。

1.5.2 重大大面积停电事件

（1）造成全省电网减供负荷13%以上30%以下；

（2）造成南京电网减供负荷40%以上60%以下，或50%以上70%以下供电用户停电；

（3）造成其他设区市电网减供负荷60%以上，或70%以上供电用户停电。

1.5.3 较大大面积停电事件

（1）造成全省电网减供负荷10%以上13%以下；

（2）造成南京电网减供负荷20%以上40%以下，或30%以上50%以下供电用户停电；

（3）造成其他设区市电网减供负荷40%以上60%以下，或50%以上70%以下供电用户停电；

（4）造成县级市电网减供负荷60%以上，或70%以上供电用户停电。

1.5.4 一般大面积停电事件

（1）造成全省电网减供负荷5%以上10%以下；

（2）造成南京电网减供负荷10%以上20%以下，或15%以上30%以下供电用户停电；

（3）造成其他设区市电网减供负荷20%以上40%以下，或30%以上50%以下供电用户停电；

（4）造成县级市电网减供负荷40%以上60%以下，或50%以上70%以下供电用户停电。

上述分级标准有关数量的表述中，“以上”含本数，“以下”不含本数。

2 组织体系

2.1 省级层面应急指挥机构

省政府成立大面积停电事件应急指挥部（以下简称省大面积停电应急指挥部），统一领导、组织、指挥全省大面积停电事件应对工作，日常工作由省经济和信息化委牵头。

2.2 地方层面应急指挥机构

各市、县级人民政府负责指挥、协调本行政区域内大面积停电事件应对工作，并结合本地实际，明确应急指挥机构。

发生跨行政区域的大面积停电事件时，有关市级人民政府应在省大面积停电应急指挥部统一领导下开展应急处置工作。

2.3 现场应急指挥机构

发生大面积停电事件时，可根据需要成立现场应急指挥部，负责现场组织指挥工作。参与现场处置的有关单位和人员应服从现场应急指挥部的统一指挥。

2.4 电力企业

电力企业（包括省电力公司及所属市县供电公司、各发电集团江苏分公司及所属发电厂、其他并网发电厂等，下同）建立健全应急指挥机构，在政府应急指挥机构领导下开展大面积停电事件应对工作。电网调度工作按照《电网调度管理条例》及相关规程执行。

2.5 专家组

各级应急指挥机构应成立大面积停电事件应急专家组，成员由电力、气象、地质、测绘地理信息、水文等领域相关专家组成，对大面积停电事件应对工作提供技术咨询和建议。

省经济和信息化委牵头组建省大面积停电事件应急专家组。根据工作需要不定期召集专家组成员研究大面积停电事件应对工作，必要时组织专家组参与大面积停电事件应急处置工作。

3 风险分析和监测预警

3.1 风险分析

3.1.1 江苏电网基本概况

江苏电网地处华东电网腹部。220 千伏电网分为 28 片分区，分区环网构建逐步成熟。500 千伏电网形成“六纵五横”网架结构，担负着消纳区外来电、接纳省

内大型电源接入送出、向重要城市及重要负荷中心供电的骨干网作用。江苏电网已进入特高压时代，并正在形成多方向、多通道的特高压交直流混合大受端格局。

3.1.2 风险源分析

我省可导致大面积停电事件的主要风险源包括以下几个方面：

（1）我省属暖温带向亚热带过渡型气候，易发生雨雪冰冻、台风、雾霾、洪涝、地震、局部强对流等恶劣天气和自然灾害，对电网安全运行构成威胁或影响。

（2）我省电网密集度高，易受外部因素影响。野蛮施工、非法侵入、火灾爆炸、恐怖袭击、盗窃、异物、鸟害等外力破坏，可能造成主力电厂全厂停电、主干电网设备跳闸。电网工控系统遭受网络攻击，可能引发大面积停电。

（3）省内燃煤发电机组比重高，天然气发电机组不断增多，电煤和天然气供应问题均会对机组发电出力造成影响，同时考虑电网高负荷等极端情况，易造成电网供需不平衡。

（4）地方经济发展快，用电需求及网供负荷逐年增长，在夏季高温、重负荷等特殊时段，电网设备运行面临考验。

（5）各地城市建设、基础设施建设和电网建设处于快速发展阶段，因配合停电和检修停电，使电网处于特殊运行方式，造成运行可靠性降低，安全风险加大。

（6）新能源大规模发展，风能、太阳能发电的集中开发，分布式电源的大量接入，使大电网运行控制的难度和安全稳定运行的风险明显增大。

（7）局部电网发生 n-2 故障或检修方式下发生 n-1 故障等情况下，可能导致地区电网解列成小系统，无法维持稳定运行，进而引发大面积停电事件。

（8）随着特高压交直流电网大规模建设，外来电比重大幅增加，电网安全稳定运行面临新的挑战。

3.1.3 社会风险分析

电网大面积停电的影响主要表现在以下几个方面：

（1）导致城市交通拥塞甚至瘫痪，影响市政设施正常运行，地铁、机场供电中断，出现大批旅客滞留。

（2）导致大型商圈等高密度人口聚集点基础设施电力中断，引发群众恐慌，扰乱社会秩序。

（3）导致金融机构的主机房及附属设备无法正常运行，极端情况下可能全面瘫痪，交易系统全部中断，容易引发影响社会稳定的重大事件。

（4）导致供气、供水、污水处理、排水防涝等设施无法正常运行，影响居民

正常生活，并可能引发环境污染、燃气泄漏、传染病传播等事件。

（5）导致化工、矿山等重要用户无法正常生产，可能引发有毒有害气体泄漏、人员被困井下等次生灾害。

（6）导致重要机构电力供应中断，影响正常运转，不利于社会安定。

（7）影响通信和广播电视系统，导致基础通信服务中断，加剧大面积停电事件的处置难度。

（8）极易成为社会舆论的热点，公众在不明真相的情况下，可能滋生恐慌情绪，影响社会稳定。

3.2 监测

电网企业（包括省电力公司及所属市县供电公司，下同）应开展电网及重要设施设备运行等情况的日常监测，同时与经济和信息化、发展改革（能源）、气象、水利、林业、地震、测绘地理信息、公安、交通运输、国土资源等部门建立信息共享机制，及时分析各类情况对电力运行可能造成的影响。

发电企业（包括各发电集团江苏分公司及所属发电厂、其他并网发电厂等，下同）应开展燃料供应、发电设备运行等情况的日常监测，并及时报电网调度机构。经济和信息化、发展改革（能源）、气象、水利、林业、地震、测绘地理信息、公安、交通运输、国土资源等部门应密切关注并收集可能影响电力运行的信息，及时通报相关发电企业并协助开展风险分析。

各级人民政府相关部门和单位还应通过舆情监测、互联网感知、民众报告等渠道获得预警信息。同时，应设立接待室、热线电话等方便接报民众报告。

3.3 预警

3.3.1 预警信息发布

电网企业预判可能发生大面积停电事件时，要逐级向上一级电网企业报告，并将有关情况报告当地经济和信息化部门，提出预警信息发布建议，并视情况通知重要电力用户。省电力公司应同时将预警信息向省经济和信息化委、江苏能源监管办、省发展改革委（能源局）报告。

地方经济和信息化部门应及时组织研判，必要时报请当地人民政府批准后通报同级其他相关部门和单位。新闻媒体、电信运营企业应快速、准确、无偿刊载或发送。

3.3.2 预警行动

预警信息发布后，电力企业和重要电力用户应立即开展相关预警行动。

电力企业要组织开展设备巡查检修和运行监测，采取有效措施控制事态发展。组织相关应急救援队伍和人员进入待命状态，并做好应急所需物资、装备和设备

等应急保障准备工作。

重要电力用户做好自备应急电源启用准备。

地方各级人民政府启动应急联动机制，组织有关部门和单位做好维持公共秩序、供水供气供热、商品供应、交通物流等方面的应急准备。加强相关舆情监测，主动回应社会公众关注的热点问题，及时澄清谣言传言，做好舆论引导工作。

3.3.3 预警解除

根据事态发展，经研判不会发生大面积停电事件时，按照“谁发布、谁解除”的原则，由发布单位宣布解除预警，适时终止相关措施。

4 应急响应

4.1 响应分级

根据大面积停电事件的严重程度和发展态势，将应急响应设定为Ⅰ级、Ⅱ级、Ⅲ级和Ⅳ级四个等级。

（1）初判发生特别重大、重大大面积停电事件，启动Ⅰ级、Ⅱ级应急响应，由省大面积停电应急指挥部组织和指挥应对工作。

当国家大面积停电事件应急指挥部成立时，由国家层面统一领导、组织、指挥大面积停电事件应对工作。

（2）初判发生较大、一般大面积停电事件，分别启动Ⅲ级、Ⅳ级应急响应，根据事件影响范围，由事发地县级或市级人民政府负责组织、指挥应对工作。

（3）对于尚未达到一般大面积停电事件标准，但对社会产生较大影响的其他停电事件，事发地人民政府可结合实际情况启动应急响应。

（4）应急响应启动后，可视事件造成损失情况及其发展趋势调整响应级别，避免响应不足或响应过度。

4.2 响应措施

大面积停电事件发生后，相关电力企业和重要电力用户要立即实施先期处置，全力控制事件发展态势，减少损失。各有关地方、部门和单位根据工作需要，组织采取以下措施。

4.2.1 抢修电网并恢复运行

电力调度机构合理安排运行方式，控制停电范围，尽快恢复重要输变电设备、电力主干网架运行。在条件具备时，优先恢复重要电力用户、重要城市和重点地区的电力供应。

电网企业迅速组织力量抢修受损电网设备设施，根据应急指挥机构要求，向

重要电力用户及重要设施提供必要的电力支援。

发电企业保证设备安全，抢修受损设备，做好发电机组并网运行准备，按照电力调度指令恢复运行。

4.2.2 防范次生衍生事故

重要电力用户按照有关技术要求迅速启动自备应急电源。相关电力企业加强重大危险源、重要目标、重大关键基础设施隐患排查与监测预警，及时采取防范措施，防止发生次生衍生事故。

4.2.3 保障居民基本生活

启动应急供水、供气、供热措施，保障居民用水、用气和采暖需求。组织生活必需品的应急生产、调配和运输，保障停电期间居民基本生活。

4.2.4 维护社会稳定

加强涉及国家安全和公共安全的重点单位安全保卫工作，严密防范和严厉打击违法犯罪活动。加强对停电区域内繁华街区、大型居民区、大型商场、学校、医院、金融机构、机场、城市轨道交通设施、车站、码头及其他重要生产经营场所等重点地区、重点部位、人员密集场所的治安巡逻，及时疏散人员，解救被困人员，防范治安事件。加强交通疏导，维护道路交通秩序。尽快恢复企业生产经营活动。严厉打击造谣惑众、囤积居奇、哄抬物价等各种违法行为。

4.2.5 加强信息发布

按照及时准确、公开透明、客观统一的原则，加强信息发布和舆论引导，主动向社会发布停电相关信息和应对工作情况，提示相关注意事项和安保措施。加强舆情收集分析，及时回应社会关切，澄清不实信息，正确引导社会舆论，稳定公众情绪。

4.2.6 组织事态评估

及时组织对大面积停电事件影响范围、影响程度、发展趋势及恢复进度进行评估，为进一步做好应对工作提供依据。

4.3 省级层面应对

4.3.1 Ⅲ、Ⅳ级事件应对

初判发生一般或较大大面积停电事件时，由事发地市级人民政府启动应急响应，组织开展应急处置，同时做好信息上报工作。

省经济和信息化委组织相关部门密切跟踪事态发展，必要时开展以下工作：

（1）督促相关电力企业迅速开展电力抢修恢复等工作，指导督促地方有关部门做好应对工作。

（2）视情况派出工作组赴现场指导协调事件应对等工作。

（3）根据电力企业和地方请求，协调有关方面为应对工作提供支援和技术支持。

（4）指导做好舆情信息收集、分析和应对工作。

4.3.2　Ⅰ、Ⅱ级事件应对

初判发生重大或特别重大大面积停电事件时，省大面积停电应急指挥部主要开展以下工作：

（1）传达落实省委、省政府领导指示精神，组织有关部门和单位、专家组进行会商，研究分析事态，部署应对工作。

（2）对跨市级行政区域大面积停电事件应对工作进行协调，并根据需要赴事发现场，或派出工作组赴事发现场，协调开展应对工作。

（3）研究决定市级人民政府、有关部门和电力企业提出的请求事项，协调有关方面派出应急队伍、调运应急物资和装备、安排专家和技术人员等，为应对工作提供支援和技术支持。

（4）统一组织信息发布和舆论引导工作。

（5）组织开展事件处置评估。

（6）及时向省委、省政府报告相关情况，对事件处置工作进行总结并报告省委、省政府。

4.4　响应终止

同时满足以下条件时，由启动响应的人民政府终止应急响应：

（1）电网主干网架基本恢复正常，电网运行参数保持在稳定限额之内，主要发电厂机组运行稳定。

（2）减供负荷恢复 80%以上，受停电影响的重点地区、重要城市负荷恢复90%以上。

（3）造成大面积停电事件的隐患基本消除。

（4）大面积停电事件造成的重特大次生衍生事故基本处置完成。

4.5　信息报告

大面积停电事件发生后，各级人民政府及其经济和信息化部门、相关电力企业需按照以下程序报告。

（1）相关电网企业应立即向经济和信息化部门报告，并逐级向上级电网企业报告。省电力公司应向省经济和信息化委、江苏能源监管办、省发展改革委（能源局）和国家电网公司报告。

（2）事发地经济和信息化部门接到大面积停电事件信息报告或者监测到相关信息后，应当立即进行核实，对大面积停电事件的性质和类别作出初步认定，按照规定的时限、程序和要求向同级人民政府、上级经济和信息化部门报告，并

通报同级其他相关部门和单位。

（3）各地人民政府及其经济和信息化部门应当按照有关规定逐级上报，必要时可越级上报。

（4）江苏能源监管办接到大面积停电事件报告后，应当立即核实有关情况，向国家能源局报告，并通报事发地县级以上地方人民政府。

5 后期处置

5.1 处置评估

大面积停电事件应急响应终止后，各级人民政府要及时组织对事件处置工作进行评估，总结经验教训，分析查找问题，提出改进措施，形成处置评估报告。鼓励开展第三方评估。

5.2 事件调查

大面积停电事件发生后，根据有关规定成立调查组，查明事件原因、性质、影响范围、经济损失等情况，提出防范、整改措施和处理处置建议。

5.3 善后处置

事发地人民政府要及时组织制定善后工作方案并组织实施。电力企业应对影响电力供应的设备设施尽快组织修复和重建。保险机构要第一时间对突发事件造成的损失进行评估、审核和确认，及时开展相关理赔工作。

5.4 恢复重建

大面积停电事件应急响应终止后，需对电网网架结构和设备设施进行修复或重建的，各级人民政府根据实际工作需要组织编制恢复重建规划。相关电力企业和受影响区域各级人民政府应当根据规划做好受损电力系统恢复重建工作。

6 保障措施

6.1 队伍保障

电力企业应建立健全电力抢修应急专业队伍，加强设备维护和应急抢修技能方面的人员培训，定期开展应急演练，提高应急救援能力。市县人民政府根据需要组织动员其他专业应急队伍和志愿者等参与大面积停电事件及其次生衍生灾害处置工作。武警部队、公安消防部门等要做好应急力量支援保障。

6.2 装备物资保障

电力企业应储备必要的专业应急装备及物资，建立和完善相应保障体系。省有关部门和地方各级人民政府要加强应急救援装备物资及生产生活物资的紧急生产、储备调拨和紧急配送工作，保障大面积停电事件应对工作需要。鼓励支持社

会化储备。

6.3 通信、交通与运输保障

地方各级人民政府及通信主管部门要建立健全大面积停电事件应急通信保障体系，形成可靠的通信保障能力，确保应急期间通信联络和信息传递需要。交通运输部门要健全紧急运输保障体系，保障应急响应所需人员、物资、装备、器材等的运输；公安部门要加强交通应急管理，保障应急救援车辆优先通行；根据全面推进公务用车制度改革有关规定，有关单位应配备必要的应急车辆，保障应急救援需要。

6.4 技术保障

电力行业要加强大面积停电事件应对和监测先进技术、装备的研发，制定电力应急技术标准，加强电网、电厂安全应急信息化平台建设。有关部门要为电力日常监测预警及电力应急抢险提供必要的气象、地质、测绘地理信息、水文等服务。

6.5 应急电源保障

提高电力系统快速恢复能力，加强电网“黑启动”能力建设。有关部门和电力企业应充分考虑电源规划布局，保障徐州、宜兴、溧阳等地区“黑启动”电源。电力企业应配备适量的应急发电装备，必要时提供应急电源支援。重要电力用户应按照国家有关技术要求配置应急电源，并加强维护和管理，确保应急状态下能够投入运行。

6.6 资金保障

各级财政部门及电力企业按照有关规定对大面积停电事件处置工作提供必要的资金保障。

7 附则

7.1 预案管理

本预案实施后，省经济和信息化委会同有关部门组织预案宣传、培训和演练，并根据实际情况，适时组织评估和修订。各市、县人民政府结合实际制定或修订本行政区域内大面积停电事件应急预案。

7.2 预案解释

本预案由省经济和信息化委负责解释。

7.3 预案实施时间

本预案自印发之日起实施。

附件

省大面积停电事件应急指挥部组成及工作职责

1 指挥部及职责

1.1 指挥部

省大面积停电事件应急指挥部具体组成如下：

总 指 挥：分管副省长

副总指挥：省政府分管副秘书长

牵头单位：省经济和信息化委

成员：省委宣传部、省发展改革委（能源局）、省公安厅、省民政厅、省财政厅、省国土资源厅、省环保厅、省住房城乡建设厅、省交通运输厅、省水利厅、省商务厅、省卫生计生委、省国资委、省新闻出版广电局、省安监局、省测绘地理信息局、省林业局、武警江苏省总队、省地震局、省气象局、省通信管理局、民航江苏安全监管局、上海铁路局南京办事处、江苏能源监管办、省国信集团、省电力公司、大唐江苏分公司、华能江苏分公司、国电江苏分公司、华电江苏分公司、国家电投江苏分公司、华润江苏分公司等相关负责人。

根据应对工作需要，可增加有关地方人民政府、其他有关部门和相关电力企业。

1.2 主要职责

（1）贯彻落实省委、省政府决策部署，统一领导和指挥我省行政区域内大面积停电事件应对工作。

（2）负责应急救援重大事项决策，开展应急联动，解决应急处置与应急救援重大问题。

（3）下达应急指令，适时启动应急响应和应急终止命令。

（4）及时向国务院工作组或国家大面积停电应急指挥部报告相关情况，视情况提出协调支援请求。

（5）督促制定、完善相关应急预案。

（6）组织开展应急处置工作评估与总结。

2 工作组设置及职责

省大面积停电事件应急指挥部设立相应工作组，各工作组组成及职责分工如下：

2.1　电力恢复组

由省经济和信息化委牵头，江苏能源监管办、省发展改革委（能源局）、省公安厅、省水利厅、省安监局、省地震局、省气象局、省测绘地理信息局、武警江苏省总队、省电力公司等参加，视情增加其他电力企业。

主要职责：组织进行技术研判，开展事态分析；组织电力抢修恢复工作，尽快恢复受影响区域供电工作；负责重要电力用户、重点区域的临时供电保障；负责组织跨区域的电力应急抢修恢复协调工作；负责提供停电区域地图和地理信息数据；协调军队、武警等有关力量参与应对。

2.2　新闻宣传组

由省委宣传部牵头，省经济和信息化委、江苏能源监管办、省发展改革委（能源局）、省公安厅、省新闻出版广电局、省安监局等参加。

主要职责：组织开展事件进展、应急工作情况等权威信息发布，加强新闻宣传报道；收集分析国内外舆情和社会公众动态，加强媒体、电信和互联网管理，正确引导舆论；及时澄清不实信息，回应社会关切。

2.3　综合保障组

由省经济和信息化委牵头，省发展改革委（能源局）、江苏能源监管办、省公安厅、省民政厅、省财政厅、省国土资源厅、省住房城乡建设厅、省交通运输厅、省水利厅、省商务厅、省卫生计生委、省新闻出版广电局、上海铁路局南京办事处、民航江苏安全监管局、省电力公司、省测绘地理信息局等参加，视情增加其他电力企业。

主要职责：对大面积停电事件受灾情况进行核实，指导恢复电力抢修方案，落实人员、资金和物资；组织做好应急救援装备物资及生产生活物资的紧急生产、储备调拨和紧急配送工作；及时组织调运重要生活必需品，保障群众基本生活和市场供应；维护供水、供气、供热、污水处理、排水防涝、通信、广播电视等设施正常运行；维护铁路、道路、水路、民航等基本交通运行；组织开展事件处置评估。

2.4　社会稳定组

由省公安厅牵头，省发展改革委（能源局）、省经济和信息化委、省民政厅、省商务厅、武警江苏省总队等参加。

主要职责：加强受影响地区社会治安管理，严厉打击借机传播谣言制造社会恐慌，以及趁机盗窃、抢劫、哄抢等违法犯罪行为；加强转移人员安置点、救灾物资存放点等重点地区治安管控；加强对重要生活必需品等商品的市场监管和调控，打击囤积居奇行为；加强对重点区域、重点单位的警戒；做好受影响人员与

涉事单位、地方人民政府及有关部门矛盾纠纷化解等工作，切实维护社会稳定。

3 主要成员单位及职责

省委宣传部：组织指导新闻发布、报道工作，协调解决新闻发布、报道中出现的问题，收集、跟踪舆情信息，及时组织和协调有关方面开展解疑释惑、澄清事实、批驳谣言的工作；负责互联网的监控、管理及舆论引导工作。

省发展改革委（能源局）：负责将省电力事故应急救援体系建设纳入省国民经济与社会发展规划，协助做好电力、天然气应急供应工作。

省经济和信息化委：组织协调相关部门和电力企业开展大面积停电事件应急处置与应急救援工作，负责省大面积停电应急指挥部日常工作。

省公安厅、武警江苏省总队：负责保障应急情况下重点部位、突发事件现场的安全保卫、治安管理、消防救助等工作；负责维护事故现场抢险的外部治安秩序，疏散处于危险地段的人员；负责保障救援物资及人员运输的道路交通安全畅通，必要时实施交通管制；配合做好善后社会稳定、控制和消除火灾险情等专业工作。

省民政厅：受理、储备、管理和调配救济物资，负责事故受灾群众的生活救助，配合做好伤亡人员的善后处理工作。

省财政厅：负责协调落实应急救灾资金，对大面积停电事件处置工作提供必要的资金保障。

省环保厅：负责事故现场周围外环境污染的应急监测，组织对污染造成的环境影响和损害进行评估。

省住房城乡建设厅：负责协调和恢复城市供水、供气、市政照明、污水处理、排水防涝等公用设施运行，保障居民基本生活需要。

省交通运输厅：负责落实应急所需物资的运输保障。

省商务厅：负责组织调运重要生活必需品，加强市场监管和调控。

省卫生计生委：负责组织协调应急医疗救援和卫生防疫工作，并为地方卫生医疗机构提供技术支持。

省安监局：负责组织协调电力企业重、特大生产安全事故应急处置工作。

省测绘地理信息局：负责提供测绘地理信息数据和卫星综合定位基准服务，提供停电区域地图资料和基础测绘成果，提供空间定位技术、移动端导航和电子地图服务，提供各类遥感和无人机影像监测数据等服务。

省林业局：依法对电力线路保护区内种植危及电力设施安全植物的行为进行监管，负责指导事故区域内树木处置工作。

省地震局：负责震情跟踪监视工作，及时通报相关信息，开展现场震害调查与评估等工作。

省气象局：负责天气监测、预报、预测，及时提供气象信息服务，开展因气象灾害引发的事故灾害调查、评估及气象分析等工作。

省通信管理局：组织、协调省内各基础电信运营企业，提供应急救援所需通信保障，确保应急处置的通信畅通。

民航江苏安全监管局：指导民航系统启动大面积停电应急预案，开启应急处置，负责维护民航基本交通通行，协调抢险救援物资运输工作。

上海铁路局南京办事处：指导所属铁路系统启动大面积停电应急预案，开启应急处置，保障抢险物资、设备和抗灾人员的铁路运输高效运转。

江苏能源监管办：指导和督促电力企业做好大面积停电应急抢修和电网恢复供电工作，派员参加工作组赴现场指导协调事件应急工作。

省电力公司：负责电网运行状态监控，隐患排查治理，故障分析与研判；指挥电网事故处理，控制事故范围，防止事故进一步扩大；保障重点地区、重要负荷、重要客户的电力供应；组织电力抢修队伍，调集电力应急物资，开展电网应急抢修，及时恢复电力供应。协调电网、电厂、客户之间的供电恢复，及时报告电网大面积停电有关情况。

相关发电企业：负责本单位在应急情况下的生产调度和应急处置，完善“保厂用电”措施，确保机组的启动能力和运行安全。发生大面积停电事件后，做好应急物资供应，及时恢复机组并网运行和调整出力，为地区电网恢复供电与稳定运行提供保障。

浙江省大面积停电事件应急预案

（浙政办发〔2017〕2号）

目　录

1 总则

1.1 编制目的

建立健全浙江省大面积停电事件应对工作机制，提高应对效率，最大程度减少人员伤亡和财产损失，维护国家安全和全省社会稳定。

1.2 编制依据

依据《中华人民共和国突发事件应对法》《中华人民共和国安全生产法》《中华人民共和国电力法》《生产安全事故报告和调查处理条例》《电力安全事故应急处置和调查处理条例》《电网调度管理条例》《国家大面积停电事件应急预案》《突发事件应急预案管理办法》《浙江省突发公共事件总体应急预案》及相关法律、法规等，制定本预案。

1.3 适用范围

本预案适用于我省境内发生的大面积停电事件应对工作。

大面积停电事件是指由于自然灾害、电力安全事故和外力破坏等原因造成省、市、县（市）电网大量减供负荷，对国家安全、社会稳定以及人民群众生产生活造成影响和威胁的停电事件。

1.4 工作原则

大面积停电事件应对工作坚持统一领导、综合协调，属地为主、分工负责，保障民生、维护安全，全社会共同参与的原则。大面积停电事件发生后，市、县（市、区）政府及其有关部门、浙江能源监管办和省级相关部门、电力企业、重要电力用户应立即按照职责分工和相关预案开展处置工作。

1.5 事件分级

按照事件严重性和受影响程度，大面积停电事件分为特别重大、重大、较大和一般四级。分级标准见附件 1。

2 组织机构及职责

2.1 省大面积停电事件应急指挥机构

初判发生特别重大、重大大面积停电事件，经省政府同意，成立省大面积停电事件应急指挥部（以下简称省应急指挥部），统一领导指挥大面积停电事件应急处置工作，配合国家大面积停电事件应急指挥部做好应对工作。发生较大、一般大面积停电事件，必要时，由省经信委或事故所在地设区市政府按程序报请省政府批准，或根据省政府领导指示，成立省政府工作组，负责指导、协调、支持有关地方政府开展大面积停电事件应对工作。省经信委负责全省大面积停电事件应对的指导协调及应急管理日常工作。省应急指挥部组成及工作组职责见附件 2。

2.2 市、县层面组织指挥机构

初判发生大面积停电事件，所在地市、县（市）政府应成立大面积停电事件应急指挥部（以下简称市、县应急指挥部），负责指挥、协调本行政区域内大面积停电事件应对工作。发生特别重大、重大大面积停电事件时，接受省应急指挥部的统一指挥，组织实施本行政区域内的应对工作。

发生跨行政区域大面积停电事件时，有关市、县（市）政府应根据需要建立跨区域大面积停电应急合作机制，必要时由省政府组织指挥应对工作。

2.3 现场指挥机构

发生特别重大、重大大面积停电事件，由省应急指挥部根据需要成立现场指挥部，负责现场组织指挥工作。发生较大、一般大面积停电事件，由市、县应急指挥部根据需要成立现场指挥部，负责现场组织指挥工作。参与现场处置的有关单位和人员应服从现场指挥部的统一指挥。

2.4 电力企业

省内各电力企业（包括发电企业、电网企业、售电企业等，下同）要成立本

企业大面积停电事件应急指挥机构，在各级政府应急指挥部领导下开展大面积停电事件应对工作。电网调度工作按照《电网调度管理条例》及相关规程执行。

2.5 专家组

各级应急指挥机构根据需要成立大面积停电事件应急专家组，成员由相关领域专家组成，对大面积停电事件应对工作提供技术咨询和建议。

3 风险分析和监测预警

3.1 风险分析

3.1.1 风险源分析

（1）全省供电面积约 10 万平方公里，受地形地质构造复杂和亚热带季风性湿润气候的影响，供电区域内暴雨、雷暴、龙卷风、台风、大雪、大雾、冰雹、冻雨、山火等自然灾害频繁发生，可能造成电网输变电设施设备大范围损毁，从而导致大面积停电。

（2）浙江电网特高压交直流互联运行且单一通道的外来电比重大，省内电源与负荷的分布匹配不尽合理，网架结构复杂、运行安全控制难度大，若发生多条直流线路同时闭锁、或交直流线路连锁等严重故障，可能导致大面积停电。

（3）高空飘物、野蛮施工、吊车碰线、偷盗电力设施设备、非法侵入、火灾爆炸、恐怖袭击等外力破坏引发的电网设施设备损毁，有可能导致大面积停电。

（4）浙江省境内无产油、无产煤、少产气，一次能源（煤、油、气）基本依靠省外输入，因燃料等各种原因造成的发电企业发电能力大规模减少可能导致大面积停电。

（5）重要发、输、变电设施设备故障可能引发造成重大以上事故，导致大面积停电。

3.1.2 社会风险分析

大面积停电事件可能导致交通、通信瘫痪，水、气、煤、油等供应中断，严重影响经济建设、人民生活，甚至对社会安定、国家安全造成极大威胁，极易引发次生灾害。

3.2 监测预警

3.2.1 监测

省内电力企业要结合实际，加强对重要电力设施设备运行、发电燃料供应等情况的监测，建立与能源、气象、水利、林业、地震、公安、交通运输、国土资源、经信等部门的信息共享机制，及时分析各类情况对电力运行可能造成的影响，预估可能影响的范围和程度。

3.2.2 预警

3.2.2.1 预警信息发布

各级电网企业研判可能造成大面积停电事件时，要及时将有关情况报告当地电力运行主管部门和浙江能源监管办，提出预警信息发布建议，并视情通知重要电力用户。电力运行主管部门应及时组织研判，必要时报请当地政府批准后通过预警信息发布系统向社会公众发布预警信息，并通报同级其他相关部门和单位。新闻媒体、网站、应急广播、基础电信运营企业等应建立快速发布绿色通道，确保在第一时间多途径、多手段无偿向社会公众发布预警信息。

3.2.2.2 预警行动

预警信息发布后，电力调度机构要优化调整电网运行方式，做好隔离故障区域准备，必要时可按规定提前采取措施，同时向上级调度机构报送相关信息，争取上级调度机构支持。电力企业要加强设施设备运行巡查和运行监测，采取有效措施控制事态发展；组织相关应急救援队伍和人员进入待命状态，动员后备人员做好参加应急救援和处置工作准备，并做好大面积停电事件应急所需物资、装备和设备等应急保障准备工作。重要电力用户做好自备应急电源启用准备。受影响区域地方政府启动应急联动机制，组织有关部门和单位做好维持公共秩序、供水供气供热、商品供应、交通物流等方面的应急准备；加强舆情监测，主动回应社会公众关注的热点问题，及时澄清谣言传言，做好舆论引导工作。

3.2.2.3 预警解除

根据事态发展，经发布单位研判不会再发生大面积停电事件时，按照“谁发布、谁解除”的原则，宣布解除预警，适时终止相关措施。

4 信息报告

大面积停电事件发生后，相关电力企业应立即向受影响区域电力运行主管部门和浙江能源监管办报告。

事发地电力运行主管部门接到大面积停电事件信息报告或者监测到相关信息后，应当立即进行核实，对大面积停电事件的性质和类别作出初步认定。初判为重大以上的大面积停电事件，应立即按程序向省经信委和同级政府报告，并通报同级其他相关部门和单位。省经信委应立即按程序向省政府和国家发展改革委报告。初判为较大以下的大面积停电事件，事发地电力运行主管部门要按照规定的时限、程序和要求向上级电力运行主管部门和同级政府报告，并通报同级其他相关部门和单位，必要时可越级上报。

5 应急响应

5.1 响应分级

根据大面积停电事件的严重程度和发展态势，将应急响应设定为Ⅰ级、Ⅱ级、Ⅲ级和Ⅳ级四个等级。初判发生特别重大、重大大面积停电事件，分别启动Ⅰ级、Ⅱ级应急响应，由省应急指挥部负责指挥应对工作。初判发生较大、一般大面积停电事件，分别启动Ⅲ级、Ⅳ级应急响应，由市、县应急指挥部负责指挥应对工作。

发生跨设区市的较大、一般大面积停电事件，必要时由省政府组织指挥应对工作。

对于尚未达到一般大面积停电事件标准，但对社会产生较大影响的其他停电事件，各地政府可结合实际情况启动应急响应。

应急响应启动后，可视事件造成损失情况及其发展趋势调整响应级别，避免响应不足或响应过度。

5.2 响应措施

5.2.1 先期处置

大面积停电事件发生后，应急响应启动前，各级电力调度控制中心要先行采取必要措施，隔离故障点，控制事故范围进一步扩大，尽可能保持电力主网安全和运行电网正常供电。重要电力用户要立即实施先期处置，积极开展自救互救，全力控制大面积停电事件的影响，减少损失。

5.2.2 Ⅰ级、Ⅱ级响应

（1）省应急指挥部的响应。

省应急指挥部指挥长或副指挥长召集应急指挥部成员和专家组进行会商，研究分析事态，部署应对工作；根据需要赴事发现场，或派出省政府工作组赴事发现场，协调开展应对工作；协调解决地方政府，市、县应急指挥部，有关部门和电力企业提出的请求事项；协调军队、武警有关力量参与应急处置；统一组织信息发布和舆论引导工作。

省应急指挥部成员单位按照职责分工，做好如下工作：

省委宣传部（省新闻办）：牵头新闻宣传组工作；及时主动向社会发布大面积停电事件信息和应对工作情况，提示相关注意事项和安保措施；加强舆情收集分析，及时回应社会关切，澄清不实信息，正确引导社会舆论，稳定公众情绪。

省发展改革委（省能源局）：负责电网恢复正常运行所需的建设项目的计划安排和衔接工作，负责燃气电厂天然气供应的应急保障管理。

省经信委：牵头综合协调组和综合保障组工作；做好非故障区域电力保障和紧急状态下的有序用电工作；按照《浙江省突发公共事件物资能源应急保障行动方案》，做好相关应急物资的保障工作。

省教育厅：必要时，指导事故所在地教育行政主管部门做好中小学校、幼儿园停止上课、集会等群体性活动。

省公安厅：牵头社会稳定组工作；负责组织协调、指导监督关系国计民生、国家安全和公共安全重要单位和要害部位的安全保卫工作；负责组织维护事故所在地社会治安、交通秩序，做好消防工作。

省民政厅：负责指导事故所在地民政行政主管部门做好大面积停电事件造成生活困难群众的基本生活救助。

省财政厅：负责大面积停电事件应急处置工作经费保障。

省国土资源厅：负责电网恢复正常运行所需的建设项目用地安排，做好地质灾害气象预报工作。

省环保厅：负责做好大面积停电事件引发的突发环境事件的环境应急监测工作，并协助提出控制、消除环境污染的应急处置建议。

省建设厅：负责协调维持和恢复城市供水、燃气和道路设施照明等重要基础设施的正常运行工作。

省交通运输厅：负责组织协调应急救援交通工具，疏导滞留旅客，保障发电燃料、抢险救援物资、必要生活资料等的公路、水路运输；协调地铁等城市公共客运交通安全。

省水利厅：负责提供水旱灾害的灾情、险情等有关信息；必要时，组织小型水电站提供应急电源。

省林业厅：负责发布森林灾害信息，协调解决电力线路抢险中的林木砍伐事宜。

省商务厅：负责协调海关、质监等有关单位做好重要商品的进口及口岸检验、检疫工作。

省卫生计生委：负责协调停电地区医院自保电应急启动并采取临时应急措施；组织伤员救治。

省新闻出版广电局：负责大面积停电事件的应急公益宣传及应急广播。

省安监局：负责协调有关生产安全事故应急救援及调查工作。

省物价局：负责对大面积停电区域重要商品和服务价格开展监测预警，及时提请省政府或会同有关部门处置价格异常波动，维护市场价格正常秩序。

省应急办：接收、报告突发事件信息；做好突发事件有关应急处置协调工作；

参与事件调查与总结评估；检查、指导应急预案工作落实；指导相关应急指挥平台建设。

省通信管理局：负责大面积停电事件应急通信保障工作。

省气象局：负责根据大面积停电事件应急处置需要，提供相关气象信息。

省测绘与地理信息局：负责大面积停电事件应急测绘保障。

民航浙江安全监管局：负责组织疏导、运输机场滞留旅客，保障发电燃料、抢险救援物资及必要生活资料等的空中运输。

杭州铁路办事处：负责组织疏导、运输涉及火车站的滞留旅客，保障发电燃料、抢险救援物资、必要生活资料等的铁路运输。

省军区：负责组织所属部队、预备役部队、民兵并协调驻浙部队参加大面积停电事件应急处置。

省武警总队：负责组织所属武警部队参加大面积停电事件应急处置，协助公安部门维护社会秩序。

浙江能源监管办：负责协调有关电力企业参与大面积停电事件应急处置工作，负责联系国家能源局有关部门和华东能监办。

省电力公司：牵头电力恢复组工作；负责抢修受损电网设施设备，尽快恢复受影响区域供电；向重要用户和重要设施提供必要的电力支援；负责组织跨区域的电网应急抢修恢复协调工作；组织事故所在地供电企业为居民基本的通信、应急照明、急救医疗等提供应急充电设施；第一时间就大面积停电事件情况告知受影响地区和单位。

发电企业：负责本企业大面积停电事件应急处置工作，必要时，协助其他电力企业做好大面积停电事件应急处置工作。

专家组：及时组织对大面积停电事件影响范围、影响程度、停电时间、发展趋势及恢复进度进行论证评估，为应急指挥部决策提供参考。

（2）市、县应急指挥部的响应。

大面积停电事件所在地的市、县应急指挥部启动相应的应急响应，立即组织各单位成员和专家进行分析研判，根据省应急指挥部的统一指挥，组织人力、物力抢险救灾，动员部署应急处置工作。协调组织设立现场指挥部办公场所。配合综合保障组为现场抢修救援工作人员提供生活后勤保障，安置伤亡人员家属。

（3）重要电力用户的响应。

重要电力用户按照有关技术要求迅速启动自备应急电源，加强重大危险源、重要目标、重大关键基础设施隐患排查与监测预警，及时采取防范措施，防止发生次生衍生事件。

5.2.3 Ⅲ级、Ⅳ级响应

（1）市、县应急指挥部的响应。

大面积停电事件所在地市、县应急指挥部启动相应的应急响应，立即组织各单位成员和专家进行分析研判，对事件及其发展趋势进行综合评估，指挥各有关部门和单位启动相关应急程序，组织人力、物力抢险救灾。必要时，省政府派出工作组赶赴事发现场，指导市、县应急指挥部开展相关应急处置工作。

（2）省政府工作组的响应。

传达上级和省政府领导指示批示精神，督促大面积停电所在地政府、有关部门和电力企业贯彻落实；根据地方和电力企业请求，协调有关方面派出应急队伍、调运应急物资和装备、安排专家和技术人员等，为处置工作提供支援和技术支持；对跨行政区域大面积停电事件应对工作进行协调；协调指导大面积停电事件宣传报道工作；及时向省政府报告相关情况。

5.3 社会动员与参与

（1）大面积停电事件发生后，各级应急指挥部可根据事件的性质和危害程度，报经当地政府批准，对重点地区和重点部位实施紧急控制，防止事态及其危害进一步扩大。

（2）必要时，可通过当地政府广泛调动社会力量积极参与大面积停电事件应急处置工作，紧急情况下可依法征用、调用车辆和物资、人员等。

5.4 信息发布与新闻宣传

停电情况及事故处置等信息，由各级应急指挥部审核和发布。

有关新闻稿须经县级以上应急指挥部核实后，按突发事件报道管理规定进行报道。对省内有重大影响的大面积停电事件的发展趋势、人员伤亡、经济损失等消息，由省应急指挥部或省政府审核后，按重大突发事件报道管理规定进行报道。

5.5 响应终止

同时满足以下条件时，由启动响应的政府终止应急响应：

1．电网主干网架基本恢复正常，电网运行参数保持在稳定限额之内，主要发电厂机组运行稳定；

2．减供负荷恢复 80%以上，受停电影响的重点地区、重要城市负荷恢复 90%以上；

3．造成大面积停电事件的隐患基本消除；

4．大面积停电事件造成的重特大次生衍生事件基本处置完成。

应急响应终止后，相应应急指挥机构随即撤销。

6 后期处置

6.1 处置评估

大面积停电事件应急响应终止后，根据事件分级，各级电力运行主管部门要及时组织对事件处置工作进行评估，总结经验教训，分析查找问题，提出改进措施，形成处置评估报告。鼓励开展第三方评估。

6.2 事件调查

大面积停电事件发生后，县级以上电力运行主管部门根据有关规定成立调查组，查明事件原因、性质、影响范围、经济损失等情况，提出防范、整改措施和处理处置建议，形成调查报告，报上级电力运行主管部门和本级政府。

6.3 善后处置

大面积停电事件所在地政府要及时组织制订善后工作方案并组织实施。对在大面积停电事件处置中紧急调集、征用有关单位的人力、物资、财力，按照规定给予补助或补偿。保险机构要及时开展相关理赔工作，尽快消除大面积停电事件造成的影响。

6.4 恢复重建

大面积停电事件应急响应终止后，需对电网网架结构和设施设备进行修复或重建的，由各级政府根据实际工作需要组织编制恢复重建规划。省内相关电力企业和受影响区域地方政府应当根据规划做好受损电力系统恢复重建工作。

7 保障措施

7.1 队伍保障

电力企业应建立健全电力抢修应急专业队伍，加强设施设备维护和应急抢修技能方面的人员培训，定期开展应急演练，提高应急救援能力。加强社会应急救援队伍建设，组织动员省内其他专业应急队伍和志愿者等参与大面积停电事件及其次生衍生事件处置工作。动员军队、武警部队、公安消防部队等做好应急力量支援保障。

7.2 装备物资保障

省内电力企业应储备必要的专业应急装备及物资，建立和完善相应保障体系。省级有关部门和各级政府要加强应急救援装备物资及生产生活物资的紧急生产、储备调拨和紧急配送工作，保障支援大面积停电事件应对工作需要。鼓励社会化储备。

7.3 通信、交通与运输保障

各级政府及通信主管部门要建立健全大面积停电事件应急通信保障体系，形

成可靠的通信保障能力，确保应急期间通信联络和信息传递需要；交通运输部门要健全紧急运输保障体系，保障应急响应所需人员、物资、装备、器材等的运输；公安部门要加强交通应急管理，保障应急救援车辆优先通行；根据全面推进公务用车制度改革有关规定，有关单位应配备必要的应急车辆，保障应急救援需要。

7.4 技术保障

各电力企业要加强大面积停电事件应对和监测先进技术、装备的研发，制定电力应急技术标准，加强电网、电厂安全应急信息化平台建设。有关部门要为电力日常监测预警及电力应急抢险提供必要的气象、地质、水文等服务。有关单位要分析和研究大面积停电事件可能造成的社会危害和损失，增加技术投入，建立和完善应急技术保障体系。

7.5 应急电源保障

提高电力系统快速恢复能力，加强电网“黑启动”能力建设。省级有关部门和电力企业应充分考虑电源规划布局，保障各区域“黑启动”电源。电力企业应配备适量的应急发电装备，必要时提供应急电源支援。重要电力用户应按照国家有关技术要求配置应急电源，并加强维护和管理，确保应急状态下能够投入运行。

7.6 资金保障

各级政府以及相关电力企业应按照有关规定，共同做好大面积停电事件处置及演练的资金保障工作。

8 附则

8.1 预案管理

本预案实施后，省经信委要会同省级有关部门组织预案宣传、培训和演练，并根据部门职责、应急资源变化情况，以及预案实施过程中发现的问题，及时修订完善本预案。

市、县（市）政府要根据本预案制定或修订本行政区域的大面积停电事件应急预案。各区政府视情根据本预案制定或修订本行政区的大面积停电应急预案。

8.2 预案实施时间

本预案自印发之日起实施，原《浙江省大面积停电事件应急预案》同时废止。

附件 1

浙江省大面积停电事件分级标准

一、特别重大大面积停电事件

（一）全省电网：减供负荷 30%以上。

（二）杭州市电网：减供负荷 60%以上，或 70%以上供电用户停电。

二、重大大面积停电事件

（一）全省电网：减供负荷 13%以上 30%以下。

（二）杭州市电网：减供负荷 40%以上 60%以下，或 50%以上 70%以下供电用户停电。

（三）其他设区的市电网：负荷 600 兆瓦以上的减供负荷 60%以上，或 70%以上供电用户停电。

三、较大大面积停电事件

（一）全省电网：减供负荷 10%以上 13%以下。

（二）杭州市电网：减供负荷 20%以上 40%以下，或 30%以上 50%以下供电用户停电。

（三）其他设区的市电网：负荷 600 兆瓦以上的减供负荷 40%以上 60%以下，或 50%以上 70%以下供电用户停电；负荷 600 兆瓦以下的减供负荷 40%以上，或 50%以上供电用户停电。

（四）县（市）电网：负荷 150 兆瓦以上的减供负荷 60%以上，或 70%以上供电用户停电。

四、一般大面积停电事件

（一）全省电网：减供负荷 5%以上 10%以下。

（二）杭州市电网：减供负荷 10%以上 20%以下，或 15%以上 30%以下供电用户停电。

（三）其他设区的市电网：减供负荷 20%以上 40%以下，或 30%以上 50%以下供电用户停电。

（四）县（市）电网：负荷 150 兆瓦以上的减供负荷 40%以上 60%以下，或 50%以上 70%以下供电用户停电；负荷 150 兆瓦以下的减供负荷 40%以上，或 50%以上供电用户停电。

附件 2

省应急指挥部组成及工作组职责

省应急指挥部总指挥长由分管副省长担任，副总指挥长由省政府分管副秘书长或办公厅副主任、省经信委主任担任，或由总指挥长根据实际情况指定，成员单位主要由省委宣传部（省新闻办）、省发展改革委（省能源局）、省经信委、省教育厅、省公安厅、省民政厅、省财政厅、省国土资源厅、省环保厅、省建设厅、省交通运输厅、省水利厅、省林业厅、省商务厅、省卫生计生委、省新闻出版广电局、省安监局、省物价局、省应急办、省通信管理局、省气象局、浙江能源监管办、省测绘与地理信息局、民航浙江安全监管局、杭州铁路办事处、省军区、省武警总队、省电力公司、省能源集团、华能浙江分公司、大唐浙江分公司、华电浙江分公司、国电浙江分公司、国电投浙江分公司、国华浙江分公司等部门和单位组成。可根据应对工作需要，增加有关地方政府、其他有关部门和相关电力企业为成员单位。

省应急指挥部设立相应工作组，各工作组组成及职责分工如下：

一、综合协调组：由省经信委牵头，省委宣传部（省新闻办）、省发展改革委（省能源局）、省公安厅、省应急办、浙江能源监管办、省电力公司、事故所在地政府等参加。

主要职责：协调组织事故现场应急处置工作；负责向各个工作组传达事故处置进展情况；根据事故情况及时调拨应急发电车及调运应急物资；负责大面积停电事件处置过程中的信息收集、汇总、上报、续报工作；组织开展事件处置评估。

二、电力恢复组：由省电力公司牵头，省发展改革委（省能源局）、省经信委、省公安厅、省国土资源厅、省水利厅、省安监局、省林业厅、省气象局、浙江能源监管办、省测绘与地理信息局、省军区、省武警总队、省能源集团等参加，视情增加其他电力企业。

主要职责：组织进行技术研判，开展事态分析；组织电力抢修恢复工作，尽快恢复受影响区域供电；负责重要电力用户、重点区域的临时供电保障；负责组织跨区域的电力应急抢修恢复协调工作。

三、新闻宣传组：由省委宣传部（省新闻办）牵头，省发展改革委（省能源局）、省经信委、省公安厅、省新闻出版广电局、省安监局、省电力公司等参加。

主要职责：组织开展事件进展、应急工作情况等权威信息发布，加强新闻宣

传报道；收集分析国内外舆情和社会公众动态信息，加强媒体、电信和互联网管理，正确引导舆论；及时澄清不实信息，回应社会关切。

四、综合保障组：由省经信委牵头，省发展改革委（省能源局）、省公安厅、省民政厅、省财政厅、省国土资源厅、省建设厅、省交通运输厅、省水利厅、省商务厅、省新闻出版广电局、省通信管理局、民航浙江安全监管局、杭州铁路办事处、省电力公司、省能源集团等参加，视情增加其他电力企业。

主要职责：对大面积停电事件受灾情况进行核实，落实电力抢修人员、资金和物资；组织做好应急救援装备物资及生产生活物资的紧急生产、储备调拨和紧急配送工作；及时组织调运重要生活必需品，保障群众基本生活和市场供应；维护供水、供气、供热、通信、广播电视等设施正常运行；维护铁路、道路、水路、民航等基本交通运行。

五、社会稳定组：由省公安厅牵头，省经信委、省教育厅、省民政厅、省环保厅、省交通运输厅、省卫生计生委、省物价局、省军区、省武警总队等参加。

主要职责：加强受影响地区社会治安管理，严厉打击借机传播谣言制造社会恐慌，以及趁机盗窃、抢劫、哄抢等违法犯罪行为；加强转移人员安置点、救灾物资存放点等重点地区治安管控；加强对重要生活必需品等商品的市场监管和调控，打击囤积居奇、哄抬物价等价格违法行为，维护市场正常秩序和价格基本稳定；加强对重点区域、重点单位的警戒；做好有关社会治安矛盾纠纷化解等工作，切实维护社会稳定。

福建省大面积停电事件应急预案

（闽政办〔2016〕143 号）

目　录

1 总则

1.1 编制目的

建立健全福建省大面积停电事件应对工作机制，提高应对效率，最大程度地减少大面积停电造成的影响和损失，维护社会稳定和人民生命财产安全。

1.2 编制依据

依据《中华人民共和突发事件应对法》《中华人民共和国安全生产法》《中华人民共和国电力法》《电网调度管理条例》《生产安全事故报告和调查处置条例》《电力安全事故应急处置和调查处理条例》《国家大面积停电事件应急预案》《福建省突发公共事件总体应急预案》《福建省电力设施保护和供用电秩序维护条例》及相关法律法规等，制定本预案。

1.3 适用范围

本预案适用于福建省境内发生大面积停电事件应对工作。重点规范各相关设区市、各有关部门和单位组织开展社会救援、事故抢险与处置、电力供应恢复等工作。

大面积停电事件是指由于自然灾害、电力安全事故和外力破坏等原因造成省电网或城市电网大量减供负荷，对国家安全、社会稳定以及人民群众生产生活造成影响和威胁的停电事件。

1.4 工作原则

大面积停电事件应对工作坚持统一领导、综合协调，属地为主、分工负责，保证重点、依靠科技，保障民生、维护安全，全社会共同参与的原则。

大面积停电事件发生后，事发地县级以上（含县级，下同）人民政府及其相关部门、电力企业、重要电力用户应立即按照职责分工和相关预案开展处置工作。

1.5 事件分级

按照事件严重性和受影响程度，大面积停电事件分为特别重大、重大、较大和一般四级。分级标准见附件 1。

1.6 预案体系

各设区市、县级人民政府应制定本地区大面积停电事件应急预案；省内各级电网企业应制定本单位大面积停电事件应急预案；并网运行的各发电企业应制定本单位大面积停电事件应急预案和“黑启动”方案；各重要电力用户应制定大面积停电事件下本单位的应急处置方案。

福建省大面积停电事件应急预案体系框架图见附件2。

2 组织体系

2.1 省级组织指挥机构

2.1.1 福建省大面积停电事件应急指挥部

福建省大面积停电事件应急指挥部（以下简称“省电力应急指挥部”）是全省大面积停电事件应急工作的领导机构，负责研究全省大面积停电应急准备事项，统一指挥、协调应急处置工作。

福建省大面积停电事件应急指挥部组成及工作组职责见附件3。

省电力应急指挥部各成员单位根据本预案，制定部门大面积停电事件应急预案，开展相关工作。

2.1.2 福建省大面积停电事件应急指挥部办公室及职责

福建省大面积停电事件应急指挥部下设福建省大面积停电事件应急指挥部办公室（以下简称“省电力应急办”），负责日常工作和大面积停电事件发生时的协调组织工作。省电力应急办设在省经信委，由省经信委牵头联合省电力公司共同组建，省电力公司配合省经信委做好相关工作。主要职责：

1．督促落实省电力应急指挥部部署的各项任务和下达的各项指令；

2．负责收集分析工作信息，及时上报重要信息，向省电力应急指挥部提出应急处置建议；

3．组织编制、演练、修订福建省大面积停电事件应急预案，指导各设区市人民政府、电力企业、重要用户应急预案的编制、修订和演练；

4．负责编制省级大面积停电事件应急专项资金计划；

5．督促电力企业和重要电力用户应急队伍的建设、应急物资和应急装备的配置、应急电源和保安电源配置；

6．组织建立大面积停电事件应急处置指挥平台和专家库；

7．负责组织省电力应急指挥部成员单位大面积停电事件联席会议；

8．协助做好信息发布、舆论引导和舆情分析应对工作。

2.2 市县级组织指挥机构

县级以上人民政府负责指挥、协调本行政区域内大面积停电事件应对工作，并结合本地实际，参照省级组织指挥机构明确本级大面积停电事件组织指挥机构，建立健全应急联动机制。

县级以上人民政府应将大面积停电事件应急预案及指挥机构设置情况，报上级电力应急指挥机构备案，并做好具体工作的衔接。

发生跨行政区域的大面积停电事件时，县级以上有关人民政府应根据需要建立跨区域大面积停电事件应急合作机制。

2.3 现场指挥机构

负责大面积停电事件应对的人民政府根据需要成立现场指挥部，负责现场组织指挥工作，参与现场处置的有关单位和人员应服从现场指挥部的统一指挥。

2.4 电力企业

电力企业（包括电网企业、发电企业等，下同）建立健全应急指挥机构，在政府组织指挥机构领导下开展大面积停电事件应对工作。电网调度工作按照《电网调度管理条例》及相关规程执行。

2.5 重要电力用户

重要电力用户应制定和完善本单位应急预案，自备应急电源，储备相关物资，保障电力供应的可靠性和有效性。在发生大面积停电状态下负责本单位先期应急处置工作。

2.6 专家组

省、市两级电力应急指挥机构根据需要成立大面积停电事件应急专家组，成员由电力、气象、地质、水文等领域相关专家组成，对大面积停电事件应对工作提供技术咨询和建议。

3 监测预警和信息报告

3.1 风险分析

可导致福建省发生大面积停电事件的风险主要包括：

3.1.1 自然灾害风险

福建地区台风、洪水、雷电、山火、雨雾、地质、覆冰等自然灾害，可能造成电网设施设备大范围损毁，从而引发大面积停电。

3.1.2 电网网架结构风险

35 千伏及以上电压等级电网仍存在一定比例单电源、单主变的变电站，存在设备故障引发大面积停电风险；10 千伏配电网单馈线占比较高，设备故障停电时

转供电能力受限。

3.1.3 设备故障风险

电网老旧设备仍占一定比例，重要发、输、变电设备、自动化系统故障，对电网安全稳定运行构成影响。

3.1.4 外力破坏风险

野蛮施工、非法侵入、火灾爆炸、恐怖袭击、网络黑客攻击等外力破坏，均可能造成电网设施损毁，引发大面积停电。

3.1.5 运维人员行为风险

电力运行维护人员误操作或调控运行人员处置不当等可能引发大面积停电。

3.1.6 用电安全风险

部分用电单位对电力设施的安全运行重视不够，少数值班人员不具备上岗资格，存在供电电源达不到配置标准、保安电源缺少或保安电源不能启动等问题。

3.2 监测

气象、水利、林业、地震、公安、交通运输、国土等部门要将涉及电网安全的相关数据纳入日常监测范围，划分自然灾害易发区，加强预测预报，提高灾害预测和预警能力。

电力企业应建立完备的事故监测、预警、报告和应急处理工作制度，对出现的问题早发现、早处理，尽量将事故控制在初发阶段和局部地区，防止事故扩大化。省电力公司应综合气象、林业、地震、国土、水利等部门提供的信息建立健全电网防止自然灾害预警体系，加强灾害分布图修订、制订工作，完成全省污区分布图、全省雷区分布图等，为治理灾害和工程设计提供依据。

3.3 预警

3.3.1 预警信息发布

各级电网企业分析可能发生大面积停电事件时，要及时将有关情况报告受影响区域的县级以上人民政府电力运行主管部门和福建能源监管办，提出预警信息发布建议，并视情通知重要电力用户。地方人民政府电力运行主管部门应及时组织研判，必要时报请同级人民政府批准后通过预警信息发布平台等渠道向社会公众发布预警，并通报同级其他相关部门和单位。

3.3.2 预警行动

预警信息发布后，电力企业要加强设备巡查检修和运行监测，采取有效措施控制事态发展；组织相关应急救援队伍和人员进入待命状态，动员后备人员做好参加应急救援和处置工作准备，并做好大面积停电事件应急所需物资、装备和设备等应急保障准备工作。重要电力用户做好自备应急电源启用准备。受影响区域地方人民政府启动应急联动机制，组织有关部门和单位做好维持公共秩序、供水供气、商品供应、交通物流等方面的应急准备；加强相关舆情监测，主动回应社会公众关注的热点问题，及时澄清谣言传言，做好舆论引导工作。

3.3.3 预警解除

根据事态发展，经研判不会发生大面积停电事件时，按照“谁发布、谁解除”的原则，由发布单位宣布解除预警，适时终止相关措施。

3.4 信息报告

可能导致大面积停电的事件发生后，相关受影响区域电网企业应立即向当地人民政府电力运行主管部门和福建能源监管办报告。事发地人民政府电力运行主管部门接到大面积停电事件信息报告或者监测到相关信息后，应当立即进行核实，对大面积停电事件的性质和类别作出初步认定，按照国家规定的时限、程序和要求向上级人民政府电力运行主管部门和同级人民政府报告，并通报同级其他相关部门和单位。各级人民政府及其电力运行主管部门应当按照有关规定逐级上报，必要时可越级上报省人民政府及省电力运行主管部门。

获知大面积停电事件信息后，省电力公司应立即报告省电力应急办，报告内容包括停电范围、停电负荷、判断停电事件的状态等级、发展趋势等有关情况。接到事件报告后，省电力应急办按规定迅速报告省人民政府，同时通报事发地市、县人民政府。对初判为重大以上的大面积停电事件，省人民政府要立即按程序向国务院报告。

4 应急响应

4.1 响应分级

根据大面积停电事件的严重程度和发展态势，将应急响应设定为Ⅰ级、Ⅱ级、Ⅲ级和Ⅳ级四个等级。

初判发生特别重大大面积停电事件，省人民政府启动Ⅰ级应急响应，由省电力应急指挥部负责指挥应对工作，当国务院成立国家大面积停电事件应急指挥部时，接受其领导、组织和指挥。事发地设区市、县级人民政府应事先启动本级应急响应。

初判发生重大大面积停电事件，省人民政府启动Ⅱ级应急响应，由省电力应急指挥部负责指挥应对工作。事发地设区市、县级人民政府事先启动本级应急响应。

初判发生较大、一般大面积停电事件，事发地设区市或县级人民政府分别启动Ⅲ级、Ⅳ级应急响应，根据事件影响范围，由事发地设区市人民政府电力应急指挥机构负责指挥应对工作。

对于尚未达到一般大面积停电事件标准，但对社会发生较大影响的其他停电事件，事发地人民政府可结合实际情况启动应急响应。

应急响应启动后，可视事件造成损失情况及其发展趋势调整响应级别，避免响应不足或响应过度。

4.2 指挥协调

4.2.1 Ⅰ级、Ⅱ级应急响应

发生特别重大、重大大面积停电事件时，省电力应急指挥部主要开展以下工作：

（1）统一领导大面积停电事故抢险、电力恢复、社会救援和维稳等各项应急工作；

（2）召开省电力应急指挥部成员单位联席会议，就有关重大应急问题做出决策和部署；

（3）省电力应急办进入24小时应急值守状态，及时收集汇总事件信息；

（4）派出工作组赴现场指导应急处置工作，对接国务院工作组；视情成立现场指挥部，协调开展应对工作；

（5）及时组织有关部门和单位、专家组进行会商，分析事件发展情况；

（6）组织开展跨市队伍、物资、装备支援；

（7）统一组织信息发布和舆论引导工作；

（8）组织开展事件处置评估；

（9）协调解决应急处置中发生的其他问题。

发生特别重大大面积停电事件时，省电力应急指挥部还要开展以下工作：

（1）接受国务院工作组或国家大面积停电应急指挥部的统一指挥，执行相关决策部署；

（2）视情向国务院及国家能源局等有关部门提出支持请求。

4.2.2 Ⅲ级、Ⅳ级应急响应

发生较大、一般大面积停电事件时，省电力应急办主要开展以下工作：

（1）密切跟踪事态发展，与事发地县级或设区市应急指挥机构联系，指导督促做好应对工作；

（2）视情派出工作组赴现场指导协调事件应对等工作；

（3）根据电力企业和地方请求，协调做好支持工作；

（4）指导做好舆情信息收集、分析和应对工作；

（5）及时将有关情况汇报省电力应急指挥部。

4.3 响应措施

大面积停电事件发生后，相关电力企业和重要电力用户要立即实施先期处置，全力控制事件发展态势，减少损失。各事发地县级或设区市级人民政府、省电力应急指挥部成员单位根据工作需要，组织采取以下措施。

4.3.1 抢修电网并恢复运行

电力调度机构合理安排运行方式，控制停电范围，调度电网、电厂、用户之间的电气操作、机组启动、用电恢复；在条件具备时，优先恢复重要用户、重要城市、重点地区的电力供应。

电网企业迅速组织力量抢修受损电网设备设施，根据政府应急指挥机构要求，向重要电力用户提供必要的电力支援。

发电企业保证设备安全，抢修受损设备，做好发电机组并网运行准备，严格按照电力调度指令恢复机组并网运行，调整发电出力。

电力用户在供电恢复过程中严格按照调度计划分时分步恢复用电。

4.3.2 强化应急救援保障

通信管理部门保障应急通信畅通；交通运输、民航、铁路等部门保障发电燃料、抢险救援物资、必要生活资料等的运输；公安交警部门加强道路交通指挥和疏导，保障各项应急工作的正常进行。

4.3.3 防范次生衍生事故

重要电力用户按照有关技术要求迅速启动自备应急电源，加强重大危险源、重要目标、重大关键基础设施隐患排查与监测预警，及时采取防范措施，有效防止各种次生衍生事故。公安消防部门做好灭火救援准备工作，及时扑灭停电期间发生的各类火灾。

4.3.4 保障居民基本生活

水务、公安消防部门迅速启用应急供水措施，保障居民用水需求；物资供应部门要迅速组织有关物资的加工、生产、运输和销售，保证停电期间居民基本生活；卫计部门要立即组织开展相应应急医疗救治工作，保证大面积停电期间各类伤员的救治。

4.3.5 维护社会稳定

公安、武警等部门加强涉及国家安全和公共安全的重点单位安全保卫工作，严密防范和严厉打击违法犯罪活动。加强对停电区域内繁华街区、大型居民区、大型商场、学校、医院、金融机构、机场、城市轨道交通、车站、码头及其他重要生产经营场所等重点地区、重点部位、人员密集场所的治安巡逻，及时疏散人员，解救被困人员，防范治安事件；公安交警部门加强停电地区道路交通指挥和疏导，缓解交通堵塞；各级政府要严厉打击造谣惑众、囤积居奇、哄抬物价等各种违法违纪行为。

4.3.6 加强信息发布

宣传部门按照及时准确、公开透明、客观统一的原则，指导和协调有关部门、单位和新闻媒体加强信息发布和舆论引导，主动向社会发布停电相关信息和应对工作情况，提示相关注意事项和安保措施。加强舆情收集分析，及时回应社会关切，澄清不实消息，正确引导社会舆论，稳定公众情绪。

4.3.7 组织事态评估

电网企业及时组织对大面积停电事件影响范围、影响程度、发展趋势及恢复进度进行评估，为进一步做好应对工作提供依据。

4.4 响应终止

同时满足以下条件时，由启动响应的各级政府终止应急响应。

（1）电网主干网架基本恢复正常，电网运行参数保持在稳定限额之内，主要发电厂机组运行稳定；

（2）减供负荷恢复80%以上，受停电影响的重点地区、重要城市负荷恢复90%以上；

（3）造成大面积停电事件的隐患基本消除；

（4）大面积停电事件造成的重特大次生衍生事故基本处置完成。

5 后期处置

5.1 处置评估

大面积停电事件应急响应终止后，由履行统一领导职责的人民政府及时组织开展事件处置评估工作。特别重大、重大大面积停电事件由省电力应急指挥部配合国家大面积停电应急指挥部组织开展或独立开展处置评估，较大、一般大面积停电事件由设区市人民政府电力应急指挥机构组织开展处置评估，总结经验教训，分析查找问题，提出改进措施，形成处置评估报告。

5.2 事件调查

大面积停电事件发生后，根据有关规定成立调查组进行事件调查。各事发地政府、有关部门和单位要认真配合调查工作，客观、公正、准确地查明事件原因、性质、影响范围、经济损失等情况，提出防范、整改措施和处理处置建议。

5.3 善后处置

事发地人民政府要及时组织制订善后工作方案并组织实施。保险机构要及时开展相关理赔工作，减轻大面积停电事件的影响。

5.4 恢复重建

大面积停电事件应急响应终止后，需对电网网架结构和设备设施进行修复或重建的，由省发改委或事件发生地设区市政府根据实际工作需要组织编制恢复重建规划。相关电力企业和受影响区域地方各级人民政府应当根据规划做好受损电力系统恢复重建工作。

5.4.1　确定恢复重建的目标任务

以地方发展规划目标为指导，明确重建项目的重点、任务和工作进度。

5.4.2　明确恢复重建的标准

按照电力规划设计导则结合区域地理环境和自然灾害情况，执行差异化规划设计及反事故措施，远近结合，适度超前实施重建。

5.4.3　强化措施保障及政策扶持

电力企业根据需要成立恢复重建领导小组，统一指挥、协调电力恢复重建工作；电力灾后重建项目应多方筹措资金，积极争取国家政策支持，争取专项资金和地方财政补助；各有关部门对电力灾后重建项目所涉及的审批工作，开辟绿色通道，加强用地用林等要素保障。

6　保障措施

6.1　队伍保障

各级人民政府电力应急指挥机构应加强电力应急管理队伍建设，配备专职管理人员；电力企业应建立健全电力抢修应急专业队伍，加强设备维护和应急抢修技能方面的人员培训，定期开展应急演练，提高应急救援；武警部队、公安消防等要做好应急力量支援保障。

6.2　装备物资保障

有关部门、电力企业及重要电力用户在积极利用现有装备的基础上，根据应急工作需要，建立和完善救援物资储备库以及资料数据库和救援物资调用制度，配备必要的应急救援装备及物资。完善相关保安电源功能，保证在事件发生时能及时启动。各应急指挥机构应掌握本辖区内应急救援装备及物资储备情况。省电力应急指挥部在全省范围内统一调度使用应急装备及物资，各设区市电力应急指挥机构对本辖区内各单位的应急救援装备及物资实行统一调度，保障支援大面积停电事件应对工作需要。

6.3　通信、交通与运输保障

地方各级人民政府及通信主管部门要建立健全大面积停电事件应急通信保障体系，形成可靠的通信保障能力，确保应急期间通信联络和信息传递需要。交通运输、民航、铁路等部门要健全紧急运输保障体系，保障应急响应所需人员、物资、装备、器材等的运输；公安交警部门要加强交通应急管理，保障应急救援车辆优先通行；根据全面推行公务用车制度改革有关规定，有关单位应配备必要的应急车辆，保障应急救援需要。

6.4 技术保障

省水利厅、国土厅、气象局、地震局等要提供相关灾害预警信息，为电力日常监测预警及电力应急抢险提供必要的水文、地质、气象等技术支撑服务。电力企业要加强大面积停电事件应对和监测先进技术、装备的研发，制定电力应急技术标准，加强电网、电厂安全应急信息化平台建设。

6.5 应急电源保障

提高电力系统快速恢复能力，加强电网“黑启动”能力建设。省发改委应充分考虑电源规划布局，保障各地区“黑启动”电源。电力企业应配备适量的应急发电装备，必要时提供应急电源支援。重要电力用户应按照国家有关技术要求配置应急电源，并加强维护和管理，确保应急状态下能够投入运行。

6.6 资金保障

省财政厅等有关部门、地方各级人民政府以及各相关电力企业应按照有关规定，对大面积停电事件处置工作提供必要的资金保障。

7 附则

7.1 预案管理

本预案发布后，省电力应急办负责组织预案宣传、培训和演练，并根据实际情况，适时组织评估和修订。设区市、县级人民政府及其他有关单位要结合实际制定或修订大面积停电事件应急预案。

7.2 预案解释

本预案由省经信委负责解释。

7.3 预案实施时间

本预案自印发之日起实施。

《福建省人民政府办公厅关于印发福建省处置电网大面积停电事件应急预案（修订）的通知》（闽政办〔2009〕196 号）即日起废止。

附件：1．福建省大面积停电事件分级标准

2．福建省大面积停电事件应急预案体系框架图

3．福建省大面积停电事件应急指挥部组成及工作组职责

附件 1

福建省大面积停电事件分级标准

一、特别重大大面积停电事件

（一）福建省电网负荷 20000 兆瓦以上时减供负荷 30%以上，或电网负荷 5000 兆瓦以上 20000 兆瓦以下时减供负荷 40%以上；

（二）福州市负荷在 2000 兆瓦以上时减供负荷 60%以上，或 70%以上供电用户停电。

二、重大大面积停电事件

（一）福建省电网负荷在 20000 兆瓦以上时减供负荷 13%以上 30%以下，或电网负荷在 5000 兆瓦以上 20000 兆瓦以下时减供负荷 16%以上 40%以下；

（二）福州市电网负荷在 2000 兆瓦以上时减供负荷 40%以上 60%以下，或 50%以上 70%以下供电用户停电；电网负荷在 2000 兆瓦以下时减供负荷 40%以上，或 50%以上供电用户停电；

（三）其他设区市电网负荷 600 兆瓦以上时减供负荷 60%以上，或 70%以上供电用户停电。

三、较大大面积停电事件

（一）福建省电网负荷 20000 兆瓦以上时减供负荷 10%以上 13%以下；电网负荷 5000 兆瓦以上 20000 兆瓦以下时减供负荷 12%以上 16%以下；

（二）福州市电网减供负荷 20%以上 40%以下，或 30%以上 50%以下供电用户停电；

（三）其他设区市电网负荷 600 兆瓦以下时减供负荷 40%以上，或 50%以上供电用户停电；电网负荷 600 兆瓦以上时减供负荷 40%以上 60%以下，或 50%以上 70%以下供电用户停电；

（四）县级市电网负荷 150 兆瓦以上时减供负荷 60%以上或 70%以上供电用户停电。

四、一般大面积停电事件

（一）福建省电网负荷在 20000 兆瓦以上时减供负荷 5%以上 10%以下；电网负荷在 5000 兆瓦以上 20000 兆瓦以下时减供负荷 6%以上 12%以下；

（二）福州市电网减供负荷达 10%以上 20%以下，或停电用户数达 15%以上 30%以下；

（三）其他设区市电网减供负荷 20%以上 40%以下，或停电用户数达 30%以上 50%以下；

（四）县级市电网负荷在 150 兆瓦以上时减供负荷在 40%以上 60%以下，或停电用户数达 50%以上 70%以下；电网负荷在 150 兆瓦以下时减供负荷 40%以上，或停电用户数达 50%以上。

上述分级标准有关数量的表述中，“以上”含本数，“以下”不含本数。

附件 2

福建省大面积停电事件应急预案体系框架图

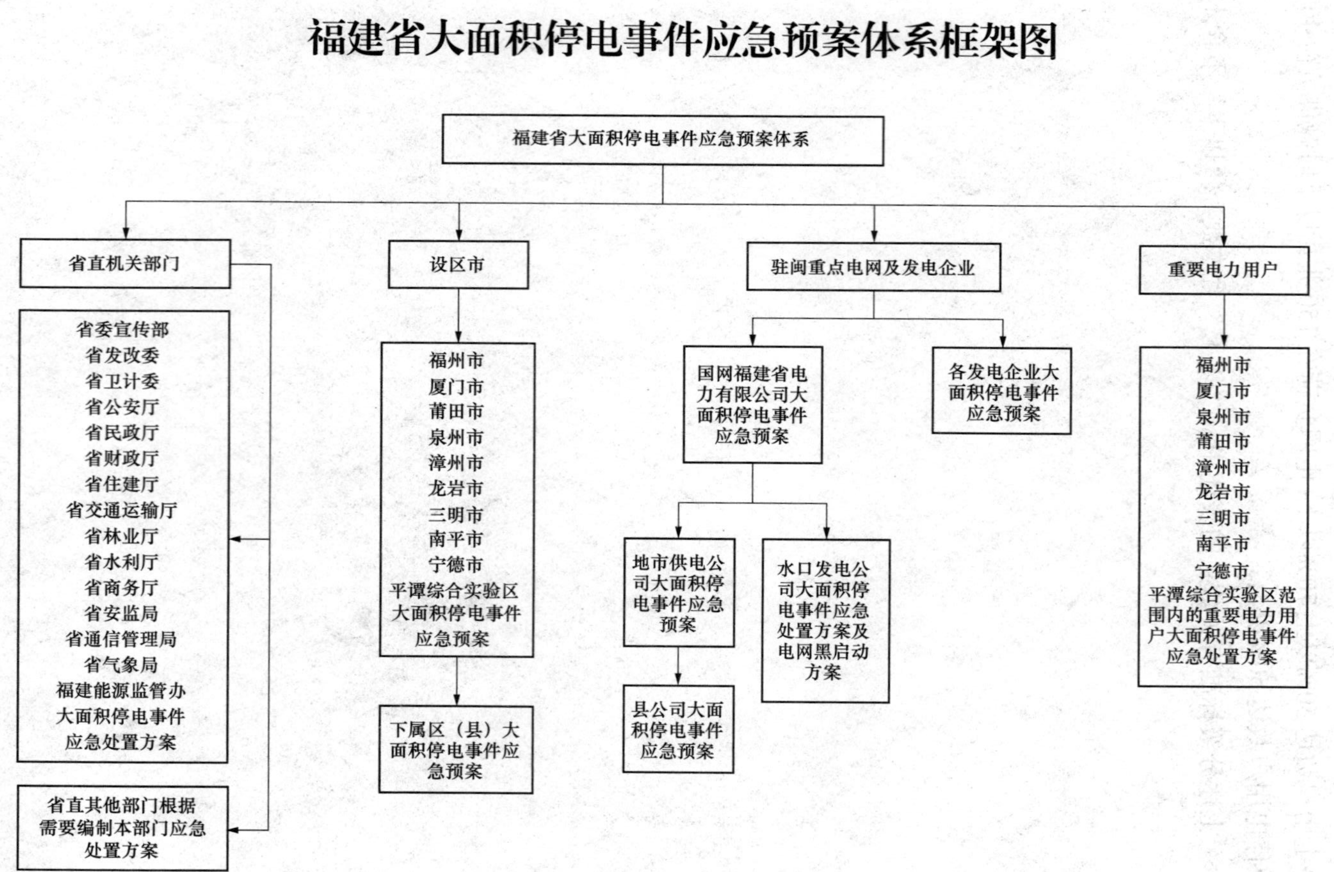
福建省大面积停电事件应急预案体系
省直机关部门
省委宣传部
省发改委
省卫计委
省公安厅
省民政厅
省财政厅
省住建厅
省交通运输厅
省林业厅
省水利厅
省商务厅
省安监局
省通信管理局
省气象局
福建能源监管办
大面积停电事件
应急处置方案
省直其他部门根据需要编制本部门应急处置方案
设区市
福州市
厦门市
莆田市
泉州市
漳州市
龙岩市
三明市
南平市
宁德市
平潭综合实验区
大面积停电事件
应急预案
下属区（县）大面积停电事件应急预案
驻闽重点电网及发电企业
国网福建省电力有限公司大面积停电事件应急预案
各发电企业大面积停电事件应急预案
地市供电公司大面积停电事件应急预案
水口发电公司大面积停电事件应急处置方案及电网黑启动方案
县公司大面积停电事件应急预案
重要电力用户
福州市
厦门市
泉州市
莆田市
漳州市
龙岩市
三明市
南平市
宁德市
平潭综合实验区范围内的重要电力用户大面积停电事件应急处置方案

附件 3

福建省大面积停电事件应急指挥部组成及工作组职责

福建省大面积停电事件应急指挥部总指挥由省政府分管副省长担任，常务副总指挥由省经信委主任担任，副总指挥由省政府分管副秘书长、福建能源监管办主要负责人、省电力公司主要负责人担任。成员包括省委宣传部、省经信委、省发改委、省卫计委、省公安厅、省民政厅、省财政厅、省国土厅、省住建厅、省交通运输厅、省林业厅、省水利厅、省商务厅、省新闻出版广电（版权）局、省安监局、省通信管理局、省地震局、省气象局、福建能源监管办、武警福建省总队、民航福建监管局、民航厦门监管局、南昌铁路局、在闽大型发电企业（集团）等部门和单位的负责人。

一、各成员单位职责分工

省经信委：贯彻执行国家和省有关处置大面积停电事件的法律、法规、规章和政策；负责组织省大面积停电事件应急预案的编制以及演练工作；组织协调相关应急物资的生产、储备、调拨和供应；负责紧急状态下的电力运行调度和电力需求侧管理；负责确认重要电力用户名单；负责初步判断大面积停电事件的响应等级，并向省政府提出相关处置措施建议；负责组织或配合国家开展大面积停电事件处置评估和事件调查工作。

省委宣传部：组织开展事件进展、应急工作情况等权威信息发布，加强新闻宣传报道；收集分析国内外舆情和社会公众动态，加强媒体和互联网管理，正确引导舆论；指导有关部门、单位及时澄清不实信息，回应社会关切，确保信息发布的一致性和权威性。

省发改委：负责全省电源规划布局，协调做好社会应急措施落实的综合工作。

省卫计委：负责协调停电地区医院自备电源应急启动并采取临时应急措施，组织大面积停电期间的应急医疗救治工作，协调开展次生衍生灾害的医疗救治工作。

省公安厅：负责停电地区治安维护和交通疏导，视情采取隔离警戒和交通管制等措施；会同有关部门疏散和救助遇险人员，保障应急救援车辆和人员优先通行。加强对停电地区重点单位的安全保卫；做好转移人员安置点、救灾物资存放点等重点地区治安管控；加强巡逻防范，严厉打击违法犯罪活动，维护社会安定稳定。

省民政厅：牵头负责群众救助和协调群众安置等事宜。

省财政厅：负责会同相关职能部门做好大面积停电事件处置工作需省级负担的必要经费的统筹协调和安排。

省国土厅：协助做好因突发性地质灾害造成大面积停电事件的应急救援，负责提供泥石流、滑坡等地质灾害气象风险预警信息。

省住建厅：负责协调城市正常供水、城市道路照明。

省交通运输厅：负责组织提供运送应急处置所需物资、人员的公路、水路交通运输保障工作；协调地铁等城市轨道交通运输安全。

省林业厅：协助做好因森林火灾造成大面积停电事件的相关处置工作；负责向省电力公司提供实时或准时火情信息等。

省水利厅：做好因台风、暴雨、洪水、干旱等自然灾害造成的大面积停电事件的相关处置工作，确保水利工程和人民生命、财产的安全；负责向电力部门提供预警报系统监测的雨情、水情、风情等信息。

省商务厅：及时组织调运重要生活必需品，保障群众基本生活和市场供应。

省新闻出版广电（版权）局：配合做好大面积停电事件的应急公益宣传，协助做好停电事件信息发布和舆情应对工作。

省安监局：依据职责分工，负责或参与协调由事件引发的危险化学品事故应急处置和事件调查处理工作。

省通信管理局：负责应急通信保障工作。

省地震局：负责提供临震预报和地震实时监测等信息。

省气象局：负责适时提供威胁电网安全的气象条件的监测和预报，及时发布灾害性天气预报和预警；负责对事件现场及周边地区的气象监测，提供必要的气象信息服务。

福建能源监管办：配合做好应急研判预警、应急预案编修、应急演练和教育培训等工作；监督电力企业做好电力安全应急预案的编制、宣传培训及演练工作；加强对重要电力供电电源配置情况的监督管理，并与地方人民政府有关部门共同做好重要电力用户自备电源配置管理工作；做好向国家能源局信息报告和工作联系；参与大面积停电事件处置评估和事件调查工作。

武警福建省总队：负责对重点区域、重点单位的警戒；协助维护停电地区治安和交通疏导，会同有关部门疏散和救助遇险人员，协助做好人员安置点、救灾物资存放点等重点地区治安管控。

南昌铁路局：负责组织疏导火车站滞留旅客，保障应急处置所需的铁路交通运输保障工作。

民航福建监管局、民航厦门监管局：负责督促航空企事业单位组织疏导机场滞留旅客，保障应急处置所需的航空交通运输保障工作。

省电力公司：负责初步分析大面积停电事件的状态等级，并在第一时间报告省电力应急办；在省电力应急指挥部的领导下，按照应急预案、电网调度规程、电网“黑启动”等方案，下达调度指令，指挥电网事故处理，控制事故范围的扩大，组织抢险队伍，迅速恢复电网正常供电，提供必要的应急电源支援；负责全省电网企业抢险物资的储备、资料汇总和数据统计；负责提出重要电力用户名单报省经信委确认。

在闽大型发电企业（集团）：负责本企业（集团）大面积停电事件应急处置工作，健全完善电厂电力突发事件应急预案，服从电网调度指挥，负责电厂运行管理及电力突发事件的报告和事故抢险工作，按照电网调度指令调整发电出力和运行方式。

二、各工作组组成及职责分工

（一）电力恢复组：由省经信委牵头，省发改委、省公安厅、省林业厅、省水利厅、省安监局、省地震局、省气象局、福建能源监管办、武警福建省总队、省电力公司等参加，视情增加其他电力企业。

主要职责：组织进行技术研判，开展事态分析；组织电力抢修恢复工作，尽快恢复受影响区域供电工作；负责重要电力用户、重点区域的临时供电保障；协调公安、武警有关力量参与应对工作。

（二）新闻宣传组：由省委宣传部牵头，省发改委、省经信委、省公安厅、省新闻出版广电（版权）局、省安监局、福建能源监管办、省电力公司等参加。

主要职责：组织开展事件进展、应急工作情况等权威信息发布，加强新闻宣传报道；收集分析省内外舆情和社会公众动态，加强媒体、电信和互联网管理，正确引导舆论；及时澄清不实信息，回应社会关切。

（三）综合保障组：由省经信委牵头，省发改委、省公安厅、省民政厅、省财政厅、省国土厅、省住建厅、省交通运输厅、省水利厅、省商务厅、省新闻出版广电（版权）局、省通信管理局、福建能源监管办、南昌铁路局、民航福建监管局、民航厦门监管局、省电力公司等参加，视情增加其他电力企业。

主要职责：对大面积停电事件受灾情况进行核实，指导恢复电力抢修方案，落实人员、资金和物资；组织做好应急救援装备物资及生产生活物资的紧急生产、储备调拨和紧急配送工作；及时组织调运重要生活必需品，保障群众基本生活和市场供应；维护供水、供气、供热、通信、广播电视等设施正常运行；维护铁路、道路、水路、民航等基本交通运行；组织开展事件处置评估。

（四）社会稳定组：由省公安厅牵头，省发改委、省民政厅、省商务厅、福建能源监管办、武警福建省总队等参加。

主要职责：加强受影响地区社会治安管理，严厉打击借机传播谣言制造社会恐慌，以及趁机盗窃、抢劫、哄抢等违法犯罪行为；加强转移人员安置点、救灾物资存放点等重点地区治安管控；加强对重要生活必需品等商品的市场监管和调控，打击囤积居奇行为；加强对重点区域、重点单位的警戒；做好受影响人员与涉事单位、有关部门矛盾纠纷化解等工作，切实维护社会稳定。

江西省大面积停电事件应急预案

（赣府厅字〔2016〕111号）

目　录

1 总则

1.1 编制目的

建立健全江西省大面积停电事件应对工作机制，提高应对效率，最大程度减少人员伤亡和财产损失，维护全省社会安全和稳定。

1.2 编制依据

依据《中华人民共和国突发事件应对法》《中华人民共和国安全生产法》《中华人民共和国电力法》《生产安全事故报告和调查处理条例》《电力安全事故应急处置和调查处理条例》《电网调度管理条例》《国家突发公共事件总体应急预案》《国家大面积停电事件应急预案》《江西省突发事件应对条例》《江西省突发公共事件总体应急预案》《江西省突发事件预警信息发布管理办法（试行）》等规定，制定本预案。

1.3 适用范围

本预案适用于江西省行政区域内大面积停电事件的应对工作。

大面积停电事件是指由于自然灾害、电力安全事故和外力破坏等原因造成省级电网或城市电网大量减供负荷，对社会安全、稳定以及人民群众生产生活造成影响和威胁的停电事件。

1.4 工作原则

大面积停电事件应对工作坚持统一领导、综合协调，属地为主、分工负责，保障民生、维护安全，全社会共同参与的原则。大面积停电事件发生后，各级人民政府及其有关部门、电力企业、重要电力用户应立即按照职责分工和相关预案开展处置工作。

1.5 事件分级

按照事件严重性和受影响程度，将江西省大面积停电事件分为特别重大、重大、较大和一般四级，分级标准见附件 1。

2 组织体系

省大面积停电事件应急组织体系由省大面积停电事件应急指挥部（以下简称省停电应急指挥部）、地方指挥机构和现场指挥机构组成。

2.1 省级应急指挥组织机构

2.1.1 省停电应急指挥部

省停电应急指挥部是全省大面积停电事件应急应对工作的指挥机构，在省突发公共事件应急委员会的领导下，组织和指挥全省大面积停电事件应急处置工作。总指挥由省政府分管副省长担任，副总指挥由省发改委主任、省政府协助联系工作的副秘书长、省安全生产监督管理局局长、国网江西省电力公司总经理担任。

省停电应急指挥部主要职责：

（1）贯彻落实党中央、国务院和省委、省政府关于电力应急工作的方针、政策；

（2）统一领导、组织和指挥省内重大及以上的大面积停电事件应急处置工作，根据需要赴事发现场或派出前方工作组赴事发现场协调开展应对工作；

（3）指导地方人民政府做好大面积停电事件的应对工作，研究决定地方人民政府和有关部门提出的请求事项；

（4）其他事项。

省停电应急指挥部组成单位及工作职责见附件2。

2.1.2 省停电应急指挥部办公室

省停电应急指挥部下设办公室，设在省发改委，负责省停电应急指挥部的日常工作。办公室主任由省能源局局长担任，副主任由省能源局副局长、国网江西省电力公司副总经理、省安全生产监督管理局副局长担任。

省停电应急指挥部办公室主要职责：

（1）贯彻落实省停电应急指挥部的工作部署和要求，负责大面积停电事件应急工作的综合协调，办理省停电应急指挥部决定的相关事宜；

（2）具体负责省级大面积停电事件应急预案的编制、演练、评估、修订；

（3）负责收集分析工作信息，及时上报重要信息，向省停电应急指挥部提出应急处置建议。

2.2 地方应急指挥机构

设区市、县（市、区）人民政府负责指挥、协调本行政区域内大面积停电事件应对工作，要结合本地实际，明确相应组织指挥机构，建立健全应急联动机制。发生跨行政区域的大面积停电事件时，由各有关地方人民政府共同负责、并根据需要建立跨区域大面积停电事件应急合作机制；或由共同的上一级地方人民政府负责。对需要省级协调处置的跨市级行政区域大面积停电事件，由有关市级人民政府向省人民政府提出请求，或由市级电力运行主管部门向省发改委提出请求。

2.3 现场指挥机构

负责大面积停电事件应对的应急指挥机构根据需要成立现场指挥部，负责现场组织指挥工作。参与现场处置的有关单位和人员应服从现场指挥部的统一指挥。

2.4 电力企业

电力企业（包括各级电网企业、发电企业等，下同）要建立健全应急指挥机构，在政府组织指挥机构领导下开展大面积停电事件应对工作。

电网调度工作按照《电网调度管理条例》及相关规程执行。电力调度机构调度管辖范围内的运行值班单位，应服从该调度机构的调度。

2.5 专家组

成立大面积停电事件应急专家组，成员由电力、气象、地质、水文等领域相关专家组成，对大面积停电事件应对工作提供技术咨询和建议。

3 监测预警和信息报告

3.1 监测

电力企业负责大面积停电风险的监测工作。要建立健全监测系统，充分利用技术资源采集和监测重要电力设施设备运行、发电燃料供应等情况，建立与气象、水利、林业、地震、公安、建设、交通运输、国土资源、工业和信息化等部门的信息共享机制，及时收集、分析自然灾害、设备运行、电网运行、外力破坏、供需平衡破坏等各类情况对电力运行可能造成的影响，预估可能影响的范围和程度。

3.2 风险分析

江西省行政区域内可导致大面积停电事件的主要危险源包括以下几个方面：

1．自然灾害：雷暴、洪涝、台风、冰冻、滑坡、泥石流、地震等自然灾害发生，可能造成电网设施大范围损毁，导致大面积停电；

2．设备事故：重要发、输、变电设备和其自动化控制系统故障，可能导致大面积停电；

3．外力破坏：野蛮施工、非法侵入、爆炸、山火等外力破坏或重大社会安全事件引发电网设施损毁，可能导致大面积停电；

4．电网薄弱环节：末端地区电网结构依然薄弱，部分地区缺乏电源支撑，输电通道较薄弱；江西电网N—1及同杆并架问题依然突出，一旦在大负荷期间出现同杆并架双回线同跳，将引起相关线路过载，引发连锁反应，可能导致大面积停电；

5．燃料供应：发电用煤受运输组织、船舶调度、港口装卸及天气因素等影响，造成电煤库存不足或后续供应不足，导致被迫减负荷甚至停机，影响电力供应。

3.3 预警

3.3.1 预警分级

按照大面积停电事件发生的可能性大小、影响范围和严重程度，将预警分为四级，由低到高依次用蓝色、黄色、橙色和红色表示。预计可能发生特别重大大面积停电事件时，发布红色预警；预计可能发生重大大面积停电事件时，发布橙色预警；预计可能发生较大大面积停电事件时，发布黄色预警；预计可能发生一般大面积停电事件时，发布蓝色预警。

3.3.2 预警信息发布

电力企业研判可能造成大面积停电事件时，要立即将有关情况报告省发改委和受影响区域地方人民政府电力运行主管部门，并视情况通知重要电力用户，及时做好应急响应准备。

当研判可能发生特别重大或重大大面积停电事件时，省发改委要及时向省停电应急指挥部提出红色或橙色预警信息发布建议，经省停电应急指挥部批准后，由省发改委发布预警信息；当研判可能发生较大或一般大面积停电事件时，设区市、县（市、区）人民政府电力运行主管部门要及时向本级人民政府提出黄色或蓝色预警信息发布建议，经本级人民政府批准后，由地方电力运行主管部门发布预警信息。

3.3.3 预警行动

预警信息发布后，电力企业要加强设备巡查检修和运行监测，采取有效措施控制事态发展；组织相关应急救援队伍和人员进入待命状态，动员后备人员做好参加应急救援和处置工作准备，并做好大面积停电事件应急所需物资、装备和设备等应急保障准备工作。重要电力用户做好自备应急电源启用准备。各有关部门和单位做好维持公共秩序、供水供气供热、商品供应、交通物流等方面的应急准备；加强相关舆情监测，主动回应社会公众关注的热点问题，及时澄清谣言传言，做好舆论引导工作。

3.4 预警解除

根据事态发展，经研判不会发生大面积停电事件或者危险已经消除时，按照“谁发布、谁解除”的原则，由发布单位宣布解除预警，适时终止相关措施。

3.5 信息报告

大面积停电事件发生后，相关电力企业应立即向事发地人民政府电力运行主管部门和国家能源局相关派出机构报告。中央电力企业同时报告国家能源局。

信息报告要求及时、简明、准确，应当包括发生的时间、地点、信息来源、伤亡或者经济损失的初步评估、影响范围、事件发展势态及处置情况等。应采取书面方式上报，不具备书面报告条件的，可先通过电话报告，再行书面报告，信息报告后又出现新情况的，应及时进行补报。涉密信息的报告应遵守相关规定。

事发地人民政府电力运行主管部门接到电力企业的大面积停电事件报告或者监测到相关信息后，应当立即进行核实，对大面积停电事件的性质和类别作出初步认定，按照规定的时限、程序和要求向上级电力运行主管部门和同级人民政府报告，并通报同级其他相关部门和单位。各级人民政府及其电力运行主管部门应当按照有关规定逐级上报，必要时可越级上报。对初判为重大以上的大面积停电事件，省人民政府要立即按程序向国务院报告。

4 应急响应

4.1 响应分级

根据大面积停电事件的严重性和影响程度，将应急响应设定为Ⅰ级、Ⅱ级、Ⅲ级和Ⅳ级四个等级，分别对应特别重大、重大、较大、一般大面积停电事件。初判发生特别重大大面积停电事件，启动Ⅰ级应急响应，由省停电应急指挥部负责指挥应对工作。必要时，接受国家大面积停电应急指挥部的统一领导、组织和指挥。初判发生重大大面积停电事件，启动Ⅱ级应急响应，由省停电应急指挥部负责指挥应对工作。初判发生较大、一般大面积停电事件，分别启动Ⅲ级、Ⅳ级应急响应，根据事件影响范围，由事发地县级或市级人民政府负责指挥应对工作。

对于尚未达到一般大面积停电事件标准，但对社会产生较大影响的其他停电事件，可结合实际情况启动应急响应。

应急响应启动后，可视事件造成损失情况及其发展趋势调整响应级别，避免响应不足或响应过度。

4.2 响应措施

大面积停电事件发生后，相关电力企业和重要电力用户要立即实施先期处置，全力控制事件发展态势，减少损失。各有关地方人民政府、部门和单位根据工作需要，组织采取以下措施。

4.2.1 抢修电网并恢复运行

电力调度机构合理安排运行方式，调整发供电计划，采取拉限负荷、解列电网、解列发电机组等必要措施控制停电范围；尽快恢复重要输变电设备、电力主干网架运行；在条件具备时，优先恢复重要电力用户、重要城市和重点地区的电力供应。

电网企业迅速组织力量抢修受损电网设备设施，根据应急指挥机构要求，向重要电力用户及重要设施提供必要的电力支援。

发电企业保证设备安全，抢修受损设备，做好发电机组并网运行准备，按照电力调度指令恢复运行。

4.2.2 防范次生衍生事故

重要电力用户按照有关技术要求迅速启动自备应急电源，加强重大危险源、重要目标、重大关键基础设施隐患排查与监测预警，及时采取防范措施，防止发生次生衍生事故。

4.2.3　保障居民基本生活

启用应急供水措施，保障居民用水需求；采用多种方式，保障燃气供应；组织生活必需品的应急生产、调配和运输，保障停电期间居民基本生活。

4.2.4　维护社会稳定

加强涉及国家安全和公共安全的重点单位安全保卫工作，严密防范和严厉打击违法犯罪活动。加强对停电区域内繁华街区、大型居民区、大型商场、学校、医院、金融机构、机场、城市轨道交通设施、车站、码头及其他重要生产经营场所等重点地区、重点部位、人员密集场所的治安巡逻，及时疏散人员，解救被困人员，防范治安事件。加强交通疏导，维护道路交通秩序。尽快恢复企业生产经营活动。严厉打击造谣惑众、囤积居奇、哄抬物价等各种违法行为。

4.2.5　加强信息发布

按照及时准确、公开透明、客观统一的原则，加强信息发布和舆论引导，主动向社会发布停电相关信息和应对工作情况，提示相关注意事项和安保措施。加强舆情收集分析，及时回应社会关切，澄清不实信息，正确引导社会舆论，稳定公众情绪。

4.2.6　组织事态评估

及时组织对大面积停电事件影响范围、影响程度、发展趋势及恢复进度进行评估，为进一步做好应对工作提供依据。

4.3　指挥协调

4.3.1　Ⅰ级响应

发生特别重大大面积停电事件时，省停电应急指挥部由总指挥负责组织指挥应急响应工作。省停电应急指挥部主要开展以下工作：

（1）接受国家大面积停电应急指挥部的统一指挥，执行相关决策部署；

（2）统一领导全省大面积停电事故抢险、电力恢复、社会救援和维稳等各项应急工作；

（3）组织召开省停电应急指挥部成员会议，就有关重大应急问题作出决策和部署；

（4）进入24小时应急值守状态，及时收集汇总事件信息；

（5）派出工作组赴现场指导应急处置工作，对接国务院工作组；成立现场指挥部，协调开展应对工作；

（6）及时组织有关部门和单位、专家组进行会商，分析研判事件发展情况；

（7）组织开展跨市队伍、物资、装备支援；

（8）视情况向国家层面组织指挥机构提出支援请求；

（9）统一组织信息发布和舆论引导工作；

（10）组织开展事件处置评估；

（11）协调解决应急处置中发生的其他问题。

4.3.2 Ⅱ级响应

发生重大大面积停电事件时，省停电应急指挥部由总指挥或其授权的负责同志负责组织指挥应急响应工作。省停电应急指挥部主要开展以下工作：

（1）统一领导和指挥省大面积停电事故抢险、电力恢复、社会救援和维稳等各项应急工作；

（2）组织召开省停电应急指挥部成员会议，就有关重大应急问题作出决策和部署；

（3）进入24小时应急值守状态，及时收集汇总事件信息；

（4）派出工作组赴现场指导应急处置工作，对接国务院工作组；视情况成立现场指挥部，协调开展应对工作；

（5）及时组织有关部门和单位、专家组进行会商，分析研判事件发展情况；

（6）视情况组织开展跨市队伍、物资、装备支援；

（7）统一组织信息发布和舆论引导工作；

（8）组织开展事件处置评估；

（9）协调解决应急处置中发生的其他问题。

4.3.3 Ⅲ级、Ⅳ级响应

Ⅲ级、Ⅳ级应急响应时，由事发地设区市或县（市、区）人民政府负责指挥应对工作。省停电应急指挥部办公室主要开展以下工作：

（1）密切跟踪事态发展，与事发地应急指挥机构联系，指导督促做好应对工作；督促相关电力企业迅速开展电力抢修恢复工作；

（2）视情况派出工作组赴现场指导协调事件应对等工作；

（3）根据电力企业和地方请求，协调做好支援工作；

（4）指导做好舆情信息收集、分析和应对工作；

（5）及时向省停电应急指挥部汇报有关情况。

4.4 响应终止

同时满足以下条件时，由启动响应的人民政府终止应急响应：

（1）电网主干网架基本恢复正常接线方式，电网运行参数保持在稳定限额之内，主要发电厂机组运行稳定；

（2）减供负荷恢复80%以上，受停电影响的重点地区、重点城市负荷恢复90%；

（3）造成大面积停电事件的隐患基本消除；

（4）大面积停电事件造成的重特大次生衍生事故基本处置完成。

5 后期处置

5.1 处置评估

大面积停电事件应急响应终止后，负责组织指挥应急响应的机构要及时组织相关专家对事件处置工作进行评估，总结经验教训，分析查找问题，提出改进措施，形成处置评估报告。

5.2 事件调查

大面积停电事件发生后，由省发改委会同相关部门和单位成立调查组或委托事发地人民政府电力运行主管部门开展事件调查。调查应查明事件原因、性质、影响范围、经济损失等情况，提出防范、整改措施和处理处置建议。

5.3 善后处置

事发地人民政府要及时组织制订善后工作方案并组织实施。保险机构要及时开展相关理赔工作，尽快消除大面积停电事件的影响。

5.4 恢复重建

大面积停电事件应急响应终止后，需对电网网架结构和设备设施进行修复或重建的，按有关规定组织编制恢复重建规划。相关电力企业和受影响区域各级地方人民政府应当根据规划做好受损电力系统恢复重建工作。

6 保障措施

6.1 队伍保障

电力企业应建立健全电力抢修应急专业队伍，加强设备维护和应急抢修技能方面的人员培训，定期开展应急演练，提高应急救援能力。

根据需要组织动员其他专业应急队伍和志愿者等参与大面积停电事件及其次生衍生灾害处置工作。军队、武警部队、公安消防、医疗救护等队伍要做好应急力量支援保障。

6.2 装备物资保障

电力企业应储备必要的专业应急装备及物资，建立和完善相应保障体系。各级地方人民政府要加强应急救援装备物资及生产生活物资的紧急生产、储备调拨和紧急配送工作，保障支援大面积停电事件应对工作需要。鼓励支持社会化储备。

6.3 通信、交通与运输保障

各级地方人民政府及通信主管部门要建立健全大面积停电事件应急通信保障体系，组织、协调通信运营企业做好应急通信保障工作形成可靠的通信保障能力，确保应急期间通信联络和信息传递需要。无线电管理部门应当提供应急专用频率的电波监测和干扰排查等技术保障。

交通运输部门要健全紧急运输保障体系，保障应急响应所需人员、物资、装备、器材等的运输；公安部门要加强交通应急管理，保障应急救援车辆优先通行，必要时，可以采取开辟专用通道、实行交通管制等措施。

根据全面推进公务用车制度改革有关规定，有关单位应配备必要的应急车辆，保障应急救援需要。

6.4 技术保障

电力企业要加强大面积停电事件应对和隐患监测诊断等先进技术、装备的研发，制定电力应急技术标准，加强电网、电厂安全应急信息化平台建设。

气象、国土资源、水利、林业等部门要为电力运行日常监测预警及电力应急抢险提供必要的气象、地质、水文、山火等相关信息服务。

6.5 应急电源保障

提高电力系统快速恢复能力，加强电网“黑启动”能力建设。各级地方人民政府有关部门和电力企业应充分考虑电源规划布局，保障各地区“黑启动”电源。电力企业应配备适量的应急发电装备，必要时提供应急电源支援。重要电力用户应按照国家有关技术要求配置应急自备电源，并加强维护和管理，确保应急状态下能够投入运行。

6.6 资金保障

各级发改、财政、民政等有关部门和地方人民政府以及各相关电力企业应按照有关规定，对大面积停电事件处置工作提供必要的资金保障。

7 附则

7.1 预案管理

本预案实施后，省发改委要会同有关部门组织预案宣传、培训和演练，并根据实际情况，适时组织评估和修订。各级地方人民政府要结合当地实际制定或修订本级大面积停电事件应急预案。

7.2 预案解释

本预案由省发改委负责解释。

7.3 预案实施时间

本预案自印发之日起实施。

附件 1

江西省大面积停电事件分级标准

一、特别重大大面积停电事件

（1）全省电网减供负荷 40%以上。

（2）当南昌电网超过 2000 兆瓦时，减供负荷 60%以上，或 70%以上供电用户停电。

二、重大大面积停电事件

（1）全省电网减供负荷 16%以上 40%以下。

（2）南昌电网负荷 2000 兆瓦以上时，减供负荷 40%以上 60%以下，或 50%以上 70%以下供电用户停电；南昌电网负荷 2000 兆瓦以下时，减供负荷 40%以上，或 50%以上供电用户停电。

（3）其他设区市电网（赣州市、九江市、新余市、吉安市、萍乡市、宜春市、上饶市、抚州市、鹰潭市、景德镇市）负荷 600 兆瓦以上时，减供负荷 60%以上，或 70%以上供电用户停电。

三、较大大面积停电事件

（1）全省电网减供负荷 12%以上 16%以下。

（2）南昌电网减供负荷 20%以上 40%以下，或 30%以上 50%以下供电用户停电。

（3）其他设区市电网（赣州市、九江市、新余市、吉安市、萍乡市、宜春市、上饶市、抚州市、鹰潭市、景德镇市）负荷 600 兆瓦以上时，减供负荷 40%以上 60%以下，或 50%以上 70%以下供电用户停电；负荷 600 兆瓦以下时，减供负荷 40%以上，或 50%以上供电用户停电。

（4）县级市电网（共青城市、瑞昌市、庐山市、丰城市、樟树市、高安市、井冈山市、瑞金市、乐平市、德兴市、贵溪市）负荷 150 兆瓦以上时，减供负荷 60%以上，或 70%以上供电用户停电。

四、一般大面积停电事件

（1）全省电网减供负荷 6%以上 12%以下。

（2）南昌电网减供负荷 10%以上 20%以下，或 15%以上 30%以下供电用户停电。

（3）其他设区市电网（赣州市、九江市、新余市、吉安市、萍乡市、宜春市、上饶市、抚州市、鹰潭市、景德镇市）减供负荷20%以上40%以下，或30%以上50%以下供电用户停电。

（4）县级市电网（共青城市、瑞昌市、庐山市、丰城市、樟树市、高安市、井冈山市、瑞金市、乐平市、德兴市、贵溪市）负荷150兆瓦以上时，减供负荷40%以上60%以下，或50%以上70%以下供电用户停电；负荷150兆瓦以下时，减供负荷40%以上，或50%以上供电用户停电。

上述分级标准按照当前行政区划和电网负荷情况制定，将根据行政区划和电网发展情况进行滚动修编。有关数量的表述中，“以上”含本数，“以下”不含本数。上述电网是指行政区域电网。

附件 2

省停电应急指挥部组成及工作组职责

省停电应急指挥部主要由省发改委、省政府新闻办、省工信委、省公安厅、省民政厅、省财政厅、省国土资源厅、省住房城乡建设厅、省交通运输厅、省水利厅、省商务厅、省国资委、省新闻出版广电局、省教育厅、省卫生计生委、省安全生产监督管理局、省林业厅、省地震局、省气象局、省环保厅、省能源局、省通信管理局、省测绘地理信息局、南昌铁路局、民航江西监管局、省武警总队、国网江西省电力公司、国家电投集团江西公司、国电江西公司、大唐江西分公司、华能江西分公司、中石化销售江西石油分公司、省投资集团公司、省能源集团公司等部门和单位组成。

江西省大面积停电事件应急指挥部设立相应工作组，各工作组组成及职责分工如下：

一、电力恢复组：由省发改委牵头，省工信委、省公安厅、省水利厅、省安全生产监督管理局、省林业厅、省地震局、省气象局、省能源局、省测绘地理信息局、省武警总队、国网江西省电力公司等参加，视情况增加其他发电企业。

主要职责：组织进行技术研判，开展事态分析；组织电力抢修，尽快恢复受影响区域供电工作；负责重要电力用户、重点区域的临时供电保障；协调部队、武警有关力量参与应对。

二、新闻宣传组：由省政府新闻办牵头，省通信管理局、省发改委、省工信委、省公安厅、省新闻出版广电局、省安全生产监督管理局、省能源局等参加。

主要职责：组织开展事件进展、应急工作情况等权威信息发布，加强新闻宣传报道；收集分析社会舆情、网络舆情和公众动态，加强媒体、电信和互联网管理，正确引导舆论；及时澄清不实信息，回应社会关切，根据需要适时组织召开新闻发布会。

三、综合保障组：由省发改委牵头，省工信委、省公安厅、省民政厅、省财政厅、省国土资源厅、省住房城乡建设厅、省交通运输厅、省水利厅、省商务厅、省国资委、省环保厅、省新闻出版广电局、省卫生计生委、省能源局、省通信管理局、南昌铁路局、民航江西监管局、国网江西省电力公司、中石化销售江西石油分公司、省能源集团公司等参加，视情况增加其他发电企业。

主要职责：对大面积停电事件受灾情况进行核实，制订恢复电力抢修方案，落实人员、资金和物资；组织做好应急救援装备物资及生产生活物资的紧急生产、储备调拨和紧急配送工作；及时组织调运重要生活必需品，保障群众基本生活和市场供应；维护供水、供气、供热、通信、广播电视等设施正常运行；维护铁路、道路、水路、民航等基本交通运行；负责为应急响应行动提供有效的后勤保障；组织开展事件处置评估。

四、社会稳定组：由省公安厅牵头，省通信管理局、省发改委、省工信委、省民政厅、省教育厅、省交通运输厅、省商务厅、省能源局、省武警总队等参加。

主要职责：加强受影响地区社会治安管理，严厉打击借机传播谣言制造社会恐慌，以及趁机盗窃、抢劫、哄抢等违法犯罪行为；加强转移人员安置点、救灾物资存放点等重点地区治安管控；加强对重要生活必需品等商品的市场监管和调控，打击囤积居奇行为；做好反恐相关监控和防范工作；加强对重点区域、重点单位的警戒；做好受影响人员与涉事单位、地方人民政府及有关部门矛盾纠纷化解等工作，切实维护社会稳定。

山东省大面积停电事件应急预案

（鲁政办字〔2016〕69 号）

目　录

1 总则

1.1 编制目的

正确、高效、有序地处置大面积停电事件，建立健全大面积停电事件应对工作机制，提高应对效率，最大程度减少停电事件造成的损失和影响，维护山东安全、社会稳定和人民群众生命财产安全。

1.2 编制依据

依据《中华人民共和国突发事件应对法》《中华人民共和国安全生产法》《中华人民共和国电力法》《生产安全事故报告和调查处理条例》《电力安全事故应对和调查处理条例》《电网调度管理条例》《国家突发公共事件总体应急预案》《国家大面积停电事件应急预案》《山东省突发事件总体应急预案》及相关法律、法规、预案等，制定本预案。

1.3 适用范围

本预案适用于山东省境内发生的大面积停电事件应对工作。

大面积停电事件是指由于自然灾害、电力安全事故和外力破坏等原因造成区

域性电网、山东电网或城市电网大量减供负荷，对国家安全、社会稳定以及人民群众生产生活造成影响和威胁的停电事件。

1.4 工作原则

大面积停电事件应对工作坚持统一领导、综合协调，属地为主、分工负责，保障民生、维护安全，全社会共同参与的原则。大面积停电事件发生后，省、市、县级政府及其有关部门、国家能源局山东监管办公室、电力企业、重要电力用户应立即按照职责分工和相关预案开展处置工作。

1.5 事件分级

按照事件严重性和受影响程度，大面积停电事件分为特别重大、重大、较大和一般四级。分级标准见附件 1。

2 组织体系

2.1 省级组织指挥机构

省政府成立处置电网大面积停电事件应急领导小组（以下简称省应急领导小组），负责相关工作的指导协调和组织管理。省应急领导小组办公室设在省经济和信息化委，负责省应急领导小组日常工作。

当发生重大、特别重大大面积停电事件时，由省应急领导小组负责统一领导、组织和指挥大面积停电事件应对工作。超出山东省应对处置能力时，省政府向国务院提出支援请求，报请国务院批准成立国务院工作组，在国务院工作组的指导、协调、支持下开展大面积停电事件应对工作。必要时，由国务院或国务院授权国家发展改革委成立国家大面积停电事件应急指挥部，统一领导、组织和指挥大面积停电事件应对工作。

当发生一般、较大大面积停电事件时，事发地市级政府视情超出事发地处置能力，按程序报请省政府批准，或根据省政府领导指示，由省应急领导小组或省政府授权省经济和信息化委成立省大面积停电事件应急指挥部，统一领导、组织和指挥大面积停电事件应对工作。省大面积停电事件应急领导小组组成及工作组职责见附件 2。

2.2 市、县级组织指挥机构

县级以上政府负责指挥、协调本行政区域内大面积停电事件应对工作，要结合本地实际，明确相应的组织指挥机构，建立健全应急联动机制。市、县级政府有关部门、电力企业、重要电力用户等按照职责分工，密切配合，共同做好大面积停电事件应对工作。

发生跨行政区域的大面积停电事件时，事发地政府应根据需要建立跨区域大面积停电事件应急合作机制。

2.3 现场指挥机构

负责大面积停电事件应对的政府根据需要成立现场指挥部，负责现场组织指挥工作。参与现场处置的有关单位和人员应服从现场指挥部的统一指挥。

2.4 电力企业

电力企业（包括电网企业、发电企业等，下同）建立健全应急指挥机构，在政府应急指挥机构领导下开展大面积停电事件应对工作。国网山东省电力公司负责全省主网、所辖供电区大面积停电事件的应对处置，并按照《电网调度管理条例》及相关规程执行电网调度工作。各发电企业负责本企业的事故抢险和应对处置工作。

2.5 重要电力用户

对维护基本公共秩序、保障人身安全和避免重大经济损失具有重要意义的政府机关、医疗、交通、通信、广播电视、供水、供气、供热、加油（加气）、排水泵站、污水处理、工矿商贸等单位，应根据有关规定合理配置供电电源和自备应急电源，完善非电保安等各种保障措施，并定期检查维护，确保相关设施设备的可靠性和有效性。发生大面积停电事件时，负责本单位事故抢险和应急处置工作，根据情况，向政府有关部门请求支援。

2.6 专家组

各级组织指挥机构根据需要成立大面积停电事件应急专家组，成员由电力、气象、地质、地震、水文等领域相关专家组成，对大面积停电事件应对工作提供技术咨询和建议。各电力企业根据实际情况成立大面积停电事件应急专家组。

3 监测预警和信息报告

3.1 监测和风险分析

电力企业要加强对重要电力设施设备运行、发电燃料供应等情况的监测，建立与气象、水利、林业、地震、公安、交通运输、国土资源、通信、经济和信息化等部门的信息共享机制，及时分析各类情况对电力运行可能造成的影响，预估可能影响的范围和程度。

3.2 预警

3.2.1 预警信息发布

电力企业研判可能造成大面积停电事件时，要及时将有关情况报告受影响区域的各地政府电力运行主管部门、省经济和信息化委和国家能源局山东监管办公室。提出预警信息发布建议，并视情通知重要电力用户。事发地政府电力运行主管部门应及时组织研判，必要时报请当地政府批准后向社会公众发布预警，并通报同级其他相关部门和单位。当可能发生重大以上大面积停电事件时，中央电力企业同时报告国家能源局。

3.2.2 预警行动

预警信息发布后，电力企业要加强设备巡查检修和运行监测，采取有效措施控制事态发展；组织相关应急救援队伍和人员进入待命状态，动员后备人员做好参加应急救援和处置工作准备，并做好大面积停电事件应急所需物资、装备和设备等应急保障准备工作。重要电力用户做好自备应急电源启用准备和非电保安措施准备。受影响区域各地政府启动应急联动机制，组织有关部门和单位做好维持公共秩序、供水供气供热、通信、加油（气）、商品供应、交通物流、抢险救援等方面的应急准备；加强相关舆情监测，主动回应社会公众关注的热点问题，及时澄清谣言传言，做好舆论引导工作。

3.2.3 预警解除

根据事态发展，经研判不会发生大面积停电事件时，按照“谁发布、谁解除”的原则，由发布单位解除预警，适时终止相关措施。

3.3 信息报告

大面积停电事件发生后，国网山东省电力公司应立即将停电范围、停电负荷、影响用户数、发展趋势等有关情况向当地政府电力运行主管部门、省经济和信息化委和国家能源局山东监管办公室报告。

事发地政府电力运行主管部门接到大面积停电事件信息报告或者监测到相关信息后，应当立即进行核实，对大面积停电事件的性质和类别作出初步认定，按照国家规定的时限、程序和要求向上一级电力运行主管部门和同级政府报告，并通报同级其他相关部门和单位。各地政府及其电力运行主管部门应当按照有关规定逐级上报，必要时可越级上报。国家能源局山东监管办公室接到大面积停电事件报告后，应当立即核实有关情况并向国家能源局报告，同时通报事发地县级以上政府。对初判为重大以上的大面积停电事件，按照规定由省政府立即向国务院报告。

4 应急响应

4.1 响应分级

根据大面积停电事件的影响范围、严重程度和发展态势，将应急响应设定为Ⅰ级、Ⅱ级、Ⅲ级和Ⅳ级四个等级。

4.1.1 Ⅰ级应急响应

初判发生特别重大大面积停电事件，由省应急领导小组决定启动Ⅰ级应急响应。省应急领导小组立即组织召开小组成员和专家组会议进行分析研判，开展协调应对工作，对事件影响及发展趋势进行综合评估，就有关重大问题做出决策和部署；向各有关单位发布启动相关应急程序的命令，并立即派出工作组赶赴现场开展应急处置工作，将有关情况迅速报告国务院及国家能源局等有关部门，视情况提出支援请求。必要时，在国务院工作组指导、协调、支持下，或在国家大面积停电事件应急指挥部的统一领导、组织、指挥下，开展大面积停电事件应对工作。

4.1.2　Ⅱ级应急响应

初判发生重大大面积停电事件，由省应急领导小组决定启动Ⅱ级应急响应。省应急领导小组立即组织召开小组成员和专家组会议，进行分析研判，开展协调应对工作，对事件影响及发展趋势进行综合评估，就有关重大问题做出决策和部署；向各有关单位发布启动相关应急程序的命令，并立即派出工作组赶赴现场开展应急处置工作，将有关情况迅速报告国务院及国家能源局等有关部门。

4.1.3　Ⅲ级应急响应

初判发生较大大面积停电事件，由事发地市级政府决定启动Ⅲ级应急响应，并负责协调应对工作。必要时，省应急领导小组组织有关部门和单位，成立工作组赶赴事发现场，指导事发地人民政府开展相关应急处置工作，或协调有关部门单位共同做好相关应急处置工作。

4.1.4　Ⅳ级应急响应

初判发生一般大面积停电事件，由事发地县级或市级政府决定启动Ⅳ级应急响应，并负责协调应对工作。

4.1.5　对于未达到大面积停电事件标准，但造成或可能造成重大社会影响的，由事发地县级或市级政府视情况决定启动应急响应。

4.1.6　预案应急响应启动后，可视事件造成损失情况及发展趋势调整响应级别，避免响应不足或响应过度。

4.2　响应措施

大面积停电事件发生后，相关电力企业和重要电力用户要立即实施先期处置，全力控制事件发展态势，减少损失和影响。各事发地政府、有关部门和单位根据工作需要，组织采取以下措施。

4.2.1　抢修电网并恢复运行

电力调度机构合理安排运行方式，控制停电范围；尽快恢复重要输变电设备、电力主干网架运行；在条件具备时，优先恢复重要电力用户、重要城市和重点地区的电力供应。

电网企业迅速组织力量抢修受损电网设备设施，根据应急指挥机构的要求向重要电力用户及重要设施、场所提供必要的电力支援。

发电企业保证设备安全，抢修受损设备，做好发电机组并网运行准备，按照电力调度指令恢复运行。

4.2.2 防范次生衍生事故

停电后易造成重大影响和生命财产损失的核设施、金融机构、医院、交通枢纽、通信、广播电视、公用事业单位、城市轨道交通设施、煤矿及非煤矿山、危险化学品、冶炼企业等重要电力用户，按照有关技术要求迅速启动自备应急电源或采取非电保安措施，及时启动相应停电事件应急响应，避免造成更大影响和损失。各类人员聚集场所停电后要迅速启用应急照明，组织人员有秩序地疏散，确保人身安全。消防、武警部门做好应急救援准备工作，及时处置各类火灾、爆炸事件，解救被困人员。在供电恢复过程中，各重要电力用户严格按照调度计划分时分步恢复用电。加强重大危险源、重要目标、重大关键基础设施隐患排查与监测预警，及时采取防范措施，及时扑灭各类火灾，解救被困人员，防止发生次生衍生事故。

4.2.3 保障居民基本生活

住房和城乡建设部门、相关企业启用应急供水措施，保障居民基本用水需求；采用多种方式，保障燃气供应和采暖期内居民生活用热。经济和信息化、交通运输、铁路、民航等部门组织生活必需品的应急生产、调配和运输，保障停电期间居民基本生活。卫生计生部门准备好抢救、治疗病人的应急队伍、车辆、药品和物资，保证病人能得到及时、有效治疗。

4.2.4 维护社会稳定

公安、武警等部门加强涉及国家安全和公共安全的重点单位安全保卫工作，严密防范和严厉打击违法犯罪活动；加强对停电区域内繁华街区、大型居民区、大型商场、学校、医院、金融、机场、城市轨道交通设施、车站、码头及其他重要生产经营场所等重点地区、重点部位、人员密集场所的治安巡逻，及时疏散人员，解救被困人员，确保人身安全，防范治安事件。公安、交通管理部门加强停电地区道路交通指挥和疏导，维护道路交通秩序，优先保障应急救援车辆通行。要积极组织力量，严厉打击造谣惑众、囤积居奇、哄抬物价等各种违法行为。

4.2.5 加强信息发布

新闻宣传部门按照及时准确、公开透明、客观统一的原则，加强信息发布和舆论引导，通过多种媒体渠道，主动向社会发布停电相关信息和应对工作情况，提示相关注意事项和安保措施。加强舆情收集分析，及时回应社会关切，澄清不实信息，正确引导社会舆论，稳定公众情绪。

4.2.6 组织事态评估

应急指挥机构及时组织对大面积停电事件影响范围、影响程度、发展趋势及恢复进度进行评估，为进一步做好应对工作提供依据。

4.3 响应终止

同时满足以下条件时，由启动预案应急响应的应急指挥机构终止应急响应。

（1）电网主干网架基本恢复正常，电网运行参数保持在稳定限额之内，主要发电厂机组运行稳定；

（2）减供负荷恢复 80%以上，受停电影响的重点地区、重要城市负荷恢复90%以上；

（3）造成大面积停电事件的隐患基本消除；

（4）大面积停电事件造成的重特大次生衍生事故基本处置完成。

5 后期处置

5.1 处置评估

大面积停电事件应急响应终止后，履行统一领导职责的政府要及时组织对事件处置过程进行评估，总结经验教训，分析查找问题，提出改进措施，形成处置评估报告。评估报告一般包括事件发生原因和经过、事件造成的直接损失和影响、事件处置过程、经验教训以及改进建议等。鼓励开展第三方评估。

5.2 事件调查

大面积停电事件发生之后，省应急领导小组根据有关规定成立调查组进行事件调查。各事发地政府、有关部门和单位要认真配合调查组的工作，客观、公正、准确地查明事件原因、性质、影响范围、经济损失等情况，提出防范、整改措施和处理建议。

5.3 善后处置

事发地政府要及时组织制订善后工作方案并组织实施。保险机构要及时开展相关理赔工作，尽快消除大面积停电事件的影响。

5.4 恢复重建

大面积停电事件应急响应终止后，需对电网网架结构和设备设施进行修复或重建的，由省级政府或授权省发展改革委根据实际工作需要组织编制恢复重建规划。相关电力企业和受影响区域政府应当根据规划做好本行政区域电力系统恢复重建工作。

6 保障措施

6.1 队伍保障

电力企业应建立健全电力抢修应急专业队伍，加强设备维护和应急抢修技能方面的人员培训，定期开展应急演练，提高应急救援能力。各地政府要根据需要组织动员通信、交通、供水、供气、供热等其他专业应急队伍和志愿者等参与大面积停电事件及其次生衍生灾害处置工作。武警部队、公安消防等要做好应急力量支援保障。

6.2 装备物资保障

电力企业应储备必要的专业应急装备及物资，建立和完善相应保障体系。省政府有关部门和各地政府要加强应急救援装备物资及生产生活物资的紧急生产、储备调拨和紧急配送工作，保障支援大面积停电事件应对工作需要。鼓励支持社会化储备。

6.3 通信、交通与运输保障

各地政府及通信主管部门、通信运营商要建立健全大面积停电事件应急通信保障体系，形成可靠的通信保障能力，确保应急期间通信联络和信息传递需要。交通运输部门要健全紧急运输保障体系，保障应急响应所需人员、物资、装备、器材等的运输；公安部门要加强交通应急管理，保障应急救援车辆优先通行；根据全面推进公务用车制度改革有关规定，有关单位应配备必要的应急车辆，保障应急救援需要。

6.4 技术保障

省气象、国土资源、地震、水利、林业等部门应为电力日常监测预警及电力应急抢险提供必要的气象、地质、地震、水文、森林防火等服务。电力企业要加强大面积停电事件应对和监测先进技术、装备的研发，制定电力应急技术标准，加强电网、电厂安全应急信息化平台建设。

6.5 应急电源保障

提高电力系统快速恢复能力，加强电网“黑启动”能力建设。政府有关部门和电力企业应充分考虑电源、电网规划布局，保障各地区“黑启动”电源，适度提高重要输电通道抗灾设防标准。电力企业应配备适量的应急发电装备，必要时提供应急电源支援。重要电力用户应按照国家有关技术要求配置应急电源，制定突发停电事件应急预案和非电保安措施，并加强设备维护和管理，确保应急状态下能够投入运行。

6.6 资金保障

省发展改革委、省经济和信息化委、省财政厅、省民政厅、省国资委等有关部门和各地政府，以及各相关电力企业应按照有关规定，对大面积停电事件处置和恢复重建工作提供必要的资金保障。税务管理部门应按照有关规定，对大面积停电事件应对处置和恢复重建工作给予税收减免政策支持。

6.7　宣教、培训和演练

6.7.1　宣传教育

省经济和信息化委、国家能源局山东监管办公室、各地政府、电力企业、重要电力用户等单位要充分利用各种媒体，加大对大面积停电事件应急知识的宣传教育工作，不断提高公众的应急意识和自救互救能力；加大保护电力设施和打击破坏电力设施的宣传力度，增强公众保护电力设施的意识。

6.7.2　培训

各级应急指挥机构成员单位、电力企业和重要电力用户应定期组织大面积停电应急业务培训。电力企业和重要电力用户还应加强大面积停电应急处置和救援技能培训，开展技术交流和研讨，提高应急救援业务知识水平。

6.7.3　演练

各级应急指挥机构应根据实际情况，至少每三年组织开展一次大面积停电事件应急联合演练，建立完善政府有关应急联动部门单位、电力企业、重要电力用户以及社会公众之间的应急协同联动机制，提高应急处置能力。各电力企业、重要电力用户应根据生产实际，至少每年组织开展一次本单位的应急演练。

7　附则

7.1　预案管理

本预案发布后，省经济和信息化委适时组织评估和修订。

各应急联动机制成员部门单位、县级以上政府、电力企业要结合实际制定（或修订）大面积停电事件应急处置预案（或支撑预案），各重要电力客户应制定突发停电事件应急预案，并按照应急预案管理要求进行备案。

7.2　预案解释

本预案由省经济和信息化委负责解释。

7.3　预案实施时间

本预案自印发之日起实施。

附件 1

山东省大面积停电事件分级标准

一、特别重大大面积停电事件

符合下列情形之一的，为特别重大大面积停电事件：

1．造成区域性电网大面积停电，减供负荷达到 30%以上，对山东电网造成特别严重影响的；

2．造成山东电网大面积停电，减供负荷达到 30%以上的；

3．造成济南市电网大面积停电，减供负荷达到 60%以上，或 70%以上供电用户停电。

二、重大大面积停电事件

符合下列情形之一的，为重大大面积停电事件：

1．造成区域性电网大面积停电，减供负荷达到 10%以上 30%以下，对山东电网造成严重影响的；

2．造成山东电网大面积停电，减供负荷达到 13%以上 30%以下的；

3．造成济南市电网大面积停电，减供负荷 40%以上 60%以下，或 50%以上 70%以下供电用户停电；

4．造成其他设区的市电网大面积停电，减供负荷 60%以上，或 70%以上供电用户停电。

三、较大大面积停电事件

符合下列情形之一的，为较大大面积停电事件：

1．造成区域性电网大面积停电，减供负荷达到 7%以上 10%以下，对山东电网造成较重影响的；

2．造成山东电网大面积停电，减供负荷 10%以上 13%以下的；

3．造成济南市电网大面积停电，减供负荷 20%以上 40%以下，或 30%以上 50%以下供电用户停电；

4．造成其他设区的市电网大面积停电，减供负荷 40%以上 60%以下，或 50%以上 70%以下供电用户停电；

5．造成县级市电网大面积停电，减供负荷 60%以上，或 70%以上供电用户停电。

四、一般大面积停电事件

符合下列情形之一的，为一般大面积停电事件：

1．造成区域性电网大面积停电，减供负荷达到 4%以上 7%以下，对山东电网造成一般影响的；

2．造成山东电网大面积停电，减供负荷 5%以上 10%以下的；

3．造成济南市电网大面积停电，减供负荷达到 10%以上 20%以下，或 15%以上 30%以下供电用户停电；

4．造成其他设区的市电网大面积停电，减供负荷达到 20%以上 40%以下，或 30%以上 50%以下供电用户停电；

5．造成县级市电网大面积停电，减供负荷 40%以上 60%以下，或 50%以上 70%以下供电用户停电。

上述分级标准有关数量的表述中，“以上”含本数，“以下”不含本数。

附件 2

山东省大面积停电事件应急领导小组组成及职责

1 省应急领导小组及职责

省应急领导小组组长由省人民政府分管副省长担任，副组长由省政府分管副秘书长（办公厅副主任）、省经济和信息化委、国家能源局山东监管办公室、国网山东省电力公司主要负责人担任，成员包括省经济和信息化委、国家能源局山东监管办公室、省委宣传部、省新闻办、省发展和改革委、省公安厅、省民政厅、省财政厅、省国土资源厅、省住房和城乡建设厅、省交通运输厅、省水利厅、省卫生计生委、省商务厅、省林业厅、省新闻出版广电局、省安监局、省煤炭局、省通信管理局、省地震局、省气象局、山东煤矿安监局、济南铁路局、民航山东监管局、武警山东总队、国网山东省电力公司、华能山东发电有限公司、华电山东分公司、国电山东电力有限公司、大唐山东分公司等有关负责人。根据应对工作需要，增加有关人民政府和其他有关部门以及相关电力企业。

省应急领导小组的主要职责：

（1）负责全省大面积停电事件应急处置的指挥协调，组织有关部门和单位进行会商、研判和综合评估，研究保证山东电力系统安全稳定运行、电力可靠有序供应等重要事项，研究重大应急决策，部署应对工作；

（2）统一指挥、协调各应急指挥机构相关部门、相关人民政府做好大面积停电事件电网抢修恢复、防范次生衍生事故、保障群众基本生活、维护社会安全稳定等各项应急处置工作，协调指挥其他社会应急救援工作；

（3）宣布进入和解除电网停电应急状态，发布应急指令；

（4）视情况派出工作组赴现场指导协调开展应对工作，组织事件调查；

（5）统一组织信息发布和舆论引导工作；

（6）及时向国务院工作组或国家大面积停电事件应急指挥部、国家能源局报告相关情况，视情况提出支援请求。

2 省应急领导小组办公室及职责

省应急领导小组办公室设在省经济和信息化委，负责省应急领导小组日常工作。

办公室主要职责：

（1）督促落实省应急领导小组部署的各项任务和下达的各项指令；

（2）密切跟踪事态，及时掌握并报告应急处置和供电恢复情况；

（3）协调各应急联动机制成员部门和单位开展应对处置工作；

（4）按照授权协助做好信息发布、舆论引导和舆情分析应对工作；

（5）建立电力生产应急救援专家库，根据应急救援工作需要随时抽调有关专家，对应急救援工作进行技术指导。

3 省应急领导小组现场工作组主要职责

初判发生重大或特别重大大面积停电事件时，省应急领导小组根据情况派出现场工作组，主要开展以下工作：

（1）传达上级、省政府领导同志指示批示精神，督促各地人民政府、有关部门和电力企业贯彻落实；

（2）迅速掌握大面积停电事件基本情况、造成的损失和影响、应对进展及当地需求等，根据各地和电力企业请求，协调有关方面派出应急队伍、调运应急物资和装备、安排专家和技术人员等，为应对提供支援和技术支持；

（3）对跨地市级行政区域大面积停电事件应对工作进行协调；

（4）赶赴现场指导各地开展事件应对工作；

（5）指导开展事件处置评估；

（6）协调指导大面积停电事件宣传报道工作；

（7）及时向省应急领导小组报告相关情况。

4 省应急领导小组工作组分组和单位职责

4.1 省应急领导小组工作组和职责分工

省应急领导小组设立相应工作组，各组组成及职责分工如下：

（1）电力恢复组：由省经济和信息化委牵头，省发展和改革委、省国土资源厅、省水利厅、省安监局、省林业厅、省地震局、省气象局、国家能源局山东监管办公室、武警山东总队、国网山东省电力公司、华能山东发电有限公司、华电山东分公司、国电山东电力有限公司、大唐山东分公司等参加，视情增加其他电力企业。

主要职责：组织进行技术研判，开展事态分析；负责组织电力抢修恢复工作，尽快恢复受影响区域供电工作；负责重要用户、重点区域的临时供电保障；负责组织电力应急抢修恢复协调工作；协调武警有关力量参与应对。

（2）新闻宣传组：由省委宣传部牵头，省发展和改革委、省经济和信息化委、省公安厅、省新闻出版广电局、省新闻办、国家能源局山东监管办公室、国网山东省电力公司等参加。

主要职责：组织开展事件进展、应急工作情况等权威信息发布，加强新闻宣传报道；收集分析国内外舆情和社会公众动态，加强媒体、电信和互联网管理，正确引导舆论；及时澄清不实信息，回应社会关切。

（3）综合保障组：由省发展和改革委牵头，省经济和信息化委、省公安厅、省民政厅、省财政厅、省国土资源厅、省住房城乡建设厅、省交通运输厅、省水利厅、省卫生计生委、省商务厅、省新闻出版广电局、国家能源局山东监管办公室、省煤炭局、省通信管理局、山东煤矿安监局、济南铁路局、民航山东监管局、国网山东省电力公司等参加。

主要职责：对大面积停电事件受灾情况进行核实，指导恢复电力抢修方案，落实人员、资金和物资；组织做好应急救援物资及生产生活物资的紧急生产、储备调拨和紧急配送工作；及时组织调运重要生活必需品，保障群众基本生活和市场供应；维护供水、供气、供热、通信、广播电视等设施正常运行；维护铁路、道路、水路、民航等基本交通运行；组织开展事件处置评估。

（4）社会稳定组：由省公安厅牵头，省发展和改革委、省经济和信息化委、省民政厅、省交通运输厅、省商务厅、国家能源局山东监管办公室、武警山东总队等参加。

主要职责：加强受影响地区社会治安管理，严厉打击借机传播谣言制造社会恐慌，以及趁机盗窃、抢劫、哄抢等违法犯罪行为；加强转移人员安置点、救灾物资存放点等重点地区治安管控；加强对重要生活必需品等商品的市场监管和调控，打击囤积居奇行为；加强对重点区域、重点单位的警戒，切实维护社会稳定。

4.2 各单位职责

（1）省经济和信息化委：负责组织、召集省应急领导小组成员、办公室成员会议；迅速掌握大面积停电情况，向省应急领导小组提出处置建议；组织研判事件态势，按程序向社会公众发布预警，并通报其他相关部门和单位；负责组织协调全省电力资源的紧急调配，组织电力企业开展电力抢修恢复及统调发电企业重点电煤供应的综合协调工作；协调其他部门、各地人民政府和重要电力客户开展应对处置工作；为指定的新闻部门提供事故发布信息；派员参加工作组赴现场指导协调事件应对工作。

（2）国家能源局山东监管办公室：迅速掌握大面积停电情况，向省应急领导小组提出处置建议；督促指导有关部门、各地人民政府、电力企业、重要电力客户应对处置工作；派员参加工作组赴现场指导协调事件应对工作。

（3）省委宣传部：根据省应急领导小组的安排，协助有关部门统一宣传口径，组织媒体播发相关新闻；根据事件的严重程度或其他需要组织现场新闻发布会；加强对新闻单位、媒体宣传报道的指导和管理；正确引导舆论，及时对外发布信息。

（4）省发展和改革委：负责协调综合保障，协调电力企业设备设施修复项目计划安排，为应急抢险救援、恢复重建提供资金保障。

（5）省公安厅：负责协助省应急领导小组做好事故灾难的救援工作，及时妥善处理由大面积停电引发的治安事件，加强治安巡逻，维护社会治安秩序，及时组织疏导交通，保障救援工作及时有效地进行。

（6）省民政厅：负责受影响人员的生活安置。

（7）省财政厅：负责组织协调电力应急抢修救援工作所需经费，做好应急资金使用的监督管理工作。

（8）省国土资源厅：负责对地质灾害进行监测和预报，为恢复重建提供用地支持。

（9）省住房和城乡建设厅：负责协调维持和恢复城市供水、供气、供热、市政照明、排水等公用设施运行，保障居民基本生活需要。

（10）省交通运输厅：负责组织协调应急救援客货运输车辆，保障发电燃料、抢险救援物资、必要生活资料和抢险救灾人员运输，保障应急救援人员、抢险救灾物资公路运输通道畅通。

（11）省水利厅：组织、协调防汛抢险，负责水情、汛情、旱情的监测，提供相关信息。

（12）省卫生计生委：负责组织协调医疗卫生应急救援工作，重点指导当地医疗机构启动自备应急电源和停电应急预案。

（13）省商务厅：负责组织调运重要生活必需品，加强市场监管和调控。

（14）省林业厅：负责森林火灾的预防和协调组织扑救工作，提供森林火灾火情信息。

（15）省新闻出版广电局：负责维护广播电视等设施正常运行，加强新闻宣传，正确引导舆论。

（16）省安监局：协调有关部门做好安全生产事故应急救援工作。

（17）省煤炭局：组织、指挥煤矿企业应急措施的启动和执行。

（18）省通信管理局：负责组织协调大面积停电事件应对处置中应急通信保障和通信抢险救援工作。

（19）省地震局：对地震灾害进行监测和预报，提供震情发展趋势分析情况。

（20）省气象局：负责大面积停电事件应急救援过程中提供气象监测和气象预报等信息，做好气象服务工作。

（21）山东煤矿安监局：督促、检查、协调煤矿企业应急措施的启动和执行。

（22）济南铁路局：指导所属铁路系统启动停电应急预案，开展应急处置，具体实施发电燃料、抢险救援物资的铁路运输。

（23）民航山东监管局：指导所属民航系统启动停电应急预案，开展应急处置，负责维护民航基本交通通行，协调抢险救援物资运输工作。

（24）武警山东总队：负责协助省应急领导小组做好事故灾难的救援工作，加强治安巡逻，维护社会治安秩序。

（25）国网山东省电力公司：在省应急领导小组、国家电网公司、国网华北分部的领导下，具体实施在电网大面积停电应急处置和救援中对所属企业的指挥。

（26）各发电集团：组织、协调本集团及所属发电企业做好电网大面积停电时的应急工作。

其他相关部门、单位做好职责范围内应急工作，完成省应急领导小组交办的各项工作任务。

河南省大面积停电事件应急预案

（豫政办〔2016〕209号）

1　总则

1.1　编制目的

建立健全我省大面积停电事件应对工作机制，统筹协调政府和社会资源，提高应对效率和科学性，最大程度减少停电事件造成的损失和影响，维护国家安全、社会稳定和人民群众生命财产安全。

1.2　编制依据

依据《中华人民共和国突发事件应对法》《中华人民共和国安全生产法》《中华人民共和国电力法》《生产安全事故报告和调查处理条例》（国务院令第 493 号）、《电力安全事故应急处置和调查处理条例》（国务院令第 599 号）、《电网调度管理条例》（国务院令第 115 号）、《国家突发公共事件总体应急预案》《国家大面积停电事件应急预案》《河南省突发公共事件总体应急预案》《河南省突发事件预警信息发布运行管理办法（试行）》及相关法律、法规，结合实际，制定本预案。

1.3　适用范围

本预案适用于本省行政区域内发生的大面积停电事件应对工作。

本预案中的大面积停电事件是指由于自然灾害、电力安全事故和外力破坏等原因造成的电网大量减供负荷，对人民群众生产生活造成影响以及对国家安全、社会稳定造成威胁的停电事件。

1.4　工作原则

大面积停电事件应对工作坚持“统一领导、综合协调，属地为主、分工负责，保障民生、维护安全，全社会共同参与”原则。大面积停电事件发生后，省有关部门、事发地政府及其有关部门、河南能源监管办、电力企业、重要电力用户要立即按照职责分工和相关预案开展处置工作。

1.5　事件分级

按照事件严重性和受影响程度，大面积停电事件分为特别重大、重大、较大和一般四级。分级标准见附件 1。

2 组织体系

2.1 省级组织指挥机构

省政府成立省大面积停电事件应急指挥部，并相应设立电力恢复、新闻宣传、综合保障、社会稳定等工作组，负责相关工作的指导协调和组织管理，指挥长由分管副省长担任。省大面积停电事件应急指挥部下设办公室，办公室设在省发展改革委。

当发生特别重大、重大大面积停电事件时，由省大面积停电事件应急指挥部负责统一领导、组织和指挥大面积停电事件应对工作。当发生较大、一般大面积停电事件时，事发地省辖市、省直管县（市）政府按程序报请省政府批准，或根据省政府安排成立工作组，负责指挥、协调、支持有关地方政府开展大面积停电事件应对工作；必要时，省大面积停电事件应急指挥部负责统一领导、组织和指挥大面积停电事件应对工作。

省大面积停电事件应急指挥部组成及工作组职责见附件 2。

2.2 市、县级组织指挥机构

县级以上政府负责指挥、协调本行政区域内大面积停电事件应对工作，要结合本地实际，明确相应的组织指挥机构，建立健全应急联动机制。

发生跨行政区域的大面积停电事件时，有关地方政府要根据需要建立跨区域大面积停电事件应急合作机制。

2.3 现场指挥机构

负责大面积停电事件应对的政府根据需要成立现场指挥部，负责现场组织指挥工作。参与现场处置的单位和人员要服从现场指挥部的统一指挥。

2.4 电力企业

电力企业（包括电网企业、发电企业等，下同）要建立健全组织指挥机构，并在大面积停电事件组织指挥机构领导下开展大面积停电事件应对工作。其中，电网企业要首先做好所辖主网和供电区的停电事件的应对处置工作，各发电企业要首先做好本企业的事故抢险和应对处置工作。

电网调度工作按照《电网调度管理条例》及相关规程执行。

2.5 专家组

各级组织指挥机构根据需要成立大面积停电事件应急专家组，成员由电力、气象、地质、地震、水文等领域相关专家组成，对大面积停电事件应对工作提供技术咨询和建议。各电力企业根据实际情况成立大面积停电事件应急专家组。

2.6 组织机构的衔接

如上级政府已成立大面积停电事件组织指挥机构，则下级组织指挥机构要在上级组织指挥机构的统一领导、组织和指挥下开展大面积停电事件应对工作；如上级政府仅派出工作组，则下级组织指挥机构要在上级工作组指导、协调、支持下，统一领导、组织和指挥开展大面积停电事件应对工作。

如因自然灾害、社会安全等其他突发事件引发了大面积停电事件，要依照对应级别的突发事件综合预案规定和相关专项预案规定，统一指挥、分工处置。

3 风险分析和监测预警

3.1 风险分析

3.1.1 风险源分析

3.1.1.1 我省区域范围广、跨度大、自然地理和气候条件差异大，全省易发季节性多种气象灾害。全年50%以上的降水量集中在6、7、8三个月，城市低洼地区或地势较高区域由于排水不畅可能导致积水形成内涝。黄河郑州花园口以下河道汛期易出现重大险情，豫南淮河流域汛期易发洪水灾害。豫西、豫北、豫东是全国和省地震重点监视防御地区，有发生6级以上破坏性地震的构造背景。豫南、豫西南、豫北山地和豫西黄土区、矿区易发生山体崩塌、滑坡、泥石流和采空区塌陷等地质灾害。豫南地区与湖北、安徽省接壤，具有一定的南方气候特点，有可能出现冻雨等特殊气象造成的输电线路覆冰。各类自然灾害都可能造成电网设备大范围损坏，从而引发大面积停电。

3.1.1.2 河南电网处于国家电力战略布局西电东送、南北水火互济的枢纽位置，跨省跨区输电通道逐渐增多，电网运行特性复杂，电网安全控制难度增大，重要发、输、变电设备及自动化系统故障可能引发大面积停电。

3.1.1.3 野蛮施工、非法入侵、火灾爆炸、恐怖袭击等外力破坏或重大社会安全事件可能造成电网设施损毁，电网工控系统可能遭受网络攻击，都可能引发大面积停电。

3.1.1.4 因各种原因造成的发电出力大规模减少、运行维护人员误操作或调控运行人员处置不当等也可能引发大面积停电。

3.1.2 社会影响分析

3.1.2.1 导致政府部门、军队、消防等涉及国家安全和公共安全的重要单位或机构电力供应中断，影响其正常运转，不利于社会安定和国家安全。

3.1.2.2 导致城市交通信号、地铁、供水、供气、供热、通信、广播电视等基础设施和大型商场、广场、影剧院、住宅小区、医院、学校、大型写字楼、大型游乐场等高密度人口聚集点电力供应中断，引发交通拥塞甚至瘫痪、基本生活保障设施不能正常运行、群众恐慌，严重影响社会秩序。

3.1.2.3　导致城际铁路、高铁、机场等重大交通基础设施电力供应中断，引发大批旅客滞留，严重影响全国交通秩序，甚至可能引发交通事故。

3.1.2.4　导致化工、冶金、煤矿、非煤矿山等高危用户的电力供应中断，影响经济建设，可能引发生产运营事故及次生衍生灾害，危及人民群众生命安全。

3.1.2.5　大面积停电事件在当前新媒体时代极易成为社会舆论的热点；在公众不明真相的情况下，若有错误舆论，可能造成公众恐慌，影响社会稳定。

3.2　监测

电力企业要结合实际，加强对重要电力设施设备运行、发电燃料供应等情况的监测，建立与气象、水利、林业、地震、公安、交通运输、国土资源、工业和信息化等部门的信息共享机制，及时分析各类情况对电力运行可能造成的影响，预估可能影响的范围和程度。相关部门和单位要加强对气象、洪涝、地震、地质等灾害及其他安全危害的监测，及时准确提供对电力运行可能造成影响的监测和预警信息，实现相关灾情、险情等信息实时共享。

3.3　预警

3.3.1　预警信息发布

电网企业研判可能造成大面积停电事件时，要及时将有关情况报告受影响区域电力运行主管部门和河南能源监管办，提出预警信息发布建议，并视情通知重要电力用户。受影响区域电力运行主管部门要及时组织研判，必要时报请本级政府批准后按规定渠道向社会公众发布预警信息，并通报同级其他相关部门和单位。预警信息发布后，当地电力企业要向上级单位报告。

3.3.2　预警行动

预警信息发布后：相关电力企业要加强设备巡视和运行监测，采取有效措施控制事态发展；组织应急救援队伍和人员进入待命状态，动员后备人员做好参加应急救援和处置工作的准备，并做好大面积停电事件应急处置所需物资、装备和设备等应急保障准备工作。

重要电力用户做好自备应急电源启用准备和非电保安措施准备，加强重大危险源、重要目标、重大关键基础设施监测和运行维护，及时采取防范措施。

受影响区域政府启动应急机制，组织有关部门和单位做好维持公共秩序、供水供气供热、商品供应、交通物流、抢险救援等方面的应急准备工作；加强舆情相关监测，积极回应社会公众关切，及时澄清谣言传言，做好舆论引导工作。

3.3.3 预警解除

根据事态发展，经研判不会发生大面积停电事件时，按照“谁发布、谁解除”原则，由发布单位宣布解除预警，适时终止相关措施。

4 信息报告

大面积停电事件发生后：相关电力企业要立即向受影响区域电力运行主管部门和河南能源监管办报告。中央电力企业要同时通过其上级单位报告国家能源局。

事发地电力运行主管部门接到大面积停电事件信息报告或监测到相关信息后，要立即进行核实，对大面积停电事件的性质和类别作出初步认定，按照国家及省政府对突发事件信息报送相关文件规定的时限、程序和要求向上级电力运行主管部门和同级政府报告，并通报同级其他相关部门和单位。各地政府及其电力运行主管部门要按照有关规定逐级上报，必要时可越级上报。

河南能源监管办接到大面积停电事件报告后，要立即核实有关情况并向国家能源局报告。

对初判为重大以上的大面积停电事件，省政府按程序立即向国务院报告。

5 应急响应

5.1 响应分级

根据大面积停电事件的影响范围、严重程度和发展态势，将应急响应设定为Ⅰ级、Ⅱ级、Ⅲ级和Ⅳ级四个等级。

5.1.1 初判发生特别重大大面积停电事件，启动Ⅰ级应急响应；初判发生重大大面积停电事件，启动Ⅱ级应急响应，均由省大面积停电事件应急指挥部负责指挥应对工作，并视情向国家提出支援要求。

当国务院批准成立国务院工作组时，省大面积停电事件应急指挥部在国务院工作组的指导、协调、支持下，统一领导、组织和指挥大面积停电事件应对工作。当国家成立大面积停电事件应急指挥部时，省大面积停电事件应急指挥部要在国家大面积停电事件应急指挥部的统一领导、组织和指挥下，应对大面积停电事件。

5.1.2 初判发生较大大面积停电事件，启动Ⅲ级应急响应；初判发生一般大面积停电事件，启动Ⅳ级应急响应，均由事发地省辖市、省直管县（市）政府负责指挥应对工作。

当省政府批准成立省政府工作组时，事发地大面积停电事件应急指挥部在省政府工作组的指导、协调、支持下，统一领导、组织和指挥大面积停电事件应对工作。必要时，省大面积停电事件应急指挥部统一领导、组织和指挥大面积停电事件应对工作。

5.1.3　对尚未达到一般大面积停电事件标准，但对社会产生较大影响的其他停电事件，事发地政府可结合实际情况启动应急响应。

应急响应启动后，可视事件造成损失情况及其发展趋势调整响应级别，避免响应不足或响应过度。

5.2　分级应对

5.2.1　省大面积停电事件应急指挥部应对

（1）组织有关部门和单位、专家组进行会商，研究分析事态，部署应对工作；

（2）根据需要赴事发现场，或派出工作组赴事发现场，协调开展应对工作；

（3）研究决定事发地政府、有关部门和电力企业提出的请求事项，重要事项报省政府决策；

（4）统一组织信息发布和舆论引导工作；

（5）组织开展事件处置评估；

（6）对事件处置工作进行总结并报告省政府。

5.2.2　省政府工作组应对

（1）传达上级和省政府领导同志指示、批示精神，督促事发地政府、有关部门和电力企业贯彻落实；

（2）了解事件基本情况、造成的损失和影响、应对进展及当地需求等，根据当地和电力企业请求，协调有关方面派出应急队伍、调运应急物资和装备、安排专家和技术人员等，为应对工作提供支援和技术支持；

（3）对跨市级行政区域大面积停电事件应对工作进行协调；

（4）赶赴现场指导当地开展事件应对工作；

（5）指导开展事件处置评估；

（6）协调指导大面积停电事件宣传报道工作；

（7）及时向省政府报告相关情况。

5.3　响应措施

大面积停电事件发生后，相关电力企业和重要电力用户要立即实施先期处置，全力控制事件发展态势，减少损失和影响。事发地政府要及时发布应急响应信息，各有关部门和单位根据工作需要采取以下措施。

5.3.1　抢修电网并恢复运行

电力调度机构合理安排运行方式，控制停电范围；尽快恢复重要输变电设备、电力主干网架运行；在条件具备时，优先恢复重要电力用户、重要城市和重点地区的电力供应。

电网企业迅速组织力量抢修受损电网设备设施，根据组织指挥机构要求，向重要电力用户及重要设施、场所提供必要的电力支援。

发电企业保证设备安全，抢修受损设备，做好发电机组并网运行准备工作，按照电力调度指令恢复运行。

5.3.2 防范次生衍生事故

停电后易造成重大影响和生命财产损失的金融机构、医院、交通枢纽、通信企业、广播电视单位、公用事业单位、城市轨道交通企业、煤矿及非煤矿山、危险化学品企业、冶炼企业等重要电力用户，按照有关技术要求迅速启动自备应急电源或采取非电保安措施，及时启动相应停电事件应急响应，避免造成更大影响和损失。

各类人员聚集场所停电后要迅速启用应急照明，组织人员有秩序地疏散，确保人身安全。消防、武警部门做好应急救援准备工作，及时处置各类火灾、爆炸事件，解救被困人员。

在供电恢复过程中，各重要电力用户要严格按照调度计划分时分步恢复用电。

加强重大危险源、重要目标、重大关键基础设施隐患排查与监测预警，及时采取防范措施，及时扑灭各类火灾，解救被困人员，防止发生次生衍生事故。

5.3.3 保障居民基本生活

采取应急供水措施，保障居民基本用水需求；采用多种方式，保障燃气供应和采暖期内居民生活用热；组织生活必需品的应急生产、调配和运输，保障停电期间居民基本生活；准备抢救、治疗病人的应急队伍、车辆、药品和物资，保证病人得到及时、有效治疗。

5.3.4 维护社会稳定

加强涉及国家安全和公共安全的重点单位安全保卫工作，严密防范和严厉打击违法犯罪活动。

加强对停电区域内繁华街区、大型居民区、大型商场、学校、医院、金融机构、机场、城市轨道交通设施、车站、码头及其他重要生产经营场所等重点地区、重点部位、人员密集场所的治安巡逻，及时疏散人员，解救被困人员，确保人身安全，防范治安事件。

加强停电地区道路交通指挥和疏导，维护道路交通秩序，优先保障应急救援车辆通行。要积极组织力量，严厉打击造谣惑众、囤积居奇、哄抬物价等各种违法行为。

5.3.5 加强信息发布

按照及时准确、公开透明、客观统一原则，加强信息发布和舆论引导，主动向社会发布停电相关信息和应对工作情况，提示相关注意事项和安保措施。加强舆情收集分析，及时回应社会关切，澄清不实信息，正确引导社会舆论，稳定公众情绪。

5.3.6　组织事态评估

应急指挥机构及时组织对大面积停电事件影响范围、影响程度、发展趋势及恢复进度进行评估，为进一步做好应对工作提供依据。

5.4　响应终止

同时满足以下条件时，由启动应急响应的政府终止响应：

（1）电网主干网架基本恢复正常，电网运行参数保持在稳定限额之内，主要发电厂机组运行稳定；

（2）减供负荷恢复 80%以上，受停电影响的重点地区、重要城市负荷恢复 90%以上；

（3）造成大面积停电事件的隐患基本消除；

（4）大面积停电事件造成的重特大次生衍生事故基本处置完毕。

6　后期处置

6.1　处置评估

大面积停电事件应急响应终止后，履行统一领导职责的政府要及时组织对事件处置工作进行评估，总结经验教训，分析查找问题，提出改进措施，形成处置评估报告。鼓励开展第三方评估。

6.2　事件调查

大面积停电事件发生后，根据有关规定成立调查组进行事件调查。事发地政府、有关部门和单位要认真配合调查组的工作，客观、公正、准确地查明事件原因、性质、影响范围、经济损失等情况，提出防范、整改措施和处理建议。涉及人为破坏电力设施造成大面积停电的事故，由公安、电力运行主管部门等联合开展调查，及时、依法打击破坏电力系统的暴恐分子或其他违法犯罪嫌疑人员。

6.3　善后处置

事发地政府要及时组织制订善后工作方案并组织实施。保险机构要及时开展相关理赔工作，尽快消除大面积停电事件的影响。

6.4　恢复重建

大面积停电事件应急响应终止后，需对电网网架结构和设备设施进行修复或重建的，由省政府或授权单位根据实际工作需要组织编制恢复重建规划。相关电力企业和受影响区域县级以上政府要根据规划做好本行政区域受损电力系统恢复重建工作。

7 保障措施

7.1 队伍保障

电力企业要建立健全电力抢修应急专业队伍，加强设备维护和应急抢修技能方面的人员培训，定期开展应急演练，提高应急救援能力。各地政府要根据需要组织动员通信、交通、供水、供气、供热等专业应急队伍和志愿者等参与大面积停电事件及其次生衍生灾害处置工作。军队、武警部队、消防部队等要做好应急力量支援保障工作。

7.2 装备物资保障

电力企业要储备必要的专业应急装备及物资，建立和完善相应保障体系。各级政府及有关部门要加强应急救援装备物资及生产生活物资的紧急生产、储备调拨和紧急配送工作，保障大面积停电事件应对工作需要。鼓励支持社会化物资储备。

7.3 通信、交通与运输保障

各地政府及通信主管部门、通信运营商要建立健全大面积停电事件应急通信保障体系，形成可靠的通信保障能力，满足应急期间通信联络和信息传递需要。交通运输部门要健全紧急运输保障体系，保障应急所需人员、物资、装备、器材等的运输；公安部门要加强交通应急管理，保障应急救援车辆优先通行；根据全面推进公务用车制度改革有关规定，有关单位要配备必要的应急车辆，保障应急救援需要。

7.4 技术保障

电力企业要提高防范大面积停电事件的能力，加强应对和监测先进技术研发和应用，制定实施电力应急技术标准，加强电网、电厂安全应急信息化平台建设，不断完善电力安全运行体系。省气象局、国土资源厅、地震局、水利厅等有关部门要为电力日常监测预警及电力应急抢险提供必要的气象、地质、水文等服务。

7.5 应急电源保障

提高电力系统快速恢复能力，加强电网“黑启动”能力建设。政府有关部门和电力企业要充分考虑电源、电网规划布局，保障各地“黑启动”电源，适度提高重要输电通道抗灾设防标准。电力企业要配备适量的应急发电装备，必要时提供应急电源支援。

对维护基本公共秩序、保障人身安全和避免重大经济损失具有重要意义的政府机关、医疗机构、交通运输企业、通信企业、广播电视单位、供水企业、供气企业、供热企业、加油（加气）站点、排水泵站、污水处理厂、工矿商贸企业等重要电力用户，要按照国家有关技术要求配置应急电源，制定突发停电事件应急预案，落实非电保安措施，加强设备维护和管理，确保应急状态下能够投入运行；发生大面积停电事件时，负责本单位事故抢险和应急处置工作，根据情况向政府有关部门请求支援。有关部门要督促重要用户合理配置供电电源和自备应急电源，完善非电保安等各种保障措施，并定期检查、维护，确保相关设施设备的可靠性和有效性。

7.6 医疗卫生保障

省卫生计生委等部门和各有关地方政府负责组织协调医疗卫生应急救援工作。

7.7 资金保障

省发展改革委、财政厅、民政厅、省政府国资委等有关部门和各有关地方政府以及各相关电力企业要按照有关规定，对大面积停电事件处置和恢复重建工作提供必要的资金保障。

8 附则

8.1 预案管理

省大面积停电事件应急指挥部成员单位要制定相关配套预案，贯彻落实本预案相关要求。县级以上政府要结合当地实际，制定或修订本级大面积停电事件应急预案。省大面积停电事件应急指挥部根据实际情况，适时组织评估和修订本预案。

8.2 预案培训和演练

本预案印发实施后，省大面积停电事件应急指挥部负责组织预案宣传、培训和演练。

8.3 预案实施时间

本预案自发布之日起实施。

附件：1．河南省大面积停电事件分级标准

2．省大面积停电事件应急指挥部组成单位和工作组主要成员单位职责

附件 1

河南省大面积停电事件分级标准

一、特别重大大面积停电事件

符合下列情形之一的，为特别重大大面积停电事件：

1．造成区域性电网大面积停电，减供负荷达到 30%以上，对河南电网造成特别严重影响的；

2．造成河南电网大面积停电，减供负荷达到 30%以上的；

3．造成郑州市电网大面积停电，减供负荷达到 60%以上，或 70%以上供电用户停电的。

二、重大大面积停电事件

符合下列情形之一的，为重大大面积停电事件：

1．造成区域性电网大面积停电，减供负荷达到 10%以上 30%以下，对河南电网造成严重影响的；

2．造成河南电网大面积停电，减供负荷达到 13%以上 30%以下的；

3．造成郑州市电网大面积停电，减供负荷达到 40%以上 60%以下，或 50%以上 70%以下供电用户停电的；

4．造成其他省辖市电网大面积停电，减供负荷 60%以上，或 70%以上供电用户停电的。

三、较大大面积停电事件

符合下列情形之一的，为较大大面积停电事件：

1．造成区域性电网大面积停电，减供负荷达到 7%以上 10%以下，对河南电网造成较重影响的；

2．造成河南电网大面积停电，减供负荷达到 10%以上 13%以下的；

3．造成郑州市电网大面积停电，减供负荷达到 20%以上 40%以下，或 30%以上 50%以下供电用户停电的；

4．造成其他省辖市电网大面积停电，减供负荷达到 40%以上 60%以下，或 50%以上 70%以下供电用户停电的；

5．造成县级市电网大面积停电，减供负荷达到 60%以上，或 70%以上供电用户停电的。

四、一般大面积停电事件

符合下列情形之一的，为一般大面积停电事件：

1．造成区域性电网大面积停电，减供负荷达到 4%以上 7%以下，对河南电网造成一般影响的；

2．造成河南电网大面积停电，减供负荷达到 5%以上 10%以下的；

3．造成郑州市电网大面积停电，减供负荷达到 10%以上 20%以下，或 15%以上 30%以下供电用户停电的；

4．造成其他省辖市电网大面积停电，减供负荷达到 20%以上 40%以下，或 30%以上 50%以下供电用户停电的；

5．造成县级市电网大面积停电，减供负荷达到 40%以上 60%以下，或 50%以上 70%以下供电用户停电的。

上述分级标准有关数量的表述中，“以上”含本数，“以下”不含本数。

附件 2

省大面积停电事件应急指挥部组成单位和工作组主要成员单位职责

一、省大面积停电事件应急指挥部组成单位

省大面积停电事件应急指挥部主要由省委宣传部、网信办，省应急办、新闻办、省发展改革委、教育厅、工业和信息化委、公安厅、民政厅、财政厅、国土资源厅、环保厅、住房城乡建设厅、交通运输厅、水利厅、林业厅、商务厅、卫生计生委、新闻出版广电局、安全监管局、通信管理局、气象局、地震局、测绘地理信息局、煤炭工业管理办，省军区、武警总队，河南能源监管办、郑州铁路局、武汉铁路局、民航河南安全监管局，国网河南省电力公司、华能河南分公司、国电河南公司、大唐河南公司、华电河南分公司、国电投河南公司、华润河南分公司、华兴河南分公司、省投资集团等单位组成。根据应对工作需要，增加有关地方政府和其他有关单位以及相关电力企业。

二、省大面积停电事件应急指挥部各工作组职责

省大面积停电事件应急指挥部设立相应工作组，各组组成及职责分工如下：

（一）电力恢复组：由省发展改革委牵头，省工业和信息化委、国土资源厅、水利厅、林业厅、安全监管局、气象局、地震局、测绘地理信息局、煤炭工业管理办、河南能源监管办、省军区、武警总队、国网河南省电力公司、华能河南分公司、国电河南公司、大唐河南公司、华电河南分公司、国电投河南公司、华润河南分公司、华兴河南分公司、省投资集团等参加，视情增加其他电力企业。

主要职责：组织进行技术研判，开展事态分析；负责组织电力抢修恢复工作，尽快恢复受影响区域供电；负责重要用户、重点区域的临时供电保障；负责组织电力应急抢修恢复协调工作；协调武警有关力量参与应对。

（二）新闻宣传组：由省委宣传部牵头，省委网信办、省政府新闻办、省发展改革委、工业和信息化委、公安厅、新闻出版广电局、安全监管局、河南能源监管办、省通信管理局、国网河南省电力公司等参加。

主要职责：组织事件进展、应急工作情况等权威信息发布，加强新闻宣传报道；收集分析国内外舆情和社会公众动态，加强媒体、电信和互联网管理，正确引导舆论；及时澄清不实信息，回应社会关切。

（三）综合保障组：由省发展改革委牵头，省应急办、工业和信息化委、公安厅、民政厅、财政厅、国土资源厅、住房城乡建设厅、交通运输厅、水利厅、商

务厅、卫生计生委、新闻出版广电局、河南能源监管办、省通信管理局、郑州铁路局、武汉铁路局、民航河南安全监管局、国网河南省电力公司等参加。

主要职责：对大面积停电事件受灾情况进行核实，指导制定恢复电力抢修方案，落实人员、资金和物资；组织做好应急救援物资及生产生活物资的紧急生产、储备调拨和紧急配送工作；及时组织调运重要生活必需品，保障群众基本生活和市场供应；维护供水、供气、供热、卫生防疫和医疗、通信、广播电视等设施正常运行；保障铁路、道路、水路、民航等基本交通运行；组织开展事件处置评估。

（四）社会稳定组：由省公安厅牵头，省委网信办、省发展改革委、工业和信息化委、民政厅、交通运输厅、商务厅、河南能源监管办、省军区、武警总队等参加。

主要职责：加强受影响地区社会治安管理，严厉打击借机传播谣言制造社会恐慌，以及趁机盗窃、抢劫、哄抢等违法犯罪行为；加强转移人员安置点、救灾物资存放点等重点地区治安管控；加强对重要生活必需品等商品的市场监管和调控，打击囤积居奇行为；加强对重点区域、重点单位的警戒，切实维护社会稳定。

三、省大面积停电事件应急指挥部主要成员单位职责

（一）省委宣传部、网信办、省政府新闻办。根据省大面积停电事件应急指挥部的安排，协助有关部门统一宣传口径，组织媒体播发相关新闻；根据事件的严重程度或其他需要组织现场新闻发布会；加强对新闻单位、媒体宣传报道的指导和管理；正确引导舆论，及时对外发布信息。

（二）省应急办。发生大面积停电事故时，负责事件信息的接报、汇总，并按规定上报国务院应急办和省政府领导，及时传达国务院和省政府领导的指示精神。

（三）省发展改革委。履行省大面积停电事件应急指挥部办公室和电力运行主管部门职责；组织煤、电、油、气及其他重要物资的紧急调度和运输协调，提出安排重要应急物资储备和动用国家及省级物资储备的建议。

（四）省教育厅。重点指导学校等教育机构启动自备应急电源和停电应急预案。

（五）省工业和信息化委、煤炭工业管理办。组织、指挥煤矿企业应急措施的启动和执行。

（六）省公安厅。负责协助省大面积停电事件应急指挥部做好事故灾难救援工作，重点做好社会治安管控、交通管控及消防工作，保障救援工作及时有效地进行。

（七）省民政厅。负责受影响人员的生活安置。

（八）省财政厅。负责组织协调电力应急抢修救援工作所需经费，做好应急资金使用的监督管理工作。

（九）省国土资源厅。负责对地质灾害进行监测和预报，为恢复重建提供用地支持。

（十）省环保厅。负责处置电网大面积停电事件引发的突发环境事件。

（十一）省住房城乡建设厅。负责协调维持和恢复城市供水、供气、供热、市政照明、排水等公用设施运行，保障居民基本生活需要。

（十二）省交通运输厅。负责组织协调应急救援客货运输车辆，保障发电燃料、抢险救援物资、必要生活资料和抢险救灾人员运输，保障应急救援人员、抢险救灾物资公路运输通道畅通。

（十三）省水利厅。组织、协调防汛抢险，负责水情、汛情、旱情监测，提供相关信息。

（十四）省林业厅。负责森林火灾的预防和协调组织扑救工作，提供森林火灾火情信息。

（十五）省商务厅。负责组织协调食品、饮用水等重要生活必需品的应急调运，加强对重要生活必需品等商品的市场监管和调控。

（十六）省卫生计生委。负责组织协调医疗卫生应急救援工作，重点指导医疗机构启动自备应急电源和停电应急预案。

（十七）省新闻出版广电局。负责维护广播电视等设施正常运行，加强新闻宣传，正确引导舆论。

（十八）省安全监管局。协调有关部门做好安全生产事故应急救援工作。

（十九）省气象局。负责在大面积停电事件应急救援过程中提供气象监测和气象预报等信息，做好气象服务工作。

（二十）省地震局。对地震震情进行监测和预测，提供震情发展趋势分析情况。

（二十一）省通信管理局。负责组织协调大面积停电事件应对处置中应急通信保障和通信抢险救援工作。

（二十二）省测绘地理信息局。负责大面积停电事件应对处置中的测绘地理信息应急保障。

（二十三）省军区、武警总队。负责协助省大面积停电事件应急指挥部做好事故灾难救援工作，加强治安巡逻，维护社会治安秩序。

（二十四）河南能源监管办。迅速了解大面积停电情况，向省大面积停电事件应急指挥部提出处置建议；督促指导电力企业应对处置工作；根据需要派员参加工作组赴现场指导协调事件应对工作。

（二十五）郑州铁路局、武汉铁路局。指导所属铁路系统启动停电应急预案，开展应急处置工作，具体组织发电燃料、抢险救援物资的铁路运输。

（二十六）民航河南安全监管局。指导所属民航系统启动停电应急预案，开展应急处置工作，负责保障民航基本交通通行，协调抢险救援物资运输工作。

（二十七）国网河南省电力公司。在省大面积停电事件应急指挥部、国家电网公司、国网华中分部的领导下，具体负责在电网大面积停电应急处置和救援中对所属企业的指挥。

（二十八）各发电公司。组织、协调本公司及所属发电企业做好电网大面积停电时的应急工作。

其他相关部门、单位做好职责范围内应急工作，完成省大面积停电应急指挥部交办的各项工作任务。

四、省大面积停电事件应急指挥部办公室主要职责

主要负责省大面积停电事件应急指挥部日常工作。督促省大面积停电事件应急指挥部成员单位制定相关配套预案，贯彻落实本预案相关职责和要求；督促各地政府结合当地实际，制定或修订本级大面积停电事件应急预案；负责预案宣传、培训和演练，并根据实际情况，适时组织评估和修订预案。完成省大面积停电事件应急指挥部交办的其他事项。

湖北省大面积停电事件应急预案

（鄂政办函〔2016〕88号）

目　　录

附件：1．湖北省大面积停电事件分级标准
　　　2．湖北省大面积停电事件应急指挥部组成及工作组职责

1　总则

1.1　编制目的

建立健全大面积停电事件应对工作机制，迅速、高效、有序处置本省大面积停电事件，最大限度减少大面积停电事件及其可能造成的影响和损失，维护社会稳定和人民生命财产安全。

1.2　编制依据

依据《中华人民共和国突发事件应对法》《中华人民共和国安全生产法》《中华人民共和国电力法》《生产安全事故报告和调查处理条例》《电力安全事故应急处置和调查处理条例》《电网调度管理条例》《国家突发公共事件总体应急预案》《国家大面积停电事件应急预案》《湖北省突发事件应对办法》《湖北省突发事件总体应急预案》及相关法律法规等，制定本预案。

1.3　适用范围

本预案适用于湖北省境内发生的大面积停电事件预防预警和应对处置工作。

大面积停电事件是指由于自然灾害、电力安全事故和外力破坏等原因造成区域性电网、省级电网或城市电网大量减供负荷，对国家安全、社会稳定以及人民群众生产生活造成影响和威胁的停电事件。

1.4 工作原则

大面积停电事件应对工作坚持统一领导、综合协调，属地为主、分工负责，保障民生、维护安全，全社会共同参与的原则。大面积停电事件发生后，事发地人民政府和有关部门、电力企业、重要电力用户应立即按照职责分工和相关预案开展应急处置工作。

1.5 事件分级

按照事件严重性和受影响程度，大面积停电事件分为特别重大、重大、较大和一般四级。分级标准见附件 1。

2 组织体系

2.1 省大面积停电事件应急指挥机构

省大面积停电事件应急指挥部是全省大面积停电事件应对工作的应急指挥机构。应急指挥部指挥长由分管副省长担任，副指挥长由省政府分管副秘书长、省发展改革委主任、国家电网公司华中分部主任、省电力公司总经理担任。

省大面积停电事件应急指挥部下设办公室（以下简称大面积停电事件应急办）和电力恢复组、新闻宣传组、综合保障组、社会维稳组四个工作组。大面积停电事件应急办设在省发展改革委，应急办主任由省发展改革委主任担任。四个工作组具体组成部门、单位及工作职责见附件 2。

2.2 市（州）、县级大面积停电事件应急指挥机构

市（州）、县级人民政府负责指挥、协调本行政区域内大面积停电事件的应对工作。市（州）、县级人民政府应结合实际，明确相应应急指挥机构，建立健全应急联动机制。

2.3 现场指挥机构

各级人民政府根据需要成立大面积停电事件现场指挥部，负责现场组织指挥工作。参与现场处置的有关单位和人员应服从现场指挥部的统一指挥。

2.4 电力企业

电力企业（包括电网企业、发电企业等，下同）应建立健全应急指挥机构，在政府应急指挥机构领导下开展大面积停电事件应对工作。

2.5 专家组

各级应急指挥机构根据需要成立大面积停电事件应急专家组，提供咨询和建议。应急专家组由电力、气象、地质、水文等相关领域专家组成。相关领域专家可从省人民政府办公厅发布的省应急管理专家咨询委员会人员名单中选取。

3　监测预警和信息报告

3.1　监测和风险分析

电力企业应加强对电力设施设备、发电燃料供应、水电站水位、重要用户等重要部位的监测，并广泛收集相关信息，及时分析自然灾害、外力破坏、供需平衡破坏等各类情况对电力运行可能造成的影响，预估可能的影响范围和程度。省发展改革委应积极协调电力企业与气象、公安、民政、交通运输、通信管理等部门建立信息共享机制。

3.2　预警

3.2.1　预警级别

根据省内可能发生的大面积停电事件级别，将大面积停电事件预警级别相应分为四级：Ⅰ级、Ⅱ级、Ⅲ级和Ⅳ级，依次用红色、橙色、黄色和蓝色标示，Ⅰ级为最高级别。

3.2.2　预警信息发布

电力企业研判可能发生大面积停电事件时，应及时将有关情况报告受影响区域地方人民政府大面积停电事件应急办，提出预警发布建议，并视情通知重要电力用户。

相关大面积停电事件应急办应及时对收集、汇总的预警信息和预警建议进行研判，必要时报请当地大面积停电事件应急指挥部批准后向社会公众发布相应级别的预警信息。

3.2.3　预警行动

预警信息发布后，电力企业应加强设备巡查检修和运行监测，采取有效措施控制事态发展；组织相关应急救援队伍和人员进入待命状态，动员后备人员做好参加应急救援和处置工作准备，并做好应对大面积停电事件所需物资、装备和设备等应急保障准备工作。

重要电力用户应做好自备应急电源启用准备。

受影响区域地方人民政府应启动应急联动机制，组织有关部门和单位做好维持公共秩序、供水供气供热、商品供应、交通物流等方面的应急准备；加强相关舆情监测，主动回应社会公众关注的热点问题，及时澄清谣言传言，做好舆论引导工作。

3.2.4　预警级别调整与解除

根据大面积停电事件的发展态势和处置情况，预警信息发布部门可视情况对预警级别做出调整。

经研判不会发生大面积停电事件时，按照“谁发布、谁解除”的原则，由发布单位宣布解除预警，适时终止相关措施。

3.3 信息报告

大面积停电事件发生后，相关电力企业应立即向省大面积停电事件应急办报告。

省大面积停电事件应急办接到大面积停电事件信息报告或者监测到相关信息后，应当立即进行核实，对大面积停电事件的性质和类别作出初步认定，并按照国家规定的时限、程序和要求尽快向省人民政府和国家发展改革委（能源局）报告，并通报其他同级部门和相关单位。对初判为重大及以上的大面积停电事件，省人民政府应立即按程序向国务院报告。

市（州）、县级人民政府大面积停电事件应急办应当按照有关规定逐级上报，必要时可越级上报。

4 应急响应

4.1 响应分级

根据大面积停电事件的级别、严重程度和发展态势，将应急响应设定为Ⅰ级、Ⅱ级、Ⅲ级和Ⅳ级四个等级。

4.1.1 Ⅰ级应急响应

初判发生特别重大大面积停电事件，由省大面积停电事件应急指挥部指挥长批准后先期启动Ⅰ级应急响应，组织开展指挥应对工作，同时报告国家大面积停电事件应急指挥部。

4.1.2 Ⅱ、Ⅲ级应急响应

初判发生重大、较大大面积停电事件，由省大面积停电事件应急指挥部指挥长批准后相应启动Ⅱ、Ⅲ级应急响应，负责指挥应对工作。

4.1.3 Ⅳ级应急响应

初判发生一般大面积停电事件，由省大面积停电事件应急办主任批准后启动Ⅳ级应急响应，负责指挥应对工作。

对于尚未达到一般大面积停电事件标准，但对社会产生较大影响的其他停电事件，市（州）、县级人民政府可结合实际情况启动适当级别的应急响应。省大面积停电事件应急指挥部密切跟踪事态发展，做好信息收集和相关指导、协调工作。

应急响应启动后，可视事件造成损失情况及其发展趋势调整响应级别，避免响应不足或响应过度。

4.2 响应措施

大面积停电事件发生后，相关电力企业和重要电力用户应立即实施先期处置，全力控制事件发展态势，减少损失。各有关地方、部门和单位根据需要采取以下措施：

4.2.1　抢修电网并恢复运行

各级电力调度机构合理安排运行方式，控制停电范围；尽快恢复重要输变电设备、电力主干网架运行；在条件具备时，优先恢复重要电力用户、重要城市和重点地区的电力供应。

电网企业迅速组织力量抢修受损电网设备设施，根据应急指挥机构要求，向重要电力用户及重要设施提供必要的电力支援。

发电企业保证设备安全，抢修受损设备，做好发电机组并网运行准备，按照电力调度指令恢复运行。

4.2.2　防范次生衍生事故

重要电力用户按照有关技术要求迅速启动自备应急电源，加强重大危险源、重要目标、重大关键基础设施隐患排查与监测预警，及时采取防范措施，防止发生次生衍生事故。

4.2.3　保障居民基本生活

启用应急供水措施，保障居民用水需求；采用多种方式，保障燃气供应和采暖期内居民生活热力供应；组织生活必需品的应急生产、调配和运输，保障停电期间居民基本生活。

4.2.4　维护社会稳定

加强涉及国家安全和公共安全的重点单位安全保卫工作，严密防范和严厉打击违法犯罪活动；加强对停电区域内繁华街区、大型居民区、大型商场、学校、医院、金融机构、机场、城市轨道交通设施、车站、码头及其他重要生产经营场所等重点地区、重点部位、人员密集场所的治安巡逻，及时疏散人员，解救被困人员，防范治安事件；加强交通疏导，维护道路交通秩序；尽快恢复企业生产经营活动；严厉打击造谣惑众、囤积居奇、哄抬物价等各种违法行为。

4.2.5　加强信息发布

按照及时准确、公开透明、客观统一的原则，加强信息发布和舆论引导，主动向社会发布停电相关信息和应对工作情况，提示相关注意事项和安保措施；加强舆情收集分析，及时回应社会关切，澄清不实信息，正确引导社会舆论，稳定公众情绪。

4.2.6　组织事态评估

适时组织对大面积停电事件影响范围、影响程度、发展趋势及恢复进度进行评估，为进一步做好应对工作提供依据。

4.3 省大面积停电事件应急指挥部应对

4.3.1 启动Ⅰ级、Ⅱ级或Ⅲ级应急响应后，省大面积停电事件应急指挥部视情况开展以下工作：

（1）组织相关部门和单位、专家组集中办公；

（2）开展紧急会商和应急值班，研究分析事态，部署应对工作；

（3）派出前方工作组赴事发现场，成立现场指挥部，指导、协调开展现场应对工作；

（4）研究决定市（州）人民政府、有关部门和电力企业提出的请求事项，重大事项报请国家大面积停电事件应急指挥部决策；

（5）及时向国务院及有关部门报告灾情和恢复进展信息；

（6）统一组织信息发布和舆论引导工作。

4.3.2 启动Ⅳ级应急响应后，省大面积停电事件应急指挥部主要开展以下工作：

（1）组织相关部门开展应急值班；

（2）密切跟踪事态发展，督促、指导有关市（州）政府做好事件应对工作；

（3）根据有关市（州）政府和电力企业请求，协调有关方面为应对工作提供支援和技术支持；

（4）协调、指导做好信息发布和舆论引导工作。

4.4 响应结束

同时满足以下条件时，按照“谁启动、谁结束”的原则终止应急响应：

（1）电网主干网架基本恢复正常，电网运行参数保持在稳定限额之内，主要发电厂机组运行稳定；

（2）减供负荷恢复80%以上，受停电影响的重点地区、重要城市负荷恢复90%以上；

（3）造成大面积停电事件的隐患基本消除；

（4）大面积停电事件造成的重特大次生衍生事故处置基本完成。

5 后期处置

5.1 处置评估

大面积停电事件应急响应终止后，事发地人民政府应及时组织对事件处置工作进行评估，总结经验教训，分析查找问题，提出改进措施，形成处置评估报告。鼓励开展第三方评估。

5.2 事件调查

应急响应终止后，事发地人民政府应根据有关规定成立调查组，查明事件原因、性质、影响范围、经济损失等情况，提出防范、整改措施和处理处置建议。

5.3 善后处置

大面积停电事件应急处置结束后，事发地人民政府应及时组织制订善后工作方案并组织实施。保险机构应及时开展相关理赔工作，尽快消除大面积停电事件的影响。

5.4 恢复重建

应急处置结束后，需对电网网架结构和设备设施进行修复或重建的，由事发地人民政府根据实际工作需要组织编制恢复重建规划。相关电力企业和受影响区域市（州）、县级人民政府应当根据规划做好受损电力系统恢复重建工作。

6 保障措施

6.1 队伍保障

电力企业应建立健全应急抢修救援专业队伍，加强设备维护和应急抢修救援技能培训，定期开展应急演练，提高应急救援能力。各级人民政府根据需要组织动员其他专业应急队伍和志愿者等参与大面积停电事件及其次生衍生灾害处置工作。军队、武警部队、公安消防等应做好应急力量支援保障。

6.2 装备物资保障

电力企业应储备必要的专业应急装备及物资，建立和完善相应保障体系。各级人民政府应加强应急救援装备物资及生产生活物资的紧急生产、储备调拨和紧急配送工作，保障大面积停电事件应对工作需要。鼓励支持社会化储备。

6.3 通信、交通与运输保障

各级人民政府及通信主管部门应建立健全大面积停电事件应急通信保障体系，形成可靠的通信保障能力，确保应急期间通信联络和信息传递需要。交通运输部门应健全紧急运输保障体系，保障应急响应所需人员、物资、装备、器材等的运输。公安部门应加强交通应急管理，保障应急救援车辆优先通行。根据全面推进公务用车制度改革有关规定，有关单位应配备必要的应急车辆，保障应急救援需要。

6.4 技术保障

电力企业应加强电网大面积停电事件应对和监测先进技术、装备的研发，贯彻落实电力应急技术标准，加强电网、电厂安全应急信息化平台建设。有关部门应为电力日常监测预警及电力应急抢险提供必要的气象、地质、水文等服务。各类电力用户应根据突然停电可能带来的影响、损失或危害，制定外部电源突然中断情况下的应急保障措施。特别重要电力用户，必须自备保安电源。

6.5 应急电源保障

提高电力系统快速恢复能力，加强电网“黑启动”能力建设。电力企业应充分考虑电源规划布局，保障各地区“黑启动”电源。电力企业应配备适量的应急发电装备，必要时提供应急电源支援。重要电力用户应按照国家有关技术要求配置应急电源，并加强维护和管理，确保应急状态下能够投入运行。

6.6 资金保障

省发展改革委、省财政厅等省直部门和市（州）、县级人民政府以及各相关电力企业应按照有关规定，对大面积停电事件处置工作提供必要的资金保障。

7 附则

7.1 预案管理

本预案实施后，省发展改革委应会同有关部门、单位组织预案宣传、培训和演练，并根据实际情况，适时组织评估和修订。市（州）、县级人民政府应结合当地实际制定或修订本级大面积停电事件应急预案。

7.2 预案解释及实施

本预案由省人民政府办公厅负责解释。

本预案自印发之日起实施。

附件 1

湖北省大面积停电事件分级标准

一、特别重大大面积停电事件

（一）湖北电网：减供负荷 30%以上。

（二）武汉市电网：减供负荷 60%以上，或 70%以上供电用户停电。

（三）湖北省大面积停电事件应急指挥部根据电网设备设施受损程度、停电范围、抢修恢复能力和社会影响等综合因素，研究确定为特别重大大面积停电事件者。

二、重大大面积停电事件

（一）湖北电网：减供负荷 13%以上 30%以下。

（二）武汉市电网：减供负荷 40%以上 60%以下，或 50%以上 70%以下供电用户停电。

（三）其他设区的市电网：负荷 600 兆瓦以上的减供负荷 60%以上，或 70%以上供电用户停电。

（四）湖北省大面积停电事件应急指挥部根据电网设备设施受损程度、停电范围、抢修恢复能力和社会影响等综合因素，研究确定为重大大面积停电事件者。

三、较大大面积停电事件

（一）湖北电网：减供负荷 10%以上 13%以下。

（二）武汉市电网：减供负荷 20%以上 40%以下，或 30%以上 50%以下供电用户停电。

（三）其他设区的市电网：负荷 600 兆瓦以上的减供负荷 40%以上 60%以下，或 50%以上 70%以下供电用户停电；负荷 600 兆瓦以下的减供负荷 40%以上，或 50%以上供电用户停电。

（四）县级市电网：负荷 150 兆瓦以上的减供负荷 60%以上，或 70%以上供电用户停电。

（五）湖北省大面积停电事件应急指挥部根据电网设备设施受损程度、停电范围、抢修恢复能力和社会影响等综合因素，研究确定为较大大面积停电事件者。

四、一般大面积停电事件

（一）湖北电网：减供负荷 5%以上 10%以下。

（二）武汉电网：减供负荷 10%以上 20%以下，或 15%以上 30%以下供电用户停电。

（三）其他设区的市电网：减供负荷20%以上40%以下，或30%以上50%以下供电用户停电。

（四）县级市电网：负荷150兆瓦以上的减供负荷40%以上60%以下，或50%以上70%以下供电用户停电；负荷150兆瓦以下的减供负荷40%以上，或50%以上供电用户停电。

（五）湖北省大面积停电事件应急指挥部根据电网设备设施受损程度、停电范围、抢修恢复能力和社会影响等综合因素，研究确定为一般大面积停电事件者。

上述分级标准有关数量的表述中，“以上”含本数，“以下”不含本数。

附件 2

湖北省大面积停电事件应急指挥部组成及工作组职责

湖北省大面积停电事件应急指挥部在省应急委领导下，负责统一领导、组织和指挥大面积停电事件应对工作。应急指挥部指挥长由分管副省长担任，副指挥长由省政府分管副秘书长、省发展改革委主任、国家电网公司华中分部主任、国网湖北省电力公司总经理担任。

应急指挥部成员由省委宣传部、省网信办、省发展改革委、省公安厅、省民政厅、省财政厅、省住房和城乡建设厅、省交通运输厅、省新闻出版广电局、省安监局、省气象局、国家能源局华中监管局、武汉铁路局、省军区、武警湖北总队、省通信管理局、国家电网公司华中分部、国网湖北省电力公司、湖北境内有关发电企业等部门和单位组成，并可根据应对工作需要，增加有关地方人民政府、其他有关部门和电力企业。

省大面积停电事件应急指挥部下设办公室和电力恢复组、新闻宣传组、综合保障组、社会维稳组四个工作组。应急指挥部办公室设在省发展改革委，承担应急指挥部日常工作，办公室主任由省发展改革委主任担任。四个工作组组成及职责分工如下：

一、电力恢复组：由省发展改革委牵头，省公安厅、省安监局、国家能源局华中监管局、国家电网公司华中分部、国网湖北省电力公司等参加，视情况增加其他电力企业。

主要职责：组织进行技术研判，开展事态分析；组织电力抢修恢复工作，尽快恢复受影响区域供电工作；负责重要电力用户、重点区域的临时供电保障；负责组织跨区域的电力应急抢修恢复协调工作。

二、新闻宣传组：由省委宣传部牵头，省网信办、省通信管理局、省发展改革委、省公安厅、省新闻出版广电局、国家电网公司华中分部、国网湖北省电力公司等参加。

主要职责：组织开展事件进展、应急工作情况等权威信息发布，加强新闻宣传报道；收集分析省内外舆情和社会公众动态，加强媒体、电信和互联网管理，正确引导舆论；及时澄清不实信息，回应社会关切。

三、综合保障组：由省发展改革委牵头，省公安厅、省民政厅、省财政厅、省住房和城乡建设厅、省交通运输厅、省气象局、武汉铁路局、省通信管理局、国网湖北省电力公司等参加，视情增加其他电力企业。

主要职责：对大面积停电事件受灾情况进行核实，指导恢复电力抢修方案，落实人员、资金和物资；组织做好应急救援装备物资及生产生活物资的紧急生产、储备调拨和紧急配送工作；及时组织调运重要生活必需品，保障群众基本生活和市场供应；维护供水、供气、供热、通信、广播电视等设施正常运行；维护铁路、道路、水路等基本交通运行；组织开展事件处置评估。

四、社会维稳组：由省公安厅牵头，省交通运输厅、省民政厅、省军区、武警湖北总队等参加。

主要职责：加强受影响地区社会治安管理，严厉打击借机传播谣言制造社会恐慌，以及趁机盗窃、抢劫、哄抢等违法犯罪行为；加强转移人员安置点、救灾物资存放点等重点地区治安管控；加强对重点区域、重点单位的警戒；做好受影响人员与涉事单位、地方人民政府及有关部门矛盾纠纷化解等工作，切实维护社会稳定。

湖南省处置电网大面积停电事件应急预案

（湘政办发〔2015〕77号）

目　录

1　总则

1.1　编制目的

规范全省电网大面积停电事件应急工作，有效预防和科学、快速处置电网大面积停电事件，最大程度减少各种影响和损失，保障经济安全、社会稳定和人民生命财产安全。

1.2　编制依据

《中华人民共和国突发事件应对法》《中华人民共和国电力法》《中华人民共和国安全生产法》《中华人民共和国电力供应与使用条例》《国家处置电网大面积停电事件应急预案》《湖南省突发事件总体应急预案》等法律法规和有关规定。

1.3　适用范围

本预案适用于本省行政区域内电网大面积停电事件的防范和应对处置工作。

1.4　工作原则

（1）统一指挥、分工负责。在省人民政府和国家处置电网大面积停电事件应急指挥机构的统一指挥协调下，分层分区、各负其责开展应急处置工作。电网企业确保电网尽快恢复供电，发电企业确保机组启动能力和电厂自身安全，电力用户采取必要的保安措施，避免发生次生灾害。各市州人民政府、省直有关单位按各自职责，做好应急处置工作。

（2）预防为主、保障重点。加强预警和隐患控制，加大电力宣传和行政执法力度，将电网大面积停电事件隐患消除在萌芽状态。把大电网安全放首位，防止事态扩大或发生系统性崩溃、瓦解。优先保证重要电厂、变电站厂（站）用电源和主干网架、重要输变电设备恢复，优先考虑重要地区、重点城市、重要用户恢复供电。

（3）依靠科技、科学应对。加强大电网理论技术研究，加快电网建设改造，采用新技术、新装备提高电力系统安全稳定控制水平。加强大面积停电恢复控制研究，优化电网恢复方案和恢复策略，制定科学有效的“黑启动”预案，提高电网安全运行水平。

2 应急指挥体系及职责

2.1 应急组织机构

省人民政府设立湖南省处置电网大面积停电事件指挥部（以下简称省指挥部），由省人民政府分管副省长任指挥长，省人民政府协管副秘书长及省经信委主任、国家能源局湖南监管办专员任副指挥长，国网湖南省电力公司、中国大唐集团湖南分公司、中国电力投资集团湖南分公司、中国华能集团湖南分公司、中国华电集团湖南分公司、国电湖南电力有限公司筹备组、长安电力华中发电有限公司、华润湖南分公司、省交通运输厅、省煤炭管理局、中石化湖南石油分公司、中石油湖南销售公司、广州铁路（集团）公司长沙办事处等单位负责人为成员。

省指挥部办公室设在省经信委，由省经信委分管副主任兼任办公室主任。

2.2 应急组织机构职责

2.2.1 省指挥部

统一领导全省电网大面积停电事件应急处置工作；研究决定启动应急响应、部署应急处置方案等重大问题；完成省人民政府交办的其他工作。

2.2.2 省指挥部办公室

负责省指挥部的日常工作；及时掌握电网大面积停电事件有关情况，提请省指挥部启动或终止应急响应；监督检查预案执行、应急处置和供电恢复等情况，协调解决应急处置中的重大问题；负责电网大面积停电事件的信息发布、宣传报道工作。

2.2.3 省指挥部成员单位

省经信委　负责省指挥部办公室工作，组织电网企业、发电企业落实应急处置工作。

国家能源局湖南监管办　负责监督电网企业、发电企业做好电网大面积停电事件抢险和应急处置工作。

国网湖南省电力公司　负责电网大面积停电事件抢险和应急处置。

中国大唐集团湖南分公司、中国电力投资集团湖南分公司、中国华能集团湖南分公司、中国华电集团湖南分公司、国电湖南电力有限公司筹备组、长安电力华中发电有限公司、华润湖南分公司　负责电厂事件抢险和应急处置工作，并按相应的调度关系配合电网企业进行电网大面积停电事件应急处置。

省交通运输厅、广州铁路（集团）公司长沙办事处　负责做好抢险救援的人员、设备、燃料和应急物资运输保障工作。

省煤炭管理局、中石化湖南石油分公司、中石油湖南销售公司　负责保障发电燃料的应急供应。

2.3　专家组

省指挥部设立专家组，由电力生产、管理、科研等领域的专家组成，负责为电网大面积停电事件应急处置工作提供技术指导和决策建议。

2.4　电力调度机构

国网湖南省电力公司电力调度机构是处置电网大面积停电事件的指挥中心，值班调度员按照省指挥部及办公室指令，统一指挥调度管辖范围内的电网大面积停电事件应急处置工作。

3　预防预警机制

3.1　监测预警

电网企业、发电企业应建立完备的信息监测、预警、报告和应急处置组织体系，制定完善的工作制度，对出现的问题早发现、早处理，尽量将事件限制在初发阶段和局部地区，防止事态扩大。

3.2　日常防范

国网湖南省电力公司应完善继电保护和安全稳定控制系统，设置合适解列点，提高电力系统通信和调度自动化水平；加强电网建设，配置合理电源布点，构建灵活可靠的电网结构，保障电网安全运行；其所属各级调度机构、各发电企业应按照设计规程等有关规定，配备应急保安电源。

各级人民政府应督促辖区内的重要用户落实必要的应急准备和保安措施，配备必要的应急物资和技术人员等，提高处置电网大面积停电事件的能力。

3.3　信息报告

当发生重特大事故或严重自然灾害造成电力设施大范围破坏、电力生产发生突发性大面积停电事件、电力供应持续危机时，电力调度机构应立即将停电原因、停电范围、停电负荷、发展趋势和相关建议（是否启动应急响应等）等情况报省指挥部办公室。省指挥部办公室接报后，根据事件严重程度、发展态势等报告省指挥部，并按照要求报告省人民政府和国家处置电网大面积停电事件应急指挥机构。

4 应急响应

4.1 应急响应级别

根据电网停电范围和事件严重程度，电网大面积停电事件分为重大（Ⅱ级）、特别重大（Ⅰ级）两级。

4.1.1 发生下列情况之一的，为重大（Ⅱ级）电网大面积停电事件：

（1）因电力生产发生重大事故，造成湖南电网减供负荷达到事发前总负荷的10%以上30%以下的；

（2）因电力生产发生重大事故，造成长沙市大面积停电，减供负荷达到事发前总负荷的10%以上50%以下；或其他地级城市大面积停电，减供负荷达到事发前总负荷的20%以上50%以下的；

（3）因严重自然灾害导致电力设施大范围破坏，造成湖南电网减供负荷达到事发前总负荷的20%以上40%以下的；

（4）因发电燃料供应短缺等各类原因引起电力供应危机，造成湖南电网30%以上60%以下火电容量机组非计划停机的。

4.1.2 发生下列情况之一的，为特别重大（Ⅰ级）电网大面积停电事件：

（1）因电力生产发生重特大事故，引起连锁反应，造成湖南电网大面积停电，减供负荷达到事发前总负荷30%以上的；

（2）因电力生产发生重特大事故，引起连锁反应，造成本省地级城市减供负荷达到事发前总负荷50%以上的；

（3）因严重自然灾害引起电力设施大范围破坏，造成湖南电网大面积停电，减供负荷达到事发前总负荷的40%以上，且造成重要发电厂、重要变电站停电和重要输变电设备受损，对湖南电网、跨区电网安全稳定运行构成严重威胁的；

（4）因发电燃料供应短缺等各类原因引起电力供应严重危机，造成湖南电网60%以上火电容量机组非计划停机，湖南电网拉限负荷达到正常值50%以上，且对湖南电网、跨区电网正常电力供应构成严重影响的；

（5）因重要发电厂、重要变电站、重要输变电设备遭受毁灭性破坏，造成电网大面积停电，减供负荷达到事故前总负荷20%以上，对湖南电网、跨区电网安全稳定运行构成严重威胁的。

上述数量表述中，“以上”含本数，“以下”不含本数。

4.2 分级响应

4.2.1 Ⅱ级应急响应

发生重大电网大面积停电事件，由省指挥部宣布启动Ⅱ级应急响应并负责组织开展应急处置工作，同时向省人民政府和国家处置电网大面积停电事件应急指挥机构报告有关情况。省指挥部成员单位按职责分工，立即开展应急处置工作。

4.2.2 Ⅰ级应急响应

发生特别重大电网大面积停电事件，由省指挥部报请省人民政府宣布启动Ⅰ级应急响应，同时报告国家处置电网大面积停电事件应急指挥机构。省指挥部在国家处置电网大面积停电事件应急指挥机构的统一指挥下，开展应急处置工作。

4.3 应急处置

4.3.1 抢险救援

当发生严重自然灾害或重特大电力生产事故，电力设施遭到大范围破坏时，国网湖南省电力公司、有关发电企业应迅速调度抢险救援队伍和应急储备物资，并尽快赶赴事发现场，组织抢险，排除险情，修复电力设备。

当电力供应持续出现严重危机、电网调度机构缺乏有效控制措施，并可能导致系统性供需破坏和电网大面积停电时，省指挥部办公室应及时研究决定实施特殊时期限电方案。国网湖南省电力公司应严格按照特殊时期限电方案，落实限电措施。

在紧急情况下，为保障主网安全稳定和重点地区、重要城市、重要用户的供电，电力调度机构值班调度员可以采取各种必要措施，控制事态发展。各级运行值班员必须严格服从电网调度命令，正确执行调度操作，任何单位和个人不得干扰和阻碍值班调度人员、运行值班人员进行事件处置。

4.3.2 电网与供电恢复

电网大面积停电事件发生后，电力调度机构和有关电网企业、发电企业要尽快恢复电网运行和电力供应。电网恢复过程中，电力调度机构负责协调电网、电厂、用户之间的电气操作、机组启动、用电恢复，保证电网安全稳定留有必要裕度。条件具备时，优先恢复重点地区、重要城市、重要用户的电力供应。各发电厂严格按照电力调度命令恢复机组并网运行，调整发电出力。各电力用户严格按照调度计划分时分步恢复用电。

4.3.3 社会应急

电网大面积停电事件发生后，受影响或受波及地各级人民政府、各有关部门（单位）、各类电力用户要按职责分工立即行动，组织开展社会停电应急救援与处置工作。对停电后可能造成重大政治影响、重大生命财产损失的重要电力用户，按有关技术要求迅速启动保安电源，避免造成更大影响和损失。

机场、高层建筑、商场、影剧院、体育场（馆）等各类人员聚集场所的电力用户，停电后应迅速启用备用电源或应急照明，有秩序地组织人员集中或疏散，确保人员的人身安全。

公安、武警等部门应加强对事发地关系国计民生、国家安全和公共安全的重点单位安全保卫和秩序维护工作，维护社会稳定。消防部门应做好各项灭火救援应急工作，及时扑灭电网大面积停电期间发生的各类火灾。

公安、交通运输管理部门负责组织力量，加强停电地区的道路交通指挥和疏导，缓解交通堵塞，避免出现交通混乱，保障各项应急工作的正常进行。物资供应部门要迅速组织有关应急和基本生活物资的加工、生产、运输和销售，确保停电期间居民的基本生活正常。

电网企业、发电企业迅速组织力量开展抢险救灾，修复被损电力设施，恢复灾区电力供应工作。停电地区各类电力用户应及时启动相应停电事件应急响应，防止发生各种次生灾害。

4.4 信息发布

省指挥部办公室按照《湖南省突发事件新闻发布应急预案》规定，做好信息发布工作。

4.5 应急结束

在同时具备下列条件时，按照谁启动、谁终止的原则，由应急响应启动机构按程序宣布应急结束：

（1）电网主干网架基本恢复正常接线方式，电网运行参数保持在稳定限额之内，主要发电厂机组运行稳定。

（2）停电负荷恢复80%以上，重要城市负荷恢复90%以上。

（3）发电燃料恢复正常供应、发电机组恢复运行，燃料储备基本达到规定要求。

（4）无其他对电网安全稳定运行和正常电力供应存在重大影响或严重威胁的情形。

5 善后工作

5.1 事件调查

电网大面积停电事件发生后，根据事件级别，省指挥部或省指挥部办公室配合国家事件调查组或省有关部门（单位）组成事件调查组进行调查，查清事件原因、发生过程、救援情况、事件损失、恢复情况等，编写事件调查报告，提出安全预防建议等。

5.2 改进措施

电网大面积停电事件发生后，电网企业、发电企业应加强事件评估分析，吸取经验教训，提出改进措施。事发地各级人民政府及有关部门（单位）应及时总结经验教训，进一步健全应急处置工作体系。

6 应急保障

6.1 技术保障

电网企业、发电企业应认真研究分析电网大面积停电可能造成的损失和社会危害，借鉴国际先进经验，增加技术投入，不断完善电网大面积停电事件应急技术保障体系。

国网湖南省电力公司及所属企业（包括调度机构、各供电分公司和检修维护企业）和发电企业应结合电力生产特点和事件规律，落实预防电网大面积停电的有效措施、紧急控制措施和电网恢复措施。

6.2 装备保障

各级各有关部门及电网企业、发电企业应建立应急装备储备和调用制度，储备必要的应急救援装备。国网湖南省电力公司及所属电网企业应配备应急救援装备和电力抢险物资，建立应急物资储备更新机制。

各级应急指挥机构应摸清各单位应急救援装备底数，督促各单位加强维护管理，确保救援装备始终处于可正常使用的状态。

6.3 人员保障

发电企业、电网企业应加强电网调度、运行值班、检修维护、生产管理、事件抢修的队伍建设，建立完善专兼职应急救援队伍。

7 监督管理

7.1 宣传、培训与演练

各级人民政府及其相关部门应加强电力安全知识的宣传普及，提高公众应对停电事件的能力。电网企业、发电企业和重要电力用户应加强对全体员工防范停电事件的安全生产和应急知识的教育培训，提高各类人员的应急处置能力。省指挥部不定期组织各成员单位开展处置电网大面积停电事件应急演练，强化各单位间协调配合和实战能力。

7.2 责任追究

对在处置电网大面积停电事件工作中玩忽职守、失职、渎职的，依法依规追究相关单位和责任人的责任；构成犯罪的，依法追究其刑事责任。

8　附则

8.1　预案管理与更新

省经信委根据情况变化，及时提请省人民政府修订完善本预案。

8.2　预案制定与实施

本预案经省人民政府批准后实施，由省人民政府办公厅印发，自公布之日起施行。

广东省大面积停电事件应急预案

（粤府函〔2016〕280号）

目　录

1 总则

1.1 编制目的

建立健全全省大面积停电事件应对工作机制，提高应对能力和水平，最大程度减少人员伤亡和财产损失，维护公共安全和社会稳定。

1.2 编制依据

依据《中华人民共和国突发事件应对法》《中华人民共和国安全生产法》《中华人民共和国电力法》《生产安全事故报告和调查处理条例》《电力安全事故应急处置和调查处理条例》《电网调度管理条例》《国家大面积停电事件应急预案》《广东省突发事件应对条例》《广东省突发事件总体应急预案》《广东省突发事件预警信息发布管理办法》《广东省突发事件现场指挥官制度实施办法（试行）》等法律法规及有关规定，制定本预案。

1.3 适用范围

本预案适用于我省行政区域内发生的大面积停电事件应对工作。

大面积停电事件是指由于自然灾害、电力安全事故和外力破坏等原因造成区域性电网、省级电网或城市电网大量减供负荷，对公共安全、社会稳定及人民群众生产生活造成影响和威胁的停电事件。

1.4 工作原则

（1）平战结合，预防为主。坚持“安全第一，预防为主”的方针，加强电力安全管理，落实事故预防和隐患控制措施，有效防止重特大大面积停电事件发生；科学制定应急预案，定期组织应急演练，不断提高大面积停电事件应急处置能力。

（2）属地为主，处置有序。建立健全属地为主、分级负责、分类管理、条块结合的大面积停电事件应急管理体制。各级人民政府对处置本行政区域内大面积停电事件实施统一指挥和协调，确保处置工作规范有序。

（3）加强协作，密切配合。按照“分层分区、统一协调、各负其责”的原则建立健全大面积停电事件应急处置体系。南方能源监管局、县级以上人民政府及其有关部门（单位）、电力企业、重要电力用户各司其责，密切配合，加强沟通，共同做好大面积停电事件应急处置工作。

2 组织体系

2.1 省大面积停电事件应急处置联席会议

发生特别重大、重大大面积停电事件，省人民政府根据需要启动省大面积停电事件应急处置联席会议（以下简称联席会议）制度，负责组织、领导、指挥、协调全省大面积停电事件应急处置工作。

第一召集人：分管副省长。

召集人：省人民政府分管副秘书长，南方能源监管局局长，省经济和信息化委，南方电网公司分管负责人。

成员：省委宣传部，省发展改革委、经济和信息化委、教育厅、公安厅、民政厅、财政厅、人力资源社会保障厅、国土资源厅、环境保护厅、住房城乡建设厅、交通运输厅、水利厅、林业厅、商务厅、卫生计生委，省新闻出版广电局、安全监管局、金融办，省新闻办，海关总署广东分署、民航中南管理局、南方能源监管局、省通信管理局、省气象局，省军区、省武警总队，省铁投集团，广铁集团公司，南方电网公司、广东电网公司、广州供电局有限公司、深圳供电局有限公司（以下称电网企业），省粤电集团、广东国华粤电台山发电公司等（以下称发电企业）单位分管负责人。

各成员单位根据应急响应级别，按照联席会议的统一部署和各自职责，配合做好大面积停电事件应急处置工作。

（1）省委宣传部：负责会同有关部门（单位）、企业做好大面积停电事件信息发布、舆论引导及管控等工作；协调、解决信息发布、媒体报道等有关事宜。

（2）省发展改革委：负责协调电力企业设施修复项目计划安排；组织做好储备粮食和食用油的调拨供应工作；开展居民生活必需品价格巡查，必要时，采取价格应急干预措施。

（3）省经济和信息化委：负责组织电力、油品等重要生产资料和必要生活资料的运输与市场供应；必要时，调用应急无线电频率，确保应急无线电通信畅通。

（4）省教育厅：负责指导事发地各级学校（不含技校）、托幼机构做好校园安全保卫和维护稳定工作。

（5）省公安厅：负责组织维护事发地社会治安、交通秩序，做好消防工作；依法监控公共信息网络。

（6）省民政厅：负责组织、协调事发地民政部门做好大面积停电事件造成生活困难群众的基本生活救助。

（7）省财政厅：负责大面积停电事件应急处置工作经费保障。

（8）省人力资源社会保障厅：负责指导事发地技校做好校园安全保卫和维护稳定工作。

（9）省国土资源厅：负责做好威胁电力设施的地质灾害灾情风险评估，并及时提供相关信息。

（10）省环境保护厅：负责对重大污染源环境安全隐患排查，做好应急水源水质监测、保护及环境污染事件防范处置等工作。

（11）省住房城乡建设厅：负责协调维持和恢复城市正常应急供水、市政照明及城市主干道的路障清理等工作，保障排污设施正常运转。

（12）省交通运输厅：负责组织协调应急运输工具，疏导滞留旅客，优先保障发电燃料、应急救援物资及必要生活资料等的公路、水路运输；指导地铁等城市公共交通运营安全。

（13）省水利厅：负责及时提供大面积停电事件事发区域水文监测、预报、预警等相关信息；必要时，会同有关部门（单位）组织本省具备应急发电条件的小型水电站提供应急电源。

（14）省林业厅：负责做好森林火险预警及风险评估工作；协调电力抢修中林木砍伐工作。

（15）省商务厅：负责做好基本生活物资的供应与应急调度工作；承担重要生产资料流通、重要消费品的储备管理及市场调控有关工作。

（16）省卫生计生委：负责组织协调医疗卫生资源开展卫生应急救援工作；协助停电地区卫生计生部门做好医疗卫生机构供电保障。

（17）省新闻出版广电局：负责及时启用应急广播电视输出和传输应急保障措施，确保广播信号正常传输。

（18）省安全监管局：负责依法组织重大生产安全事故调查处理工作；协调有关生产安全事故应急救援工作。

（19）省金融办：负责组织协调大面积停电事件衍生的金融突发事件应急处置工作；协助、支持有关单位防范、处置、化解大面积停电事件造成的金融机构金融风险问题。

（20）省新闻办：负责会同有关部门（单位）做好大面积停电事件新闻发布，

及时通报大面积停电事件应急处置工作进展情况。

（21）海关总署广东分署：负责为大面积停电事件所需进口物资装备提供通关保障。

（22）民航中南管理局：负责组织疏导、运输机场滞留旅客，保障发电燃料、抢险救援物资及必要生活资料等的空中运输。

（23）南方能源监管局：负责协调有关电力企业参与大面积停电事件应急处置工作。

（24）省通信管理局：负责组织协调大面积停电事件应急通信保障工作。

（25）省气象局：负责开展重要输变电设施设备等区域气象监测、预警及灾害风险评估工作，并及时提供相关气象信息。

（26）省军区：负责组织协调驻粤部队和民兵预备役部队参与大面积停电事件应急处置工作。

（27）省武警总队：负责组织协调武警部队参与大面积停电事件应急处置工作。

（28）省铁投集团：负责组织疏导、运输所辖火车站的滞留旅客，保障发电燃料、抢险救援物资、必要生活资料等的所辖铁路、城际轨道交通运输。

（29）广州铁路集团公司：负责组织疏导、运输所辖火车站的滞留旅客，保障发电燃料、抢险救援物资、必要生活资料等的所辖铁路运输。

（30）电网企业、发电企业（以下称电力企业）：负责维护本企业电力系统安全稳定，保障电力安全供应，做好电力设施应急抢修，及时修复受损电力设施；加强对所辖大中型水库大坝的巡查防护，及时报告险情。

2.2　省大面积停电事件应急指挥中心

省大面积停电事件应急指挥中心（以下简称省指挥中心）负责联席会议日常工作，由南方能源监管局代管。主要职责：贯彻落实联席会议决定和部署，指挥、协调联席会议成员单位和相关地级以上市、省直管县（市、区）大面积停电事件应急指挥机构参与应急处置工作；汇总、上报大面积停电事件及应急处置情况；提出应急处置方案；组织有关单位和专家分析大面积停电事件发展趋势，评估事件损失及影响情况；办理联席会议文件，起草相关简报；组织发布应急处置信息；承担联席会议交办的其他工作。

2.3　地方大面积停电事件应急指挥机构

各地级以上市、县（市、区）人民政府（以下称各级人民政府）要参照联席会议设立相应的应急指挥机构，及时启动相应的应急响应，组织做好应对工作。省有关单位及时进行指导。

2.4 电力企业

电力企业建立健全大面积停电事件应急指挥机构，在有关各级人民政府大面积停电事件应急指挥机构领导下开展应急处置工作。电网调度按照《电网调度管理条例》及相关规程执行。

2.5 专家组

南方能源监管局成立大面积停电事件应急专家组，完善相关咨询机制，为大面积停电事件应急处置工作提供技术支持。

3 风险评估

南方能源监管局会同有关单位建立健全全省大面积停电事件风险评估机制，定期组织大面积停电事件风险评估，明确大面积停电事件防范和应对目标。

大面积停电事件风险主要分为电力系统风险、城市生命线系统风险和社会民生系统风险等三个方面。

3.1 电力系统风险

3.1.1 自然灾害风险

暴雨洪涝、热带气旋、强对流天气、雷击及冰（霜）冻等自然灾害导致电网遭受破坏或连锁跳闸引发大面积停电事件。

3.1.2 电网运行风险

电网设备故障，电网设计方面的不足及电网保护装置、安全稳定控制装置的稳定性，电网控制、保护水平与电网安全运行的要求难以实现有效匹配等因素导致或引发大面积停电事件。

3.1.3 外力破坏风险

蓄意人为因素、工程施工等外力破坏可能导致大面积停电事件。

3.2 城市生命线系统风险

城市交通、通信、供水、排水、供电等生命线工程对电力的依赖性大。大面积停电事件对城市生命线工程造成较大威胁，易导致次生、衍生事故发生。

3.3 社会民生系统风险

大面积停电事件可能对商业运营、金融证券业、企业生产、教育、医院以及居民生活必需品供应等公众的正常生产、生活造成冲击。

4 情景构建

大面积停电事件常见应急情景包括电力系统情景、城市生命线系统情景和社会民生系统情景等三个方面。

4.1 电力系统情景

南方区域主网重要枢纽变电设备、关键输电线路发生故障，南方电力系统失稳甚至解列，广东电网孤网运行，低频、低压减载装置大量动作，损失负荷超过广东负荷的30%以上，可能导致珠三角地区、粤东、粤西、粤北分片运行，局部地区电网停止运行，引发重大以上大面积停电事件。

4.2 城市生命线系统情景

（1）重点保障单位：党政军机关、应急指挥机构、涉及国家安全和公共安全的重点单位停电、通信中断、安保系统失效等；高层建筑电梯停止运行，大量人员被困，引发火灾等衍生事故，造成人员伤亡。

（2）道路交通：城市交通监控系统及指示灯停止工作，道路交通出现拥堵；高速公路收费作业受到影响，造成高速公路交通拥堵；应急救灾物资运输受阻。

（3）城市轨道交通：调度通信及排水、通风系统停止运行；列车停运，大量乘客滞留。

（4）铁路交通：列车停运，沿途车站人员滞留；铁路运行调度系统及安检系统、售票系统、检票系统无法正常运转；应急救灾物资运输受阻。

（5）民航：大量乘客滞留机场，乘客因航班晚点与机场管理人员发生冲突；应急救灾物资运输受阻。

（6）通信：通信枢纽机房因停电、停水停止运转，大部分基站停电，公网通信大面积中断。

（7）供排水：城市居民生活用水无法正常供应；城市排水、排污因停电导致系统瘫痪，引发城市内涝及环境污染次生灾害等。

（8）供油：成品油销售系统因停电导致业务中断；重要行业移动应急电源和救灾运输车辆用油急需保障。

4.3 社会民生系统情景

（1）临时安置：人员因交通受阻需临时安置。

（2）商业运营：人员紧急疏散过程中发生挤压、踩踏，部分人员受伤。

（3）物资供应：长时间停电导致居民生活必需品紧缺；不法分子造谣惑众、囤积居奇、哄抬物价。

（4）供气：部分以燃气为燃料的企业生产及市民正常生活受到影响。

（5）企业生产：石油、化工、采矿等高危企业因停电导致生产安全事故，甚至引发有毒有害物质泄漏等次生灾害。

（6）金融证券：银行、证券公司等金融机构无法交易结算，信息存储及其他相关业务中断。

（7）医疗：长时间停电难以保证手术室、重病监护室、产房等重要场所及相关设施设备持续供电，病人生命安全受到威胁。

（8）教育：教学秩序受到影响；如遇重要考试，可能诱发不稳定事件。

（9）广播电视：广播电视信号传输中断，影响大面积停电事件有关信息发布。

5 监测预警

5.1 监测

各电网企业要加强电网安全运行监控及研究，提高电力系统通信和调度自动化水平；加强电网建设，构建灵活可靠的电网结构，确保电网运行安全。各电力企业要结合实际加强对重要电力设施设备运行、发电燃料供应、所管辖的水电站大坝运行等情况的监测，建立与公安、国土资源、交通运输、水利、林业、地震、气象等部门的信息共享机制，及时分析各类情况对电力运行可能造成的影响，预估可能影响范围和程度。

5.2 预警

各电力企业要加强电力系统运行监控，完善电网运行风险预测预警报告及发布制度，健全电力突发事件研判机制。

5.2.1 预警发布

（1）电力企业研判可能发生大面积停电事件时，要及时将有关情况报告受影响区域地方人民政府电力运行主管部门和南方能源监管局，提出预警信息发布建议，并视情况通知重要电力用户。

（2）地方人民政府电力运行主管部门应及时组织研判，必要时报请同级当地人民政府批准后向社会公众发布预警，并通报同级相关部门（单位）。可能发生重大以上大面积停电事件时，南方能源监管局应及时组织有关电力企业和专家进行会商，报请省人民政府批准后发布预警。必要时，通报当地驻军和可能受影响的相邻省（区）人民政府。

5.2.2 预警行动

预警信息发布后，相关电力企业要加强设备巡查检修和运行监测，采取有效措施控制事态发展。交通、通信、供水、电力、供油等行业要组织相关应急救援队伍和人员进入待命状态，动员后备人员做好参加应急救援和处置工作准备，并做好应急所需物资装备和设备等准备工作。重要电力用户做好自备应急电源启用准备，储备必要的应急燃料。受影响区域地方人民政府启动应急联动机制，组织公安、交通、供电、通信、供水、供气、供油等有关部门（单位）做好维护公共秩序、供水供气供油、通信、商品供应、交通物流等方面的应急联动准备；加强相关舆情监测，主动回应社会公众关注的热点问题，及时澄清谣言传言，做好舆论引导工作。

5.2.3　预警解除

根据事态发展，经研判不会发生大面积停电事件时，按照“谁发布、谁解除”的原则，由预警信息发布单位宣布解除预警，适时终止相关措施。

6　应对任务

6.1　信息报告

（1）发生大面积停电事件，相关电力企业应立即将影响范围、停电负荷、停电用户数、重要电力用户停电情况、事件级别、可能延续停电时间、先期处置情况、事态发展趋势等有关情况向受影响区域地方人民政府电力运行主管部门和南方能源监管局报告，并视情况通知重要电力用户。涉及跨省（区）的大面积停电事件，南方电网公司应及时向省人民政府报告相关情况。各地、各有关单位要按照有关规定逐级上报，特别重大、重大大面积停电事件要按照规定及时向联席会议报告。

（2）事发地人民政府电力运行主管部门接到大面积停电事件信息报告或者监测到相关信息后，应当立即进行核实，对大面积停电事件的性质和类别作出初步认定，按照规定的时限、程序和要求向上级电力运行主管部门、南方能源监管局及同级人民政府报告，并通报同级相关部门（单位）。地方各级人民政府及其电力运行主管部门应当按照有关规定逐级上报，必要时可越级上报。

（3）南方能源监管局接到大面积停电事件报告后，应立即核实有关情况，通报事发地县级以上地方人民政府。对初判为重大以上大面积停电事件，省人民政府要立即向国务院报告。

6.2　应急响应

6.2.1　响应启动

按照大面积停电事件的严重程度和发展态势，大面积停电事件应急响应分为Ⅰ级、Ⅱ级、Ⅲ级和Ⅳ级四个等级。

（1）Ⅰ级响应

发生或初判发生特别重大大面积停电事件，由联席会议报请省人民政府决定启动Ⅰ级应急响应。涉及跨省行政区域、超出省人民政府处置能力或者需要由国务院负责处置的，报请国务院启动应急响应。联席会议立即组织各单位成员和专家进行分析研判，对事件影响及其发展趋势进行综合评估，由省人民政府向各有关单位发布启动相关应急程序的命令。联席会议立即派出工作组赶赴现场开展应急处置工作，并将有关情况迅速报告国务院及其有关部门。

（2）Ⅱ级响应

发生或初判发生重大大面积停电事件，由联席会议第一召集人决定启动Ⅱ级应急响应。联席会议立即组织各单位成员和专家进行分析研判，对事件影响及其发展趋势进行综合评估，向各有关单位发布启动相关应急程序的命令。联席会议立即派出工作组赶赴事发现场开展应急处置工作，并将有关情况迅速报告国务院及其有关部门。

（3）Ⅲ级响应

发生或初判发生较大大面积停电事件，由事发地地级以上市、省直管县（市、区）大面积停电事件应急指挥机构主要负责同志决定启动Ⅲ级应急响应。事发地地级以上市、省直管县（市、区）大面积停电事件应急指挥机构立即组织各单位成员和专家进行分析研判，对事件及其发展趋势进行综合评估，向各有关单位发布启动相关应急程序的命令。必要时，南方能源监管局派出工作组赶赴事发现场，指导地级以上市、省直管县（市、区）大面积停电事件应急指挥机构开展相关应急处置工作；或协调有关联席会议成员单位共同做好相关应急处置工作。

（4）Ⅳ级响应

发生或初判发生一般大面积停电事件，由事发地县（市、区）〔不含省直管县（市、区），下同〕大面积停电事件应急指挥机构主要负责同志决定启动Ⅳ级应急响应。事发地县（市、区）大面积停电事件应急指挥机构立即组织各单位成员和专家进行分析研判，对事件影响及其发展趋势进行综合评估，向各有关单位发布启动相关应急程序的命令。必要时，南方能源监管局派出工作组赶赴事发现场，指导县（市、区）大面积停电事件应急指挥机构开展相关应急处置工作；或协调有关联席会议成员单位共同做好相关应急处置工作。

对于尚未达到一般等级，但对社会产生较大影响的其他停电事件，事发地人民政府视情况启动应急响应。

6.2.2 响应调整

应急响应启动后，可视事件造成损失情况及发展趋势调整响应级别，避免响应不足或响应过度。

6.3 任务分解

发生大面积停电事件，相关电力企业和重要电力用户要立即实施先期处置，全力控制事件发展态势，尽量减少大面积停电事件造成的损失。各地、各有关部门（单位）在有关各级人民政府大面积停电事件应急指挥机构的统一指挥下，按照各自职责，相互配合、协调联动，共同开展大面积停电事件应对工作，主要应对任务包括：

6.3.1 电力系统应对措施

发生大面积停电事件，有关电网企业和发电企业要尽快恢复电网运行和电力供应。

（1）有关电网企业迅速组织力量抢修受损电网设备设施，根据有关各级人民政府大面积停电事件应急指挥机构要求，向重要电力用户及重要设施提供必要的电力支援。启动Ⅰ、Ⅱ级响应时，具备抢修条件的，电网企业抢修队伍力争分别在3天、5天和7天内恢复城区、镇和村供电；启动Ⅲ、Ⅳ级应急响应时，具备抢修条件的，电网企业抢修队伍力争分别在2天、3天和5天内恢复城区、镇和村供电。

（2）有关电力调度机构合理安排运行方式，控制停电范围；尽快恢复重要输变电设备、电力主干网架运行；在条件具备时，尽快恢复党政军重要部门、应急指挥机构、涉及国家安全和公共安全的重点单位、重要通信机楼、自来水厂、排水、地铁、机场、铁路、医院等重要电力用户、中心城区的电力供应。

（3）有关发电企业保证设备安全，迅速组织抢修受损设备，做好发电机组并网运行准备，按照电力调度指令恢复运行。

（4）重要电力用户迅速启动自备应急电源，加强本单位重大危险源、重点区域、重大关键设施设备隐患排查与监测预警，及时采取防范措施，保障重要负荷正常供电，防止发生次生衍生事故。

6.3.2 城市生命线系统应对措施

（1）重点保障单位：公安（消防）部门负责加强涉及国家安全和公共安全的重点单位安全保卫工作，严密防范和严厉打击违法犯罪活动；解救受困人员，开展火灾救援。卫生部门负责调配医疗卫生资源开展紧急救助。电力运行主管部门负责组织、协调有关电网企业提供应急保供电。通信管理部门负责组织、协调各基础电信运营企业为应急处置提供应急通信保障。

（2）道路交通：公安部门负责道路交通疏导，协助引导应急救援车辆通行。交通运输部门负责交通运行监测，及时发布路网运行信息，并实施公路紧急调度。道路管理、城市市政管理部门负责组织力量及时清理路障。

（3）城市轨道交通：公安部门负责道路交通疏导，协助维护地铁出入口秩序。交通运输部门负责协调地面交通运力疏散乘客。卫生部门负责调配医疗卫生资源开展紧急救助。电力运行主管部门负责协调有关电网企业及时恢复供电。城市轨道交通运营企业负责组织人员转移疏散；启用紧急排水系统；及时发布停运等相关信息。

（4）铁路交通：公安部门负责道路交通疏导，维护车站秩序。交通运输部门负责协调地面交通运力疏散乘客。卫生部门负责调配医疗卫生资源开展紧急救助。

电力运行主管部门负责协调有关电网企业及时恢复供电。铁路部门负责组织人员转移疏散；为车站滞留人员协调提供食物、水等基本生活物资；按规定程序报批后及时发布停运等相关信息。

（5）民航：公安部门负责道路交通疏导，维护机场候机大厅等区域秩序。交通运输部门负责协调地面交通运力疏散乘客。卫生部门负责调配医疗卫生资源开展紧急救助。电力运行主管部门负责协调有关电网企业及时恢复供电。民航管理部门负责实施应急航空调度，保障民航飞机航行及起降安全。机场管理部门负责及时启用应急备用电源，保障塔台及设施设备电力；组织人员转移疏散；为机场滞留人员协调提供食物、水等基本生活物资；及时发布停航等相关信息。

（6）通信：通信管理部门负责组织、协调各基础电信运营企业为应急处置提供应急通信保障。电力运行主管部门负责组织、协调电网企业及时恢复供电，并为基础电信运营企业重要机楼提供应急保供电。

（7）供排水：供水企业启用应急供水措施。有关电网企业及时恢复供电。必要时，城市供水主管部门报请本级大面积停电事件应急指挥机构协调电力运行主管部门提供应急保供电。环境保护部门负责环境污染次生灾害的防范处置工作。

（8）供油：经济和信息化部门负责协调做好重要用户保供电所需应急用油的保障工作。

6.3.3　社会民生系统应对措施

（1）临时安置：公安部门负责维护临时安置点秩序，做好消防安全、交通引导等工作。民政部门负责协调受灾群众转移到临时安置点实施救助。交通运输部门负责协调应急交通运力转移受灾群众。商务部门负责受灾群众所需食物、水等基本生活物资的调拨与供应。卫生部门负责安置点的消毒防疫工作。电力运行主管部门负责组织、协调有关电网企业为临时安置点提供应急保供电服务。

（2）商业运营：公安部门负责协助做好人员疏散工作，维护正常秩序。卫生部门负责调配医疗卫生资源开展紧急救助。

（3）物资供应：发展改革（物价）部门负责市场物资供应价格的监控与查处。公安部门负责配合开展市场价格巡查，打击造谣惑众、囤积居奇、哄抬物价等违法行为。商务部门负责受灾群众所需食物、水等基本生活物资的调拨与供应。

（4）供气：供气企业及时启用燃气加压站自备应急电源，保证居民燃气供应。有关电网企业及时恢复供电。必要时，城市供气主管部门报请本级大面积停电事件应急指挥机构协调电力运行主管部门提供应急保供电。

（5）企业生产：公安（消防）部门负责协调、指导石油企业生产系统火灾、爆炸事故应急处置工作。有关电网企业为石油企业提供应急保供电。石油企业负责组织生产系统火灾、爆炸事故应急处置工作。

（6）金融证券：公安部门负责维护金融机构正常运营秩序。金融机构启用应急发电措施。有关电网企业为金融机构提供应急保供电。必要时，金融管理部门报请本级大面积停电事件应急指挥机构协调电力运行主管部门提供应急保供电。金融管理部门及时启动应急响应，组织金融机构防范、处置大面积停电造成的金融风险问题。

（7）医疗：重点医疗卫生机构（急救指挥机构、医院、供血机构、疾病预防控制中心等）及时启用应急保障电源。有关电网企业及时恢复供电。必要时，卫生计生部门报请本级大面积停电事件应急指挥机构协调有关部门提供应急保供电，保障应急供水、供油、通信、交通等。

（8）教育：教育、人力资源社会保障部门负责做好学生安抚及疏散，必要时，协调商务部门做好基本生活物资的应急供应。公安部门负责维护学校校园秩序，做好安全保卫工作。

（9）广播电视：广播电台、电视台及时启用应急保障电源。有关电网企业及时恢复供电。必要时，新闻出版广电部门报请本级大面积停电事件应急指挥机构协调电力运行主管部门提供应急保供电。

6.3.4 公众应对措施

发生大面积停电事件，公众要保持冷静，听从应急救援指挥，有序撤离危险区域；及时通过手机、互联网、微博、微信等渠道了解大面积停电事件最新动态，不散布虚假或未经证实的信息，不造谣、不信谣、不传谣。鼓励具备应急救援能力的公众在保证自身安全的前提下，根据应急救援需要，有组织地参与应急救援行动。

（1）户内：拔下电源插头，关闭燃气开关，减少外出活动。在电力供应恢复初期，尽量减少大功率电器的使用。

（2）公共场所：打开自备的手电筒或手机照明工具观察周边情况，按照指示指引有序疏散或安置，避免发生挤压、踩踏事故；主动帮助老、弱、病、残、孕等需要帮助的群体。

（3）道路交通：主动配合道路交通疏导，为应急救援、应急救灾物资运输车辆预留救援通道。

6.4 应急联动

（1）县级以上各级人民政府要建立健全“政府、部门分级协调，部门、企业分级联动”的应急联动机制。各级人民政府大面积停电事件应急指挥机构成员单位，特别是交通、通信、供水、供电、供油及教育、医疗卫生、金融等重要行业主管部门要建立部门间应急联动机制，并积极协调、推动相关重点企业之间建立应急联动机制。

（2）应急联动机制主要包括应急联络对接机制、重点目标保障机制、应急信息共享机制、应急处置联动机制、应急预案衔接机制、应急演练协调机制等。

（3）发生大面积停电事件，相关重点企业按照应急联动机制及时启动应急响应。必要时，由相关行业主管部门按照部门间应急联动机制协调处置，或报请本级人民政府大面积停电事件应急指挥机构协调解决。

6.5 现场处置

大面积停电事件现场应急处置，由事发地人民政府或相应应急指挥机构统一组织，根据需要成立大面积停电事件现场指挥部，实行现场指挥官制度，各有关单位按照职责参与应急处置工作。包括组织营救、伤员救治、疏散撤离和妥善安置受威胁人员，及时掌握和报告事故情况和人员伤亡情况，下达应急处置任务，协调各级、各类抢险救援队伍的行动，组织抢修及援助物资装备的接收与分配。

6.6 社会动员

事发地各级人民政府或相应应急指挥机构可根据大面积停电事件的性质、危害程度和范围，广泛调动各有关单位、各电力用户等社会力量，在确保安全的前提下，参与应急处置。

6.7 应急评估

特别重大、重大大面积停电事件应急处置过程中，联席会议要及时组织成员单位对大面积停电事件的影响范围、影响程度、发展趋势及应急处置进度进行评估，为进一步做好应急处置工作提供依据。

6.8 应急终止

同时满足以下条件时，由宣布启动应急响应的单位终止应急响应：

（1）电网主干网架基本恢复正常，电网运行参数保持在稳定限额之内，主要发电厂机组运行稳定；

（2）减供负荷恢复80%以上，受停电影响的重点地区、重要城市负荷恢复90%以上；

（3）造成大面积停电事件的隐患基本消除；

（4）大面积停电事件造成的重特大次生衍生事故基本处置完成。

7 后期处置

7.1 处置评估

大面积停电事件应急响应终止后，履行统一领导职责的人民政府要及时组织对应急处置工作进行评估，总结经验教训，分析查找问题，提出改进措施，形成处置评估报告。鼓励开展第三方评估。重大以上大面积停电事件处置评估由省指挥中心组织开展，相关处置评估报告要及时上报省人民政府。

7.2 事件调查

大面积停电事件应急响应终止后，按照《生产安全事故报告和调查处理条例》《电力安全事故应急处置和调查处理条例》等有关规定成立事故调查组，查明事件原因、性质、影响范围、经济损失等情况，提出防范、整改措施和处理建议。

7.3 善后处置

事发地人民政府要及时组织制订善后工作方案并组织实施。保险机构要及时开展相关理赔工作，尽快减轻或者消除大面积停电事件造成的影响。

7.4 恢复重建

特别重大大面积停电事件应急响应终止后，需对电网受损设备进行修复或重建的，按照国务院部署，由国家能源局会同省人民政府根据实际工作需要组织编制恢复重建规划；重大、较大和一般大面积停电事件，省、市、县人民政府根据实际工作需要组织编制恢复重建规划。相关电力企业和受影响区域各级人民政府应当按照规划做好受损电力系统恢复重建工作。

8 信息发布

（1）地方各级人民政府大面积停电事件应急指挥机构按照分级响应原则，分别负责相应级别应急处置的信息发布工作。要统一信息发布口径，必要时，报省、地级以上市、省直管县（市、区）人民政府批准。

（2）按照及时准确、公开透明、客观统一的原则，加强信息发布和舆论引导，主动向社会发布停电相关信息和应对工作情况，提示相关注意事项和安保措施。必要时，组织召开新闻发布会，统一向社会公众发布相关信息。加强舆情收集分析，及时回应社会关切，澄清不实信息，正确引导社会舆论，稳定公众情绪。

9 能力建设

9.1 队伍保障

电力企业应建立健全电力抢修应急专业队伍，加强设备维护和应急抢修技能方面的人员培训，定期开展应急演练，提高应急救援能力。各级人民政府根据需要组织动员其他专业应急队伍和志愿者等参与大面积停电事件及其次生衍生灾害处置工作。军队、武警部队、公安消防等要做好应急力量支援保障。

9.2 资金保障

各级财政部门及相关电力企业按照有关规定，对大面积停电事件应对工作提供必要的资金保障。

9.3 物资保障

电力企业应储备必要的专业应急装备及物资，建立和完善相应保障体系。各级人民政府有关部门（单位）要加强应急救援装备物资及生产生活物资的紧急生产、储备调拨和紧急配送工作，保障支援大面积停电事件应对工作需要。鼓励支持社会化储备。

9.4 技术保障

电力行业要加强大面积停电事件应对和监测先进技术、装备的研发，制定电力应急技术标准，加强电网、电厂安全应急信息化平台建设。气象、国土资源、水利等部门（单位）要为电力日常监测预警及电力应急抢险提供必要的气象、地质、水文等服务。

9.5 通信保障

各级人民政府及通信管理部门要建立健全大面积停电事件应急通信保障体系，形成可靠的通信保障能力，确保应急期间通信联络和信息传递需要。

9.6 交通保障

交通运输部门要建立健全运输保障体系，保障应急响应所需人员、物资、装备、器材等的运输。公安部门要加强交通应急管理，保障应急救援车辆优先通行。各级人民政府应急指挥机构应按规定配备必要的应急车辆，保障应急救援需求。

9.7 电源保障

省发展改革委及电力企业应做好电力系统应急电源规划布局，加强电网“黑启动”能力建设，增强电力系统快速恢复能力。电力企业应配备适量的移动应急电源，必要时提供应急电源支援。重要电力用户应按照有关技术要求配置应急电源，并加强维护和管理，确保应急状态下能够投入运行。

10 监督管理

10.1 预案演练

南方能源监管局负责定期组织本预案应急演练。

10.2 宣教培训

各地、各有关单位要做好大面积停电事件应急知识的宣传教育工作，不断提高公众的应急意识和自救互救能力。各级人民政府及教育、人力资源社会保障、文化、广播电视、新闻媒体等单位要充分利用广播、电视、互联网、报纸等各种媒体，加大对大面积停电事件应急管理工作的宣传、培训力度。各电力企业和重要电力用户要将应急教育培训工作纳入日常管理工作，定期开展相关培训。

10.3 责任与奖惩

对在大面积停电事件应急处置工作中作出突出贡献的先进集体和个人给予表扬。对玩忽职守、失职、渎职的有关责任人，要依据有关规定严肃追究责任，构成犯罪的，依法追究刑事责任。

11 附则

11.1 名词术语

（1）本预案有关数量的表述中，“以上”含本数，“以下”不含本数。

（2）电力安全事故是指电力生产或者电网运行过程中发生的影响电力系统安全稳定运行或者影响电力正常供应的事故（包括热电厂发生的影响热力正常供应的事故）。

（3）重要电力用户是指在国家或者一个地区（城市）的社会、政治、经济生活中占有重要地位，对其中断供电将可能造成人身伤亡、较大环境污染、较大政治影响、较大经济损失、社会公共秩序严重混乱的用电单位或对供电可靠性有特殊要求的用电场所。

11.2 本预案由省人民政府组织修订，由南方能源监管局负责解释。

11.3 县级以上人民政府及其有关单位、群众自治组织、企事业单位等按照本预案的规定履行职责，并制定、完善相应的应急预案。

11.4 本预案自发布之日起实施。2013 年省政府印发的《广东省处置电网大面积停电事件应急预案》自即日起废止。

12 附件 大面积停电事件分级标准

12.1 特别重大大面积停电事件（Ⅰ级）

（1）区域性电网减供电负荷 30%以上；

（2）全省电网减供电负荷 30%以上；

（3）广州、深圳市电网减供负荷 60%以上，或 70%以上供电用户停电。

12.2 重大大面积停电事件（Ⅱ级）

（1）区域性电网减供负荷 10%以上、30%以下；

（2）全省电网减供负荷 13%以上，30%以下；

（3）广州、深圳市电网减供负荷 40%以上、60%以下，或 50%以上、70%以下供电用户停电；

（4）电网负荷600兆瓦以上的其他设区的市减供负荷60%以上，或70%以上供电用户停电。

12.3　较大大面积停电事件（Ⅲ级）

（1）区域性电网减供负荷7%以上、10%以下；

（2）全省电网减供负荷10%以上、13%以下；

（3）广州、深圳市电网减供负荷20%以上、40%以下，或30%以上、50%以下供电用户停电；

（4）其他设区的市减供负荷40%以上（电网负荷600兆瓦以上的，减供负荷40%以上、60%以下），或50%以上供电用户停电（电网负荷600兆瓦以上的，50%以上、70%以下）；

（5）电网负荷150兆瓦以上的县级市减供负荷60%以上，或70%以上供电用户停电。

12.4　一般大面积停电事件（Ⅳ级）

（1）区域性电网减供负荷4%以上、7%以下；

（2）全省电网减供负荷5%以上，10%以下；

（3）广州、深圳市电网减供负荷10%以上、20%以下，或15%以上、30%以下供电用户停电；

（4）其他设区的市减供负荷20%以上、40%以下，或30%以上、50%以下供电用户停电；

（5）县级市减供负荷40%以上（电网负荷150兆瓦以上的，减供负荷40%以上、60%以下），或50%以上供电用户停电（电网负荷150兆瓦以上的，50%以上、70%以下）。

广西大面积停电事件应急预案

（桂政办函〔2016〕53 号）

目　录

附件：1．广西大面积停电事件分级标准

2．广西大面积停电事件应急指挥部组成及工作组职责

3．广西大面积停电事件各有关部门及单位主要职责

1　总则

1.1　编制目的

按照国家大面积停电事件应急预案要求，建立健全广西大面积停电事件应对工作机制，提高应对效率，最大程度减少人员伤亡和财产损失，维护国家安全和社会稳定。

1.2　编制依据

依据《中华人民共和国突发事件应对法》《中华人民共和国安全生产法》《中华人民共和国电力法》《生产安全事故报告和调查处理条例》《电力安全事故应急处置和调查处理条例》《电网调度管理条例》《国家突发公共事件总体应急预案》《国家大面积停电事件应急预案》《广西实施〈中华人民共和国突发事件应对法〉办法》及相关法律法规，制定本预案。

1.3　适用范围

本预案适用于广西境内发生的大面积停电事件应对工作。

大面积停电事件是指由于自然灾害、电力安全事故和外力破坏等原因造成区

域性电网、省级电网、城市电网大量减供负荷，对国家安全、社会稳定以及人民群众生产生活造成影响和威胁的停电事件。

1.4 工作原则

大面积停电事件应对工作坚持统一领导、综合协调，属地为主、分工负责，保障民生、维护安全，全社会共同参与的原则。

1.4.1 统一领导、综合协调

在自治区党委、自治区人民政府领导下，自治区大面积停电事件应急指挥部统一领导、组织和指挥大面积停电事件应对工作，通过综合协调各级应急指挥机构和电网调度机构，组织开展事故抢险、应急救援、电网恢复、维护稳定、恢复电力生产等各项应急工作。

1.4.2 属地为主、分工负责

根据行政区域、电网结构和电网调度管辖范围，按照分层分区、统一协调、各负其责的原则，建立大面积停电事件应急处理体系。各级政府和有关部门要按照本预案的要求，制定本级本部门大面积停电事件应急预案，并按照各自职责，指挥、协调本行政区域内大面积停电事件应对工作；广西电网有限责任公司、广西水利电业有限公司及各级电网经营企业要按照本预案的要求，制定和完善本单位所辖电网应急处理和恢复预案（含“黑启动”预案），保证电网尽快恢复供电；各发电企业要完善保“厂用电”措施，确保机组的启动能力和电厂自身安全；重要电力用户、部门根据重要程度，自备必要的保安电源，避免在突然停电情况下发生次生灾害。

1.4.3 保障民生、维护安全

在大面积停电事件处理和控制中，将保障民生、维护安全放在突出位置，采用果断措施，有效控制事件影响范围，防止事件的进一步扩大，避免发生系统性崩溃和瓦解；在电网恢复中，优先保证重要电厂厂用电源和主干网架、重要输变电设备恢复，提高整个系统恢复速度；在供电恢复中，优先考虑对自治区首府、其他设区的市、重点地区、重要用户恢复供电，尽快恢复涉及民生的用水、用气等供电。加强涉及国家安全和公共安全的重点单位、重点地区、重点部位、人员密集场所的安全保卫工作。加强交通疏导，维护道路交通秩序，尽快恢复社会正常秩序。

1.4.4 全社会共同参与

大面积停电事件发生后，全区各级政府及其有关部门、能源局相关派出机构、电力企业、重要电力用户应立即按照职责分工和相关预案开展处置工作。

1.5 事件分级

按照事件严重性和受影响程度，大面积停电事件分为特别重大、重大、较大和一般四级。

2 组织体系

2.1 自治区层面组织指挥机构

自治区人民政府负责大面积停电事件应对的具体指导协调和组织管理工作。

当发生重大、特别重大大面积停电事件时，自治区工业和信息化委按程序报自治区人民政府和国家能源局。自治区人民政府成立自治区大面积停电事件应急指挥部，统一领导、组织和指挥自治区大面积停电事件应对工作，或按照国务院、国家能源局、国务院工作组、国家大面积停电指挥部等的指示批示开展应急处置工作。自治区大面积停电事件应急指挥部总指挥由自治区分管副主席担任，副组长由自治区人民政府分管副秘书长和相关部门负责人担任。

当发生一般、较大大面积停电事件时，自治区工业和信息化委及时报告自治区人民政府，根据自治区人民政府指示和事发地政府处置情况，指导、协调、支持事发地政府开展大面积停电事件的应对工作。必要时，提请自治区人民政府成立现场工作组，负责现场应急指导和协调。

2.2 市县层面组织指挥机构

市县人民政府负责指挥、协调本行政区域内大面积停电事件应对工作，要结合本地实际，明确相应组织指挥机构，建立健全应急联动机制。

市县人民政府应根据需要建立跨区域大面积停电事件应急合作机制。当发生跨行政区域的大面积停电事件时，由上一级政府统一协调指挥，各相关政府联合处置。

2.3 现场指挥机构

负责大面积停电事件应对的各级政府根据需要成立现场指挥部，负责现场组织指挥工作。参与现场处置的有关单位和人员应服从现场指挥部的统一指挥。

2.4 电力企业

电力企业（包括电网企业、发电企业等，下同）建立健全应急指挥机构，在政府组织指挥机构领导下开展大面积停电事件应对工作。电网调度工作按照《电网调度管理条例》及相关规程执行。

2.5 专家组

各级组织指挥机构根据需要成立大面积停电事件应急专家组，成员由电力、气象、地质、水文等领域相关专家组成，对大面积停电事件应对工作提供技术咨询和建议。

3 监测预警和信息报告

3.1 监测和风险分析

电力企业要结合实际加强对重要电力设施设备运行、发电燃料供应等情况的监测，建立与气象、水利、林业、地震、公安、交通运输、国土资源、工业和信息化等部门的信息共享机制，及时分析各类情况对电力运行可能造成的影响，预估可能影响的范围和程度。

3.2 预警

3.2.1 预警信息发布

电力企业研判可能造成大面积停电事件时，要及时将有关情况报告受影响区域事发地政府电力运行主管部门和国家能源局南方监管局，提出预警信息发布建议，并视情况通知重要电力用户。事发地政府电力运行主管部门应及时组织研判，必要时报请当地政府批准后向社会公众发布预警，并通报同级其他相关部门和单位。当研判可能发生重大以上大面积停电事件时，电力企业应及时报告上级单位外，同时还应报告自治区发展改革委（能源局）、国家能源局南方监管局并报国家能源局。

3.2.2 预警行动

预警信息发布后，各相关电力企业要加强设备巡查检修和运行监测，采取有效措施控制事态发展；组织相关应急救援队伍和人员进入待命状态，动员后备人员做好参加应急救援和处置工作准备，并做好大面积停电事件应急所需物资、装备和设备等应急保障准备工作。重要电力用户做好自备应急电源启用准备。受影响区域政府启动应急联动机制，组织有关部门和单位做好维持公共秩序、供水供气、商品供应、交通物流等方面的应急准备；加强相关舆情监测，主动回应社会公众关注的热点问题，及时澄清谣言传言，做好舆论引导工作。

3.2.3 预警解除

根据事态发展，经研判不会发生大面积停电事件时，按照“谁发布、谁解除”的原则，由发布单位宣布解除预警，适时终止相关措施。

3.3 信息报告

大面积停电事件发生后，相关电力企业应立即向受影响区域人民政府电力运行主管部门和国家能源局南方监管局报告，电力企业同时报告自治区发展改革委（能源局）。

事发地政府电力运行主管部门接到大面积停电事件信息报告或者监测到相关信息后，应当立即进行核实，对大面积停电事件的性质和类别作出初步认定，按照国家规定的时限、程序和要求向上级电力运行主管部门和同级政府报告，并通报同级其他相关部门和单位。全区各级政府及其电力运行主管部门应当按照有关规定逐级上报，必要时可越级上报。国家能源局南方监管局接到大面积停电事件报告后，应当立即核实有关情况并报告国家能源局。对初判为重大以上的大面积停电事件，由自治区人民政府立即按程序向国务院和国家能源局报告。

4 应急响应

4.1 响应分级

根据大面积停电事件的严重程度和发展态势，将应急响应设定为Ⅰ级、Ⅱ级、Ⅲ级和Ⅳ级四个等级。

初判发生特别重大大面积停电事件，自治区人民政府启动Ⅰ级应急响应，由自治区大面积停电应急指挥部负责组织、领导和指挥自治区应对工作，或在国务院、国家能源局、国务院工作组、国家大面积停电应急指挥部的统一领导、组织和指挥下开展应急处置工作。

初判发生重大大面积停电事件，自治区人民政府启动Ⅱ级应急响应，由自治区大面积停电应急指挥部负责统一领导、组织和指挥应对工作，或在国务院、国家能源局、国务院工作组、国家大面积停电应急指挥部的统一领导、组织和指挥下开展应急处置工作。

初判发生较大、一般大面积停电事件，事发地政府分别启动Ⅲ级、Ⅳ级应急响应，根据事件影响范围，由事发地县级或市级政府负责指挥应对工作。

对于未达到一般大面积停电事件标准，但对社会产生较大影响的其他停电事件，事发地政府可结合实际情况启动应急响应。

应急响应启动后，可视事件造成损失情况及其发展趋势调整响应级别，避免响应不足或响应过度。

4.2 响应措施

大面积停电事件发生后，相关电力企业和重要电力用户要立即实施先期处置，全力控制事件发展态势，减少损失。各有关政府、部门和单位根据工作需要，组织采取以下措施。

4.2.1 抢修电网并恢复运行

电力调度机构合理安排运行方式，控制停电范围；尽快恢复重要输变电设备、电力主干网架运行；在条件具备时，优先恢复重要电力用户、重要城市和重点地区的电力供应。

电网企业迅速组织力量抢修受损电网设备设施，根据应急指挥机构要求，向重要电力用户及重要设施提供必要的电力支援。

发电企业保证设备安全，抢修受损设备，做好发电机组并网运行准备，按照电力调度指令恢复运行。

4.2.2 防范次生衍生事故

重要电力用户按照有关技术要求迅速启动自备应急电源，加强重大危险源、重要目标、重大关键基础设施隐患排查与监测预警，及时采取防范措施，防止发生次生衍生事故。

4.2.3 保障居民基本生活

启用应急供水措施，保障居民用水需求；采用多种方式，保障燃气供应；组织生活必需品的应急生产、调配和运输，保障停电期间居民基本生活。

4.2.4 维护社会稳定

加强涉及国家安全和公共安全的重点单位安全保卫工作，严密防范和严厉打击违法犯罪活动。加强对停电区域内繁华街区、大型居民区、大型商场、学校、医院、金融机构、机场、城市轨道交通设施、车站、码头及其他重要生产经营场所等重点地区、重点部位、人员密集场所的治安巡逻，及时疏散人员，解救被困人员，防范治安事件。加强交通疏导，维护道路交通秩序。尽快恢复企业生产经营活动。严厉打击造谣惑众、囤积居奇、哄抬物价等各种违法行为。

4.2.5 加强信息发布

按照及时准确、公开透明、客观统一的原则，加强信息发布和舆论引导，主动向社会发布停电相关信息和应对工作情况，提示相关注意事项和安保措施。加强舆情收集分析，及时回应社会关切，澄清不实信息，正确引导社会舆论，稳定公众情绪。

4.2.6 组织事态评估

及时组织对大面积停电事件影响范围、影响程度、发展趋势及恢复进度进行评估，为进一步做好应对工作提供依据。

4.3 自治区层面应对

4.3.1 部门应对

初判发生一般或较大大面积停电事件时，自治区工业和信息化委开展以下工作：

（1）密切跟踪事态发展，督促相关电力企业迅速开展电力抢修恢复等工作，指导督促事发地有关部门做好应对工作；

（2）视情况派出工作组赴现场指导协调事件应对等工作；

（3）根据电力企业和事发地请求，协调有关方面为应对工作提供支援和技术支持；

（4）指导做好舆情信息收集、分析和应对工作。

4.3.2 自治区大面积停电事件应急指挥部应对

初判发生重大或特别重大大面积停电事件时，自治区大面积停电事件应急指挥部根据事件应对工作需要和国务院、国家能源局、国务院工作组、国家大面积停电应急指挥部的决策部署，主要开展以下工作：

（1）传达国务院、国家能源局、国务院工作组、国家大面积停电应急指挥部的指示批示精神，督促事发地政府、有关部门和电力企业贯彻落实；

（2）了解事件基本情况、造成的损失和影响、应对进展及当地需求等，根据事发地和电力企业请求，协调有关方面派出应急队伍、调运应急物资和装备、安排专家和技术人员等，为应对工作提供支援和技术支持；

（3）对跨省级行政区域大面积停电事件应对工作与相关省应急指挥机构进行协调；

（4）组织有关部门和单位、专家组进行会商，研究分析事态，部署应对工作；

（5）根据需要赴事发现场，或派出前方工作组赴事发现场，协调开展应对工作；

（6）研究决定事发地政府、有关部门和电力企业提出的请求事项，重要事项报国家能源局、国务院工作组、国家大面积停电应急指挥部决策；

（7）统一组织信息发布和舆论引导工作；

（8）组织开展事件处置评估；

（9）按照程序及时向国家能源局、国务院工作组、国家大面积停电应急指挥部报告相关情况，对事件处置工作进行总结并报告国家有关部门。

4.4 响应终止

同时满足以下条件时，由启动响应的政府终止应急响应：

（1）电网主干网架基本恢复正常，电网运行参数保持在稳定限额之内，主要发电厂机组运行稳定；

（2）减供负荷恢复80%以上，受停电影响的重点地区、重要城市负荷恢复90%以上；

（3）造成大面积停电事件的隐患基本消除；

（4）大面积停电事件造成的重特大次生衍生事故基本处置完成。

5 后期处置

5.1 处置评估

大面积停电事件应急响应终止后，履行统一领导职责的政府要及时组织对事件处置工作进行评估，总结经验教训，分析查找问题，提出改进措施，形成处置评估报告。鼓励开展第三方评估。

5.2 事件调查

大面积停电事件发生后，根据有关规定成立调查组，查明事件原因、性质、影响范围、经济损失等情况，提出防范、整改措施和处理处置建议。

5.3 善后处置

事发地政府要及时组织制定善后工作方案并组织实施。保险机构要及时开展相关理赔工作，尽快消除大面积停电事件的影响。

5.4 恢复重建

大面积停电事件应急响应终止后，需对电网网架结构和设备设施进行修复或重建的，由自治区人民政府或自治区发展改革委（能源局）根据实际工作需要组织编制恢复重建规划。相关电力企业和受影响区域各级政府应当根据规划做好受损电力系统恢复重建工作。

6 保障措施

6.1 队伍保障

电力企业应建立健全电力抢修应急专业队伍，加强设备维护和应急抢修技能方面的人员培训，定期开展应急演练，提高应急救援能力。事发地各级政府根据需要组织动员其他专业应急队伍和志愿者等参与大面积停电事件及其次生衍生灾害处置工作。军队、武警部队、公安消防等要做好应急力量支援保障。

6.2 装备物资保障

电力企业应储备必要的专业应急装备及物资，建立和完善相应保障体系。自治区有关部门和事发地各级政府要加强应急救援装备物资及生产生活物资的紧急生产、储备调拨和紧急配送工作，保障支援大面积停电事件应对工作需要。鼓励支持社会化储备。

6.3 通信、交通与运输保障

事发地各级政府及通信主管部门要建立健全大面积停电事件应急通信保障体系，形成可靠的通信保障能力，确保应急期间通信联络和信息传递需要。交通运输部门要健全紧急运输保障体系，保障应急响应所需人员、物资、装备、器材等的运输；公安部门要加强交通应急管理，保障应急救援车辆优先通行；根据全面推进公务用车制度改革有关规定，有关单位应配备必要的应急车辆，保障应急救援需要。

6.4 技术保障

电力行业要加强大面积停电事件应对和监测先进技术、装备的研发，制定电力应急技术标准，加强电网、电厂安全应急信息化平台建设。有关部门要为电力日常监测预警及电力应急抢险提供必要的气象、地质、水文等服务。

6.5 应急电源保障

提高电力系统快速恢复能力，加强电网“黑启动”能力建设。自治区有关部门和电力企业应充分考虑电源规划布局，保障各地区“黑启动”电源。电力企业应配备适量的应急发电装备，必要时提供应急电源支援。重要电力用户应按照国家有关技术要求配置应急电源，并加强维护和管理，确保应急状态下能够投入运行。

6.6 资金保障

自治区发展改革委（能源局）、财政厅、民政厅等有关部门和市县政府以及各相关电力企业应按照有关规定，对大面积停电事件处置工作提供必要的资金保障。

7 附则

7.1 预案管理

7.1.1 本预案实施后，自治区工业和信息化委、发展改革委（能源局）要会同有关部门组织预案宣传、培训和演练，并根据实际情况，适时组织评估和修订。

7.1.2 市县人民政府要按照本预案的要求，并结合当地实际制定或修订本级大面积停电事件应急预案，并报上一级电力运行主管部门备案。

7.1.3 自治区各有关部门要按照本预案的要求，完善本部门相关应急预案或应急工作机制，并报自治区工业和信息化委备案。

7.1.4 各电力企业要按照本预案要求，编制完善相应的应急预案，并报自治区工业和信息化委备案。

7.2 预案解释

本预案由自治区工业和信息化委负责解释。

7.3 预案实施时间

本预案自印发之日起施行。

附件 1

广西大面积停电事件分级标准

一、特别重大大面积停电事件

（一）自治区电网：负荷 20000 兆瓦以上时减供负荷 30%以上，负荷 5000 兆瓦以上 20000 兆瓦以下时减供负荷 40%以上。

（二）南宁电网：负荷 2000 兆瓦以上时减供负荷 60%以上，或 70%以上供电用户停电。

二、重大大面积停电事件

（一）自治区电网：负荷 20000 兆瓦以上时减供负荷 13%以上 30%以下，负荷 5000 兆瓦以上 20000 兆瓦以下时减供负荷 16%以上 40%以下，负荷 1000 兆瓦以上 5000 兆瓦以下时减供负荷 50%以上。

（二）南宁电网：负荷 2000 兆瓦以上时减供负荷 40%以上 60%以下，或 50%以上 70%以下供电用户停电；负荷 2000 兆瓦以下时减供负荷 40%以上，或 50%以上供电用户停电。

（三）其他设区市电网：负荷 600 兆瓦以上时减供负荷 60%以上，或 70%以上供电用户停电。

三、较大大面积停电事件

（一）自治区电网：负荷 20000 兆瓦以上时减供负荷 10%以上 13%以下，负荷 5000 兆瓦以上 20000 兆瓦以下时减供负荷 12%以上 16%以下，负荷 1000 兆瓦以上 5000 兆瓦以下时减供负荷 20%以上 50%以下，负荷 1000 兆瓦以下时减供负荷 40%以上。

（二）南宁电网：减供负荷 20%以上 40%以下，或 30%以上 50%以下供电用户停电。

（三）其他设区市电网：负荷 600 兆瓦以上时减供负荷 40%以上 60%以下，或 50%以上 70%以下供电用户停电；负荷 600 兆瓦以下时减供负荷 40%以上，或 50%以上供电用户停电。

（四）县级市电网：负荷 150 兆瓦以上时减供负荷 60%以上，或 70%以上供电用户停电。

四、一般大面积停电事件

（一）自治区电网：负荷 20000 兆瓦以上时减供负荷 5%以上 10%以下，负荷

5000兆瓦以上20000兆瓦以下时减供负荷6%以上12%以下，负荷1000兆瓦以上5000兆瓦以下时减供负荷10%以上20%以下，负荷1000兆瓦以下时减供负荷25%以上40%以下。

（二）南宁电网：减供负荷10%以上20%以下，或15%以上30%以下供电用户停电。

（三）其他设区市电网：减供负荷20%以上40%以下，或30%以上50%以下供电用户停电。

（四）县级市电网：负荷150兆瓦以上时减供负荷40%以上60%以下，或50%以上70%以下供电用户停电；负荷150兆瓦以下时减供负荷40%以上，或50%以上供电用户停电。

上述分级标准有关数量的表述中，“以上”含本数，“以下”不含本数。

附件 2

广西大面积停电事件应急指挥部组成及工作组职责

自治区大面积停电事件应急指挥部主要由自治区发展改革委（能源局）、工业和信息化委、教育厅、公安厅（含消防总队）、民政厅、财政厅、国土资源厅、住房城乡建设厅、交通运输厅、水利厅、林业厅、商务厅、卫生计生委、质监局、新闻出版广电局、安全监管局，自治区网信办，自治区新闻办、应急办，自治区测绘地信局、地震局、气象局，广西海事局，自治区通信管理局，南宁铁路局，广西机场管理集团，广西军区，武警广西总队，国家能源局南方监管局广西业务办，广西电网有限责任公司等部门和单位组成，并可根据应对工作需要，增加事发地政府、其他有关部门和相关电力企业。

自治区大面积停电事件应急指挥部总指挥由自治区分管副主席担任，副组长由自治区人民政府分管副秘书长和相关部门主要领导担任。

自治区大面积停电事件应急指挥部设立相应工作组，各工作组组成及职责分工如下：

一、电力恢复组

组成：由自治区工业和信息化委牵头，自治区发展改革委（能源局）、公安厅（含消防总队）、水利厅、林业厅、安全监管局，自治区测绘地信局、地震局、气象局，广西军区，武警广西总队，广西电网有限责任公司等参加，视情况增加其他电力企业。

主要职责：组织进行技术研判，开展事态分析；组织电力抢修恢复工作，尽快恢复受影响区域供电工作；负责重要电力用户、重点区域的临时供电保障；负责组织跨区域的电力应急抢修恢复协调工作；协调军队、武警有关力量参与应对。

二、新闻宣传组

组成：由自治区新闻办牵头，自治区发展改革委（能源局）、工业和信息化委、公安厅（含消防总队）、新闻出版广电局、安全监管局，自治区网信办，自治区应急办，自治区通信管理局等参加。

主要职责：组织开展事件进展、应急工作情况等权威信息发布，加强新闻宣传报道；收集分析国内外舆情和社会公众动态，加强媒体、电信和互联网管理，正确引导舆论；及时澄清不实信息，回应社会关切。

三、综合保障组

组成：由自治区发展改革委（能源局）牵头，自治区工业和信息化委、教育厅、公安厅（含消防总队）、民政厅、财政厅、国土资源厅、住房城乡建设厅、交通运输厅、水利厅、商务厅、卫生计生委、质监局、新闻出版广电局，自治区通信管理局，南宁铁路局，广西机场管理集团，国家能源局南方监管局广西业务办，广西电网有限责任公司等参加，视情增加其他电力企业。

主要职责：对大面积停电事件受灾情况进行核实，指导恢复电力抢修方案，落实人员、资金和物资；组织做好应急救援装备物资及生产生活物资的紧急生产、储备调拨和紧急配送工作；及时组织调运重要生活必需品，保障群众基本生活和市场供应；维护供水、供气、供热、通信、广播电视等设施正常运行；维护铁路、道路、水路、民航等基本交通运行；组织开展事件处置评估。

四、社会稳定组

组成：由公安厅（含消防总队）牵头，自治区发展改革委（能源局）、工业和信息化委、民政厅、交通运输厅、商务厅、新闻出版广电局，自治区应急办，广西军区，武警广西总队等参加。

主要职责：加强受影响地区社会治安管理，严厉打击借机传播谣言制造社会恐慌，以及趁机盗窃、抢劫、哄抢等违法犯罪行为；加强转移人员安置点、救灾物资存放点等重点地区治安管控；加强对重要生活必需品等商品的市场监管和调控，打击囤积居奇行为；加强对重点区域、重点单位的警戒；做好受影响人员与涉事单位、事发地政府及有关部门矛盾纠纷化解等工作，切实维护社会稳定。

附件 3

广西大面积停电事件各有关部门及单位主要职责

自治区发展改革委（能源局）：负责综合保障组牵头组织运转工作，协调做好社会应急措施落实的综合工作；组织参与各相关应急工作组工作；负责和相关部门按国家、自治区有关规定安排重大灾后重建项目审批；积极向国家发展改革委争取救灾资金支持灾后建设工作。

自治区工业和信息化委：负责履行应急指挥部办公室职责和大面积停电事件应对的具体指导协调和组织管理工作；指导、协调、组织各电力运营突发事件监测、预警及应对工作；负责电力恢复组牵头组织运转工作；组织参与各相关应急工作组工作。

教育厅：负责指导有关学校开展应急处置、学生安抚及校园稳定工作，组织参与各相关应急工作组工作。

公安厅（含消防总队）：负责社会稳定组牵头组织运转工作，组织、指导各级公安机关维护社会治安、交通秩序，做好消防工作；监督指导重要目标、重点部位治安保卫工作；组织参与各相关应急工作组工作。

民政厅：负责协调救灾队伍、救灾资金、救灾装备，了解物资储备情况，指导相关单位启用应急避难场所，协调和指导突发事件中转移安置人员的基本生活救助工作；组织参与各相关应急工作组工作。

财政厅：及时启动财政应急保障预案，负责保障应急救援与抢险、电网大面积停电后恢复等有关经费及时到位，监督、检查应急资金的使用；组织参与各相关应急工作组工作。

国土资源厅：对于自然因素诱发地质灾害引起的大面积停电，负责地质灾害勘察、预警预报，指导、督促有关单位制定地质灾害隐患的监测和防治措施，为救灾抢修提供技术支持；组织参与各相关应急工作组工作。

住房城乡建设厅：负责根据电力运行主管部门发布的预警信息，指导供水企业、供气企业和建筑施工企业及时做好应急处置准备工作；组织协调建设工程抢险队伍；组织参与各相关应急工作组工作。

交通运输厅：负责保障、协调和指导发电燃料、抢险救援物资、必要生活资料等公路运输；疏导公路、城市轨道交通，疏散、安抚滞留旅客；组织参与各相关应急工作组工作。

水利厅：负责协调有关电力企业合理利用水能，向相关部门提供水利信息等技术支持；负责突发事件区域水利设施险情排查、监测和治理工作；组织突发事件江河水情、汛情监测预报，以及引发的洪涝灾害的处置、水利工程的抢险和水毁灾损水利设施的修复等工作；组织参与各相关应急工作组工作。

林业厅：负责指导事发地林业部门加强林场的巡逻工作，协助供电部门清理危及线路安全运行的林木；组织参与各相关应急工作组工作。

商务厅：建立完善自治区本级生活必需品储备制度，负责组织抢险物资及必要生活资料的调运和市场供应，并会同海关、质监、检验检疫等有关部门组织重要商品的进口及口岸检验、检疫工作，组织参与各相关应急工作组工作。

自治区卫生计生委：负责组织协调医疗卫生资源开展伤员抢救、转运和医院收治工作；根据需要及时开展社会防疫工作；组织参与各相关应急工作组工作。

自治区质监局：负责指导事发地有关单位组织开展事故救援，对特种设备进行安全检查，并要求各检验机构做好技术支撑工作；组织参与各相关应急工作组工作。

自治区新闻出版广电局：负责保障广播电视传输播出单位正常运转，引导舆论及时发布处置进展情况；组织参与各相关应急工作组工作。

自治区安全监管局：负责协调有关事故应急工作，指导有关应急安全活动，提出相关处置意见，监督应急措施的落实；组织参与各相关应急工作组工作。

自治区网信办：组织协调开展网络宣传工作，负责指导协调网络舆情信息工作，组织开展网络舆情信息收集、分析、研判和处置，跟踪了解和掌握网络舆情动态。

自治区新闻办：负责新闻宣传组牵头组织运转工作，正确引导舆论，负责指导、协调相关部门做好新闻宣传报道；组织参与各相关应急工作组工作。

自治区政府应急办：负责协调各部门横向协同事务，调配应急资源，组织参与各相关应急工作组工作。

自治区测绘地信局：负责组织提供测绘应急保障；组织参与各相关应急工作组工作。

自治区地震局：对于地震引起的大面积停电，负责地震灾害强度、方位、范围等信息测定，协同国土资源厅为电力企业等相关单位提供地质灾害预警信息；组织参与各相关应急工作组工作。

自治区气象局：负责向自治区人民政府气象防灾成员单位及公众发布气象预警信息。同时密切关注未来天气情况，并全力配合相关部门做好公共气象服务；组织参与各相关应急工作组工作。

广西海事局：负责监控各港水上通航动态，加强应急值守，确保各港水上通航秩序正常；保障、协调和指导发电燃料、抢险救援物资、必要生活资料等的海上及内河的运输；组织参与各相关应急工作组工作。

自治区通信管理局：负责组织协调通讯运营企业做好公用通信网应急通信保障工作，保障各级停电事件状态下应急处理、事故救援等的通讯畅通，组织参与各相关应急工作组工作。

南宁铁路局：负责组织铁路系统的应急处置，保障、协调和指导发电燃料、抢险救援物资、必要生活资料等铁道运输；疏导铁道交通，组织疏散、引导和安抚滞留旅客；组织参与各相关应急工作组工作。

广西机场管理集团：负责维护民航基本交通正常运行，组织航空机场的应急处置，保障、协调和指导应急救援物资、装备和人员的航空运输，组织疏散、引导和安抚滞留旅客；组织参与各相关应急工作组工作。

广西军区：负责调集所属部队、组织民兵和预备役部队参与应急救援行动；组织参与各相关应急工作组工作。

武警广西总队：协同有关方面保卫重要目标，制止违法行为，开展人员搜救、维护社会治安和疏散转移群众等工作；组织参与各相关应急工作组工作。

国家能源局南方监管局广西业务办：负责突发事件应急处置的监督、指导与协调；组织参与各相关应急工作组工作。

广西电网公司：成立本企业大面积停电应急指挥机构，负责本企业的事故抢修和应急处理工作；按照自治区和企业上级应急指令统一指挥调度管辖范围内的电网事故处理，控制事故范围，保证主网安全，恢复电网供电；广西电网电力调度控制中心电网调度工作按照《电网调度管理条例》及相关规程执行；组织参与各相关应急工作组工作。

事发设区市人民政府：是本市大面积停电突发事件应急处置组织实施的责任主体，在自治区大面积停电应急指挥的统一领导下，组织、协调、指挥本辖区内应急处置工作。

事发地县级政府：在自治区大面积停电应急指挥的统一领导下，负责配合做好人员疏散安置、后勤保障和其他相关工作。

其他电力企业：负责建立和完善本单位突发大面积停电事件应急机制；负责本单位大面积停电情况下组织现场电力应急抢修，及时恢复供电；组织参与各相关应急工作组工作。

海南省大面积停电事件应急预案

（琼府办〔2017〕71 号）

目　　录

1 总则

1.1 编制目的

建立健全大面积停电事件应对工作机制，提高应对处置工作效率，最大限度地减少人员伤亡和财产损失，维护公共安全和社会稳定。

1.2 编制依据

依据《中华人民共和国突发事件应对法》《中华人民共和国安全生产法》《电力安全事故应急处置和调查处理条例》《国家大面积停电事件应急预案》《海南省人民政府突发公共事件总体应急预案》《海南省生产安全事故灾难应急预案》《海南省突发事件预警信息发布管理暂行办法》等法律法规及有关规定，制定本预案。

1.3 适用范围

本预案所称的大面积停电事件是指由于自然灾害、外力破坏和电力安全事故等原因造成海南电网大量减供负荷，对我省公共安全、社会稳定以及人民群众生产生活造成影响和威胁的停电事件。

本预案适用于我省行政区域内发生的大面积停电事件应对工作。

1.4 工作原则

大面积停电事件应对工作坚持统一领导、综合协调、属地为主、分工负责、保障民生、维护安全，全社会共同参与的原则。大面积停电事件发生后，县级以上地方人民政府及其有关部门、电力企业、重要电力用户应立即按照职责分工和相关预案开展处置工作。

1.5 预案关系

本预案为《海南省人民政府突发公共事件总体应急预案》的组成部分，属事故灾难类专项预案之一，衔接《国家大面积停电事件应急预案》。

当与台风、地震等其他突发公共事件发生耦合，符合两个以上专项预案启动响应条件时，应按照响应启动顺序先后、事件影响范围大小的原则确定主要预案，电力应急响应要在主要预案确定的指挥组织下配合开展相关工作。

当主要预案响应等级低于停电事件响应等级时，应及时转换应急工作重点、调整应急指挥组织，并按照本预案要求开展相关应对工作，直至大面积停电事件响应结束。

1.6 事件分级

按照事件严重性和受影响程度，大面积停电事件分为特别重大、重大、较大和一般四级。分级标准见附件1。

2 组织体系

2.1 省级指挥机构

2.1.1 省应急领导小组

当发生重大、特别重大大面积停电事件时，由省政府成立大面积停电事件应急领导小组（以下简称“省应急领导小组”），负责领导、组织和指挥大面积停电事件应对工作。超出省政府处置能力的事件，按有关程序报请国务院支援。当国家成立大面积停电事件应急指挥部时，省应急领导小组按照国家应急指挥部的要求完成相关应对工作。

省应急领导小组组长由省政府分管副省长担任，副组长由省政府分管副秘书长，省工业和信息化厅、省应急管理办公室、国家能源局南方监管局海南业务办、海南电网公司主要负责人担任。

成员包括：省工业和信息化厅、省应急管理办公室、国家能源局南方监管局海南业务办、省委宣传部、省发展改革委、省旅游委、省政府金融办、省财政厅、省教育厅、省文化广电出版体育厅、省卫生计生委、省公安厅、省民政厅、省国土资源厅、省住房城乡建设厅、省交通运输厅、省商务厅、省水务厅、省林业厅、省生态环境保护厅、省安全生产监督管理局、省通信管理局、省气象局、省政府民航工作办公室、民航海南安全监督管理局、海南省武警总队、海南省公安消防总队、粤海铁路有限责任公司、海南港航控股有限公司、海南电网公司、华能海南发电股份有限公司、国电集团海南分公司、海南昌江核电有限公司等有关单位负责人。

各成员单位按照省应急领导小组的统一部署和职责分工，共同做好应急处置工作。

1. 省工业和信息化厅：负责指导、协调电力企业做好抢修复电工作，保障煤、电、气等重要生产要素供应；必要时，指导省无线电监督管理局调用应急无线电频率，保障无线电通信的顺畅。

2. 省应急管理办公室：负责指导应急信息报送，确保信息发布的一致性和权威性；协调相关部门协同处置突发事件，共同做好大面积停电事件的应对。

3. 国家能源局南方监管局海南业务办：负责协调电力企业做好大面积停电事件应对工作，为电力应急处置工作提供技术支持和指导，必要时，向国家能源局南方监管局申请支援。

4. 省委宣传部：负责突发事件信息发布、舆论引导工作，规范报道突发事件应急处置情况，协调解决信息发布、新闻报道中出现的问题。

5. 省发展改革委：负责协调电力企业设施修复项目计划安排，组织做好储备粮食、食用油调拨和供应工作。指导省物价局做好市场价格巡查，重点检查粮、油、肉、蔬菜、饮用水等生活必需品，必要时采取价格应急干预措施。

6. 省旅游委：负责游客紧急疏散和安置，指导景区做好安全应急和隐患排查；协助相关部门做好救援队伍的住宿安排。

7. 省政府金融办：负责指导大面积停电衍生的金融突发事件应对工作；协助

和支持人民银行海口中心支行共同防范、处置、化解大面积停电造成的金融风险问题。

8．省财政厅：负责统筹安排大面积停电应急资金。

9．省教育厅：负责指导各级学校做好校园的安全保卫和维护稳定工作；必要时，协调全省教育系统充分整合各种应急资源，协助做好应急处置工作。

10．省文化广电出版体育厅：负责保障广播电视信号的正常传输，配合做好舆论宣传工作。必要时，启用应急广播。

11．省卫生计生委：负责保障医疗卫生救援，根据应急工作需要，组织开展饮用水水质监测、消毒和疾病预防控制。

12．省公安厅：负责维护社会治安和公共秩序，疏导公共交通，做好消防指导和信息网络安全监察工作。

13．省民政厅：负责临时应急安置点的管理和受灾群众基本生活救助工作。

14．省国土资源厅：负责地质灾害的监测、预警和风险评估，及时提供相关灾情信息。

15．省住房城乡建设厅：负责协调做好城市主干道路的路障清理，保障排污设施的正常运转，指导恢复市政照明。

16．省交通运输厅：负责协调应急运输工具，抢修交通中断道路，保障应急物资的公路、水路运输，及时疏散滞留旅客。

17．省商务厅：负责保障成品油正常供应和居民生活必需品的应急调度，做好重要消费品储备管理和市场调控工作。

18．省水务厅：负责保障城市应急供水，做好威胁电力设施的水文监测、旱情预报、洪水预警等工作。

19．省林业厅：负责协调影响电力抢修及电力运行安全的超高林木砍伐工作，做好森林火险的预警与风险评估。

20．省生态环境保护厅：负责重大污染源的环境安全隐患排查和应急水源水质监测与保护，做好环境污染事件的防范工作。

21．省安全生产监督管理局：负责监督检查工矿商贸行业重大事故隐患排查治理，协调、指导安全生产事故应急救援。

22．省通信管理局：负责协调电信、移动、联通和铁塔等基础电信企业开展应急抢修和通信保障工作。

23．省气象局：负责气象监测、气象灾害预警及风险评估。

24．民航海南安全监督管理局：负责协调、指导辖区机场做好突发事件应对工作，检查督促辖区民航相关单位疏导机场滞留旅客，保障抢险物资及必要生活资料的航空运输；省政府民航工作办公室：负责协调相关部门和单位协助做好应急处置工作。

25．海南省武警总队：根据应急需要，负责组织部队参与应急救援；必要时，配合相关单位维护当地社会秩序。

26．海南省公安消防总队：负责消防和应急救援，根据需要配合相关部门开展应急处置工作。

27．粤海铁路有限责任公司：负责组织疏导火车站滞留旅客，保障发电燃料、抢险物资、必要生活资料等的铁路运输。

28．海南港航控股有限公司：负责组织港口旅客疏运，保障各类应急物资的海上运输。

29．电力企业（包括海南电网公司、各发电企业在琼公司等，下同）：负责维护电力系统安全、电力设施应急抢修，保障电力稳定供应；做好电站大坝的巡查防护，及时报告险情。

2.1.2 省应急领导小组办公室

省应急领导小组办公室设在省工业和信息化厅，负责省应急领导小组日常工作。办公室主任由省工业和信息化厅分管副厅长担任，副主任由海南电网公司副总经理、省工业和信息化厅经济运行处处长担任。办公室主要职责：督促各相关单位和企业，落实领导小组部署的各项任务；跟踪事态发展情况，及时向领导小组报告应急处置和供电恢复情况，提出有关工作建议；协调各方协同开展处置工作，督促成员单位建立有效的应急联动机制；按照授权做好信息发布、舆论引导和舆情应对工作；承办应急领导小组交办的其他工作。

当发生一般、较大大面积停电事件时，根据省领导指示或应急工作需要，可由省应急领导小组办公室牵头组织相关成员单位建立省级工作组，指导、协助事发地政府开展应对工作。

2.2 地方指挥机构

当发生一般、较大大面积停电事件时，由事发地县级以上人民政府应急处置指挥机构负责指挥组织相关应对工作。若事发地人民政府处置能力不够或发生跨行政区域的大面积停电事件时，事发地人民政府根据需要，按程序报请省政府支援。县级以上人民政府应结合本地实际，建立大面积停电事件应急处置指挥机构。

2.3 现场指挥机构

当发生重大以上突发事件时，省应急领导小组可以根据实际需要成立现场指挥部，负责现场组织指挥工作。参与现场处置的有关单位和人员应当按照现场指挥部的统一部署开展应对工作。

2.4 电力企业

电力企业要建立健全大面积停电事件应急指挥机构，在政府应急指挥机构统一领导下开展大面积停电事件应对工作。

3 风险分析与情景构建

3.1 风险分析

3.1.1 自然灾害

海南省属热带风暴、暴雨、雷电、龙卷风、洪涝等气象灾害易发地区；地处复杂的地质构造带，具有发生强震的构造背景；森林覆盖率达 62.1%，发生重大森林火灾的可能性很大；中部山区存在山体崩塌、滑坡、泥石流等地质灾害，以上自然灾害均可能触发全省大面积停电事件。

3.1.2 外力破坏

工程施工触碰高压线塔，大型机械误挖埋地电缆，盗窃或蓄意破坏电力设施等均可能导致电网关键设备出现故障，引发大面积停电事件发生。

3.1.3 电力事故

海南电网主网架薄弱，部分重要高压线路和主变等元件出现故障跳闸，电网不能满足 N—1 要求；西电南送、北送断面故障引发其他线路连锁跳闸，重要线路保护拒动，导致系统稳定破坏；单机容量占统调负荷比例过大，“大机小网”问题突出，若同时或相继发生两台及以上机组故障跳闸，电网安稳系统或低频减载装置拒动，引发系统频率破坏甚至全网瓦解；以上情况下，均可能造成电网大面积停电事件发生。

3.2 情景构建

大面积停电事件威胁社会公共秩序，影响城市生命线系统的正常运转和居民生活必需品的正常供应，造成重大次生衍生事故发生。主要影响领域可能触发的典型社会情景有：

（1）海南电网系统失稳解列，输配电设施遭受严重损毁；停电导致通信中断，电力调度机构之间指令传递受阻，电力企业应急指挥中心与政府应急指挥机构之间通信不畅。

（2）应急指挥机构：停电导致通信中断，党政军机关等各级应急指挥机构之间联系受阻；安保系统功能失效。

（3）给排水：城市居民生活用水无法正常供应，重要通信枢纽机房空调水冷系统因缺水无法正常运转，城市排水、排污系统因停电瘫痪，引发城市内涝及环境污染等次生灾害。

（4）供油：加油站销售系统因停电无法使用，车辆加油业务被迫停止。

（5）供气：加气站销售系统因停电导致无法使用，车辆加气业务被迫停止。生产企业和管输企业因停电被迫停止天然气供应，影响用气企业生产和居民生活。

（6）通信：停电、停水导致通信枢纽机房、大部分基站停运，公网通信大面积中断。

（7）道路交通：城市交通监控系统及指示灯停止工作，造成道路交通拥堵；应急车辆通行困难，应急物资运输受阻。

（8）民航：大量乘客滞留机场，乘客因航班延误与机场管理人员发生冲突；重要应急救灾物资运输受阻。

（9）铁路：铁路调度系统、安检系统、售票系统、检票系统无法正常运转；列车停运，车站滞留大批旅客，引发治安问题；应急物资运输受阻。

（10）港口：调度系统、信号系统停止工作，船舶停运后乘客大量聚集，引发治安问题；应急物资运输受阻。

（11）商业：大型商场、游乐园等人员聚集区，紧急疏散过程中发生挤压、踩踏，出现人员伤亡事件；长时间停电导致生活必需品紧缺，不法分子造谣惑众、哄抬物价。

（12）教育：长时间停电、停水影响学校教学、生活秩序，影响重要考试，诱发不稳定事件。

（13）金融：金融机构之间通信中断，无法进行结算及其他相关业务；安保系统受到影响。

（14）企业：石油、化工等企业生产中断，甚至引发爆炸和泄露有毒物质等安全生产事故。

（15）新闻舆论：广播电视信号传输中断，影响应急信息发布，造成信息不对称，引发社会恐慌。

（16）医疗卫生：长时间停电难以保证手术室、重病监护室、产房等重要场所及相关设施设备持续供电，病人生命安全受到威胁；医院结算系统、医保系统、售药系统因停电无法正常使用；低温储存的药品因冷库停电面临报废危险。

4 监测预警和信息报告

4.1 监测预警

电力企业要加强重要输变电设备、发电燃料供应、水电站大坝运行情况的监测，及时评估各类情况对电力运行可能造成的影响。

电力企业研判可能发生大面积停电事件时，要及时将有关情况报告受影响区域的地方人民政府电力运行主管部门、省工业和信息化厅、国家能源局南方监管局海南业务办，提出预警信息发布建议，并视情通知重要电力用户。

受影响区域的地方人民政府电力运行主管部门对预警信息分析评估后，必要时报请当地人民政府批准后，按规定程序向社会公众发布预警。

当可能发生重大以上大面积停电事件时，省工业和信息化厅对预警信息分析评估后，必要时应按照《海南省突发事件预警信息发布管理暂行办法》有关规定，报请省政府批准后，向社会公众发布预警。特别重大大面积停电事件经省应急委主任（省长）或副主任（常务副省长）同意后，以省政府名义对外发布；重大大面积停电事件经省应急领导小组组长（分管副省长）同意后，以大面积停电事件应急领导小组名义对外发布。

4.2 预警行动和解除

预警信息发布后，电力企业要加强设备巡查检修和运行监测，采取有效措施控制事态发展，并提前做好应急人员和物资的调配工作；重要电力用户要结合实际，采取应急措施保障停电情况下的设备安全。供水、供油、通信、医疗等特殊行业，还要采取措施确保停电情况下业务正常开展的可持续性。受影响区域的地方人民政府要启动应急联动机制，组织公安、交通、通信、供电、供水、供油、供气等单位，做好应急联动准备；同时，加强舆情监测，做好舆论引导。

根据事态发展，当判断不可能发生大面积停电事件或者大面积停电风险已经消除时，按照“谁发布，谁解除”的原则，由发布单位解除预警，终止相关措施。

4.3 信息报告

发生大面积停电事件后，电网企业应将影响范围、停电负荷、停电用户数、重要电力用户停电情况、事件级别、可能延续停电时间、先期处置情况、事态发展趋势等信息向受影响区域的地方人民政府电力运行主管部门、省工业和信息化厅、国家能源局南方监管局海南业务办报告。

事发地人民政府电力运行主管部门接到大面积停电事件信息后，对大面积停电事件的性质和级别做出初步认定，向同级人民政府和省工业和信息化厅报告。事发地人民政府接到信息后，应按规定程序向省政府报告。

省工业和信息化厅接到大面积停电事件报告后，应及时报告省应急领导小组，并按规定将有关情况上报省政府和通报各成员单位。对初判为重大以上的大面积停电事件，省政府按规定程序立即向国务院报告。

5 应急响应

5.1 响应分级

根据大面积停电事件的严重程度和发展态势，将应急响应分为Ⅰ级（特别重大）、Ⅱ级（重大）、Ⅲ级（较大）和Ⅳ级（一般）。

5.1.1 Ⅰ、Ⅱ级响应

初判发生特别重大、重大大面积停电事件时，由省应急领导小组组长决定启动Ⅰ、Ⅱ级响应。启动响应后，省应急管理办公室通过省突发公共事件应急平台向小组成员单位和受影响区域的市县人民政府发布启动指令；省工业和信息化厅立即召集省应急管理办公室、国家能源局南方监管局海南业务办、海南电网公司主要负责人和省交通运输厅、省公安厅、省通信管理局等单位负责人按指令规定迅速赶赴省应急办指挥中心（海口市国兴大道9号省政府办公楼10楼），组成临时指挥部。分析研判有关形势后，临时指挥部就有关重大问题作出决策和部署，并视情通知其他成员单位赶赴省应急办指挥中心。

省应急领导小组主要开展的工作有：

（1）听取受影响区域地方人民政府、成员单位汇报停电影响情况；

（2）组织成员单位进行会商，对事件影响及其发展趋势进行综合评估并部署相关工作；

（3）作出重大决策部署，并督促受影响区域的地方人民政府、各成员单位及电力、通讯、交通、供水、供油等企业贯彻落实；

（4）向国务院工作组或国家大面积停电事件应急指挥部汇报有关应对情况；

（5）统一组织信息发布和舆论导向工作。

5.1.2 Ⅲ、Ⅳ级响应

初判发生较大、一般大面积停电事件，由受影响区域地方人民政府决定启动Ⅲ、Ⅳ级应急响应。根据事件影响范围，组织相关单位进行分析研判，对事件及其发展趋势进行综合评估，统一领导指挥应对工作。

必要时，省应急领导小组办公室派出省级工作组，负责指导和协助当地政府开展应急处置工作。省级工作组主要开展的工作有：

（1）了解事件基本情况、影响范围、造成损失、应对开展及需求等，根据受影响区域地方人民政府请求，协调相关单位增援应急队伍、物资和装备，提供应急专家和技术支持等；

（2）传达省应急领导小组的有关指示，督促受影响区域人民政府和省应急领导小组成员单位，以及电力、通讯、供水、供油等企业贯彻落实；

（3）指导做好舆情信息收集、分析、研判和引导工作；

（4）向省应急领导小组报告有关情况。

5.1.3 当发生跨行政区域的大面积停电事件时，由省应急领导小组协调开展大面积停电事件对应工作。

5.1.4 对于未达到一般等级、但对社会产生较大影响的其他停电事件，事发地人民政府视情启动应急响应。

5.1.5 应急响应启动后，可视事件造成损失情况及其发展趋势调整响应级别，避免响应不足或响应过度。

5.2 工作机制

5.2.1 协同处置应急机制

省应急领导小组成员单位之间应建立协同处置应急机制，实现信息和资源的共享。电力企业要畅通与气象、林业、地震等部门的信息沟通渠道，供水、供气、供油、通信、供电等企业之间要建立协同处置应急机制，强化部门之间、企业之间和部门与企业之间的联合应急意识，提高应急处置效率。

5.2.2 跨区域应急合作机制

市县人民政府应按照“相邻就近”的原则，建立交通运输、供油供气、卫生医疗、公安消防等行业和部门的跨区域应急联动合作和信息共享机制，强化沟通协调和支持配合，提升处置效率。

5.3 响应措施

5.3.1 抢修电网并恢复运行

（1）基本响应

电力调度机构通过合理调整系统运行方式，尽快恢复并保持系统稳定运行，控制停电影响范围。条件具备时，优先恢复重要输变电设备和电网主网架运行，尽快恢复党政军重要部门、应急指挥中心、重要通信机楼、医院等重要电力用户和中心城区的电力供应。在核电厂丧失场外电时，应优先恢复核电厂供电。

电网企业迅速组织应急救援队伍、应急物资装备及移动应急电源，做好抢修准备。具备抢修条件时，当启动Ⅲ、Ⅳ级应急响应后，电网企业要力争在2天内恢复城区供电、3天内恢复乡镇供电、5天内恢复村供电；当启动Ⅰ、Ⅱ级响应后，电网企业要力争在3天内恢复城区供电、5天内恢复乡镇供电、7天内恢复村供电。发电企业抢修受损设备后，要做好机组并网运行准备，按照调度指令恢复运行。

（2）联动协同

省工业和信息化厅负责牵头电力抢修联动协同工作。重点协同单位包括通信、交通、公安、林业、市政等部门及基础电信、电力、供油等相关企业。国家能源局南方监管局海南业务办负责协调、指导、督促电力企业开展应急处置，尽快恢复损毁电力设施及电力供应。

电力企业抢修过程中，遇有通信中断、交通堵塞、道路受阻、树障清理、燃料供应困难等情况时，及时通报相关协同单位联合处置。必要时，电力企业可将有关情况报省应急领导小组协调解决。

5.3.2 保障重要电力用户用电

（1）基本响应

重要电力用户迅速启动自备应急电源，立即开展本单位重大危险源、重点区域、关键设备的安全监测和隐患排查，及时采取防范措施，防止发生次生衍生事故。

（2）联动协同

重要电力用户负责建立本单位与电力、供油等企业的联动应急机制。当自备应急电源发生设备故障或燃料供应不足时，应及时向相关电力、供油企业申请支援。必要时，电力企业根据各级人民政府应急工作部署，统筹安排移动应急电源予以支援。

5.3.3 保障居民基本生活

（1）基本响应

水务部门启用应急供水措施，协调环卫、市政、消防等部门利用应急供水车、洒水车、消防车向应急避难所、临时安置点、医院、学校等重要场所提供临时用水，保障居民基本用水需求；城市燃气供应企业启用自备应急电源保障居民燃气正常供应。

商务部门、物价部门加强食品和生活用品的市场消费和价格监测，必要情况下实行政府干预，调拨应急生活物资，确保市场平稳；食品药品监管部门做好食品卫生监管，卫生部门做好防疫工作，防止停电区域发生传染病。

道路管理部门、市政管理部门组织力量及时清理路障，公安部门负责维护交通秩序和公共治安，民政部门启用应急避难场所，安置受灾群众，发放基本生活必需品。

（2）联动协同

省发展改革委负责牵头保障居民基本生活联动协同工作。重点协同单位一般包括工信、住建、民政、商务、消防、物价、交通、卫生等部门及供水、供气、供油、生活物资生产等企业。各部门和企业要相互配合，协同开展应急处置工作，及时解决食品、饮用水供应和医疗卫生、临时安置等问题，保障居民基本生活需求。处置过程中遇到困难时，可上报省应急领导小组协调解决。

5.3.4 维护社会稳定

（1）基本响应

公安部门及时抽调警力，加强党政军重要单位和金融机构的安全保卫，配合港口、铁路、民航、车站等部门，帮助疏散人员；加强大型商场、繁华街区、医院、学校、应急避难场所等地方的治安管理；交警部门加强道路交通疏导，维护公共交通秩序；消防部门做好应急准备，配合质监部门解救被困电梯人员或配合卫生部门抢救衍生事故中的受伤人员。必要情况下，公安部门要配合电力企业维护抢修施工秩序，打击阻挠施工和偷窃行为。

物价部门会同工商、食品药品监管、公安部门，组织开展市场价格异常波动应急检查，打击市场哄抬物价行为。金融管理部门要支持银行、证券、期货、保险等金融机构及时防范、处置、化解大面积停电事件引发的金融交易问题。

（2）联动协同

省公安厅负责牵头维护社会稳定联动协同工作。重点协同单位一般包括安监、物价、民政、商务、旅游、消防、交通、金融等部门及公路、铁路、港口、民航等运输企业。对大面积停电事件引发的社会秩序混乱、群众疏散困难等问题及造谣惑众、囤积居奇等违法行为，各部门和单位要协同应对，及时处置，共同维护社会稳定。

5.3.5 加强信息发布

（1）基本响应

根据省应急领导小组的决定，宣传部门、新闻出版广播电视部门及时组织媒体发布相关信息。工信部门负责提供停电影响情况和电力抢修进展情况信息；民政部门负责提供应急避难所和临时安置点的相关信息；交通部门负责提供公路、港口、铁路、民航等运营信息。

（2）联动协同

省委宣传部负责牵头信息发布协同工作。重点协同的单位一般包括新闻出版广播电视、工信、发改、公安、民政、旅游等部门和通信、供电、供水、供气等企业。新闻出版广播电视和通信管理部门要保障信息发布渠道的畅通。各单位在信息发布过程中遇到困难或把握不准的问题，可上报宣传部门统筹协调解决。

5.3.6 组织事态评估

应急指挥机构要及时组织有关单位和企业对大面积停电事件的影响范围、影响程度、发展趋势以及恢复进度进行评估，为进一步做好应对工作提供依据。

5.4 响应终止

同时满足以下条件时，由启动应急响应的应急指挥机构决定终止响应：

（1）电网主干网架基本恢复正常，电网运行参数保持在稳定限额之内，主要发电厂机组稳定运行；

（2）减供负荷恢复 80%以上，受停电影响的重点区域、重要城市负荷恢复 90%以上；

（3）造成大面积停电事件的隐患基本消除；

（4）重特大次生衍生事故基本处置完成。

6 后期处置

6.1 善后处置

事发地人民政府要及时组织制订善后工作方案并组织实施，协调相关保险机构及时开展理赔工作，尽快消除大面积停电事件的影响。

6.2 事件调查

特别重大停电事件由国务院或者国务院授权的部门负责组织事故调查，重大停电事件由国家能源局负责组织事故调查，较大、一般停电事件由国家能源局南方监管局负责组织事故调查。国家能源局认为有必要的，可组织事故调查组对较大停电事件进行调查。未造成供电用户停电的一般停电事件，国家能源局南方监管局可委托事发单位调查处理。

6.3 处置评估

应急响应终止后，启动响应的地方人民政府要及时组织开展本行政区域的应急处置评估工作，总结经验教训，分析查找问题，提出改进措施，形成处置评估报告。

6.4 恢复重建

大面积停电事件应急处置工作结束后，根据实际工作需要，由省发展改革委负责组织编制电力设施恢复重建规划。相关电力企业和事发地人民政府应当按照规划做好受损电力系统恢复重建工作。

7 应急保障

7.1 队伍保障

电力企业应建立健全电力抢修应急专业队伍，加强应急专业技能培训，定期组织开展相关应急演练，提高应急救援能力。地方人民政府应建立高效的军地应急联动机制，快速调动军队、武警、消防等多种应急力量支援；完善志愿者管理相关制度，鼓励社会力量参与应急处置。

7.2 物资保障

电力企业应储备必要的应急专业设备和物资，并加强日常维护和保养；建立健全电力应急物资保障体系，与相关生产企业建立有效的应急物资调配机制，确保“调之即来，来之可用”。各级政府有关部门要建立应急物资储备制度，加强应急生活物资储备，确保满足应急状态下人民生活的基本需求；配备必要的应急车辆和卫星电话，保障应急救援需求。

7.3 技术保障

电力企业要加强电网风险管控和监测技术装备的研发应用，制定应急技术标准，及时开展应急能力评估；加强与政府应急平台的互联互通，实现信息共享，及时掌握气象、地震等灾情对电力运行的影响。

7.4 电源保障

省发展改革委要做好应急电源规划布局，加强电网“黑启动”能力建设，增强电力系统快速恢复能力。重要电力用户应按照有关技术要求配置合格的应急电源，做好日常运维管理，确保应急状态下能够正常使用。电网企业应加强对重要电力用户自备应急电源安全使用的技术指导，为下属市县供电局配备适量的移动应急电源。

7.5 资金保障

各级财政部门及相关电力企业按照有关规定，为大面积停电事件应对工作提供必要的资金保障。

8 附则

8.1 预案管理

本预案实施后，省工业和信息化厅要会同有关部门组织预案宣传、培训和演练，并根据实际情况，适时组织评估和修订。市县人民政府、有关电力企业要结合本地、本单位实际制定或修订本级大面积停电应急预案。

8.2 预案解释

本预案由省工业和信息化厅负责解释。

8.3 预案实施时间

本预案自印发之日起实施。

附件 1

海南省大面积停电事件分级标准

一、特别重大大面积停电事件

全省电网减供电负荷 60%以上。

二、重大大面积停电事件

1．全省电网减供负荷 50%以上 60%以下；

2．海口市电网减供负荷 40%以上或供电用户停电 50%以上；

3．三亚市电网减供负荷 60%以上或供电用户停电 70%以上。

三、较大大面积停电事件

1．全省电网减供负荷 20%以上 50%以下；

2．海口市电网减供负荷 20%以上 40%以下；或供电用户停电 20%以上 50%以下；

3．三亚市电网减供负荷 40%以上 60%以下；或供电用户停电 50%以上 70%以下；

4．其他设区的市减供负荷 60%以上；或 70%以上供电用户停电。

四、一般大面积停电事件

1．全省电网减供负荷 10%以上 20%以下；

2．海口市电网减供负荷 10%以上 20%以下；或供电用户停电 15%以上 30%以下；

3．三亚市电网减供负荷 20%以上 40%以下；或供电用户停电 30%以上 50%以下；

4．省内其他市县网减供负荷 40%以上或 50%；或供电用户停电 50%以上。

注：1．符合本表所列情形之一的，即构成相应等级的电力安全事故。

2．本表中所称的“以上”包括本数，“以下”不包括本数。

附件 6

海南省大面积停电事件预警信息发布审批表

单位名称（盖章）：海南省工业和信息化厅　　　　日期：××年××月××日

<table>
<tr><td rowspan="9">预警信息发布单位</td><td>信息标题</td><td>海南省大面积停电事件××级应急响应</td></tr>
<tr><td>预警信息类别</td><td>自然灾害事件</td></tr>
<tr><td>发布时间及周期</td><td>××年××月××日起，预计持续××天××小时</td></tr>
<tr><td>预警级别及依据</td><td>海南省大面积停电事件××级应急响应；依照《海南省大面积停电事件应急预案》有关规定，海口市电网损失负荷达 40%, 即构成海南省××级大面积停电事件</td></tr>
<tr><td>预警信息传播方式</td><td>电视 / 网络 / 广播 / 短信 / 报纸等</td></tr>
<tr><td>预警信息发布的文字内容</td><td>××月××日时，××原因造成海南电网或××市电网减供负荷比例达到××%，构成海南省××级大面积停电事件，现启动海南省大面积停电事件××级应急响应。请有关单位、企业和个人做好应急准备。</td></tr>
<tr><td>可能产生的社会经济影响</td><td>大面积停电可能导致通信、给排水、油气供应、道路交通中断，民航、铁路、港口停运等或其他衍生事故，影响城市正常运转和生活必需品供应</td></tr>
<tr><td>咨询电话</td><td></td></tr>
<tr><td>负责人意见
（签字）</td><td></td></tr>
<tr><td colspan="2">省应急委审批意见</td><td></td></tr>
<tr><td colspan="2">省发布中心发布时间</td><td></td></tr>
<tr><td colspan="2">备注</td><td></td></tr>
</table>

附件 7

海南省大面积停电事件预警信息解除审批表

单位名称（盖章）：海南省工业和信息化厅　　　　　　日期：××年××月××日

<table>
<tr><td rowspan="8">预警信息解除发布单位</td><td>信息标题</td><td>海南省大面积停电事件××级应急响应</td></tr>
<tr><td>当前预警信息类别</td><td>自然灾害事件</td></tr>
<tr><td>解除发布时间</td><td>××年××月××日××时起</td></tr>
<tr><td>预警信息传播方式</td><td>电视／网络／广播／短信／报纸等</td></tr>
<tr><td>预警信息解除原因</td><td>截止到××月××日××时，海口地区电力减供负荷已恢复 95%以上。依照《海南省大面积停电事件应急预案》有关规定，建议解除大面积停电事件××级应急响应。</td></tr>
<tr><td>预警信息解除的文字内容</td><td>××月××日××时，海南电网主要跳闸线路已恢复运行，停电负荷已恢复至事故前的 95%，现解除海南省大面积停电事件××级应急响应。请有关单位、企业和个人做好灾后恢复工作。</td></tr>
<tr><td>咨询电话</td><td></td></tr>
<tr><td>负责人意见
（签字）</td><td></td></tr>
<tr><td colspan="2">省应急委审批意见</td><td></td></tr>
<tr><td colspan="2">省发布中心发布时间</td><td></td></tr>
<tr><td colspan="2">备注</td><td></td></tr>
</table>

重庆市大面积停电事件应急预案

（渝府办发〔2016〕149号）

目　录

1 总则

1.1 编制目的

健全大面积停电事件应对工作机制，科学高效快速处理我市大面积停电事件，最大程度预防和减少大面积停电事件及其造成的影响和损失，维护社会安全和稳定。

1.2 编制依据

依据《中华人民共和国突发事件应对法》《中华人民共和国安全生产法》《中华人民共和国电力法》《生产安全事故报告和调查处理条例》《电网调度管理条例》《电力监管条例》《电力安全事故应急处置和调查处理条例》《电力供应与使用条例》《国家突发公共事件总体应急预案》《国家大面积停电事件应急预案》《重庆市突发事件应对条例》《重庆市突发事件总体应急预案》《重庆市突发事件应急预案管理办法》《重庆市突发事件预警信息发布管理办法》及相关法律法规等，制定本预案。

1.3 适用范围

本预案适用于重庆市行政区域内发生的大面积停电事件应对工作。

大面积停电事件是指由于自然灾害、电力安全事故和外力破坏等原因造成重庆电网大量减供负荷，对国家安全、社会稳定以及人民群众生产生活造成影响和威胁的停电事件。

1.4 工作原则

坚持统一领导、综合协调，属地为主、分工负责，保障民生、维护安全，保障重点、依靠科技，全社会共同参与的原则。

1.5 事件分级

根据《国家大面积停电事件应急预案》等有关规定，按照事件严重性和受影响程度，大面积停电事件分为特别重大、重大、较大和一般四级。

1.5.1 特别重大大面积停电事件

（1）重庆市主网减供负荷50%以上。

（2）重庆市主网60%以上供电用户停电。

1.5.2 重大大面积停电事件

（1）重庆市主网减供负荷20%以上50%以下。

（2）重庆市主网30%以上60%以下供电用户停电。

1.5.3 较大电网大面积停电事件

（1）重庆市主网减供负荷10%以上20%以下。

（2）重庆市主网15%以上30%以下供电用户停电。

（3）负荷150兆瓦以上的区县（自治县）减供负荷60%以上，或70%以上供电用户停电。

1.5.4 一般大面积停电事件

（1）重庆市主网减供负荷5%以上10%以下。

（2）重庆市主网10%以上15%以下供电用户停电。

（3）负荷150兆瓦以上的区县（自治县）减供负荷40%以上60%以下，或50%以上70%以下供电用户停电。

（4）负荷150兆瓦以下的区县（自治县）减供负荷40%以上，或50%以上供电用户停电。

上述有关数量表述中，“以上”含本数，“以下”不含本数。

2 组织指挥体系

2.1 市级层面组织指挥机构

在重庆市人民政府突发事件应急委员会统一领导下，在重庆市人民政府应急管理办公室（重庆市人民政府总值班室、重庆市人民政府救灾办公室、重庆市人民政府应急指挥中心，以下简称市政府应急办）统筹协调下，根据工作需要，在重庆市事故灾难或社会安全事件应急指挥部基础上，成立重庆市大面积停电事件应急指挥部（以下简称市指挥部），实行指挥长负责制，市政府分管领导同志任指挥长，统一领导、组织、指导应对工作。指挥部下设综合协调、电力恢复、社会稳定、应急保障、舆论引导、事件调查等工作组（职责见附件）。

发生跨省级行政区域的大面积停电事件时，根据需要与其他省级人民政府建立跨区域大面积停电事件应急合作机制。

2.2 区县层面组织指挥机构

一般、较大大面积停电事件由事发地区县（自治县）人民政府成立相应组织指挥机构牵头应对，市政府有关部门、有关单位以及电力企业（包括电网企业、发电企业等，下同）要加强工作指导和技术支持。涉及两个以上区县（自治县）的一般、较大大面积停电事件，由市政府或市政府指定某个区县（自治县）人民政府牵头应对。

2.3 现场指挥机构

发生一般、较大大面积停电事件，由牵头应对的区县（自治县）人民政府成立现场应急处置指挥部，负责事件应对工作。发生重大、特别重大大面积停电事件时，市指挥部即为现场应急处置指挥部。

2.4 电力企业

电力企业建立健全应急指挥机构，在政府组织指挥机构领导下开展大面积停电事件应对工作。电网调度工作按照《电网调度管理条例》及相关规程执行。

3 监测预警和信息报告

3.1 风险管理和监测

各区县（自治县）人民政府、市政府有关部门和有关单位要加强突发大面积停电事件风险管理，督促有关单位、企业或生产经营者做好突发大面积停电事件风险识别、登记、评估和防控工作，并根据存在的风险、隐患，制定和优化应急预案。

电力企业要结合实际加强对重要电力设施设备运行、发电燃料供应等情况的监测；建立与气象、水利、地震、公安、交通、国土、安监、经济信息等部门的监测预报预警联动机制和信息共享机制，及时分析各类情况对电力运行可能造成的影响，预估可能影响的范围和程度。

电网企业要加强电网调度运行，通过电网安全稳定实时预警与协调防御系统，掌握电网运行风险；加强对发电厂电煤等燃料供应以及水电厂水情的监测，及时掌握电能生产供应情况。

发电企业要加强发电设备运行管理，掌握机组运行风险，加强对电煤等燃料、水库水位、机组出力情况评估，并及时向电网企业汇报。

3.2 预警

3.2.1 预警分级

按照大面积停电事件可能造成的影响范围和危害程度，将大面积停电预警分为一级、二级、三级和四级，依次用红色、橙色、黄色和蓝色标示，一级为最高等级。

3.2.2　预警发布

大面积停电预警信息内容包括预警级别、预警时间、影响范围、警示事项、应采取的措施和发布单位等。可以通过突发事件信息发布平台或电视、广播、报纸、互联网、手机短信、当面告知等渠道向社会公众发布。

红色、橙色预警信息由市、区县（自治县）人民政府或市政府授权的部门、单位发布，黄色、蓝色预警信息由区县（自治县）人民政府或其授权的部门、单位发布。经济信息部门应当组织有关部门和机构、专业技术人员及专家进行研判，预估可能的影响范围和危害程度，向同级人民政府提出预警级别建议。

3.2.3　预警行动

发布大面积停电预警信息后，应采取以下部分或全部措施：

（1）市经济信息委

收集各部门、各单位综合信息，密切关注事态发展，及时向市政府报告，做好相关应急信息发布的准备工作。协调、调集应急队伍、物资和应急电源等，做好应急处置的准备工作。

（2）受影响区县（自治县）人民政府

组织有关部门和单位做好公共秩序维护、供水供气供热、商品供应、交通物流等方面的应急准备；及时向公众发布有关停电信息，主动回应社会公众关注的热点问题；加强相关舆情监测，及时澄清谣言传言，做好舆论引导工作。

（3）电网企业

针对可能发生的大面积停电事件，合理安排电网调度运行方式，加强设备巡查检修和运行监测，采取有效措施控制事态发展；组织本单位应急救援队伍和人员进入待命状态，动员后备人员做好应急救援和处置准备工作；调集应急所需队伍、物资、装备、电源等，做好应急保障工作。

（4）发电企业

加强发电设备巡视监测及运行检查，采取有效措施控制事态发展；组织本单位应急救援队伍和人员进入待命状态，动员后备人员做好应急救援和处置准备工作。

（5）重要电力用户

做好生产调整、自备应急电源启用准备和非电方式的保安工作。

3.2.4　预警调整和解除

发布预警信息的单位应当加强信息收集、分析、研判，根据事态发展情况和采取措施的效果，按照有关规定适时调整预警级别。确定不可能发生大面积停电事件或危险已解除的，发布预警信息的单位应当及时宣布解除预警，并终止相关预警措施。

3.3 信息报告

3.3.1 报送程序

大面积停电事件发生后，电网企业应将停电范围、停电负荷、发展趋势及先期处理等有关情况立即报告所在地区县（自治县）经济信息部门及华中能源监管局重庆业务办，所在地区县（自治县）经济信息部门应当立即核实有关情况，并报告所在地区县（自治县）人民政府和市经济信息委。发生重大、特别重大大面积停电事件的，有关区县（自治县）人民政府、市经济信息委要采取一切措施尽快掌握情况，力争 30 分钟内向市政府电话报告、1 小时内书面报告。市政府应急办立即向国务院应急办报告。

华中能源监管局重庆业务办得到相关信息后，应立即进行核实并向华中能源监管局报告。

3.3.2 报告内容

信息报告主要包括事件发生时间、地点、信息来源、起因和性质、基本过程、影响范围、发展趋势、处置情况、拟采取的措施以及下一步工作建议等内容。

3.3.3 信息续报

对首报时要素不齐全或事件衍生出新情况、处置工作有新进展的，要及时续报，重大、特别重大大面积停电事件的处置信息至少每日 1 报。处置结束后要及时终报。

3.3.4 信息通报

大面积停电事件发生后，电力主管部门应当通报同级有关部门，并及时通报事发区域可能受影响的单位和居民。因其他因素可能引发大面积停电事件的，有关部门、有关单位应当及时通报同级电力主管部门。

4 应急响应

4.1 响应分级

根据大面积停电事件严重程度和发展态势，将应急响应设定为Ⅰ级、Ⅱ级、Ⅲ级和Ⅳ级四个等级。

发生重大、特别重大大面积停电事件，分别启动Ⅱ级、Ⅰ级应急响应，由市政府负责指挥应对。若国家成立大面积停电事件应急指挥部和工作组，接受其统一领导。

发生较大、一般大面积停电事件，分别启动Ⅲ级、Ⅳ级应急响应，由事发地区县（自治县）人民政府负责指挥应对。

应急响应启动后，应当根据事件造成损失情况及其发展态势适时调整响应级别，避免响应不足或响应过度。事态发展到需向国务院、驻渝解放军、武警部队请求支援时，由市政府协调。

4.2 响应措施

大面积停电事件发生后，有关电力企业和重要电力用户要立即实施先期处置，采取有效措施全力控制事态发展，减少损失。有关区县（自治县）人民政府、市政府有关部门和有关单位应当迅速明确指挥机构，立即组织力量开展应急处置工作。根据工作需要，可以采取以下措施。

4.2.1 抢修电网并恢复运行

市电力调度控制中心负责协调电网、电厂、用户之间的电气操作、机组启动、用电恢复，保证电网安全稳定并留有必要裕度，必要时按照市经济信息委批准的《重庆电网紧急限电序位表》拉闸限电。在条件具备时，优先恢复重点区域、重要用户的电力供应。

电网企业迅速组织力量抢修受损电网设备设施，根据应急指挥机构要求，向重要电力用户及重要设施提供必要的电力支援。

发电企业保证设备安全，抢修受损设备，严格按照电力调度命令恢复机组并网运行，调整发电出力。

各电力用户严格按照调度计划分时分步恢复用电。

4.2.2 防范次生衍生事故

各级党政机关、军队、机场、铁路、港口、火车站、轻轨、地铁、大型游乐场所、旅游景点、矿井、医院、金融、通信中心、新闻媒体、体育场（馆）、高层建筑、化工、钢铁等单位，按照有关技术要求迅速启动自备应急电源和保安电源，加强重大危险源、重要目标、重大关键基础设施隐患排查与监测预警，及时采取防范措施，防止发生次生衍生事故。

轻轨、地铁、机场、高层建筑、商场、影剧院、体育场（馆）等各类人员聚集场所的电力用户，停电后应迅速启用应急照明设备，组织人员有秩序地集中或疏散，确保群众生命安全。

4.2.3 保障居民基本生活

供水部门要启用应急供水措施，保障居民用水需求；供气部门要采用多种方式，保障燃气供应；物资供应部门要迅速组织有关应急物资和生活必需品的生产、调配和运输，保证停电期间居民基本生活。

4.2.4 维护社会稳定

公安、武警等部门要加强停电地区关系国计民生、国家安全和公共安全等重点单位的安全保卫工作，严密防范、严厉打击违法犯罪活动；加强对停电区域内的治安巡逻，及时疏散人员，解救被困人员。有关部门要严厉打击造谣惑众、囤积居奇、哄抬物价等各种违法行为。消防部门做好各项灭火救援应急准备工作。公安、交通等部门要加强停电地区道路交通指挥、疏导，避免出现交通堵塞和混乱。

4.2.5 加强信息发布

按照及时准确、公开透明、客观统一的原则，加强信息发布和舆论引导，借助电视、广播、报纸、网络、社区显示屏等多种途径，运用微博、微信、移动客户端等新媒体平台，通过政府发布新闻通稿、举行新闻发布会等多种形式，主动向社会发布停电相关信息和应对工作情况，提示相关注意事项和安保措施。加强舆情收集分析，及时回应社会关切，澄清不实消息，正确引导社会舆论，稳定公众情绪。

4.2.6 组织事态评估

及时组织对大面积停电事件影响范围、影响程度、发展趋势及恢复进度进行评估，为进一步做好应对工作提供依据。

4.3 响应终止

同时满足下列条件时，由启动响应的单位终止应急响应。

（1）电网主干网架基本恢复正常接线方式，电网运行参数保持在稳定限额之内，主要发电厂机组运行稳定；

（2）减供负荷恢复80%以上，受停电影响的重点地区负荷恢复90%以上；

（3）造成大面积停电事件的隐患基本消除；

（4）大面积停电事件造成的重特大次生衍生事故基本处置完成。

5 后期处置

5.1 善后处置

事发地区县（自治县）人民政府要及时组织制订善后工作方案并组织实施。保险机构要及时开展相关理赔工作，尽快消除大面积停电事件的影响。

5.2 处置评估

大面积停电事件应急响应终止后，应及时组织对事件处置工作进行全面总结评估，总结经验教训，分析查找问题，提出改进措施，形成处置评估报告。

5.3 事件调查

大面积停电事件发生后，根据《电力安全事故应急处置和调查处理条例》（国务院令第599号）成立调查组，客观、公正、准确地查明事件原因、性质、影响范围、经济损失等情况，提出防范、整改措施和处理处置建议。

5.4 恢复重建

大面积停电事件应急响应终止后，需对电网网架结构和设备设施进行修复或重建的，由市政府根据实际工作需要授权市级有关部门组织编制恢复重建规划。相关电力企业和受影响区域地方各级人民政府应当根据规划做好受损电力系统恢复重建工作。

6 保障措施

6.1 队伍保障

电力企业应建立电力抢修应急专业队伍，加强生产管理、电力调度、设备维护和应急抢修技能方面的人员培训，定期开展应急演练，提高应急救援能力。各区县（自治县）人民政府、市政府有关部门要组织专业应急队伍和志愿者等参与大面积停电事件及其次生衍生灾害演练和处置工作。驻渝部队、武警、公安、消防等要做好应急力量支援保障。市经济信息委、有关电力企业应建立大面积停电事件应急专家库，成员由电力、气象、地质、水文等领域相关专家组成，对大面积停电事件处置应对提供技术咨询和建议。

6.2 装备物资保障

电力企业应储备必要的专业应急装备及物资，建立健全相应保障体系，配备大面积停电应急所需的各类设备；有关区县（自治县）人民政府、市政府有关部门要加强应急救援装备物资及生产生活物资的紧急生产、储备调拨和紧急配送工作，保障大面积停电事件应对工作需要。鼓励支持社会化储备。

6.3 通信、交通与运输保障

各区县（自治县）人民政府和通信主管部门要建立健全大面积停电事件应急通信保障体系，确保应急期间通信联络和信息传递需要。交通运输部门要健全公路、铁路、水路和航空运输保障体系，保障应急响应所需人员、物资、装备、器材等的运输；公安部门要加强交通应急管理，保障应急救援交通工具和物资运输交通工具优先通行。根据全面推行公务用车制度改革有关规定，有关单位应配备必要的应急车辆，保障应急救援需要。

6.4 技术保障

加强大面积停电事件应对和监测先进技术、装备的研发，做好电网、电厂安全应急信息化平台建设。有关部门要为电力日常监测预警及电力应急抢险提供必要的气象、地质、水文等服务。

6.5 应急电源保障

提高电力系统快速恢复能力，加强电网“黑启动”能力建设；电力企业应配备适量的应急发电装备，必要时提供应急电源支援；重要电力用户应按照国家有关技术要求配置应急电源，并加强维护和管理，确保应急状态下能够投入运行。

6.6 资金保障

各级财政部门以及有关电力企业应按照有关规定，对大面积停电事件处置工作提供必要的资金保障。

7 附则

7.1 预案管理

本预案实施后，市经济信息委要会同市政府有关部门和有关单位组织预案宣传、培训和演练，并根据实际情况，适时组织评估和修订。各区县（自治县）人民政府、市政府有关部门和有关单位要结合实际制定或修订本级大面积停电事件应急预案。

7.2 预案解释

本预案由市经济信息委负责解释。

7.3 预案实施时间

本预案自印发之日起施行。《重庆市大面积停电事件应急预案》（渝办发〔2008〕374 号）同时废止。

附件

市指挥部及成员单位和各工作组职责

一、市指挥部职责

市指挥部由市政府分管副市长任指挥长，市政府有关副秘书长，市政府应急办、市经济信息委、市公安局等部门和有关区县（自治县）人民政府主要负责人任副指挥长。主要职责：组织、协调、开展应急处置工作；传达贯彻执行国务院、市政府有关指示、命令；向国务院、市政府报告大面积停电事件情况和应对情况；组织调度应急队伍、专家、物资、装备；协调军队、武警有关力量参与应急处置；决定对事件现场进行封闭、实行交通管制等强制性措施；发布事件有关信息。

二、成员单位职责

市指挥部成员单位主要包括市政府应急办、市经济信息委、华中能源监管局重庆业务办、市安监局、市交委、市公安局、市国土房管局、市水利局、市政府新闻办、市网信办、市发展改革委、市财政局、市农委、市商委、市民政局、市市政委、市卫生计生委、市环保局、市质监局、市食品药品监管局、市林业局、重庆警备区、市公安消防总队、市地震局、重庆保监局、重庆煤监局、市气象局、市通信管理局、成铁重庆办事处、民航重庆监管局、市港航局、长江上游水文局、市地理信息中心、国网市电力公司、重庆燃气集团、有关区县（自治县）人民政府和其他电网企业、发电企业等。

市政府应急办：发挥运转枢纽作用，统筹协调重大、特别重大大面积停电事件的应急处置，传达市指挥部指令；向国务院应急办报告事件相关信息。

市经济信息委：牵头协调大面积停电事件的应急处置，负责根据市政府授权发布预警信息，协调电力抢修恢复工作，协调各项应急措施落实以及有关应急物资的紧急生产和调运。

华中能源监管局重庆业务办：协调有关应急处置工作，监督电力企业应急措施的落实，组织或参与事件调查。

市安监局：指导做好安全生产工作，协调有关应急工作，并监督应急措施的落实。

市公安局：负责公共场所人员紧急疏散、交通秩序维护、现场社会治安维护等工作。

市水利局：组织、协调、指导水利工程因洪涝灾害引发大面积停电事件的预防；负责指导区县（自治县）水行政主管部门备用饮用水水源调度；提供大面积停电事件应对工作所需水文水利资料。

市交委：负责应急物资装备运送、危险物品转移等水路、公路（含高速公路）应急运输保障工作。

市国土房管局：组织、协调、指导因地质灾害引发的大面积停电事件的预防和应对工作；对受污染的地下水进行环境地质勘察。

市政府新闻办：负责起草新闻通稿，组织新闻发布会；做好现场新闻媒体接待和服务工作。

市网信办：负责监测网络舆情，会同有关部门开展网络舆情引导，及时澄清网络谣言。

市发展改革委：按照职责协调推进重大应急基础设施建设有关工作。

市财政局：负责大面积停电事件应对工作经费保障。

市农委：负责农作物、水产养殖、家畜家禽受灾情况汇总评估、统计上报并提出救灾意见。

市商委：保障生活必需品市场供应，保持市场基本稳定。

市民政局：调拨救灾物资；协助做好受灾困难群众基本生活救助；开展死亡人员丧葬和家属抚慰工作。

市市政委：负责指导城市供水企业在事件发生后保障饮用水水质安全和生活饮用水供应，参与善后处理工作。

市卫生计生委：负责组织医疗救护。

市质监局：负责指导大面积停电事件涉及的特种设备事故防范和处理，督促消除大面积停电事件引起的特种设备安全隐患。

市食品药品监管局：负责对大面积停电事件可能造成的食品药品变质或污染情况实施排查，并依法对不合格食品药品进行处置。

市林业局：负责对野生动植物受大面积停电事件影响情况实施监测和处置。

重庆警备区：组织协调驻渝部队参加应急处置工作。

市公安消防总队：负责现场火灾扑救和抢救人员生命为主的应急救援工作。

市地震局：组织、协调、指导因地震灾害引发大面积停电事件的预防和应对工作。

市气象局：提供有关气象监测预报信息和实时气象资料。

市环保局：因大面积停电事件发生突发环境事件时，对突发环境事件现场及周围区域环境组织应急监测，提出防止事态扩大和控制污染的要求和建议，并对事故现场污染物的清除以及生态破坏的恢复等工作予以指导。

重庆保监局：督促有关保险机构做好保险理赔。

重庆煤监局：指导因大面积停电事件引发煤矿次生事故的预防和应对工作，协调矿山应急救援队伍参加相关应急救援。

市通信管理局：负责组织、协调基础电信企业提供应急通信保障。

成铁重庆办事处：负责伤员及救灾物资运送、危险物品转移等铁路应急运输保障。

民航重庆监管局：组织协调伤员及救灾物资运送、危险物品转移等航空应急运输保障。

市港航局：负责伤员及救灾物资运送、危险物品转移等地方水域水上应急运输保障。

长江上游水文局：负责提供应急处置所需水文资料。

市地理信息中心：负责提供事发区域地形、影像等地理信息资料，提供地理信息保障服务。

国网市电力公司：负责控制停电范围，保证重庆主网安全，恢复电网供电；组织电力抢修恢复工作，尽快恢复受影响区域供电工作；负责重要电力用户、重点区域的临时供电保障。

电网企业：组织电力抢修恢复工作，尽快恢复受影响区域供电工作；负责重要电力用户、重点区域的临时供电保障。

发电企业：负责本企业的事故抢险和应急处置工作，完善保厂用电措施，确保机组的启动能力和电厂自身安全。

重庆燃气集团：负责保障停电区域燃气供应。

重要电力用户：负责本单位的事故抢险和应急处置工作，制定应急预案，避免在突然停电情况下发生次生灾害。

事发地区县（自治县）人民政府：发布黄色、蓝色预警信息；负责报送事件有关情况；落实市政府和市指挥部有关指示要求；组织开展一般、较大事件的应急处置和重大、特别重大事件的先期处置；会同有关部门做好重大、特别重大事件应急处置的后勤保障；组织做好善后工作。

四川省大面积停电事件应急预案

（川办函〔2017〕44号）

目　录

1　总则

1.1　编制目的

建立健全四川大面积停电事件应对工作机制，正确、高效、有序地处置大面积停电事件，最大程度减少停电事件造成的损失和影响，维护国家安全、社会稳定和人民群众生命财产安全。

1.2 编制依据

依据《中华人民共和国突发事件应对法》《中华人民共和国安全生产法》《中华人民共和国电力法》《生产安全事故报告和调查处理条例》《电力安全事故应急处置和调查处理条例》《电网调度管理条例》《国家突发公共事件总体应急预案》《国家大面积停电事件应急预案》《四川省突发事件应对办法》《四川省突发公共事件总体应急预案》及相关法律、法规、预案等，制定本预案。

1.3 适用范围

本预案适用于四川省境内发生的大面积停电事件应对工作。

大面积停电事件是指由于自然灾害、电力安全事故和外力破坏等原因造成四川省级电网或城市电网大量减供负荷，对国家安全、社会稳定以及人民群众生产生活造成影响和威胁的停电事件。

1.4 工作原则

大面积停电事件应对工作坚持统一领导、综合协调，属地为主、分工负责，保障民生、维护安全，全社会共同参与的原则。大面积停电事件发生后，省、市（州）、县（市、区）人民政府及其有关部门、国家能源局四川监管办公室（以下简称：四川能源监管办）、电力企业（包括电网企业、发电企业等，下同）、重要电力用户应立即按照职责分工和相关预案开展处置工作。

1.5 事件分级

按照事件严重性和受影响程度，大面积停电事件分为特别重大、重大、较大和一般四级。《四川省大面积停电事件分级标准》见附件 1。

2 组织体系

2.1 省级层面组织指挥机构

省经济和信息化委负责大面积停电事件应对的指导协调和组织管理工作。当发生重大、特别重大大面积停电事件时，省经济和信息化委或市（州）人民政府按程序报请省人民政府批准，或根据省人民政府领导同志指示，成立省政府工作组，负责指导、协调、支持事发地人民政府开展大面积停电事件应对工作。必要时，省人民政府或省人民政府授权省经济和信息化委成立四川省大面积停电事件应急指挥部（以下简称：省应急指挥部），统一领导、组织和指挥大面积停电事件应对工作。《四川省大面积停电事件应急指挥部组成及工作职责》见附件 2。

发生超出四川省应对处置能力的重大、特别重大大面积停电事件时，省人民政府向国务院提出支援请求，省应急指挥部在国家层面处置大面积停电事件指挥机构的指导、协调和支持下，开展大面积停电事件应对工作。

2.2 市、县级层面组织指挥机构

各市（州）、县（市、区）人民政府负责指挥、协调本行政区域内大面积停电事件应对工作，成立大面积停电事件应急指挥机构，建立和完善大面积停电事件应急处置体系，在上级指挥机构领导下组织开展本行政区域内大面积停电事件应急处置工作。

发生跨行政区域的大面积停电事件时，有关地方人民政府应根据需要建立跨区域大面积停电事件应急合作机制。

2.3 现场指挥机构

省、市、县级人民政府根据需要成立大面积停电事件处置现场指挥部，负责现场组织指挥工作。参与现场处置的有关单位和人员应服从现场指挥部的统一指挥。

2.4 电力企业

电力企业建立健全应急指挥机构，在政府应急指挥机构领导下开展大面积停电事件应对工作。国家电网公司西南分部（以下简称：国网西南分部）、国网四川电力负责全省主网、所辖供电区域大面积停电事件的应对处置，四川省能源投资集团有限责任公司（以下简称：省能投集团公司）等供电公司负责所辖供电区域大面积停电事件的应对处置，并按照《电网调度管理条例》及相关规程执行电网调度工作。各发电企业负责本企业的事故抢险和应对处置工作。

2.5 重要电力用户

对维护基本公共秩序、保障人身安全和避免重大经济损失具有重要意义的政府机关、国防、医疗、学校、交通、通信、广播电视、公用事业、监狱、金融证券机构等社会类重要用户和煤矿、非煤矿山、危险化学品、冶金、化工等工业类高危用户应根据有关规定配置供电电源和自备应急电源，完善非电保安等各种保障措施，并定期检查维护，确保相关设施设备的可靠性和有效性。发生大面积停电事件时，负责本单位事故抢险和应急处置工作，根据情况，向政府有关部门请求支援。

2.6 专家组

各级组织指挥机构根据需要成立大面积停电事件应急专家组，成员由电力、气象、地质、地震、水文等领域相关专家组成，对大面积停电事件应对工作提供技术咨询和建议。各电力企业根据实际情况成立大面积停电事件应急专家组。

3 风险分析和监测预警

3.1 风险分析

3.1.1 风险源分析

3.1.1.1 自然灾害风险

四川省位于中国西南部，地形复杂、地貌差异大、气象多异常，地震、暴雨

洪涝、泥石流、崩塌、滑坡、强对流天气、雷击及冰（霜）冻等自然灾害导致电网遭受破坏或联锁跳闸引发大面积停电事件。

3.1.1.2 电网运行风险

近年来，四川电网交直流间的相互影响进一步增强，电网“交直流耦合、强直弱交”特征更为凸显，电网安全的裕度空间逐渐缩小，电网运行特征、控制策略更复杂，四川交直流混联电网安全稳定运行面临更加严峻的挑战。诸多大型水电站相继投运，四川电网通过±800千伏复奉、锦苏、宾金直流东联华东电网，±500千伏德宝直流北联西北电网，洪板、黄万四回500千伏线路与重庆主网相联，塘澜两回220千伏线路与西藏昌都电网相联，电网结构已由全国互联电网的末端转变为沟通华东、西北电网和重庆、西藏昌都电网的枢纽。但随着电网结构的日趋复杂及大型电站的投运，四川电网安全稳定运行风险也凸显出来，重要输电通道运行风险和大电网安全控制难度共同决定了电网大面积停电风险突出。

3.1.1.3 外力破坏风险

蓄意的人为破坏因素，工程施工及大型机械作业等外力破坏意外因素，可能导致大面积停电事件。

3.1.1.4 网络信息安全风险

发生网络信息不安全事件导致电网信息化设备及智能电网系统出现故障，造成大面积停电事件。

3.1.2 社会风险影响分析

大面积停电事件引发的社会层面风险因素，直接影响城市生命线系统和社会民生系统。大面积停电事件常见的社会层面应急情景主要包括城市生命线系统情景和社会民生系统情景等两个方面。

3.1.2.1 城市生命线系统风险及情景

城市交通、通信、广播电视、供水、排水、供电等生命线工程对电力的依赖性大。大面积停电事件对城市生命线工程造成较大威胁，易导致次生、衍生事故发生。

（1）重点保障单位：党政军机关、应急指挥机构、涉及国家安全和公共安全的重点单位停电、通信中断、安保系统失效等；高层建筑电梯停止运行，大量人员被困，引发火灾等衍生事故，造成人员伤亡。

（2）道路交通：城市交通监控系统及指示灯停止工作，道路交通出现拥堵；高速公路收费作业受到影响，造成高速公路交通拥堵；应急救灾物资运输受阻。

（3）城市轨道交通：调度通信及排水、通风系统停止运行；城市地铁、高铁、轻轨、缆车等轨道交通停运，大量人员滞留。

（4）铁路交通：列车停运，沿途车站人员滞留；铁路运行调度系统及安检系统、售票系统、检票系统无法正常运转；应急救灾物资运输受阻。

（5）民航：大量乘客滞留机场，乘客因航班晚点与机场管理人员发生冲突；应急救灾物资运输受阻。

（6）通信：通信枢纽机房因停电停止运转，大部分基站停电，公网通信大面积中断。

（7）供排水：城市居民生活用水无法正常供应；城市排水、排污因停电导致系统瘫痪，引发城市内涝及环境污染次生灾害等。

（8）供油：成品油销售系统因停电导致业务中断；重要行业移动应急电源和救灾运输车辆用油无法得到保障。

（9）供气：部分以燃气为燃料的企业生产及市民正常生活受到影响。

3.1.2.2　社会民生系统风险及情景

大面积停电事件可能对商业运营、金融证券业、企业生产、教育、医院以及居民生活必需品供应等公众的正常生产、生活造成冲击。

（1）临时安置：人员因交通受阻需临时安置。

（2）商业运营：人员紧急疏散过程中发生挤压、踩踏，部分人员受伤。

（3）物资供应：长时间停电导致居民生活必需品紧缺；不法分子造谣惑众、囤积居奇、哄抬物价。

（4）企业生产：石油、化工、采矿等高危企业因停电导致生产安全事故，甚至引发有毒有害物质泄漏等次生灾害。

（5）金融证券：银行、证券公司等金融机构无法交易结算，信息存储及其他相关业务中断。

（6）医疗：长时间停电难以保证手术室、重病监护室、产房等重要场所及相关设施设备持续供电，病人生命安全受到威胁。

（7）教育：教学秩序受到影响；如遇重要考试，可能诱发不稳定事件。

（8）广播电视：广播电视信号传输中断，影响有关信息发布。

3.2　监测

各电网企业要加强电网安全运行监控及研究，提高电力系统通信和调度自动化水平。加强电网建设，构建灵活可靠的电网结构，确保电网运行安全。电力企业要结合实际加强对重要电力设施设备运行、发电燃料供应等情况的监测，建立与气象、水利、林业、地震、教育、公安、安监、交通运输、国土资源、通信、广播电视、经济和信息化等部门的信息共享机制，及时分析各类情况对电力运行可能造成的影响，预估可能影响的范围和程度。

3.3 预警

3.3.1 预警信息发布

电力企业研判可能造成省内大面积停电事件时，要及时将有关情况报告受影响区域的地方人民政府电力运行主管部门和四川能源监管办，提出预警信息发布建议，并视情通知重要电力用户。地方人民政府电力运行主管部门应及时组织研判，必要时报请当地人民政府批准后向社会公众发布预警，并通报同级其他相关部门和单位、当地驻军和可能受影响的相邻省（区、市）人民政府。

电力企业研判可能造成跨省的区域大面积停电事件时，首先要及时将有关情况报告国家能源局和四川能源监管办，其次再报告跨省的受影响省级人民政府电力运行主管部门，并提出预警信息发布建议。

3.3.2 预警行动

预警信息发布后，电力企业要加强设备巡查维护、运行监测和故障抢修，采取有效措施控制事态发展；组织相关应急救援队伍和人员进入待命状态，动员后备人员做好参加应急救援和处置工作准备，并做好大面积停电事件应急所需物资、装备和设备等应急保障准备工作。重要电力用户做好自备应急电源启用准备和非电保安措施准备。受影响区域各地人民政府启动应急联动机制，组织有关部门和单位做好维持公共秩序、供水供气供热、通信、加油（气）、商品供应、交通物流、抢险救援等方面的应急准备；加强相关舆情监测，主动回应社会公众关注的热点问题，及时澄清谣言传言，做好舆论引导工作。

3.3.3 预警解除

根据事态发展，经研判不会发生大面积停电事件时，按照“谁发布、谁解除”原则，由发布单位宣布解除预警，适时终止相关措施。

4 信息报告

4.1 相关电力企业信息报告

发生大面积停电事件，相关电力企业应立即将影响范围、停电负荷、停电用户数、重要电力用户停电情况、事件级别、可能延续停电时间、先期处置情况、事态发展趋势等有关情况向受影响区域地方人民政府电力运行主管部门、省经济和信息化委和四川能源监管办报告，并视情况通知重要电力用户。涉及跨省（区、市）的大面积停电事件，国网西南分部、国网四川电力应及时向省经济和信息化委和四川能源监管办汇报相关情况。各地、各有关单位要按照有关规定逐级上报，特别重大、重大大面积停电事件要按照规定及时向省经济和信息化委和四川能源监管办报告。

4.2 电力运行主管部门信息报告

事发地人民政府电力运行主管部门接到大面积停电事件信息报告或者监测到相关信息后，应当立即进行核实，对大面积停电事件的性质和类别作出初步认定，按照规定的时限、程序和要求向上级电力运行主管部门、四川能源监管办及当地人民政府报告，并通报同级相关部门（单位）。各地人民政府及其电力运行主管部门应当按照有关规定逐级上报，必要时可越级上报。

4.3 省经济和信息化委和四川能源监管办信息报告

省经济和信息化委和四川能源监管办接到大面积停电事件报告后，应立即核实有关情况，并分别向省人民政府和国家能源局报告。

4.4 省应急指挥部信息报告

对初判为重大以上大面积停电事件，省应急指挥部应立即核实有关情况，并立即向国务院报告。

5 应急响应

5.1 响应分级

根据大面积停电事件的影响范围、严重程度和发展态势，将应急响应设定为Ⅰ级、Ⅱ级、Ⅲ级和Ⅳ级四个等级。

5.1.1 Ⅰ级应急响应

初判发生特别重大大面积停电事件，由省经济和信息化委报请省人民政府决定启动Ⅰ级应急响应，并立即组织召开小组成员和专家组会议，进行分析研判，开展协调应对工作，对事件影响及发展趋势进行综合评估，就有关重大问题做出决策和部署；向各有关单位发布启动相关应急程序的命令，并立即派出工作组赶赴现场开展应急处置工作，将有关情况迅速报告国务院及国家能源局等有关部门，视情况提出支援请求。

5.1.2 Ⅱ级应急响应

初判发生重大大面积停电事件，由省经济和信息化委报请省人民政府决定启动Ⅱ级应急响应，并立即组织召开小组成员和专家组会议，进行分析研判，开展协调应对工作，对事件影响及发展趋势进行综合评估，就有关重大问题做出决策和部署；向各有关单位发布启动相关应急程序的命令，并立即派出工作组赶赴现场开展应急处置工作，将有关情况迅速报告国务院及国家能源局等有关部门。

5.1.3 Ⅲ级应急响应

初判发生较大大面积停电事件，由事发市（州）人民政府决定启动Ⅲ级应急响应，并负责指挥应对工作。必要时，省人民政府组织有关部门和单位，成立工作组赶赴事发现场，指导事发市（州）人民政府开展相关应急处置工作，或协调有关部门单位共同做好相关应急处置工作。

5.1.4　Ⅳ级应急响应

初判发生一般大面积停电事件，由事发县（市、区）人民政府决定启动Ⅳ级应急响应，并负责指挥应对工作。必要时，可由事发市（州）人民政府负责指挥或请求省人民政府派工作组，指导、协调和支持应对工作。

5.1.5　对于虽然未达到一般及以上大面积停电事件标准，但造成或可能造成重大社会影响的停电事件，可以视情启动Ⅳ级或Ⅲ级应急响应，由事发县（市、区）或市（州）人民政府视情况决定启动应急响应。

5.1.6　应急响应启动后，可视事件造成损失情况及发展趋势调整响应级别，避免响应不足或响应过度。

5.2　响应措施

发生大面积停电事件，相关电力企业和重要电力用户要立即实施先期处置，全力控制事件发展态势，尽量减少大面积停电事件造成的损失。各地、各部门（单位）在各级人民政府大面积停电事件应急指挥机构的统一指挥下，按照各自职责，相互配合、协调联动，共同开展大面积停电事件应对工作，主要应对任务包括：

5.2.1　电力系统应对措施

发生大面积停电事件，有关电网企业和发电企业要尽快恢复电网运行和电力供应。

（1）有关电网企业迅速组织力量抢修受损电网设备设施，根据各级人民政府大面积停电事件应急指挥机构要求，向重要电力用户及重要设施提供必要的电力支援。

（2）有关电力调度机构合理安排运行方式，控制停电范围；尽快恢复重要输变电设备、电力主干网架运行；在条件具备时，尽快恢复党政军重要部门、应急指挥机构、涉及国家安全和公共安全的重点单位、重要通信机楼、广播电视播出机构、自来水厂、排水、地铁、机场、铁路、医院等重要电力用户以及中心城区的电力供应。

（3）有关发电企业保证设备安全，迅速组织抢修受损设备，做好发电机组并网运行准备，按照电力调度指令恢复运行。

（4）重要电力用户迅速启动自备应急电源，加强本单位重大危险源、重点区域、重大关键设施设备隐患排查与监测预警，及时采取防范措施，保障重要负荷正常供电，防止发生次生衍生事故。

5.2.2　城市生命线系统应对措施

（1）重点保障单位：公安（消防）部门负责加强涉及国家安全和公共安全的重点单位安全保卫工作，严密防范和严厉打击违法犯罪活动；解救受困人员，开展火灾救援。卫生部门负责调配医疗卫生资源开展紧急救助。电力运行主管部门负责组织、协调有关电网企业提供应急保供电。通信管理部门负责组织、协调各基础电信运营企业为应急处置提供应急通信保障。

（2）道路交通：公安部门负责道路交通疏导，协助引导应急救援车辆通行。交通运输部门负责交通运行监测，及时发布路网运行信息，并实施公路紧急调度。道路管理、城市市政管理部门负责组织力量及时清理路障。

（3）城市轨道交通：公安部门负责道路交通疏导，协助维护地铁出入口秩序。交通运输部门负责协调地面交通运力疏散乘客。卫生部门负责调配医疗卫生资源开展紧急救助。电力运行主管部门负责协调有关电网企业及时恢复供电。城市轨道交通运营企业负责组织人员转移疏散；启用紧急排水系统；及时发布停运等相关信息。

（4）铁路交通：公安部门负责道路交通疏导，维护车站秩序。交通运输部门负责协调地面交通运力疏散乘客。卫生部门负责调配医疗卫生资源开展紧急救助。电力运行主管部门负责协调有关电网企业及时恢复供电。铁路部门负责组织人员转移疏散；为车站滞留人员协调提供食物、水等基本生活物资；按规定程序报批后及时发布停运等相关信息。

（5）民航：公安部门负责道路交通疏导，维护机场候机大厅等区域秩序。交通运输部门负责协调地面交通运力疏散乘客。卫生部门负责调配医疗卫生资源开展紧急救助。电力运行主管部门负责协调有关电网企业及时恢复供电。民航管理部门负责实施应急航空调度，保障民航飞机航行及起降安全。机场管理部门负责及时启用应急备用电源，保障塔台及设施设备电力；组织人员转移疏散；为机场滞留人员协调提供食物、水等基本生活物资；及时发布停航等相关信息。

（6）通信：通信管理部门负责组织、协调各基础电信运营企业为应急处置提供应急通信保障。电力运行主管部门负责组织、协调电网企业及时恢复供电，并为基础电信运营企业重要机楼提供应急保供电。

（7）供排水：供水企业启用应急供水措施。有关电网企业及时恢复供电。必要时，城市供水主管部门报请本级大面积停电事件应急指挥机构协调电力运行主管部门提供应急保供电。环境保护部门负责环境污染次生灾害的防范处置工作。

（8）供油：经济和信息化部门负责协调做好重要用户保供电所需应急用油的

保障工作。

（9）供气：供气企业及时启用燃气加压站自备应急电源，保证居民燃气供应。有关电网企业及时恢复供电。必要时，城市供气主管部门报请本级大面积停电事件应急指挥机构协调电力运行主管部门提供应急保供电。

5.2.3 社会民生系统应对措施

（1）临时安置：公安部门负责维护临时安置点秩序，做好消防安全、交通引导等工作。民政部门负责协调受灾群众转移到临时安置点实施救助。交通运输部门负责协调应急交通运力转移受灾群众。商务部门负责受灾群众所需食物、水等基本生活物资的调拨与供应。卫生部门负责安置点的消毒防疫工作。电力运行主管部门负责组织、协调有关电网企业为临时安置点提供应急保供电。

（2）商业运营：公安部门负责协助做好人员疏散工作，维护正常秩序。卫生部门负责调配医疗卫生资源开展紧急救助。

（3）物资供应：发展改革（物价）部门负责市场物资供应价格的监控与查处。公安部门负责配合开展市场价格巡查，打击造谣惑众、囤积居奇、哄抬物价等违法行为。商务部门负责受灾群众所需食物、水等基本生活物资的调拨与供应。

（4）企业生产：公安（消防）部门负责协调、指导石油企业生产系统火灾、爆炸事故应急处置工作。有关电网企业为石油企业提供应急保供电。石油企业负责组织生产系统火灾、爆炸事故应急处置工作。

（5）金融证券：公安部门负责维护金融机构正常运营秩序。金融机构启用应急发电措施。有关电网企业为金融机构提供应急保供电。必要时，金融管理部门报请本级大面积停电事件应急指挥机构协调电力运行主管部门提供应急保供电。金融管理部门及时启动应急响应，组织金融机构防范、处置大面积停电造成的金融风险问题。

（6）医疗：重点医疗卫生机构（急救指挥机构、医院、供血机构、疾病预防控制中心等）及时启用应急保障电源。有关电网企业及时恢复供电。必要时，卫生部门报请本级大面积停电事件应急指挥机构协调有关部门提供应急保供电，保障应急供水、供油、通信、交通等。

（7）教育：教育、人力资源社会保障部门负责做好学生安抚及疏散，必要时，协调商务部门做好基本生活物资的应急供应。公安部门负责维护学校校园秩序，做好安全保卫工作。

（8）广播电视：广播电台、电视台及时启用应急保障电源。有关电网企业及时恢复供电。必要时，新闻出版广电部门报请本级大面积停电事件应急指挥机构协调电力运行主管部门提供应急保供电。

5.2.4 公众应对措施

发生大面积停电事件，公众要保持冷静，听从应急救援指挥，有序撤离危险区域；及时通过手机、互联网、微博、微信等渠道了解大面积停电事件最新动态，不散布虚假或未经证实的信息，不造谣、不信谣、不传谣。鼓励具备应急救援能力的公众在保证自身安全的前提下，根据应急救援需要，有组织地参与应急救援行动。

（1）户内：拔下电源插头，关闭燃气开关，减少外出活动。在电力供应恢复初期，尽量减少大功率电器的使用。

（2）公共场所：打开自备的手电筒或手机照明工具观察周边情况，按照指示指引有序疏散或安置，避免发生挤压、踩踏事故；主动帮助老、弱、病、残、孕等需要帮助的群体。

（3）道路交通：主动配合道路交通疏导，为应急救援、应急救灾物资运输车辆预留救援通道。

5.2.5 加强信息发布

新闻宣传部门按照及时准确、公开透明、客观统一的原则，加强信息发布和舆论引导，通过多种媒体渠道，主动向社会发布停电相关信息和应对工作情况，提示相关注意事项和安保措施。加强舆情收集分析，及时回应社会关切，澄清不实信息，正确引导社会舆论，稳定公众情绪。

5.2.6 组织事态评估

应急指挥机构及时组织对大面积停电事件影响范围、影响程度、发展趋势及恢复进度进行评估，为进一步做好应对工作提供依据。

5.3 省级层面应对

5.3.1 省应急指挥部办公室应对

初判发生一般或较大大面积停电事件时，省应急指挥部办公室主要开展以下工作：

（1）密切跟踪事态发展，督促相关电力企业迅速开展电力抢修恢复等工作，指导督促地方有关部门做好应对工作；

（2）视情派出工作组赴现场指导协调事件应对等工作；

（3）根据电力企业和地方请求，协调有关方面为应对工作提供支援和技术支持；

（4）指导做好舆情信息收集、分析和应对工作。

5.3.2 省应急指挥部现场工作组应对

初判发生重大或特别重大大面积停电事件时，省应急指挥部现场工作组主要开展以下工作：

（1）传达上级及省委、省政府指示批示精神，督促各地人民政府、有关部门和电力企业贯彻落实；

（2）迅速掌握大面积停电事件基本情况、造成的损失和影响、应对进展及当地需求等，根据地方政府和电力企业请求，协调调集应急救援队伍、技术力量、物资、装备和资金等；

（3）对跨市级行政区域内大面积停电事件应对工作进行协调；

（4）现场指导地方政府开展事件应对工作；

（5）协调指导大面积停电事件宣传报道工作；

（6）指导开展事件处置评估；

（7）及时向省应急指挥部报告相关情况。

5.3.3　*省应急指挥部应对*

根据事件应对工作需要和省政府决策部署，省应急指挥部主要开展以下工作：

（1）组织有关部门和单位、专家组进行会商，研究分析事态，部署应对工作；

（2）根据需要赴事发现场，或派出前方工作组赴事发现场，协调开展应对工作；

（3）研究决定市（州）人民政府、有关部门和相关电力企业提出的请求事项，重要事项报省政府决策；

（4）统一组织信息发布和舆论引导工作；

（5）组织开展事件处置评估；

（6）对事件处置工作进行总结并报告省政府。

5.4　响应终止

同时满足以下条件时，由启动应急响应的应急指挥机构终止应急响应。

（1）电网主干网架基本恢复正常，电网运行参数保持在稳定限额之内，主要发电厂机组运行稳定；

（2）减供负荷恢复 80% 以上，受停电影响的重点地区、重要城市负荷恢复 90% 以上；

（3）造成大面积停电事件的隐患基本消除；

（4）大面积停电事件造成的重特大次生衍生事故基本处置完成。

6　后期处置

6.1　处置评估

大面积停电事件应急响应终止后，履行统一领导职责的人民政府要及时组织对事件处置过程进行评估，总结经验教训，分析查找问题，提出改进措施，形成处置评估报告。评估报告一般包括事件发生原因和经过、事件造成的直接损失和影响、事件处置过程、经验教训以及改进建议等。鼓励开展第三方评估。

6.2 事件调查

大面积停电事件发生之后，省经济和信息化委和四川能源监管办根据有关规定成立调查组进行事件调查。各事发地人民政府、各有关部门和单位要认真配合调查组的工作，客观、公正、准确地查明事件原因、性质、影响范围、经济损失等情况，提出防范、整改措施和处理建议。

6.3 善后处置

事发地人民政府要及时组织制订善后工作方案并组织实施。保险机构要及时开展相关理赔工作，尽快消除大面积停电事件的影响。

6.4 恢复重建

特别重大大面积停电事件应急响应终止后，需对电网受损设备进行修复或重建的，按照国务院部署，由国家能源局会同省人民政府根据实际工作需要组织编制恢复重建规划；重大、较大和一般大面积停电事件，由省、市（州）、县（市、区）人民政府根据实际工作需要组织编制恢复重建规划。相关电力企业和受影响区域各地人民政府应当根据规划做好本行政区域内电力系统恢复重建工作。

7 应急保障

7.1 队伍保障

电力企业应建立健全电力抢修应急专业队伍，加强设备维护和应急抢修技能方面的人员培训，定期开展应急演练，提高应急救援能力。各级人民政府根据需要组织动员通信、交通、供水、供气、供热等其他专业应急队伍和志愿者等参与大面积停电事件及其次生衍生灾害处置工作。武警部队、公安消防、安监矿山救援队等要做好应急力量支援保障。

7.2 装备物资保障

电力企业应储备必要的专业应急装备及物资，建立和完善相应保障体系。省直有关部门和各级人民政府要加强应急救援装备物资及生产生活物资的紧急生产、储备调拨和紧急配送工作，保障支援大面积停电事件应对工作需要。鼓励支持社会化储备。

7.3 通信、交通与运输保障

各级人民政府及通信主管部门、通信运营商要建立健全大面积停电事件应急通信保障体系，形成可靠的通信保障能力，确保应急期间通信联络和信息传递需要。交通运输部门要健全紧急运输保障体系，保障应急响应所需人员、物资、装备、器材等的运输；公安部门要加强交通应急管理，保障应急救援车辆优先通行；

根据全面推进公务用车制度改革有关规定，有关单位应配备必要的应急车辆，保障应急救援需要。

7.4 技术保障

省气象、国土资源、地震、水利、林业等部门应为电力日常监测预警及电力应急抢险提供必要的气象、地质、地震、水文、森林防火等服务。电力企业要加强大面积停电事件应对和监测先进技术、装备的研发，制定电力应急技术标准，加强电网、电厂安全应急信息化平台建设。

7.5 应急电源保障

电力企业要提高电力系统快速恢复能力，加强电网"黑启动"能力建设。政府有关部门和电力企业应充分考虑电源、电网规划布局，保障各地"黑启动"电源，适度提高重要输电通道抗灾设防标准。电力企业应配备适量的应急发电装备，必要时提供应急电源支援。重要电力用户应按照国家有关技术要求配置应急电源，制定突发停电事件应急预案和非电保安措施，并加强设备维护和管理，确保应急状态下能够投入运行。

7.6 医疗卫生保障

省卫生计生委要在大面积停电应急处置过程中，对保障伤员紧急救护、卫生防疫等相关工作提出明确要求。

7.7 资金保障

省发展改革委、省经济和信息化委、财政厅、民政厅、省国资委等有关部门和各级人民政府，以及各相关电力企业应按照有关规定，对大面积停电事件处置和恢复重建工作提供必要的资金保障。税务管理部门应按照有关规定，对大面积停电事件应对处置和恢复重建工作给予税收减免政策支持。

8 附则

8.1 预案编制与审批

各市（州）、县（市、区）人民政府要结合当地实际制定本级大面积停电事件应急预案，电力企业要结合实际制定大面积停电事件应急处置预案（或支撑预案），各重要电力客户应制定突发停电事件应急预案，并按照应急预案管理要求进行审批、发布和备案。

8.2 预案修订和更新

本预案发布后，根据实施情况由省经济和信息化委适时组织评估和修订。

8.3 预案实施时间和解释

本预案自印发之日起实施，由省经济和信息化委负责解释。

8.4 演练与培训

8.4.1 宣传教育

省经济和信息化委、四川能源监管办、各级人民政府、电力企业、重要电力用户等单位要充分利用各种媒体，加大对大面积停电事件应急知识的宣传教育工作，不断提高公众的应急意识和自救互救能力；加大保护电力设施和打击破坏电力设施的宣传力度，增强公众保护电力设施的意识。

8.4.2 培训

各级应急指挥机构成员单位、电力企业和重要电力用户应定期组织大面积停电应急业务培训。电力企业和重要电力用户还应加强大面积停电应急处置和救援技能培训，开展技术交流和研讨，提高应急救援业务知识水平。

8.4.3 演练

省经济和信息化委应根据实际情况，会同四川能源监管办、国网四川电力等单位，至少每三年组织开展 1 次全省大面积停电事件应急联合演练，各市（州）、县（市、区）要比照执行。要建立和完善政府相关部门、电力企业、重要电力用户以及社会公众之间的应急联动机制，提高应急处置能力。各电力企业、重要电力用户应根据生产实际，至少每年组织开展 1 次本单位的大面积停电事件专项应急演练。

8.5 操作手册

本预案操作手册由省经济和信息化委会同四川能源监管办、国网四川电力等单位另行制定。

附件 1

四川省大面积停电事件分级标准

一、特别重大大面积停电事件

1．区域性电网大面积停电，减供负荷达到 30%以上，对四川电网造成特别严重影响；

2．四川电网大面积停电，减供负荷达到30%以上；

3．成都市电网大面积停电，减供负荷达到 60%以上，或 70%以上供电用户停电。

二、重大大面积停电事件

1．区域性电网大面积停电，减供负荷达到 10%以上 30%以下，对四川电网造成严重影响；

2．四川电网大面积停电，减供负荷达到13%以上 30%以下；

3．成都市电网大面积停电，减供负荷 40%以上 60%以下，或 50%以上 70%以下供电用户停电；

4．其他设区的市级电网大面积停电，减供负荷 60%以上，或 70%以上供电用户停电。

三、较大大面积停电事件

1．区域性电网大面积停电，减供负荷达到 7%以上 10%以下，对四川电网造成较重影响；

2．四川电网大面积停电，减供负荷 10%以上 13%以下；

3．成都市电网大面积停电，减供负荷 20%以上 40%以下，或 30%以上 50%以下供电用户停电；

4．其他设区的市级电网大面积停电，减供负荷 40%以上 60%以下，或 50%以上 70% 以下供电用户停电；

5．县级市电网大面积停电，减供负荷 60%以上或 70%以上供电用户停电。

四、一般大面积停电事件

1．区域性电网大面积停电，减供负荷达到 4%以上 7%以下，对四川电网造成一般影响；

2．四川电网大面积停电，减供负荷 5%以上 10%以下；

3．成都市电网大面积停电，减供负荷达到 10%以上 20%以下，或 15%以上

30%以下供电用户停电；

4．其他设区的市级城市电网大面积停电，减供负荷 20%以上 40%以下，或 30%以上 50%以下供电用户停电；

5．县级市电网大面积停电，减供负荷 40%以上 60%以下，或 50%以上 70%以下供电用户停电。

上述分级标准有关数量的表述中，“以上”含本数，“以下”不含本数。

附件 2

四川省大面积停电事件应急指挥部组成及工作职责

一、省应急指挥部组成及职责

省应急指挥部由省经济和信息化委、省政府应急办、四川能源监管办、省委宣传部、省发展改革委、省能源局、公安厅、民政厅、财政厅、国土资源厅、住房城乡建设厅、交通运输厅、水利厅、林业厅、商务厅、省国资委、省卫生计生委、省新闻出版广电局、省安全监管局、省地震局、省通信管理局、省气象局、成都铁路局、民航四川监管局、武警四川省总队、国网西南分部、国网四川电力、省能投集团公司、华电四川公司、国电四川公司、华能四川公司、雅砻江水电开发公司、国电大渡河水电开发公司等部门和单位组成。根据应对工作需要，可增加有关人民政府和其他有关部门以及相关电力企业。

主要职责如下：

（一）负责全省大面积停电事件应急处置的指挥协调，组织有关部门和单位进行会商、研判和综合评估，研究保证四川电力系统安全稳定运行、电力可靠有序供应等重要事项，研究重大应急决策，部署应对工作；

（二）统一指挥、协调各应急指挥机构相关部门、相关人民政府做好大面积停电事件电网抢修恢复、防范次生衍生事故、保障群众基本生活、维护社会安全稳定等各项应急处置工作，协调指挥其他社会应急救援工作；

（三）宣布进入和解除电网停电应急状态，发布应急指令；

（四）视情况派出工作组赴现场指导协调开展应对工作，组织事件调查；

（五）负责全省重大、特别重大大面积停电事件预警信息披露，统一组织信息发布和舆论引导工作；

（六）及时向国务院工作组或国家大面积停电事件应急指挥部、国家能源局报告相关情况，视情况提出支援请求；

（七）对安排的抗灾救灾资金、物资提出分配意见，并监督检查执行使用情况。

二、省应急指挥部办公室职责

省应急指挥部办公室设在省经济和信息化委，办公室主任由省经济和信息化委分管副主任担任，办公室副主任由四川能源监管办、省发展改革委、省能源局、国网四川电力、省能投集团公司分管负责人担任。主要职责如下：

（一）督促落实省政府有关决定事项、省政府领导批示指示精神、省应急指挥部部署的各项任务和下达的各项指令；

（二）密切跟踪事态，及时掌握并报告应急处置和供电恢复情况；

（三）协调各应急联动机制成员部门和有关单位开展应对处置工作；

（四）按照授权协助做好信息发布、舆论引导和舆情分析应对工作；

（五）建立电力生产应急救援专家库，根据应急救援工作需要随时抽调有关专家，对应急救援工作进行技术指导。

三、省应急指挥部工作组分组及职责

省应急指挥部设立相应工作组，各工作组组成及职责分工如下：

（一）电力恢复组：由省经济和信息化委牵头，由省发展改革委、公安厅、国土资源厅、水利厅、省安全监管局、林业厅、省地震局、省气象局、四川能源监管办、武警四川省总队、国网西南分部、国网四川电力、省能投集团公司、华电四川公司、国电四川公司、华能四川公司、雅砻江流域水电开发公司、国电大渡河流域水电开发公司等组成，视情增加其他电力企业。

主要职责：组织进行技术研判，开展事态分析；负责组织电力抢修恢复工作，尽快恢复受影响区域供电工作；负责重要用户、重点区域的临时供电保障；负责组织电力应急抢修恢复协调工作；协调武警有关力量参与应对。

（二）新闻宣传组：由省委宣传部牵头，省发展改革委、省经济和信息化委、公安厅、省新闻出版广电局、四川能源监管办、国网西南分部、国网四川电力、省能投集团公司等参加。

主要职责：组织开展事件进展、应急工作情况等权威信息发布，加强新闻宣传报道；收集分析国内外舆情和社会公众动态，加强媒体、电信和互联网管理，正确引导舆论；及时澄清不实信息，回应社会关切。

（三）综合保障组：由省发展改革委牵头，省经济和信息化委、公安厅、民政厅、财政厅、国土资源厅、住房城乡建设厅、交通运输厅、水利厅、省卫生计生委、商务厅、省国资委、省新闻出版广电局、四川能源监管办、省通信管理局、省安全监管局、成都铁路局、民航四川监管局、国网西南分部、国网四川电力、省能投集团公司等参加。视情增加其他电力企业。

主要职责：对大面积停电事件受灾情况进行核实，指导恢复电力抢修方案，落实人员、资金和物资；组织做好应急救援物资及生产生活物资的紧急生产、储备调拨和紧急配送工作；及时组织调运重要生活必需品，保障群众基本生活和市场供应；维护供水、供气、供热、通信、广播电视等设施正常运行；维护铁路、道路、水路、民航等基本交通运行；组织开展事件处置评估。

（四）社会稳定组：由公安厅牵头，省发展改革委、省经济和信息化委、民政厅、交通运输厅、商务厅、四川能源监管办、武警四川省总队等参加。

主要职责：加强受影响地区社会治安管理，严厉打击借机传播谣言制造社会恐慌，以及趁机盗窃、抢劫、哄抢等违法犯罪行为；加强转移人员安置点、救灾物资存放点等重点地区治安管控；加强对重要生活必需品等商品的市场监管和调控，打击囤积居奇行为；加强对重点区域、重点单位的警戒，切实维护社会稳定。

四、各有关部门（单位）职责

（一）省经济和信息化委：负责组织、召集省应急指挥部成员、办公室成员会议；迅速掌握大面积停电情况，向省应急指挥部提出处置建议；组织研判事件态势，按程序向社会公众发布预警，并通报其他相关部门和单位；负责组织协调全省电力资源的紧急调配和协调综合保障，组织电力企业开展电力抢修恢复及统调发电企业重点电煤供应的综合协调工作；协调相关部门、市（州）人民政府和重要电力用户开展应对处置工作；派员参加工作组赴现场指导协调事件应对工作。

（二）四川能源监管办：迅速掌握大面积停电情况，向省应急指挥部提出处置建议；督促指导有关部门、各地人民政府、电力企业、重要电力用户应对处置工作；为指定的新闻部门提供事故发布信息；派员参加工作组赴现场指导协调事件应对工作。

（三）省委宣传部：根据省应急指挥部的安排，协助有关部门统一宣传口径，组织媒体播发相关新闻；根据事件的严重程度或其他需要组织现场新闻发布会；加强对新闻单位、媒体宣传报道的指导和管理；正确引导舆论，及时对外发布信息。

（四）省发展改革委（省能源局）：负责协调电力企业设备设施修复建设项目计划安排，为应急抢险救援、恢复重建提供资金保障。

（五）公安厅：负责协助省应急指挥部做好事故灾难的救援工作，及时妥善处理由大面积停电引发的治安事件，加强治安巡逻，维护社会治安秩序，及时组织疏导交通，保障救援工作及时有效地进行。严防火灾发生，减少火灾损失，积极参加社会抢险救援，保护公共财产和人民生命财产安全。

（六）财政厅：负责组织协调电力应急抢修救援工作所需经费，做好应急资金使用的监督管理工作。

（七）民政厅：负责受影响人员的生活安置。

（八）国土资源厅：负责指导当地政府及有关部门对地质灾害进行监测和预报，为恢复重建提供用地支持。

（九）住房城乡建设厅：负责协调维持和恢复城市供水、供气、供热、市政照明、排水等公用设施运行，保障居民基本生活需要。

（十）交通运输厅：负责组织协调应急救援客货运输车辆，保障发电燃料、抢险救援物资、必要生活资料和抢险救灾人员运输，保障应急救援人员、抢险救灾物资公路运输通道畅通。

（十一）水利厅：组织、协调防汛抢险，负责水情、汛情、旱情的监测，提供相关信息。

（十二）省卫生计生委：负责组织协调医疗卫生应急救援工作，重点指导当地医疗机构启动自备应急电源和停电应急预案。

（十三）商务厅：负责组织调运重要生活必需品，加强市场监管和调控。

（十四）林业厅：负责森林火灾的预防和协调组织扑救工作，提供森林火灾火情信息。

（十五）省安全监管局（四川煤监局）：协调有关部门做好安全生产事故应急救援工作。督促、检查、协调煤矿企业应急措施的启动和执行。

（十六）省通信管理局：负责组织协调大面积停电事件应对处置中应急通信保障和通信抢险救援工作。

（十七）省地震局：对地震灾害进行监测和预报，提供震情发展趋势分析情况。

（十八）省气象局：负责大面积停电事件应急救援过程中提供气象监测和气象预报等信息，做好气象服务工作。

（十九）成都铁路局：指导所属铁路系统启动停电应急预案，开展应急处置，具体实施发电燃料、抢险救援物资的铁路运输。

（二十）民航四川监管局：指导所属民航系统启动停电应急预案，开展应急处置，负责维护民航基本交通通行，协调抢险救援物资运输工作。

（二十一）武警四川省总队：负责协助省应急指挥部做好事故灾难救援工作，加强治安巡逻，维护社会治安秩序。

（二十二）国网西南分部：在省应急指挥部、国网公司总部的领导下，统一指挥调度管辖范围内的电网事故处理，合理安排运行方式，积极实施电力支援，保障主网安全，控制停电范围和恢复电网供电。

（二十三）国网四川电力：在省应急指挥部、国家电网公司、国网西南分部的领导下，具体实施在电网大面积停电应急处置和救援中对所属企业的指挥。统一指挥调度管辖范围内的电网事故处理，合理安排运行方式，保证主网安全，控制停电范围和恢复电网供电。

（二十四）省能投集团公司：在省应急指挥部的领导下，具体实施在电网大面积停电应急处置和救援中对所属企业的指挥。统一指挥调度管辖范围内的电网事故处理，合理安排运行方式，保证所辖电网安全，控制停电范围和恢复电网供电。

（二十五）各发电企业：组织、协调本集团及所属发电企业做好电网大面积停电时的应急工作。

其他相关部门、单位做好职责范围内应急工作，完成省应急指挥部交办的各项工作任务。

附件 3

四川省大面积停电事件应急预案处置流程图

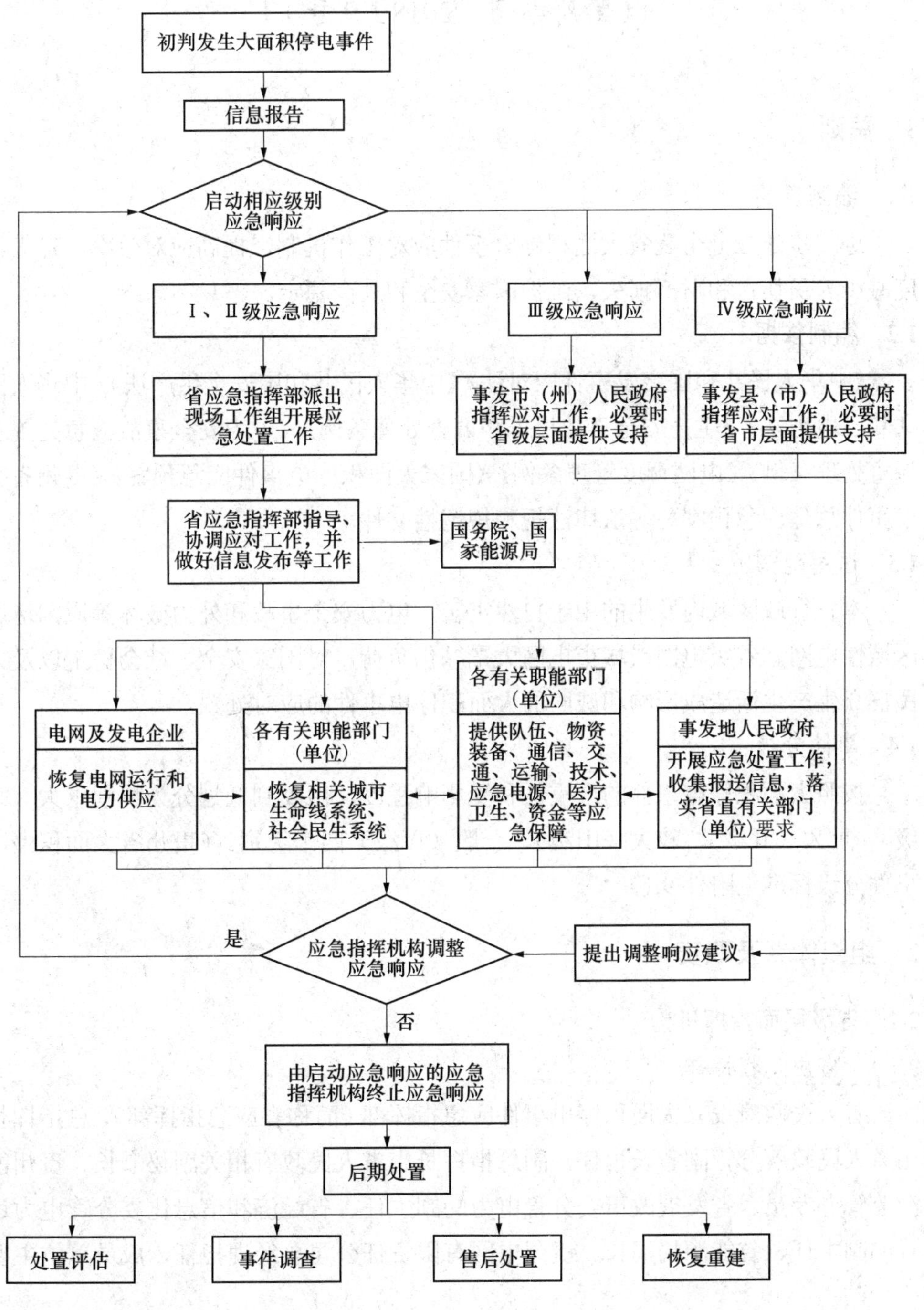
初判发生大面积停电事件
信息报告
启动相应级别应急响应
Ⅰ、Ⅱ级应急响应
Ⅲ级应急响应
Ⅳ级应急响应
省应急指挥部派出现场工作组开展应急处置工作
事发市（州）人民政府指挥应对工作，必要时省级层面提供支持
事发县（市）人民政府指挥应对工作，必要时省市层面提供支持
省应急指挥部指导、协调应对工作，并做好信息发布等工作
国务院、国家能源局
电网及发电企业
恢复电网运行和电力供应
各有关职能部门（单位）
恢复相关城市生命线系统、社会民生系统
各有关职能部门（单位）
提供队伍、物资装备、通信、交通、运输、技术、应急电源、医疗卫生、资金等应急保障
事发地人民政府
开展应急处置工作，收集报送信息，落实省直有关部门（单位）要求
是
应急指挥机构调整应急响应
提出调整响应建议
否
由启动应急响应的应急指挥机构终止应急响应
后期处置
处置评估
事件调查
售后处置
恢复重建

贵州省大面积停电事件应急预案

（黔府办函〔2018〕9号）

1　总则

1.1　编制目的

进一步建立健全我省大面积停电事件应对工作机制，提高应对效率，最大程度减少人员伤亡和财产损失，维护国家安全和社会稳定。

1.2　编制依据

《中华人民共和国突发事件应对法》《中华人民共和国安全生产法》《中华人民共和国电力法》《生产安全事故报告和调查处理条例》《电力安全事故应急处置和调查处理条例》《电网调度管理条例》《国家大面积停电事件应急预案》《贵州省突发事件总体应急预案》等法律法规和规范性文件。

1.3　适用范围

本省行政区域内发生的由于自然灾害、电力安全事故和外力破坏等原因造成区域性电网、省级电网或城市电网大量减供负荷，对国家安全、社会稳定以及人民群众生产生活造成影响和威胁的大面积停电事件的应对处置。

1.4　事件分级

按照大面积停电事件的严重性和受影响程度，由高到低划分为特别重大（Ⅰ级）、重大（Ⅱ级）、较大（Ⅲ级）、一般（Ⅳ级）四个级别。（贵州省大面积停电事件分级标准见附件9.1）

2　组织体系及职责

2.1　省级层面指挥机构

2.1.1　省应急指挥部

省人民政府设立大面积停电事件应急指挥部（简称省应急指挥部），总指挥长由省人民政府分管副省长担任，副总指挥长由省人民政府相关副秘书长、贵州能源监管办专员、省发展改革委分管电力的副主任、省经济和信息化委分管电力运行的副主任、省能源局局长、贵州电网有限责任公司总经理担任，成员单位主要有：贵州能源监管办、省发展改革委（省能源局）、省教育厅、省经济和信息化委、省公安厅、省民政厅、省财政厅、省国土资源厅、省环境保护厅、省住房城乡建设厅、省交通运输厅、省水利厅、省商务厅、省卫生计生委、省林业厅、省国资委、省新闻出版广电局、省安全监管局、省政府新闻办、省地震局、省气象局、省通信管理局、成都铁路局贵阳办事处、贵州电网有限责任公司、省测绘局、民航贵州空管分局，以及省军区、省武警总队、省网信办、兴义市地方电力有限责任公司等。根据应对工作需要，适当增加有关地方人民政府、其他有关部门和相关电力企业。其主要职责是：

（1）统一领导、组织指挥、协调指导大面积停电事件应对工作。

（2）发生特别重大、重大级别大面积停电事件时，负责组织开展事件应急处置工作，或在国家大面积停电事件应急指挥部或国务院工作组的统一指挥指导下，开展事件应急处置工作。

（3）发生较大级别大面积停电事件时，报请省人民政府批准，或根据省领导要求，成立工作组指导、协调、支持事发地人民政府开展事件应急处置工作。必要时，经省人民政府批准，或根据省领导要求，组织指挥事件应急处置工作。

（4）当发生跨省（市、自治区）大面积停电事件时，根据需要启动跨区域大面积停电事件应急合作机制。

2.1.2 省应急指挥部成员单位职责

各成员单位按照省应急指挥部统一部署，根据职责分工和应急响应级别，做好大面积停电事件的应对处置工作。

（1）贵州能源监管办：承担省应急指挥部办公室职责；负责较大级别大面积停电事件应急处置的指导协调等工作；负责建立和管理应急专家库和专家组。

（2）省发展改革委（省能源局）：负责电网恢复正常运行所需建设项目的计划安排和衔接工作，电煤供应的应急保障管理工作；负责对大面积停电区域重要商品和服务价格开展监测预警，及时提请省人民政府或会同有关部门处置价格异常波动，维护市场价格稳定和正常秩序。

（3）省教育厅：必要时，指导事发地教育行政主管部门，做好中小学校、幼儿园停止上课、集会等群体性活动。

（4）省经济和信息化委：做好非故障区域电力保障和紧急状态下的有序用电工作。

（5）省公安厅：负责组织协调、指导监督关系国计民生、国家安全和公共安全重要单位和要害部位的安全保卫工作；负责组织维护事发地社会治安、交通秩序，做好消防工作。

（6）省民政厅：负责指导事发地民政行政主管部门做好大面积停电事件造成生活困难群众的基本生活救助。

（7）省财政厅：负责大面积停电事件应急处置工作经费保障。

（8）省国土资源厅：负责电网恢复正常运行所需的建设项目用地安排，做好地质灾害可能引发大面积停电事件的预报和评估工作。

（9）省环境保护厅：负责做好大面积停电事件引发的突发环境事件应急监测工作，协助做好控制、消除环境污染的应急处置工作。

（10）省住房城乡建设厅：负责协调维持和恢复城市供水、燃气和道路设施照明等重要基础设施的正常运行工作。

（11）省交通运输厅：负责组织协调应急救援交通工具，疏导滞留旅客，保障发电燃料、抢险救援物资、必要生活资料等的公路、水路运输；协调保障地铁等城市公共客运交通安全。

（12）省水利厅：负责提供水旱灾害的灾情、险情等有关信息;必要时，组织小型水电站提供应急电源。

（13）省商务厅：负责协调海关、质监等有关部门做好重要商品的进口及口岸检验、检疫工作。

（14）省卫生计生委：负责协调停电地区医院医疗机构自备应急电源应急启动并采取临时应急措施；组织伤员救治。

（15）省林业厅：负责发布森林灾害信息，协调解决电力线路抢险中的林木砍伐事宜。

（16）省国资委：配合电力行业主管部门，督促所监管企业做好应急处置工作。

（17）省新闻出版广电局：负责大面积停电事件的应急公益宣传及应急广播。

（18）省安全监管局：负责协调有关生产安全事故应急救援及调查工作。

（19）省政府新闻办：及时主动向社会发布大面积停电事件信息和应对工作情况，提示相关注意事项和安保措施；加强舆情收集分析，及时回应社会关切，澄清不实信息，正确引导社会舆论，稳定公众情绪。

（20）省地震局：对地震灾害进行监测和预报，提供震情发展趋势分析情况。

（21）省气象局：负责根据大面积停电事件应急处置需要，提供相关气象信息。

（22）省通信管理局：负责大面积停电事件应急通信保障工作。

（23）成都铁路局贵阳办事处：负责组织疏导、运输涉及火车站的滞留旅客，保障发电燃料、抢险救援物资、必要生活资料等的铁路运输。

（24）贵州电网有限责任公司：负责抢修本企业受损电网设施设备，尽快恢复受影响区域供电；向重要用户和重要设施提供必要的电力支援；组织事件发生地供电企业为居民基本的通信、应急照明、急救医疗等提供应急充电设施；第一时间将大面积停电事件情况告知受影响地区和单位；按照《电网调度管理条例》及相关规程执行电网调度工作。

（25）省测绘局：负责大面积停电事件应急测绘保障。

（26）民航贵州空管分局：负责组织疏导、运输机场滞留旅客，保障发电燃料、抢险救援物资及必要生活资料的空中运输。

（27）省军区：负责组织所属部队、民兵预备役人员并协调驻黔部队参加大面积停电事件应急处置。

（28）省武警总队：负责组织所属武警部队参加大面积停电事件应急处置，协助公安部门维护社会秩序。

（29）省网信办：指导有关单位开展网络舆情监测和引导工作，组织新闻网站开展网上新闻宣传。

（30）兴义市地方电力有限责任公司：负责抢修本企业受损电网设施设备，尽快恢复受影响区域供电；向重要用户和重要设施提供必要的电力支援；组织事故所在地供电企业为居民基本的通信、应急照明、急救医疗等提供应急充电设施；第一时间将大面积停电事件情况告知受影响地区和单位；按照《电网调度管理条例》及相关规程执行电网调度工作。

同时，电力企业（包括电网企业、发电企业等）应建立健全应急指挥机构，在政府组织指挥机构领导下开展大面积停电事件应对工作。电网调度工作按照《电网调度管理条例》及相关规程执行。对维护基本公共秩序、保障人身安全和避免重大经济损失具有重要意义的政府机关、医疗、交通、通讯、广播电视、供水、供气、加油（加气）、排水泵站、污水处理、工矿商贸等重要电力用户，应根据有关规定合理配置供电电源和自备应急电源，完善非电保安等各种措施，并定期检查维护，确保相关设施设备的可靠性和有效性；发生大面积停电时，负责本单位事故抢险和应急处置工作；根据情况向各级应急指挥机构请求支援。

本预案未列出的其他部门和单位，根据省应急指挥部指令，按照本部门职责和事件处置需要，全力做好大面积停电事件应急处置的相关工作。

2.1.3　省应急指挥部办公室

省应急指挥部下设办公室，设在贵州能源监管办，负责指挥部日常工作。由贵州能源监管办专员担任办公室主任，省发展改革委（省能源局）、省经济和信息化委、贵州能源监管办、贵州电网公司有关领导担任办公室副主任。其主要职责是：

（1）完成省人民政府和省应急指挥部安排的各项任务；

（2）执行省人民政府和省应急指挥部下达的应急指令；

（3）组织制定和修编省级应急预案并抓好监督落实；

（4）负责日常应急处理和协调供电恢复；

（5）负责重大以上大面积停电事件预警信息发布；

（6）负责组织召开省应急指挥部相关会议；

（7）负责会同有关部门组织应急预案宣传、培训和演练；

（8）负责向省人民政府和国家能源局报送相关信息；

（9）负责电力应急管理日常工作。

2.1.4 省应急专家组

各级应急指挥机构根据需要成立大面积停电事件应急专家组，成员由电力、气象、地质、水文等领域相关专家组成，对大面积停电事件应对工作提供技术咨询和建议。（贵州省大面积停电事件专家库名单见附件 9.2）

2.2 市县级层面指挥机构

市、县级人民政府负责指挥、协调本行政区域内大面积停电事件应对工作，结合本地区实际，明确相应组织指挥机构，建立健全应急联动机制。发生跨行政区域的大面积停电事件时，有关市、县级人民政府应根据需要建立跨区域大面积停电事件应急处置合作机制。

3 监测预警

3.1 风险分类

根据可能发生的大面积停电事件的级别，将应急预警分为一级、二级、三级和四级，分别用红色、橙色、黄色和蓝色标示，一级为最高级别，依次对应特别重大、重大、较大和一般级别大面积停电事件。

3.2 监测预警

电力企业要结合实际加强对重要电力设施设备运行、发电燃料供应等情况的监测，建立与气象、水利、林业、地震、公安、交通运输、国土资源、经济和信息化等部门的信息共享机制，及时分析各类情况对电力运行可能造成的影响，预估可能影响的范围和程度。

3.3 预警响应

3.3.1 预警信息发布

电力企业研判可能造成大面积停电事件时，要及时将有关情况报告受影响区域人民政府电力运行主管部门和贵州能源监管办，提出预警信息发布建议，并视情通知重要电力用户。市、县级人民政府电力运行主管部门应及时组织研判，必要时报请当地人民政府批准后向社会公众发布预警，并通报同级其他相关部门和单位。当可能发生重大以上大面积停电事件时，中央电力企业同时报告国家能源局。

3.3.2 预警行动

预警信息发布后，电力企业要加强设备巡查检修和运行监测，采取有效措施控制事态发展；组织相关应急救援队伍和人员进入待命状态，动员后备人员做好参加应急救援和处置工作准备，并做好大面积停电事件应急所需物资、装备和设备等应急保障准备工作。重要电力用户做好自备应急电源启用准备。受影响区域人民政府启动应急联动机制，组织有关部门和单位做好维持公共秩序、供水供气供热、商品供应、交通物流等方面的应急准备；加强相关舆情监测，主动回应社会公众关注的热点问题，及时澄清谣言传言，做好舆论引导工作。

3.3.3 预警解除

根据事态发展和采取措施的效果，适当调整预警级别。当研判不会发生大面积停电事件时，按照“谁发布、谁解除”的原则，由发布单位宣布解除预警，适时终止相关措施。

4 信息报告与先期处置

4.1 信息报告

大面积停电事件发生后，相关电力企业应立即向受影响区域人民政府电力运行主管部门和贵州能源监管办报告，中央电力企业同时报告国家能源局。

事发地人民政府电力运行主管部门接到大面积停电事件信息报告或者监测到相关信息后，应当立即进行核实，对大面积停电事件的性质和类别作出初步认定，按照国家规定的时限、程序和要求向上级电力运行主管部门和同级人民政府报告，并通报同级其他相关部门和单位。

各级人民政府及其电力运行主管部门接到大面积停电事件报告后，应当按照有关规定及时上报相关信息。

贵州能源监管办接到大面积停电事件报告后，应当立即核实有关情况并根据相关规定向省人民政府、国家能源局报告，同时通报事发地市、县级人民政府。

4.2 先期处置

按照属地管理原则，市、县级人民政府及时启动本级权限应急响应，第一时间开展电网抢修恢复、救援等工作，控制事态发展。

5 应对处置

5.1 应急响应

5.1.1 Ⅰ级和Ⅱ级响应

5.1.1.1 响应分级

根据大面积停电事件的严重程度和发展态势，将应急响应设定为Ⅰ级、Ⅱ级、Ⅲ级和Ⅳ级四个等级。初判发生特别重大、重大级别大面积停电事件，分别启动Ⅰ级、Ⅱ级应急响应，由省人民政府负责指挥应对处置工作。（贵州省大面积停电事件应对处置流程图见附件 9.3）

5.1.1.2 应急准备

应急响应启动后，省应急指挥部办公室通知各牵头部门和参与部门，按照规定的职责，迅速进入应急状态，做好各项应急准备。

5.1.1.3 现场应急处置

省应急指挥部根据应急处置工作需要，设立现场应急处置工作组。工作组职责任务是：

（1）电力恢复组：由省发展改革委（省能源局）牵头，贵州能源监管办、省经济和信息化委、省公安厅、省水利厅、省安全监管局、省林业厅、省地震局、省气象局、省通信管理局、省测绘局、省军区、省武警总队、贵州电网有限责任公司、兴义市地方电力有限责任公司等组成，视情增加其他电力企业。负责组织进行技术研判，开展事态分析；负责组织电力抢修恢复工作，尽快恢复受影响区域供电；负责重要电力用户、重点区域的临时供电保障；负责组织跨区域的电力应急抢修恢复协调工作；组织军队、武警有关力量参与应急处置工作。

（2）综合保障组：由省经济和信息化委牵头，贵州能源监管办、省发展改革委（省能源局）、省公安厅、省民政厅、省财政厅、省国土资源厅、省住房城乡建设厅、省交通运输厅、省水利厅、省商务厅、省卫生计生委、省国资委、省新闻出版广电局、省通信管理局、成都铁路局贵阳办事处、贵州电网有限责任公司、民航贵州空管分局、兴义市地方电力有限责任公司等组成，视情增加其他电力企业。负责对大面积停电事件受灾情况进行核实，指导恢复电力抢修方案，落实人员、资金和物资；负责组织做好应急救援装备物资及生产生活物资的紧急生产、储备调拨和紧急配送工作；负责及时救治受伤人员和人民群众；负责及时组织调运重要生活必需品，保障群众基本生活和市场供应；负责维护供水、供气、供热、通信、广播电视等设施正常运行；负责维护铁路、公路、水路、民航等基本交通运行；组织开展事件处置评估。

（3）新闻宣传组：由省政府新闻办牵头，贵州能源监管办、省发展改革委（省能源局）、省教育厅、省经济和信息化委、省公安厅、省新闻出版广电局、省安全监管局、省通信管理局、省网信办等组成。负责组织开展事件情况、处置工作等权威信息发布，加强新闻宣传报道；负责收集分析国内外舆情和社会公众动态，加强媒体、电信和互联网管理，正确引导舆论，及时澄清不实信息，回应社会关切。

（4）社会稳定组：由省公安厅牵头，贵州能源监管办、省发展改革委（省能源局）、省教育厅、省经济和信息化委、省民政厅、省交通运输厅、省商务厅、省通信管理局、省军区、省武警总队、省网信办等组成。负责加强受影响地区社会治安管理，严厉打击借机传播谣言制造社会恐慌，以及趁机盗窃、抢劫、哄抢等违法犯罪行为；负责加强转移人员安置点、救灾物资存放点等重点地区治安管控；负责加强对重要生活必需品等商品的市场监管和调控，打击囤积居奇行为；负责加强对重点区域、重点单位的警戒；负责做好受影响人员与涉事单位、有关部门矛盾纠纷化解等工作，切实维护社会稳定。

5.1.1.4　应对措施

5.1.1.4.1　省应急指挥部应对措施

初判发生重大或特别重大级别大面积停电事件时，省应急指挥部主要开展以下工作：

（1）组织有关部门和单位、专家组进行会商，研究分析事态，部署应对工作；

（2）报请省人民政府启动或终止应急响应；

（3）根据需要赴事发现场，成立现场应急指挥部或派出前方工作组赶赴事发现场，协调指导开展应急处置工作；

（4）研究决定市、县级人民政府、有关部门和电力企业提出的请求事项，重要事项报省人民政府决策；

（5）统一组织信息发布和舆论引导工作；

（6）组织开展事件处置评估；

（7）对事件处置工作进行总结并报告省人民政府。

5.1.1.4.2　省应急指挥部办公室应对措施

初判发生一般或较大大面积停电事件时，省应急指挥部办公室开展以下工作：

（1）密切跟踪事态发展，督促相关电力企业迅速开展电力抢修恢复等工作，指导督促地方有关部门做好应急处置工作；

（2）视情派出工作组赴现场指导协调事件应急处置等工作；

（3）根据电力企业和地方请求，协调有关方面为应急处置工作提供支援和技术支持；

（4）指导做好舆情信息收集、分析和应对工作；

（5）向省应急指挥部和省人民政府报告相关情况。

5.1.1.4.3　相关电力企业和重要电力用户应对措施

大面积停电事件发生后，相关电力企业和重要电力用户要立即实施先期处置，全力控制事件发展态势，减少损失。各有关地方、部门和单位根据工作需要，组织采取以下措施：

（1）抢修电网并恢复运行。电力调度机构合理安排运行方式，控制停电范围；尽快恢复重要输变电设备、电力主干网架运行；在条件具备时，优先恢复重要电力用户、重要城市和重点地区的电力供应。电网企业迅速组织力量抢修受损电网设备设施，根据应急指挥机构要求，向重要电力用户及重要设施提供必要的电力支援。发电企业保证设备安全，抢修受损设备，做好发电机组并网运行准备，按照电力调度指令恢复运行。

（2）防范次生衍生事故。重要电力用户按照有关技术要求迅速启动自备应急电源，加强重大危险源、重要目标、重大关键基础设施隐患排查与监测预警，及时采取防范措施，防止发生次生衍生事故。

（3）保障居民基本生活。启用应急供水措施，保障居民用水需求；采用多种方式，保障燃气供应和热力供应；组织生活必需品的应急生产、调配和运输，保障停电期间居民基本生活。

（4）维护社会稳定。加强涉及国家安全和公共安全的重点单位安全保卫工作，严密防范和严厉打击违法犯罪活动。加强对停电区域内繁华街区、居民区、大型商场、学校、医院、金融机构、机场、城市轨道交通设施、车站、码头及其他重要生产经营场所等重点地区、重点部位、人员密集场所的治安巡逻，及时疏散人员，解救被困人员，防范治安事件。加强交通疏导，维护道路交通秩序。尽快恢复企业生产经营活动。严厉打击造谣惑众、囤积居奇、哄抬物价等各种违法行为。

（5）加强信息发布。按照及时准确、公开透明、客观统一的原则，加强信息发布和舆论引导，主动向社会发布停电相关信息和应对工作情况，提示相关注意事项和安保措施。加强舆情收集分析，及时回应社会关切，澄清不实信息，正确引导社会舆论，稳定公众情绪。

（6）组织事态评估。及时组织对大面积停电事件影响范围、影响程度、发展趋势及恢复进度进行评估，为进一步做好应对工作提供依据。

5.1.1.5　响应终止

同时满足以下条件时，由启动响应的人民政府终止应急响应：

（1）电网主干网架基本恢复正常，电网运行参数保持在稳定限额之内，主要发电厂机组运行稳定；

（2）减供负荷恢复 80%以上，受停电影响的重点地区、重要城市负荷恢复90%以上；

（3）造成大面积停电事件的隐患基本消除；

（4）大面积停电事件造成的重特大次生衍生事故基本处置完成。

5.1.2 Ⅲ级和Ⅳ级响应

初判发生较大级别大面积停电事件，由事发地市级人民政府启动Ⅲ级应急响应，负责指挥应急处置工作。必要时，经省人民政府批准，或根据领导要求，由省应急指挥部统一领导、组织和指挥事件应急处置工作。

初判发生一般级别大面积停电事件，由事发地县级人民政府启动Ⅳ级应急响应，由事发地县级或市级人民政府负责指挥应急处置工作。

对于尚未达到一般级别大面积停电事件标准，但对社会产生较大影响的停电事件，市、县级人民政府可结合实际情况启动应急响应。应急响应启动后，可视事件造成损失情况及其发展趋势调整响应级别，避免响应不足或响应过度。

5.2 善后处理

事发地人民政府要及时组织制订善后工作方案并组织实施。保险机构要及时开展相关理赔工作，尽快消除大面积停电事件的影响。

5.3 恢复重建

大面积停电事件应急响应终止后，需对电网网架结构和设备设施进行修复或重建的，由省人民政府根据实际工作需要组织编制恢复重建规划。相关电力企业和受影响区域地方人民政府应当根据规划做好受损电力系统恢复重建工作。

5.4 处置评估

大面积停电事件应急响应终止后，履行统一领导职责的人民政府要及时组织对事件处置工作进行评估，总结经验教训，分析查找问题，提出改进措施，形成处置评估报告。鼓励开展第三方评估。

5.5 处置奖惩

对在大面积停电事件应对处置工作中作出突出贡献的先进集体和个人，根据相关规定给予表彰或奖励。对玩忽职守、失职、渎职的有关责任人，依据有关规定严肃追究责任，构成犯罪的，移送司法机关依法追究刑事责任。

6 调查处理

大面积停电事件发生后，根据有关规定成立调查组，查明事件原因、性质、影响范围、经济损失等情况，提出防范、整改的措施和建议。

7 应急保障

7.1 队伍保障

电力企业应建立健全电力抢修应急专业队伍，加强设备维护和应急抢修技能方面的培训，定期开展应急演练，提高应急救援能力。省人民政府有关部门和市、县级人民政府根据需要组织动员其他专业应急队伍和志愿者等参与大面积停电事件及其次生衍生灾害处置工作。军队、武警部队、公安消防等要做好应急力量支援保障。

7.2 装备物资保障

电力企业应储备必要的专业应急装备及物资，建立和完善相应保障体系。省人民政府有关部门和市、县级人民政府要加强应急救援装备物资及生产生活物资的紧急生产、储备调拨和紧急配送工作，保障支援大面积停电事件应对工作需要。鼓励支持社会化储备。

7.3 资金保障

省发展改革委（省能源局）、省财政厅、省民政厅、省国资委等有关部门和市、县级人民政府以及各相关电力企业应按照有关规定，对大面积停电事件处置工作提供必要的资金保障。

7.4 通信、交通与运输保障

市、县级人民政府及通信主管部门要建立健全大面积停电事件应急通信保障体系，形成可靠的通信保障能力，确保应急处置通信联络和信息传递需要。交通运输部门要健全紧急运输保障体系，保障应急响应所需人员、物资、装备、器材等的运输；公安部门要加强交通应急管理，保障应急救援车辆优先通行；根据全面推进公务用车制度改革有关规定，有关单位应配备必要的应急车辆，保障应急救援需要。

7.5 技术保障

电力行业要加强大面积停电事件应对和监测先进技术、装备的研发，制定电力应急技术标准，加强电网、电厂安全应急信息化平台建设。有关部门要为电力日常监测预警及电力应急抢险提供必要的气象、地质、水文等服务。

7.6 应急电源保障

提高电力系统快速恢复能力，加强电网“黑启动”能力建设。省人民政府有关部门和电力企业应充分考虑电源规划布局，保障各地区“黑启动”电源。电力企业应配备适量的应急发电装备，必要时提供应急电源支援。重要电力用户应按照国家有关技术要求配置应急电源，并加强维护和管理，确保应急状态下能够投入运行。

7.7 应急演练

各级人民政府和相关部门要按照本预案要求，经常性组织开展各级各类应急演练。

8 附则

8.1 预案管理

本预案由贵州能源监管办牵头制定和管理，会同有关部门组织预案宣传、培训和演练，并根据实际情况，适时组织评估和修订。市、县级人民政府要结合当地实际制定或修订本级大面积停电事件应急预案。

8.2 预案解释

本预案由省人民政府办公厅负责解释。

8.3 预案实施

本预案自印发之日起实施。2007 年 12 月 12 日印发的《贵州省处置电网大面积停电事件应急预案》同时废止。

9 附件

1．贵州省大面积停电事件分级标准

2．贵州省大面积停电事件专家库名单（略）

3．贵州省大面积停电事件应对处置流程图

附件 1

贵州省大面积停电事件分级标准

特别重大（Ⅰ级）	重大（Ⅱ级）	较大（Ⅲ级）	一般（Ⅳ级）
●省电网：负荷在20000兆瓦以上时，减供负荷30%以上；负荷在5000兆瓦以上20000兆瓦以下时，减供负荷40%以上。 ●贵阳市电网：负荷在2000兆瓦以上时，减供负荷60%以上，或70%以上供电用户停电。	●省电网：负荷在20000兆瓦以上时，减供负荷13%以上30%以下；负荷在5000兆瓦以上20000兆瓦以下时，减供负荷16%以上40%以下；负荷在1000兆瓦以上5000兆瓦以下时，减供负荷50%以上。 ●贵阳市电网：负荷在2000兆瓦以上时，减供负荷40%以上60%以下，或50%以上70%以下供电用户停电；负荷在2000兆瓦以下时，减供负荷40%以上，或50%以上供电用户停电。 ●其他设区的市电网：负荷在600兆瓦以上时，减供负荷60%以上，或70%以上供电用户停电。	●省电网：负荷在20000兆瓦以上时，减供负荷10%以上13%以下；负荷在5000兆瓦以上20000兆瓦以下时，减供负荷12%以上16%以下；负荷在1000兆瓦以上5000兆瓦以下时，减供负荷20%以上50%以下；负荷在1000兆瓦以下时，减供负荷40%以上。 ●贵阳市电网：减供负荷20%以上40%以下，或30%以上50%以下供电用户停电。 ●其他设区的市电网：负荷在600兆瓦以上时，减供负荷40%以上60%以下，或50%以上70%以下供电用户停电；负荷在600兆瓦以下时，减供负荷40%以上，或50%以上供电用户停电。 ●县级市电网：负荷在150兆瓦以上时，减供负荷60%以上，或70%以上供电用户停电。	●省电网：负荷在20000兆瓦以上时，减供负荷5%以上10%以下；负荷在5000兆瓦以上20000兆瓦以下时，减供负荷6%以上12%以下；负荷在1000兆瓦以上5000兆瓦以下时，减供负荷10%以上20%以下；负荷在1000兆瓦以下时，减供负荷25%以上40%以下。 ●贵阳市电网：减供负荷10%以上20%以下，或15%以上30%以下供电用户停电。 ●其他设区的市电网：减供负荷20%以上40%以下，或30%以上50%以下供电用户停电。 ●县级市电网：负荷在150兆瓦以上时，减供负荷40%以上60%以下，或50%以上70%以下供电用户停电；负荷在150兆瓦以下时，减供负荷40%以上，或50%以上供电用户停电。

附件 2

贵州省大面积停电事件应对处置流程图

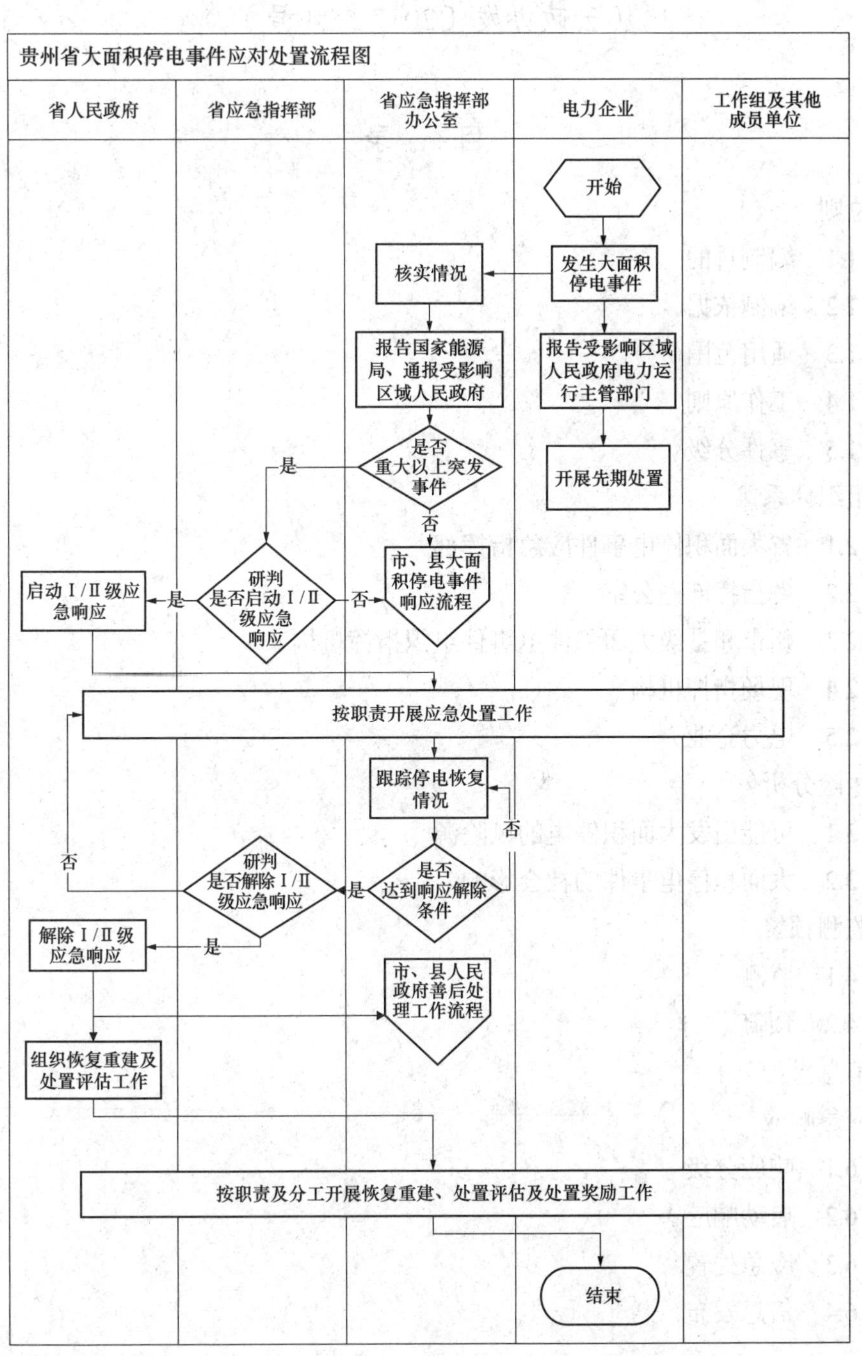
贵州省大面积停电事件应对处置流程图
省人民政府
省应急指挥部
省应急指挥部办公室
电力企业
工作组及其他成员单位
开始
发生大面积停电事件
核实情况
报告国家能源局、通报受影响区域人民政府
报告受影响区域人民政府电力运行主管部门
开展先期处置
是否重大以上突发事件
是
否
研判是否启动Ⅰ/Ⅱ级应急响应
启动Ⅰ/Ⅱ级应急响应
市、县大面积停电事件响应流程
按职责开展应急处置工作
跟踪停电恢复情况
是否达到响应解除条件
研判是否解除Ⅰ/Ⅱ级应急响应
解除Ⅰ/Ⅱ级应急响应
市、县人民政府善后处理工作流程
组织恢复重建及处置评估工作
按职责及分工开展恢复重建、处置评估及处置奖励工作
结束

云南省大面积停电事件应急预案

（云政办发〔2017〕24 号）

目　　录

1　总则

1.1　编制目的

建立健全全省大面积停电事件应对工作机制，提高应对能力和水平，最大程度减少人员伤亡和财产损失，维护公共安全和社会稳定。

1.2　编制依据

依据《中华人民共和国突发事件应对法》《中华人民共和国安全生产法》《中华人民共和国电力法》《生产安全事故报告和调查处理条例》《电力安全事故应急处置和调查处理条例》《电网调度管理条例》《国家大面积停电事件应急预案》《大面积停电事件省级应急预案编制指南》《云南省突发事件应对条例》《云南省突发事件应急预案管理办法》《云南省突发公共事件总体应急预案》等法律法规

及有关规定，制定本预案。

1.3 适用范围

本预案适用于我省行政区域内发生的大面积停电事件应对工作。

大面积停电事件是指由于自然灾害、电力安全事故和外力破坏等原因造成区域性电网、省级电网或城市电网大量减供负荷，对公共安全、社会稳定及人民群众生产生活造成影响和威胁的停电事件。

因地震、气象等自然灾害和恐怖袭击等社会安全事件及其他因素造成大面积停电事件时，依据有关对应专项应急预案执行，同时参照本预案组织做好信息报送、应急响应等有关应对工作。

1.4 工作原则

统一领导、综合协调。大面积停电会给现代社会生产生活带来重大影响。特殊时期必须强调统一领导、资源共享、各方配合、全社会参与，必须强调执行力，提高应对效率，避免浪费有限的应急资源和时间。

属地为主、上下联动。建立健全属地为主、分级负责、分类管理、条块结合的大面积停电事件应急管理体制。各级政府对处置本行政区域内大面积停电事件实施统一指挥和协调，确保处置工作规范有序、忙而不乱。

突出重点、确保稳定。发生大面积停电事件，政府应对重点在于确保公共安全、确保社会稳定，尽量减少对人民群众生产生活的影响，为抢修电力设施提供必要的便利和帮助，尽快恢复电力供应。

1.5 事件分级

按照事件严重性和受影响程度，大面积停电事件分为特别重大、重大、较大、一般 4 级。我省大面积停电事件分级标准见附录 1。

2 组织体系

省大面积停电事件组织体系由省级指挥机构、日常工作机构、州市县区指挥机构、现场指挥机构、电力企业等构成。

2.1 省大面积停电事件应急指挥部

省人民政府成立省大面积停电事件应急指挥部（以下简称省指挥部），指挥长由分管副省长担任，副指挥长由有关副秘书长、省工业和信息化委主任、省发展改革委主任、国家能源局云南监管办专员、云南电网公司总经理担任。省指挥部组成及职责见附录 2。

省指挥部各成员单位在按照自身职能主动开展应急处置、加强请示报告的同时，分别参加有关专业组的工作。当国家成立相应的大面积停电事件应急指挥部时，由国家大面积停电事件应急指挥部统一领导、组织和指挥大面积停电事件应对工作，省指挥部服从国家大面积停电事件应急指挥部的统一领导、组织和指挥，加强请示报告、积极主动开展应急处置工作。发生跨省大面积停电事件时，根据需要建立跨区域大面积停电事件应急合作机制。

省指挥部根据需要成立专家组，成员由电力、气象、地质、水文等领域专家组成，为省指挥部应对大面积停电事件提供技术咨询和建议；开展事态评估，对事件影响范围、影响程度、发展趋势、恢复进度及应对措施进行评估，及时提供有关对策建议。

2.2 省指挥部办公室

省指挥部下设办公室在省工业和信息化委，负责日常工作。

2.3 州市和县级大面积停电事件组织指挥机构

各州、市、县、区人民政府成立本级大面积停电事件应急指挥部，负责指挥、协调本行政区域内大面积停电事件应对工作。要结合本地实际，明确相应组织指挥机构，编制大面积停电事件应急预案，建立健全应急联动机制。发生跨州、市大面积停电事件时，由省指挥部组织协调有关合作事宜。

2.4 现场指挥机构

负责大面积停电事件应急处置的事发地政府根据需要成立现场指挥部，负责现场组织指挥工作。现场指挥部统一指挥参与现场处置的有关单位和人员。

2.5 电力企业

电力企业（包括电网企业、发电企业等，下同）要建立健全大面积停电事件应急指挥机构，发生大面积停电事件时，在各级政府大面积停电事件应急指挥机构统一指挥下，积极主动开展应急保供电和应急抢修工作。电网调度按照《电网调度管理条例》及有关规程执行。

3 风险分析

大面积停电事件风险主要分为电力系统风险、社会风险两个方面。

3.1 可能引发大面积停电的风险源

有关电力企业要建立健全电力系统大面积停电风险评估机制，定期组织风险评估，明确大面积停电事件防范和应对措施。

3.1.1 电力系统运行风险

云南电网与南方电网主网异步联网后，直流双极（双回）闭锁等严重故障带来的云南电网频率稳定问题异常突出，系统频率失稳风险增加，可能引发全省大面积停电事件。

局部地区电网网架结构薄弱，单线单变、同杆双回线路发生故障时，可能引发局部大面积停电事件。

3.1.2　自然灾害风险

地质灾害：我省崩塌、滑坡、泥石流等地质灾害多发。地质灾害可能造成重要电力设施设备损坏，从而引发大面积停电事件。

森林火灾：我省绝大部分地区森林覆盖面积大，森林火灾多发，容易导致输电线路跳闸、变电站失压，从而引发大面积停电事件。

地震灾害：我省处于多个地震带上。地震极易造成电力设施设备故障或损毁，从而引发大面积停电事件。

洪涝和雨雪冰冻灾害：我省处于“云贵准静止锋”的覆盖范围，滇东北又处于“华南准静止锋”与“云贵准静止锋”的交接地带，夏季易发洪涝灾害，冬、春季易发雨雪冰冻灾害。洪涝灾害和雨雪冰冻灾害可能导致输电线路倒杆、断线，从而引发大面积停电事件。

3.1.3　外力破坏风险

蓄意人为因素、工程施工等外力破坏，可能引发大面积停电事件。

3.2　大面积停电事件的社会影响

大面积停电事件发生后，可能带来的社会影响一般包括：

3.2.1　党政军机关、应急指挥机构、涉及国家安全和公共安全的重点单位：通信指挥受较大制约，行政效率降低；安保系统可能受影响。

3.2.2　社会治安：市区大面积停电 1 天以上，公众承受能力下降，情绪恶化，可能导致民众恐慌和聚集，容易引发矛盾和冲突；市区照明系统失效、安保系统受影响，盗窃、抢劫等治安问题可能增多；可能出现哄抢生活必需品等群体性治安事件。

3.2.3　通信：通信枢纽机房运行可能受影响，大部分基站停电，自备电源失电后，公网通信大面积中断，严重影响公众的信息沟通，也给应急指挥工作带来较大不便。

3.2.4　供水、供气：大面积停电导致城市供水供气受到严重影响，市民一日三餐等正常生活难以保障，民众情绪可能失控。

3.2.5　排水、排污：城市排水、排污可能因自备应急能力不足导致系统瘫痪，引发城市内涝及环境污染等次生灾害等；市民因抽水马桶不能使用，可能导致公共厕所不能满足需要，城市卫生状况可能恶化。

3.2.6　企业生产：石油、化工、采矿等需要电力降温减压或通风排气的高危企业因停电容易导致生产安全事故，甚至引发有毒有害物质泄漏等次生灾害。

3.2.7　医疗卫生：长时间停电难以保证手术室、重症监护室、产房等重要场所及有关设施设备持续供电，病人生命安全受到威胁；医院结算系统、医保系统、售药系统无法正常使用；需要冷藏的药品、疫苗、生物标本、生物制品等受到影响；因为地面交通拥堵、用电设备器械不能使用等原因，紧急医疗救援工作效率可能降低。

3.2.8　道路交通：城市交通监控系统及指示灯停止工作，道路交通可能出现拥堵；高速公路收费作业受到影响，隧道、桥梁等重要设施的监控、照明、通风、指示等机电系统停止工作，造成高速公路交通拥堵甚至中断；应急救灾物资运输受阻，应急救援救护难以及时抵达。

3.2.9　城市轨道交通：调度、通信及车站照明失电，电扶梯和垂直电梯骤停，易引发恐慌及伤亡事件；列车停运，大量乘客需要地面应急交通工具疏散，可能加剧道路拥堵。

3.2.10　铁路交通：列车停运，沿途车站旅客滞留；铁路运行调度系统及安检系统、售票系统、检票系统无法正常运转；应急救灾物资运输受阻。

3.2.11　民航：大量旅客滞留机场，旅客因航班晚点易与机场管理人员发生冲突；应急救灾物资运输受阻。

3.2.12　供油：成品油销售系统因停电导致业务中断；重要用户和有关电力企业应急电源和救灾运输车辆用油急需保障。

3.2.13　物资供应：长时间停电导致居民生活必需品、方便食品紧缺；不法分子造谣惑众、囤积居奇、哄抬物价。

3.2.14　公安消防：电梯里大量人员被困；地铁、大型商场、电影院等可能引发挤压踩踏；以电力驱动的降温降压设备失效可能引发爆炸、火灾等衍生事故，应急救援任务繁重。

3.2.15　金融证券：银行、证券公司等金融机构无法交易结算，信息存储及其他业务受限；安保系统可能受影响。

3.2.16　商业运营：大型商场停止营业；可能出现瓶装水、方便食品等生活必需品抢购潮。

3.2.17　教育：教学秩序受到影响；如遇重要考试，可能诱发不稳定事件。

3.2.18　广播电视：广播电视信号传输中断，影响大面积停电事件有关信息发布。

3.2.19　旅游行业：观光索道停运，可能有大量游客急需救援；旅游热点游客的吃住行出现困难，需要提供相应帮助。

特殊地区、特殊时间节点出现大面积停电事件，可能会加剧社会影响，需要特别重视。

4　监测预警

4.1　监测

电力企业要加强对重要电力设施设备运行状况及存煤、蓄水的监测，建立与气象、水利、林业、地震、公安、交通运输、国土资源、工业和信息化等部门信息共享机制，及时分析各类情况对电力运行可能造成的影响，预估可能影响的范围和程度。

4.2 预警

建立健全电力突发事件研判机制、完善电网运行风险预测预警报告及发布制度。

4.2.1 预警发布

大面积停电预警分为红色、橙色、黄色、蓝色 4 级，分别对应可能发生的特别重大、重大、较大、一般大面积停电事件。

（1）电网企业初判可能发生大面积停电事件时，要及时将有关情况报告受影响区域的政府电力运行主管部门和国家能源局云南监管办，提出预警信息发布建议，并视情况通知重要电力用户。

（2）政府电力运行主管部门应及时组织研判，必要时报请当地人民政府批准后向社会公众发布预警，并通报同级有关部门、单位。必要时通报当地驻军和可能受影响的相邻省（区）人民政府。

（3）批准发布大面积停电预警后，有关政府突发事件预警信息发布中心应立即按照指定的范围和时间，通过广播、电视、报刊、手机短信、互联网、电子显示屏等一切可能的传播手段，及时向有关部门、单位、重要电力用户、应急责任人及社会公众发布大面积停电预警信息。

4.2.2 预警行动

预警信息发布后，有关电力企业要加强设备巡查检修和运行监测，采取有效措施控制事态发展。重要电力用户补充应急燃料，做好自备应急电源启用准备。公安、交通运输、通信、电力、供水、供气、供油等有关单位要组织应急救援队伍和人员进入待命状态，准备应急所需物资装备和设备。有关部门要加强舆情监测，主动回应社会公众关注的热点问题，及时澄清谣言传言，做好舆论引导工作。

4.2.3 预警解除

根据事态发展，经研判不会发生大面积停电事件时，按照“谁发布、谁解除”的原则，由预警信息发布单位宣布解除预警，适时终止有关措施。

5 信息报告

5.1 发生或初判发生大面积停电事件，有关电网企业应立即将影响范围、停电负荷、停电用户数、重要电力用户停电情况、事件级别、可能延续停电时间、先期处置情况、事态发展趋势等基本情况向受影响区域的政府电力运行主管部门、国家能源局云南监管办和上级电网公司报告，并视情况通知有关省（区）和重要电力用户。

5.2 事发地政府电力运行主管部门接到大面积停电事件信息报告或者监测到有

关信息后，应当立即进行核实，对大面积停电事件的性质和类别作出初步认定，按照规定的时限、程序和要求向上级政府电力运行主管部门及同级政府报告，并通报同级有关部门、单位。发生重大、特别重大大面积停电事件时，有关州市人民政府、省工业和信息化委要在2小时30分钟内向省人民政府报告。

5.3 国家能源局云南监管办接到大面积停电事件报告后，应立即核实有关情况，通报事发地州市及以上政府。对初判为重大以上大面积停电事件，省人民政府要立即向国务院报告。

6 应急响应

6.1 响应分级

根据大面积停电事件的严重程度和发展态势，省大面积停电事件应急响应分为Ⅰ级、Ⅱ级和Ⅲ级3个等级。应急响应启动后，可视事件造成损失情况及发展趋势调整响应级别，避免响应不足或响应过度。

6.2 启动响应

接到发生或初判发生大面积停电事件的信息报告后，启动省大面积停电事件应急响应。

6.2.1 发生或初判发生特别重大、重大大面积停电事件，启动省大面积停电事件Ⅰ级响应，应急处置工作由省指挥部统一组织领导和指挥。

省指挥部主要开展以下工作：

（1）贯彻落实国务院指示精神；

（2）组织事发地政府、有关部门和单位、专家组进行会商，研究分析事态，部署应对工作；

（3）根据需要成立大面积停电事件现场指挥部，负责现场应急处置工作；

（4）研究决定事发地州市人民政府、有关部门和电力企业提出的请求事项；

（5）统一组织信息发布和舆论引导工作；

（6）组织开展事件处置评估。按照有关规定，总结、报告事件处置工作；

（7）超出省级处置能力时，向国务院申请支援；

（8）当国务院成立大面积停电事件指挥部后，省指挥部要在国家指挥部的统一指挥下，积极主动做好应急处置工作。

6.2.2 发生或初判发生较大大面积停电事件时，启动省大面积停电事件Ⅱ级响应。

启动Ⅱ级响应后，省指挥部根据需要向事发地派出大面积停电事件应急工作组。工作组主要开展以下工作：

（1）传达省人民政府领导同志指示批示精神，督促事发地政府、有关部门和单位贯彻落实；

（2）了解掌握事件基本情况及处置进展，加强与省指挥部的联系，及时获取相应的指导或帮助；

（3）指导、协调事发地政府大面积停电事件应急处置工作；

（4）协调跨区域大面积停电事件应对事宜；

（5）指导开展事件处置评估。

6.2.3　发生或初判发生一般大面积停电事件时，启动省大面积停电事件Ⅲ级响应。

Ⅲ级响应由省指挥部办公室组织协调大面积停电事件应急处置。主要任务包括：

（1）密切跟踪事件发展态势，及时向省指挥部报告事件进展、获取有关指示；

（2）指导、协调事发地政府、有关部门和单位做好大面积停电事件应急处置工作；

（3）协调跨区域大面积停电事件应对事宜；

（4）督促做好事件处置评估。

对于尚未达到一般大面积停电事件标准，但对社会产生较大影响的其他停电事件，事发地政府可视情启动本级大面积停电事件应急响应。

对于同一大面积停电事件，州市响应级别一般应高于省级响应级别。

6.3　应急处置

发生大面积停电事件，有关电力企业和重要电力用户要立即实施先期处置，全力控制事件发展态势，尽量减少大面积停电事件造成的损失。省人民政府大面积停电事件应急响应启动后，有关州市、部门、单位按照“先应急、后弥补”的原则，依据各自职责相互配合、协调联动，积极主动开展大面积停电事件应对工作。

6.3.1　电力系统应对措施

发生大面积停电事件，有关电力企业要尽快恢复电网运行和电力供应。

（1）有关电网企业应迅速组织力量抢修受损电网设备设施，必要时向本级大面积停电事件应急指挥部申请援助；根据大面积停电事件应急指挥机构要求，向重要电力用户及重要设施提供必要的应急电源。

（2）有关电力调度机构应科学安排运行方式，控制停电范围；尽快恢复重要输变电设备、电力主干网架运行；在条件具备时，尽快恢复党政军重要部门、应急指挥机构、涉及国家安全和公共安全的重点单位、重要通信机房、医疗卫生机构、自来水厂、排水排污、地铁、机场、铁路等重要电力用户及中心城区的电力供应。

（3）有关发电企业应迅速组织抢修受损设施设备，保证设备安全，做好发电机组并网运行准备，按照电力调度指令恢复运行。

（4）重要电力用户应迅速启动自备应急电源，保障安全负荷用电，防止发生衍生次生事故；加强本单位重大危险源、重点区域、重大关键设施设备隐患排查与监测，及时采取防范措施；预判或出现险情时，要立即采取措施控制事态，并报应急指挥机构和有关部门，以获取必要援助。

6.3.2 城市生命线系统应对措施

（1）通信：通信管理部门负责组织、协调各基础电信运营商为应急处置提供应急通信保障；必要时向指挥部提出应急保供电申请。

（2）供排水：供水企业启动应急供水措施，必要时报请本级大面积停电事件应急指挥部协调应急保供电；环境保护部门负责环境污染次生灾害防范处置工作。

（3）供油：商务部门负责组织协调有关企业保障重要用户应急用油。

（4）道路交通：交警部门负责道路交通疏导，协助引导应急抢修车、应急通信车、应急油料保障车、应急消防车、应急救护车等特种车辆通行；交通运输部门负责交通运行监测，及时发布路网运行信息，并采取公路应急保障措施，必要时向本级大面积停电事件应急指挥部提出应急保供电申请；道路管理、市政管理部门负责组织力量及时清理路障。

（5）城市轨道交通：城市轨道交通运营企业负责确保应急通风及应急照明系统正常启用，组织旅客转移疏散，及时发布停运等有关信息；公安部门负责道路交通疏导，维护地铁出入口秩序；交通运输部门负责协调地面交通运力疏散乘客；卫生计生部门负责调配医疗卫生资源开展紧急救助；电力运行主管部门负责协调有关电网企业及早恢复供电。

（6）铁路交通：铁路部门负责组织旅客转移疏散，为车站滞留人员协调提供食物、水等基本生活物资，按照规定程序及时发布停运等有关信息；公安部门负责道路交通疏导，维护车站秩序；交通运输部门负责协调地面交通运力疏散乘客；卫生计生部门负责调配医疗卫生资源开展紧急救助；电力运行主管部门负责协调有关电网企业及早恢复供电。

（7）民航：民航管理部门负责实施应急航空调度，保障民航飞机航行及起降安全。机场管理部门负责及时启用应急备用电源，保障塔台等设施设备用电，组织旅客转移疏散，为机场滞留旅客协调提供食物、水等基本生活物资，及时发布停航等有关信息；公安部门负责道路交通疏导，协助维护机场候机大厅等区域秩序；交通运输部门负责协调地面交通运力疏散旅客；卫生计生部门负责调配医疗卫生资源开展紧急救助；电力运行主管部门负责协调有关电网企业及早恢复供电。

6.3.3 社会民生系统应对措施

（1）公安：公安部门负责加强对涉及国家安全和公共安全重点单位的安全保卫工作；严密防范和严厉打击违法犯罪活动，维护社会基本的公共秩序；交警部门加强交通应急管理，保障应急救援车辆优先通行；公安消防部门负责开展应急救援，解救受困人员。

（2）临时安置：民政部门根据需要设置临时安置点，对滞留旅客实施临时安置救助；商务部门负责组织临时安置点所需食物、水等基本生活必需品的调拨与供应；卫生计生部门负责安置点的卫生防疫工作；电力运行主管部门负责组织、协调有关电网企业为临时安置点提供应急保供电。

（3）物资供应：工商、物价部门负责市场物资供应价格监控与查处；公安部门负责配合开展打击造谣惑众、哄抢救援物资等违法行为；商务部门负责组织受灾群众所需食物、水等基本生活物资调拨与供应。

（4）供气：供气企业及时启用燃气加压站自备应急电源，保证居民燃气供应。必要时报请本级大面积停电事件应急指挥部协调电力企业提供应急保供电。

（5）企业生产：企业严格按照各自的大面积停电事件应急预案开展应急处置工作，全力防范衍生次生灾害，努力减少人员财产损失；公安消防部门负责协调、指导危化企业消防工作，并根据需要开展消防救援；必要时报请本级大面积停电事件应急指挥部协调电力企业提供应急保供电。

（6）金融证券：金融管理部门及时启动应急响应，组织金融机构防范、处置大面积停电事件造成的金融风险问题；公安部门根据需要为金融机构提供警力，协助金融机构做好安全防护工作；协助金融企业疏导金融客户，防止矛盾激化、场面失控。

（7）医疗卫生：重点医疗卫生机构（急救指挥机构、医院、供血机构、疾病预防控制中心等）及时启用自备应急电源，确保关键科室、关键设备的正常运转；大力开展卫生应急处置工作，做好紧急医疗卫生救援，努力减少突发事件造成的人员伤亡；必要时报请本级大面积停电事件应急指挥部协调有关单位提供应急保供电、供水、供油，保障通信、交通等。

（8）教育：教育部门负责做好学生安抚及疏散；学校要组织人员维护校园秩序，做好安全保卫工作；必要时协调商务部门做好基本生活物资应急供应。

（9）广播电视：广播电台、电视台及时启用自备应急电源，做好特殊时期的信息发布和舆情引导工作；必要时报请本级大面积停电事件应急指挥部协调电力企业提供应急保供电。

6.3.4　公众应对措施

（1）大面积停电事件发生时，公众要保持冷静，听从指挥，有序撤离危险区域；受困时要保持头脑清醒，不冲动蛮干，注意节约使用手机电源。

（2）养成遇到突发情况收听应急广播的习惯，及时通过手机、广播、互联网、微博、微信、QQ等渠道了解大面积停电事件最新动态，不散布虚假或未经证实的信息，不造谣、不信谣、不传谣。

（3）在户内应关闭燃气开关和水龙头，减少外出活动；在电力供应恢复初期，尽量减少大功率电器使用。

（4）在公共场所应打开手机照明工具观察周边情况，按照指示指引有序疏散，避免发生挤压、踩踏事故；主动帮助老、弱、病、残、孕等需要帮助的群体。

（5）驾驶途中要服从交警指挥，不争抢道路，自觉为应急救援车辆预留救援通道。

（6）鼓励具备应急救援能力的公众在保证自身安全的前提下，根据应急救援需要，有组织地参与应急救援行动。

6.4 信息发布

按照“及时准确、公开透明、客观统一”的原则，加强信息发布和舆论引导，主动向社会发布停电有关信息和应对工作情况，提示有关注意事项和安保措施。加强舆情收集分析，主动回应社会关切，澄清不实信息，正确引导社会舆论，稳定公众情绪。

6.5 响应终止

同时满足以下条件时，由宣布启动应急响应单位终止应急响应：

（1）电网主干网架基本恢复正常，电网运行参数保持在稳定限额之内，主要发电厂机组运行稳定；

（2）减供负荷恢复 80%以上，受停电影响的重点地区、重要城市负荷恢复90%以上；

（3）造成大面积停电事件的隐患基本消除；

（4）大面积停电事件造成的重特大衍生次生事故基本处置完毕。

7 后期处置

7.1 处置评估

大面积停电事件应急响应终止后，履行统一领导职责的有关政府要及时组织对应急处置工作进行评估，总结经验教训，分析查找问题，提出改进措施，形成处置评估报告并及时上报省人民政府。重大及以上大面积停电事件处置评估由省指挥部组织。鼓励开展第三方评估。

7.2 事件调查

大面积停电事件发生后，按照《生产安全事故报告和调查处理条例》《电力安全事故应急处置和调查处理条例》等有关规定成立事故调查组，查明事件原因、性质、影响范围、经济损失等情况，提出防范、整改措施和处理建议。

7.3 善后处置

事发地政府要及时组织制定善后工作方案并组织实施。保险机构要及时开展有关理赔工作，尽快减轻或消除大面积停电事件造成的影响。

7.4 恢复重建

特别重大大面积停电事件应急响应终止后，需对电网受损设施设备进行修复或重建的，按照国务院部署，由国家能源局会同省人民政府根据实际工作需要组织编制恢复重建规划；重大、较大和一般大面积停电事件，省、州市、县三级政府根据实际工作需要组织编制恢复重建规划。有关电力企业和受影响区域各级政府应当按照规划做好受损电力系统恢复重建工作。

8 保障措施

8.1 应急队伍建设

各级政府根据需要组织动员其他专业应急队伍和志愿者等参与大面积停电事件及其衍生次生灾害处置工作。解放军、武警部队、公安消防等要做好应急力量支援保障。

电力企业应建立健全电力抢修应急专业队伍，加强设备维护和应急抢修技能方面的人员培训，定期开展应急演练，提高应急救援能力。

重要电力用户应有专人负责应急电源的维护管理。各企业特别是危化企业应有专门的应急抢险队伍并定期开展应急演练，提高处置突发事件能力。

8.2 装备物资保障

各级政府、有关部门和单位要加强应急救援装备物资及生产生活物资的紧急生产、储备调拨和紧急配送工作，保障大面积停电事件应对工作需要。鼓励支持社会化储备。

电力企业应配备适量的移动应急电源，建立和完善相应保障体系，以必要时为重要电力用户提供应急电源支援；应储备必要的应急物资，以及时开展应急抢修工作。

重要电力用户要严格按照《重要电力用户供电电源及自备应急电源配置技术规范》（GB/Z 29328—2012）配置符合标准的应急电源，并按照要求购置和存放应急燃油。要加强对应急电源的维护和管理，确保一旦发生大面积停电事件有关设备能立即投入运行，确保保安负荷正常工作；要通过购置电力接口转换设备等方式解决与电网应急保障电源接口不配套的问题。

8.3 技术保障

电力企业要加强大面积停电事件监测和应对先进技术、装备研发，制定电力应急技术标准，加强电网、电厂安全应急信息化平台建设。

电力企业要加强黑启动技术研究和黑启动能力建设，确保发生特别重大大面积停电事件时，电力系统能尽快恢复。

气象、国土资源、水利等部门要为电力系统监测预警及电力应急抢险提供必要的气象、地质、水文等服务。

8.4 通信保障

各级政府及通信管理部门要建立健全大面积停电事件应急通信保障体系，形成可靠的通信保障能力，确保应急处置期间的通信联络和信息传递。

8.5 交通运输保障

交通运输部门要建立健全运输保障体系，保障应急响应所需人员、物资、装备、器材的运输。各级政府应急指挥机构应按照规定配备必要的应急车辆，满足应急指挥需要。

8.6 资金保障

各级政府、有关部门及电力企业、重要电力用户要按照规定，对大面积停电事件应对工作提供必要的资金保障。

9 附则

9.1 预案解释

本预案由省工业和信息化委负责解释。

9.2 预案实施

本预案自印发之日起施行。

9.3 演练与培训

省工业和信息化委负责组织预案宣传、培训及定期演练，指导州、市预案编制工作。

9.4 责任与奖惩

对在大面积停电事件应急处置工作中作出突出贡献的先进集体和个人予以表扬。对玩忽职守、失职、渎职的有关责任人，要依据有关规定严肃追究责任，构成犯罪的，依法追究刑事责任。

10 附录

1．云南省大面积停电事件分级标准

2．云南省大面积停电事件应急指挥部组成及职责

附录 1

云南省大面积停电事件分级标准

一、特别重大大面积停电事件

1．云南省电网：减供负荷 40%以上。

2．昆明市电网：减供负荷 60%以上，或 70%以上供电用户停电。

二、重大大面积停电事件

1．云南省电网：减供负荷 16%以上 40%以下。

2．昆明市电网：减供负荷 40%以上 60%以下，或 50%以上 70%以下供电用户停电。

3．其他 7 个市电网：负荷 600 兆瓦以上的减供负荷 60%以上，或 70%以上供电用户停电。

三、较大大面积停电事件

1．云南省电网：减供负荷 12%以上 16%以下。

2．昆明市电网：减供负荷 20%以上 40%以下，或 30%以上 50%以下供电用户停电。

3．其他 7 个市电网：负荷 600 兆瓦以上的减供负荷 40%以上 60%以下，或 50%以上 70%以下供电用户停电；负荷 600 兆瓦以下的减供负荷 40%以上，或 50%以上供电用户停电。

4．县级市电网：负荷 150 兆瓦以上的减供负荷 60%以上，或 70%以上供电用户停电。

四、一般大面积停电事件

1．云南省电网：减供负荷 6%以上 12%以下。

2．昆明市电网：减供负荷 10%以上 20%以下，或 15%以上 30%以下供电用户停电。

3．其他 7 个市电网：减供负荷 20%以上 40%以下，或 30%以上 50%以下供电用户停电。

4．县级市电网：负荷 150 兆瓦以上的减供负荷 40%以上 60%以下，或 50%以上 70%以下供电用户停电；负荷 150 兆瓦以下的减供负荷 40%以上，或 50%以上供电用户停电。

上述分级标准有关数量的表述中，“以上”含本数，“以下”不含本数。

附录 2

云南省大面积停电事件应急指挥部组成及职责

一、省指挥部组成及职责

省指挥部由省委宣传部、网信办，省发展改革委、工业和信息化委、教育厅、公安厅、民政厅、财政厅、国土资源厅、环境保护厅、住房城乡建设厅、交通运输厅、林业厅、水利厅、商务厅、卫生计生委、国资委、工商局、质监局、新闻出版广电局、安全监管局、食品药品监管局、金融办，昆明铁路局、省通信管理局、省地震局、省气象局、国家能源局云南监管办、云南电网公司，云南省军区、武警云南省总队，云南机场集团有限责任公司、昆明轨道交通有限公司等部门和单位组成，并可根据应对工作需要，增加有关政府、部门和电力企业。

省指挥部统一领导、指挥和协调全省大面积停电事件应急处置工作。

二、省指挥部专业组划分及职责

省指挥部下设 4 个专业组。

（1）电力恢复组：由省工业和信息化委牵头；云南电网公司，省发展改革委、公安厅、林业厅、安全监管局，省地震局、省气象局、国家能源局云南监管办，云南省军区、武警云南省总队等参加，视情增加其他电力企业。

主要职责：组织进行技术研判，开展事态分析；组织电力抢修恢复工作，尽快恢复受影响区域供电；做好重要电力用户、重点区域应急供电；组织跨区域的电力应急抢修协调工作；协调军队、武警有关力量参与应对。

（2）新闻宣传组：由省委宣传部牵头；省委网信办，省新闻出版广电局、发展改革委、工业和信息化委、公安厅、安全监管局，国家能源局云南监管办、云南电网公司等参加。

主要职责：组织开展事件进展、应急工作情况等权威信息发布，加强新闻宣传报道；收集分析舆情和社会公众动态，加强媒体、电信和互联网管理，正确引导舆论；及时澄清不实信息，回应社会关切。

（3）综合保障组：由省发展改革委牵头；省工业和信息化委、公安厅、民政厅、财政厅、国土资源厅、环境保护厅、住房城乡建设厅、交通运输厅、水利厅、商务厅、卫生计生委、国资委、工商局、质监局、新闻出版广电局、食品药品监管局、金融办，昆明铁路局、省通信管理局、云南电网公司，云南机场集团有限责任公司等参加，视情增加其他部门和企业。

主要职责：落实应急人员、资金和物资；组织做好应急救援装备物资及生产生活物资的紧急生产、储备调拨和紧急配送工作；及时组织调运基本生活必需品，保障群众基本生活和市场供应；维护供水、供气、供热、通信、广播电视等设施正常运行；维护铁路、道路、民航等基本交通运行；督导受影响地区医疗卫生机构实施自保电应急启动和临时应急措施，保障医疗卫生服务有序正常，组织应急救护，保障人民群众生命安全。

（4）社会治安维护组：由省公安厅牵头；省委网信办，省发展改革委、教育厅、民政厅、商务厅、工商局，云南省军区、武警云南省总队等参加。

主要职责：加强对重点区域、重点单位的警戒；加强受影响地区社会治安管理，严厉打击借机传播谣言制造社会恐慌，以及趁机盗窃、抢劫、哄抢等违法犯罪行为；加强转移人员安置点、救灾物资存放点等重点地区治安管控；加强对基本生活必需品的市场监管和调控，打击囤积居奇行为；做好矛盾纠纷化解等工作，切实维护社会稳定。

三、省指挥部成员单位职责

省指挥部成员单位在参加指挥部工作的同时，根据职能划分主动做好有关工作。

1．省委宣传部：负责会同有关部门、单位、企业做好大面积停电事件信息发布、舆论引导及管控等工作；协调、解决信息发布、媒体报道等有关事宜。

2．省委网信办：负责指导有关单位开展网络舆情监测和引导工作，组织新闻网站开展网上新闻宣传。

3．省发展改革委：负责协调电力企业设施修复项目计划安排；组织做好储备粮食和食用油的调拨供应工作；开展居民生活必需品价格巡查，必要时，采取价格紧急干预措施。

4．省工业和信息化委：负责协调电力抢修工作；必要时，调用应急无线电频率，确保应急无线电通信畅通；协调全省发、供、用电力资源的紧急调配及发电企业燃料在应急状态下的供应工作。

5．省教育厅：负责指导事发地各级学校、托幼机构做好校园安全保卫和维护稳定工作。

6．省公安厅：负责组织维护事发地社会治安、交通秩序，做好应急消防工作；依法监控公共信息网络。

7．省民政厅：负责组织、协调事发地民政部门做好大面积停电事件造成生活困难群众的基本生活救助。

8．省财政厅：负责大面积停电事件应急处置工作经费保障。

9．省国土资源厅：负责做好威胁电力设施的地质灾害灾情风险评估，及时提供有关信息。

10．省环境保护厅：负责对重大污染源环境安全隐患排查，做好应急水源水质监测、保护及环境污染事件防范处置等工作。

11．省住房城乡建设厅：负责维持和恢复城市应急供水、排水、供气、市政照明、城市排灌站等设施，以及城市主干道的路障清理等工作。

12．省交通运输厅：负责组织协调应急运力，疏导滞留旅客，优先保障发电燃料、应急救援物资、应急救援人员及必要生活资料等的道路运输；指导地铁等城市公共交通的应急处置。

13．省林业厅：负责做好森林火险预警及风险评估工作；协调电力抢修中林木砍伐工作。

14．省水利厅：负责及时提供事发区域水文监测、预报、预警等有关信息；组织协调生活用水应急保障工作。

15．省商务厅：负责组织做好基本生活物资供应与应急调度工作；为重要电力用户应急供油；承担重要生产资料流通、重要消费品储备管理及市场调控有关工作。

16．省卫生计生委：负责组织协调医疗卫生资源开展医疗救援、卫生防疫、卫生监督、心理干预等工作；帮助指导停电地区卫生计生部门做好应对工作。

17．省国资委：负责督促所监管企业做好应急处置工作，督导危化企业全力控制衍生次生灾害，尽可能减少停电损失。

18．省工商局、质监局、食品药品监管局：负责加强应急期间发电燃料、抢险救援物资、生活必须品加工、流通环节监管，防止因大面积停电造成不合格产品流入市场；依法打击囤积居奇、以次充好、欺行霸市等违法经营行为，维护市场秩序。

19．省新闻出版广电局：负责及时启用应急广播电视输出和传输应急保障措施，确保应急广播信号正常传输。

20．省安全监管局：负责配合省指挥部组织协调事件救援，经省人民政府授权或者委托负责依法组织重大生产安全事故调查处理工作。

21．省金融办：负责组织协调大面积停电事件衍生的金融突发事件应急处置工作；协助、支持有关单位防范、处置、化解大面积停电事件造成的有关风险问题。

22．昆明铁路局：负责组织疏导、运输火车站的滞留旅客，保障发电燃料、抢险救援物资、必要生活资料等的轨道交通运输。

23．省通信管理局：负责组织协调大面积停电事件应急通信保障工作。

24．省气象局：负责开展重要输变电设施设备等区域气象监测、预警及灾害风险评估工作，并及时提供有关气象信息。

25．国家能源局云南监管办：负责协调有关电力企业参与大面积停电事件应急处置工作；电力恢复后，会同有关部门组织大面积停电事件调查。

26．云南省军区：负责组织协调驻滇部队和民兵预备役部队参与大面积停电事件应急处置工作。

27．武警云南省总队：负责组织协调武警部队参与大面积停电事件应急处置工作。

28．云南机场集团有限责任公司：负责组织疏导、运输机场滞留旅客。

29．昆明轨道交通有限公司：负责组织疏导地铁站内滞留旅客，防止发生踩踏事件。

30．电力企业：有关电网企业负责做好电力设施应急抢修和应急保供电；科学调度，尽快恢复系统稳定。有关发电企业负责及时修复受损电力设施，保持本企业发电设备处于健康状况，随时按照指令开机；水电企业要加强对所辖水库大坝的巡查防护，及时发现、处置可能出现的险情；火电企业要保障燃煤库存，提高我省电力系统的应急能力。

西藏自治区大面积停电事件应急预案

（藏政办发〔2017〕88 号）

目　录

1 总则

1.1 编制目的

建立健全自治区的大面积停电事件应对工作机制，提高应对效率，最大程度减少人员伤亡和财产损失，维护本辖区公共安全和社会稳定。

1.2 编制依据

根据《中华人民共和国突发事件应对法》《中华人民共和国安全生产法》《中华人民共和国电力法》《生产安全事故报告和调查处理条例》《电力安全事故应急处置和调查处理条例》《电网调度管理条例》《国家突发公共事件总体应急预案》《国家大面积停电事件应急预案》《西藏自治区突发公共事件总体应急预案》《西藏自治区重特大突发事件应急联动响应制度》及相关法律法规，制定本预案。

1.3 适用范围

本预案适用于西藏自治区行政区域内发生的大面积停电事件应对工作。

大面积停电事件是指由于自然灾害、电力安全事故和外力破坏等原因造成全区电网、城市电网大量减供负荷，对公共安全、社会稳定以及人民群众生产生活造成影响和威胁的停电事件。

1.4 工作原则

大面积停电事件应对工作坚持统一领导、综合协调，属地为主、分工负责，保障民生、维护安全，全社会共同参与的原则。人面积停电事件发生后，地方各级人民政府及其有关部门、电力企业、重要电力用户应立即按照职责分工和相关预案开展处置工作。

1.5 事件分级

按照事件严重性和受影响程度，我区大面积停电事件分为重大、较大和一般三级。分级标准见附件 1。

2 组织指挥体系及职责

发生跨省级行政区域的大面积停电事件时，自治区人民政府根据需要与其他省级人民政府建立跨区域大面积停电事件应急合作机制。

2.1 自治区大面积停电事件应急指挥机构

自治区大面积停电事件应急指挥部是自治区大面积停电事件应对工作的应急指挥机构。应急指挥部指挥长由自治区政府分管副主席担任，副指挥长由自治区政府分管副秘书长、自治区应急办主任、自治区发展改革委主任、国网西藏电力有限公司董事长担任。

自治区大面积停电事件应急指挥部下设办公室（以下简称“大面积停电事件应急办”），大面积停电事件应急办设在自治区发展改革委，主任由自治区发展、改革委主任担任，副主任由自治区能源局局长、国网西藏电力有限公司分管副总经理担任。另设电力恢复组、新闻宣传组、综合保障组、社会维稳组四个工作组，工作组具体组成部门、单位及工作职责见附件2。

2.2 地（市）组织指挥机构

市级地方人民政府负责指挥、协调本行政区域内大面积停电事件应对工作，要结合本地实际，成立相应组织指挥机构，建立健全应急联动机制，及时启动相应的应急响应，组织做好应对工作，自治区有关单位及时进行指导。

2.3 电力企业

电力企业（包括电网企业、发电企业等，下同）建立健全应急指挥机构，在政府应急组织指挥机构领导下开展大面积停电事件应对工作。电网调度工作按照《电网调度管理条例》及相关规程执行。

2.4 专家组

各级组织指挥机构根据需要成立大面积停电事件应急专家组，成员由电力、气象、地质、水文等领域相关专家组成，对大面积停电事件应对工作提供技术咨询和建议。

3 风险分析和监测预警

3.1 风险分析

3.1.1 风险源分析

（1）自然灾害频发。西藏地域范围广，供电面积大，大部分地方均为山区，典型的高原高寒气候特征，冬季气候寒冷并干燥，大雪、大风天气频繁，夏季雨水偏多，降雨造成的山体滑坡、泥石流时常发生，局部暴雨也易导致洪涝灾害。电网输电线路大部分沿山或跨山跨河修建，枢纽变电站也受地域限制多建在山坡下，受地形、天气复杂多变的影响，暴雨、暴雪、冰雹、雷暴、山火等自然灾害频繁发生，可能造成电网输变电设备大范围损毁；西藏多地处于地震活跃带，而输电线路通道单一，一旦发生强震，枢纽发、输、变电设施容易受损，导致电网大面积停电的可能将大大增加。

（2）电源调节能力不足。我区“大机小网”情况突出、不具备调节能力的新能源占比较大，对电网安全稳定运行提出更严格要求；冬季水电出力大大降低，系统运行方式安排困难，调节能力下降，电网抗扰动能力弱，一旦枢纽水力发电厂故障或同一电源发电出力大规模减少，可能导致大面积停电。

（3）电网结构薄弱。“大直流，小系统，弱受端”特征明显，地区电网大比例送受电问题突出，藏中电网与日喀则、林芝、那曲等地（市）电网为辐射式同塔双回的连接线路，与系统联系较为薄弱；昌都电网为典型的多级长链路输电系统，输电距离长，运行环境恶劣，电网联系薄弱；阿里电网为独立电网，电网容量小，电网结构不合理，安全稳定运行的技术手段单一。

（4）防外破形势严峻。我区基础设施建设快速发展，大规模建设可能出现的野蛮施工等引发枢纽电网设施损毁；西藏地处反分裂斗争前沿，因蓄意外力破坏或重大社会安全事件引发供电中断，导致电网大面积停电事件发生。

3.1.2 社会风险影响分析

大面积停电事件在严重破坏我区经济社会发展的同时，对关系国计民生的重要基础设施造成巨大影响，可能导致交通、通信瘫痪、广播电视信号中断，水、气、煤、油等供应中断，严重影响经济建设、人民生活，甚至对社会安定、国家安全造成极大威胁。将可能造成以下严重后果：

（1）导致重点保障单位党、政、军及涉及国家安全和公共安全等重要机构电力供应中断，影响其社会职能的正常运转，不利于社会安定和国家安全。

（2）导致公共聚集地社会秩序保障困难，商场、广场、影剧院、住宅小区、医院、学校、写字楼、游乐场等高密度人口聚集点基础设施电力中断，电梯停运或人员被困，引发群众恐慌，秩序混乱，易发生踩踏等社会安全事件。

（3）导致道路交通及城市信号消失，引发交通堵塞甚至瘫痪，引起相关隧道、交通道路上事故频发。

（4）导致火车站、机场供电中断，铁路、机场等服务设施不能正常工作，列车停运及飞机无法正常起飞，大批旅客滞留及引发后续社会安全事件发生。

（5）导致矿山等工业高危用户的电力中断，引发生产安全事故及次生衍生灾害，造成严重损失和后果。

（6）导致供水、供气、供暖系统无法正常运行，居民生活困难，引发社会惶恐。

（7）导致地方通信网络全面瘫痪；受灾情况等重要信息无法及时传达；应急处置指挥和应急资源调配受阻。

（8）导致金融、证券交易受阻或业务中断；导致部分医疗设备及设施无法运行，给医疗保障带来困难；导致教育秩序受到影响，特别是遇重要考试等可能诱发不稳定事件。

（9）导致广播电视信号中断，相关正确信息无法全面传导；在公众不明真相的情况下，若有错误舆情，可能造成公众恐慌情绪，影响社会稳定。

3.2 监测

电力企业要结合实际加强对重要电力设施设备运行、发电燃料供应等情况的监测，建立与气象、水利、林业、地震、公安、交通运输、国土资源、工业和信息化等部门的信息共享机制，及时分析各类情况对电力运行可能造成的影响，预估可能影响的范围和程度。

3.3 预警

3.3.1 预警信息发布

电力企业研判可能造成大面积停电事件时，要及时将有关情况报告受影响区域地方人民政府大面积停电事件应急指挥部，提出预警信息发布建议，并视情提前预告党委、政府、军队、武警、医院等重要单位和重要区域，维稳执勤、应急救援分队全时做好重点目标防控和增援处置准备。

各级地方人民政府大面积停电事件应急指挥部应及时组织研判，必要时经地方人民政府批准后采取新闻发布会、网络、电视台、广播、报纸等方式向社会公众发布预警，并通报同级其他相关部门和单位。当可能发生跨市区域的大面积停电事件时，按程序立即上报自治区大面积停电事件应急办；可能发生重大大面积停电事件时，大面积停电事件应急办立即上报自治区大面积停电事件应急指挥部。

3.3.2 预警行动

（1）应急准备措施

预警信息发布后，相关电力企业要加强设备巡查检修和运行的监测，采取有效措施控制事态发展；相关部门要组织应急救援队伍和人员进入待命状态，动员后备人员做好参加应急救援和处置工作准备，并做好大面积停电事件应急所需物资、装备和设备等应急保障准备工作。重要电力用户做好自备应急电源启用准备，储备必要的应急燃料。受影响区域地方人民政府启动应急联动机制，组织有关部门和单位做好维持公共秩序、供水供气供热、商品供应、交通物流等方面的应急准备。

（2）舆论监测与引导措施

建立与网信等部门的协调运作机制，加强相关舆情监测，主动回应社会公众关注的热点问题，及时澄清谣言传言，做好舆论引导工作。

3.3.3 预警解除

根据事态发展，经研判不会发生大面积停电事件时，按照“谁发布、谁解除”的原则，由预警信息发布单位宣布解除预警，适时终止相关措施。

4　信息报告

大面积停电事件发生后，电力企业应立即向受影响区域市级人民政府大面积停电事件应急指挥部报告。当发生跨区域大面积停电事件时，同时报告自治区大面积停电事件应急办；当发生重大大面积停电事件时，大面积停电事件应急办立即上报自治区大面积停电事件应急指挥部。

事发地人民政府大面积停电事件应急指挥部接到大面积停电事件信息报告或者监测到相关信息后，应当立即进行核实，对大面积停电事件的性质和类别作出初步认定，按照国家规定的时限、程序和要求向同级人民政府和上级大面积停电事件应急办报告，并通报同级其他相关部门和单位。地方人民政府应当按有关规定逐级上报，必要时可越级上报。对初判为重大的大面积停电事件，自治区大面积停电事件应急办要立即按程序向自治区大面积停电事件应急指挥部报告，自治区人民政府立即按程序向国务院报告。

5　应急响应

5.1　响应分级

根据大面积停电事件的严重程度和发展态势，按照国家大面积停电事件应急预案响应分级，将我区应急响应设定为Ⅱ级、Ⅲ级、Ⅳ级三个等级。

Ⅱ级应急响应：

初判发生重大大面积停电事件，启动Ⅱ级应急响应，由自治区大面积停电事件应急指挥部组织开展指挥应对工作，同时报告国务院及相关部门。

Ⅲ级、Ⅳ级应急响应：

初判发生较大、一般大面积停电事件，单一行政区域内由事发地市大面积停电事件应急指挥部指挥长批准后启动Ⅲ级、Ⅳ级应急响应，并负责指挥应对工作；跨市级行政区域的经自治区大面积停电事件应急办主任批准后启动Ⅲ级、Ⅳ级应急响应，并负责指挥应对工作，同时上报自治区大面积停电事件应急指挥部。

对于尚未达到一般大面积停电事件标准，但对社会产生较大影响的其他停电事件（“小规模、大影响”事件），市级人民政府可结合实际情况启动应急响应。自治区大面积停电事件应急办密切跟踪事态发展，做好信息收集和相关指导、协调工作。

应急响应启动后，可视事件造成损失情况及其发展趋势调整响应级别，避免响应不足或响应过度。

5.2 自治区层面应对

5.2.1 自治区大面积停电事件应急指挥部应对

明确初判发生重大大面积停电事件，启动Ⅱ级应急响应时，自治区大面积停电事件应急指挥部应立即开展以下工作：

（1）组织有关部门和单位、专家组进行会商，研究分析事态，进行客观事态评估，部署应对工作；

（2）根据需要赴事发现场，进行现场指挥与协调，或派出前方工作组赴事发现场，协调开展应对工作；

（3）研究决定地方人民政府、有关部门、在藏电力企业提出的请求事项，重要事项报自治区人民政府决策；

（4）及时向国务院及相关部门报告灾情和恢复进展信息；

（5）统一组织信息发布和舆论引导工作。

5.2.2 自治区大面积停电事件应急办应对

明确初判发生跨市级行政区域的较大、一般大面积停电事件时，启动Ⅲ级、Ⅳ级应急响应，自治区大面积停电事件应急办应立即开展以下工作：

（1）传达自治区领导同志指示批示精神，督促地方人民政府、有关部门、在藏电力企业贯彻落实；

（2）了解事件基本情况、造成的损失和影响、应对进展及当地需求等；密切跟踪事态发展，督促、指导有关地方人民政府做好事件应对工作；

（3）根据地方人民政府、在藏电力企业请求，协调有关方面派出应急队伍、调运应急物资和装备、安排专家和技术人员等，为应对工作提供支援和技术支持；

（4）统一组织信息发布和舆论引导工作，及时向自治区大面积停电事件应急指挥部报告相关情况。

5.3 工作机制和响应措施

5.3.1 工作机制

各地、各有关部门（单位）在有关各级人民政府大面积停电事件应急指挥机构的统一指挥下，按照各自职责，相互配合，协调联动，信息共享，共同开展大面积停电事件应急应对工作。

5.3.2 响应措施

大面积停电事件发生后，相关电力企业和重要电力用户要立即实施先期处置，全力控制事件发展态势，减少损失。各有关地方、部门和单位根据工作需要，组织采取以下措施。

（1）抢修电网并恢复运行

电力企业调度机构合理安排运行方式，控制停电范围；尽快恢复重要输变电设备、电力主干网架运行；在条件具备时，优先恢复重要电力用户、重要城市和重点地区的电力供应。迅速组织力量抢修受损电网设备设施，根据应急指挥机构要求，向重要电力用户及重要设施提供必要的电力支援。

发电企业保证设备安全，抢修受损设备，做好发电机组并网运行准备，按照电力调度指令恢复运行。

（2）防范次生衍生事故

重要电力用户按照有关技术要求迅速启动自备应急电源，加强重大危险源、重要目标、重大关键基础设施隐患排查与监测预警，及时采取防范措施，防止发生次生衍生事故。

（3）保障居民基本生活

启用应急供水措施，保障居民用水需求；采用多种方式，保障燃气供应和采暖期内居民生活热力供应；组织生活必需品的应急生产、调配和运输，保障停电期间居民基本生活。

（4）维护社会稳定

加强涉及国家安全和公共安全的重点单位安全保卫工作，严密防范和严厉打击违法犯罪活动。加强对停电区域内繁华街区、居民区、商场、学校、医院、金融机构、机场、城市交通设施、车站、宗教场所及其他重要生产经营场所等重点地区、重点部位、人员密集场所的治安巡逻，及时疏散人员，解救被困人员，防范治安事件。加强交通疏导，维护道路交通秩序。尽快恢复企业生产经营活动。严厉打击造谣惑众、囤积居奇、哄抬物价等各种违法行为。

（5）加强信息发布

按照及时准确、公开透明、客观统一的原则，加强信息发布和舆论引导，主动向社会发布停电相关信息和应对工作情况，提示相关注意事项和安保措施。加强舆情收集分析，及时回应社会关切，澄清不实信息，正确引导社会舆论，稳定公众情绪。

（6）组织事态评估

及时组织对大面积停电事件影响范围、影响程度、发展趋势及恢复进度进行评估，为进一步做好应对工作提供依据。

5.4　响应终止

同时满足以下条件时，由启动响应的机构终止应急响应：

（1）电网主干网架基本恢复正常，电网运行参数保持在稳定限额之内，主要发电厂机组运行稳定；

（2）减供负荷恢复 80%以上，受停电影响的重点地区、重要城市负荷恢复 90%以上；

（3）造成大面积停电事件的隐患基本消除；

（4）大面积停电事件造成的重特大次生衍生事故基本处置完成。

6 后期处置

6.1 处置评估

大面积停电事件应急响应终止后，履行统一领导职责的人民政府要及时组织对事件处置工作进行评估，总结经验教训，分析查找问题，提出改进措施，形成处置评估报告。鼓励开展第三方评估。

6.2 事件调查

大面积停电事件发生后，根据有关规定成立调查组，查明事件原因、性质、影响范围、经济损失等情况，提出防范、整改措施和处理处置建议。

6.3 善后处置

事发地人民政府要及时组织制订善后工作方案并组织实施。保险机构要及时开展相关理赔工作，尽快消除大面积停电事件的影响。

6.4 恢复重建

大面积停电事件应急响应终止后，需对电网网架结构和设备设施进行修复或重建的，由自治区能源局根据实际工作需要组织编制恢复重建规划。相关电力企业和受影响区域地方各级人民政府应当根据规划做好受损电力系统恢复重建工作。

7 保障措施

7.1 应急队伍保障

电力企业应建立健全电力抢修应急专业队伍，加强设备维护和应急抢修技能方面的人员培训，定期开展应急演练，提高应急救援能力。各级人民政府根据需要组织动员其他专业应急队伍和志愿者等参与大面积停电事件及其次生衍生灾害处置工作。军队、武警部队、公安消防等要做好应急力量支援保障。

7.2 物资装备保障

电力企业应储备必要的专业应急装备及物资，建立和完善相应保障体系。区有关部门和地方各级人民政府要加强应急救援装备物资及生产生活物资的紧急生产、储备调拨和紧急配送工作，保障支援大面积停电事件应对工作需要。鼓励支持社会化储备。

7.3 通信、交通与运输保障

地方各级人民政府及通信主管部门要建立健全大面积停电事件应急通信保障体系，形成可靠的通信保障能力，确保应急期间通信联络和信息传递需要。交通运输部门要健全紧急运输保障体系，保障应急响应所需人员、物资、装备、器材等的运输；公安部门要加强交通应急管理，保障应急救援车辆优先通行；根据全面推进公务用车制度改革有关规定，有关单位应配备必要的应急车辆，保障应急救援需要。

7.4 技术保障

电力行业要加强大面积停电事件应对和监测先进技术、装备的研发和应用，制定电力应急技术标准，加强电网、电厂安全应急信息化平台建设。有关部门要为电力日常监测预警及电力应急抢险提供必要的气象、地质、水文等服务。

7.5 应急电源保障

提高电力系统快速恢复能力，加强电网“黑启动”能力建设。自治区能源局和电力企业应充分考虑电源规划布局，保障“黑启动”电源。电力企业应配备适量的应急发电装备，必要时提供应急电源支援。重要电力用户应按照国家有关技术要求配置应急电源，并加强维护和管理，确保应急状态下能够投入运行。

7.6 医疗卫生保障

卫计委按照有关规定，在大面积停电事件处置工作中负责保障伤员紧急救护、卫生防疫等工作。

7.7 资金保障

发展改革委、财政厅、民政厅、国资委、能源局等有关部门和地方各级人民政府以及各相关电力企业应按照有关规定，对大面积停电事件处置工作提供必要的资金保障。

8 附则

8.1 预案编制和审批

本预案由自治区人民政府组织修订，自治区发展改革委负责解释。

8.2 预案修订和更新

自治区人民政府根据实际情况，适时组织评估和修订。地方各级人民政府要结合当地实际制定或修订本级大面积停电事件应急预案。

8.3 演练和培训

本预案实施后，自治区能源局会同有关部门组织预案宣传、培训，各级人民政府组织进行演练。各地、各有关单位要做好大面积停电事件应急知识的宣传教育工作，不断提高公众的应急意识和自救互救能力。各级人民政府及文化、广播电视、新闻媒体等单位要充分利用广播、电视、互联网、报纸等各种媒体，加大对大面积停电事件应急管理工作的宣传、培训力度。各电力企业和重要电力用户要将应急教育培训工作纳入日常管理工作，定期开展相关培训。

8.4　预案实施

本预案自印发之日起实施。2007 年自治区人民政府印发的《西藏自治区处置电网大面积停电应急预案》自即日起废止。

附件 1

西藏自治区大面积停电事件分级标准

一、重大大面积停电事件

1．西藏自治区电网：负荷 1000 兆瓦以上的减供负荷 50%以上。

2．拉萨市电网：减供负荷 40%以上，或 50%以上供电用户停电。

二、较大大面积停电事件

1．西藏自治区电网：负荷 1000 兆瓦以上的减供负荷 20%以上 50%以下，负荷 1000 兆瓦以下的减供负荷 40%以上。

2．拉萨市电网：减供负荷 20%以上 40%以下，或 30%以上 50%以下供电用户停电。

3．其他设区的市电网：减供负荷 40%以上，或 50%以上供电用户停电。

三、一般大面积停电事件

1．西藏自治区电网：负荷 1000 兆瓦以上的减供负荷 10%以上 20%以下，负荷 1000 兆瓦以下的减供负荷 25%以上 40%以下。

2．拉萨市电网：减供负荷 10%以上 20%以下，或 15%以上 30%以下供电用户停电。

3．其他设区的市电网：减供负荷 20%以上 40%以下，或 30%以上 50%以下供电用户停电。

上述分级标准按照当前行政区划和电网负荷情况制定，将根据行政区划和电网发展情况进行滚动修编。有关数量的表述中，“以上”含本数，“以下”不含本数。

附件 2

西藏自治区大面积停电事件应急指挥部及工作组职责

西藏自治区大面积停电事件应急指挥部负责统一领导、组织和指挥大面积停电事件应对工作。应急指挥部指挥长由自治区政府分管副主席担任，副指挥长由自治区政府分管副秘书长、应急办主任、自治区发展改革委主任、国网西藏电力有限公司董事长担任。

应急指挥部成员主要由区党委宣传部（新闻办）、网信办、维稳办、发展改革委（能源局）、教育厅、工业和信息化厅、公安厅、民政厅、财政厅、国土资源厅（测绘局）、环境保护厅、住房城乡建设厅、交通运输厅、水利厅、林业厅、商务厅、卫生计生委、新闻出版广电局、安全监管局、民航西藏管理局、地震局、气象局、通信管理局、铁路办、西藏军区、武警西藏总队、青藏铁路公司、国网西藏电力有限公司、发电企业等部门和单位组成，并可根据应对工作需要，增加有关地方人民政府、其他有关部门和相关电力企业。

自治区大面积停电事件应急指挥部下设办公室和电力恢复组、新闻宣传组、综合保障组、社会维稳组四个工作组，应急指挥部办公室设在自治区发展改革委，承担指挥部日常工作，办公室主任由自治区发展改革委主任担任，副主任由自治区能源局局长、国网西藏电力公司分管副总经理担任。四个工作组组成及工作职责如下：

一、电力恢复组：由自治区发展改革委（能源局）牵头，自治区公安厅、安全监管局、水利厅、林业局、气象局、西藏军区、国网西藏电力有限公司等参加，视情增加其他电力企业。

主要职责：组织进行技术研判，开展事态分析；组织电力抢修恢复工作，尽快恢复受影响区域供电工作；负责重要电力用户、重点区域的临时供电保障；负责组织跨区域的电力应急抢修恢复协调工作；协调军队、武警有关力量参与应对。

二、新闻宣传组：由自治区党委宣传部（新闻办）牵头，网信办、维稳办、发展改革委（能源局）、工业和信息化厅、公安厅、新闻出版广电局、安全监管局、通信管理局等参加。

主要职责：组织开展事件进展、应急工作情况等权威信息发布，加强新闻宣传报道；收集分析舆情和社会公众动态，加强媒体、电信和互联网管理，正确引导舆论；及时澄清不实信息，回应社会关切。

三、综合保障组：由自治区发展改革委（能源局）牵头，工业和信息化厅、公安厅、民政厅、财政厅、住房城乡建设厅、交通运输厅、卫生计生委、新闻出版广电局、民航西藏管理局、气象局、通信管理局、铁路办、青藏铁路公司、国网西藏电力有限公司等参加，视情增加其他电力企业。

主要职责：对大面积停电事件受灾情况进行核实，指导恢复电力抢修方案，落实人员、资金和物资；组织做好应急救援装备物资及生产生活物资的紧急生产、储备调拨和紧急配送工作；及时组织调运重要生活必需品，保障群众基本生活和市场供应；维护供水、供气、供热、通信、广播电视等设施正常运行；维护铁路、道路、水路、民航等基本交通运行；紧急救护伤员、妥善处理卫生防疫工作；组织开展事件处置评估。

四、社会稳定组：由自治区公安厅牵头，网信办、维稳办、发展改革委、工业和信息化厅、民政厅、交通运输厅、商务厅、西藏军区、武警西藏总队等参加。

主要职责：加强受影响地区社会治安管理，严厉打击借机传播谣言制造社会恐慌，以及趁机盗窃、抢劫、哄抢等违法犯罪行为；加强转移人员安置点、救灾物资存放点等重点地区治安管控；加强对重要生活必需品等商品的市场监管和调控，打击囤积居奇、哄抬物价行为；加强对重点区域、重点单位的警戒；做好受影响人员与涉事单位、地方人民政府及有关部门矛盾纠纷化解等工作，切实维护社会稳定。

具体各部门职责：

（1）区党委宣传部（新闻办）：负责会同有关部门（单位）、企业做好大面积停电事件信息发布、舆论引导及管控等工作；协调、解决信息发布、媒体报道等有关事宜。

（2）网信办：负责监测网络舆情，会同有关部门开展网络舆情引导，及时澄清网络谣言。

（3）维稳办：密切关注停电事件引发的可能影响社会政治稳定的敏感事件和问题，及时排查、疏导、调处。

（4）发展改革委（能源局）：牵头协调大面积停电事件的应急处置，协调电力抢修恢复工作，协调各项应急措施落实及有关应急物资的紧急生产和调运，协调电力企业设施修复项目计划安排；开展居民生活必需品价格巡查，必要时，采取价格应急干预措施。

（5）教育厅：负责指导事发地各级学校、托幼机构做好校园安全保卫和维护稳定工作。

（6）工业和信息化厅：负责调用应急无线电频率，确保应急无线电通信畅通。

（7）公安厅：负责组织维护事发地社会治安、交通秩序，做好消防工作；依法监控公共信息网络。

（8）民政厅：负责指导事发地民政部门组织和做好大面积停电事件造成生活困难，符合社会救助政策条件的困难群众基本生活救助工作。

（9）财政厅：负责大面积停电事件应急处置工作经费保障。

（10）国土资源厅（测绘局）：负责配合、协调事发地人民政府做好威胁电力设施的地质灾害灾情风险调查与评估，并及时提供相关信息；负责组织和提供应急保障中需要的测绘地理信息公共服务。

（11）环境保护厅：负责环境应急监测和相关环境质量信息的发布；指导受影响区域开展次生环境污染事件的处置工作；监督受损电力系统恢复重建中的生态保护工作；指导受影响区域开展环境综合整治工作。

（12）住房城乡建设厅：负责协调维持和恢复城市正常应急供水、供气、供热、市政照明及城市主干道的路障清理等工作，保障排污设施正常运转。

（13）交通运输厅：负责组织协调应急运输工具，疏导滞留旅客，优先保障发电燃料、应急救援物资及必要生活资料等的公路、水路运输；指导城市公共交通运营安全。

（14）水利厅：负责及时提供大面积停电事件事发区域水文监测、预报、预警等相关信息；必要时，会同有关部门（单位）组织区内具备应急发电条件的小型水电站提供应急电源。

（15）林业厅：负责做好森林火险预警及风险评估工作；协调电力抢修中林木砍伐工作。

（16）商务厅：负责做好基本生活物资的供应与应急调度工作；承担发电燃料、重要生产资料流通、重要消费品的储备管理及市场调控有关工作。

（17）卫生计生委：负责组织协调医疗卫生资源开展卫生应急救援工作；协助停电地区卫生计生部门做好医疗卫生机构供电保障。

（18）新闻出版广电局：负责及时启用应急广播电视播出和传输应急保障措施，确保广播电视信号正常传输。

（19）安全监管局：负责依法组织重大生产安全事故调查处理工作；协调有关生产安全事故应急救援工作。

（20）民航西藏管理局：负责组织疏导、运输机场滞留旅客，保障抢险救援物资及必要生活资料等的空中运输。

（21）地震局：因地震引发大面积停电事件时，负责及时提供相关地震信息。

（22）气象局：负责开展重要输变电设施设备等区域气象监测、预警及灾害风险评估工作，并及时提供相关气象信息。

（23）通信管理局：负责组织协调大面积停电事件应急通信保障工作。

（24）铁路办：负责伤员及救灾物资运送、危险物品转移等铁路应急运输保障，协调铁路企业参与大面积停电事件应急处置工作。

（25）西藏军区：负责组织协调驻藏部队和民兵预备役部队参与大面积停电事件应急处置工作。

（26）武警西藏总队：负责组织协调武警部队参与大面积停电事件应急处置工作。

（27）青藏铁路公司：负责组织疏导、运输所辖火车站的滞留旅客，保障抢险救援物资、必要生活资料等的所辖铁路交通运输。

（28）国网西藏电力有限公司：负责控制停电范围，保证主网安全，恢复电网供电；组织电力抢修恢复工作，尽快恢复受影响区域供电工作；负责重要电力用户、重点区域的临时供电保障。

（29）发电企业：负责维护本企业电力系统安全稳定，保障电力安全供应，做好电力设施应急抢修，及时修复受损电力设施；加强对所辖大中型水库大坝的巡查防护，及时报告险情。

陕西省大面积停电事件应急预案

（陕政办函〔2017〕275号）

目　　录

1 总则

1.1 编制目的

建立健全陕西省大面积停电事件应对工作机制，科学有序高效处置大面积停电事件，最大程度减少停电事件造成的损失和影响，保障电网安全和可靠供电。

1.2 编制依据

依据《中华人民共和国突发事件应对法》《中华人民共和国安全生产法》《中华人民共和国电力法》《生产安全事故报告和调查处理条例》《电力安全事故应急处置和调查处理条例》《电网调度管理条例》《国家突发公共事件总体应急预案》《国家大面积停电事件应急预案》《大面积停电事件省级应急预案编制指南》《陕西省实施<中华人民共和国突发事件应对法>办法》《陕西省突发事件应急预案管理办法》《陕西省突发事件总体应急预案》及相关法律法规等，制定本预案。

1.3 适用范围

本预案适用于陕西省境内发生的大面积停电事件应对工作。

本预案中大面积停电事件是指由于自然灾害、电力安全事故和外力破坏等原因造成陕西电网或城市电网大量减供负荷，对陕西安全、社会稳定以及人民群众生产生活造成影响和威胁的停电事件。

1.4 工作原则

大面积停电事件应对工作坚持统一领导、综合协调，属地为主、分工负责，保障民生、维护安全，全社会共同参与的原则。大面积停电事件发生后，全省各级政府及其有关部门、国家能源局西北监管局、电力企业、重要电力用户应立即按照职责分工和相关预案开展处置工作。

1.5 事件分级

按照事件严重性和受影响程度，大面积停电事件分为特别重大、重大、较大和一般四级。

1.5.1 特别重大大面积停电事件

凡符合下列情形之一的，为特别重大大面积停电事件：

（1）陕西电网：负荷 20000 兆瓦以上时减供负荷达到 30%以上，或负荷 5000 兆瓦以上 20000 兆瓦以下时减供负荷达到 40%以上的；

（2）西安电网：减供负荷达到 60%以上，或 70%以上供电用户停电的；

（3）省大面积停电应急指挥部根据电网设施受损程度、停电范围、抢修恢复能力和社会影响等综合因素，研究确定为特别重大大面积停电事件的。

1.5.2 重大大面积停电事件

凡符合下列情形之一的，为重大大面积停电事件：

（1）陕西电网：负荷 20000 兆瓦以上时减供负荷达到 13%以上 30%以下，或负荷 5000 兆瓦以上 20000 兆瓦以下时减供负荷达到 16%以上 40%以下的；

（2）西安电网：减供负荷达到 40%以上 60%以下，或 50%以上 70%以下供电用户停电的；

（3）其他设区市电网：负荷 600 兆瓦以上时减供负荷达到 60%以上，或 70%以上供电用户停电；

（4）省大面积停电应急指挥部根据电网设施受损程度、停电范围、抢修恢复能力和社会影响等综合因素，研究确定为重大大面积停电事件的。

1.5.3 较大大面积停电事件

凡符合下列情形之一的，为较大大面积停电事件：

（1）陕西电网：负荷 20000 兆瓦以上时减供负荷达到 10%以上 13%以下，或负荷 5000 兆瓦以上 20000 兆瓦以下时减供负荷达到 12%以上 16%以下的；

（2）西安电网：减供负荷达到 20%以上 40%以下，或 30%以上 50%以下供电用户停电的；

（3）其他设区市电网：负荷600兆瓦以上时减供负荷达到40%以上60%以下，或50%以上70%以下供电用户停电的；负荷600兆瓦以下时减供负荷达到40%以上，或50%以上供电用户停电的；

（4）县级市电网：负荷150兆瓦以上时减供负荷达到60%以上，或70%以上供电用户停电的；

（5）省大面积停电应急指挥部根据电网设施受损程度、停电范围、抢修恢复能力和社会影响等综合因素，研究确定为较大大面积停电事件的。

1.5.4 一般大面积停电事件

凡符合下列情形之一的，为一般大面积停电事件：

（1）陕西电网：负荷20000兆瓦以上时减供负荷达到5%以上10%以下，或负荷5000兆瓦以上20000兆瓦以下时减供负荷达到6%以上12%以下的；

（2）西安电网：减供负荷达到10%以上20%以下，或10%以上30%以下供电用户停电的；

（3）其他设区市电网：减供负荷达到20%以上40%以下，或30%以上50%以下供电用户停电的；

（4）县级市电网：负荷150兆瓦以上时减供负荷达到40%以上60%以下，或50%以上70%以下供电用户停电；负荷150兆瓦以下时减供负荷达到40%以上，或50%以上供电用户停电的；

（5）省大面积停电应急指挥部根据电网设施受损程度、停电范围、抢修恢复能力和社会影响等综合因素，研究确定为一般大面积停电事件的。

2 风险和危害程度分析

2.1 风险分析

全省行政区域内可导致大面积停电事件的主要风险包括以下几个方面：

（1）受地形地质构造复杂和全球气候变暖的影响，电网覆盖区域内地震、滑坡、泥石流、雷暴、雨雪冰冻、洪涝、大风等自然灾害的发生，可能造成电网设施设备大范围损毁，从而导致大面积停电事件发生；

（2）陕西电网电压等级高，南北跨度狭长，交直流互联运行，网架结构复杂，城市电缆沟道超容量密集堆放严重，局部电网重载过载问题突出，电网“两头薄弱”问题依然存在，安全稳定控制难度大，若重要发、输、变电设备或自动化系统故障，可能造成重大及以上事故，导致大面积停电事件发生；

（3）野蛮施工、盗窃、非法侵入、火灾爆炸、恐怖袭击等外力破坏或重大社会安全事件引发的电网设施损毁，电网工控系统遭受网络攻击等可能导致大面积停电事件发生；

（4）运行维护人员误操作、违章作业或调度值班员处置不当等也可能导致大面积停电事件发生；

（5）因各种原因造成的发电企业发电出力大规模减少也易导致大面积停电事件发生。

2.2 危害程度分析

随着经济社会的迅速发展，现代社会对电的依赖程度越来越高，可靠的电力供应已成为现代社会的生命线工程之一。大面积停电事件在严重破坏电力公司正常生产经营秩序和社会形象的同时，对关系国计民生的重要基础设施会造成巨大影响，可能导致交通、通信瘫痪，水、气、煤、油等供应中断，严重影响经济建设、人民生活，甚至会对国家安全、社会稳定造成极大威胁。

（1）大面积停电事件易导致化工、冶金、煤矿、非煤矿山等高危用户的电力中断，引发生产运营事故及次生衍生灾害；

（2）大面积停电事件易导致大型商场、广场、影剧院、大型社区、医院、学校、地下通道、大型写字楼、大型游乐场等高密度人口聚集点基础设施电力中断，引发群众恐慌，扰乱社会秩序；

（3）大面积停电事件易导致城市交通拥塞甚至瘫痪，机场、铁路、地铁等设施供电中断，造成大批旅客滞留；

（4）大面积停电事件易导致政府部门、消防、公安、军队等重要机构电力供应中断，影响其社会职能的正常运转，不利于社会安定和国家安全；

（5）在当前微博、微信、互联网等新兴媒体快速传播的时代，大面积停电事件极易成为社会舆论的热点，在公众不明真相的情况下，若有错误舆情，可能造成公众恐慌情绪，影响社会稳定。

3 组织体系

3.1 省级组织指挥机构

省政府成立省大面积停电应急指挥部，统一领导指挥全省行政区域内大面积停电事件应急协调处置工作。

当发生重大、特别重大大面积停电事件时，由省大面积停电应急指挥部负责统一领导、组织和指挥大面积停电事件应对工作。超出陕西省应对处置能力时，由省政府向国务院提出支援请求，在国务院的领导、协调、支持下开展大面积停电事件应对工作。

当发生一般、较大大面积停电事件时，根据事件影响范围，由事发地县级或设区市政府负责指挥大面积停电事件应对工作。超出事发地设区市政府应对处置能力时，设区市政府按程序向省政府提出支援请求，由省大面积停电应急指挥部或省政府授权省发展和改革委员会成立省大面积停电事件应急处置工作组，统一领导、组织和指挥大面积停电事件应对工作。

3.1.1 省大面积停电应急指挥部组成及职责

省大面积停电应急指挥部总指挥由省政府分管电力工作的副省长担任，副总指挥由省政府分管副秘书长和省发展改革委、国家能源局西北监管局、国网陕西省电力公司主要负责同志担任，成员包括省委宣传部（省政府新闻办）、省委网信办、省委高教工委、省发展改革委、省教育厅、省工业和信息化厅、省公安厅、省民政厅、省财政厅、省国土资源厅、省环境保护厅、省住房城乡建设厅、省交通运输厅、省水利厅、省林业厅、省商务厅、省卫生计生委、省旅游发展委、省国资委、省新闻出版广电局、省安全监管局、陕西煤矿安监局、省通信管理局、省地震局、省气象局、省测绘地理信息局、省应急办、省军区、武警陕西省总队、陕西省公安消防总队、国家能源局西北监管局、西安铁路局、民航西北地区管理局、国家电网公司西北分部、国网陕西省电力公司、省地方电力（集团）有限公司、大唐陕西发电有限公司、华电陕西能源有限公司、华能陕西发电有限公司、国电陕西电力有限公司、陕煤化集团有限公司、陕西能源集团有限公司等部门和单位有关负责人，并可根据应对工作需要，增加有关地方政府、其他有关部门和相关电力企业。

主要职责：

（1）贯彻落实党中央、国务院有关应急工作方针、政策，建立和完善全省大面积停电事件应对工作机制；

（2）负责全省大面积停电事件应急处置的指挥协调，组织有关部门和单位进行会商、研判和综合评估，研究保证陕西电网安全稳定运行、电力可靠有序供应等重要事项，研究重大应急决策，部署应对工作；

（3）统一协调指挥特别重大、重大大面积停电事件的应对工作，指导市县区政府做好大面积停电事件电网抢修恢复、防范次生衍生事故、保障居民基本生活及应急救援和维护社会安全稳定等应急处置工作；

（4）宣布进入和解除大面积停电事件应急状态，发布应急指令；

（5）视情况派出工作组赴现场指导协调开展应对工作，组织开展事件调查；

（6）统一组织大面积停电事件信息发布和舆论引导工作；

（7）及时向国务院工作组或国家大面积停电事件应急指挥部、国家能源局报告相关情况，视情况提出支援请求。

3.1.2 省大面积停电应急指挥部办公室及职责

省大面积停电应急指挥部办公室设在省发展改革委，负责省大面积停电应急指挥部日常工作。办公室主任由省发展改革委主任兼任，办公室副主任由省发展改革委主管副主任兼任。

主要职责：

（1）贯彻落实国家和省上有关大面积停电事件应急工作方针和政策，督促落实省大面积停电应急指挥部部署的各项任务和下达的各项指令；

（2）负责省内大面积停电事件应急信息的接收、核实、处理、传递、通报、报告等日常工作；

（3）了解、协调、督促省大面积停电应急指挥部各成员单位的应急准备工作；检查、指导和协调有关设区市政府大面积停电事件应急准备工作；

（4）按照省政府统一安排和部署，组织有关大面积停电事件的应急培训和演练；

（5）应急响应时，密切跟踪事态，及时收集并报告应急处置和供电恢复情况，提出建议；传达、执行省委、省政府和省大面积停电应急指挥部的各项决策、指令并监督落实；

（6）协调各应急联动机制成员部门和单位协同开展应对处置工作；

（7）按照授权协助做好信息发布和舆情分析、舆论引导等工作；

（8）建立电力生产应急救援专家库，根据应急救援工作需要及时抽调有关专家指导应急救援工作。

3.1.3　*省大面积停电应急指挥部各工作组组成及职责*

省大面积停电应急指挥部设立相应工作组，各工作组组成及职责分工如下：

（1）电力恢复组：由省发展改革委牵头，省工业和信息化厅、省公安厅、省国土资源厅、省环境保护厅、省水利厅、省林业厅、省安全监管局、省地震局、省气象局、省测绘地理信息局、省应急办、省军区、武警陕西省总队、陕西省公安消防总队、国家能源局西北监管局、国家电网西北分部、国网陕西省电力公司、省地方电力（集团）有限公司、大唐陕西发电有限公司、华电陕西能源有限公司、华能陕西发电有限公司、国电陕西电力有限公司、陕煤化集团有限公司、陕西能源集团有限公司等参加，视情增加其他电力企业。

主要职责：组织进行技术研判，开展事态分析；负责组织电力抢修，尽快恢复受影响区域供电；负责重要电力用户、重点区域的临时供电保障；负责组织电力应急抢修恢复协调工作；协调部队、武警有关力量参与应对工作。

（2）新闻宣传组：由省委宣传部（省政府新闻办）牵头，省委网信办、省发展改革委、省工业和信息化厅、省公安厅、省新闻出版广电局、国网陕西省电力公司、省地方电力（集团）有限公司等参加，视情增加其他电力企业。

主要职责：组织开展事件进展、应急工作情况等权威信息发布，加强新闻宣传报道；收集分析国内外舆情和社会公众动态，加强媒体、通信和互联网管理，正确引导舆论；及时澄清不实信息，回应社会关切。

（3）综合保障组：由省发展改革委牵头，省工业和信息厅、省公安厅、省民政厅、省财政厅、省国土资源厅、省住房城乡建设厅、省交通运输厅、省水利厅、省商务厅、省卫生计生委、省国资委、省新闻出版广电局、陕西煤矿安监局、省通信管理局、省应急办、西安铁路局、民航西北地区管理局、国网陕西省电力公司、省地方电力（集团）有限公司等参加，视情增加其他电力企业。

主要职责：对大面积停电事件受灾情况进行核实，制定并实施电力抢修方案，落实人员、资金和物资；组织做好应急救援物资及生产生活物资的紧急生产、储备调拨和紧急配送工作；及时组织调运重要生活必需品和医疗用品，保障群众基本生活和市场供应；维护供水、供气、供热、通信、广播电视等设施正常运行；维护铁路、道路、民航等基本交通运行；组织开展事件处置评估。

（4）社会稳定组：由省公安厅牵头，省委高教工委、省发展改革委、省教育厅、省工业和信息化厅、省民政厅、省交通运输厅、省商务厅、省卫生计生委、省旅游发展委、省应急办、省军区、武警陕西省总队、陕西省公安消防总队等参加。

主要职责：加强受影响地区社会治安管理，严厉打击借机传播谣言制造社会恐慌，以及趁机盗窃、抢劫、哄抢等违法犯罪行为；加强转移人员安置点、救灾物资存放点等重点地区治安管控；加强对重要生活必需品、医疗用品等商品的市场监管和调控、打击囤积居奇行为；加强对重点区域、重点单位的警戒；救助、疏散因停电造成的受伤和受困人员，维护社会稳定。

3.1.4 省大面积停电应急指挥部各成员单位职责

省委宣传部（省政府新闻办）：负责根据省大面积停电应急指挥部安排，协助有关部门统一宣传口径，组织媒体播发相关新闻；根据事件严重程度或其他需要组织召开现场新闻发布会；负责牵头新闻宣传组，加强对新闻单位、媒体宣传报道的指导和管理；加强舆情监测，正确引导舆论，主动回应社会公众关注的热点问题，及时澄清不实信息。

省委网信办：负责收集分析互联网上有关大面积停电事件的国内外舆情和社会公众动态，指导、协调、督促有关部门加强互联网信息内容管理，正确引导网络舆论，及时澄清不实信息，回应社会关切。

省委高教工委：负责对高等院校在校学生进行电力应急知识的宣传教育；负责大面积停电事件发生时高等院校在校学生的疏散安置和安全稳定等工作。

省发展改革委：负责组织、召集省大面积停电应急指挥部成员及办公室成员会议；迅速掌握大面积停电情况，向省大面积停电应急指挥部提出处置建议；组织研判事件态势，按程序向社会公众发布预警，并通报其他相关部门和单位；负责牵头电力恢复组和综合保障组，组织协调全省电力资源的紧急调配，组织电力企业开展电力抢修恢复及统调发电企业重点电煤供应的综合协调，协调电力企业设备设施修复项目计划安排，为应急抢险救援、恢复重建提供资金保障；负责综合保障，协调其他相关部门、市县区政府和重要电力客户开展应对处置工作；为指定的新闻部门提供大面积停电事件的相关信息；派员参加工作组赴现场指导协调事件应对工作。

省教育厅：负责对中小学幼儿园（含中等职业学校）在校学生幼儿进行电力应急知识的宣传教育；负责大面积停电事件发生时中小学幼儿园（含中等职业学校）在校学生幼儿的疏散安置和安全稳定等工作。

省工业和信息化厅：负责协调工业应急物资的生产、抢险救灾物资的储备和调拨；保障应急无线电频率的使用，维护空中电波秩序；协调所管辖企业做好发生大面积停电事件时的应急工作。

省公安厅：负责协助省大面积停电应急指挥部做好事故的救援工作；负责牵头社会稳定组，及时妥善处理由大面积停电引发的治安事件，加强治安巡逻，维护社会治安秩序，预防和打击违法犯罪，及时组织疏导交通，开辟绿色通道，保障应急救援车辆优先通行，确保救援工作及时有效地进行。

省民政厅：负责受影响人员的妥善安置，保障其基本生活。

省财政厅：负责协调保障电力应急抢修救援工作所需经费，做好应急资金使用的监督管理。

省国土资源厅：负责对地质灾害进行监测和预报，为恢复重建提供用地支持。

省住房城乡建设厅：负责协调维持和恢复城市供水、供气、供热、市政照明、排水等公用设施正常运行，保障居民基本生活需要。

省交通运输厅：负责组织协调应急救援客货运输车辆，保障发电燃料、抢险救援物资、必要生活资料和抢险救灾人员运输，保障应急救援人员、抢险救灾物资公路运输通道畅通。

省水利厅：负责组织、协调防汛抢险；负责水情、汛情、旱情的监测，并向电力企业提供相关信息。

省林业厅：负责森林火灾的预防和协调组织扑救，并向电力企业提供森林火灾火情等相关信息。

省商务厅：负责组织调运重要生活必需品，加强市场监管和调控。

省卫生计生委：负责组织医疗卫生机构做好医疗救治工作；督促、检查发生大面积停电事件时各级医疗卫生机构应急措施的启动和执行。

省旅游发展委：负责协助有关部门做好因停电事件受影响的旅游设施的保护和排险；负责大面积停电事件发生时在旅游景点受困游客的安全和疏散、安置等事宜。

省国资委：负责组织协调所监管企业做好发生大面积停电事件时的应急工作。

省新闻出版广电局：负责维护广播电视等设施正常运行，加强新闻宣传，协助做好停电事件相关信息发布和舆情应对工作，正确引导舆论。

省安全监管局：负责参与电力安全事故的应急救援和调查处理工作。

陕西煤矿安监局：负责督促、检查、协调煤矿企业应急措施的启动和执行。

省通信管理局：负责依据有关流程组织协调各通信运营企业，及时准确发布预警预报信息，做好受影响通信设施抢修恢复和大面积停电事件处置现场的应急通信保障。

省地震局：负责对地震灾害进行监测和预报，并向电力企业提供震情发展趋势分析情况。

省气象局：负责大面积停电事件应急救援过程中提供气象监测和气象预报等信息，并向电力企业提供必要的气象信息服务。

省测绘地理信息局：负责为大面积停电事件应急抢险救援和恢复重建提供地理信息。

省应急办：负责指导协调大面积停电事件的应急处置，做好应急值守和信息汇总工作。

省军区：负责协助省大面积停电应急指挥部，组织协调驻军和民兵预备役部队参加抢险救灾行动；根据需要，协助事发地政府进行灾后恢复重建工作。

武警陕西省总队：负责协助省大面积停电应急指挥部，做好事故灾难的抢险救援，协助当地公安部门加强治安巡逻，维护社会治安秩序。

陕西省公安消防总队：负责协助省大面积停电应急指挥部，做好各项灭火救援应急准备，及时扑灭大面积停电期间发生的各类火灾。根据需要，参与事发地政府抢险救援工作。

国家能源局西北监管局：负责督促指导有关部门、市县区政府、电力企业、重要电力客户开展应对处置；派员参加工作组赴现场指导协调事件应对工作。

西安铁路局：负责指导所属铁路系统启动停电应急预案，开展应急处置；负责保障铁路畅通，具体实施发电燃料、抢险救援物资和人员的铁路运输。

民航西北地区管理局：负责指导所属民航系统启动停电应急预案，开展应急处置；负责维护民航基本交通通行，协调抢险救援物资和人员运输工作。

国家电网公司西北分部：负责督促指导国网陕西省电力公司开展应对处置工

作，协调跨区域电力支援。

国网陕西省电力公司：负责在省大面积停电应急指挥部的领导下，在国家电网公司、国网公司西北分部的指导下，具体实施在电网大面积停电事件应急处置和救援中对所属企业的指挥协调，负责组织抢修所属的受损供电设施，必要时按照各级应急指挥机构要求为所辖供电营业区内受大面积停电事件影响的重要电力用户、重点区域提供必要的临时供电保障，确保所辖电网安全稳定运行。

省地方电力（集团）有限公司：负责在省大面积停电应急指挥部的领导下，具体实施在电网大面积停电事件应急处置和救援中对所属企业的指挥协调，负责组织抢修所属的受损供电设施，必要时按照各级应急指挥机构要求为所辖供电营业区内受大面积停电事件影响的重要电力用户、重点区域提供必要的临时供电保障，确保所辖电网安全稳定运行。

驻陕大型发电企业：负责健全完善本企业电力突发事件应急预案，组织协调所属发电企业服从电网调度统一指挥，按照调度指令调整发电出力和运行方式，做好电网大面积停电时的应对处置工作。

其他相关部门、单位做好职责范围内应急工作，完成省大面积停电应急指挥部交办的各项工作任务。

3.2 市、县、区组织指挥机构

各市、县、区政府负责协调指挥本行政区域内大面积停电事件应对工作，应结合实际，制定本层级大面积停电事件应急预案，明确相应的组织指挥机构，建立健全应急联动机制。市、县、区政府有关部门，电力企业，重要电力用户等要按照职责分工，密切配合，共同做好大面积停电事件应对工作。

发生跨行政区域的大面积停电事件时，事发地政府应根据需要建立跨区域大面积停电事件应急合作机制。

3.3 现场指挥机构

负责大面积停电事件应对的市、县、区政府根据需要成立现场指挥部，负责现场组织指挥工作。参与现场处置的有关单位和人员必须服从现场指挥部的统一指挥。

3.4 电力企业

电力企业（包括省大面积停电应急指挥部成员中各电网企业、发电企业等，下同）应建立健全应急指挥机构，在政府应急指挥机构领导下开展大面积停电事件应对工作。国网陕西省电力公司和省地方电力（集团）有限公司各自负责所辖供电区域内大面积停电事件的应对处置，国网陕西省电力公司还负责全省主网大面积停电事件的应对处置。各发电企业负责本企业的事故抢险和应对处置。电网调度工作严格按照《电网调度管理条例》及相关规程执行。

3.5 重要电力用户

对维护基本公共秩序、保障人身安全和避免重大经济损失具有重要意义的政府机关、医疗、交通、通信、广播电视、供水、供气、供热、加油（加气）、排水泵站、污水处理、工矿商贸等单位，应根据有关规定合理配置供电电源和自备应急电源，完善非电保安等各种保障措施，并定期检查维护，确保相关设施设备的可靠性和有效性。发生大面积停电事件时，各自负责本单位的事故抢险和应对处置。根据需要，可向政府有关部门请求支援。

3.6 专家组

各级组织指挥机构根据需要成立大面积停电事件应急专家组，成员由电力、气象、地质、地震、水文等领域相关专家组成，负责对大面积停电事件应对工作提供技术咨询和建议。各电力企业根据实际情况成立大面积停电事件应急专家组。

4 监测预警和信息报告

4.1 监测

电力企业要加强对重要电力设施设备运行、发电燃料供应等情况的监测，建立与气象、水利、林业、地震、公安、交通运输、国土资源、通信、工业和信息化及测绘地理信息等部门的信息共享机制，及时分析各类情况对电力运行可能造成的影响，预估可能影响的范围和程度。

4.2 预警

4.2.1 预警信息发布

电力企业研判可能造成大面积停电事件时，要及时将有关情况报告受影响区域的市县区政府电力运行主管部门、省发展和改革委员会及国家能源局西北监管局，提出预警信息发布建议，并视情通知重要电力用户。省发展改革委应及时组织研判，必要时报请省大面积停电应急指挥部批准后向社会公众发布预警，并通报其他相关部门和单位。当研判可能造成重大以上大面积停电事件时，省发展改革委同时报告省政府、国家能源局。

4.2.2 预警行动

预警信息发布后，电力企业要加强设备巡查检修和运行监测，采取有效措施控制事态发展；组织相关应急救援队伍和人员进入待命状态，动员后备人员做好参加应急救援和处置工作准备，并做好大面积停电事件应急所需物资、装备和设备等应急保障准备。重要电力用户要做好自备应急电源启用准备和非电保安措施准备。可能受影响区域的市、县、区政府要启动应急联动机制，组织有关部门和单位做好维持公共秩序、供水供气供热、通信、加油（加气）、商品供应、交通物流、抢险救援等方面的应急准备；加强相关舆情监测，主动回应社会公众关注的热点问题，及时澄清谣言传言，做好舆论引导。

4.2.3　预警解除

根据事态发展，经研判不会发生大面积停电事件时，按照“谁发布，谁解除”的原则，由发布单位宣布解除预警，并适时终止相关措施。

4.3　信息报告

大面积停电事件发生后，相关电力企业应立即将停电范围、停电负荷、影响用户数、发展趋势等有关情况向受影响区域的市、县、区政府电力运行主管部门、省发展改革委、国家能源局西北监管局报告。构成电力安全事故的还应立即向受影响区域的市、县、区政府安全生产监督管理部门报告。

事发地政府电力运行主管部门接到大面积停电事件信息报告或监测到相关信息后，应当立即进行核实，对大面积停电事件的性质和类别作出初步认定，按照国家规定的时限、程序和要求向上一级电力运行主管部门和同级政府报告，并通报同级其他相关部门和单位。市、县、区政府及其电力运行主管部门应当按照有关规定逐级上报，必要时可越级上报。国家能源局西北监管局接到大面积停电事件报告后，应当立即核实有关情况并向省发展和改革委员会通报、国家能源局报告，构成电力安全事故的还应速报省安全生产监督管理局。对初判为重大以上的大面积停电事件，省大面积停电应急指挥部要立即按程序向国务院及国家能源局等有关部门报告。

5　应急响应

5.1　响应分级

根据大面积停电事件的影响范围、严重程度和发展态势，将应急响应设定为Ⅰ级、Ⅱ级、Ⅲ级、Ⅳ级四个等级。

5.1.1　Ⅰ级应急响应

初判发生特别重大大面积停电事件时，由省大面积停电应急指挥部总指挥决定启动Ⅰ级应急响应，同时报告省政府主要负责同志。省大面积停电应急指挥部立即组织召开指挥部成员和专家组会议，进行分析研判，开展指挥应对工作，对事件影响及发展趋势进行综合评估，就有关重大问题做出决策和部署；向各有关部门和单位发布启动相关应急程序的命令，并立即派出工作组赶赴现场指挥应对处置工作，同时将有关情况迅速报告国务院及国家能源局等有关部门，视情况向国务院提出支援请求。

5.1.2 Ⅱ级应急响应

初判发生重大大面积停电事件时，由省大面积停电应急指挥部副总指挥决定启动Ⅱ级应急响应，同时报告省大面积停电应急指挥部总指挥。省大面积停电应急指挥部立即组织召开指挥部成员和专家组会议，进行分析研判，开展指挥应对工作，对事件影响及发展趋势进行综合评估，就有关重大问题做出决策和部署；向各有关部门和单位发布启动相关应急程序的命令，并立即派出工作组赶赴现场指挥应对处置工作，同时将有关情况迅速报告国务院及国家能源局等有关部门。

5.1.3 Ⅲ级应急响应

初判发生较大大面积停电事件时，由省大面积停电应急指挥部办公室主任决定启动Ⅲ级应急响应，同时报告省大面积停电应急指挥部总指挥、副总指挥，并由事发地设区市政府负责指挥应对工作。必要时，由省大面积停电应急指挥部组织有关部门和单位，成立工作组赶赴现场，指导事发地人民政府开展相关应对处置工作。

5.1.4 Ⅳ级应急响应

初判发生一般大面积停电事件，由省大面积停电应急指挥部办公室主任决定启动Ⅳ级应急响应，同时报告省大面积停电应急指挥部总指挥、副总指挥，根据事件影响范围，由事发地县级或设区市级政府负责指挥应对处置工作。

5.1.5 对于尚未达到一般大面积停电事件标准，但造成或可能造成较大社会影响的其他停电事件，由省大面积停电应急指挥部办公室主任结合实际情况决定启动应急响应，根据事件影响范围，由事发地县级以上政府负责指挥应对处置工作。

5.1.6 应急响应启动后，可视事件造成损失情况及其发展趋势调整响应级别，避免响应不足或响应过度。

5.2 响应措施

大面积停电事件发生后，相关电力企业和重要电力用户要立即实施先期处置，全力控制事件发展态势，减少损失和影响。各有关市县区政府、部门和单位根据工作需要，组织采取以下措施。

5.2.1 抢修电网并恢复运行

电力调度机构合理安排运行方式，控制停电范围；尽快恢复重要输变电设备、电力主干网架运行；在条件具备时，优先恢复重要电力用户、重要城市和重点地区的电力供应。

电网企业迅速组织力量抢修受损电网设备设施，根据应急指挥机构要求，向重要电力用户及重要设施、场所提供必要的供电保障支援。

发电企业保证设备安全，迅速组织力量抢修受损设备，做好发电机组并网运行准备，按照电力调度指令恢复运行。

5.2.2　防范次生衍生事故

停电后易造成重大影响和生命财产损失的金融机构、医院、交通枢纽、通信、广播电视、公用事业单位、铁路、城市轨道交通设施、煤矿及非煤矿山、危险化学品、冶炼企业等重要电力用户，按照有关技术要求迅速启动自备应急电源或采取非电保安措施，及时启动相应停电事件应急响应，避免造成更大影响和损失。各类人员聚集场所停电后迅速启用应急照明，组织人员有序疏散，确保人身安全。武警消防部门做好应急救援准备工作，及时处置各类火灾、爆炸事件，解救被困人员。在供电恢复过程中，各重要电力用户严格按照调度计划分时分步恢复用电。同时，加强重大危险源、重要目标、重大关键基础设施隐患排查与监测预警，及时采取防范措施，防止发生次生衍生事故。

5.2.3　保障居民基本生活

住房城乡建设、水利部门及相关企业启用应急供水措施，保障居民基本生活用水需求；采用多种方式，保障燃气供应和采暖期内居民生活热力供应。发展改革、工业和信息化、商务、交通运输、铁路、民航等部门组织生活必需品的应急生产、调配和运输，保障停电期间居民基本生活。卫生计生部门准备好抢救、治疗病人的应急队伍、车辆、药品和物资，保证病人能得到及时、有效治疗。

5.2.4　维护社会稳定

公安、武警等部门加强涉及国家安全和公共安全的重点单位安全保卫工作，严密防范和严厉打击违法犯罪活动；加强对停电区域内繁华街区、大型居民社区（用户数 3000 户以上）、商场、学校、医院、金融、机场、城市轨道交通设施、火车站及其他重要生产经营场所等重点地区、重点部位、人员密集场所的治安巡逻，及时疏散人员，解救被困人员，确保人身安全，防范治安事件。交通管理部门加强停电地区道路交通指挥和疏导，维护道路交通秩序，优先保障应急救援车辆通行。公安、工业和信息化等部门尽快组织恢复企业生产经营活动，严厉打击造谣惑众、囤积居奇、哄抬物价等各种违法行为。

5.2.5　加强信息发布

新闻宣传部门按照及时准确、公开透明、客观统一的原则，加强信息发布和舆论引导，通过多种媒体渠道，主动向社会发布停电相关信息和应对工作情况，提示相关注意事项和安保措施。同时，加强舆情收集分析，及时回应社会关切，澄清不实信息，正确引导社会舆论，稳定公众情绪。

5.2.6 组织事态评估

各级应急指挥机构应及时组织对大面积停电事件影响范围、影响程度、发展趋势及恢复进度进行评估，为进一步做好应对工作提供依据。

5.3 省级层面应对

5.3.1 省大面积停电应急指挥部应对

发生大面积停电事件时，根据事件应对工作需要，主要开展以下工作：

（1）组织有关部门和单位、专家组进行会商，研究分析事态，部署应对工作；

（2）根据需要赴事发现场，或派出前方工作组赴事发现场，协调开展应对工作；

（3）研究决定有关市县区政府、部门、单位和电力企业提出的请求事项；

（4）统一组织大面积停电事件信息发布和舆论引导工作；

（5）组织开展事件处置评估；

（6）对事件处置工作进行总结。

5.3.2 省大面积停电应急指挥部现场工作组应对

初判发生较大以上大面积停电事件时，省大面积停电应急指挥部根据情况派出现场工作组，主要开展以下工作：

（1）传达上级及省委、省政府领导同志指示批示精神，督促有关市县区政府、部门和电力企业贯彻落实；

（2）迅速掌握大面积停电事件基本情况、造成的损失和影响、应对进展及当地需求等，根据有关市、县、区政府和电力企业请求，协调有关方面派出应急队伍、调运应急物资和装备、安排专家和技术人员等，为应对工作提供支援和技术支持；

（3）对跨设区市级行政区域大面积停电事件应对工作进行协调：

（4）赶赴现场指导事发地政府开展事件应对工作；

（5）指导开展事件处置评估；

（6）协调指导大面积停电事件宣传报道工作；

（7）及时向省大面积停电应急指挥部报告相关情况。

5.3.3 部门应对

初判发生一般或较大大面积停电事件时，省发展改革委开展以下工作：

（1）密切跟踪事态发展，督促相关电力企业迅速开展电力抢修恢复等工作，指导督促事发地政府有关部门做好应对工作；

（2）视情况派出部门工作组赴现场指导协调事件应对等工作；

（3）根据有关市、县、区政府和电力企业请求，协调有关方面为应对工作提供支援和技术支持；

（4）按照授权协助做好舆情信息收集、分析和应对工作。

5.4 响应终止

同时满足以下条件时，按照“谁启动、谁结束”的原则终止应急响应：

（1）电网主干网架基本恢复正常，电网运行参数保持在稳定限额之内，主要发电厂机组运行稳定；

（2）减供负荷恢复 80%以上，受停电影响的重点地区、重要城市负荷恢复90%以上；

（3）造成大面积停电事件的隐患基本消除；

（4）大面积停电事件造成的重特大次生衍生事故基本处置完成。

6 后期处置

6.1 处置评估

大面积停电事件应急响应终止后，履行统一领导职责的政府要及时组织对事件处置过程进行评估，总结经验教训，分析查找问题，提出改进措施，形成处置评估报告。评估报告一般包括事件发生原因和经过、事件造成的直接损失和影响、事件处置过程、经验教训以及改进建议等。鼓励开展第三方评估。

6.2 事件调查

大面积停电事件发生之后，省大面积停电应急指挥部根据有关规定成立调查组进行事件调查。事发地政府、有关部门和单位要认真配合调查组的工作，客观、公正、准确地查明事件原因、性质、影响范围、经济损失等情况，提出防范、整改措施和处理建议。

构成电力安全事故的应按照《电力安全事故应急处置和调查处理条例》组织调查处理。

6.3 善后处置

事发地政府要及时组织制订善后工作方案并组织实施。保险机构要及时开展相关理赔工作，尽快消除大面积停电事件的影响。

6.4 恢复重建

大面积停电事件应急响应终止后，需对电网网架结构和设备设施进行修复或重建的，由国家能源局或省发展和改革委员会根据实际工作需要组织编制恢复重建规划。相关电力企业和受影响区域的市、县、区政府应当根据规划做好本行政区域内受损电力系统恢复重建工作。

7 保障措施

7.1 队伍保障

电力企业应建立健全电力抢修应急专业队伍，加强设备维护和应急抢修技能方面的人员培训，定期开展应急演练，提高应急救援能力。市县区政府根据需要组织动员通信、交通、供水、供油、供气、供热、医疗等其他专业应急队伍和志愿者参与大面积停电事件及次生衍生灾害处置工作。驻陕军队、武警部队、公安消防等要做好应急力量支援保障。

7.2 装备物资保障

电力企业应储备必要的专业应急装备及物资，建立和完善相应保障体系。省政府有关部门和市县区政府要加强应急救援装备物资及生产生活物资的紧急生产、储备调拨和紧急配送，保障支援大面积停电事件应对工作需要。鼓励支持社会化储备。

7.3 通信、交通与运输保障

市县区政府及通信主管部门、通信运营商要建立健全大面积停电事件应急通信保障体系，形成可靠的通信保障能力，确保应急期间通信联络和信息传递需要。交通运输部门要健全紧急运输保障体系，保障应急响应所需人员、物资、装备、器材等的运输；公安部门要加强交通应急管理，保障应急救援车辆优先通行；根据全面推进公务用车制度改革有关规定，有关单位应配备必要的应急车辆，保障应急救援需要。

7.4 技术保障

电力企业要加强大面积停电事件监测、应对的先进技术和装备研发应用，严格落实电力行业应急技术标准，加强电网、电厂安全应急信息化平台建设。省级气象、国土资源、地震、水利、林业、测绘等部门要为电力日常监测预警及电力应急抢险提供必要的气象、地质、地震、水文、森林防火、地理信息等服务。

7.5 应急电源保障

市县区政府、有关部门和电力企业应充分考虑电源、电网规划布局，不断提高电力系统快速恢复能力，加强电网“黑启动”能力建设，保障各地区“黑启动”电源，适度提高重要输电通道抗灾设防标准。电力企业应配备适量的应急发电装备，必要时应按照各级应急指挥机构的要求提供应急电源支援。重要电力用户应按照国家有关技术要求配置合适的应急电源，制定突发停电事件应急预案和非电保安措施，加强设备维护和管理，确保应急状态下能够投入运行。

7.6 资金保障

省发展改革委、省财政厅、省民政厅等有关部门和市、县、区政府，以及各相关电力企业应按照有关规定，对大面积停电事件处置和恢复重建工作提供必要的资金保障。税务管理部门应按照有关规定对大面积停电事件应对处置和恢复重建工作给予税收减免政策支持。

7.7 宣教、培训和演练

7.7.1 宣传教育

省发展改革委、国家能源局西北监管局、市县区政府、电力企业、重要电力用户等要充分利用各种媒体，加大对大面积停电事件应急知识的宣传教育，不断提高公众的应急意识和自救互救能力；加大保护电力设施和打击破坏电力设施的宣传力度，增强公众保护电力设施的意识。

7.7.2 培训

各级应急指挥机构成员单位、电力企业和重要电力用户应定期组织大面积停电事件应急处置业务培训。电力企业和重要电力用户还应加强大面积停电事件应急处置和救援技能培训，开展技术交流和研讨，进一步提高应急救援业务技能水平。

7.7.3 演练

各级应急指挥机构应根据实际情况，至少每三年组织开展一次大面积停电事件应急联合演练，建立完善政府有关应急联动部门、电力企业、重要电力用户以及社会公众之间的应急协同联动机制，持续提高应急处置能力。各电力企业、重要电力用户应根据生产实际，至少每年组织开展一次针对大面积停电事件的应急演练。

8 附则

8.1 预案管理与更新

8.1.1 本预案由省发展和改革委员会负责管理，根据实际情况变化和《陕西省突发事件应急预案管理办法》规定，及时对预案进行修订完善。

8.1.2 省大面积停电应急指挥部成员部门、单位、县级以上政府、电力企业、重要电力用户应参照本预案，结合实际制定（或修订）本层级、部门、单位大面积停电事件应急预案（或处置方案），并按照应急预案管理要求向上级管理部门及时备案。

8.1.3 本预案有关数量的表述中，“以上”含本数，“以下”不含本数。

8.2 预案实施时间

本预案自印发之日起实施。

甘肃省大面积停电事件应急预案

（甘政办发〔2016〕66号）

目　录

1 总则

1.1 编制目的

建立健全大面积停电事件应对工作机制，正确、高效和快速处理大面积停电事件，最大程度减少大面积停电造成的影响和损失，维护全省经济安全、社会稳定和人民生活安定。

1.2 编制依据

依据《中华人民共和国突发事件应对法》《中华人民共和国安全生产法》《中华人民共和国电力法》《生产安全事故报告和调查处理条例》《电力安全事故应急处置和调查处理条例》《国家大面积停电事件应急预案》《电网调度管理条例》《甘肃省突发公共事件总体应急预案》及相关法律法规等，制定本预案。

1.3 适用范围

本预案适用于我省境内发生的大面积停电事件情况下，指导和规范各相关市州、各有关部门组织开展社会救援、事故抢险与处置、电力供应恢复等应对工作。

本预案中大面积停电事件是指因自然灾害、电力安全事故、电力设施破坏等原因，造成全省电网、市州城市电网、县级市电网大量减供负荷，对社会稳定以及人民群众生产生活造成影响和威胁的停电事件。

1.4 工作原则

大面积停电事件应对工作坚持统一领导、综合协调，属地为主、分工负责，保障民生、维护安全，全社会共同参与的原则。大面积停电事件发生后，各级人民政府及其有关部门、电力企业、重要电力用户应立即按照职责分工和相关预案开展处置工作。

2 事件分级

按照电网停电范围和事件严重程度，大面积停电事件分为特别重大（Ⅰ级)、重大（Ⅱ级)、较大（Ⅲ级）和一般（Ⅳ级）4 个级别。

2.1 特别重大（Ⅰ级）大面积停电事件

2.1.1 全省电网减供负荷达到事件前总负荷的 40%以上，并且造成重要发电厂停电、重要输变电设备受损，对西北电网安全稳定运行构成严重威胁。

2.1.2 兰州市电网减供负荷达到事件前总负荷的 60%以上，或 70%以上供电用户停电。

2.1.3 因发电燃料供应短缺、气候影响等引起电力供应严重危机，造成全省电网 60%以上容量机组非计划停机，全省电网拉限负荷达到正常值的 50%以上，并且对西北电网的安全稳定运行造成严重影响。

2.2 重大（Ⅱ级）大面积停电事件

2.2.1 全省电网减供负荷达到事件前总负荷的 16%以上、40%以下。

2.2.2 兰州市电网减供负荷达到事件前总负荷的 40%以上、60%以下，或 50%以上、70%以下供电用户停电。

2.2.3 因发电燃料供应短缺、气候影响等引起电力供应危机，造成我省电网 40%以上、60%以下容量机组非计划停机。

2.2.4 其他设区的市州电网，负荷 600 兆瓦以上的减供负荷达到事件前总负荷的 60%以上，或 70%以上供电用户停电。

2.3 较大（Ⅲ级）大面积停电事件

2.3.1 全省电网减供负荷达到事件前总负荷的 12%以上、16%以下。

2.3.2 兰州市电网减供负荷达到事件前总负荷的 20%以上、40%以下，或 30%以上、50%以下供电用户停电。

2.3.3 其他设区的市州电网，负荷 600 兆瓦以上的减供负荷达到事件前总负荷的

40%以上、60%以下，或 50%以上、70%以下供电用户停电；负荷 600 兆瓦以下的减供负荷达到事件前总负荷的 40%以上，或 50%以上供电用户停电。

2.3.4 县级市电网，负荷 150 兆瓦以上的减供负荷达到事件前总负荷的 60%以上，或 70%以上供电用户停电。

2.4 一般（Ⅳ级）大面积停电事件

2.4.1 全省电网减供负荷达到事件前总负荷的 6%以上、12%以下。

2.4.2 兰州市电网减供负荷达到事件前总负荷的 10%以上、20%以下，或 15%以上、30%以下供电用户停电。

2.4.3 其他设区的市州电网，减供负荷达到事件前总负荷的 20%以上、40%以下，或 30%以上、50%以下供电用户停电。

2.4.4 县级市电网，负荷 150 兆瓦以上的减供负荷达到事件前总负荷的 40%以上、60%以下，或 50%以上、70%以下供电用户停电；负荷 150 兆瓦以下的减供负荷达到事件前总负荷的 40%以上，或 50%以上供电用户停电。

3 组织机构及职责

3.1 省应急指挥机构及职责

3.1.1 大面积停电应急指挥部及职责

成立甘肃省大面积停电事件应急指挥部（以下简称“省应急指挥部”），由分管副省长担任总指挥，省政府分管副秘书长担任副总指挥。省工信委、省发展改革委、省公安厅、省财政厅、省交通运输厅、省安监局、省民政厅、省商务厅、省卫生计生委、省新闻出版广电局、省地震局、省气象局、省军区、武警甘肃省总队、国家能源局甘肃监管办、兰州铁路局、省电力公司、大唐甘肃发电公司、华能甘肃能源开发公司、中国电建集团甘肃能源公司、国电甘肃省电力有限公司、甘肃电投集团公司，以及在甘总装机容量 100 万千瓦以上的发电公司等单位和企业分管领导为成员。

省应急指挥部主要职责：在国家大面积停电事件应急指挥部（以下简称“国家应急指挥部”）、省突发公共事件应急委员会（以下简称“省应急委员会”）领导下，统一指挥我省大面积停电事件应急处理、事故抢险、电网恢复和社会救援等各项应急工作；研究重大应急决策和部署，协调各相关市州、各有关部门应急指挥机构之间的关系；当发生重大、特别重大大面积停电事件，按照规定程序向国务院报告，并启动Ⅰ、Ⅱ级应急响应；决定实施和终止应急预案，宣布进入Ⅰ、Ⅱ级停电事件状态，发布具体应急指令；宣布解除Ⅰ、Ⅱ级停电事件状态。

3.1.2 省应急指挥部办公室及职责

省应急指挥部办公室设在省工信委，办公室主任由省工信委主任兼任。

办公室主要职责：落实省应急指挥部部署的各项任务；执行省应急指挥部下达的应急指令；组织起草、制定和修订应急预案，并监督执行情况；组织研判、核实大面积停电预警信息，并对事件性质和类别作出初步认定后向上级电力运行主管部门和省政府及时报告；掌握应急处理和供电恢复情况；向省应急指挥部、国家能源局报告我省大面积停电事件处置有关工作；负责信息发布。

3.1.3 相关部门（应急机构）职责

省应急指挥部各成员单位按照国家和省应急指挥部的统一部署，在本单位成立相应的应急机构，配合做好大面积停电应急工作。

3.2 市州、县级市应急指挥机构及职责

各市州政府要参照本预案，结合实际制定本市州大面积停电事件应急预案，成立相应应急指挥机构，建立和完善应急救援与处置联动体系。

市州应急指挥机构主要职责：负责指挥、协调本行政区域内大面积停电事件应对工作，建立健全应急联动机制；接到大面积停电事件信息报告或者监测到相关信息后，立即进行核实，并对大面积停电事件的性质和类别作出初步认定，对初判为重大以上的大面积停电事件，应立即按程序向省政府应急办报告；宣布进入Ⅲ或Ⅳ级停电事件状态，发布具体应急指令；宣布解除电网Ⅲ或Ⅳ级停电事件状态。

3.3 现场指挥机构及职责

负责大面积停电事件应对的省内各级人民政府根据需要或上级要求成立现场指挥部，负责现场组织指挥工作。参与现场处置的有关单位和人员应服从现场指挥部的统一指挥。

现场指挥机构职责：负责大面积停电事件应急处置现场组织指挥工作，协调各成员单位按响应措施开展电网恢复、保障民生、维护稳定等工作，向各级应急指挥部汇报现场应急处置情况。

3.4 电力企业

省内各电力企业要成立本企业大面积停电应急指挥机构，在各级政府应急指挥部的领导下开展大面积停电事件应对工作，及时抢修恢复电网和发电机组运行。

3.5 信息联络员

省应急指挥部成员单位要各确定 1 名联络员，具体负责信息沟通、业务协调、指令传达等工作，联络员变更要及时告知省应急指挥部办公室。

4 监测预警和信息报告

4.1 监测和风险分析

省内电力企业要结合实际加强对重要电力设施设备运行、发电燃料供应等情况的监测，建立与气象、水利、林业、地震、公安、交通运输、国土资源、工业和信息化等部门的信息共享机制，及时分析各类情况对电力运行可能造成的影响，预估可能影响的范围和程度。

4.2 预警

4.2.1 预警信息发布

电力企业研判可能造成大面积停电事件时，要及时将有关情况报告省工信委或受影响区域工信部门及国家能源局甘肃监管办，提出预警信息发布建议，并视情通知重要电力用户。受影响区域工信部门应及时组织研判，必要时报请本级人民政府批准后向社会公众发布预警，并通报同级其他相关部门和单位。当可能发生重大以上大面积停电事件时，中央电力企业同时报告国家能源局。

4.2.2 预警行动

预警信息发布后，电力企业要加强设备巡查检修和运行监测，采取有效措施控制事态发展；组织相关应急救援队伍和人员进入待命状态，动员后备人员做好参加应急救援和处置工作准备，并做好大面积停电事件应急所需物资、装备和设备等应急保障准备工作。重要电力用户做好自备应急电源启用准备。各级地方政府启动应急联动机制，组织有关部门和单位做好维持公共秩序、供水供气供热、商品供应、交通物流等方面的应急准备；加强相关舆情监测，主动回应社会公众关注的热点问题，及时澄清谣言传言，做好舆论引导工作。

4.2.3 预警解除

根据事态发展，经研判不会发生大面积停电事件时，按照“谁发布、谁解除”的原则，由发布单位宣布解除预警，适时终止相关措施。

4.3 信息报告

大面积停电事件发生后，相关电力企业应立即向省工信委或受影响区域工信部门及国家能源局甘肃监管办报告，中央电力企业同时报告国家能源局。

省工信委或受影响区域工信部门接到大面积停电事件信息报告或者监测到相关信息后，应当立即进行核实，对大面积停电事件的性质和类别作出初步认定。

对初判为重大或特别重大的大面积停电事件，省工信委（省应急指挥部办公室）立即报告省政府，同时报告省应急指挥部总指挥；省政府立即按程序向国务院报告。

对初判为一般或较大的大面积停电事件，受影响区域工信部门要按照规定的时限、程序和要求向上级工信部门和同级人民政府报告，并通报同级其他相关部门和单位。地方人民政府及工信部门应当按照有关规定逐级上报，必要时可越级上报。

5　应急响应

根据大面积停电事件的严重程度和发展态势，按照大面积事件级别，将应急响应由高到低对应设定为Ⅰ级、Ⅱ级、Ⅲ级和Ⅳ级 4 个等级。

5.1　Ⅰ、Ⅱ级大面积停电事件响应

5.1.1　事件报告

5.1.1.1　初判发生Ⅰ级大面积停电事件时，省应急指挥部启动Ⅰ级应急响应，并立即向国务院和国家能源局报告，在其指导下做好应急处置工作；初判发生Ⅱ级大面积停电事件时，省应急指挥部启动Ⅱ级应急响应，负责指挥应对工作，同时报告国家能源局。

5.1.1.2　发生Ⅰ、Ⅱ级大面积停电事件时，省应急指挥部总指挥主持召开紧急会议，对有关重大应急问题做出决策和部署，并将有关情况向国家应急指挥部和省政府报告。Ⅰ级大面积停电事件在国家应急指挥部领导下开展工作或在国家授权后组织开展应对工作，Ⅱ级大面积停电事件由省应急指挥部组织指挥应对。

5.1.2　事件通告

5.1.2.1　发生Ⅰ、Ⅱ级大面积停电事件后，省应急指挥部办公室负责或配合国家应急指挥部召集有关部门和单位，就事故影响范围、发展过程、抢险进度和预计恢复时间等内容及时进行通报。Ⅰ、Ⅱ级停电事件应急状态宣布解除后，及时向有关部门、单位和公众通报信息。

5.1.2.2　在大面积停电期间，按照及时准确、公开透明、客观统一的原则，加强信息发布和舆论引导，主动向社会发布停电相关信息和应对工作情况，提示相关注意事项和安保措施。加强舆情收集分析，及时回应社会关切，揭露谣言、澄清事实，正确引导社会舆论，稳定公众情绪。

5.1.3　响应措施

5.1.3.1　电网抢修恢复

发生Ⅰ、Ⅱ级大面积停电事件后，省内各级电力调度机构合理安排运行方式，控制停电范围；尽快恢复重要输变电设备、电力主干网架运行；在条件具备时，优先恢复重要电力用户、重要城市和重点地区的电力供应。

电网企业迅速组织力量抢修受损电网设备设施，根据应急指挥机构要求，向重要电力用户及重要设施提供必要的电力支援。

各发电企业保证设备安全，抢修受损设备，做好发电机组并网运行准备，按照电力调度指令恢复运行。

5.1.3.2 防范次生衍生事故

发生Ⅰ、Ⅱ级大面积停电事件后，重要电力用户按照有关技术要求迅速启动自备应急电源，加强重大危险源、重要目标、重大关键基础设施隐患排查与监测预警，及时采取防范措施，防止发生次生衍生事故。

5.1.3.3 保障居民基本生活

发生Ⅰ、Ⅱ级大面积停电事件后，政府相关部门和水、汽、油、热供应等企业启用应急供水措施，保障居民用水需求；采用多种方式，保障燃气供应和采暖期内居民生活热力供应；组织生活必需品的应急生产、调配和运输，保障停电期间居民基本生活。

5.1.3.4 维护社会稳定

发生Ⅰ、Ⅱ级大面积停电事件后，各级政府及相关部门要加强涉及公共安全的重点单位安全保卫工作，严密防范和严厉打击违法犯罪活动。加强对停电区域内繁华街区、大型居民区、大型商场、学校、医院、金融机构、机场、城市轨道交通设施、车站、码头及其他重要生产经营场所等重点地区、重点部位、人员密集场所的治安巡逻，及时疏散人员，解救被困人员，防范治安事件。加强交通疏导，维护道路交通秩序。尽快恢复企业生产经营活动。严厉打击造谣惑众、囤积居奇、哄抬物价等各种违法行为。

5.1.4 响应终止

在同时满足下列条件时，省应急指挥部决定宣布解除Ⅱ级停电事件状态：

（1）电网主干网架基本恢复正常，电网运行参数保持在稳定限额之内，主要发电厂机组运行稳定。

（2）停电负荷恢复80%以上，重点地区、重要城市停电负荷恢复90%以上。

（3）无其他对电网安全稳定运行和正常电力供应存在重大影响或严重威胁的事件。

Ⅰ级停电事件状态由国家应急领导小组宣布解除。

5.2 Ⅲ、Ⅳ级大面积停电事件响应

5.2.1 响应处置

发生Ⅲ或Ⅳ级大面积停电事件时，省应急指挥部办公室主任或相关市州应急总指挥主持召开紧急会议，对相关应急问题做出决策和部署，并将有关情况向省应急总指挥报告。Ⅲ级大面积停电事件在省应急指挥部或相关市州应急指挥机构领导下开展，Ⅳ级大面积停电事件由相关市州、县级应急指挥机构组织指挥应对。

发生Ⅲ或Ⅳ级大面积停电事件后，省应急指挥部办公室或相关市州应急指挥机构负责召集有关部门和单位，就事故影响范围、发展过程、抢险进度和预计恢复时间等内容及时进行通报。

发生Ⅲ或Ⅳ级大面积停电事件后，其响应措施和响应终止由市州、县级应急指挥部参照Ⅰ、Ⅱ级大面积停电事件措施和终止条件组织开展。

对于尚未达到一般大面积停电事件标准，但对社会产生较大影响的其他停电事件，地方人民政府可结合实际情况启动应急响应。

5.2.2 响应指导

初判相关市州发生一般或较大大面积停电事件时，省应急指挥部办公室开展以下工作：

（1）传达省政府领导同志指示要求，督促地方人民政府、有关部门和电力企业贯彻落实；

（2）密切跟踪事态发展，督促相关电力企业迅速开展电力抢修恢复等工作，指导督促地方有关部门做好应对工作；

（3）视情协调有关方面派出应急队伍、调运应急物资和装备、安排专家和技术人员等，为应对工作提供支援和技术支持；

（4）指导做好舆情信息收集、分析和应对工作；

（5）对事件处置工作进行总结并报告省政府。

6 后期处置

6.1 处置评估

大面积停电事件应急响应终止后，根据事件分类，省应急指挥部办公室或相关地方应急机构及时组织对事件处置工作进行评估，总结经验教训，分析查找问题，提出改进措施，形成处置评估报告。积极鼓励开展第三方评估。

6.2 事件调查

发生Ⅰ级大面积停电事件后，报请国务院或国务院授权的有关部门组成事故调查组进行调查；发生Ⅱ级大面积停电事件后，报请国家发改委、国家能源局组成事故调查组进行调查；发生Ⅲ、Ⅳ级大面积停电事件后，由国家能源局甘肃监管办会同省政府有关部门组成事故调查组进行调查，客观、公正、准确地查清查明事件原因、性质、影响范围、经济损失等情况，提出防范、整改措施和处理处置建议。各相关市州、各有关部门和单位要认真配合调查组的工作。

6.3 善后处置

事发地政府要及时组织制订善后工作方案并组织实施。保险机构要及时开展相关理赔工作，尽快消除大面积停电事件的影响。

6.4 恢复重建

大面积停电事件应急响应终止后，需对电网网架结构和设备设施进行修复或重建的，由省发展改革委（省能源局）根据实际工作需要组织编制恢复重建规划。省内相关电力企业和受影响区域市州政府应当根据规划做好受损电力系统恢复重建工作。

7 应急保障

7.1 队伍保障

电力企业应建立健全电力抢修应急专业队伍，加强设备维护和应急抢修技能方面的人员培训，定期开展应急演练，提高应急救援能力。加强社会应急救援队伍建设，组织动员省内其他专业应急队伍和志愿者等参与大面积停电事件及其次生衍生灾害处置工作。军队、武警部队、公安消防等要做好应急力量支援保障。

7.2 装备物资保障

各相关市州、各有关部门和电力企业在积极利用现有装备的基础上，根据应急工作需要，建立和完善救援装备数据库和调用制度，配备必要的应急救援装备。各应急指挥机构应掌握各专业应急救援装备的储备情况，并确保救援装备始终处在随时可以正常使用的状态。

7.3 通信、交通与运输保障

通信主管部门要建立健全大面积停电事件应急通信保障体系，形成可靠的通信保障能力，确保应急期间通信联络和信息传递需要。交通运输部门要健全紧急运输保障体系，保障应急响应所需人员、物资、装备、器材等的运输；公安部门要加强交通应急管理，保障应急救援车辆优先通行；根据全面推进公务用车制度改革有关规定，有关单位应配备必要的应急车辆，保障应急救援需要。

7.4 技术保障

各电力企业要加强大面积停电事件应对和监测先进技术、装备的研发，制定电力应急技术标准，加强电网、电厂安全应急信息化平台建设。有关部门要为电力日常监测预警及电力应急抢险提供必要的气象、地质、水文等服务。有关单位要分析和研究电网大面积停电可能造成的社会危害和损失，增加技术投入，建立和完善应急技术保障体系。

省工信委、国家能源局甘肃监管办要发挥电力安全专家库的作用，及时组织成立处置大面积停电专家咨询小组，为应急处置提供技术咨询和决策支持。

7.5 应急电源保障

提高电力系统快速恢复能力，加强电网“黑启动”能力建设。省发展改革委和电力企业要充分考虑电源规划布局，保障各地区“黑启动”电源。电力企业要配备适量的应急发电装备，必要时提供应急电源支援。重要电力用户应按照国家有关技术要求配置应急电源，加强维护和管理，确保应急状态下能够投入运行。

7.6 资金保障

省发展改革委、省财政厅、省民政厅、省政府国资委、省工信委等有关部门和市县人民政府以及各相关电力企业应按照有关规定，对大面积停电事件处置工作提供必要的资金保障。

8 宣传、培训和演习

8.1 宣传

省工信委、国家能源局甘肃监管办、各电力企业和重要电力用户要通过各种新闻媒体向全社会宣传紧急情况下如何采取正确措施进行处置，不断增强公众的自我保护意识。

8.2 培训

各电力企业和重要电力用户应加强对全体员工的事故防范安全生产教育和应急救援教育，定期组织学习和培训，并通过专业人员的技术交流和研讨，提高应急救援业务知识水平。

8.3 演习

省应急指挥部办公室每年至少应协调组织开展 1 次省会城市大面积停电事件应急联合演习，市县政府应急指挥部每年至少应协调组织开展 1 次本行政区域大面积停电事件应急演练，加强和完善政府部门、社会机构和各电力企业之间的协调配合工作。各电力企业应根据自身特点，定期组织应急救援演习。

9 附则

9.1 预案管理

随着应急救援相关法律法规的制定、修订，《国家大面积停电事件应急预案》的修订完善、部门职责或应急资源发生变化以及实施过程中发现的问题或出现的情况，及时修订完善本预案，上报省政府批准后实施。

本预案有关数量的表述中，“以上”含本数，“以下”不含本数。

9.2 预案解释

本预案由省工信委会同有关部门制定，由省工信委会同省发展改革委负责解释。

青海省大面积停电事件应急预案

（青政办函〔2017〕169号）

目　录

1 总则

1.1 编制目的

建立健全青海省大面积停电事件应对工作机制，高效、快速处置大面积停电事件，最大程度减少影响和损失，保障电网安全和可靠供电，保障经济社会正常生产经营秩序，维护国家安全、社会稳定和人民生命财产安全。

1.2 编制依据

依据《中华人民共和国突发事件应对法》《中华人民共和国安全生产法》《中

华人民共和国电力法》《生产安全事故应急处置和调查处理条例》《电力安全事故应急处置和调查处理条例》《电网调度管理条例》《国务院办公厅关于印发国家大面积停电事件应急预案的通知》(国办函〔2015〕134 号)《青海省人民政府关于印发突发公共事件总体应急预案的通知》及相关法律法规等，制定本预案。

1.3 适用范围

本预案适用于青海省境内发生的大面积停电事件应对工作。

大面积停电事件是指由于自然灾害、电力安全事故、网络信息不安全事件和外力破坏等原因造成区域性电网、省级电网或城市电网大量减供负荷，对国家安全、社会稳定以及人民群众生产生活造成影响和威胁的停电事件。

1.4 工作原则

大面积停电事件应对工作坚持统一领导、综合协调，属地为主、分工负责，保障民生、维护安全，全社会共同参与的原则。

大面积停电事件发生后，事发地县级以上（含县级，下同）人民政府及其有关部门、电力企业、涉及社会基本需求或提供公共产品和服务的重要电力用户应立即按照职责分工和相关预案开展处置工作。

1.5 事件分级

依据国家大面积停电事件分级标准，结合我省实际，将大面积停电事件分为特别重大、重大、较大、一般四级。分级标准见附件 1。

1.6 预案体系

县级以上人民政府应制定本地区大面积停电事件应急预案；省内电网企业应制定本单位大面积停电事件应急预案；并网运行的各发电企业应制定本单位大面积停电事件应急预案和“黑启动”方案；各重要电力用户应制定大面积停电事件下本单位的应急处置方案。大面积停电事件应急预案体系框架见附件 3。

2 组织体系

2.1 省级组织指挥机构

2.1.1 青海省大面积停电事件处置领导小组

青海省大面积停电事件处置领导小组是全省大面积停电事件应急工作的领导机构，负责研究全省大面积停电应急准备重要事项，统一指挥、协调应急处置工作。

青海省大面积停电事件处置领导小组组成如下：

组长：主管副省长

副组长：省政府主管副秘书长，西北能源监管局、省经济和信息化委、省发展改革委、省能源局、国网青海省电力公司主要负责人。

成员：省委宣传部、省网信办、省发展改革委、省经济和信息化委、省国资委、省公安厅、省民政厅、省财政厅、省国土资源厅、省住房城乡建设厅、省交通运输厅、省水利厅、省林业厅、省商务厅、省文化新闻出版厅、省卫生计生委、省安全监管局、省政府新闻办、省能源局、省测绘地理信息局、省政府应急办、省军区、武警青海总队、省气象局、省地震局、省通信管理局、西北能源监管局、中石油青海销售分公司、中石化销售有限公司青海石油分公司、国网青海省电力公司、青藏铁路公司、青海机场公司相关负责人。

领导小组各成员单位按照国家和省大面积停电事件处置领导小组的统一部署，在本单位成立相应的应急机构，并编制自身处置大面积停电事件应急预案，配合做好大面积停电应急处置工作。

发生重大、特别重大大面积停电事件时，省大面积停电事件处置领导小组在国务院工作组或省政府领导下，统一指挥我省大面积停电事件应急处理、事故抢险、电网恢复和社会救援等各项应急工作；研究重大应急决策和部署，协调各相关市（州）、县级应急指挥机构、各有关部门和单位的关系；当发生重大、特别重大大面积停电事件，按照规定程序向国务院报告，并启动Ⅰ、Ⅱ级应急响应，决定实施和终止应急预案，发布具体应急指令。

发生一般、较大大面积停电事件时，可由省政府派出工作组，指导、支持和协调事发地市（州）、县级应急组织指挥机构开展大面积停电事件应急处置工作。

2.1.2 青海省大面积停电事件处置领导小组办公室

青海省大面积停电事件处置领导小组办公室设在省经济和信息化委，负责日常工作和大面积停电事件发生时的协调组织工作。办公室主任由省经济和信息化委主任兼任。

2.2 市县级组织指挥机构

各市（州）、县级人民政府负责指挥、协调本行政区域内大面积停电事件应对工作。要结合地区实际，成立本级大面积停电事件处置领导小组，建立和完善大面积停电事件应急处置联动体系。

县级以上人民政府应将大面积停电事件应急预案及指挥机构设置情况，报上级电力应急指挥机构备案，并做好具体工作的衔接。

市（州）、县级大面积停电事件处置领导小组接到大面积停电事件信息报告或者监测到相关信息后，立即进行核实，并对大面积停电事件的性质和类别作出初步认定，对初判为重大以上的大面积停电事件，应立即按程序向省大面积停电事件处置领导小组办公室报告；对初判发生较大或一般大面积停电事件时，由事发地市（州）、县级人民政府立即启动Ⅲ或Ⅳ级应急响应，发布具体应急指令；当事件升级时，在上级指挥机构的统一指挥下开展本行政区域内大面积停电事件应急处置工作。

发生跨行政区域的大面积停电事件时，县级以上有关人民政府应根据需要启动跨区域大面积停电事件应急合作机制。

2.3 现场指挥机构

省级大面积停电事件现场指挥部设在国网青海省电力公司调控中心。大面积停电事件发生后，事发地市（州）、县级人民政府成立现场指挥部，负责现场组织指挥工作。参与现场处置的有关单位和人员应服从现场指挥部的统一指挥。

现场指挥部职责：负责大面积停电事件应急处置现场组织指挥工作，协调省大面积停电事件处置领导小组有关成员单位按响应措施开展电网恢复、保障民生、维护稳定等工作，向上级应急指挥部汇报现场应急处置情况。

2.4 电力企业

电力企业（包括电网企业、发电企业等，下同）要成立本企业大面积停电应急指挥机构，在各级政府大面积停电事件处置领导小组领导下开展大面积停电事件应对工作，及时抢修恢复电网和发电机组运行。电网调度工作按照《电网调度管理条例》及相关规程执行。各发电企业负责本企业的事故抢险和应对处置工作。

2.5 专家组

各级组织指挥机构根据需要成立大面积停电事件应急专家组，成员由电力、气象、地质、水文等领域相关专家组成，为大面积停电事件应对工作提供技术咨询和建议。

2.6 信息联络员

省大面积停电事件处置领导小组各成员单位要确定 1 名联络员，具体负责信息沟通、业务协调、指令传达等工作，联络员变更要及时告知领导小组办公室。

3 监测预警和信息报告

3.1 监测和风险分析

电网企业要加强电网安全运行监控及研究，提高电力系统通信和调度自动化水平，加强电网建设，构建灵活可靠的电网结构，确保电网运行安全。电力企业要结合实际，加强对重要电力设施设备运行、发电燃料供应等情况的监测，建立与气象、水利、林业、地震、公安、交通运输、国土资源、工业和信息化等部门的信息共享机制，及时分析各类情况对电力运行可能造成的影响，预估可能影响的范围和程度。可导致青海省发生大面积停电事件的风险主要包括：

受地形地质构造复杂和全球气候变暖的影响，区域内地震、雨雪冰冻、洪涝等各类自然灾害的发生，可能造成电网设施设备大范围损毁，从而导致大面积停电；

大电网安全控制难度大，重要发、输、变电设备，自动化系统故障，可能造成重大及以上事故，引发大面积停电；

野蛮施工、非法侵入、火灾爆炸、恐怖袭击等外力破坏或重大社会安全事件引发的电网设施损毁有可能导致大面积停电；

运行维护人员误操作或调度值班员处置不当等也可能导致大面积停电；

因各种原因造成的发电企业发电出力大规模减少可能导致大面积停电；

调度通信网络、信息系统遭受外力破坏、网络入侵、病毒植入等可能引发的大面积停电。

3.2 预警

3.2.1 大面积停电预警分级

根据可能导致的电网大面积停电影响范围和严重程度，将电网大面积停电预警分为：一级、二级、三级、四级。一级最高。

3.2.2 预警信息发布

电力企业研判可能造成大面积停电事件时，要及时将有关情况报告受影响区域地方人民政府电力运行主管部门，提出预警信息发布建议，并视情通知重要电力用户。受影响区域电力运行主管部门应及时组织研判，必要时报请本级人民政府批准后向社会公众发布预警，并通报同级其他相关部门和单位。当可能发生重大及以上大面积停电事件时，电力企业向省经济和信息化委及省发展改革委、省能源局、西北能源监管局报告，由省经济和信息化委会同省发展改革委、省能源局、西北能源监管局进行研判，必要时报请省政府批准后，由青海省大面积停电事件处置领导小组办公室向社会公众发布预警，并通报同级其他相关部门和单位、当地驻军和可能受影响的相邻省（区）人民政府。中央电力企业同时报告国家能源局。

3.2.3 预警行动

预警信息发布后，当地电力企业要加强设备巡查检修和运行监测，采取有效措施控制事态发展；要组织相关应急救援队伍和人员进入待命状态，动员后备人员做好参加应急救援和处置工作准备，并做好大面积停电事件应急所需物资、装备和设备等应急保障准备工作。重要电力用户做好自备应急电源启用准备。受影响区域地方人民政府启动应急联动机制，组织有关部门和单位做好维持公共秩序、供水供气供热、商品供应、交通物流等方面的应急准备；加强相关舆情监测，主动回应社会公众关注的热点问题，及时澄清谣言传言，做好舆论引导工作。

3.2.4 预警解除

根据事态发展，经研判不会发生大面积停电事件时，按照“谁发布、谁解除”的原则，由发布单位宣布解除预警，适时终止相关措施。

3.3 信息报告

初判发生重大及以上大面积停电事件，相关电力企业应立即将影响范围、停电负荷、停电用户数、重要电力用户停电情况、停电事件级别、可能延续停电时间、先期处置情况、事态发展趋势等有关情况向省经济和信息化委、省发展改革委、省能源局、西北能源监管局报告，并视情况通知重要电力用户。省大面积停电事件处置领导小组办公室接到大面积停电事件信息报告或者监测到相关信息后，应当立即进行核实，会同西北能源监管局、省发展改革委、省能源局进行研判，对大面积停电事件的性质和类别作出初步认定，并立即报告省政府和省大面积停电事件处置领导小组组长，同时向国家能源局及其派出机构报告。省政府要立即按程序向国务院报告。

对初判为一般或较大的大面积停电事件，相关电力企业应立即将影响范围、停电负荷、停电用户数、重要电力用户停电情况、停电事件级别、可能延续停电时间、先期处置情况、事态发展趋势等有关情况向受影响区域电力运行主管部门报告，受影响区域电力运行主管部门应立即进行核实，对大面积停电事件的性质和类别作出初步认定，并按照国家规定的时限、程序和要求向上级电力运行主管部门和同级人民政府报告，通报同级其他相关部门和单位。事发地市（州）、县级人民政府应当按照有关规定逐级上报，必要时可越级上报省人民政府及省经济和信息化委。

涉及跨省（区）的大面积停电事件，电网企业应及时向省经济和信息化委、省发展改革委、省能源局、西北能源监管局汇报相关情况。

4 应急响应

4.1 响应分级

根据大面积停电事件的严重程度和发展态势，将应急响应设定为Ⅰ级、Ⅱ级、Ⅲ级和Ⅳ级四个等级。

初判发生特别重大大面积停电事件，由省人民政府启动Ⅰ级应急响应，由省大面积停电事件处置领导小组负责指挥应对工作。当国务院成立国家大面积停电事件应急指挥部时，接受其领导、组织和指挥。事发地市（州）、县级人民政府应事先启动本级应急响应。

初判发生重大大面积停电事件，由省人民政府启动Ⅱ级应急响应，由省大面积停电事件处置领导小组负责指挥应对工作。事发地市（州）、县级人民政府事先启动本级应急响应。

初判发生较大、一般大面积停电事件，由事发地市（州）、县级人民政府分别启动Ⅲ级、Ⅳ级应急响应。根据事件影响范围，由事发地市（州）、县级人民政府电力应急指挥机构负责指挥应对工作。

对于尚未达到一般大面积停电事件标准，但对社会产生较大影响的其他停电事件，事发地县级人民政府可结合实际情况启动应急响应。

应急响应启动后，可视事件造成损失情况及其发展趋势调整响应级别，避免响应不足或响应过度。

4.2 事件应对

4.2.1 Ⅰ级、Ⅱ级应急响应

发生特别重大、重大大面积停电事件时，省大面积停电事件处置领导小组主要开展以下工作：

（1）统一领导大面积停电事故抢险、电力恢复、社会救援和维稳等各项应急工作；发生跨省份大面积停电事件时，由西北能源监管局、省经济和信息化委、省能源局对跨省级行政区域大面积停电事件应对工作进行协调；

（2）根据电网大面积停电危害程度、抢修恢复能力和社会影响等综合因素，确定大面积停电事件等级，报请省政府启动和终止应急预案；

（3）及时向国务院报告相关情况；通报国家有关部委。发生跨省份大面积停电事件时，通报跨区域影响省份人民政府；

（4）省大面积停电事件处置领导小组办公室进入 24 小时应急值守状态，及时收集汇总事件信息，并通知省大面积停电事件处置领导小组成员单位相关负责人赶赴省级现场指挥部开展工作；

（5）由省级现场指挥部召开省大面积停电事件处置领导小组成员单位联席会议，就有关重大应急问题做出决策和部署；

（6）组织有关部门、单位、专家组进行会商，研究分析事态，组织协调并督促有关部门及电力企业派出应急队伍、调运应急物资和装备、安排专家和技术人员等，开展事故抢修、电网恢复等各项应急处置工作；

（7）视情派出工作组赴现场指导应急处置工作；

（8）及时组织有关部门、单位、专家组进行会商，分析事件发展情况；

（9）统一组织信息发布和舆论引导工作；

（10）密切跟踪事态发展，组织开展事件处置评估；

（11）协调解决应急处置中发生的其他问题；

（12）对事件处置工作进行总结并报告省政府。

发生特别重大大面积停电事件，超出省级处置能力时，省大面积停电事件处置领导小组还要开展以下工作：

（1）向国务院及国家能源局等有关部门提出支持请求；

（2）当国务院成立大面积停电事件应急指挥部或工作组，统一领导和指挥大面积停电事件应对工作后，省大面积停电事件处置领导小组要立即移交指挥权，并继续配合做好应急处置工作。

4.2.2　Ⅲ级、Ⅳ级应急响应

发生较大、一般大面积停电事件时，省大面积停电事件处置领导小组主要开展以下工作：

（1）密切跟踪事态发展，与事发地市（州）、县级电力应急指挥机构联系，指导督促做好应对工作；

（2）根据电力企业和地方请求，协调有关方面做好应急支援和支持工作；

（3）视情派出工作组及专家组赴现场指导、协调、支持事件应对等工作；

（4）指导做好舆情信息收集、分析和应对工作；

（5）及时将有关情况报告省政府。

发生较大、一般大面积停电事件时，事发地市（州）、县级人民政府电力应急指挥机构主要开展以下工作：

（1）领导大面积停电事故抢险、电力恢复、社会救援和维稳等各项应急工作；

（2）及时向本级人民政府报告相关情况，根据电网大面积停电危害程度、抢修恢复能力和社会影响等综合因素，确定大面积停电事件等级，报请本级政府启动和终止应急预案；通报同级其他相关部门和单位；逐级上报上级人民政府及电力运行主管部门，必要时可越级上报省人民政府及省经济和信息化委；

（3）视情向上级电力应急指挥机构提出支持请求，接受上级电力应急指挥机构的统一指挥，对接上级应急工作组及专家组，执行相关决策部署；

（4）市（州）、县级大面积停电事件处置领导小组办公室进入24小时应急值守状态，及时收集汇总事件信息，并通知本级电力应急指挥机构成员单位相关负责人赶赴现场指挥部；

（5）组织协调有关部门及电力企业派出应急队伍、调运应急物资和装备、安排专家和技术人员等，开展应急处置、事故抢修、电网恢复等各项应对工作；

（6）根据需要赴事发现场，或派出前方工作组赴事发现场，开展应急处置工作；

（7）及时组织有关部门和单位、专家组进行会商，分析事件发展情况；

（8）统一组织信息发布和舆论引导工作；

（9）密切跟踪事态发展，组织开展事件处置评估；

（10）协调解决应急处置中发生的其他问题；

（11）根据电网大面积停电危害程度、抢修恢复能力和社会影响等综合因素，确定大面积停电事件等级，报请本级人民政府终止应急预案；

（12）对事件处置工作进行总结并报告省级大面积停电事件处置领导小组。

4.2.3　省级有关部门、单位和驻青企业职责分工

发生大面积停电事件时，省人民政府及相关部门主要开展以下工作：

（1）由省经济和信息化委、西北能源监管局、省发展改革委、省能源局进行应急研判，报请省人民政府批准后向社会公众发布预警，并通报同级其他相关部门和单位。当可能发生重大以上大面积停电事件时，省能源局、西北能源监管局、中央电力企业同时报告国家能源局；

（2）省经济和信息化委、西北能源监管局、省发展改革委、省能源局了解事件基本情况、造成的损失和影响、应对进展及当地需求等，根据地方和企业请求，协调有关方面派出应急队伍、调运应急物资和装备、安排专家和技术人员等，为应对工作提供支援和技术支持；密切跟踪事态发展，督促相关电力企业迅速开展电力抢修恢复等工作，指导督促地方有关部门做好应对工作；

（3）省经济和信息化委、西北能源监管局、省发展改革委、省能源局赶赴现场指导地方开展事件应对工作；

（4）省经济和信息化委、西北能源监管局、省发展改革委、省能源局指导开展事件处置评估和事件调查工作；

（5）省委宣传部、省政府新闻办、省网信办、省文化新闻出版厅、省经济和信息化委协调指导大面积停电事件舆论引导工作，组织开展事件进展、应急工作情况等权威信息发布，加强新闻宣传报道；收集分析国内外舆情和社会公众动态，加强媒体和互联网管理，正确引导舆论；指导有关部门、单位及时澄清不实信息，回应社会关切，确保信息发布的一致性和权威性；

（6）省公安厅：负责停电地区治安维护和交通疏导，视情采取隔离警戒和交通管制等措施；会同有关部门疏散和救助遇险人员，保障应急救援车辆和人员优先通行。加强对停电地区重点单位的安全保卫；做好转移人员安置点、救灾物资存放点等重点地区治安管控；加强巡逻防范，严厉打击违法犯罪活动，维护社会稳定；

（7）省民政厅：牵头负责群众救助和协调群众安置等事宜；

（8）省财政厅：负责会同相关职能部门做好大面积停电事件处置工作需省级负担的必要经费的统筹协调和安排；

（9）省国土资源厅：协助做好因突发性地质灾害造成大面积停电事件的应急救援，负责提供泥石流、滑坡等地质灾害气象风险预警信息；

（10）省住房城乡建设厅：负责协调城市正常供水、城市道路照明；

（11）省交通运输厅：负责组织提供运送应急处置所需物资、人员的公路交通运输保障工作；

（12）省水利厅：做好因暴雨、洪水、干旱等自然灾害造成的大面积停电事件的相关处置工作，确保水利工程和人民生命、财产的安全；负责向电力部门提供预警系统监测的雨情、水情、风情等信息；

（13）省林业厅：协助做好因森林火灾造成大面积停电事件的相关处置工作；负责向省电力公司提供实时或准时火情信息等；

（14）省商务厅：及时组织调运重要生活必需品，保障群众基本生活和市场供应；

（15）省卫生计生委：负责协调停电地区医院自备电源应急启动并采取临时应急措施，组织大面积停电期间的应急医疗救治工作，协调开展次生衍生灾害的医疗救治工作；

（16）省安全监管局：依据职责分工，负责或协调由事件引发的危险化学品事故应急处置和事件调查处理工作；

（17）武警青海总队：负责对重点区域、重点单位的警戒；协助维护停电地区治安和交通疏导，会同有关部门疏散和救助遇险人员，协助做好人员安置点、救灾物资存放点等重点地区治安管控；

（18）省气象局：负责适时提供威胁电网安全的气象条件的监测和预报，及时发布灾害性天气预报和预警；负责对事件现场及周边地区的气象监测，提供必要的气象信息服务；

（19）省地震局：负责做好因地震造成的大面积停电事件的相关处置工作，提供临震预报和地震实时监测等信息；

（20）省通信管理局：负责应急通信保障工作；

（21）中石油青海销售分公司、中石化销售有限公司青海石油分公司：负责应急救援所需燃油保障；

（22）国网青海省电力公司：负责初步分析大面积停电事件的状态等级，并在第一时间完成信息报送；在省电力应急指挥部的领导下，按照应急预案、电网调度规程、电网“黑启动”等方案，下达调度指令，指挥电网事故处理，控制事故范围的扩大，组织抢险队伍，迅速恢复电网正常供电，提供必要的应急电源支援；负责全省电网企业抢险物资的储备、资料汇总和数据统计；负责提出重要电力用户名单报省经济和信息化委确认；

（23）青藏铁路公司：负责组织疏导火车站滞留旅客，做好应急处置所需的铁路交通运输保障工作；

（24）青海机场公司：负责组织疏导机场滞留旅客，做好应急处置所需的航空交通运输保障工作；

（25）在青大型发电企业（集团）：负责本企业（集团）大面积停电事件应急处置工作，健全完善电厂电力突发事件应急预案，服从电网调度指挥，负责电厂运行管理及电力突发事件的报告和事故抢险工作，按照电网调度指令调整发电出力和运行方式。

4.3　响应措施

大面积停电事件发生后，相关电力企业和重要电力用户要立即实施先期处置，全力控制事件发展态势，减少损失。各事发地市（州）、县级人民政府、相关部门和单位根据工作需要，在各级大面积停电事件应急指挥机构的统一指挥下，按照各自职责，相互配合、协调联动，共同开展大面积停电事件应对工作，组织采取以下措施。

4.3.1　抢修电网并恢复运行

电力调度机构采取事故处理措施，控制停电范围；尽快恢复重要输变电设备、电力主干网架运行；在条件具备时，优先恢复重要电力用户、重要城市和重点地区的电力供应。

电网企业迅速组织力量抢修受损电网设备设施，根据应急指挥机构要求，向重要电力用户及重要设施提供必要的电力支援。

有关发电企业保证设备安全，迅速组织抢修受损设备，做好发电机组并网运行准备，按照电力调度指令恢复运行。

电力用户在供电恢复过程中严格按照调度计划分时分步恢复用电。

4.3.2　强化应急救援保障

通信管理部门保障应急通信畅通；交通运输、民航、铁路等部门保障发电燃料、抢险救援物资、必要生活资料等的运输；公安交警部门加强道路交通指挥和疏导，维护道路交通秩序，保障各项应急工作的正常进行。

4.3.3　防范次生衍生事故

重要电力用户按照有关技术要求迅速启动自备应急电源，加强重大危险源、重要目标、重大关键基础设施隐患排查与监测预警，及时采取防范措施，防止发生次生衍生事故。公安消防部门做好灭火救援准备工作，及时扑灭停电期间发生的各类火灾。

4.3.4 保障居民基本生活

启用应急供水措施，保障居民用水需求；采用多种方式，保障燃气供应和采暖期内居民生活热力供应；组织生活必需品的应急生产、调配和运输，保障停电期间居民基本生活。

4.3.5 维护社会稳定

加强涉及国家安全和公共安全的重点单位安全保卫工作，严密防范和严厉打击违法犯罪活动。加强对停电区域内繁华街区、大型居民区、大型商场、学校、医院、金融机构、机场、车站及其他重要生产经营场所等重点地区、重点部位、人员密集场所的治安巡逻，及时疏散人员，解救被困人员，防范治安事件。尽快恢复企业生产经营活动。严厉打击造谣惑众、囤积居奇、哄抬物价等各种违法行为。

4.3.6 加强信息发布

按照及时准确、公开透明、客观统一的原则，加强信息发布和舆论引导，主动向社会发布停电相关信息和应对工作情况，提示相关注意事项和安保措施。加强舆情收集分析，及时回应社会关切，澄清不实信息，正确引导社会舆论，稳定公众情绪。

4.3.7 组织事态评估

事发地人民政府、各有关部门要及时组织对大面积停电事件影响范围、影响程度、发展趋势及恢复进度进行评估，为进一步做好应对工作提供依据。

4.4 响应终止

同时满足以下条件时，由启动响应的人民政府终止应急响应：

电网主干网架基本恢复正常，电网运行参数保持在稳定限额之内，主要发电厂机组运行稳定；

减供负荷恢复 80%以上，受停电影响的重点地区、重要城市负荷恢复 90%以上；

造成大面积停电事件的隐患基本消除；

大面积停电事件造成的重特大次生衍生事故基本处置完成。

5 后期处置

5.1 处置评估

大面积停电事件应急响应终止后，履行统一领导职责的人民政府要及时组织对事件处置工作进行评估，总结经验教训，分析查找问题，提出改进措施，形成处置评估报告。鼓励开展第三方评估。

5.2 事件调查

大面积停电事件发生后，根据有关规定成立调查组，查明事件原因、性质、影响范围、经济损失等情况，提出防范、整改措施和处理处置建议。

5.3 善后处置

事发地人民政府要及时组织制订善后工作方案并组织实施。保险机构要及时开展相关理赔工作，减轻大面积停电事件的影响。

5.4 恢复重建

大面积停电事件应急响应终止后，需对电网网架结构和设备设施进行修复或重建的，由省能源局或事发地人民政府根据实际工作需要组织编制恢复重建规划。相关电力企业和受影响区域地方人民政府应当根据规划做好受损电力系统恢复重建工作。

6 应急保障

6.1 队伍保障

电力企业应建立健全电力抢修应急专业队伍，加强设备维护和应急抢修技能方面的人员培训，定期开展应急演练，提高应急救援能力。地方各级人民政府根据需要，组织动员其他专业应急队伍和志愿者等，参与大面积停电事件及其次生衍生灾害处置工作。军队、武警部队、公安消防等要做好应急力量支援保障。

6.2 装备物资保障

电力企业应储备必要的专业应急装备及物资，建立和完善相应保障体系。省政府有关部门和地方各级人民政府要加强应急救援装备物资及生产生活物资的紧急生产、储备调拨和紧急配送工作，保障支援大面积停电事件应对工作需要。鼓励支持社会化储备。

6.3 通信、交通与运输保障

各级人民政府及通信运营企业要建立健全大面积停电事件应急通信保障体系，形成可靠的通信保障能力，确保应急期间通信联络和信息传递需要。交通运输部门要健全紧急运输保障体系，保障应急响应所需人员、物资、装备、器材等的运输；公安部门要加强交通应急管理，保障应急救援车辆优先通行；根据全面推进公务用车制度改革有关规定，有关单位应配备必要的应急车辆，保障应急救援需要。

6.4 技术保障

电力行业要加强大面积停电事件应对和监测先进技术、装备的研发，制定电力应急技术标准，加强电网、电厂安全应急信息化平台建设。省气象局、省国土资源厅、省水利厅等部门要为电力日常监测预警及电力应急抢险提供必要的气象、地质、水文等服务。

6.5 应急电源保障

提高电力系统快速恢复能力，加强电网“黑启动”能力建设。省发展改革委、省能源局和电力企业应充分考虑电源规划布局，保障各地区“黑启动”电源。电力企业应配备适量的应急发电装备，必要时提供应急电源支援。重要电力用户应按照国家有关技术要求配置应急电源，并加强维护和管理，确保应急状态下能够投入运行。

6.6 资金保障

省财政厅、省发展改革委、省经济和信息化委、省民政厅、省国资委、省能源局等有关部门和地方各级人民政府以及各相关电力企业应按照有关规定，对大面积停电事件处置工作提供必要的资金保障。

6.7 医疗保障

省卫生计生委和相关医疗卫生单位应根据各自职责和应急处置工作需要，随时保持戒备状态，一旦发生人员伤亡事故，要及时启动应急响应，快速抵达事故现场，及时调配医疗队伍和物资，对伤员进行应急救治，根据实际需要开展卫生防疫工作，最大限度地减少伤员的伤残率和死亡率。

6.8 燃油保障

为保证应急救援车辆和发电燃油供应正常，中石油青海销售分公司、中石化销售有限公司青海石油分公司应根据应急处置工作需要，启动应急燃油保障预案，及时组织调配燃油和供油车等相关物资设备，做好燃油的安全运输和供给保障。

7 附则

7.1 预案编制与审批

各市（州）、县级人民政府要结合当地实际制定或修订本级大面积停电事件应急预案。电力企业要结合实际制定大面积停电事件应急处置预案，各重要用电客户应制定突发停电事件应急预案，并按照应急预案管理要求进行审批、发布和备案。

7.2 预案修订

本预案实施后，根据实施情况由省政府应急办、西北能源监管局、省经济和信息化委、省发展改革委、省能源局适时组织评估和修订。

7.3　预案实施时间和解释

本预案自印发之日起实施，由省经济和信息化委、省发展改革委、省能源局负责解释。

7.4　宣传、培训与演练

省政府应急办、西北能源监管局、省经济和信息化委、省发展改革委、省能源局要会同有关部门组织开展预案宣传、培训和演练。

附件 1

大面积停电事件分级标准

一、特别重大电网大面积停电事件

1．造成青海电网减供负荷达事故前负荷的 40%以上；

2．造成西宁市减供负荷达事故前负荷的 60%以上，或者停电用户数达到西宁市供电总用户数 70%以上；

3．省应急领导小组根据电网大面积停电危害程度、抢修恢复能力和社会影响等综合因素，研究确定为特别重大电网大面积停电事件的。

二、重大电网大面积停电事件

1．造成青海电网减供负荷达事故前负荷的 16%以上 40%以下；

2．造成西宁市减供负荷达事故前负荷的 40%以上 60%以下，或者停电用户数达到西宁市供电总用户数 50%以上 70%以下；

3．造成海东市、格尔木市减供负荷达事故前负荷的 60%以上，或者停电用户数达到海东市、格尔木市供电总用户数 70%以上；

4．省应急领导小组根据电网大面积停电危害程度、抢修恢复能力和社会影响等综合因素，研究确定为重大电网大面积停电事件的。

三、较大电网大面积停电事件

1．电网发生事故，造成青海电网与西北电网非正常解列；

2．造成青海电网减供负荷达事故前负荷的 12%以上 16%以下；

3．造成西宁市减供负荷达事故前负荷的 20%以上 40%以下，或者停电用户数达到西宁市供电总用户数 30%以上 50%以下；

4．造成海东市、格尔木市减供负荷达事故前负荷的 40%以上 60%以下者，或者停电用户数达到海东市、格尔木市供电总用户数 50%以上 70%以下的；

5．电网负荷大于 150 兆瓦的县级电网减供负荷 60%以上，或 70%以上供电用户停电；

6．国网青海省电力公司根据电网大面积停电危害程度、抢修恢复能力和社会影响等综合因素，报请省应急领导小组同意，研究确定为较大电网大面积停电事件的。

四、一般电网大面积停电事件

1．造成青海电网减供负荷达事故前负荷的 6%以上 12%以下；

2．造成西宁市电网大面积停电，减供负荷达事故前负荷的 10%以上 20%以下，或者停电用户数达到西宁市供电总用户数 15%以上 30%以下；

3．造成海东市、格尔木市减供负荷达事故前负荷的 20%以上 40%以下，或者停电用户数达到海东市、格尔木市供电总用户数 30%以上 50%以下；

4．造成电网负荷大于 150 兆瓦的县级电网减供负荷 40%以上 60%以下，或者停电用户数达到城市供电总用户数 50%以上 70%以下；

5．造成电网负荷小于 150 兆瓦的县级电网减供负荷 40%以上，或者停电用户数达到城市供电总用户数 50%以上；

6．国网青海省电力公司根据电网大面积停电危害程度、抢修恢复能力和社会影响等综合因素，报请省应急领导小组同意，研究确定为一般电网大面积停电事件的。

发生下列情况之一，可参照一般电网大面积停电事件处置：

1．电网减供负荷 150 兆瓦以上，且造成停电用户数达到 5 万户以上；或者 330 千伏以上系统中，一次事件造成同一变电站内两台以上主变跳闸，且造成停电用户数达到 5 万户以上；或者地级市以上地方人民政府有关部门确定的二级以上重要电力用户电网侧供电全部中断；铁路电力牵引区段连续 2 个牵引变电所同时停电；

2．青海省西宁市省（市）政府大楼、曹家堡机场、西宁火车站、三级甲等综合医院、省（市）综合通信枢纽楼、大型购物商场、体育馆等公共基础设施或群众聚集点 2 个以上地方发生同时失电。

上述分级标准有关数量的表述中，“以上”含本数，“以下”不含本数。仅由个别高耗能用户故障甩负荷造成达到电网事故损失负荷标准的，如未对社会稳定及人民生活构成影响，不启动此预案。

附件 2

青海省大面积停电事件应急指挥部组成及工作组职责

青海省大面积停电事件应急指挥部主要由省委宣传部、省网信办、省发展改革委、省经济和信息化委、省国资委、省公安厅、省民政厅、省财政厅、省国土资源厅、省住房城乡建设厅、省交通运输厅、省水利厅、省林业厅、省商务厅、省文化新闻出版厅、省卫生计生委、省安全监管局、省政府新闻办、省能源局、省测绘地理信息局、省政府应急办、省军区、武警青海总队、省气象局、省地震局、省通信管理局、西北能源监管局、中石油青海销售分公司、中石化销售有限公司青海石油分公司、国网青海省电力公司、青藏铁路公司、青海机场公司等部门和单位组成，并可根据应对工作需要，增加有关地方人民政府、其他有关部门和相关电力企业。

青海省大面积停电事件应急指挥部设立相应工作组，各工作组组成及职责分工如下：

一、电力恢复组：由省经济和信息化委牵头，省发展改革委、省公安厅、省水利厅、省林业厅、省安全监管局、省能源局、省测绘地理信息局、省军区、武警青海总队、省气象局、省地震局、西北能源监管局、国网青海省电力公司等参加，视情增加其他电力企业。

主要职责：组织进行技术研判，开展事态分析；组织电力抢修恢复工作，尽快恢复受影响区域供电工作；负责重要电力用户、重点区域的临时供电保障；负责组织跨区域的电力应急抢修恢复协调工作；协调军队、武警有关力量参与应对。

二、新闻宣传组：由省委宣传部牵头，省政府新闻办、省网信办、省发展改革委、省经济和信息化委、省公安厅、省文化新闻出版厅、省安全监管局、省能源局、西北能源监管局等参加。

主要职责：组织开展事件进展、应急工作情况等权威信息发布，做好新闻宣传报道；收集分析国内外舆情和社会公众动态，加强媒体、电信和互联网管理，正确引导舆论；及时澄清不实信息，回应社会关切。

三、综合保障组：由省经济和信息化委牵头，省发展改革委、省国资委、省公安厅、省民政厅、省财政厅、省国土资源厅、省住房城乡建设厅、省交通运输厅、省水利厅、省商务厅、省文化新闻出版厅、省卫生计生委、省能源局、省通信管理局、西北能源监管局、中石油青海销售分公司、中石化销售有限公司青海石油分公司、国网青海省电力公司、青藏铁路公司、青海机场公司等参加，视情增加其他电力企业。

主要职责：对大面积停电事件受灾情况进行核实，指导恢复电力抢修方案，落实人员、资金和物资；组织做好应急救援装备物资及生产生活物资的紧急生产、储备调拨和紧急配送工作；及时组织调运重要生活必需品，保障群众基本生活和市场供应；督促维护供水、供气、燃油供应、通信、广播电视等设施正常运行；维护铁路、道路、水路、民航等基本交通运行；组织开展事件处置评估。

四、社会稳定组：由省公安厅牵头，省发展改革委、省经济和信息化委、省民政厅、省交通运输厅、省商务厅、省能源局、省军区、武警青海总队等参加。

主要职责：加强受影响地区社会治安管理，严厉打击借机传播谣言制造社会恐慌，以及趁机盗窃、抢劫、哄抢等违法犯罪行为；加强转移人员安置点、救灾物资存放点等重点地区治安管控；加强对重要生活必需品等商品的市场监管和调控，打击囤积居奇行为；加强重点区域、重点单位警戒；做好受影响人员与涉事单位、地方人民政府及有关部门矛盾纠纷化解等工作，切实维护社会稳定。

附件 3

大面积停电事件应急预案体系框架图

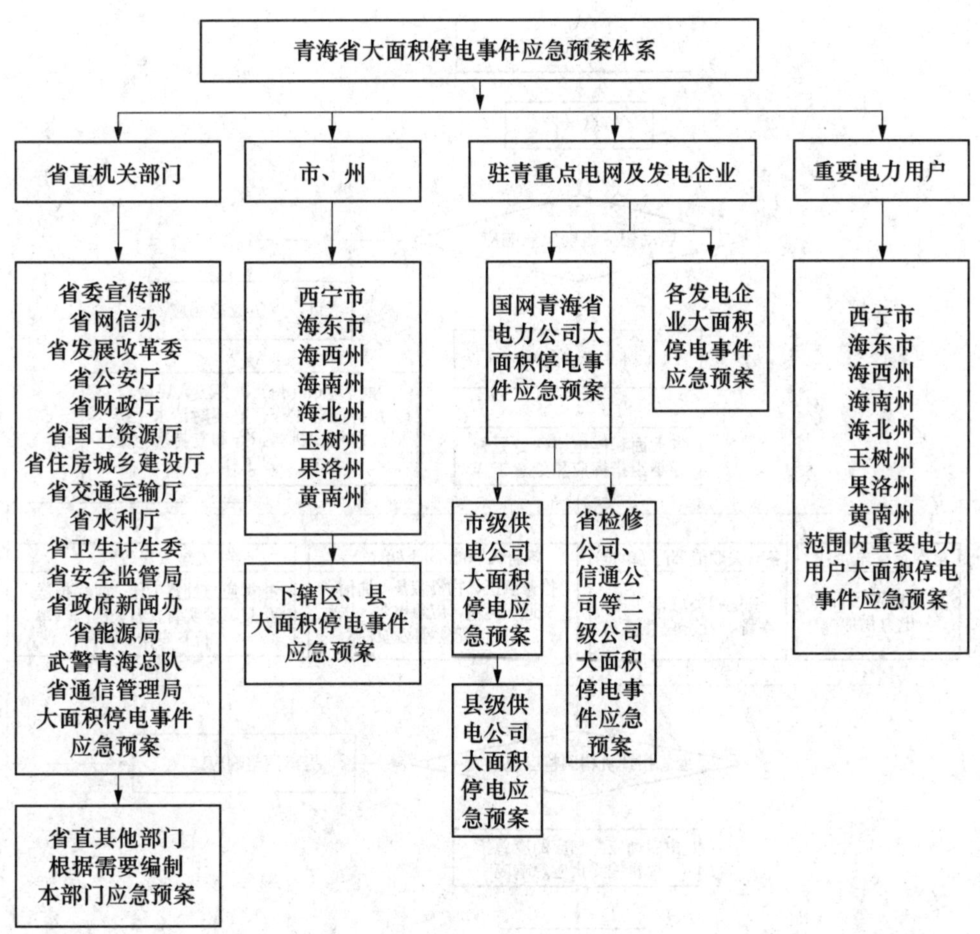
青海省大面积停电事件应急预案体系
省直机关部门
市、州
驻青重点电网及发电企业
重要电力用户
省委宣传部
省网信办
省发展改革委
省公安厅
省财政厅
省国土资源厅
省住房城乡建设厅
省交通运输厅
省水利厅
省卫生计生委
省安全监管局
省政府新闻办
省能源局
武警青海总队
省通信管理局
大面积停电事件
应急预案
省直其他部门
根据需要编制
本部门应急预案
西宁市
海东市
海西州
海南州
海北州
玉树州
果洛州
黄南州
下辖区、县
大面积停电事件
应急预案
国网青海省
电力公司大
面积停电事
件应急预案
各发电企
业大面积
停电事件
应急预案
市级供
电公司
大面积
停电应
急预案
县级供
电公司
大面积
停电应
急预案
省检修
公司、
信通公
司等二
级公司
大面积
停电事
件应急
预案
西宁市
海东市
海西州
海南州
海北州
玉树州
果洛州
黄南州
范围内重要电力
用户大面积停电
事件应急预案

附件 4

大面积停电事件应急处置流程图

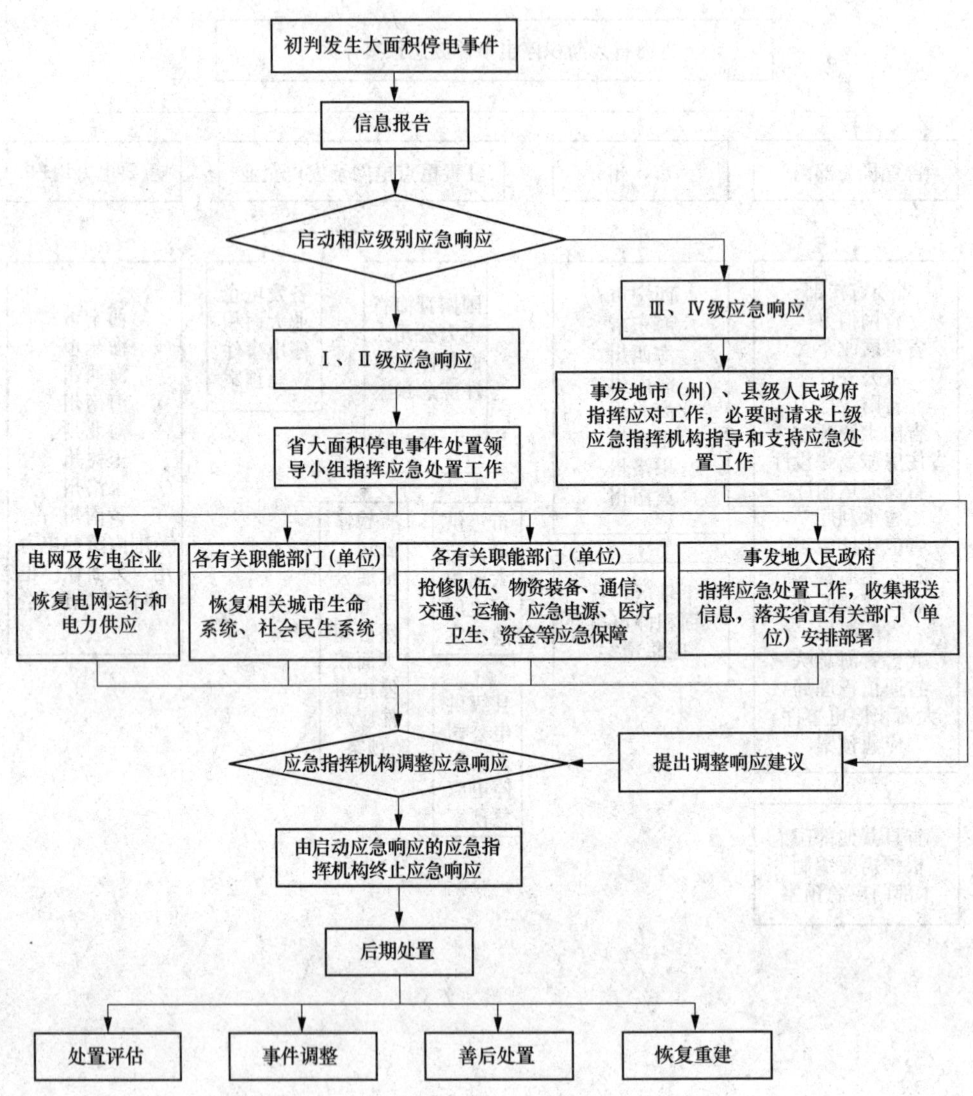
初判发生大面积停电事件
信息报告
启动相应级别应急响应
Ⅲ、Ⅳ级应急响应
Ⅰ、Ⅱ级应急响应
事发地市（州）、县级人民政府指挥应对工作，必要时请求上级应急指挥机构指导和支持应急处置工作
省大面积停电事件处置领导小组指挥应急处置工作
电网及发电企业
恢复电网运行和电力供应
各有关职能部门（单位）
恢复相关城市生命系统、社会民生系统
各有关职能部门（单位）
抢修队伍、物资装备、通信、交通、运输、应急电源、医疗卫生、资金等应急保障
事发地人民政府
指挥应急处置工作，收集报送信息，落实省直有关部门（单位）安排部署
应急指挥机构调整应急响应
提出调整响应建议
由启动应急响应的应急指挥机构终止应急响应
后期处置
处置评估
事件调整
善后处置
恢复重建

宁夏回族自治区大面积停电事件应急预案

（宁发改能源发展〔2017〕438号）

目　录

1 总则

1.1 编制目的

建立健全自治区大面积停电事件应对工作机制，正确、高效、快速处置大面积停电事件，最大程度减少人员伤亡和财产损失，保障经济社会正常生产经营秩序，维护国家安全和社会稳定。

1.2 编制依据

依据《中华人民共和国突发事件应对法》《中华人民共和国安全生产法》《中华人民共和国电力法》《生产安全事故报告和调查处理条例》《电力安全事故应急处置和调查处理条例》《电网调度管理条例》《国家大面积停电事件应急预案》《宁夏回族自治区安全生产条例》《宁夏回族自治区突发事件应对条例》《宁夏回族自治区人民政府突发事件总体应急预案》及相关法律法规等，制定本预案。

1.3 适用范围

本预案适用于自治区范围内发生的大面积停电事件应对工作。

大面积停电事件是指由于自然灾害、电力安全事故和外力破坏等原因造成区域性电网、宁夏电网或城市电网减供负荷，对国家安全、社会稳定以及人民群众生产生活造成影响和威胁的停电事件。

1.4 工作原则

大面积停电事件应对工作坚持统一领导、综合协调，属地为主、分工负责，保障民生、维护安全，全社会共同参与的原则。大面积停电事件发生后，自治区各级人民政府及其有关部门、电力企业、重要电力用户应立即按照职责分工和相关预案开展处置工作。

1.5 事件分级

按照事件严重性和受影响程度，大面积停电事件分为特别重大、重大、较大和一般四级。分级标准见附件 1。

2 组织体系

2.1 自治区级组织指挥机构

自治区人民政府成立大面积停电事件应急指挥部，在自治区应急管理委员会（以下简称自治区应急委）的统一领导下，具体负责领导、组织、协调自治区大面积停电事件应急处置工作。总指挥由自治区政府分管副主席担任，副总指挥由分管副秘书长、经济和信息化委员会（以下简称经信委）、西北能源监管局、国网宁夏电力公司主要负责人担任，自治区应急指挥部下设办公室，负责日常工作。办公室设在国网宁夏电力公司；配合调度进行电网恢复的地方协调工作办公室由自治区经委负责。

当发生重大、特别重大大面积停电事件时，由自治区大面积停电事件应急指挥部统一领导、组织和指挥大面积停电事件应对工作。超出自治区应对处置能力时，自治区政府向国务院提出支援请求，报请国务院批准成立国务院工作组，在国务院工作组的指导、协调、支持下开展大面积停电事件应对工作。必要时，由国务院或国务院授权国家发展改革委成立国家大面积停电事件应急指挥部，统一领导、组织和指挥大面积停电事件应对工作。

当发生一般、较大大面积停电事件时，事发地市级人民政府视情超出事发地处置能力，按程序报请自治区政府批准，或根据自治区政府领导指示，由自治区应急委或自治区政府授权大面积停电事件应急指挥部，统一领导、组织和指挥大面积停电事件应对工作。

2.2 市、县级组织指挥机构

县级以上地方人民政府负责指挥、协调本行政区域内大面积停电事件应对工作，要结合本地实际、明确相应组织指挥机构，建立健全应急联动机制。

发生跨行政区域的大面积停电事件时，有关地方人民政府应根据需要建立跨区域大面积停电事件应急合作机制。

2.3 现场指挥机构

负责大面积停电事件应对的人民政府根据需要成立现场指挥部，负责现场组织指挥工作。参与现场处置的有关单位和人员应服从现场指挥部的统一指挥。

2.4 电力企业

电力企业（包括电网企业、发电企业等，下同）建立健全应急指挥机构，在政府组织指挥机构领导下开展大面积停电事件应对工作。国网宁夏电力公司负责全区主网、所辖供电区大面积停电事件的应对处置，并电网调度工作按照《电网调度管理条例》及相关规程执行。各发电企业负责本企业的事故抢险和应对处置工作。

2.5 专家组

各级组织指挥机构根据需要成立大面积停电事件应急专家组，成员由电力、气象、地质、地震、水文等领域相关专家组成，对大面积停电事件应对工作提供技术咨询和建议。

3 监测预警和信息报告

3.1 监测和风险分析

电力企业要结合实际加强对重要电力设施设备运行、发电燃料供应等情况的监测，建立与气象、水利、林业、地震、公安、交通运输、国土资源、经济和信息化等部门的信息共享机制，及时分析各类情况对电力运行可能造成的影响，预估可能影响的范围和程度。

3.2 预警

3.2.1 预警信息发布

电力企业分析可能造成大面积停电事件时，要及时将有关情况报告受影响区域的各地方政府电力运行主管部门、自治区经信委和国家能源局西北监管局（以下简称西北能源监管局），提出预警信息发布建议，并视情通知重要电力用户。地方人民政府电力运行主管部门应及时组织研判，必要时报请当地政府批准后向社会公众发布预警，并通报同级相关部门和单位。当可能发生重大以上大面积停电事件时，自治区能源局、西北监管局、中央电力企业同时报告国家能源局。

3.2.2 预警行动

预警信息发布后，电力企业要加强设备巡查检修和运行监测，采取有效措施控制事态发展；组织相关应急救援队伍和人员进入待命状态，动员后备人员做好参加应急救援和处置工作准备，并做好大面积停电事件应急所需物资、装备和设备等应急保障准备工作。重要电力用户做好自备应急电源启用准备。受影响区域地方人民政府启动应急联动机制，组织有关部门和单位做好维持公共秩序、供水供气供热、商品供应、交通物流等方面的应急准备；加强相关舆情监测，主动回应社会公众关注的热点问题，及时澄清谣言传言，做好舆论引导工作。

3.2.3 预警解除

根据事态发展，经研判不会发生大面积停电事件时，按照“谁发布、谁解除”的原则，由发布单位宣布解除预警，适时终止相关措施。

3.3 信息报告

大面积停电事件发生后，相关电力企业应立即向自治区经信委或受影响的地方人民政府电力运行主管部门及西北能源监管局报告。

自治区经信委或事发地人民政府电力运行主管部门接到大面积停电事件信息报告或者监测到相关信息后，应当立即进行核实，对大面积停电事件的性质和类别作出初步认定，按照国家规定的时限、程序和要求向上级电力运行主管部门和同级政府报告，并通报同级其他相关部门和单位。各地方人民政府电力运行主管部门应当按照有关规定逐级上报，必要时可越级上报。对初判为重大以上的大面积停电事件，自治区人民政府要立即按程序向国务院报告。

4 应急响应

4.1 响应分级

根据大面积停电事件的严重程度和发展态势，将应急响应设定为Ⅰ级、Ⅱ级、Ⅲ级和Ⅳ级四个等级。初判发生特别重大大面积停电事件，启动Ⅰ级应急响应，由自治区人民政府负责指挥应对工作。必要时，由国务院或国务院授权发展改革委成立国家大面积停电事件应急指挥部，统一领导、组织和指挥大面积停电事件应对工作。初判发生重大大面积停电事件，启动Ⅱ级应急响应，由自治区人民政府负责指挥应对工作。初判发生较大、一般大面积停电事件，分别启动Ⅲ级、Ⅳ级应急响应，根据事件影响范围，由事发地县级或市级人民政府负责指挥应对工作。

对于尚未达到一般大面积停电事件标准，但对社会产生较大影响的其他停电事件，地方人民政府可结合实际情况启动应急响应。

应急响应启动后，可视事件造成损失情况及其发展趋势调整响应级别，避免响应不足或响应过度。

4.2 响应措施

大面积停电事件发生后，相关电力企业和重要电力用户要立即实施先期处置，全力控制事件发展态势，减少损失。各有关地方、部门和单位根据工作需要，组织采取以下措施。

4.2.1 抢修电网并恢复运行

电力调度机构合理安排运行方式，控制停电范围；尽快恢复重要输变电设备、电力主干网架运行；在条件具备时，优先恢复重要电力用户、重要城市和重点地区的电力供应。

电网企业迅速组织力量抢修受损电网设备设施，根据应急指挥机构要求，向重要电力用户及重要设施提供必要的电力支援。

发电企业保证设备安全，抢修受损设备，做好发电机组并网运行准备，按照电力调度指令恢复运行。

4.2.2 防范次生衍生事故

重要电力用户按照有关技术要求迅速启动自备应急电源，加强重大危险源、重要目标、重大关键基础设施隐患排查与监测预警，及时采取防范措施，防止发生次生衍生事故。

4.2.3 保障居民基本生活

启用应急供水措施，保障居民用水需求；采用多种方式，保障燃气供应和采暖期内居民生活热力供应；组织生活必需品的应急生产、调配和运输，保障停电期间居民基本生活。

4.2.4 维护社会稳定

加强涉及国家安全和公共安全的重点单位安全保卫工作，严密防范和严厉打击违法犯罪活动。加强对停电区域内繁华街区、大型居民区、大型商场、学校、医院、金融机构、机场、城市交通设施、车站及其他重要生产经营场所等重点地区、重点部位、人员密集场所的治安巡逻，及时疏散人员，解救被困人员，防范治安事件。加强交通疏导，维护道路交通秩序。尽快恢复企业生产经营活动。严厉打击造谣惑众、囤积居奇、哄抬物价等各种违法行为。

4.2.5 加强信息发布

按照及时准确、公开透明、客观统一的原则，加强信息发布和舆论引导，主动向社会发布停电相关信息和应对工作情况，提示相关注意事项和安保措施。加强舆情收集分析，及时回应社会关切，澄清不实信息，正确引导社会舆论，稳定公众情绪。

4.2.6 组织事态评估

及时组织对大面积停电事件影响范围、影响程度、发展趋势及恢复进度进行评估，为进一步做好应对工作提供依据。

4.3 自治区层面应对

4.3.1 部门应对

初判发生一般或较大大面积停电事件时，自治区人民政府经信委开展以下工作：

（1）密切跟踪事态发展，督促相关电力企业迅速开展电力抢修恢复等工作，指导督促地方有关部门做好应对工作；

（2）视情派出部门工作组赴现场指导协调事件应对等工作；

（3）根据电力企业和其他部门、单位请求，协调有关方面为应对工作提供支援和技术支持；

（4）指导做好舆情信息收集、分析和应对工作。

4.3.2 自治区工作组应对

初判发生重大或特别重大大面积停电事件时，自治区人民政府工作组主要开展以下工作：

（1）传达自治区领导指示批示精神，督促地方政府、有关部门和电力企业贯彻落实；

（2）了解事件基本情况、造成的损失和影响、应对进展及当地需求等，根据地方和电力企业请求，协调有关方面派出应急队伍、调运应急物资和装备、安排专家和技术人员等，为应对工作提供支援和技术支持；

（3）对跨区域大面积停电事件应对工作进行协调；

（4）赶赴现场指导地方开展事件应对工作；

（5）指导开展事件处置评估；

（6）协调指导大面积停电事件宣传报道工作；

（7）及时向自治区政府报告相关情况。

4.3.3　自治区大面积停电事件应急指挥部应对

根据事件应对工作需要和自治区政府决策部署，成立自治区大面积停电事件应急指挥部。主要开展以下工作：

（1）组织有关部门和单位、专家组进行会商，研究分析事态，部署应对工作；

（2）根据需要赴事发现场，或派出前方工作组赴事发现场，协调开展应对工作；

（3）研究决定地方政府、有关部门和电力企业提出的请求事项，重要事项报自治区政府决策；

（4）统一组织信息发布和舆论引导工作；

（5）组织开展事件处置评估；

（6）对事件处置工作进行总结并报告自治区政府。

4.4　响应终止

同时满足以下条件时，由启动响应的人民政府终止应急响应：

（1）电网主干网架基本恢复正常，电网运行参数保持在稳定限额之内，主要发电厂机组运行稳定；

（2）减供负荷恢复80%以上，受停电影响的重点地区、重要城市负荷恢复90%以上；

（3）造成大面积停电事件的隐患基本消除；

（4）大面积停电事件造成的重特大次生衍生事故基本处置完成。

5　后期处置

5.1　处置评估

大面积停电事件应急响应终止后，履行统一领导职责的人民政府要及时组织对事件处置工作进行评估，总结经验教训，分析查找问题，提出改进措施，形成处置评估报告。鼓励开展第三方评估。

5.2　事件调查

大面积停电事件发生后，根据有关规定成立调查组，查明事件原因、性质、影响范围、经济损失等情况，提出防范、整改措施和处理处置建议。

5.3　善后处置

事发地政府要及时组织制订善后工作方案并组织实施。保险机构要及时开展相关理赔工作，尽快消除大面积停电事件的影响。

5.4　恢复重建

大面积停电事件应急响应终止后，需对电网网架结构和设备设施进行修复或重建的，由自治区经信委或事发地人民政府根据实际工作需要组织编制恢复重建规划，协调重建工作。相关电力企业和受影响区域地方各级人民政府应当根据规划做好受损电力系统恢复重建工作。

6 保障措施

6.1 队伍保障

电力企业应建立健全电力抢修应急专业队伍，加强设备维护和应急抢修技能方面的人员培训，定期开展应急演练，提高应急救援能力。地方各级人民政府根据需要组织动员其他专业应急队伍和志愿者等参与大面积停电事件及其次生衍生灾害处置工作。武警部队、公安消防等要做好应急力量支援保障。

6.2 装备物资保障

电力企业应储备必要的专业应急装备及物资，建立和完善相应保障体系。自治区有关部门和地方各级人民政府要加强应急救援装备物资及生产生活物资的紧急生产、储备调拨和紧急配送工作，保障支援大面积停电事件应对工作需要。鼓励支持社会化储备。

6.3 通信、交通与运输保障

地方各级人民政府及通信主管部门要建立健全大面积停电事件应急通信保障体系，形成可靠的通信保障能力，确保应急期间通信联络和信息传递需要。交通运输部门要健全紧急运输保障体系，保障应急响应所需人员、物资、装备、器材等的运输；公安部门要加强交通应急管理，保障应急救援车辆优先通行；根据全面推进公务用车制度改革有关规定，有关单位应配备必要的应急车辆，保障应急救援需要。

6.4 技术保障

电力行业要加强大面积停电事件应对和监测先进技术、装备的研发，制定电力应急技术标准，加强电网、电厂安全应急信息化平台建设。有关部门要为电力日常监测预警及电力应急抢险提供必要的气象、地质、水文等服务。

6.5 应急电源保障

提高电力系统快速恢复能力，加强电网“黑启动”能力建设。自治区有关部门和电力企业应充分考虑电源规划布局，保障相关地区“黑启动”电源。电力企业应配备适量的应急发电装备，必要时提供应急电源支援。重要电力用户应按照国家有关技术要求配置应急电源，并加强维护和管理，确保应急状态下能够投入运行。

6.6 医疗保障

自治区卫生计生委和相关医疗卫生单位应根据各自职责和应急处置工作需

要，随时保持戒备状态，一旦发生人员伤亡事故，要及时启动应急响应，快速抵达事故现场，及时调配医疗队伍和物资，对伤员进行紧急救治，根据实际需要开展卫生防疫工作，最大限度地减少伤员的伤残率和死亡率。

6.7 燃油保障

为保证应急救援车辆和发电燃油供应正常，中国石油天然气股份有限公司宁夏销售公司、中国石油化工股份有限公司宁夏石油分公司应根据应急处置工作需要，启动应急燃油保障预案，及时组织调配燃油和供油车等相关物资设备，做好燃油的安全运输和供给保障。

6.8 资金保障

自治区发展改革委、财政厅、民政厅、国资委等有关部门和地方各级人民政府以及相关电力企业应按照有关规定，对大面积停电事件处置工作提供必要的资金保障。

7 附则

7.1 预案管理

本预案实施后，自治区经信委要会同有关部门组织预案宣传、培训和演练，并根据实际情况，适时组织评估和修订。

各应急联动部门（单位）、县级以上人民政府要结合当地实际制定或修订本级大面积停电事件应急预案。电力企业要结合实际制定或修订大面积停电事件应急预案（或支撑预案），各重要电力用户应制定突发停电事件应急预案，并按照应急预案管理要求进行备案。

7.2 预案解释

本预案由自治区经信委负责解释。

7.3 预案实施时间

本预案自印发之日起实施。

附件 1

大面积停电事件分级标准

一、特别重大大面积停电事件

1．区域性电网：减供负荷 30%以上。

2．宁夏电网：负荷 5000 兆瓦以上 20000 兆瓦以下的减供负荷 40%以上。

3．银川市城市电网：负荷 2000 兆瓦以上的减供负荷 60%以上，或 70%以上供电用户停电。

二、重大大面积停电事件

1．区域性电网：减供负荷 10%以上 30%以下。

2．宁夏电网：负荷 5000 兆瓦以上 20000 兆瓦以下的减供负荷 16%以上 40%以下。

3．银川市城市电网：负荷 2000 兆瓦以上的减供负荷 40%以上 60%以下，或 50%以上 70%以下供电用户停电。

4．其他设区的市电网：负荷 600 兆瓦以上的减供负荷 60%以上，或 70%以上供电用户停电。

三、较大大面积停电事件

1．区域性电网：减供负荷 7%以上 10%以下。

2．宁夏电网：负荷 5000 兆瓦以上 20000 兆瓦以下的减供负荷 12%以上 16%以下。

3．银川市城市电网：减供负荷 20%以上 40%以下，或 30%以上 50%以下供电用户停电。

4．其他设区的市电网：负荷 600 兆瓦以上的减供负荷 40%以上 60%以下，或 50%以上 70%以下供电用户停电；负荷 600 兆瓦以下的减供负荷 40%以上，或 50%以上供电用户停电。

5．县级市电网：负荷 150 兆瓦以上的减供负荷 60%以上，或 70%以上供电用户停电。

四、一般大面积停电事件

1．区域性电网：减供负荷 4%以上 7%以下。

2．宁夏电网：负荷 5000 兆瓦以上 20000 兆瓦以下的减供负荷 6%以上 12%以下。

3．银川市城市电网：减供负荷10%以上20%以下，或15%以上30%以下供电用户停电。

4．其他设区的市电网：减供负荷20%以上40%以下，或30%以上50%以下供电用户停电。

5．县级市电网：负荷150兆瓦以上的减供负荷40%以上60%以下，或50%以上70%以下供电用户停电；负荷150兆瓦以下的减供负荷40%以上，或50%以上供电用户停电。

上述分级标准有关数量的表述中，“以上”含本数，“以下”不含本数。

附件 2

自治区大面积停电事件应急指挥部组成及工作组职责

自治区大面积停电事件应急指挥部主要由自治区经信委、党委宣传部（新闻办）、网信办、发展改革委、公安厅、民政厅、财政厅、国土资源厅、住房城乡建设厅、交通运输厅、水利厅、卫计委、自治区工商局、国资委、新闻出版广电局、安监局、林业厅、地震局、气象局、地质局、通信管理局、西北能源监管局、民航宁夏监管局、宁夏军区、武警宁夏总队、国网宁夏电力公司、中国石油天然气股份有限公司宁夏销售公司、中国石油化工股份有限公司宁夏石油分公司等部门和单位组成，并可根据应对工作需要，增加有关地方人民政府、其他有关部门和相关电力企业。

自治区大面积停电事件应急指挥部设立相应工作组，各工作组组成及职责分工如下：

一、电力恢复组：由经信委牵头，发展改革委、公安厅、水利厅、安监局、地震局、气象局、地质局、西北能源监管局、宁夏军区、武警宁夏总队、国网宁夏电力公司等参加，视情增加其他电力企业。

主要职责：组织进行技术研判，开展事态分析；组织电力抢修恢复工作，尽快恢复受影响区域供电工作；负责重要电力用户、重点区域的临时供电保障；负责组织跨区域的电力应急抢修恢复协调工作；协调军队、武警有关力量参与应对。

二、新闻宣传组：由自治区党委宣传部（新闻办）牵头，自治区网信办、发展改革委、经信委、公安厅、新闻出版广电局、西北能源监管局等参加。

主要职责：组织开展事件进展、应急工作情况等权威信息发布，加强新闻宣传报道；收集分析国内外舆情和社会公众动态，加强媒体、电信和互联网管理，正确引导舆论；及时澄清不实信息，回应社会关切。

三、综合保障组：由发展改革委牵头，经信委、公安厅、民政厅、财政厅、国土资源厅、住房城乡建设厅、交通运输厅、水利厅、自治区工商局、卫计委、国资委、通信管理局、新闻出版广电局、西北能源监管局、民航宁夏监管局、国网宁夏电力公司等参加，视情增加其他电力企业。

主要职责：对大面积停电事件受灾情况进行核实，指导恢复电力抢修方案，落实人员、资金和物资；组织做好应急救援装备物资及生产生活物资的紧急生产、储备调拨和紧急配送工作；及时组织调运重要生活必需品，保障群众基本生活和市场供应；维护供水、供气、供热、燃油供应、通信、广播电视等设施正常运行；维护铁路、道路、民航等基本交通运行；组织开展事件处置评估。

四、社会稳定组：由公安厅牵头，自治区网信办、发展改革委、经信委、民政厅、交通运输厅、自治区工商局、宁夏军区、武警宁夏总队等参加。

主要职责：加强受影响地区社会治安管理，严厉打击借机传播谣言制造社会恐慌，以及趁机盗窃、抢劫、哄抢等违法犯罪行为；加强转移人员安置点、救灾物资存放点等重点地区治安管控；加强对重要生活必需品等商品的市场监管和调控，打击囤积居奇行为；加强对重点区域、重点单位的警戒；做好受影响人员与涉事单位、地方人民政府及有关部门矛盾纠纷化解等工作，切实维护社会稳定。

五、自治区各部门（单位）职责

（1）经济和信息化委：负责组织、召集应急指挥部成员会议；迅速掌握大面积停电情况，向自治区应急指挥部总指挥提出处置建议；组织研判事件态势，按程序向社会公众发布预警，并通报其他相关部门和单位；负责组织协调全区电力资源的紧急调配，组织电力企业开展电力抢修恢复及统调发电企业重点电煤供应的综合协调工作；协调其他部门、各地人民政府和重要电力客户开展应对处置工作；为指定的新闻部门提供事故发布信息；派员参加工作组赴现场指导协调事件应对工作。

（2）党委宣传部：根据自治区应急指挥部的安排，协助有关部门统一宣传口径，组织媒体播发相关新闻；根据事件的严重程度或其他需要组织现场新闻发布会；加强对新闻单位、媒体宣传报道的指导和管理；正确引导舆论，及时对外发布信息。

（3）网信办：负责网络舆情信息监督工作。

（4）发展和改革委：负责协调综合保障，协调电力企业制定设备设施修复项目计划安排，为应急抢险救援、恢复重建提供资金保障。

（5）公安厅：负责协助自治区应急指挥部做好事故灾难的救援工作，及时妥善处理由大面积停电引发的治安事件，加强治安巡逻，维护社会治安秩序，及时组织疏导交通，保障救援工作及时有效地进行。

（6）民政厅：负责受影响人员的生活安置。

（7）财政厅：负责组织协调电力应急抢修救援工作所需经费，做好应急资金使用的监督管理工作。

（8）国土资源厅：负责对地质灾害进行监测和预报，为恢复重建提供用地支持。

（9）住房和城乡建设厅：负责协调维持和恢复城市供水、供气、供热、市政照明、排水等公用设施运行，保障居民基本生活需要。

（10）交通运输厅：负责组织协调应急救援客货运输车辆，保障发电燃料、抢险救援物资、必要生活资料和抢险救灾人员运输，保障应急救援人员、抢险救灾物资公路运输通道畅通。

（11）水利厅：组织、协调防汛抢险，负责水情、汛情、旱情的监测，提供相关信息。

（12）卫计委：负责组织协调医疗卫生应急救援工作，重点指导当地医疗机构启动自备应急电源和停电应急预案。

（13）自治区工商局：负责组织调运重要生活必需品，加强市场监管和调控。

（14）国资委：负责自治区国有企业应急管理和处置工作。

（15）新闻出版广电局：负责维护广播电视等设施正常运行，加强新闻宣传，正确引导舆论。

（16）林业厅：负责森林火灾的预防和协调组织扑救工作，提供森林火灾火情信息。

（17）安监局：协调有关部门做好安全生产事故应急救援工作。

（18）地震局：对地震灾害进行监测和预报，提供震情发展趋势分析情况。

（19）气象局：负责大面积停电事件应急救援过程中提供气象监测和气象预报等信息，做好气象服务工作。

（20）通信管理局：负责组织协调大面积停电事件应对处置中应急通信保障和通信抢险救援工作。

（21）地质局：负责大面积停电事件应急救援过程及恢复重建过程中提供地理、测绘等信息，做好测绘服务工作。

（22）西北能源监管局：迅速掌握大面积停电情况，向自治区应急指挥部提出处置建议；督促指导有关部门、各地人民政府、电力企业、重要电力客户应对处置工作；派员参加工作组赴现场指导协调事件应对工作。

（23）民航宁夏监管局：指导所属民航系统启动停电应急预案，开展应急处置，负责维护民航基本交通通行，协调抢险救援物资运输工作。

（24）宁夏军区：负责协助自治区应急指挥部做好事故灾难的救援工作。

（25）武警宁夏总队：负责协助自治区应急指挥部做好事故灾难的救援工作，加强治安巡逻，维护社会治安秩序。

（26）国网宁夏电力公司：在自治区应急指挥部、国家电网公司、国网西北分部的领导下，具体实施在电网大面积停电应急处置和救援中对所属企业的指挥。

（27）各发电企业：组织、协调本集团及所属发电企业做好电网大面积停电时的应急工作。

其他相关部门、单位做好职责范围内应急工作，完成自治区应急指挥部交办的各项工作任务。

新疆维吾尔自治区大面积停电事件应急预案

（新政办发〔2017〕195号）

1　总则

1.1　编制目的

正确、高效、有序地处置大面积停电事件，建立健全大面积停电事件应对工作机制，提高应对效率，最大程度减少人员伤亡和财产损失，维护新疆维吾尔自治区（以下简称自治区）公共安全、社会稳定和长治久安。

1.2　编制依据

依据《中华人民共和国突发事件应对法》《中华人民共和国安全生产法》《中华人民共和国电力法》《电力安全事故应急处置和调查处理条例》《电网调度管理条例》《生产安全事故报告和调查处理条例》《国家突发公共事件总体应急预案》《国家大面积停电事件应急预案》《新疆维吾尔自治区人民政府突发公共事件总体应急预案》及相关法律法规等，制定本预案。

1.3　适用范围

本预案适用于自治区行政区域范围内由于自然灾害、电力安全事故、计算机网络攻击和外力破坏等原因造成自治区电网或城市电网大量减供负荷，对自治区公共安全、社会稳定以及人民群众生产生活造成影响和威胁的大面积停电事件的应对工作。

1.4　工作原则

大面积停电事件应对工作坚持统一领导、综合协调，属地为主、分工负责，保障民生、维护安全，全社会共同参与的原则。大面积停电事件发生后，自治区、地（州、市）、县（市、区）人民政府及其有关部门、国家能源局新疆监管办公室、电力企业、重要电力用户应立即按照职责分工和相关预案开展处置工作。

1.5　事件分级

按照事件严重性和受影响程度，大面积停电事件分为特别重大、重大、较大和一般四级。

1.5.1 特别重大大面积停电事件

出现下列情形之一的，判定为特别重大大面积停电事件：

（1）新疆电网负荷大于 2 万兆瓦，造成减供负荷 30%以上；新疆电网负荷小于 2 万兆瓦，造成减供负荷 40%以上。

（2）造成乌鲁木齐市电网减供负荷 60%以上，或 70%以上供电用户停电。

1.5.2 重大大面积停电事件

出现下列情形之一的，判定为重大大面积停电事件：

（1）新疆电网负荷大于 2 万兆瓦，造成减供负荷 13%以上 30%以下；新疆电网负荷小于 2 万兆瓦，造成减供负荷 16%以上 40%以下。

（2）造成乌鲁木齐市电网减供负荷 40%以上 60%以下，或 50%以上 70%以下供电用户停电。

（3）吐鲁番市、哈密市、克拉玛依市电网负荷大于 600 兆瓦，造成减供负荷 60%以上，或 70%以上供电用户停电。

1.5.3 较大大面积停电事件

出现下列情形之一的，判定为较大大面积停电事件：

（1）新疆电网负荷大于 2 万兆瓦，造成减供负荷 10%以上 13%以下；新疆电网负荷小于 2 万兆瓦，造成减供负荷 12%以上 16%以下。

（2）造成乌鲁木齐市电网减供负荷 20%以上 40%以下，或 30%以上 50%以下供电用户停电。

（3）造成吐鲁番市、哈密市、克拉玛依市电网减供负荷 40%以上，或 50%以上供电用户停电。

（4）造成负荷 150 兆瓦以上的县级市电网减供负荷 60%以上，或 70%以上供电用户停电。

1.5.4 一般大面积停电事件

出现下列情形之一的，判定为一般大面积停电事件：

（1）新疆电网负荷大于 2 万兆瓦，造成减供负荷 5%以上 10%以下；新疆电网负荷小于 2 万兆瓦，造成减供负荷 6%以上 12%以下。

（2）造成乌鲁木齐市电网减供负荷 10%以上 20%以下，或 15%以上 30%以下供电用户停电。

（3）造成吐鲁番市、哈密市、克拉玛依市电网减供负荷 20%以上 40%以下，或 30%以上 50%以下供电用户停电。

（4）造成负荷 150 兆瓦以上的县级市电网减供负荷 40%以上 60%以下，或 50%以上 70%以下供电用户停电；造成负荷 150 兆瓦以下的县级市电网减供负荷

40%以上，或 50%以上供电用户停电。

上述分级标准有关数量的表述中，“以上”含本数，“以下”不含本数。

2 组织体系

2.1 自治区应急指挥部

自治区成立处置大面积停电应急指挥部（以下简称自治区应急指挥部），负责相关工作的指导协调和组织管理。

自治区大面积停电应急指挥部办公室设在自治区经济和信息化委员会，负责应急指挥部日常工作。

当发生重大、特别重大大面积停电事件时，由自治区应急指挥部负责统一领导、组织和指挥大面积停电事件应对工作。当一般、较大大面积停电事件超出事发地（州、市）处置能力时，由自治区应急指挥部授权自治区经济和信息化委员会统一领导、组织和指挥大面积停电事件应对工作。超出自治区应对处置能力时，自治区人民政府向国务院提出支援请求。

2.1.1 自治区应急指挥部组成及职责

指挥长：自治区分管副主席；

副指挥长：自治区人民政府分管副秘书长、自治区经济和信息化委员会主任；

成员：自治区党委宣传部、网信办，自治区发展和改革委员会、公安厅、民政厅、财政厅、国土资源厅、住房城乡建设厅、交通运输厅、水利厅、商务厅、卫生和计划生育委员会、国有资产监督管理委员会、新闻出版广电局、安全生产监督管理局、煤炭工业管理局、测绘地理信息局、地震局、气象局、通信管理局、武警新疆总队、新疆公安消防总队、国家能源局新疆监管办公室、乌鲁木齐铁路局、民航新疆管理局、中国保监会新疆监管局、国网新疆电力公司、华电新疆发电有限公司、国电新疆电力有限公司、华能新疆能源开发有限公司、大唐新疆发电有限公司、中电投新疆能源化工有限责任公司、神华新疆能源有限责任公司等部门（单位）有关负责人组成（指挥部成员单位职责见附件）。

根据应对工作需要，临时增加事发地人民政府和有关部门以及相关电力企业。

自治区应急指挥部的主要职责是：

（1）负责自治区大面积停电事件应急处置的指挥协调，组织有关部门和单位进行会商、研判和综合评估，研究保证自治区电力系统安全稳定运行等重要事项，研究重大应急决策，部署应对工作；

（2）统一指挥、协调各应急指挥机构相关部门、相关人民政府做好大面积停电事件电网抢修恢复、防范次生衍生事故、保障群众基本生活、维护社会安全稳定等各项应急处置工作，协调指挥其他有关的社会应急救援工作；

（3）宣布进入和解除电网停电应急状态，发布应急指令；

（4）视情况派出工作组赴现场指导协调开展应对工作，组织事件调查；

（5）统一组织信息发布和舆论引导工作；

（6）及时向国务院工作组或国家大面积停电事件应急指挥部报告相关情况，视情况提出支援请求。

2.1.2　自治区应急指挥部办公室组成及职责

自治区大面积停电事件应急指挥部办公室主任由自治区经济和信息化委员会主任兼任。自治区应急指挥部办公室主要职责是：

（1）督促落实自治区大面积停电事件应急指挥部部署的各项任务和供电恢复工作；

（2）密切跟踪事态，及时掌握并报告应急处置和供电恢复情况；

（3）协调各应急联动机制成员部门和单位开展应对处置工作；

（4）按照授权协助做好信息发布、舆情引导和舆情分析应对工作；

（5）建立电力生产应急救援专家库，根据应急救援工作需要随时抽调有关专家，对应急救援工作进行技术指导。

2.1.3　自治区应急指挥部现场工作组主要职责

初判发生重大或特别重大大面积停电事件时，自治区应急指挥部根据情况派出现场工作组，主要开展以下工作：

（1）传达国家、自治区领导指示批示精神，督促各级人民政府、有关部门和电力企业抓好贯彻落实；

（2）迅速掌握大面积停电事件基本情况、造成的损失和影响、应对进展及当地需求等，根据事发地和电力企业请求，协调有关部门派出应急队伍、调运应急物资和装备、安排专家和技术人员等，为应对工作提供支援和技术支持；

（3）对跨地（州、市）行政区域大面积停电事件应对工作进行协调；

（4）赶赴现场指导各地开展事件应对工作；

（5）指导开展事件处置评估；

（6）协调指导大面积停电事件宣传报道工作；

（7）及时向自治区应急指挥部报告相关情况。

2.1.4　自治区应急指挥部工作组分组和职责

（1）综合保障组：由自治区经济和信息化委员会牵头，自治区发展和改革委员会（能源局）、公安厅、民政厅、财政厅、住房城乡建设厅、交通运输厅、水利厅、商务厅、卫生计生委、国资委、新闻出版广电局、安全生产监督管理局、通信管理局、武警新疆总队、新疆公安消防总队、乌鲁木齐铁路局、民航新疆管理局、国网新疆电力公司等参加，视情况增加其他电力企业。

主要职责：对大面积停电事件受灾情况进行核实，指导制定和落实综合保障方案，落实人员、资金和物资；组织做好应急救援装备物资及生产生活物资的紧急生产、储备调拨和紧急配送工作；及时组织调运重要生活必需品，保障群众基本生活和市场供应；维护供水、供气、供热、通信、广播电视等设施正常运行；维护铁路、公路、民航等基本交通运行；协调军队、武警有关力量参与应对；对安全事故进行调查处理；组织开展事件处置情况评估。

（2）电力恢复组：由国网新疆电力公司牵头，自治区公安厅、国土资源厅、水利厅、安监局、新疆公安消防总队、测绘地理信息局、地震局、气象局、国家能源局新疆监管办公室、各相关电力企业等参加，视情况增加其他电力企业。

主要职责：组织进行技术研判，开展事态分析；组织开展电力抢修恢复工作，尽快恢复受影响区域供电；负责重要电力用户、重点区域的临时供电保障；负责组织开展跨区域的电力应急抢修恢复协调工作。

（3）新闻宣传组：由自治区党委宣传部牵头，自治区党委网信办，自治区经济和信息化委员会、公安厅、新闻出版广电局、国家能源局新疆监管办公室、国网新疆电力公司、各相关电力企业等参加。

主要职责：组织开展事件进展、应急工作情况等权威信息发布，加强新闻宣传报道；收集分析国内外舆情和社会公众动态，加强媒体、通信和互联网管理，正确引导舆论；指导涉事地方、企业及时澄清不实信息，回应社会关切。

（4）社会稳定组：由自治区公安厅牵头，自治区党委网信办，自治区发展和改革委员会、民政厅、交通运输厅、商务厅、武警新疆总队等参加。

主要职责：加强受影响地区社会治安管理，严厉打击借机传播谣言制造社会恐慌，以及趁机盗窃、抢劫、哄抢等违法犯罪行为；加强转移人员安置点、救灾物资存放点等重点地区治安管控；加强对重要生活必需品等商品的市场监管和调控，打击囤积居奇行为；加强对重点区域、重点单位的警戒；为电力抢修队伍开展抢修恢复工作提供交通便利和安全保障；做好受影响人员与涉事单位、地方人民政府及有关部门矛盾纠纷化解；及时管控网络舆情，处置、封堵网络谣言和网络负面信息等工作，切实维护社会稳定。

2.2 地（州、市）、县（市、区）应急指挥部

地（州、市）、县（市、区）人民政府负责指挥、协调本行政区域内大面积停电事件应对工作，结合本地实际，明确相应组织指挥机构，建立健全应急联动机制。有关部门、电力企业、重要用户等按照职责分工，密切配合，共同做好大面积停电事件应对工作。

发生跨行政区域的大面积停电事件时，两个行政区域的上一级人民政府根据需要建立跨区域大面积停电事件应急合作机制。

2.3 现场指挥部

负责大面积停电事件应对工作的地（州、市）、县（市、区）人民政府根据需要成立现场指挥部，负责现场组织指挥工作。参与现场处置的有关单位和人员应服从现场指挥部的统一指挥。

2.4 电力企业

电力企业（包括电网企业、发电企业等，下同）建立健全应急指挥机构，在应急指挥部领导下开展大面积停电事件应对工作。各相关电网企业按照职责负责应对处置本经营供电区域大面积停电事件，并按照《电网调度管理条例》及相关规程执行电网调度工作。各发电企业负责本企业的事故抢险和应对处置工作。

2.5 专家组

各级应急指挥部根据需要成立大面积停电事件应急专家组，包括电力、气象、地质、水文等领域相关专家，对大面积停电事件应对工作提供技术咨询和建议。

3 监测预警和信息报告

3.1 监测和风险分析

电力企业要加强对重要电力设施设备运行、发电燃料供应等情况的监测，特别要加强对计算机网络安全的防护工作，提前做好应对网络攻击的防范措施，健全完善网络安全防控体系。要建立与气象、水利、地震、公安、交通运输、国土资源、通信、经济和信息化等部门的信息共享机制，及时分析各类情况对电力运行可能造成的影响，预估可能影响的范围和程度。

3.2 预警

3.2.1 预警信息发布

电力企业研判可能造成大面积停电事件时，要及时将有关情况报告受影响的本级人民政府电力运行主管部门，提出预警信息发布建议，并视情况通知重要电力用户。电力运行主管部门应及时组织研判，必要时报请本级人民政府批准后向社会公众发布预警信息，并通报同级应急指挥部成员单位。

预警信息内容包括：预警信息的类别、影响时间和范围、预警级别、警示事项、措施建议、咨询电话和发布部门、发布时间等内容。

3.2.2 预警行动

预警信息发布后，电力企业要加强设备巡查检修和运行监测，采取有效措施控制事态发展；组织相关应急救援队伍和人员进入待命状态，动员后备人员做好参加应急救援和处置工作的准备，并做好大面积停电事件应急所需物资、装备和设备等应急保障准备工作。重要电力用户做好自备应急电源启用准备和非电保安措施（用户采取的非电性质的应急手段和方法）准备。可能受影响区域地方人民政府启动应急联动机制，组织做好维持公共秩序、供水供气供热、通信、商品供应、交通物流等方面的应急准备。

3.2.3 预警解除

根据事态发展，经研判不会发生大面积停电事件时，按照“谁发布、谁解除”的原则，由发布预警信息的电力运行主管部门请示本级人民政府同意后，宣布解除预警，适时终止相关措施。

3.3 信息报告

大面积停电事件发生后，各相关电力企业应立即将停电范围、停电负荷、影响用户数、发展趋势等有关情况向当地人民政府电力运行主管部门报告。

事发地人民政府电力运行主管部门接到大面积停电事件信息报告或者监测到相关信息后，应当立即进行核实，对大面积停电事件的性质和类别作出初步认定，向上一级电力主管部门和本级人民政府报告，并通报同级应急指挥部成员单位。县（市、区）人民政府及其电力运行主管部门应当按照有关规定逐级上报，必要时可越级向自治区应急指挥部上报。

4 应急响应

4.1 响应分级

根据大面积停电事件的影响范围、严重程度和发展态势，将应急响应设定为Ⅰ（一）级、Ⅱ（二）级、Ⅲ（三）级和Ⅳ（四）级四个等级。

4.1.1 Ⅰ（一）、Ⅱ（二）级应急响应

初判发生特别重大、重大大面积停电事件后，由自治区应急指挥部决定启动Ⅰ（一）、Ⅱ（二）级应急响应。自治区应急指挥部立即组织召开指挥部成员和专家组会议，分析研判，开展协调应对工作，尽快查明停电原因，对事件影响及发展趋势进行综合评估，就有关重大问题做出决策和部署；向指挥部成员单位发布启动相关应急程序的命令，并立即派出救援队伍，赶赴现场开展应急处置工作，将有关情况迅速报告国务院，视情况提出支援请求。必要时，在国务院工作组领导、组织和指挥下，开展大面积停电事件应对工作。

4.1.2 Ⅲ（三）级应急响应

初判发生较大大面积停电事件后，事发地（州、市）人民政府负责应对处置，

自治区应急指挥部根据需要，组织有关部门和单位，成立工作组赶赴事发地，指导事发地开展相关应急处置工作。

4.1.3 Ⅳ（四）级应急响应

初判发生较大大面积停电事件后，由事发地县（市、区）人民政府启动应急响应，负责应对处置。

对于尚未达到一般大面积停电事件标准，但对社会产生较大影响的其他停电事件，由事发地县（市、区）人民政府视情况启动应急响应。

应急响应启动后，应视事件造成损失情况及其发展趋势调整响应级别，避免响应不足或响应过度。

4.2 响应措施

大面积停电事件发生后，相关电力企业和重要电力用户要立即实施先期处置，全力控制事件发展态势，减少损失。各有关地方、部门和单位根据工作需要，组织采取响应措施。

4.2.1 抢修电网并恢复运行

电力调度机构合理安排运行方式，控制停电范围；尽快恢复重要输变电设备、电力主干网架运行；在条件具备时，优先恢复重要电力用户、重要城市和重点地区的电力供应。

电网企业迅速组织力量抢修受损电网设备设施，根据应急指挥机构要求，向重要电力用户及重要设施提供必要的电力支援。

发电企业保证设备安全，抢修受损设备，做好发电机组并网运行准备，按照电力调度指令恢复运行。

若因网络攻击造成电网大面积停电，各相关电力企业积极应对，抓紧恢复网络运行，确保电力可靠供应。事后，还要立即制定并实施网络防护加固方案。

4.2.2 防范次生衍生事故

重要电力用户，按照有关技术要求迅速启动自备应急电源或非电保安措施，及时启动相应停电事件响应，避免造成更大影响和损失。各类人员密集场所停电后要迅速启用应急照明，组织人员有秩序地疏散，确保人身安全。消防、武警部门做好应急救援准备工作，及时处置各类火灾、爆炸事件，解救被困人员。在供电恢复过程中，各重要电力用户严格按照调度计划分时分步恢复用电。加强重大危险源、重要目标、重大关键基础设施隐患排查与监测预警，及时采取防范措施，防止发生次生衍生事故。

4.2.3 保障居民基本生活

住房和城乡建设部门、城市生命线工程运营企业启用应急供水措施，保障居民基本用水需求；采用多种方式，保障燃气供应和采暖期内居民生活热力供应。经济和信息化、交通运输、铁路、民航等部门组织生活必需品的应急生产、调配和运输，保障停电期间居民基本生活。卫生计生部门准备好抢救、治疗伤病员的应急队伍、车辆、药品和物资，保证伤病员能得到及时、有效治疗。

4.2.4 维护社会稳定

公安、武警等部门加强涉及国家安全和公共安全的重点单位安全保卫工作，严密防范和严厉打击违法犯罪活动。加强对停电区域内繁华街区、大型居民区、大型商场、学校、医院、金融机构、机场、城市轨道交通设施、车站及其他重要生产经营场所等重点地区、重点部位、人员密集场所的治安巡逻，及时疏散人员，解救被困人员，防范治安事件。公安、交通管理部门加强交通疏导，维护道路交通秩序。尽快恢复企业生产经营活动。严厉打击造谣惑众、哄抬物价等各种违法行为。

4.2.5 开展信息发布

新闻宣传、网信等部门按照及时准确、公开透明、客观统一的原则，加强信息发布和舆论引导。发生大面积停电事件 4 小时内主动向社会发布停电相关信息和应对工作情况，提示相关注意事项和安保措施。加强舆情收集分析，及时回应社会关切，澄清不实信息，正确引导社会舆论，稳定公众情绪。

4.2.6 组织事态评估

应急指挥部及时组织对大面积停电事件影响范围、影响程度、发展趋势及恢复进度进行阶段性评估，为进一步做好应对工作提供依据。

4.3 响应终止

同时满足以下条件时，由启动应急响应的电力运行主管部门请示本级人民政府终止应急响应：

（1）电网主干网架基本恢复正常，电网运行参数保持在稳定限额之内，主要发电厂机组运行稳定；

（2）减供负荷恢复 80%以上，受停电影响的重点地区、重要城市负荷恢复 90%以上；

（3）造成大面积停电事件的隐患基本消除；

（4）大面积停电事件造成的重特大次生衍生事故基本处置完成。

5 后期处置

5.1 事件调查

大面积停电事件发生后，根据有关规定成立调查组进行事件调查。事发地人民政府、有关部门和单位要认真配合调查工作，客观、公正、准确地查明事件原因、性质、影响范围、经济损失等情况，提出防范、整改措施和处理处置建议。

5.2 善后处置

事发地人民政府要及时组织制订善后工作方案并组织实施。保险机构要及时开展相关理赔工作，尽快消除大面积停电事件的影响。

5.3 恢复重建

大面积停电事件应急响应终止后，需对电网网架结构、设备设施和计算机网络系统进行修复或重建的，县级以上人民政府根据实际工作需要组织编制恢复重建规划。受影响区域地方各级人民政府和相关电力企业应当根据规划做好受损电力系统恢复重建工作。

5.4 处置评估

大面积停电事件应急响应终止后，履行统一领导职责的人民政府要及时组织对事件处置工作进行评估，总结经验教训，分析查找问题，提出改进措施，15天内形成处置评估报告。鼓励开展第三方评估。

6 保障措施

6.1 队伍保障

电力企业应组建电力抢修应急专业队伍，加强设备维护、计算机网络系统安全和应急抢修专业技能培训，定期开展应急演练，提高应急救援能力。县级以上人民政府根据需要组织动员其他专业应急队伍和志愿者等参与大面积停电事件及其次生衍生灾害处置工作。军队、武警部队、公安消防部门等要做好应急力量支援保障。

6.2 装备物资保障

电力企业应储备必要的专业应急装备和物资，建立和完善相应保障体系。县级以上人民政府及有关部门要加强应急救援装备物资及生产生活物资的紧急生产、储备调拨和紧急配送工作，保障支援大面积停电事件应对工作需要。鼓励支持社会化储备。

6.3 通信、交通与运输保障

通信主管部门要建立健全大面积停电事件应急通信保障体系，形成可靠的通信保障能力，确保应急期间通信联络和信息传递需要。交通运输部门要健全紧急运输保障体系，保障应急响应所需人员、物资、装备、器材等运输；公安部门要加强交通应急管理，保障应急救援车辆优先通行；有关单位应配备必要的应急车辆，保障应急救援需要。

6.4 技术保障

自治区气象、国土资源、地震、水利等部门要为电力日常监测预警及电力应急抢险提供必要的气象、地震、地质、水文等信息服务。电力企业要加强大面积停电事件应对和监测先进技术、装备的研发，制定电力应急技术标准，加强电网、电厂安全应急信息化平台建设。对于重要的电力部门信息化平台，自治区党委网信办将其纳入关键信息基础设施网络安全检查范围，检查发现相关信息化平台安全隐患和漏洞，帮助和指导其提高安全防护水平和能力。

6.5 应急电源保障

提高电力系统快速恢复能力，加强电网“黑启动”能力建设。自治区人民政府有关部门和电力企业应充分考虑电源规划布局，保障各地区“黑启动”电源。电力企业应配备适量的应急发电装备，必要时提供应急电源支援。政府机关、医疗、金融、交通、通信、广播电视、供水、供气、供热、加油、加气、污水处理、工矿商贸、人员密集场所等重要电力用户，须根据《重要电力用户供电电源及自备应急电源配置技术规范》合理配置供电电源和自备应急电源，完善非电保安等各种保障措施，并加强维护和管理，确保应急状态下能够投入运行。

6.6 资金保障

自治区各级财政部门和各相关电力企业按照有关规定，对大面积停电事件处置工作提供必要的资金保障。

6.7 培训与演练

6.7.1 宣教培训

自治区各级电力主管部门、国家能源局新疆监管办公室、电力企业、重要电力用户等单位要充分利用各种媒体，开展应对停电事件应急知识的宣传教育工作，提高公众的应急意识和自救互救能力，加大保护电力设施和打击破坏电力设施的宣传力度，增强公众保护电力设施的意识。

各级应急指挥部成员单位、电力企业和重要电力用户应定期组织大面积停电应急业务培训，提高应急救援人员的业务知识水平。

6.7.2 演练

各级应急指挥部根据实际情况，每两年至少组织一次大面积停电事件应急联合演练，建立完善政府有关应急联动部门单位、电力企业、重要电力用户以及社会公众之间的应急协同联动机制，提高应急处置能力。各电力企业、重要电力用户之间应根据生产实际，每年至少组织开展一次本单位的应急演练。

7 附则

7.1 预案管理

本预案发布后，自治区经济和信息化委员会会同有关部门组织开展预案宣传、培训和演练，并根据实际情况，适时组织进行评估和修订。地（州、市）、县（市、区）人民政府结合当地实际制定大面积停电应急预案。电力企业结合实际制定（修订）大面积停电事件应急处置预案（或支撑预案），各重要电力用户应制定突发停电事件应急预案。

7.2 预案解释

本预案由自治区经济和信息化委员会负责解释。

7.3 预案实施时间

本预案自印发之日起实施。

附件：自治区处置大面积停电应急指挥部成员单位职责

附件

自治区处置大面积停电应急指挥部成员单位职责

1. 自治区经济和信息化委员会：负责组织、召集自治区应急指挥部会议；向自治区应急指挥部提出大面积停电事件处置建议；组织研判事件态势，按程序向社会公众发布预警，并通报指挥部成员单位；负责组织协调自治区电力资源的紧急调配，组织电力企业开展电力抢修恢复及统一调度发电企业重点电煤供应的综合协调工作；协调其他部门、各地人民政府和重要电力用户开展应对处置工作；为指定的新闻部门提供事故发布信息；派员参加工作组赴现场指导协调事件应对工作。

2. 自治区党委宣传部：根据自治区应急指挥部的安排，正确引导舆论，及时对外发布信息；根据需要组织召开新闻发布会；加强对新闻单位、媒体宣传报道的指导和管理。

3. 自治区党委网信办：实时监控网络舆情，对有害信息及时进行封堵和处置。

4. 自治区发展和改革委员会（能源局）：负责协调综合保障，协调电力企业设备设施修复项目计划安排，为恢复重建提供资金保障。

5. 自治区公安厅：负责协助自治区应急指挥部做好事故灾难的救援工作，及时妥善处理由大面积停电引发的治安事件，加强治安巡逻，维护社会秩序，及时组织疏导交通，保障救援工作及时有效进行。

6. 自治区民政厅：根据应急指挥部的安排，对因大面积停电给生产生活造成影响和威胁的人民群众，保障其基本生活。

7. 自治区财政厅：负责大面积停电事件处置工作所需经费，做好应急资金使用的监督管理。

8. 自治区国土资源厅：负责对地质灾害进行监测和预报，为恢复重建提供用地支持。

9. 自治区住房城乡建设厅：负责协调维持和恢复城市供水、供气、供热、市政照明、排水等公用设施运行，保障居民基本生活需求。

10. 自治区交通运输厅：负责为应急救援人员、抢险救灾物资提供公路运输“绿色通道”；组织协调应急救援客货运输车辆，保障发电燃料、抢险救援物资、必要生活资料和抢险救灾人员运输。

11. 自治区水利厅：组织、协调防汛抢险，负责水情、汛情监测，提供相关信息。

12．自治区商务厅：负责组织调运重要生活必需品，加强市场监管和调控。

13．自治区卫生和计划生育委员会：负责组织协调医疗卫生应急救援工作，重点指导当地医疗机构启动自备应急电源和停电应急预案。

14．自治区国有资产监督管理委员会：督促自治区本级国有企业配备应急电源，在大面积停电事件发生后，指导区本级国有企业开展应急处置工作。

15．自治区新闻出版广电局：负责维护广播电视等设施正常运行，确保大面积停电情况下充分发挥应急广播作用，完善相关工作措施，加强新闻宣传，正确引导舆论。

16．自治区安全生产监督管理局：协调有关部门做好生产安全事故应急救援工作，对安全生产事故进行调查处理。

17．自治区煤炭工业管理局：组织、指挥煤矿企业应急措施的启动和执行。

18．自治区测绘地理信息局：负责提供受损区域的卫星无人机影像图，并及时续报。

19．自治区地震局：对地震灾害进行监测和预报，提供震情发展趋势分析情况。

20．自治区气象局：负责大面积停电事件应急救援工程中提供气象监测和气象预报等信息，做好气象服务工作。

21．自治区通信管理局：负责应急通信保障和通信抢险救援工作，督促通信企业配备应急电源并做好日常维护。

22．武警新疆总队：负责协助自治区应急指挥部做好事故灾难的救援工作，加强治安巡逻，维护社会治安秩序。

23．新疆公安消防总队：负责消防灭火和抢险救援等工作。

24．国家能源局新疆监管办公室：协调有关应急处置工作，监督电力企业应急措施的落实，参与事件调查，视情况派员参加工作组赴现场指导协调应对工作。

25．乌鲁木齐铁路局：指导所属铁路系统启动停电应急预案，开展应急处置，具体实施发电燃料、抢险救援物资的铁路运输，保障滞留人员生活秩序，指导铁路站点启动自备应急电源。

26．民航新疆管理局：指导辖区单位启动相关应急预案，做好大面积停电事件应急处置，督促辖区单位保证民航运行秩序、做好滞留旅客服务保障工作，协调抢险救援物资运输工作，指导机场配备应急电源并做好日常维护。

27．中国保监会新疆监管局：指导保险企业做好因停电造成被保险人或保险相关第三方损失理赔工作。

28. 电网企业：在自治区应急指挥部的领导下，组织开展电网调度处置、设备抢修、电力支援等应急处置工作。

29. 发电企业：按照电网调度命令开展电网处置、发电设备抢修等应急处置工作。

30. 其他相关部门、单位：做好职责范围内的应急工作，完成自治区应急指挥部交办的各项工作任务。

新疆生产建设兵团大面积停电事件应急预案

（新兵办发〔2016〕86 号）

1　总则

1.1　编制目的

建立健全兵团大面积停电事件应对工作机制，有效、快速处置兵团辖区内电网大面积停电事件，最大程度减少人员伤亡和财产损失，维护社会稳定和职工群众生命财产安全。

1.2　编制依据

依据《国家大面积停电事件应急预案》《中华人民共和国突发事件应对法》《中华人民共和国安全生产法》《中华人民共和国电力法》《生产安全事故报告和调查处理条例》《电力安全事故应急处置和调查处理条例》《电网调度管理条例》《国家突发公共事件总体应急预案》及相关法律法规等，结合兵团实际，制定本预案。

1.3　适用范围

本预案适用于兵团辖区内发生的大面积停电事件应对工作，指导和规范发生大面积停电事件下，兵、师及各有关部门（单位）组织开展社会救援、事故抢险与应急处置、电力供应恢复等工作。

1.4　工作原则

大面积停电事件应对工作坚持统一领导、综合协调，属地为主、分工负责，保障民生、维护安全，全社会共同参与的原则。

1.5　事件分级

按照事件严重性和受影响程度，大面积停电事件分为特别重大、重大、较大和一般四级。分级标准见附件 1。

2　组织体系

按照“属地为主”原则，兵团辖区内大面积停电事件应急处理实行分级管理，由事发地师（市）党政部门统一领导和指挥，各有关部门按照预案规定，在各自的职责范围内做好大面积停电事件应急处理的有关工作。

2.1 兵团层面组织机构

由兵团发展改革委牵头，宣传部（新闻办）、工信委、公安局、民政局、财务局等相关部门组成兵团大面积停电事件应对协调小组（以下简称协调小组）。当发生重大、特别重大大面积停电事件时，成立兵团大面积停电事件应对协调小组，负责指导、协调、支持事发师（市）开展应对工作。必要时，由事发地师（市）依程序报兵团批准，成立临时应急指挥部，统一领导、组织和指挥事件应对工作。协调小组组成及工作组职责见附件2。

2.2 师层面组织指挥机构

事发师（市）具体负责指挥、协调本辖区内大面积停电事件应对工作，要结合本师（市）实际，明确相应组织指挥机构，建立健全应急联动机制。

发生跨师（市）域的大面积停电事件时，有关师（市）应根据需要建立跨师（市）域大面积停电事件应急合作机制。

2.3 现场指挥机构

事发师（市）要成立现场指挥部，负责现场组织指挥工作。参与现场处置的有关单位和人员应服从现场指挥部的统一指挥。

2.4 电力企业

电力企业（包括电网企业、发电企业等，下同）建立健全应急指挥机构，在各级组织指挥机构领导下开展大面积停电事件应对工作。电网调度工作按照《电网调度管理条例》及相关规程执行。

考虑到兵团电网的特殊性，各级应对组织指挥机构应加强与国网新疆公司、能源局新疆监管办的沟通与协调，建立大面积停电事件应急联合应对工作机制。

2.5 专家组

各级组织指挥机构根据需要成立大面积停电事件应急专家组，成员由电力、气象、地质、水文等领域相关专家组成，对大面积停电事件应对工作提供技术咨询和建议。

3 监测预警和信息报告

3.1 监测和风险分析

电力企业要结合实际加强对重要电力设施设备运行、发电燃料供应等情况的监测，建立与气象、水利、林业、地震、公安、交通运输、国土资源、工业和信息化等部门的信息共享机制，及时分析各类情况对电力运行可能造成的影响，预估可能影响的范围和程度。

3.2 预警

3.2.1 预警信息发布

电力企业研判可能造成大面积停电事件时，要及时将有关情况报告师（市）电力运行主管部门和兵团协调小组，提出预警信息发布建议，并视情通知重要电力用户。师（市）电力运行主管部门应及时组织研判，必要时报请师（市）批准后向社会公众发布预警，并通报同级其他相关部门和单位。

自治区发生大面积停电事件时，兵团在国家和自治区的协调下，积极配合做好应急响应和预警信息发布等工作，同时努力降低停电事件对兵团的影响。

3.2.2 预警行动

预警信息发布后，电力企业要加强设备巡查检修和运行监测，采取有效措施控制事态发展；组织相关应急救援队伍和人员进入待命状态，动员后备人员做好参加应急救援和处置工作准备，并做好大面积停电事件应急所需物资、装备和设备等应急保障准备工作。重要电力用户做好自备应急电源启用准备。相关师（市）要启动应急联动机制，组织有关部门和单位做好维持公共秩序、供水供气供热、商品供应、交通物流等方面的应急准备；加强相关舆情监测，主动回应社会公众关注的热点问题，及时澄清谣言传言，做好舆论引导工作。

3.2.3 预警解除

根据事态发展，经研判不会发生大面积停电事件时，按照“谁发布、谁解除”的原则，由发布单位宣布解除预警，适时终止相关措施。

3.3 信息报告

大面积停电事件发生后，相关电力企业应立即向师（市）电力运行主管部门和兵团协调小组报告。

事发师（市）电力运行主管部门接到大面积停电事件信息报告或者监测到相关信息后，应当立即进行核实，对大面积停电事件的性质和类别作出初步认定，按照国家、兵团规定的时限、程序和要求向上级电力运行主管部门和师（市）报告，并通报同级其他相关部门和单位。师（市）及其电力运行主管部门应当按照有关规定逐级上报，必要时可越级上报。对初判为重大以上的大面积停电事件，兵团要立即按程序向国务院报告。

4 应急响应

4.1 响应分级

根据大面积停电事件的严重程度和发展态势，将应急响应设定为Ⅰ级、Ⅱ级、Ⅲ级和Ⅳ级四个等级。初判发生特别重大大面积停电事件，启动Ⅰ级应急响应，由兵团大面积停电事件应对协调小组指导、协调、支持事发师（市）开展应对工作，并及时将停电范围、停电负荷、发展趋势等有关情况报告兵团，必要时成立兵团应急临时指挥部，统一领导、组织和指挥事件应对工作，宣布启动Ⅰ级应急响应。初判发生重大大面积停电事件，启动Ⅱ级应急响应，由事发师（市）负责指挥应对工作。初判发生较大、一般大面积停电事件，分别启动Ⅲ级、Ⅳ级应急响应，根据事件影响范围，由事发师（市）负责指挥应对工作。

对于尚未达到一般大面积停电事件标准，但对社会产生较大影响的其他停电事件，相关师可结合实际情况启动应急响应。

应急响应启动后，可视事件造成损失情况及其发展趋势调整响应级别，避免响应不足或响应过度。

4.2　响应措施

大面积停电事件发生后，相关电力企业和重要电力用户要立即实施先期处置，全力控制事件发展态势，减少损失。各有关师（市）、部门和单位根据工作需要，组织采取以下措施。

4.2.1　抢修电网并恢复运行

电力调度机构合理安排运行方式，控制停电范围；尽快恢复重要输变电设备、电力主干网架运行；在条件具备时，优先恢复重要电力用户、城市重点地区的电力供应。

电网（力）公司迅速组织力量抢修受损电网设备设施，根据应急指挥机构要求，向重要电力用户及重要设施提供必要的电力支援。发电企业保证设备安全，抢修受损设备，做好发电机组并网运行准备，按照电力调度指令恢复运行。

4.2.2　防范次生衍生事故

重要电力用户按照有关技术要求迅速启动自备应急电源，加强重大危险源、重要目标、重大关键基础设施隐患排查与监测预警，及时采取防范措施，防止发生次生衍生事故。

4.2.3　保障居民基本生活

启用应急供水措施，保障居民用水需求；采用多种方式，保障燃气供应和采暖期内职工群众生活热力供应；组织生活必需品的应急生产、调配和运输，保障停电期间职工群众基本生活。

4.2.4　维护社会稳定

加强涉及国家安全和公共安全的重点单位安全保卫工作，严密防范和严厉打击违法犯罪活动。加强对停电区域内繁华街区、大型居民区、大型商场、学校、医院、金融机构、机场、车站及其他重要生产经营场所等重点地区、重点部位、人员密集场所的治安巡逻，及时疏散人员，解救被困人员，防范治安事件。加强交通疏导，维护道路交通秩序。尽快恢复企业生产经营活动。严厉打击造谣惑众、囤积居奇、哄抬物价等各种违法行为。

4.2.5 加强信息发布

按照及时准确、公开透明、客观统一的原则，加强信息发布和舆论引导，主动向社会发布停电相关信息和应对工作情况，提示相关注意事项和安保措施。加强舆情收集分析，及时回应社会关切，澄清不实信息，正确引导社会舆论，稳定公众情绪。

4.2.6 组织事态评估

及时组织对大面积停电事件影响范围、影响程度、发展趋势及恢复进度进行评估，为进一步做好应对工作提供依据。

4.3 兵团大面积停电事件应对协调小组应对措施

初判发生一般或较大大面积停电事件时，协调小组开展以下工作：

（1）密切跟踪事态发展，督促相关电力企业迅速开展电力抢修恢复等工作，指导督促事发师（市）做好应对工作；

（2）视情派出工作组赴现场指导协调事件应对等工作；

（3）根据事发师（市）请求，协调有关方面为应对工作提供支援和技术支持；

（4）指导做好舆情信息收集、分析和应对工作。

初判发生重大或特别重大大面积停电事件时，协调小组主要开展以下工作：

（1）传达兵团领导指示批示精神，督促事发师（市）、有关部门和电力企业贯彻落实；

（2）了解事件基本情况、造成的损失和影响、应对进展及当地需求等，根据事发师（市）和电力企业请求，协调有关方面派出应急队伍、调运应急物资和装备、安排专家和技术人员等，为应对工作提供支援和技术支持；

（3）赶赴现场指导开展事件应对工作；

（4）指导开展事件处置评估；

（5）协调指导大面积停电事件宣传报道工作；

（6）及时向兵团报告相关情况。

4.4 响应终止

同时满足以下条件时，由启动应急响应的单位终止应急响应：

（1）电网主干网架基本恢复正常，电网运行参数保持在稳定限额之内，主要发电厂机组运行稳定；

（2）减供负荷恢复80%以上，受停电影响的重点地区、重要城市负荷恢复

90%以上；

（3）造成大面积停电事件的隐患基本消除；

（4）大面积停电事件造成的重特大次生衍生事故基本处置完成。

5 后期处置

5.1 处置评估

大面积停电事件应急响应终止后，事发师（市）要及时组织对事件处置工作进行评估，总结经验教训，分析查找问题，提出改进措施，形成处置评估报告。鼓励开展第三方评估。

5.2 事件调查

大面积停电事件发生后，根据有关规定成立调查组，查明事件原因、性质、影响范围、经济损失等情况，提出防范、整改措施和处理处置建议。

5.3 善后处置

事发师（市）要及时组织制订善后工作方案并组织实施。保险机构要及时开展相关理赔工作，尽快消除大面积停电事件的影响。

5.4 恢复重建

大面积停电事件应急响应终止后，需对电网网架结构和设备设施进行修复或重建的，由兵团发展改革委或事发师（市）根据实际工作需要组织编制恢复重建规划。相关电力企业应当根据规划做好受损电力系统恢复重建工作。

6 保障措施

6.1 队伍保障

电力（网）企业应建立健全电力抢修应急专业队伍，加强设备维护和应急抢修技能方面的人员培训，定期开展应急演练，提高应急救援能力。各师（市）根据需要组织动员其他专业应急队伍和志愿者等参与大面积停电事件及其次生衍生灾害处置工作。武警、公安、消防等要做好应急力量支援保障。

6.2 装备物资保障

电力企业应储备必要的专业应急装备及物资，建立和完善相应保障体系。各师（市）要加强应急救援装备物资及生产生活物资的紧急生产、储备调拨和紧急配送工作，保障支援大面积停电事件应对工作需要。鼓励支持社会化储备。

6.3 通信、交通与运输保障

各师（市）及通信主管部门要建立健全大面积停电事件应急通信保障体系，形成可靠的通信保障能力，确保应急期间通信联络和信息传递需要。交通运输部门要健全紧急运输保障体系，保障应急响应所需人员、物资、装备、器材等的运输；公安部门要加强交通应急管理，保障应急救援车辆优先通行；根据全面推进公务用车制度改革有关规定，有关单位应配备必要的应急车辆，保障应急救援需要。

6.4 技术保障

电力行业要加强大面积停电事件应对和监测先进技术、装备的研发，制定电力应急技术标准，加强电网、电厂安全应急信息化平台建设。有关部门要为电力日常监测预警及电力应急抢险提供必要的气象、地质、水文等服务。

6.5 应急电源保障

提高电力系统快速恢复能力，加强电网“黑启动”能力建设。兵团各有关部门和电力企业应充分考虑电源规划布局，保障各地区“黑启动”电源。电力企业应配备适量的应急发电装备，必要时提供应急电源支援。重要电力用户应按照国家有关技术要求配置应急电源，并加强维护和管理，确保应急状态下能够投入运行。

6.6 资金保障

兵团发展改革委、财务（政）局、民政局等有关部门、各师（市）以及各相关电力企业应按照有关规定，对大面积停电事件处置工作提供必要的资金保障。

7 附则

7.1 预案管理

本预案实施后，兵团发展改革委要会同有关部门组织预案宣传、培训和演练，并根据实际情况，适时组织评估和修订。各师（市）要结合当地实际制定或修订本师（市）大面积停电事件应急预案。

7.2 预案解释

本预案由兵团发展改革委负责解释。

7.3 预案实施时间

本预案自印发之日起实施。

附件：1．兵团大面积停电事件分级标准

2．兵团大面积停电事件应对协调小组组成及工作组职责

附件 1

兵团大面积停电事件分级标准

一、特别重大大面积停电事件

跨师域垦区电网：负荷 2000 兆瓦以上的减供负荷 60%以上，或 70%以上供电用户停电。

二、重大大面积停电事件

1．城市电网：负荷 2000 兆瓦以上的减供负荷 40%以上，或 50%以上供电用户停电；负荷 2000 兆瓦以下的减供负荷 40%以上，或 50%以上供电用户停电。

2．师域垦区电网：负荷 600 兆瓦以上的减供负荷 60%以上，或 70%以上供电用户停电。

三、较大大面积停电事件

1．城市电网：减供负荷 20%以上 40%以下，或 30%以上 50%以下供电用户停电。

2．师域垦区电网：负荷 600 兆瓦以上的减供负荷 40%以上 60%以下，或 50%以上 70%以下供电用户停电；负荷 600 兆瓦以下的减供负荷 40%以上，或 50%以上供电用户停电。

3．团场电网：负荷 150 兆瓦以上的减供负荷 60%以上，或 70%以上供电用户停电。

四、一般大面积停电事件

1．城市电网：减供负荷 10%以上 20%以下，或 15%以上 30%以下供电用户停电。

2．师域垦区电网：减供负荷 20%以上 40%以下，或 30%以上 50%以下供电用户停电。

3．团场电网：负荷 150 兆瓦以上的减供负荷 40%以上 60%以下，或 50%以上 70%以下供电用户停电；负荷 150 兆瓦以下的减供负荷 40%以上，或 50%以上供电用户停电。

上述分级标准有关数量的表述中，“以上”含本数，“以下”不含本数。

附件 2

兵团大面积停电事件应对协调小组组成及工作组职责

兵团大面积停电事件应对协调小组主要由发展改革委、宣传部（新闻办）、工信委、公安局、民政局、财务局、国土资源局、建设局、交通局、水利局、商务局、国资委、安监局等部门和单位组成，并可根据应对工作需要，增加有关部门和相关电力企业。

兵团大面积停电事件应对协调小组设立相应工作组，各工作组组成及职责分工如下：

一、电力恢复组：由工信委牵头，公安局、水利局、安监局等参加，视情增加其他电力企业。

主要职责：组织进行技术研判，开展事态分析；组织电力抢修恢复工作，尽快恢复受影响区域供电工作；负责重要电力用户、重点区域的临时供电保障；负责组织跨区域的电力应急抢修恢复协调工作。

二、新闻宣传组：由宣传部（新闻办）牵头，发展改革委、工信委、公安局、安监局等参加。

主要职责：组织开展事件进展、应急工作情况等权威信息发布，加强新闻宣传报道；收集、分析舆情和社会公众动态，加强媒体、电信和互联网管理，正确引导舆论；及时澄清不实信息，回应社会关切。

三、综合保障组：由发展改革委牵头，文广局、工信委、公安局、民政局、财务局、国土资源局、建设局、交通局、水利局、国资委等参加，视情增加其他电力企业。

主要职责：对大面积停电事件受灾情况进行核实，指导恢复电力抢修方案，落实人员、资金和物资；组织做好应急救援装备物资及生产生活物资的紧急生产、储备调拨和紧急配送工作；及时组织调运重要生活必需品，保障群众基本生活和市场供应；维护供水、供气、供热、通信、广播电视等设施正常运行；组织开展事件处置评估。

四、社会稳定组：由公安局牵头，宣传部、发展改革委、工信委、民政局、交通局等参加。

主要职责：加强受影响地区社会治安管理，严厉打击借机传播谣言制造社会恐慌，以及趁机盗窃、抢劫、哄抢等违法犯罪行为；加强转移人员安置点、救灾物资存放点等重点地区治安管控；加强对重要生活必需品等商品的市场监管和调控，打击囤积居奇行为；加强对重点区域、重点单位的警戒；做好受影响人员与涉事单位、师（市）政府及有关部门矛盾纠纷化解等工作，切实维护社会稳定。

主要电网企业大面积停电事件应急预案

国家电网公司大面积停电事件应急预案

（国家电网安质〔2016〕232 号）

目　录

附件 2　大面积停电事件分级标准

附件 3　有关应急机构及人员联系方式

附件 4　公司大面积停电事件预警流程图

附件 5　公司系统大面积停电事件应急响应分级标准

附件 6　公司大面积停电事件应急响应流程图

附件 7　应急物资储备信息

附件 8　应急专家组成员名单（略）

附件 9　规范化格式文本

附件 10　编制依据及相关联预案

1　总则

1.1　编制目的

建立健全国家电网公司（以下简称公司）大面积停电事件应对工作机制，正确、高效、快速处置大面积停电事件，最大程度减少影响和损失，保障电网安全和可靠供电，保证公司正常生产经营秩序，维护国家安全和社会稳定。

1.2　编制依据

依据《中华人民共和国突发事件应对法》《中华人民共和国安全生产法》《电力安全事故应急处置和调查处理条例》《国家大面积停电事件应急预案》等相关法律法规及《国家电网公司应急工作管理规定》《国家电网公司突发事件总体应急预案》等，制定本预案。

1.3　预案体系

公司系统大面积停电事件应急预案体系由公司总（分）部、省公司、地市公司、县公司大面积停电事件应急预案及其职能部门处置方案，各级调度机构电网故障处置方案，相关直属单位支撑大面积停电事件处置应急预案等构成，体系构成图见附件 1。

1.4　适用范围

本预案适用于公司总部开展大面积停电事件应对工作，指导公司系统相关单位大面积停电事件应对工作，规范各级单位大面积停电事件应急预案编制。

大面积停电事件是指由于自然灾害、电力安全事故和外力破坏等原因造成区域性电网、省级电网或城市电网大量减供负荷，对国家安全、社会稳定以及人民群众生产生活造成影响和威胁的停电事件。

1.5 工作原则

公司大面积停电事件应对工作坚持统一领导、分级负责、属地为主、快速反应、政企联动、保障民生的工作原则。

大面积停电事件发生后，公司总部有关部门、相关分部、省公司、地市公司、县公司等应立即按照职责分工和相应预案开展处置工作。

1.6 事件分级

根据大面积停电造成的危害程度、影响范围等因素，将大面积停电事件分为特别重大、重大、较大、一般四级。事件分级标准见附件 2。

2 应急指挥机构

2.1 公司大面积停电事件处置领导小组

大面积停电事件发生后，公司大面积停电事件处置领导小组及其办公室立即启动应急响应，在国家层面组织指挥机构领导下，统一指挥、协调公司大面积停电事件应对工作。

公司大面积停电事件处置领导小组组长由公司董事长担任，副组长由公司总经理和分管副总经理担任，成员由公司有关助理、总师，以及办公厅、发展部、财务部、安质部、运检部、营销部（农电部）、基建部、交流部、直流部、信通部、物资部、外联部、后勤部、国调中心、交易中心等部门主要负责人组成。具体构成见附件 3。

公司大面积停电事件处置领导小组办公室设在安质部，办公室主任由安质部主任兼任，成员由上述相关部门人员组成。

2.2 分部、省公司大面积停电事件处置领导小组

大面积停电事件发生后，相关分部、省公司大面积停电事件处置领导小组立即启动应急响应。

分部大面积停电事件处置领导小组在公司大面积停电事件处置领导小组的领导下，指挥、协调区域内应对工作。省公司大面积停电事件处置领导小组在地方政府组织指挥机构和公司大面积停电事件处置领导小组的领导下，具体指挥属地应对工作。人员组成参照公司相应机构确定。

2.3 现场指挥机构

大面积停电事件发生后，事发单位成立现场指挥部，负责现场组织指挥工作，做好与地方政府现场指挥机构的对接。总部派出工作组，根据需要成立现场指挥部，协调开展应对工作。

2.4 专家组

公司各级应急指挥机构应成立应急专家组，为大面积停电事件应对工作提供

技术咨询和建议。

3 风险和危害程度分析

3.1 风险分析

可导致公司发生大面积停电事件的风险主要包括：

（1）公司经营区域覆盖范围广、跨度大、自然地理和气候条件差异大，地震、台风、雨雪冰冻、洪涝、滑坡、泥石流等各类自然灾害多有发生，可能造成电网设施设备大范围损毁，从而引发大面积停电。

（2）公司电网是世界上电压等级最高、规模最大、网架结构最为复杂的特大型交直流互联电网，交直流发展不平衡，新能源发电超常规大规模集中并网，跨国境、跨经营区域输电通道逐渐增多，电网安全控制难度大，重要发、输、变电设备、自动化系统故障，可能引发大面积停电。

（3）野蛮施工、非法侵入、火灾爆炸、恐怖袭击等外力破坏或重大社会安全事件可能造成电网设施损毁，电网工控系统可能遭受网络攻击，都可能引发大面积停电。

（4）运行维护人员误操作或调控运行人员处置不当等也可能引发大面积停电。

（5）因各种原因造成的发电企业发电出力大规模减少可能引发大面积停电。

（6）因其他原因可能引发大面积停电。

3.2 危害程度分析

大面积停电事件在严重破坏公司正常生产经营秩序和社会形象的同时，对关系国计民生的重要基础设施造成巨大影响，可能导致交通、通信瘫痪，水、气、煤、油等供应中断，严重影响经济建设、人民生活，甚至对社会安定、国家安全造成极大威胁。

（1）导致政府部门、军队、公安、消防等重要机构电力供应中断，影响其正常运转，不利于社会安定和国家安全；

（2）导致大型商场、广场、影剧院、住宅小区、医院、学校、大型写字楼、大型游乐场等高密度人口聚集点基础设施电力供应中断，引发群众恐慌，严重影响社会秩序；

（3）导致城市交通拥塞甚至瘫痪，电铁、机场电力供应中断，大批旅客滞留；

（4）导致化工、冶金、煤矿、非煤矿山等高危用户的电力供应中断，引发生产运营事故及次生衍生灾害；

（5）大面积停电事件在当前新媒体时代极易成为社会舆论的热点；在公众不明真相的情况下，若有错误舆论，可能造成公众恐慌情绪，影响社会稳定。

4 监测预警

4.1 风险监测

（1）自然灾害风险：国调中心、运检部、安质部、信通部等应与气象、水情、林业、地震、公安、交通运输、国土资源、工业和信息化等政府有关部门建立监测预报预警联动机制，公司电网输变电设备防灾减灾实验室等单位应做好对雨雪冰冻、山火等相关灾害的监测，实现相关灾情、险情等信息的实时共享。

（2）电网运行风险：国调中心应加强运行方式的安排，常态化开展电网运行风险评估，加强特殊运行方式监测，强化电网安控专业管理。运检部、基建部、交流部、直流部应加强电网检修、基建施工等对电网安全运行的风险监测、评估。

（3）供需平衡破坏风险：国调中心、交易中心应加强调度计划和交易计划管理，做好电网负荷平衡，加强对发电厂燃料供应和水电厂水情的监测，及时掌握电能生产供应情况。营销部（农电部）应跟踪监测用电需求变化，加强需求侧管理。

（4）设备运行风险：运检部应通过日常的设备运行维护、巡视检查、技术监督、隐患排查和在线监测等手段监测设备运行风险。信通部应加强信息通信系统运行维护监测，做好安全防护。

（5）外力破坏风险：运检部应加强外部隐患管理，通过技术手段和管理手段加强电网设备的外破风险监测。后勤部应加强总部调度通信大楼安全保卫，防范暴恐袭击。

4.2 预警分级

公司大面积停电事件预警分为一级、二级、三级和四级，依次用红色、橙色、黄色和蓝色表示，一级为最高级别。预警级别确定可采取以下方式：

（1）经综合分析，可能发生特别重大、重大、较大、一般大面积停电事件时，分别对应一级、二级、三级、四级预警。

（2）公司应急领导小组根据可能导致的大面积停电影响范围、严重程度和社会影响，确定预警等级。

4.3 预警发布

（1）相关部门根据职责分析自然灾害、电网运行、供需平衡、设备运行、外部环境等风险，提出公司大面积停电事件预警建议，报公司应急领导小组批准，由公司应急办发布；

（2）公司应急办接到分部、省公司上报或政府下发的大面积停电事件预警信息后，立即汇总相关信息，分析研判，提出公司大面积停电事件预警建议，报公司应急领导小组批准后发布；

（3）大面积停电事件预警信息包括风险提示、预警级别、预警期、可能影响范围、警示事项、应采取的措施等；

（4）预警信息由公司应急办通过传真、电子邮件、安监一体化平台、应急指挥信息系统等方式向相关分部、省公司、直属单位发布。

4.4 预警行动

4.4.1 三级、四级预警行动

发布大面积停电事件三级、四级预警信息后，公司应采取以下措施：

（1）公司应急办或相关部门密切关注事态发展，收集相关信息，必要时向公司应急领导小组报告；

（2）加强电网运行风险管控，落实“先降后控”要求，强化专业协同、网源协调、政企联动，从电网运行、运维保障、施工组织、负荷控制、机组调峰、客户管理等各个方面，制定落实综合管控措施，严防风险失控；

（3）相关部门根据职责督促省公司及相关直属单位加强设备巡查检修和运行监测，采取有效措施控制事态发展，组织相关应急救援队伍和人员进入待命状态，并做好应急所需物资、装备和设备等应急保障准备工作，增加客户服务值班力量，督促合理安排电网运行方式，做好异常情况处置和应急信息发布准备；

（4）督促相关分部、省公司针对可能发生的大面积停电事件，按本单位预案规定，做好应急准备工作。

4.4.2 一级、二级预警行动

发布大面积停电事件一级、二级预警信息后，除采取三、四级预警响应措施外，公司还应采取以下措施：

（1）公司应急办组织相关部门开展应急值班；必要时，组织专家进行会商和评估。

（2）加强与政府相关部门的沟通，及时报告事件信息；做好新闻宣传和舆论引导工作。

（3）督促相关分部、省公司按地方人民政府要求做好相关工作。

4.5 预警调整和解除

4.5.1 预警调整

公司应急办或相关部门根据预警阶段电网运行及电力供应趋势、预警行动效果，提出对预警级别调整的建议，报公司应急领导小组批准后由应急办发布。

4.5.2 预警解除

根据事态发展，经研判不会发生大面积停电事件时，按照“谁发布、谁解除”

的原则及时宣布解除预警，适时终止相关措施。如预警期满或直接进入应急响应状态，预警自动解除。

公司大面积停电事件预警流程图见附件 4。

5 应急响应

5.1 响应分级

公司大面积停电事件应急响应分为Ⅰ、Ⅱ、Ⅲ、Ⅳ级。公司系统大面积停电事件应急响应分级标准见附件 5。响应级别确定可采取以下方式：

（1）发生特别重大、重大、较大、一般大面积停电事件时，分别对应Ⅰ、Ⅱ、Ⅲ、Ⅳ级应急响应。

（2）公司大面积停电事件处置领导小组根据大面积停电影响范围、严重程度和社会影响，确定响应级别。

5.2 响应启动

（1）初判发生大面积停电事件时，公司启动相应级别应急响应。事发地所在省公司、相关分部启动本单位应急响应。

（2）当发生跨两个及以上行政区的大面积停电事件时，所在地单位均应启动相应级别的应急响应，上级单位根据事件级别启动本级应急响应，负责指挥协调综合应对工作。

（3）对于尚未达到一般大面积停电事件标准，但对社会产生较大影响的其他停电事件，也应启动应急响应。若发生在县或县级市，县公司应立即启动Ⅲ级应急响应；若发生在地市或省会城市，地市或省会城市供电公司应立即启动Ⅳ级应急响应。上级单位视情启动Ⅳ级应急响应。

5.3 指挥协调

公司大面积停电事件处置领导小组及其办公室开展以下应急处置工作：

5.3.1 Ⅰ级响应

（1）当国家大面积停电事件应急指挥部成立时，执行相关决策部署，并参与电力恢复组和综合保障组相关工作；

（2）组织召开公司大面积停电事件处置领导小组会议，就有关重大应急问题做出决策和部署；

（3）立即启动应急指挥中心，公司大面积停电事件处置领导小组办公室进入 24 小时应急值守状态，及时收集汇总事件信息；

（4）公司领导带队，有关部门、分部人员和专家组成工作组赶赴现场，成立现场指挥部，指导协调应急处置工作；

（5）及时组织有关部门和单位、专家组进行会商，分析研判事件发展情况；

（6）组织跨区、跨省应急队伍、物资、装备等支援；

（7）视情就大面积停电事件处置工作向国家应急指挥部或有关部委提出援助请求；

（8）协调解决应急处置中发生的其他问题。

5.3.2　Ⅱ级响应

（1）组织召开公司大面积停电事件处置领导小组会议，就有关重大应急问题做出决策和部署；

（2）立即启动应急指挥中心，公司大面积停电事件处置领导小组办公室进入24小时应急值守状态，及时收集汇总事件信息；

（3）公司领导或助理、总师带队，有关部门、分部人员和专家组成工作组，赶赴现场指导应急处置工作；必要时，成立现场指挥部，协调开展应对工作；

（4）及时组织有关部门和单位、专家组进行会商，分析研判事件发展情况；

（5）视情组织跨区、跨省应急队伍、物资、装备等支援；

（6）协调解决应急处置中发生的其他问题。

5.3.3　Ⅲ级、Ⅳ级响应

（1）组织召开公司大面积停电事件处置领导小组会议，就有关重大应急问题做出决策和部署；

（2）启动应急指挥中心，开展应急值班，跟踪事件发展情况，收集汇总分析事件信息；

（3）助理、总师带队，有关部门、分部人员和专家组成工作组，赶赴现场指导参与应急处置；

（4）协调解决应急处置中发生的其他问题。

5.4　响应措施

公司相关部门及事发单位应根据职责和应对工作需要，采取针对性措施：

5.4.1　先期处置

1．相关事发单位：

（1）立即开展电网调度事故处理；

（2）迅速开展电网设施设备抢修工作；

（3）全面了解事件情况，及时报送相关信息。

2．分部：

（1）立即开展电网调度事故处理；

（2）全面了解事件情况，及时报送相关信息。

3．总部相关部门密切关注事件发展态势，掌握省公司、分部先期处置效果。

5.4.2　调度处置

国调中心：

（1）做好公司直调系统故障处置；

（2）调整电网运行方式，做好跨区电网调度工作；

（3）掌握电网故障处置进展，做好调度业务指导；

（4）指挥或配合开展重要输变电设备、电力主干网架的恢复工作；

（5）组织区域、省级调度机构做好电网“黑启动”工作。

5.4.3　设备抢修

1．运检部：

（1）组织制定抢修救援方案；

（2）调集应急抢修队伍、物资，开展设备抢修和跨区支援；

（3）及时向现场派出人员，指导现场抢修工作；

（4）迅速组织力量开展电网恢复应急抢险救援工作。

2．信通部：组织开展信息系统、通信设备抢修恢复工作。

3．基建部：组织基建施工力量参加抢险救援、抢修恢复工作。

4．交流部、直流部：组织施工力量参加跨区电网和交直流特高压设施设备抢修恢复。

5．安质部：组织做好抢修现场安全监督工作。

5.4.4　电力支援

1．营销部（农电部）：

（1）根据调度机构提供的停电范围，立即组织梳理所影响的高危重要客户名单，及时告知重要客户事件情况；

（2）规范开展有序用电工作，督促相关省公司保障关系国计民生的重要客户和人民群众基本用电需求；

（3）组织调配应急电源，按照政府应急指挥机构的要求，向重要场所、重要客户提供必要的应急供电和应急照明支援。

2．安质部：组织协调应急救援基干分队参与应急供电、应急救援等工作，组织跨区支援。

5.4.5　协调联动

1．事发单位按照签订的应急协调联动协议，与公司内部单位以及政府、社会相关部门和单位启动协调联动机制，共同应对停电事件。

2．国网山东、四川电力应急中心救援队伍视情况，按照公司要求开展应急支援。

5.4.6　舆论引导

1．外联部：

（1）及时收集有关舆论信息，组织编写对外发布信息；

（2）通过公司官方微博、微信等渠道及时发布相关停电情况、处理结果及预计抢修恢复所需时间等信息；

（3）联系和沟通新闻媒体，召开新闻发布会、媒体通气会，及时发布信息，做好舆论引导工作。

2．营销部（农电部）：

（1）协助做好信息收集和发布工作；

（2）组织相关单位增加 99598 临时坐席，根据相关部门发布的停电信息，将停电原因、预计恢复时间等信息告知来电客户，请求理解和支持。

5.4.7　物资、信息通信、后勤保障

1．物资部：

（1）组织做好应急抢修装备、物资供应，确保物资配送及时到位；

（2）提供可调用的应急物资装备相关信息。

2．信通部：组织做好应急期间信息通信保障工作，协调做好指挥中心、抢修现场通信保障工作。

3．信通公司：做好总部应急指挥中心技术保障和调管范围内信息通信系统的运行保障。

4．联研院：做好应急指挥信息系统技术保障。

5．后勤部：

（1）做好总部调度通信大楼安全供电及安全保卫；

（2）做好总部应急处置人员的食宿安排，提供必要的生活办公用品。

5.4.8　防御次生灾害

1．事发单位、救援单位、相关部门加强次生灾害监测预警，防范因停电导致的生产安全事故。

2．事发单位、救援单位、相关部门组织力量开展隐患排查和缺陷整治，避免发生人员伤害、火灾等次生灾害。

5.4.9　事态评估

公司大面积停电事件处置领导小组办公室组织对大面积停电范围、影响程度、发展趋势及恢复进度进行评估，并将评估情况报公司大面积停电事件处置领导小组，必要时为请求政府部门支援提供依据。

5.5 响应调整和结束

5.5.1 响应调整

公司大面积停电事件处置领导小组根据事件危害程度、救援恢复能力和社会影响等综合因素，按照事件分级条件，调整响应级别，避免响应不足或响应过度。

5.5.2 响应结束

同时满足下列条件，按照“谁启动、谁结束”的原则结束应急响应：

（1）电网主干网架基本恢复正常接线方式，电网运行参数保持在稳定限额之内，主要发电厂机组运行稳定；

（2）停电负荷恢复80%及以上，重点地区、重要城市负荷恢复90%及以上；

（3）造成大面积停电事件的隐患基本消除；

（4）大面积停电事件造成的重特大次生衍生事故基本处置完成；

（5）政府结束大面积停电事件应急响应。

公司大面积停电事件应急响应流程见附件6。

6 信息报告

6.1 报告程序

6.1.1 内部报告程序

（1）预警期内，分部、省公司向总部相关部门报告专业信息，向公司应急办和总值班室报告综合信息。

（2）国调中心在获知发生大面积停电事件后 30 分钟内，将相关信息报送公司大面积停电事件处置领导小组办公室，由其汇报公司分管领导并通报办公厅、运检部、营销部（农电部）、外联部等部门。

（3）事发单位在获知发生大面积停电事件后 30 分钟内，即时报告公司大面积停电事件处置领导小组办公室。即时报告可以以电话、传真、邮件、短信息等形式上报。向上级即时报告后，应在2小时内以书面形式上报，并按照要求做好续报工作。

（4）收到重大及以上大面积停电事件报告后，公司大面积停电事件处置领导小组办公室、相关部门应立即核实，向公司领导汇报，同时报公司总值班室。

（5）应急响应期间，各单位应定时向公司大面积停电事件处置领导小组办公室和总值班室报告综合信息。

6.1.2 对外报告程序

当可能发生重大以上大面积停电事件时，公司应急办向国家能源局等上级主管部门报送信息。

获知发生大面积停电事件后，公司大面积停电事件处置领导小组办公室、办公厅和安质部履行相关手续后，在规定时限内向国家有关部委进行信息初报：公司大面积停电事件处置领导小组办公室1小时内报能源局、国资委；办公厅1小时内报国务院应急办；如构成重大以上生产安全事故，安质部立即报告国家安全监管总局。其后，根据政府要求做好信息续报。

督促相关单位向地方政府和能源局派出机构报告有关情况、向地方政府提出预警建议、按有关规定通知重要用户。

6.2 报告内容

6.2.1 内部报告内容

（1）预警阶段，相关单位向公司应急办报告本单位预警发布和预警结束情况；以及电网运行情况、电网设施设备受损情况、已造成的减负荷情况、电厂电煤库存情况、停电影响的重要用户、已采取的措施、事态发展情况等信息。

（2）发生大面积停电事件，事发单位即时报告的内容包括时间、地点、基本经过、影响范围等概要信息。

（3）响应阶段，相关单位向公司大面积停电事件处置领导小组办公室报告本单位启动、调整和终止事件应急响应情况；以及各单位电网设施设备受损、电网运行、抢险救援、次生灾害、人员伤亡情况，对电网、用户的影响，已经采取的措施及事件发展趋势等。

6.2.2 对外报告内容

（1）信息初报的内容包括时间、地点、基本经过、影响范围等概要信息。

（2）信息续报的内容包括事件信息来源、时间、地点、基本经过、影响范围、已造成后果、初步原因和性质、事件发展趋势和采取的措施以及信息报告人员的联系方式等。

6.3 报告要求

（1）各单位向公司和当地人民政府及相关部门汇报信息，必须做到数据源唯一、数据正确。

（2）Ⅰ、Ⅱ级应急响应期间，执行每天两次定时报告制度。

（3）预警期内和Ⅲ、Ⅳ级应急响应期间，执行每天一次定时报告制度。

（4）各单位根据公司临时要求，完成相关信息报送。

6.4 信息发布

信息发布和新闻报道内容须经公司大面积停电处置领导小组授权，由外联部统一发布；外联部要及时与主流新闻媒体联系沟通，按政府有关要求，做好新闻发布工作。

接到大面积停电事件信息后，外联部应在30分钟内通过公司官方微博等方式完成首次发布，在此后1小时内进行事件相关信息发布。并视事态进展情况，每隔2小时开展后续信息发布工作，直至应急响应结束。

信息发布渠道包括公司网站、公司官方微博、当地主流媒体、95598电话告知、短信群发、电话录音告知等形式。

7 后期处置

7.1 善后处置

（1）贯彻“考虑全局、突出重点”原则，开展善后处理。

（2）督促省公司认真开展设备隐患排查和治理工作，避免次生事故的发生，确保电网稳定运行。

（3）督促省公司整理受损电网设施、设备资料，做好相关设备记录、图纸的更新，加快抢修恢复速度，提高抢修恢复质量，尽快恢复正常生产秩序。

7.2 保险索赔

督促受影响的省公司及时核实、统计设备设施等损失情况，按保险合同条款进行索赔。

7.3 事件调查

大面积停电事件应急响应终止后，除按照国家政府部门要求配合进行事件调查外，公司还应按照《国家电网公司安全事故调查规程》开展调查。

7.4 应急处置评估

大面积停电事件应急响应终止后，应按有关要求及时对事件处置工作进行评估，总结经验教训，分析查找问题，提出整改措施，形成处置评估报告。事发单位应做好应急处置全过程资料收集保存工作，主动配合评估调查，并对应急处置评估调查报告有关建议和问题进行闭环整改。

7.5 恢复重建

大面积停电事件应急响应终止后，需对电网网架结构和设备设施进行修复或重建的，公司组织或督促相关单位结合政府规划做好恢复重建工作。

8 保障措施

8.1 应急队伍

建立健全公司应急队伍体系，组建应急抢修队伍及应急救援基干队伍，建立公司和省公司两级应急专家库，规范应急队伍管理，做到专业齐全、人员精干、装备精良、反应快速，持续提高大面积停电事件应急处置能力。各省公司发文明确应急队伍建制、当前管理人员和队伍名单。

8.2 应急物资与装备

建立健全应急物资装备储存、调拨和紧急配送机制，确保应急处置所需的物资装备和生活用品的应急供应。各省公司、直属单位应投入必要的资金，配备应急处置所需的抢修工器具、信息通信、交通等各类装备和电力抢险物资，积极获取政府相关部门、其他电力企业、社会机构等外部应急物资装备信息。各省公司的应急预案中应包含储备应急装备清单和集中地。

8.3 应急电源

加强应急电源建设，各单位根据自身情况配备各种类型、各种容量应急发电车、应急发电机等设备，加强日常维护和保养，保证事件发生后可立即投入使用。

8.4 电网“黑启动”

调控部门应每年滚动修订电网“黑启动”方案，并组织演练。规划部门应重视“黑启动”电源的合理布局，保障各地区“黑启动”电源。

8.5 备用调度

加强电网备用调度系统的建设，做好备用调度系统的管理和运行维护，保证紧急时刻备用调度能顺利启用。

8.6 通信与信息

持续完善电力专用通信网，充分利用公用通信网，建立有线和无线相结合、基础公用网络与机动通信系统相配套的应急通信系统，确保应急处置过程中的通信畅通。不断完善安监、生产、营销、95598 客户服务、应急指挥、ERP、GIS等信息系统功能，强化系统运行维护与技术支持，保障应急期间相关信息与客户访问畅通。

8.7 技术保障

（1）开展大电网理论和技术研究，采用新技术、新装备提高电力系统安全稳定控制水平。加强电网建设和改造，强化电网结构，提高电网安全运行水平。开展大面积停电恢复控制研究，统筹考虑电网恢复方案和恢复策略。

（2）加强电力应急理论和技术的研究，提高大面积停电事件风险监测与预防能力，进一步提高公司应急管理水平。

（3）公司各单位应加强应急指挥中心和应急平台建设，依托调度自动化和其他信息系统，实现应急信息的交换和共享。

8.8 经费保障

对于应急响应或应急演练过程中发生的费用，按照有关规定，发生相关审批、备案程序后，纳入公司年度预算管理。

8.9 其他保障

（1）加强与交通运输部门的沟通与协调，加强与社会物流企业的合作，在优先利用公司自身交通运输能力前提下，合理使用社会交通运输资源。

（2）加强与公安部门的沟通与协调，做好重要电力设施设备、电力生产运行人员的安全保卫。

（3）充分利用公司自身医疗卫生队伍，同时加强与社会医疗卫生资源的协调与合作。

9 预案管理

9.1 预案培训

公司总（分）部、省公司、地市公司、县公司，相关直属单位应组织与本单位大面积停电事件应急预案密切相关人员开展培训，每年至少一次。

9.2 预案演练

公司总部、各级单位每年组织一次大面积停电事件应急演练，邀请政府、并网电厂、重要用户等参加的联合演练三年内至少开展一次。

9.3 预案备案

本预案报国资委、国家安全监管总局、国家能源局备案。

9.4 预案修订

本预案应定期修订，原则上每三年至少修订一次。有下列情况之一的，应及时开展预案修订工作：

（1）国家相关法律法规、上位预案发生变化；

（2）公司发生重大机构调整；

（3）面临的风险发生重大变化；

（4）重要应急资源发生重大变化；

（5）预案中的其他重要信息发生重大变化；

（6）在大面积停电事件应对和应急演练中发现问题需作出重大调整；

（7）有关政府部门提出修订要求；

（8）公司应急领导小组提出修订要求。

9.5 制定与解释

本预案由国网安质部组织制定并负责解释。

9.6 预案实施时间

本预案自发布之日起实施。

附件 1

公司大面积停电事件应急预案体系构成图

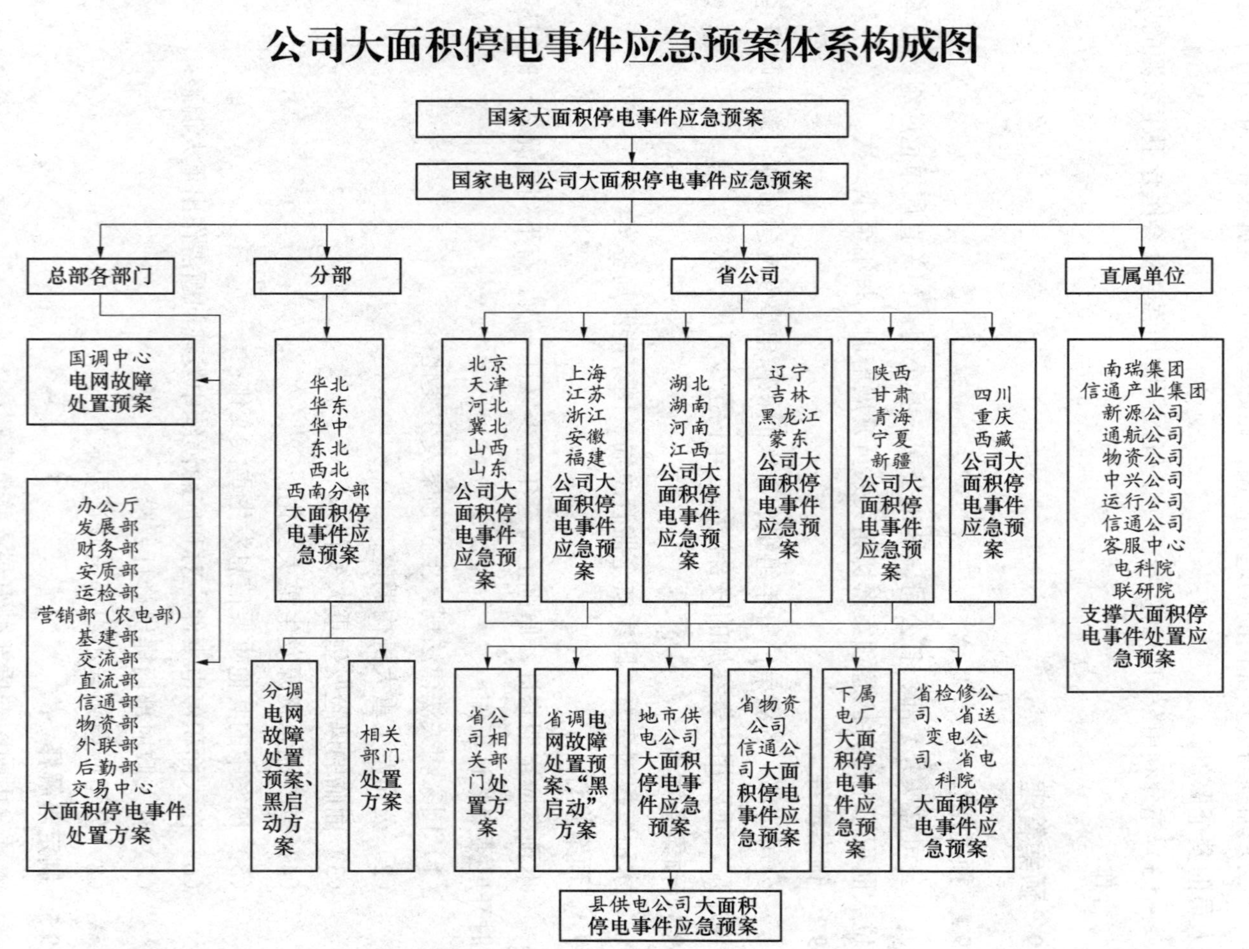

附件 2

大面积停电事件分级标准

1．特别重大大面积停电事件

（1）区域性电网：减供负荷 30%以上。

（2）省、自治区电网：负荷 20000 兆瓦以上的减供负荷 30%以上，负荷 5000 兆瓦以上 20000 兆瓦以下的减供负荷 40%以上。

（3）直辖市电网：减供负荷 50%以上，或 60%以上供电用户停电。

（4）省、自治区人民政府所在地城市电网：负荷 2000 兆瓦以上的减供负荷 60%以上，或 70%以上供电用户停电。

2．重大大面积停电事件

（1）区域性电网：减供负荷 10%以上 30%以下。

（2）省、自治区电网：负荷 20000 兆瓦以上的减供负荷 13%以上 30%以下，负荷 5000 兆瓦以上 20000 兆瓦以下的减供负荷 16%以上 40%以下，负荷 1000 兆瓦以上 5000 兆瓦以下的减供负荷 50%以上。

（3）直辖市电网：减供负荷 20%以上 50%以下，或 30%以上 60%以下供电用户停电。

（4）省、自治区人民政府所在地城市电网：负荷 2000 兆瓦以上的减供负荷 40%以上 60%以下，或 50%以上 70%以下供电用户停电；负荷 2000 兆瓦以下的减供负荷 40%以上，或 50%以上供电用户停电。

（5）其他设区的市电网：负荷 600 兆瓦以上的减供负荷 60%以上，或 70%以上供电用户停电。

3．较大大面积停电事件

（1）区域性电网：减供负荷 7%以上 10%以下。

（2）省、自治区电网：负荷 20000 兆瓦以上的减供负荷 10%以上 13%以下，负荷 5000 兆瓦以上 20000 兆瓦以下的减供负荷 12%以上 16%以下，负荷 1000 兆瓦以上 5000 兆瓦以下的减供负荷 20%以上 50%以下，负荷 1000 兆瓦以下的减供负荷 40%以上。

（3）直辖市电网：减供负荷 10%以上 20%以下，或 15%以上 30%以下供电用户停电。

（4）省、自治区人民政府所在地城市电网：减供负荷 20%以上 40%以下，或

30%以上 50%以下供电用户停电。

（5）其他设区的市电网：负荷 600 兆瓦以上的减供负荷 40%以上 60%以下，或 50%以上 70%以下供电用户停电；负荷 600 兆瓦以下的减供负荷 40%以上，或 50%以上供电用户停电。

（6）县级市电网：负荷 150 兆瓦以上的减供负荷 60%以上，或 70%以上供电用户停电。

4．一般大面积停电事件

（1）区域性电网：减供负荷 4%以上 7%以下。

（2）省、自治区电网：负荷 20000 兆瓦以上的减供负荷 5%以上 10%以下，负荷 5000 兆瓦以上 20000 兆瓦以下的减供负荷 6%以上 12%以下，负荷 1000 兆瓦以上 5000 兆瓦以下的减供负荷 10%以上 20%以下，负荷 1000 兆瓦以下的减供负荷 25%以上 40%以下。

（3）直辖市电网：减供负荷 5%以上 10%以下，或 10%以上 15%以下供电用户停电。

（4）省、自治区人民政府所在地城市电网：减供负荷 10%以上 20%以下，或 15%以上 30%以下供电用户停电。

（5）其他设区的市电网：减供负荷 20%以上 40%以下，或 30%以上 50%以下供电用户停电。

（6）县级市电网：负荷 150 兆瓦以上的减供负荷 40%以上 60%以下，或 50%以上 70%以下供电用户停电；负荷 150 兆瓦以下的减供负荷 40%以上，或 50%以上供电用户停电。

上述分级标准有关数量的表述中，“以上”含本数，“以下”不含本数。

附件 3

有关应急机构及人员联系方式

附件 3.1　公司大面积停电事件处置领导小组构成示意图

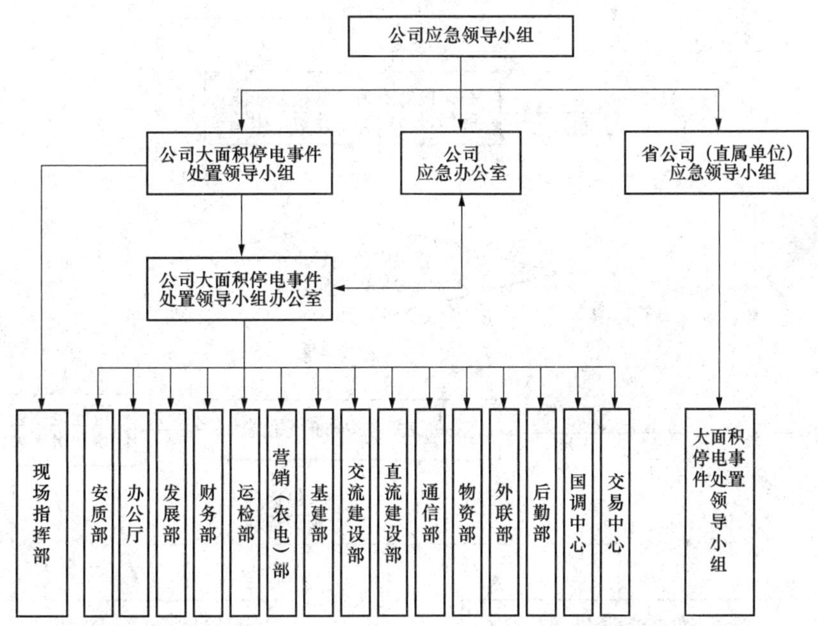

附件 3.2　公司大面积停电事件处置领导小组人员及联系方式（略）

附件 3.3　公司应急值班机构联系方式（略）

附件 3.4　相关政府部门联系方式（略）

附件 4

公司大面积停电事件预警流程图

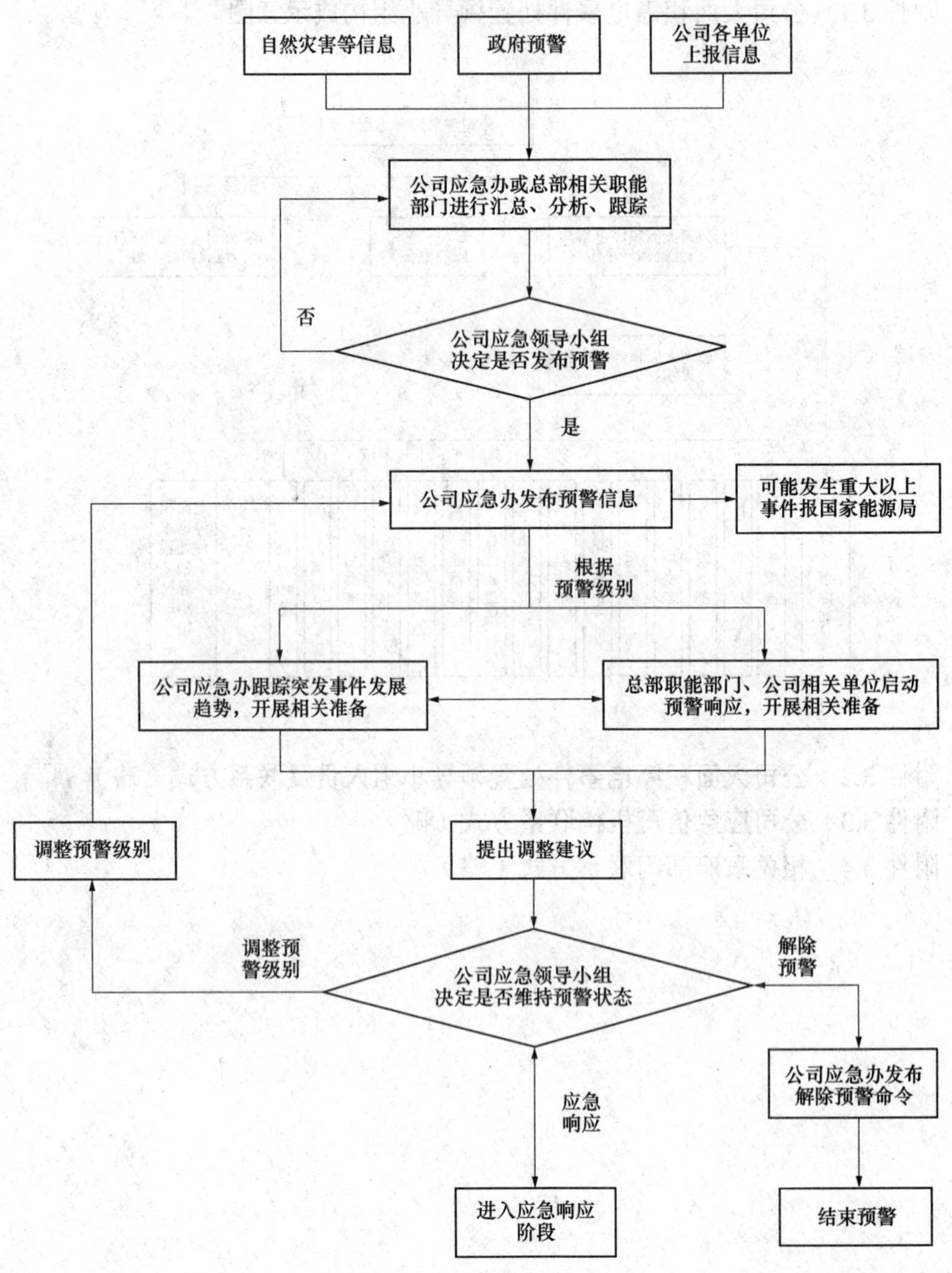
自然灾害等信息
政府预警
公司各单位
上报信息
公司应急办或总部相关职能
部门进行汇总、分析、跟踪
否
公司应急领导小组
决定是否发布预警
是
公司应急办发布预警信息
可能发生重大以上
事件报国家能源局
根据
预警级别
公司应急办跟踪突发事件发展
趋势，开展相关准备
总部职能部门、公司相关单位启动
预警响应，开展相关准备
调整预警级别
提出调整建议
调整预
警级别
公司应急领导小组
决定是否维持预警状态
解除
预警
应急
响应
公司应急办发布
解除预警命令
进入应急响应
阶段
结束预警

附件 5

公司系统大面积停电事件应急响应分级标准

响应级别 事件分级	各层面相关单位应急响应等级					
	总部	分部	省级公司	省会城市公司	地市级公司	县级公司
特别重大	Ⅰ	Ⅰ	Ⅰ	Ⅰ	Ⅰ	Ⅰ
重大	Ⅱ	Ⅱ	Ⅱ	Ⅰ	Ⅰ	Ⅰ
较大	Ⅲ	Ⅲ	Ⅲ	Ⅱ	Ⅱ	Ⅰ
一般	Ⅳ	Ⅳ	Ⅳ	Ⅲ	Ⅲ	Ⅱ
小规模大影响	Ⅳ	Ⅳ	Ⅳ	Ⅳ	Ⅳ	Ⅲ

注：1．省会城市公司为四级应急响应，Ⅰ级响应对应特别重大、重大事件，Ⅱ、Ⅲ级响应分别对应较大、一般事件，Ⅳ级响应对应其他事件；

2．地市级公司分为四级应急响应，Ⅰ、Ⅱ、Ⅲ级响应对应重大、较大、一般事件，Ⅳ级响应对应其他事件；

3．县级公司分为三级应急响应，Ⅰ、Ⅱ级响应对应较大、一般事件，Ⅲ级响应对应其他事件；

4．发生特别重大、重大事件，省级公司启动Ⅰ、Ⅱ级响应时，受到影响的省会城市、地市和县市公司，均应启动Ⅰ级响应；

5．大型供电企业参照省会城市供电公司。

附件 6

公司大面积停电事件应急响应流程图

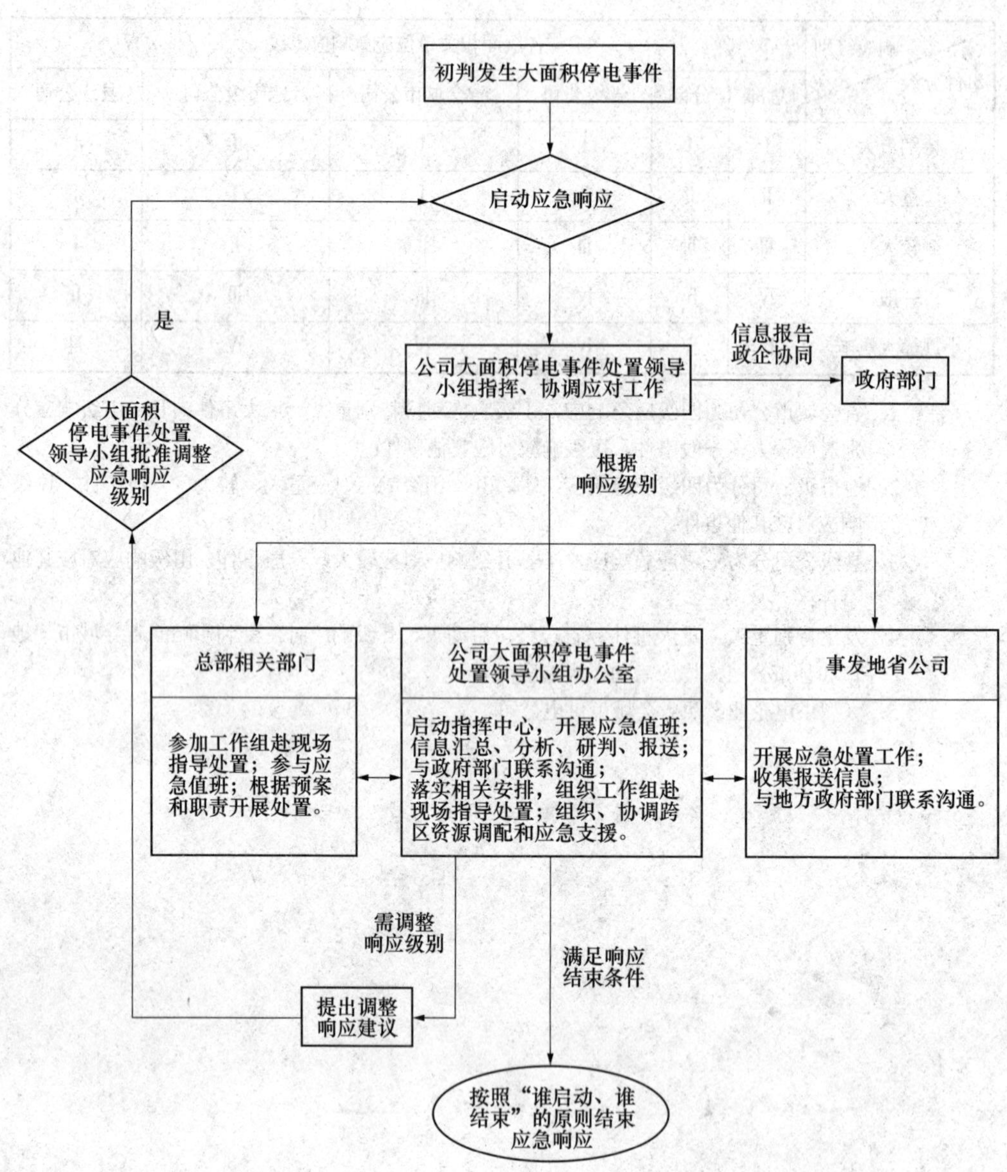
初判发生大面积停电事件
启动应急响应
是
公司大面积停电事件处置领导小组指挥、协调应对工作
信息报告
政企协同
政府部门
大面积停电事件处置领导小组批准调整应急响应级别
根据
响应级别
总部相关部门
参加工作组赴现场指导处置；参与应急值班；根据预案和职责开展处置。
公司大面积停电事件处置领导小组办公室
启动指挥中心，开展应急值班；
信息汇总、分析、研判、报送；
与政府部门联系沟通；
落实相关安排，组织工作组赴现场指导处置；组织、协调跨区资源调配和应急支援。
事发地省公司
开展应急处置工作；
收集报送信息；
与地方政府部门联系沟通。
需调整
响应级别
提出调整
响应建议
满足响应
结束条件
按照“谁启动、谁结束”的原则结束应急响应

附件 7

应急物资储备信息

物资仓库名称	物资存放地点
公司总部物资仓库	国网公司北京应急物资储备仓库
华北区域物资仓库	华北唐山应急物资储备库
华东区域物资仓库	浙江嘉兴应急物资储备库
华中区域物资仓库	湖北武汉应急物资储备库
东北区域物资仓库	辽宁沈阳应急物资储备库
西北区域物资仓库	甘肃兰州应急物资储备库

附件 9

规范化格式文本

附件 9.1　大面积停电事件报告

填报时间：　　年　　月　　日　　时　　分

口 第一次报告　　口 后续报告（第一次报告时间：　　年　月　日　时　分）

报告方式：口 电话 / 口 电传 / 口 电子邮件 / 口 其他

<table>
<tr><td>事故 / 事件发生单位（指具体的省、市、县公司级单位）</td><td></td><td>上级主管单位</td><td colspan="2"></td></tr>
<tr><td>事故 / 事件简述</td><td colspan="4"></td></tr>
<tr><td>事故 / 事件起止时间</td><td colspan="4">年　月　日　时　分~　年　月　日　时　分</td></tr>
<tr><td colspan="5">基本经过（事故 / 事件发生、扩大和采取措施、初步原因判断）：</td></tr>
<tr><td colspan="5">事故 / 事件后果（伤亡情况、停电影响、设备损坏或可能造成不良社会影响等）的初步估计：</td></tr>
<tr><td>填报人姓名</td><td colspan="2"></td><td>单　位</td><td></td></tr>
<tr><td>联系方式</td><td colspan="2"></td><td>信息来源</td><td></td></tr>
</table>

注：公司各单位填报时，“事故 / 事件发生单位”指发生事故事件的具体的省、市、县公司级单位；“上级主管单位”指发生事故事件的分部、省公司、直属单位等；电建突发安全事件注明项目建设单位、设计单位、监理和施工单位。

附件 9.2　变电站（换流站）停运及恢复情况

填报单位：　　数据截止时间　　年　月　日　时　　填报时间：　　年　月　日　时

<table>
<tr><td rowspan="2">单位</td><td colspan="2">500kV 以上</td><td colspan="2">500kV（330kV）</td><td colspan="2">220kV</td><td colspan="2">110kV（66kV）</td><td colspan="2">35kV</td></tr>
<tr><td>停运（座）</td><td>恢复（座）</td><td>停运（座）</td><td>恢复（座）</td><td>停运（座）</td><td>恢复（座）</td><td>停运（座）</td><td>恢复（座）</td><td>停运（座）</td><td>恢复（座）</td></tr>
<tr><td></td><td></td><td></td><td></td><td></td><td></td><td></td><td></td><td></td><td></td><td></td></tr>
<tr><td></td><td></td><td></td><td></td><td></td><td></td><td></td><td></td><td></td><td></td><td></td></tr>
<tr><td>合计</td><td></td><td></td><td></td><td></td><td></td><td></td><td></td><td></td><td></td><td></td></tr>
</table>

注：如果灾区有其他等级的 35kV 及以上变电站，根据本单位变电站电压等级实际情况添加相关内容。

附件 9.3　输电线路停运及恢复情况

填报单位：　　数据截止时间　　年　月　日　时　　填报时间：　　年　月　日　时

单位	500kV 以上		500kV（330kV）		220kV		110kV（66kV）		35kV		10kV	
	停运（条）	恢复（条）	停运（条）	恢复（条）	停运（条）	恢复（条）	停运（条）	恢复（条）	停运（条）	恢复（条）	停运（条）	恢复（条）
合计												

注：1. 如果灾区有其他等级的 10kV 及以上输电线路，根据本单位输电线路电压等级实际情况添加相关内容。

2. 10kV 输电线路统计口径为主线，35kV 及以上输电线路统计口径包括主线、支线。

附件 9.4　倒杆断线情况统计表

填报单位：　　数据截止时间　　年　月　日　时　　填报时间：　　年　月　日　时

单位	500kV 以上		500kV（330kV）		220kV		110kV（66kV）		35kV		10kV	
	倒杆塔（基）	断线（处）	倒杆塔（基）	断线（处）	倒杆塔（基）	断线（处）	倒杆塔（基）	断线（处）	倒杆塔（基）	断线（处）	倒杆塔（基）	断线（处）
合计												

附件 9.5　电网负荷损失情况统计表

填报单位：　　数据截止时间　　年　月　日　时　　填报时间：　　年　月　日　时

单位	损失负荷（万千瓦）			损失电量（万千瓦时）
	事故前负荷	损失负荷	损失比	
合计				

附件 9.6　重要用户停电及应急供电情况

填报单位：　　数据截止时间　　年　月　日　时　　填报时间：　　年　月　日　时

单位	停电重要用户名称	停电简明情况（含停电时间、影响及用户自备电源情况）	采取措施	供电恢复情况（含恢复时间）	备注
合计					

附件 9.7　电网大面积停电事件影响公司城区供电及恢复情况

填报单位：　　数据截止时间　　年　月　日　时　　填报时间：　　年　月　日　时

单位	供电台区		用户	
	停电（个）	恢复（个）	停电（个）	恢复（个）
合计				

附件 9.8　电网大面积停电事件影响公司直管农网供电及恢复情况

填报单位：　　数据截止时间　　年　月　日　时　　填报时间：　　年　月　日　时

单位	供电台区		乡镇		行政村		用户	
	停电（个）	恢复（个）	停电（个）	恢复（个）	停电（个）	恢复（个）	停电（个）	恢复(个）
合计								

附件 9.9　电网大面积停电事件影响趸售及其他性质农网供电及恢复情况

填报单位：　　数据截止时间　　年　月　日　时　　填报时间：　　年　月　日　时

单位	供电台区		乡镇		行政村		用户	
	停电（个）	恢复（个）	停电（个）	恢复（个）	停电（个）	恢复（个）	停电（个）	恢复(个）
合计								

附件 9.10　应急发电设备调集情况

填报单位：　　数据截止时间　　年　月　日　时　　填报时间：　　年　月　日　时

使用公司	调出单位	调集		到达		备注
		数量（台／辆）	容量（千瓦）	数量（台／辆）	容量（千瓦）	
合计						

附件 9.11　抢修力量投入统计表

填报单位：　　数据截止时间　　年　月　日　时　　填报时间：　　年　月　日　时

单位	抢修队伍（支）	抢修人员（人次）	抢修车辆（辆次）	发电车（辆次）	发电机（台次）	大型抢修机械（台次）
合计						

附件 9.12　应急物资、设备调拨情况统计表

填报单位：　　数据截止时间　　年　月　日　时　　填报时间：　　年　月　日　时

单位	设备／材料名称	规格型号	单位（按ERP）	数量	估价金额（元）	库存运维物资／项目物资／供应商物资	调用仓库／项目／供应商名称	抢修项目名称	备注

附件 9.13　应急物资投入情况统计表

填报单位：　　数据截止时间　　年　月　日　时　　填报时间：　　年　月　日　时

序号	设备／材料名称	电压等级	规格型号	单位（按ERP）	投入数量	估价金额	原有库存数量	现库存数量	抢修项目名称	备注

附件 9.14　国家电网公司大面积停电事件处置日报

（××期）

大面积停电事件处置领导小组办公室（安质部）　　20××年×月×日

一、事件概况

（包括事件概况、影响、发展趋势、恢复情况等，以及有关领导指示批示、工作要求、参加处置工作情况，安质部负责）

二、应急处置工作开展情况

1．电网调度处置（国调中心负责）

2．设备抢修恢复（运检部负责）

3．客户应急服务（营销部（农电部）负责）

4．新闻舆论应对（外联部负责）

5．应急协调联动（安质部负责）

6．应急通信保障（信通部负责）

7．应急物资供应（物资部负责）

8．其他专业

三、事发属地单位应急工作开展情况

（安质部负责）

四、下一步工作

（各部门）

附件 10

编制依据及相关联预案

附件 10.1 编制依据

《中华人民共和国突发事件应对法》

《中华人民共和国安全生产法》

《生产安全事故报告和调查处理条例》

《电力安全事故应急处置和调查处理条例》

《国家大面积停电事件应急预案》

《突发事件应急预案管理办法》

《中央企业应急管理暂行办法》

《电力企业应急预案管理办法》

《电力企业应急预案评审和备案细则》

《国家电网公司应急工作管理规定》

《国家电网公司应急预案管理办法》

《国家电网公司应急预案评审管理办法》

《生产经营单位生产安全事故应急预案编制导则》

《国家电网公司突发事件总体应急预案》

附件 10.2 相关联预案

《国家电网公司气象灾害处置应急预案》

《国家电网公司地震地质灾害处置应急预案》

《国家电网公司设备设施损坏事件处置应急预案》

《国家电网公司通信系统突发事件处置应急预案》

《国家电网公司网络与信息系统突发事件处置应急预案》

《国家电网公司电力服务事件处置应急预案》

《国家电网公司新闻突发事件处置应急预案》

《国家电网公司突发群体事件处置应急预案》

中国南方电网有限责任公司
大面积停电事件应急预案

（南方电网系统〔2016〕35号）

目　　录

附件 5　大面积停电事件应急响应启动、调整、结束流程

附件 6　应急响应通知单

附件 7　大面积停电事件应急信息报送流程

附件 8　大面积停电事件应急信息快速报告单

附件 9　应急信息报送表单

1　总则

1.1　编制目的

为做好中国南方电网有限责任公司（以下简称公司）大面积停电事件的防范与处置工作，提高大面积停电指挥协调及处置能力，确保抢险救援和复电工作有序开展，最大限度恢复电力供应、减少财产损失，保证公司正常的生产经营秩序，维护社会稳定和人民生命财产安全，根据国家有关法律、法规以及中国南方电网有限责任公司的相关规定，结合实际制订本应急预案。

1.2　编制依据

下列文件中的条款通过本规程的引用而成为本预案的条款。凡注明日期的引用文件，其随后所有的修改单（不包括勘误的内容）或修订版均不适用于本规程，凡未注明日期的引用文件，其最新版本适用于本规程。

《中华人民共和国安全生产法》

《中华人民共和国突发事件应对法》

《中华人民共和国电力法》

《生产安全事故报告和调查处理条例》（国务院 493 号令）

《电力安全事故应急处置和调查处理条例》（国务院令第 599 号）

《电网调度管理条例》

《国务院关于全面加强应急管理工作的意见》

《国家突发公共事件总体应急预案》

《国家大面积停电事件应急预案》

《电力企业专项应急预案编制导则》

《中国南方电网有限责任公司应急管理规定》

《中国南方电网有限责任公司应急预案与演练管理办法》

《中国南方电网有限责任公司应急预警与响应管理办法》

《中国南方电网有限责任公司突发事件总体应急预案》

1.3 适用范围

本预案适用于南方电网辖区内发生的大面积停电事件应对工作。指导公司有关部门和各单位开展应急指挥、事故抢险、电网恢复、新闻应急处置、客户服务、应急联动等工作。

大面积停电事件是指由于自然灾害、电力安全事故和外力破坏等原因造成区域性电网、省级电网或城市电网大量减供负荷和大量供电用户停电，对国家安全、社会稳定以及人民群众生产生活造成影响和威胁的事件。

1.4 工作原则

（1）统一指挥，综合协调。在政府应急指挥机构的统一指挥和协调下，公司应急指挥机构和系统部、安监部、办公厅、市场部、设备部等专业部门组织开展大面积停电事件处理、事故抢险、电网恢复、应急救援、客户服务、恢复生产等各项应急工作；

（2）属地为主、分级负责。建立各级应急组织机构，充分依托政府的组织优势、信息优势和公司的资源优势，按照管辖范围分级处置各类应急事件。公司各级单位应根据本预案赋予的职责和处置工作要点，将各项具体工作落实到岗、到人，按规定的时间节点完成应急处置任务。

（3）保证重点，维护安全。在大面积停电事件处理和控制中，应保证电网的安全放在第一位，采取各种必要手段，限制事故范围进一步扩大，防止发生电网崩溃和瓦解；在供电恢复中，优先考虑恢复重要厂站用电，优先考虑对重点城区、重要用户恢复供电，防止各种次生灾害的发生，全力维护社会正常秩序。

（4）联动协同，共同参与。大面积停电事件极易引发次生、衍生灾害，在事发当地政府大面积停电领导小组的统一领导下，公司各级应急指挥机构、调度机构要与各级人民政府相关部门、所在地相关企业建立常态的、紧密的协调联动机制，畅通信息沟通渠道；及时通过媒体披露相关停复电信息，协助做好社会维稳工作。

1.5 与其他预案的关系

（1）与政府预案的关系

本预案与《国家大面积停电事件应急预案》相衔接，配合开展工作。

（2）与公司专项应急预案的关系

本预案为公司应急管理体系的专项应急预案，遵循《南方电网公司突发事件总体应急预案》规定原则编制。用于协调《南方电网公司电力供应应急预案》《南方电网公司突发新闻事件应急预案》《南方电网公司防风防汛应急预案》《南方电网公司低温冰冻应急预案》等预案共同处置大面积停电事件。当本预案与其他应急预案处置事件重复时，以当时主要事件或主要矛盾对应的预案为主启动响应，不再另行启动应急响应。

（3）与下级预案的关系

规范各分子公司及所属单位大面积停电应急预案的编制，各分子公司及所属单位大面积停电应急预案应与本预案保持衔接和配合，协调、指导各分子公司大面积停电事件应急处置工作。

2 风险与资源分析

2.1 风险分析

南方电网范围覆盖广东、广西、云南、贵州、海南五省（区），面积约 100 万平方公里，东西跨度近 2000 公里，电网运行面临种种风险和危害，主要包括：

（1）自然灾害：南方电网覆盖的五省（区）受各种自然灾害的威胁，广东、广西和海南沿海省（区）台风和洪涝灾害频繁；贵州、云南、广西等省（区）线路受雨雪冰冻灾害、雷害的威胁很大。云南处于川滇地震带，历史上多次发生 6 级以上的地震。

（2）外力破坏：南方五省（区）地域特征复杂，高温、多雨、潮湿、污染、山火等对长期暴露的电气设备易造成损害，从而引发设备故障。再加上人为破坏、盗窃等，电力设施经常遭受破坏。关键设备损坏故障引发大面积停电事件的风险较高。

（3）运行风险：云南与主网异步运行后，原来的交直流并联带来的多直流换相失败或者闭锁破坏主网稳定的风险已经大为降低，但是，云南电网在直流闭锁、机组跳闸后频率失稳的风险，以及云南由于水电为主带来的超低频振荡的风险大为增加。金中直流、永富直流、鲁西背靠背送入广西后，广西 500kV 主网的热稳问题更加复杂，一旦出现广西受入直流、南部的机组跳闸，则可能导致多回 500kV 线路过载。

原有的继电保护和开关拒动的风险、安稳装置拒动或误动的风险、楚穗直流大负荷运行时故障的风险、交流故障引发多回直流换相失败的风险、电磁环网引发联锁跳闸的风险、海南电网全停的风险、自然灾害造成严重破坏的风险、关键设备故障的风险、关键通信设备故障的风险、部分地区电网解列的风险依然存在。此外，还存在自动化系统（EMS）双机全停导致电网失去监控的风险，以及发生误调度、误操作、误整定等人为失误带来的风险等等。

2.2 资源分析

2.2.1 内部应急力量

（1）公司系统各单位的应急抢修队伍和专家。

（2）调度（通信）系统内各专业专家及技术人员组成的技术力量。

（3）网内技术力量雄厚、装备先进的施工基建单位，可作为全网内灵活调动的救援队伍，如各省输变电工程公司、水火电施工企业等。

（4）公司系统各单位运行、检修人员、行政管理人员、后勤保卫人员。

2.2.2　外部应急力量

（1）网外各类施工、设计抢险队伍。

（2）所在地气象、水利、林业、地震、公安、交通、消防、运输、国土资源等部门的相关资源。

（3）设备制造厂家及其技术服务人员。

（4）可利用的其他企事业单位人力和物力资源。

2.2.3　物资和装备资源

（1）南方电网公司、南方电网公司各分子公司及所属单位的包括应急储备物资在内的所有库存物资、在建工程物资、供应商库存物资、紧急采购物资及施工单位、生产部门等使用的发电车、通信装备、交通工具、起重机械、推土机、挖掘机、抢险车辆、维修工具、照明装置、防护装置、救护装备、急救物品等。

（2）通过与政府、有关单位的物资保障部门进行协调可资利用的各种物资和装备。

3　大面积停电事件分级

按照《电力安全事故应急处置和调查处理条例》（国务院令第599号）和《国家能源局关于印发单一供电城市电力安全事故等级划分标准的通知》（国能电安〔2013〕255号）对电力安全事故的分级标准，并结合《中国南方电网公司事故调查规程》界定的电力安全事件对公司各级单位所属行政区域影响的严重程度、影响范围、时间长短，按照电网减供负荷比例和供电用户停电比例，原则上对大面积停电事件从高到低划分为特别重大、重大、较大、一般四级，公司大面积停电事件分级标准如下：

等级＼单位	电网及城市	电网负荷规模（F）（MW）	减供负荷比例（%）	城市供电用户停电比例（%）
特大	南方电网		≥30	
	省区电网	F≥20000	≥30	
		5000≤F＜20000	≥40	
	省会城市	F≥2000	≥60	≥70
重大	南方电网		≥10	
	省区电网	F≥20000	≥13	

续表

单位 等级	电网及城市	电网负荷规模（F）（MW）	减供负荷比例（%）	城市供电用户停电比例（%）
重大	省区电网	5000≤F＜20000	≥16	
		1000≤F＜5000	≥50	
	省会城市		≥40	≥50
	省会城市（单一供电城市）	F≥20000	≥60	≥70
	除省会城市外，其他10个重点城市	F≥600	≥60	≥70
	其他设区的市电网	F≥600	≥60	≥70
较大	南方电网		≥7	
	省区电网	F≥20000	≥10	
		5000≤F＜20000	≥12	
		1000≤F＜5000	≥20	
		F≤1000	≥40	
	省会城市		≥20	≥30
	省会城市（单一供电城市）	F≥20000	≥40	≥50
		F＜20000	≥60	≥50
	除省会城市外，其他10个重点城市		≥40	≥50
	其他设区的市电网	F≥600	≥40	≥50
		F<600	≥40	≥50
	县级市电网	F≥150	≥60	≥70
一般	南方电网		≥4	
	省区电网	F≥20000	≥5	
		5000≤F＜20000	≥6	
		1000≤F＜5000	≥10	
		F≤1000	≥25	
	省会城市		≥10	≥15
	省会城市（单一供电城市）	F≥20000	≥20	≥30
		F＜20000	≥40	
	除省会城市外，其他10个重点城市		≥20	≥30
	其他设区的市电网		≥20	≥30
	县级市电网	F≥150	≥40	≥50
		F<150	≥40	≥50

（1）大面积停电事件分级标准中对应的电力安全事故（事件）均是指电网负荷损失比例、供电用户停电比例的事故（事件）类型，负荷损失比例或供电用户停电比例任一条件满足即可达到对应的级别。其他类型的电力安全事故（事件）不纳入大面积停电事件分级的标准。

（2）15个重点城市包括：广州、南宁、昆明、贵阳、海口、深圳、东莞、佛山、珠海、桂林、柳州、红河、曲靖、遵义、三亚。

（3）除以上分级标准外，公司将根据实际需要，对其他如电网解列、系统崩溃、多条线路跳闸等不构成电力安全事故（事件）的电网异常情况，列入大面积停电应急预案的预警和响应分级标准。

4 应急指挥机构及职责

4.1 公司应急指挥中心

4.1.1 公司成立应急指挥中心，人员构成及联络方式详见附件 2，人员如有变动以公司最新发文为准。

4.1.2 大面积停电事件发生后，公司应急指挥中心作为公司系统内部的应急指挥最高决策、指挥机构。职责如下：

（1）与国家层面应急指挥组织机构衔接，当国家成立大面积停电事件应急指挥部时，按照政府有关召集机制派员参加其下设的电力恢复组和综合保障组，并在其统一指挥下开展大面积停电应对工作。

（2）初判发生一般或较大大面积停电事件时，视情况向能源局提出应对工作支援和技术支持的请求；初判发生重大或特别重大大面积停电事件时，视情况向国务院工作组或国家大面积停电事件应急指挥部提出应对工作支援和技术支持的请求。

（3）决定公司大面积停电事件红色、橙色应急预警和Ⅰ、Ⅱ级应急响应的启动、调整、解除。

（4）授权应急办负责决定黄色、蓝色应急预警和Ⅲ、Ⅳ级应急响应的启动、调整、解除，协调相关应急处置工作。

（5）统筹调配公司系统内的资金、人力、物力资源，确保应急处置所需资源保障。

（6）指挥公司Ⅰ、Ⅱ级应急响应下的应急处置工作。

（7）决定其他应急处置过程中的重大事项。

4.2 公司应急指挥中心办公室

4.2.1 公司应急指挥中心下设办公室（以下简称应急办）。公司应急办人员构成及联络方式见附件2，人员如有变动以公司最新发文为准。

4.2.2　大面积停电事件发生后，应急办职责如下：

（1）国家层面成立大面积停电事件应急指挥部时，负责具体联系与沟通协调工作。

（2）召集相关方进行会商，收集大面积停电事件初始信息，判断大面积停电事件级别。

（3）负责向公司应急指挥中心提出发布（启动）、调整、解除红色、橙色预警和Ⅰ、Ⅱ级应急响应的建议；负责发布（启动）、调整、解除大面积停电黄色、蓝色预警和Ⅲ、Ⅳ级应急响应。

（4）收集汇总分析应急信息，为应急指挥中心决策提供支持。

（5）按规定向国家应急管理部门报送相关信息。

（6）当大面积停电事件涉及到启动政府应急预案时，提请并配合相关应急指挥机构开展应急处置工作。

（7）组织开展应急值守；传达落实应急指挥中心命令；督促、检查、指导应急处置工作及各项措施落实。

（8）完成总指挥、副总指挥交办的其他工作任务。

4.3　分子公司应急指挥机构与职责

4.3.1　南方电网各分子公司及所属单位应建立健全应急指挥机构，在发生大面积停电事件时，在当地政府应急指挥机构的统一领导和指挥下，开展电网企业职责范围内的应急处置工作。

4.4　公司有关部门主要职责

4.4.1　安全监管部

（1）负责预警响应期间气象信息监测；

（2）负责应急响应期间应急装备、应急队伍的统筹调配；

（3）负责应急信息收集、整理、报送和对国家相关应急机构信息的传递；

（4）负责抢修期间的现场安全监督管理工作。

4.4.2　系统运行部

（1）负责电网运行风险的监测分析，向应急办提出大面积停电应急预警和响应发布（启动）、调整、解除的建议。

（2）统筹协调全网电力应急调度，指导大面积停电处理，确保主网安全，尽快恢复供电。

（3）负责系统运行风险分析，提供系统保障方案。

（4）负责电网跳闸信息的收集汇总及审核工作，并按要求向应急办报告。

（5）负责应急通信保障。

4.4.3 办公厅

（1）负责大面积停电事件应急的后勤保障工作。

（2）负责组织开展大面积停电事件的舆情监测及舆论引导工作，营造有利于公司开展应急处置的舆论环境。

4.4.4 财务部

（1）负责抢险、抢修所需资金的落实，监督抢险物资和资金的使用。

（2）负责事故善后处理相关工作，包括保险索赔，落实紧急拨款等有关工作。

4.4.5 市场营销部

（1）统筹组织协调全网在大面积停电应急响应期间的应急电力供应工作。

（2）负责大面积停电期间事故停电、限电的对外宣传及客户沟通工作。

（3）负责了解和收集电力保障需求；

（4）负责协调组织计划执行，向失电地区提供电力保障支援。

4.4.6 生产设备部

（1）负责收集大面积停电期间造成设备损失情况、应急救援、事故抢修处理信息，并及时向应急指挥中心和应急办汇报。

（2）负责应急响应期间专业应急队伍的调配管理工作。

（3）组织大面积停电期间设备抢修复电工作。

（4）负责建立设备受损台账。

4.4.7 基建部

（1）配合组建公司外协应急队伍，协调基建承包商参与应急抢修工作，组织设计、施工等资源，协助抢险救灾。

（2）负责将提升电网设备、设施的抗灾、防灾能力要求纳入到工程建设相关原则和标准中。

（3）督促有关单位做好基建施工现场安全管控。

4.4.8 物资部

（1）负责抢险物资的调配，组织抢险物资的配送工作，确保抢险物资按时送达抢修现场。

（2）负责抢险物资储备、采购的组织工作，确保抢险物资数量和质量满足抢险、抢修需要。

（3）负责应急期间对应急物资采购、调配、耗用情况进行统计管控。

4.4.9 信息部

（1）负责管理信息大区局域网、互联网出口与相关信息系统的安全运行保障工作。

（2）必要时启动管理信息系统网络与信息安全专项应急预案，保障网络与信息通道畅通。

4.4.10　党建部

负责职工思想宣传工作，负责大面积停电事件支援、抢险的动员，稳定情绪，鼓舞士气，应对突发事件。

4.5　临时应急机构

公司应急指挥中心根据突发事件的严重程度和实际处置需求，可派员前往事发现场组建现场指挥部，行使最高指挥权，领导和指挥事发地区的各级单位应急机构开展应急处置；或派遣现场工作组前往事发现场开展相关指导和协调工作。

4.5.1　现场指挥部

4.5.1.1　Ⅰ、Ⅱ级响应启动后，由应急指挥中心根据需要设置现场指挥部。现场指挥部总指挥、副总指挥由公司应急指挥中心总指挥或授权副总指挥委派，成员由现场总指挥和副总指挥指定。

4.5.1.2　现场指挥部主要职责如下：

（1）贯彻落实当地省政府及公司应急指挥中心的相关决策和要求；

（2）代表公司应急指挥中心在现场行使决策和指挥职权，统筹领导事发单位及现场相关应急机构，组织开展现场应急管理工作；

（3）负责建立下设相关应急工作组等机构，完善指挥部的组织体系；

（4）负责管理和维持指挥部的正常运转。

4.5.1.3　Ⅰ、Ⅱ级响应启动后，由现场指挥部根据需要设置应急工作组，应急工作组主要职责是为应急指挥提供辅助决策，落实现场指挥部的决议和部署，组织开展应急处置。

4.5.1.4　应急工作组可包括电网处置、设备抢修、客户服务、新闻宣传、后勤保障、物资保障等专业组，各组长经现场总指挥指定，由公司总部系统部、设备部、市场部、办公厅、物资部等专业部门人员担任，各组成员由公司或分子公司相关人员组成。各组有关职责和处置要点参照 6.5.3 节。

4.5.2　现场工作组

4.5.2.1　现场工作组作为公司的现场派出机构，其组长由公司应急指挥中心或应急办委派，各成员由公司或分子公司相关人员组成。

4.5.2.2　现场工作组主要职责如下：

（1）贯彻落实公司应急指挥中心及应急办的相关决议和工作要求；

（2）跟踪灾情动态，了解受灾地区的灾情信息并及时反馈公司应急办；

（3）协调和指导受灾分省公司及所属生产单位的应急相关工作。

5 监测与预警

5.1 预警分级

根据电网风险的影响范围、严重程度、发展趋势等可能引发的大面积停电事件等级，公司大面积停电事件预警在南方电网、省区电网、省会城市、省会城市（单一供电城市）、除省会城市外的其他10个重点城市即将发生或者发生大面积停电事件可能性较大时发布。预警共分为四级，即红色预警、橙色预警、黄色预警和蓝色预警：

（1）特别重大大面积停电事件即将发生或者发生的可能性大时，发布红色预警。

（2）重大大面积停电事件即将发生或者发生的可能性大时，发布橙色预警。

（3）较大大面积停电事件即将发生或者发生的可能性大时，发布黄色预警。

（4）一般大面积停电事件即将发生或者发生的可能性大时，发布蓝色预警。

（5）公司系统各单位大面积停电事件预警分级标准按照附件1要求执行。

5.2 预警监测

公司各级系统运行部（调度机构）负责管辖范围内大面积停电事件风险的监测和信息分析工作。生产设备管理部、安全监管部等相关责任部门应加强本部门职能管理范围内有关风险信息的监测，并及时提供给系统运行部。各级单位要建立与气象、水利、林业、地震、公安、交通运输、国土资源、工业和信息化等部门的信息共享机制，及时分析各类情况对电力运行可能造成的影响，预估可能影响的范围和程度。

风险监测重点包括：

（1）系统运行部监测重点

■ 自然灾害（包括台风、洪水、地震、冰雪、雷电、山火等）对电网运行造成的影响。

■ 电网运行方式薄弱点和方式发生变化后发生永久故障的机率。

■ 调度发电厂设备遭受严重损坏或强迫停运。

■ 发电燃料严重短缺或来水特枯引起电力供应严重危机。

■ 其他威胁电网安全运行的危害因素。

（2）生产设备部监测重点

■ 各级单位年度运行方式中界定的重要调峰调频发电厂、重要变电站、重要输变电设备遭受严重损坏或强迫停运。

■ 全网设备家族缺陷、老化故障的分布及管控情况。

■ 雷电监测、覆冰监测、山火监测信息。

（3）安全监管部监测重点

■ 自然灾害及相关气象信息。

■ 国家能源局或政府相关部门发布的大面积停电事件预警。

5.3 预警发布

（1）公司应急办组织发布大面积停电事件应急预警。系统运行部在获取预警支持信息后，应当及时进行汇总分析，对大面积停电发生的可能性及其可能造成的影响进行评估，并及时将评估结果及应急预警建议报公司应急办。当预警建议为红色、橙色时，由应急办组织相关专业管理部门、专业技术人员进行会商，确定预警级别为红色、橙色时，由应急指挥中心总指挥签发，或由总指挥授权副总指挥签发；当预警建议为黄色、蓝色时，由应急办主任签发。预警发布流程参见附件 3，发布通知单参见附件 4。

（2）公司应急办组织各部门研判可能造成大面积停电事件时，要及时将有关情况报告受影响区域地方人民政府电力运行主管部门和能源局相关派出机构，提出预警信息发布建议，并视情况通知重要电力用户。当可能发生重大及以上大面积停电事件时，公司应急办应同时报告能源局。

（3）预警发布后，应急办应通过应急指挥信息管理系统、公文、传真、电话、短信、电子邮件等多种方式，将预警尽快传达到相关部门及人员，如涉及政府部门或涉及民生重要部门，在经签发人同意并请示相关政府部门后，可以通过手机短信、电话、网络、广播电视、微博等渠道向政府、社会相关应急联动部门和重要客户发布大面积停电预警。

（4）各级系统运行部对预警信息评估超出预警范围时，应及时将预警支持信息上报上级系统运行部。

【注】“预警范围”是指即将发生或可能发生的大面积停电事件所影响的行政区域。

（5）公司系统各单位预警发布和解除均要上报上级应急办和系统运行部备案，并逐级上报公司应急办和系统运行部。

5.4 预警行动

5.4.1 预警行动

5.4.1.1 红色预警

红色预警通知发布以后，应急办根据预警需要，决定是否组织召开应急会议。需要召开应急会议时，应急办提请应急指挥中心总指挥或总指挥授权副总指挥召集应急指挥中心成员、应急办成员、有关部门和单位人员到位，组织召开应急指挥中心会议，指导协调预警响应工作。

预警范围内各单位应立即开展以下各项工作：

（1）相关应急预案和事故处理预案的准备。

（2）检查信息沟通渠道是否畅通。

（3）采取各种有效措施（如调整运行方式等）降低或控制风险。

（4）风险监测专业部门持续关注预警风险发展情况，定期发送风险监测信息。

（5）安排应急领导24小时轮流带班、专业技术人员24小时现场值班。

（6）应急物资及抢险、抢修设备准备。

（7）启动后勤保障机制。

（8）抢险、抢修队伍待命。

（9）预警通知要求的其他工作。

5.4.1.2　橙色预警

橙色预警通知发布以后，应急办根据预警需要，决定是否组织召开应急会议。需要召开应急会议时，公司应急办提请应急指挥中心总指挥或总指挥授权副总指挥召集应急指挥中心成员、应急办成员、有关部门和单位人员到位，组织召开应急指挥中心会议，指导协调预警响应工作。

预警范围内各单位应立即开展以下各项工作：

（1）相关应急预案和事故处理预案的准备。

（2）检查信息沟通渠道是否畅通。

（3）采取各种有效措施（如调整运行方式等）降低或控制风险。

（4）风险监测专业部门持续关注预警风险发展情况，定期发送风险监测信息。

（5）非工作时间安排专业技术人员值班。

（6）预警通知要求的其他工作。

5.4.1.3　黄色、蓝色预警

黄色或蓝色预警通知发布以后，应急办根据预警需要，决定是否组织召开应急会议。需要召开应急会议时，应急办提请应急总指挥或总指挥授权应急办召集有关部门和单位，组织召开会议，指导协调预警响应工作。

预警范围内各单位应立即开展以下各项工作：

（1）相关应急预案和事故处理预案的准备。

（2）检查信息沟通渠道是否畅通。

（3）采取各种有效措施（如调整运行方式等）降低或控制风险。

（4）风险监测专业部门加强对预警风险发展情况的监测和预报。

（5）预警通知要求的其他工作。

5.4.2 持续监测

在预警状态期间，系统运行部应对突发事件风险继续进行监测，全面收集与预警相关的信息，为预警调整、解除或启动应急响应提供支持。

5.5 预警支持信息管理

各级调度机构的运行方式部门为预警支持信息的管理部门，负责预警支持信息的汇总分析，并负责向调度机构应急办或应急管理人员提出应急预警建议和应急预警支持信息。预警支持信息应包括天气变化，设备运行情况，运行方式变化及安排，电网风险分析与辨识，安自装置、备自投、三道防线安排，燃料及来水情况等综合信息。

5.6 预警调整

应急办依据系统运行部上报的预警监测结果和建议，及时调整预警级别和预警响应范围。其中，涉及红色、橙色预警的调整均应由公司应急指挥中心总指挥或授权副总指挥签发批准，黄色和蓝色预警之间的调整由公司应急办主任或授权副主任签发批准。预警调整流程参见附件3，调整通知单参见附件4。

5.7 预警解除

预警信息发布后在未启动应急响应前电网运行风险已解除的，由应急指挥中心批准解除红色、橙色预警，由应急办批准解除黄色、蓝色预警。预警解除流程参见附件3，解除通知单参见附件4。

预警信息发布后若启动应急响应，预警阶段自动结束，不再发布预警解除信息。

6 应急响应与处置

6.1 响应分级

（1）根据电力安全事故（事件）分级标准，本预案将公司大面积停电应急响应分为四级：大面积停电Ⅰ级响应、大面积停电Ⅱ级响应、大面积停电Ⅲ级响应、大面积停电Ⅳ级响应。

（2）公司系统各单位大面积停电事件响应分级标准按照附件1要求执行。

分级标准如下：

6.1.1 大面积停电Ⅰ级响应

电网减供负荷或城市停电用户达到下表所列情况之一，公司启动大面积停电Ⅰ级响应：

	电网负荷规模（F）（MW）	减供负荷比例（%）	城市供电用户停电比例（%）
南方电网		≥30	
省（区）电网	F≥20000	≥30	
	5000≤F＜20000	≥40	
省会城市	F≥2000	≥60	≥70

6.1.2 大面积停电Ⅱ级响应

电网减供负荷或城市停电用户达到下表所列情况之一，未达到大面积停电Ⅰ级响应标准的，公司启动大面积停电Ⅱ级响应：

	电网负荷规模（F）（MW）	减供负荷比例（%）	城市供电用户停电比例（%）
南方电网		≥10	
省（区）电网	F≥20000	≥13	
	5000≤F＜20000	≥16	
	1000≤F＜5000	≥50	
省会城市		≥40	≥50
省会城市（单一供电城市）	F≥20000	≥60	≥70
除省会城市外，其他10个重点城市	F≥600	≥60	≥70

6.1.3 大面积停电Ⅲ级响应

发生下列情况之一，减供负荷或城市停电用户未达到大面积停电Ⅱ级响应标准的，公司进入大面积停电Ⅲ级响应：

（1）电网减供负荷达到下表所列情况之一：

	电网负荷规模（F）（MW）	减供负荷比例（%）	城市供电用户停电比例（%）
南方电网		≥7	
省（区）电网	F≥20000	≥10	
	5000≤F＜20000	≥12	
	1000≤F＜5000	≥20	
	F≤1000	≥40	
省会城市		≥20	≥30
省会城市（单一供电城市）	F≥20000	≥40	≥50
	F＜20000	≥60	≥50
除省会城市外，其他10个重点城市		≥40	≥50

（2）500kV 电网失去稳定解列。

（3）联网省（区）电网与主网事故解列（海南电网与主网解列不在范围内）。

（4）自然灾害、系统或设备故障发生连锁反应，一次造成 3 回及以上 500kV 交直流联络线跳闸停运，并且主网结构遭到较大破坏，电网安全运行受到严重威胁。

6.1.4　大面积停电Ⅳ级响应

发生下列情况之一，减供负荷未达到大面积停电Ⅲ级响应标准的，公司进入大面积停电Ⅳ级响应：

	电网负荷规模（F）（MW）	减供负荷比例（%）	城市供电用户停电比例（%）
南方电网		≥4	
省（区）电网	F≥20000	≥5	
	5000≤F<20000	≥6	
	1000≤F<5000	≥10	
	F≤1000	≥25	
省会城市		≥10	≥15
省会城市（单一供电城市）	F≥20000	≥20	≥30
	F<20000	≥40	
除省会城市外，其他10个重点城市		≥20	≥30

6.2　应急值班与信息报告

6.2.1　应急值班电话

应急值班电话要专线专用，单独设置，非应急事项，不得使用应急电话。相关应急机构、部门、人员联系方式发生变化后，要及时报告应急办，应急办根据变化情况更新联系方式。相关应急值班电话见附件 2，应急指挥中心及办公室成员以公司最新发文为准。

6.2.2　应急值守

各级调度机构调度监控室是本调度机构的应急值班室，各级调度机构值班调度员负责所辖电网的运行调度、监控和应急值守。

6.2.3　调度运行信息报告

6.2.3.1　报告内容

调度运行信息是指在大面积停电事件（电力安全事故事件）刚发生时，与停电有关的数据和信息，主要包括以下内容：事故（事件）类型、发生时间、发生地点；减供负荷量及其减供负荷比例；城市供电用户停电数量及其城市供电用户停电比例。

6.2.3.2　报告方式

（1）短信通知

大面积停电事件（电力安全事故事件）发生后，网、省调度机构值班调度员根据减供负荷、供电用户停电情况和下级调度机构调度员报送的调度运行信息，在 20 分钟内初步判断可能达到的事故事件等级，在 30 分钟内将调度运行信息短信通知本单位各部门相关应急人员。广州、深圳中调及地、县调调度员应在大面积停电事件（电力安全事故事件）发生后，在 20 分钟内将有关停电的简要信息通过短信通知本单位新闻管理部门和应急办，在 30 分钟内将有关包括负荷损失、用户停电的信息通过短信通知本单位各部门相关应急人员。

信息报告模板

报送时限	事件发生后分时信息报送内容
20 分钟	事件简要事实：时间、地点、停电大概区域 模板：X 月 X 日 X 时 X 分，XXX 单位所辖 XXX 区域因 XX（线路跳闸、主变跳闸等）发生停电。
30 分钟	事件简要事实：时间、地点、停电大概区域 模板： X 月 X 日 X 时 X 分，XXX 单位（省）所辖 XXX 区域因 XX（线路跳闸、主变跳闸等）发生停电，损失负荷 XX 及比例，受影响用户 XX 及比例。

（2）口头报告

当所辖电网发生大面积停电事件（电力安全事故事件）时，值班调度员在处理事故的同时，应在 15 分钟内根据减供负荷比例和供电用户停电比例，初步判断可能达到的事故事件等级，并立即向上级值班调度员和本机构调度负责人报告。

【注】上述“调度负责人”对应南网总调调度处处长、省（区）中调调度科科长和地调调度班长（调度主管）。

调度负责人接到值班调度员的报告以后，进一步了解核实事故发生的时间、地区、停电范围、停电负荷等有关信息，并立即将上述信息报告本调度机构应急办负责人（或应急主管）。

调度机构应急办负责人（应急主管）接到调度负责人报告后，立即与调度负责人核实确认相关信息，如达到应急响应启动标准，应在 10 分钟内口头汇报本单位应急办，提出启动应急响应的建议。本单位应急办收到报告后，立即报告应急指挥中心总指挥和副总指挥。

6.2.4 应急信息报告

6.2.4.1 报告内容

公司系统各级应急指挥机构负责组织收集和整理本级所辖范围内相关信息，各级职能管理部门负责收集统计职能管理范围内的信息。主要内容包括：

（1）电网跳闸信息：负荷损失、线路跳闸、变电站失压。由系统部门负责统计报送。

（2）供电损失信息：停电台区、停电用户数、重要用户停电户数、损失电量等。由市场部门负责统计报送。

（3）设备损失或受影响信息。由设备部门负责统计报送。

（4）抢险抢修工作进展情况：抢险抢修投入的人员、车辆、大型工器具数量、资源调配和使用情况、抢险抢修工作进展情况、现场工作安全情况、应急预警或响应行动信息等。由应急办负责统计并报送。

（5）电力安全事故（事件）处理及运行情况：电网最新事故及处理情况、电网结构变化情况、安全稳定运行情况、统调负荷及变化情况、主要火电厂存煤和水电厂水情、电网缺陷和异常情况等。由系统部门负责统计并报送。

（6）其他应急工作相关情况：领导指示、慰问、最新应急决策、重要会议、现场发生的主要事件、未来气象预报等。由应急办负责统计并报送。

6.2.4.2 报告方式

（1）应急响应启动后，以大面积停电事件发生时刻为起点，各级应急办和有关职能管理部门应每1小时报送1次电网跳闸、用户停电信息；其他应急信息在事件发生后8小时内每2小时报送1次，8小时后每4小时报送1次。

（2）应急信息按照附件9的格式填写，直至应急结束。应急信息报告流程见附件7。

6.2.5 外部信息报告

6.2.5.1 向政府机构报告

（1）公司办公厅向国家有关部委报送大面积停电相关情况的重大事项报告。

（2）公司应急办负责向国务院应急办、国资委、国家能源局、国家能源局南方监管机构报告大面积停电事件的信息。

（3）大面积停电事件（电力安全事故事件）发生后1小时内，按照电力事故事件信息报告要求，公司应急办向电力监管机构报告停电的简要信息。

（4）根据抢修复电的进展和处置情况，公司应急办向国务院应急办、电力监管机构动态报告抢修复电情况。

6.2.6 应急联系方式

应急值班电话见附件2，应急指挥中心及办公室成员以公司最新发文为准。

6.3 先期处置

6.3.1 调度机构事故处理

各级调度机构根据事故性质、停电范围和调度管辖范围，必要时启动：

（1）南网总调及时按照《中国南方电网系统运行应急方案》或《中国南方电网黑启动及主网架重建调度实施方案》及调度规程，指挥或指导省（区）调度机构、直调发电厂、变电站进行事故处理。

（2）省（区）调度机构及时按照本省（区）电力安全事故（事件）处理预案或黑启动方案，指挥或指导地区调度机构、直调发电厂、变电站及电力用户进行事故处理。

（3）地区调度机构及时按照本地区电力安全事故（事件）处理预案或黑启动方案，指挥或指导所辖发电厂、变电站及电力用户进行事故处理。

（4）各级调度机构均应根据事故发展和判断，滚动修编事故处理预案，并及时监督和指导相关部门、运行单位对预案的执行。

6.3.2 事故处理与供电恢复的基本原则

（1）按照优先保主网、保重要地区、保重要用户和要害部门的原则进行电力安全事故（事件）处理与供电恢复。

（2）在电网恢复过程中，各级调度机构均应按照调度管辖范围，协调电网、电厂、用户之间的电气操作、机组启动、用电恢复，保证电网安全稳定并留有必要裕度。

（3）在电网恢复过程中，各发电厂严格按照电力调度命令恢复机组并网运行，调整发电出力。

（4）在供电恢复过程中，各电力用户要严格按照调度计划分时分步地恢复用电。

6.3.3 各相关部门前期处置要点

（1）系统运行部迅速组织各级调度控制事态发展，确保电网稳定运行。

（2）生产设备管理部组织技术力量为事发单位提供必要的技术支持。

（3）市场营销部指导和督促事发单位市场营销部门做好客户应急服务，组织制定停电客户的供电保障方案和工作计划。

（4）办公厅迅速开展舆情监测和舆论引导工作。

（5）安全监管部收集事件信息，迅速启动应急指挥中心，做好应急会商准备。同时指导事发单位做好先期处置的安全管控，避免发生次生事件。

6.4 响应启动

6.4.1 应急响应启动及发布

（1）公司系统运行部研判符合Ⅰ、Ⅱ级应急响应启动条件时，由系统部报告应急办，由应急办组织相关部门会商，确定启动Ⅰ、Ⅱ级响应的，报应急指挥中心总指挥或授权副总指挥批准启动Ⅰ、Ⅱ级应急响应。

（2）公司系统运行部研判符合Ⅲ、Ⅳ级应急响应启动条件时，由系统运行部报告应急办，由应急办主任或授权副主任签发启动Ⅲ、Ⅳ级应急响应，必要时，可提级提请应急指挥中心副总指挥签发批准。

6.4.2 各级应急响应的领导机构和处置主体

（1）大面积停电应急响应启动后，公司应急指挥中心和应急指挥办公室统一协调指挥所属各级单位开展应急响应相关处置工作，并根据需要设立现场指挥部或现场工作组。

（2）大面积停电事件应急响应启动后，南网总调协调指挥各级调度机构、发电厂、变电站等有关单位开展事故的应急响应和处置工作。

（3）在I、II级响应下，由公司应急指挥中心统筹指挥。III、IV级响应情况下，由公司应急办统筹协调全盘应急工作，总部系统运行部开展专业指挥处置。

6.5 响应行动

6.5.1 应急会商

（1）公司应急办根据大面积停电事件应急响应初判等级提请公司总指挥或副总指挥组织召开应急指挥中心紧急会议。

（2）接公司应急办信息后，应急指挥中心成员、应急办成员、各专业管理部门相关人员应在规定时间内（工作期间15分钟，非工作期间60分钟）到达公司应急指挥中心参加应急会商会议。

（3）Ⅰ级、Ⅱ级应急响应会商由公司应急指挥中心总指挥或授权副总指挥主持；Ⅲ级、Ⅳ级应急响应会商由公司应急指挥中心副总指挥主持。

（4）应急会商议程

序号	内容	发言部门	主持人
1	目前电网停电负荷比例、失压变电站个数、停电涉及的范围（是否城市核心区域），目前已采取的措施。	系统运行部门	总指挥／副总指挥
2	当前客户服务情况，内容包括目前城市停电范围、停电用户数、涉及的重要用户数、客户咨询情况及目前已采取的措施。	市场营销部门	

续表

序号	内容	发言部门	主持人
3	设备损失情况（设备损坏情况、现场设备情况、设备事故处置情况、现场处置进展情况、下一步工作部署）。	生产设备管理部门	总指挥／副总指挥
4	当前舆情监测情况。	办公厅	
5	汇报应急处置信息以及与电力监管机构协调相关信息。	安全监管部门	
6	根据目前电网运行及停电情况，进行会商讨论，提出需要协调解决的问题。	各部门	
7	起草应急响应发布单或工作部署文件。	应急办	
8	签发应急响应发布单，部署应急处置工作。	总指挥／副总指挥	

（5）根据工作需要，成立电网处置、设备抢修、客户服务、新闻宣传、物资保障、后勤保障等专业组，按照专业职责分工立即组织开展应急处置工作。

6.5.2　处置措施

6.5.2.1　Ⅰ、Ⅱ级响应

（1）Ⅰ、Ⅱ级响应一般由应急指挥中心总指挥或授权副总指挥指挥，指挥场所设于公司应急指挥中心。在应急指挥中心领导下，应急办负责总体协调，应急办各成员部门各司其职，与事发单位保持联系，掌握相关信息，督促落实各应急现场安全管控措施，并指导现场进行应急处置；

（2）应急指挥中心总指挥及时委派相关人员及时与国家、当地所属省政府进行沟通，必要时立即赶往政府大面积停电指挥机构进行现场协调；

（3）根据需求，由应急指挥中心统一调配管辖范围内的各类资源支援事发单位，或联系政府部门动用社会力量救援；

（4）应急指挥中心根据实际情况，按照相关预案要求派出现场指挥机构或现场工作组，赴现场开展指挥、协调或指导工作；

（5）应急办立即与事发单位应急指挥机构建立通信联系，掌握事发现场相关单位大面积停电处置工作情况，督促采取有效措施，防止事件恶化或影响扩大；

（6）应急办负责制定公司应急值守计划，并组织应急指挥中心及应急办各相关成员在应急指挥中心开展24小时值守。其中，Ⅰ级响应启动后，公司应急指挥中心总指挥或授权副总指挥带班值班；Ⅱ级响应启动后，公司应急指挥中心副总指挥带班值班。

（7）应急办应及时组织对事态发展和影响及时进行分析和评估，系统运行部应及时提供电网当前状况和发展分析，为制定抢险措施、调整应急策略等提供重要决策依据。

（8）应急办负责每日早 8 时 30 分、晚 17 时编制《应急工作专报》，及时、准确发布信息，直至应急结束，必要时，可增加报送频次。

6.5.2.2 Ⅲ、Ⅳ级响应

（1）Ⅲ、Ⅳ级响应一般由应急指挥中心副总指挥或授权相关应急指挥中心成员指挥，指挥场所设于应急指挥中心或公司调度控制中心；

（2）突发事件发生后，相关应急办成员部门应立即与现场建立联系，掌握事发单位大面积停电事件情况，督促落实各应急现场安全管控措施，并指导现场进行应急处置；

（3）由应急指挥中心总指挥委派相关人员及时与国家有关部委、当地所属省政府汇报，必要时，立即前往政府相关大面积停电指挥机构进行现场协调；

（4）应急办成员部门对事态发展和影响及时进行分析和评估，制定抢险措施，协调相关部门和单位调配资源支援事发单位，或求助政府动用社会力量救援；当资源不能满足需求时，可向上级应急指挥机构申请支援；

（5）应急办相关成员部门应组织安排本部门开展 24 小时应急值守工作。由公司应急办负责人带班，相关人员在岗值班；

（6）根据实际情况，应急办相关成员部门可派出现场工作组协调现场应急相关工作；

（7）应急办负责每日编制《应急工作专报》，及时、准确发布信息，直至应急结束，必要时，可增加报送频次。

6.5.3 处置要点

（1）电网处置工作要点：

■ 按照《中国南方电网系统运行应急方案》或《中国南方电网黑启动及主网架重建调度实施方案》指挥或指导省（区）调度机构、发电厂、变电站进行事故处理，确保主网安全，尽快恢复供电。

■ 按照优先保主网、保重要地区、保重要用户和要害部门的原则进行大面积停电事件处理与供电恢复。

■ 调整电网运行方式，控制事故发展和事故范围，处理和解决电网恢复过程中的技术问题。

■ 协调电网、电厂、用户之间的电气操作、机组启动、用电恢复，保证电网安全稳定并留有必要裕度。

■ 及时向市场营销部门、新闻管理部门提供电网停电范围及相关信息。

■ 专人负责应急指挥的通信保障工作。

■ 专人负责收集统计停电损失负荷及复电进展，并向新闻管理部门通报。

■ 滚动向应急指挥中心总指挥或副总指挥汇报处置进展。

（2）设备抢修工作要点

■ 专人收集事发单位的设备故障信息，提出物资需求。

■ 组织制定抢修救援方案，开展设备抢修和跨地区支援。

■ 配合电网运行需求逐级、分批尽快恢复设备运行，做好抢修现场安全管理工作。

■ 调集系统内应急抢修救援队伍、装备赶往事发单位开展抢修复电。

■ 滚动向应急指挥中心总指挥或副总指挥汇报处置进展。

（3）客户服务工作要点

■ 根据电网处置组提供的停电范围，指导事发单位立即梳理所影响的重要供电用户名单，及时向重要客户通报突发事件情况，做好客户的沟通解释工作。

■ 专人负责收集统计事发单位停电用户数及对应的比例，及时向新闻管理部门通报。

■ 指导事发单位确定重要客户恢复供电优先级次序方案，组织事发单位做好应急发电车的调配工作。

■ 滚动向应急指挥中心总指挥或副总指挥汇报处置进展。

（4）新闻宣传措施与工作要点

■ 督促事发单位30分钟内在官方微博发布第一条信息并滚动发布后续信息。

■ 组织开展舆情监测，制定新闻通稿、微博信息和应答口径，及时联系媒体，采取适当形式发布权威信息，正确引导舆论。

■ 组织做好有效调控现场媒体采访、接待的各项准备及预案，包括设置媒体接待区、为现场记者提供书面新闻通稿等。

■ 向应急指挥中心总指挥或副总指挥滚动汇报新闻应急处置进展情况。

（5）物资保障工作要点

■ 主动了解设备抢修的物资需求，及时掌握公司范围内的物资储备情况。

■ 联系协议供货商、运输商做好物资紧急配送工作。

■ 优化应急物资的运输方式及路线。

■ 滚动向应急指挥中心总指挥或副总指挥汇报物资供应情况。

（6）后勤保障措施与工作要点

■ 当涉及人员伤亡时，需及时组织事发单位做好现场人员救护，与医院联系伤员转移、治疗事宜。

■ 做好公司应急处置人员的食宿安排和供应，提供必要的生活办公用品。

6.6 响应调整

公司系统部及时向公司应急办提出调整响应的建议，公司应急办根据突发事件的态势和影响及时按程序调整响应级别和范围。其中涉及Ⅰ、Ⅱ级响应之间的调整应通过应急指挥中心总指挥或经授权的副总指挥签发批准；Ⅲ、Ⅳ级之间的响应调整由应急办主任或经授权的副主任签发批准（公司突发事件应急响应调整流程见附件5）。

6.7 应急结束

公司应急办组织各专业管理部门对事件处置进度进行会商研判，在同时满足下列条件下，由公司应急办提请，经公司应急指挥中心研究后决定并宣布解除应急状态：

（1）电网主干网架基本恢复正常接线方式，电网运行参数保持在稳定限额之内，主要发电厂机组运行稳定。

（2）减供负荷恢复80%以上，受停电影响的区域电网负荷恢复到事故前80%及以上，城市负荷恢复到事故前90%及以上，城市供电用户恢复到事故前90%及以上。

（3）无其他对电网安全稳定运行和正常电力供应存在重大影响或严重威胁的事件。

（4）造成大面积停电事件的隐患基本消除；

（5）大面积停电事件造成的重特大次生衍生事故基本处置完成。

Ⅰ级及Ⅱ级应急响应，由应急指挥中心总指挥或副总指挥签发批准结束应急响应；Ⅲ级及Ⅳ级应急响应，由相关应急办成员部门提出建议，由应急办负责人负责签发批准结束应急响应（应急响应解除流程见附件5）。应急结束后，各临时机构予以撤销。

7 后期处置

应急工作结束以后，公司应急办负责协调相关部门指导、督促分子公司和事发单位制定详细可行的工作计划，快速、有效地消除大面积停电事件造成的不利影响，尽快恢复生产秩序，并做好善后处理、保险理赔等事项。

7.1 处置评估与改进

7.1.1 对达到本应急预案中定义的突发事件，各级事发单位均应在事后10个工作日内组织各相关专业管理部门对突发事件预防、应急保障、预警与响应、恢复与重建等方面进行全方位总结，制定整改方案并落实，并形成报告提交至上级单位应急办。

7.1.2　公司实行突发事件处置后评估机制，其中发生重、特大或造成重大影响的灾害时，由公司应急办在处置结束后10个工作日内统一组织开展评估工作；发生一般、较大或造成较大影响的灾害时，由各分子公司在处置结束后10个工作日内统一组织开展评估工作，分析、总结、制定整改提升计划并督促落实。

7.2　事件调查

大面积停电事件发生后，公司根据有关规定成立调查组，查明事件原因、性质、影响范围、经济损失等情况，提出防范、整改措施和处理处置建议。

7.3　恢复生产与善后

（1）电网恢复建设：基建部负责将提升电网设备、设施的抗灾、防灾能力要求纳入到工程建设相关原则和标准中。

（2）事故善后：设备部负责建立设备受损台账，财务部负责办理保险索赔及赔偿、落实紧急拨款等。

（3）电力供应：市场营销部负责开展停电对电力用户影响情况的调查，协调事发单位开展用户后续复电工作，对有关善后事宜进行协调、处理等。

8　应急保障

8.1　应急队伍

（1）启动应急响应后，公司应急队伍应按预案要求到指定地点集合，领取应急物资，做好应急出发准备。

（2）各级单位应掌握周围地区社会救援力量，与公安、消防、武警部队、医疗部门、设备制造厂家及其技术服务人员等建立联系，必要时签订有关协议，做到急有所依。

8.2　应急物资与装备

（1）在充分利用现有物资装备的基础上，根据应急工作需要，公司应配备必要的应急救援物资和装备，建立救援物资和装备数据库和管理制度。公司对应急物资与装备实行网络管理、分散布置和集中使用。

（2）对应急物资与装备类型、数量、性能、存放位置、管理责任人和联系方式等登记在册，每年10月底前报公司应急指挥中心办公室备案。

（3）加强应急物资与装备的维护管理，保证救援物资和装备始终处在随时可正常使用的状态。

8.3　通信保障、交通与运输保障

8.3.1　应急响应期间公司处置现场及政府有关部门之间建立每天 24 小时畅通的通信渠道。通信方式包括：系统电话、外线电话、手机、传真、电子邮件等，其

中电话、传真和电子邮件为主要通信联络方式，手机为备用方案。应急人员工作联系手机每天24小时保持开机。

8.3.2 公司各级单位要联合各级人民政府建立健全大面积停电事件应急通信保障体系，形成可靠的通信保障能力，确保应急期间通信联络和信息传递需要。

8.3.3 根据全面推进公务用车制度改革有关规定，有关单位应配备必要的应急车辆，保障应急救援需要。

8.4 技术保障

（1）督察分子公司和事发单位完善营配一体化系统，进一步深化用电调度与服务调度的横向沟通，为大面积停电事件的应急处置提供可视化的信息支撑。

（2）公司各级单位要加强大面积停电事件应对和监测先进技术、装备的研发，制定电力应急技术标准，加强电网、电厂安全应急信息化平台建设。积极联系政府有关部门获取日常监测预警及电力应急抢险提供必要的气象、地质、水文等信息。

（3）聘请电力生产、管理、科研等各方面专家，组成大面积停电应急处置专家委员会，对应急处置进行技术咨询和决策支持。

8.5 应急电源保障

提高电力系统快速恢复能力，加强电网“黑启动”能力建设。公司各级单位应充分考虑电源规划布局，保障各地区“黑启动”电源。应配备适量的应急发电装备，必要时提供应急电源支援。加强公司各级应急指挥机构、调度机构的应急电源保障，严格执行公司调度生产供电电源配置技术规范。督促重要电力用户应按照国家有关技术要求配置应急电源，并加强维护和管理，确保应急状态下能够投入运行。

8.6 资金保障

公司各级单位应按照有关规定，对大面积停电事件处置工作提供必要的资金保障。

9 培训与演练

（1）积极参加或配合地方政府组织的应急联合演练，进一步加强客户侧联动，定期联合“重要客户”开展联合应急演练，加强和完善与社会的应急协调配合工作。

（2）增强应急演练的针对性和实操性，大力推广大面积停电的双盲实战性应急演练。根据城市电网自身特点，公司应急指挥中心办公室应每年定期组织大面积停电事件应急演练，进行演练总结，不断提高大面积停电应急处置能力。

10 备案与修订

10.1 预案备案

本预案报公司应急办备案，并由应急办负责报国家有关部委备案。

10.2 修订和更新

本预案由公司系统部负责修订和更新。当预案中相关文件依据、风险与资源分析、事件分级、应急组织机构及职责、预警与响应等重要内容发生变化时，应按照《中国南方电网有限责任公司应急管理规定》和《中国南方电网有限责任公司应急预案与演练管理办法》相关规定及时对本预案进行修订。

11 附则

11.1 制定与解释

本预案由公司系统运行部负责组织制定并解释。

11.2 实施时间

本预案自公司批准发文之日起实施。

附件 1

公司系统各单位大面积停电事件预警或响应分级标准

公司系统各单位大面积停电事件预警或响应分级标准

等级 单位	红色预警、Ⅰ级响应	橙色预警、Ⅱ级响应	黄色预警、Ⅲ级响应	蓝色预警、Ⅳ级响应
省公司	重大以上电力安全事故	较大电力安全事故	一般电力安全事故	一级电力安全事件
广州、深圳等 15 个重点城市供电局	重大以上电力安全事故	一般以上电力安全事故	一级电力安全事件	二级电力安全事件
地区供电局	较大以上电力安全事故	一般电力安全事故	一级电力安全事件	二级电力安全事件
县级供电局	一般电力安全事故	一级电力安全事件	二级电力安全事件	三级电力安全事件

（1）电力安全事故（事件）是指《电力安全事故应急处置和调查处理条例》（国务院令第 599 号）、《国家能源局关于印发单一供电城市电力安全事故等级划分标准的通知》（国能电安〔2013〕255 号）和《中国南方电网公司事故调查规程》界定的电力安全事故、事件。

（2）大面积停电事件分级标准中对应的电力安全事故（事件）均是指电网负荷损失比例、供电用户停电比例的事故（事件）类型，其他类型的电力安全事故（事件）不属于大面积停电事件发布预警和启动响应的标准。

（3）除以上分级标准外，各单位可根据实际需要，对其他如电网解列、系统崩溃、多条线路跳闸等不构成电力安全事故（事件）的电网异常情况，列入大面积停电应急预案的预警和响应分级标准。

（4）重点城市的重要、敏感地区发生对社会影响较大的停电事件，可酌情提级处理。15 个重点城市供电局应梳理停电可能造成较大社会影响的区域并列入本单位大面积停电应急预案分级表。15 个重点城市包括：广州、南宁、昆明、贵阳、海口、深圳、东莞、佛山、珠海、桂林、柳州、红河、曲靖、遵义、三亚。

附件 3

大面积停电事件预警发布、调整、解除流程

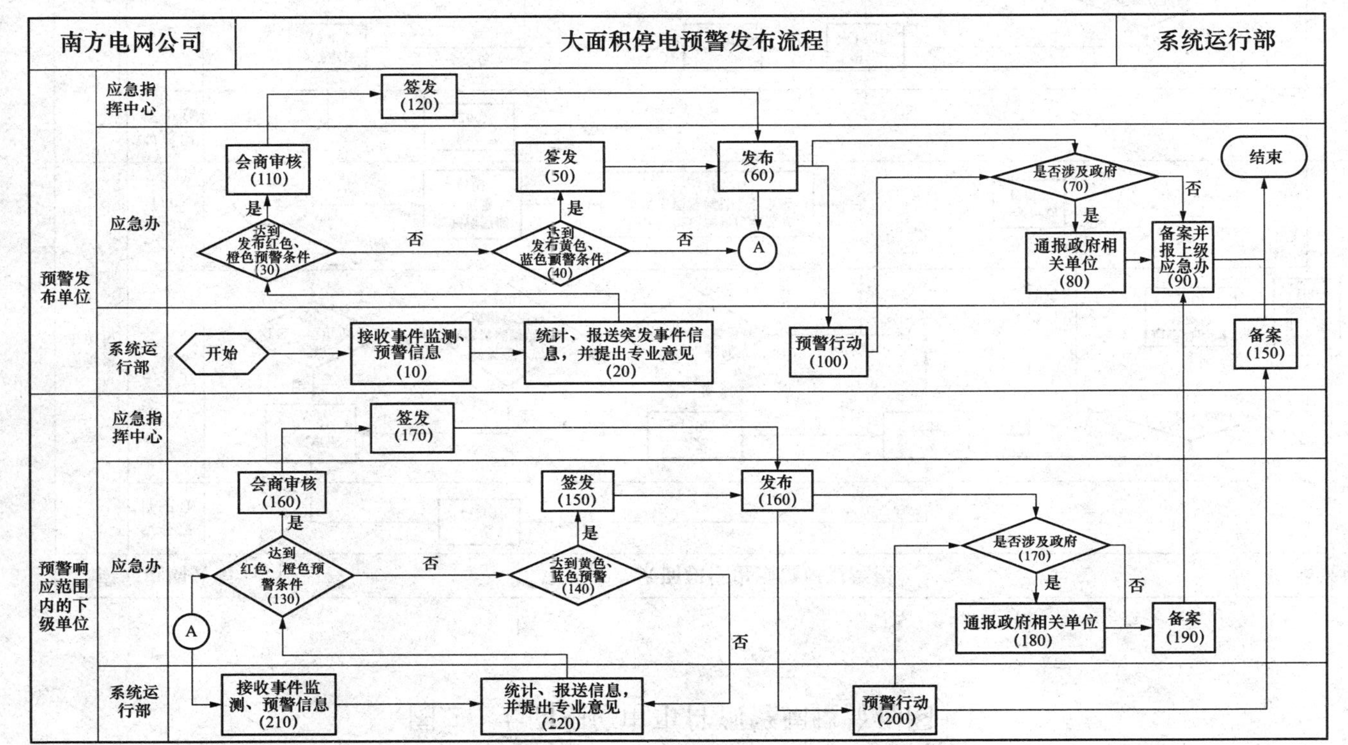

图 1　大面积停电事件预警发布流程图

图 2　大面积停电事件预警调整流程图

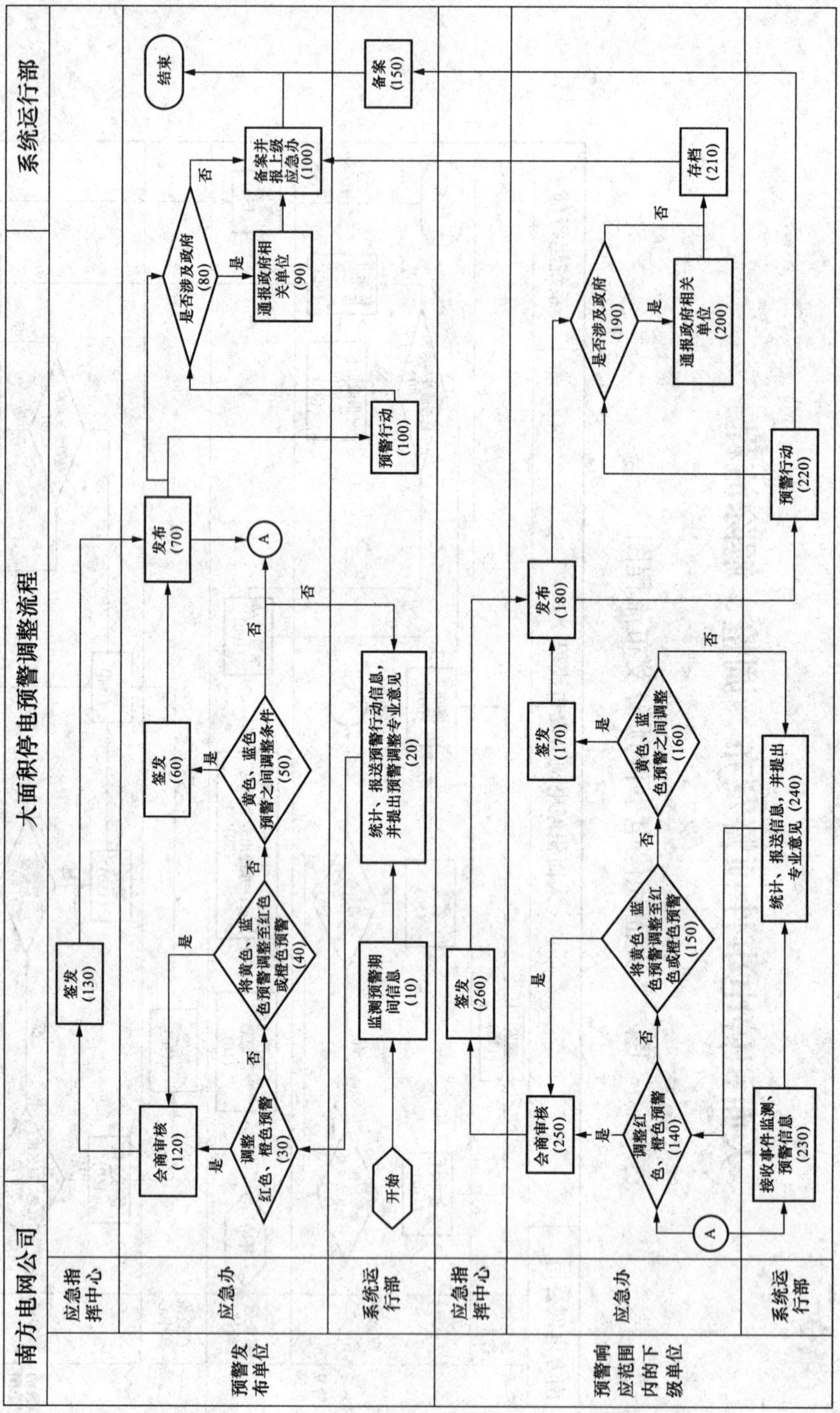

南方电网公司
大面积停电预警调整流程
系统运行部

预警发布单位
应急指挥中心
应急办
系统运行部

签发（130）
会商审核（120）
是
调整红色、橙色预警（30）
否
将黄色、蓝色预警调整至红色或橙色预警（40）
是
否
黄色、蓝色预警之间调整条件（50）
是
签发（60）
发布（70）
否
A
否
开始
监测预警期间信息（10）
统计、报送预警行动信息，并提出预警调整专业意见（20）
预警行动（100）
是否涉及政府（80）
是
否
通报政府相关单位（90）
备案并报上级应急办（100）
结束
备案（150）

预警响应范围内的下级单位
应急指挥中心
应急办
系统运行部

签发（260）
会商审核（250）
是
是
调整红色、橙色预警（140）
否
将黄色、蓝色预警调整至红色或橙色预警（150）
否
黄色、蓝色预警之间调整（160）
是
签发（170）
发布（180）
否
A
接收事件监测、预警信息（230）
统计、报送信息，并提出专业意见（240）
预警行动（220）
是否涉及政府（190）
是
否
通报政府相关单位（200）
存档（210）

图 3　大面积停电事件预警解除流程图

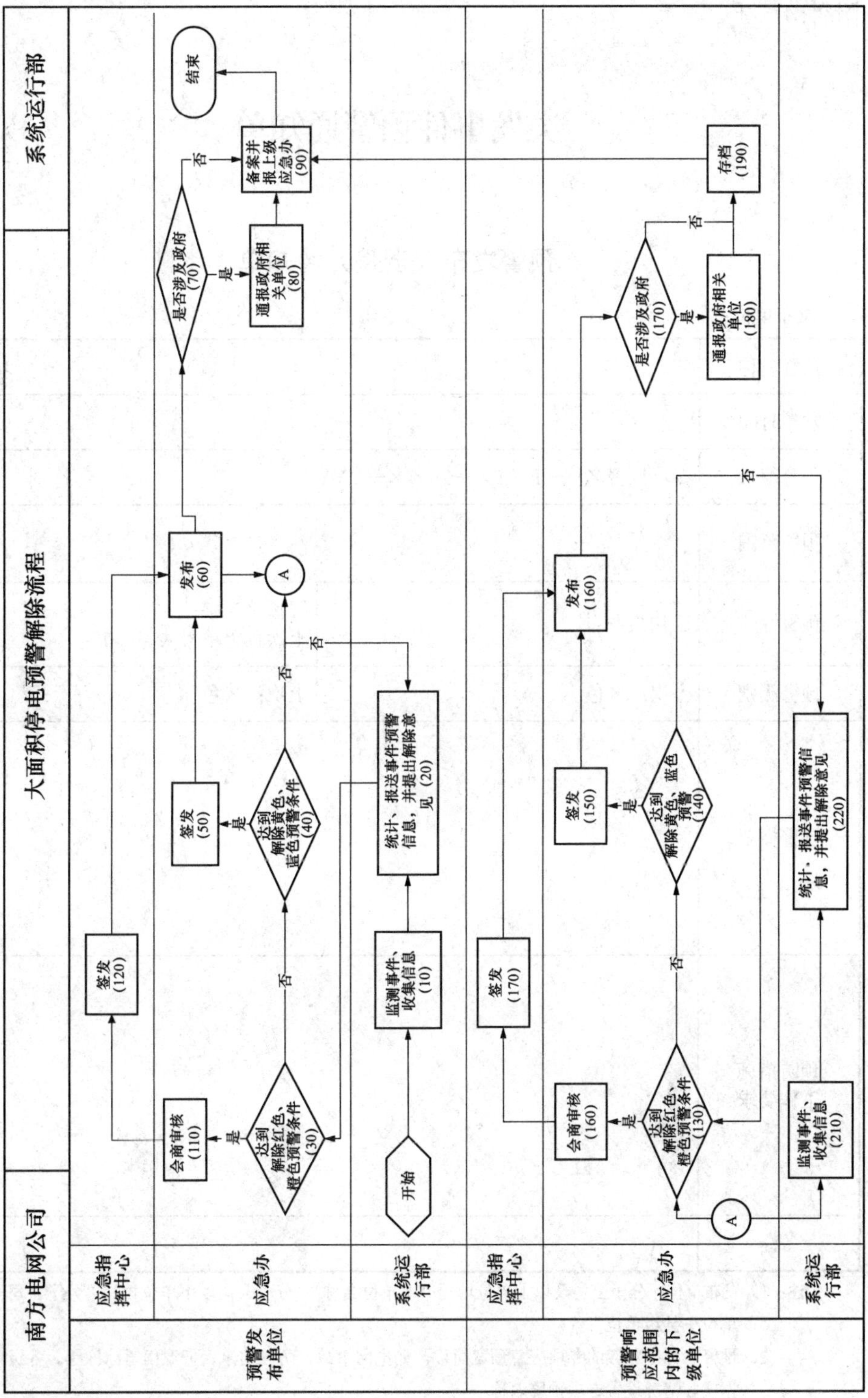

南方电网公司

大面积停电预警解除流程

系统运行部

预警发布单位

应急指挥中心

应急办

系统运行部

签发 (120)

会商审核 (110)

签发 (50)

发布 (60)

是否涉及政府 (70)

结束

是

否

达到解除红色、橙色预警条件 (30)

达到解除黄色、蓝色预警条件 (40)

A

通报政府相关单位 (80)

备案并报上级应急办 (90)

开始

监测事件、收集信息 (10)

统计、报送事件预警信息，并提出解除意见 (20)

预警响应范围内的下级单位

签发 (170)

会商审核 (160)

签发 (150)

发布 (160)

达到解除红色、橙色预警条件 (130)

达到解除黄色、蓝色预警 (140)

是否涉及政府 (170)

通报政府相关单位 (180)

存档 (190)

监测事件、收集信息 (210)

统计、报送事件预警信息，并提出解除意见 (220)

附件 4

突发事件预警通知单

预警发布（调整）通知单

发布单位：　　　　　　　　　　　　　　　　　　签发人：

<table>
<tr><td>预警名称</td><td colspan="2"></td></tr>
<tr><td>发布时间</td><td colspan="2"></td></tr>
<tr><td>预警编号</td><td colspan="2">专项预警名称—F（T）—20××—YYY</td></tr>
<tr><td>预警范围</td><td colspan="2"></td></tr>
<tr><td>预警性质</td><td>□初次发布</td><td>□预警调整
上次预警单号（　　）</td></tr>
<tr><td>预警级别</td><td>本次：×色</td><td>上次：×色</td></tr>
<tr><td>预警概要</td><td colspan="2"></td></tr>
<tr><td>预防措施
工作要求</td><td colspan="2"></td></tr>
<tr><td>备注</td><td colspan="2"></td></tr>
</table>

注：1. 发布单位：分子公司及以上单位填写“本单位名称”；分子公司以下单位填写“分子公司＋地市级单位＋县级单位”；

2. 预警名称：对应的专项应急预案简称，如电网事故、防风防汛、低温雨雪冰冻等。各级单位可根据实际情况设置专项预警名称；

3. 预警编号：“F”表示首次发布，“T”表示调整；“20××”表示年号；“YYY”表示序列号，范围为 001—999。

预警解除通知单

发布单位：　　　　　　　　　　　　　　　　　　　　签发人：

预警名称	
预警编号	
解除时间	
解除原因	
工作要求	
备注	

注：1．发布单位：分子公司及以上单位填写“本单位名称”；分子公司以下单位填写“分子公司＋地市级单位＋县级单位”；

2．预警名称：对应的专项应急预案简称，如电网事故、防风防汛、低温雨雪冰冻等。各级单位可根据实际情况设置专项预警名称；

3．预警编号：对应预警发布（调整）通知单编号。

附件 5

大面积停电事件应急响应启动、调整、结束流程

图 1　大面积停电事件应急响应启动流程图

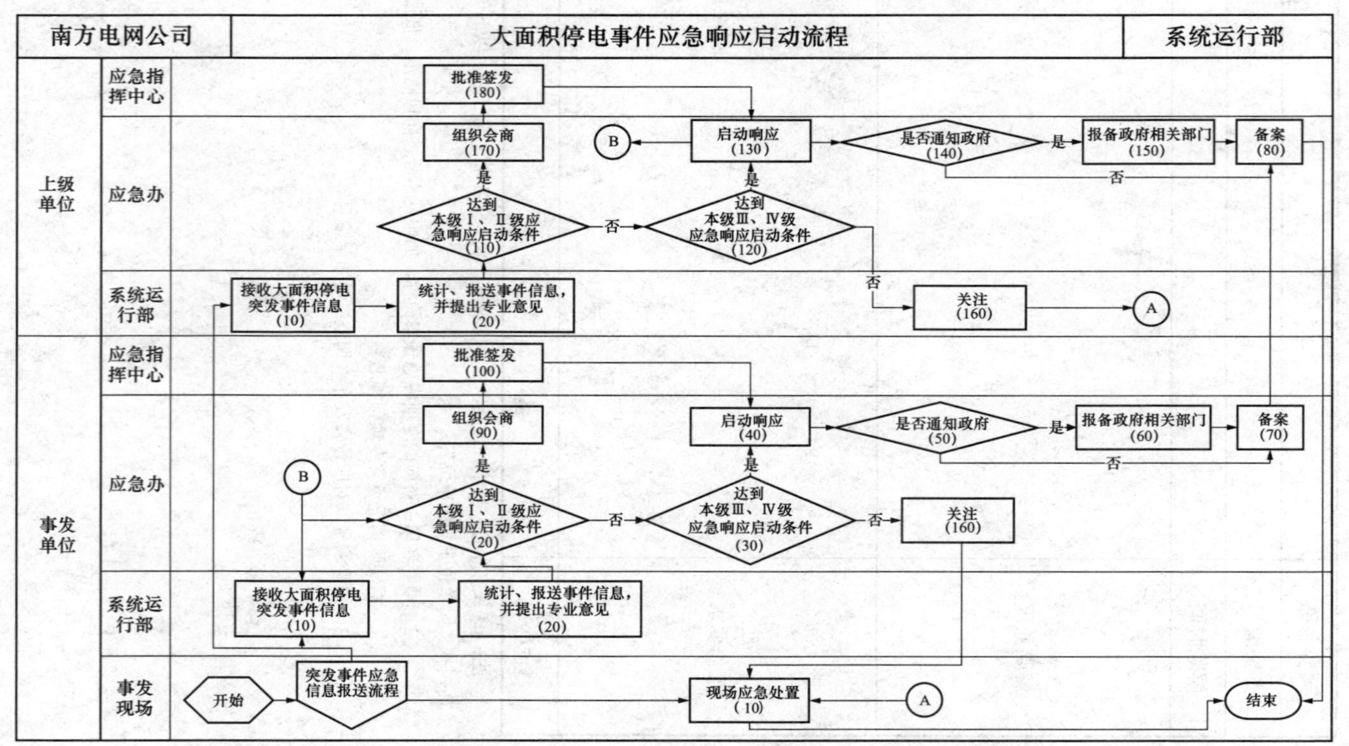

图 2　大面积停电事件应急响应调整流程图

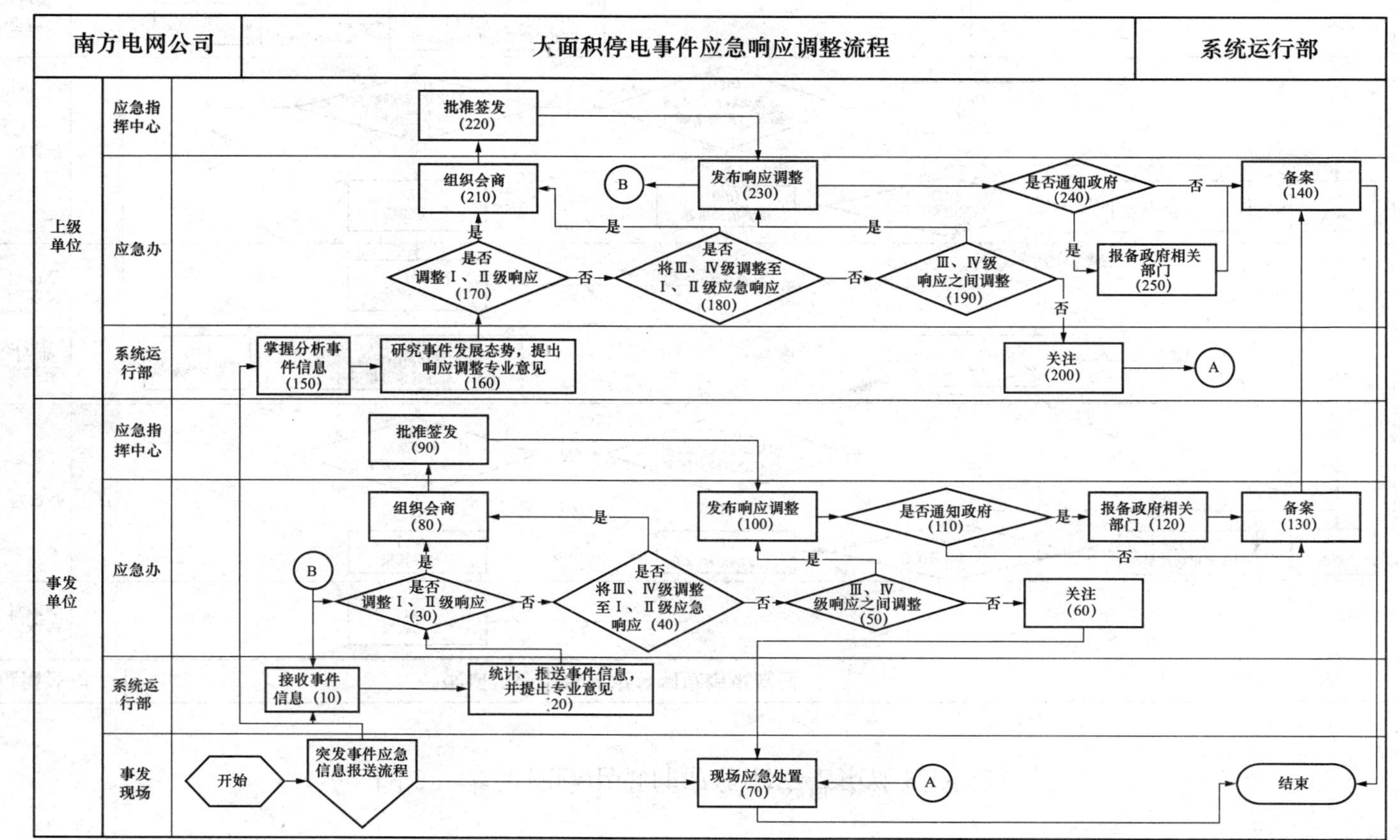

图 3　大面积停电事件应急响应结束流程图

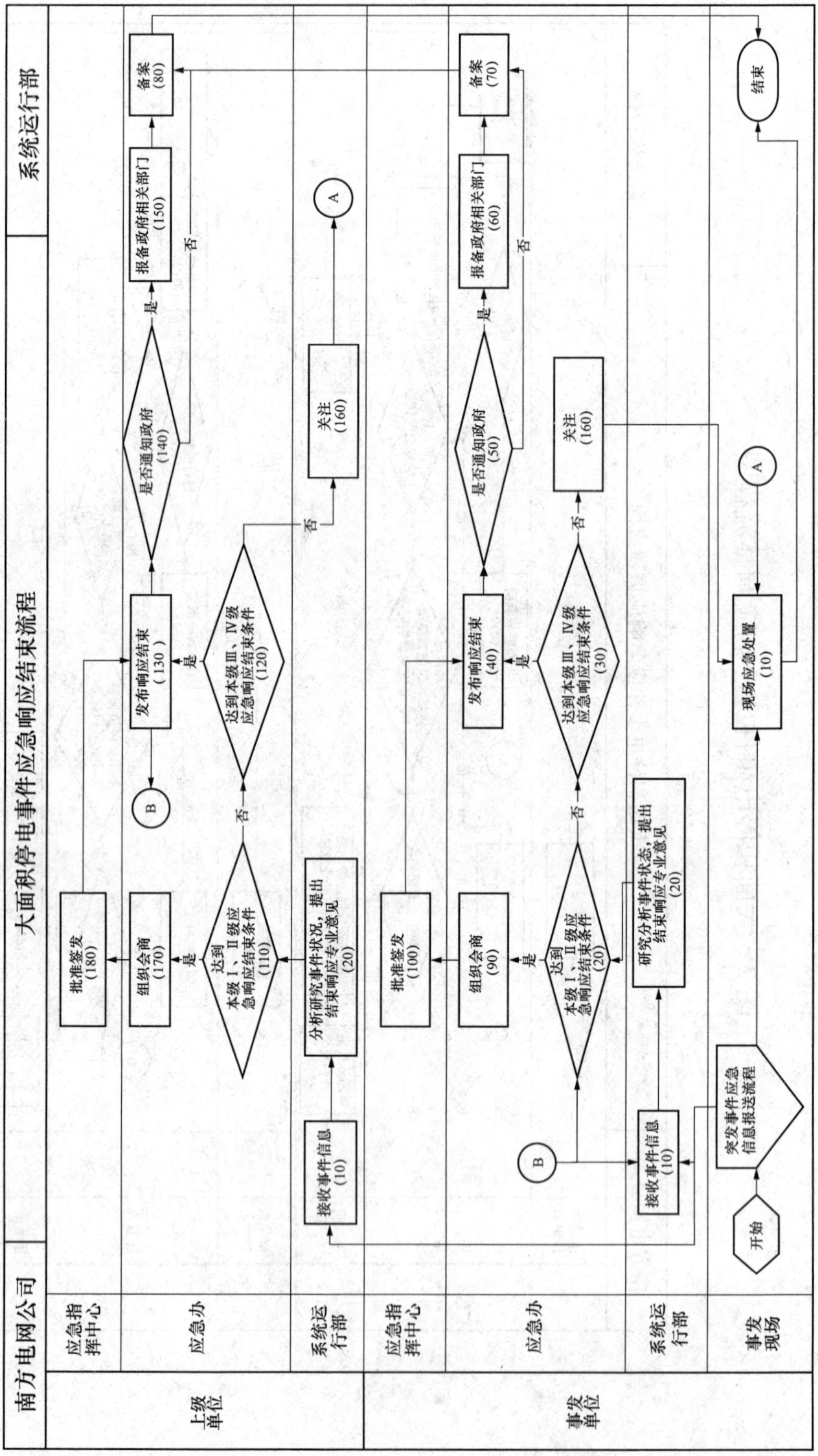

南方电网公司
大面积停电事件应急响应结束流程
系统运行部

上级单位
应急指挥中心
批准签发 (180)
应急办
组织会商 (170)
B
发布响应结束 (130)
是否通知政府 (140)
是
报备政府相关部门 (150)
备案 (80)
否
是
是
达到本级Ⅰ、Ⅱ级应急响应结束条件 (110)
否
达到本级Ⅲ、Ⅳ级应急响应结束条件 (120)
否
系统运行部
接收事件信息 (10)
分析研究事件状况，提出结束响应专业意见 (20)
关注 (160)
A

事发单位
应急指挥中心
批准签发 (100)
应急办
组织会商 (90)
发布响应结束 (40)
是否通知政府 (50)
是
报备政府相关部门 (60)
备案 (70)
否
是
B
是
达到本级Ⅰ、Ⅱ级应急响应结束条件 (20)
否
达到本级Ⅲ、Ⅳ级应急响应结束条件 (30)
否
关注 (160)
系统运行部
接收事件信息 (10)
研究分析事件状态，提出结束响应专业意见 (20)
事发现场
开始
突发事件应急信息报送流程
现场应急处置 (10)
A
结束

附件 6

应急响应通知单

应急响应启动（调整）通知单

发布单位：　　　　　　　　　　　　　　　　　　　　签发人：

响应名称		
发布时间		
响应编号	突发事件名称—F（T）—20××—YYY	
响应范围		
响应性质	□初次发布	□响应调整 上次响应单号（　　）
响应级别	本次：×级	上次：×级
事件概要		
处置措施 工作要求		
备注		

注：1. 单位：分子公司及以上单位填写“本单位名称”；分子公司以下单位填写“分子公司＋地市级单位＋县级单位”；

2. 响应编号：突发事件名称表示本次响应对应的突发事件；“F”表示首次发布，“T”表示调整；“20××”表示年号；“YYY”表示序列号，范围为 001—999，响应调整给予新编号。

应急响应解除通知单

发布单位：　　　　　　　　　　　　　　　　　　签发人：

应急响应名称	
响应编号	
结束时间	
解除原因	
工作要求	
备　　注	

注：1．发布单位：分子公司及以上单位填写“本单位名称”；分子公司以下单位填写“分子公司＋地市级单位＋县级单位”；

2．响应编号：对应应急响应启动（调整）通知单编号；

3．解除原因：填写解除时达到预案所设定的解除条件。

附件 7

大面积停电事件应急信息报送流程

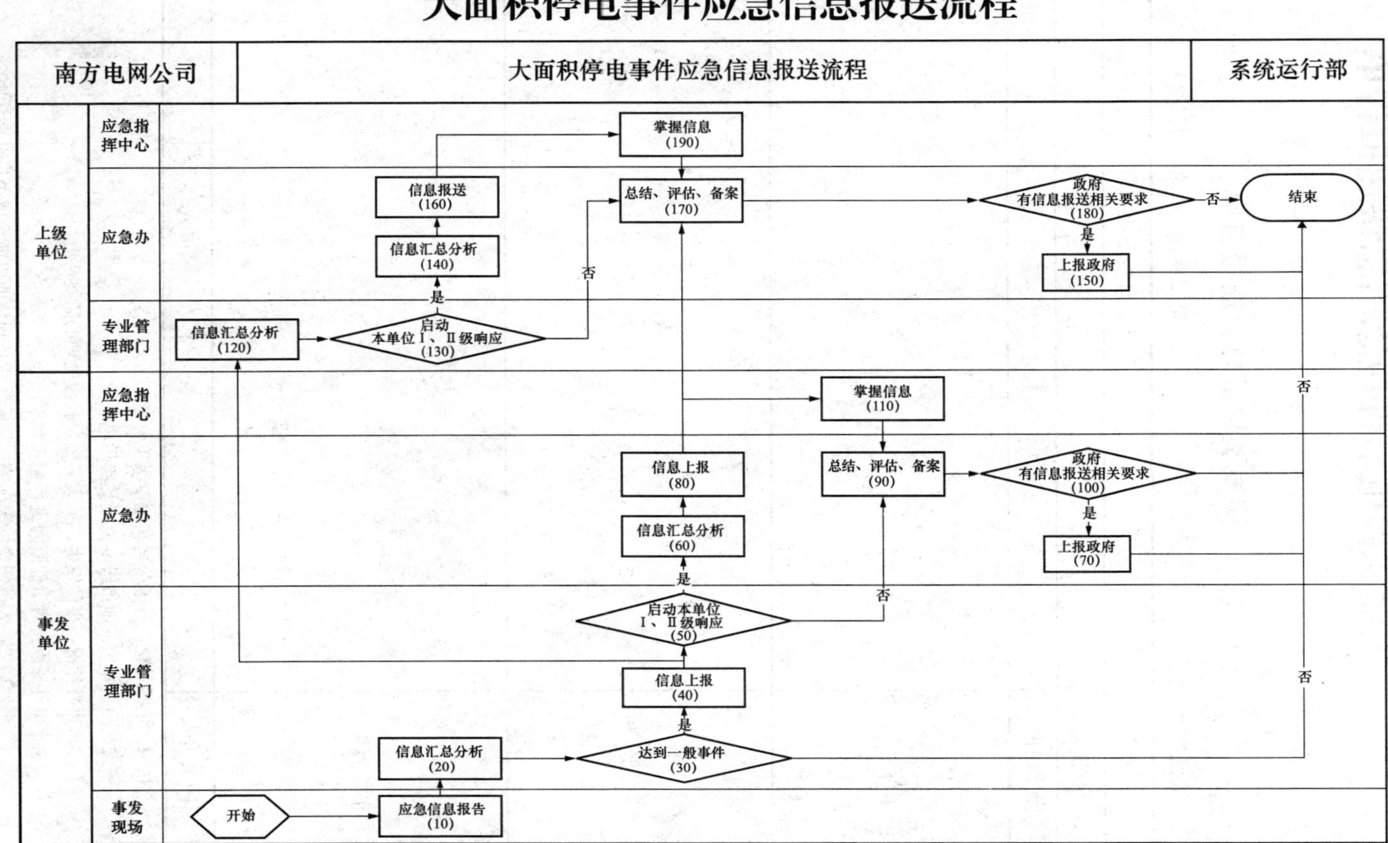

附件 8

大面积停电事件应急信息快速报告单

突发事件信息快速报告单

填报单位（公章）：　　　　　　　　　　　　填报时间　　年　月　日　时　分

事发单位		直接上级单位	
事件简题			
发生时间			
事件简况			
事件原因			
事件后果			
部门负责人		填报人	

注：1．填报单位：分子公司和地市级单位；

2．事发单位：地市级单位或县级供电企业；

3．事件简况：事件发生、扩大和应急救援处理的简要情况；

4．事件原因：对事件原因进行初步判断；

5．事件后果：人员伤亡情况、停电影响、设备损坏或可能造成不良社会影响等。

6．突发事件信息报告单日常报应急办及相关成员部门，节假日期间报公司总值班室。

附件 9

应急信息报送表单

表 1　电网跳闸信息

表 1-1　线路强迫停运明细

序号	调管	电压等级	线路名称	停运类型	停运时刻	恢复时刻	恢复情况
1	××	500kV/220kV/110kV/35kV/10kV	××kV ××甲线	跳闸	yyyy-mm-dd hh:mm	yyyy-mm-dd hh:mm	1 次强送成功

填报说明：

1. 线路跳闸明细按线路调管范围进行填报，各中调填报中调调管的线路跳闸情况，总调填报总调调管的线路跳闸情况。调管一列填写“××中调”或“××地调”。
2. 电压等级填写线路的电压等级，可填“500kV”“220kV”“110kV”“35kV”“10kV”。目前填报范围为220kV 及以上电压等级线路，各单位在具备线路跳闸自动统计的技术条件后，填报 110kV 及以下电压等级线路跳闸明细。
3. 线路名称填写线路的调度命名，需包含线路的电压等级。
4. 停运类型指该条线路停运的方式，可填“跳闸”“跳闸重合成功”“紧急停运”跳闸后未自动恢复的情况均记为跳闸，跳闸后自动恢复的情况均记为跳闸重合成功，主动停运均记为紧急停运。
5. 停运时刻指线路各侧开关均断开，线路转为热备用状态的时刻。恢复时刻是指线路转为运行状态的时刻，未恢复的线路不填写恢复时刻。时间格式为 yyyy-mm-dd hh：mm，精确到分。
6. 恢复情况指该条跳闸记录的恢复情况，可填“×次强送成功”“重合闸动作成功”“××%电压再启动成功”“×次试送成功”“未恢复”。
7. 每一条线路每次跳闸均新起一行填写，强送不成功不另外新起记录，直至送电正常后，才填写恢复时刻。跳闸后由重合闸、再启动、自动故障隔离装置等自动装置自动恢复停运设备的，恢复时刻应记录自动装置全部动作完成后，设备恢复稳定带电状态的最终时刻。

表 1-2　厂站失压明细

区域	调管	名称	电压等级	失压时刻	恢复时刻	变电站类型
××省（区）	××中调	××站	800kV/500kV/220kV/110kV/35kV	yyyy-mm-dd hh:mm	yyyy-mm-dd hh:mm	变电站
××省（区）	××中调	××站	800kV/500kV/220kV/110kV/35kV	yyyy-mm-dd hh:mm	yyyy-mm-dd hh:mm	用户站

填报说明：

1. 厂站失压情况由最高电压等级设备的调管单位填报，包含变电站、发电厂、换流站等（用户站在变电站类型中选择用户站，用户站失压由用户站网侧设备调管单位填报）。
2. 总调调管的变电站/电厂失压情况由总调统计。区域填写该变电站、电厂所在的行政区域，精确到省，广州、深圳精确到市。
3. 变电站失压：变电站各级母线的电压（不包括站用电和空载母线）均降到零。发电厂全厂对外停电是指：一个发电厂对外有功负荷降到零（虽电网经发电厂母线转送的负荷没有停止，仍视为全厂对外停电）。

背靠背换流站视为一个站。

4. 变电站电压等级为该站承担输变电功能的最高额定电压等级，换流站电压等级为该换流站承担输变电功能直流部分的最高额定电压等级。

5. 失压时刻：变电站变为失压状态、发电厂变为对外全停状态的时刻。时间格式为 yyyy-mm-dd hh: mm，精确到分钟。

6. 恢复时刻：变电站脱离失压状态、发电厂脱离对外全停状态的时刻。时间格式为 yyyy-mm-dd hh: mm，精确到分钟。

表 1-3　累计损失负荷及用户情况

单位	损失负荷（MW）	已恢复负荷（MW）	尚未恢复负荷（MW）	损失用户（户）	已恢复用户（户）	尚未恢复用户（户）
××地区						
……						
省（区）合计						

填报说明：

1. 损失负荷、损失用户仅统计南方电网供电范围内负荷及用户。各地区数据由地调汇总后报至中调，各省区数据由中调汇总后报至总调。抽水蓄能负荷不计入损失负荷及损失用户。

2. 损失负荷：电网发生故障后，在线路重合闸及备用电源自投装置动作完成后系统未恢复的负荷，包括电网减供负荷和低压脱扣负荷。损失用户指电网发生故障后，在线路重合闸及备用电源自投装置动作完成后系统未恢复系统供电的用户，包含启用自备电源恢复的用户。

3. 已恢复负荷：系统侧已恢复供电的损失负荷，包含系统侧已恢复供电但用户侧未达到故障前全部电力需求的损失负荷。已恢复用户是指系统侧已恢复供电的损失用户。

4. “尚未恢复负荷”=“损失负荷”－“已恢复负荷”；“尚未恢复用户”=“损失用户”－“已恢复用户”。

表 1-4　输电线路强迫停运汇总表

单位	500kV 线路						220kV 线路					
	停运条数	停运总条次	自动恢复成功	强送成功	试送成功	未恢复条数	停运条数	停运总条次	自动恢复成功	强送成功	试送成功	未恢复条数
××地调												
……												
省（区）合计												

表 1-5　输电线路强迫停运汇总表

单位	110kV 线路						35kV			10kV		
	停运条数	停运总条次	自动恢复成功	强送成功	试送成功	未恢复条数	停运条数	停运总条次	未恢复条数	停运条数	停运总条次	未恢复条数
××地调												
……												

续表

单位	110kV 线路						35kV			10kV		
	停运条数	停运总条次	自动恢复成功	强送成功	试送成功	未恢复条数	停运条数	停运总条次	未恢复条数	停运条数	停运总条次	未恢复条数
省（区）合计												

填报说明：

1. 停运条数：有过跳闸及停运情况线路的总条数，不包含重合闸成功及再启动成功的跳闸线路条数，且同一条线路多次跳闸或停运，只统计为一个停运条数。
2. 停运总条次：线路跳闸及停运的总条次数，包含重合闸成功及再启动成功的跳闸线路条数，且同一条线路多次跳闸或停运，统计为多个跳闸条次数，重合闸动作但重合于故障再次跳闸统计为 1 条次。
3. 自动恢复成功：由自动装置恢复至运行状态，包括重合闸成功，全压/降压再启动成功，自动故障隔离装置动作成功等。
4. 强送成功：经过强送恢复至运行状态。
5. 试送成功：经检查并排除故障原因后，恢复至运行状态。
6. 未恢复条数：当前仍处于非正常运行状态的线路数量。未恢复条数＝停运总条次－（自动恢复成功＋强送成功＋试送成功）

表 2　供电损失信息

单位	台区（个）			用户数（户）			重要用户（户）		重点关注用户（户）		损失电量（万 kWh）
	停电数	未恢复	停电数	总用户数	停电比例	未恢复	停电数	未恢复	停电数	未恢复	
单位 1											
单位 2											
单位 3											
合计											

表 3　应急处置信息

单位	应急预警			应急响应			本地调动资源				外派调动资源				外派支援情况
	级别	启动时间	结束时间	级别	启动时间	结束时间	抢修人员（人）	抢修车辆（辆）	应急发电车（辆）	应急发电机（台）	抢修人员（人）	抢修车辆（辆）	应急发电车（辆）	应急发电机（台）	
单位 1															
单位 2															
单位 3															
总计															

内蒙古电力（集团）有限责任公司
大面积停电事件应急预案

（电网安监〔2017〕15号）

1　总则

1.1　编制目的

为建立健全内蒙古电力（集团）有限责任公司（以下简称“公司”）应急工作机制，正确、有效、快速处置电网大面积停电事件，最大限度减少影响和损失，保障电网安全运行，恢复正常供电，保证人民群众生产生活正常秩序，维护社会稳定，特制定本专项。

1.2　编制依据

《生产安全事故报告和调查处理条例》（国务院令第493号）

《电力安全事故应急处置和调查处理条例》（国务院第599号令）

《国家突发公共事件总体应急预案》（国务院2006.1.8）

《国家大面积停电事件应急预案》（国办函〔2015〕134号）

《生产经营单位安全生产事故应急预案编制导则》（GB/T 29639—2013）

《内蒙古自治区突发事件总体应急预案》

《内蒙古电力（集团）有限责任公司突发事件总体综合应急预案》

《电网调度管理条例》

《内蒙古电力公司电力事故调查规程》（2012）

1.3　适用范围

1.3.1　本预案适用于公司系统应对内蒙古西部电网区域内大面积停电事件。

1.3.2　本预案用于指导公司系统供电企业编制盟市地区电网大面积停电应急预案。本预案适用于公司开展大面积停电事件应对工作，指导相关单位开展大面积停电事件处置工作，规范各级单位大面积停电事件处置方案编制。

2　应急指挥机构

2.1　公司大面积停电事件处置领导小组

大面积停电事件发生后，公司应急领导小组及其安全应急办公室立即启动应急响应，并成立大面积停电事件处置领导小组，统一指挥、协调区域内大面积停电事件应对工作。

公司大面积停电事件处置领导小组组长由公司总经理（或其授权人员）担任，专项处置领导小组办公室（临时机构）设在系统运行部（调控中心），主任由系统运行部（调控中心）主任，成员由生产管理部、安全质量监察部、系统运行部（调控中心）、科技信通部、综合管理部、交易分中心、物资部、党委宣传部等部室主要负责人组成。

2.2 现场指挥机构

大面积停电事件发生后，事发单位成立现场指挥部，负责现场组织指挥工作，做好与地方政府现场指挥机构的对接。大面积停电事件专项处置领导小组派出工作组，参与现场指挥部相关应对工作。

3 风险和危害程度分析

3.1 风险分析

公司负责内蒙古自治区中西部 8 个盟市电网的建设和运营，供电面积 72 万平方公里，服务人口 1380 多万，是华北电网的重要组成部分和主要送电端。

截至 2015 年底，蒙西电网已形成“三横四纵”的 500 千伏主网架结构，现有 500 千伏变电站 22 座，变电容量 3930 万千伏安，线路长度 5286 公里；220 千伏变电站 127 座，变电容量 4656.9 万千伏安，线路长度 13365 公里；110 千伏、35 千伏变电站 840 座，线路总长度 27918 公里；10 千伏线路长度 123738 公里。

地区总装机容量为 5935 万千瓦。其中：火电 3828 万千瓦（其中自备电厂容量 986 万千瓦），占总装机容量的 64.5%；风电 1498 万千瓦，占总装机容量的 25%；光伏 412 万千瓦，占总装机容量的 7%；水电（含抽水蓄能）186 万千瓦，占总装机容量的 3%。

公司管辖区域内可导致大面积停电事件的主要危险源包括以下几个方面：

（1）内蒙古西部电网覆盖范围广、跨度大、自然地理和气候条件差异大，地震、雨雪冰冻、洪涝等各类自然灾害多有发生，可能造成电网设施设备大范围损毁，从而引发大面积停电。

（2）内蒙古西部电网电压等级高，电网规模大，潮流重载线路多，安全稳定控制系统策略复杂，重要发、输、变电设备、自动化系统故障，可能引发大面积停电。

（3）野蛮施工、非法侵入、火灾爆炸、恐怖袭击、偷盗等外力破坏或重大社会安全事件可能造成电网设施损毁，电网工控系统可能遭受网络攻击，都可能引发大面积停电。

（4）运行维护人员误操作或调控运行人员处置不当等也可能导致电网大面积停电。

（5）因各种原因造成的发电企业发电量大幅度减少可能导致电网大面积停电。

（6）因其他原因可能引发大面积停电。

3.2 危害程度分析

大面积停电事件在严重破坏分部正常生产经营秩序和社会形象的同时，对关系国计民生的重要基础设施造成巨大影响，可能导致交通、通信瘫痪，水、气、煤、油等供应中断，严重影响经济建设、人民生活，甚至对社会安定、国家安全造成极大威胁。

（1）导致政府部门、军队、公安、消防等重要机构电力供应中断，影响其正常运转，不利于社会安定和国家安全。

（2）导致大型商场、广场、影剧院、住宅小区、医院、学校、大型写字楼、大型游乐场等高密度人口聚集点基础设施电力供应中断，引发群众恐慌，严重影响社会秩序。

（3）导致城市交通拥塞甚至瘫痪，电铁、机场电力供应中断，大批旅客滞留。

（4）导致化工、冶金、煤矿、非煤矿山等高危用户的电力供应中断，引发生产运营事故及次生衍生灾害。

（5）大面积停电事件在当前新媒体时代极易成为社会舆论的热点；在公众不明真相的情况下，若有错误舆论，可能造成公众恐慌情绪，影响社会稳定。

4 监测预警

4.1 风险监测

（1）自然灾害风险：系统运行部、生产管理部、安全质量监察部、综合管理部等部门应与气象、水情、地震等政府有关部门建立监测预报预警联动机制。

（2）电网运行风险：系统运行部应加强运行方式的安排，常态化开展电网运行风险评估，加强特殊运行方式监测，强化电网安控专业管理。

（3）供需平衡破坏风险：系统运行部、交易分中心应加强调度计划和交易计划管理。调控分中心做好电网负荷平衡，加强对发电厂燃料供应和水电厂水情的监测，加强信息通信系统运行维护监测，做好安全防护，及时掌握电能生产供应情况；交易分中心做好中长期电网负荷平衡分析，形成交易预案，跟踪电网负荷平衡变化，适时组织开展交易。

（4）外力破坏风险：安全质量监察部、综合管理部应加强公司调度大楼安全保卫，防范暴恐袭击。

4.2 预警分级

公司大面积停电事件预警分为一级、二级、三级和四级，依次用红色、橙色、黄色和蓝色表示，一级为最高级别。预警级别确定可采取以下方式：

（1）经综合分析，可能发生特别重大、重大、较大、一般大面积停电事件时，分别对应一级、二级、三级、四级预警。

（2）公司大面积停电事件处置领导小组根据可能导致的大面积停电影响范围、严重程度和社会影响，确定预警等级。

4.3 预警发布

（1）相关部室根据职责分析自然灾害、电网运行、供需平衡、设备运行、外部环境等风险，提出大面积停电事件预警建议，报应急领导小组批准，由公司安全应急办公室发布；

（2）大面积停电事件预警信息包括风险提示、预警级别、预警期、可能影响范围、警示事项、应采取的措施等；

（3）预警信息由分部应急办通过传真、电子邮件、应急指挥信息系统等方式向盟市供电单位发布。

4.4 预警行动

4.4.1 三级、四级预警行动

发布大面积停电事件三级、四级预警信息后，分部应采取以下措施：

（1）公司安全应急办公室、相关部室密切关注事态发展，收集相关信息，及时向公司应急领导小组报告。

（2）调控中心加强电网运行风险管控，落实“先降后控”要求，强化专业协同、网源协调、政企联动，从电网运行、负荷控制、机组调峰等各个方面，制定落实综合管控措施，严防风险失控。

4.4.2 一级、二级预警行动

发布大面积停电事件一级、二级预警信息后，除采取三、四级预警响应措施外，还应采取以下措施：

（1）公司安全应急办公室组织相关部室开展应急值班；及时组织专家进行会商和评估。

（2）公司安全应急办公室加强与政府相关部门的沟通，及时报告事件信息；做好新闻报道和舆论引导工作。

4.5 预警调整和解除

4.5.1 预警调整

公司安全应急办公室、相关部室根据预警阶段电网运行及电力供应趋势、预警行动效果，提出对预警级别调整的建议，报应急领导小组批准后由安全应急办公室发布。

4.5.2 预警解除

根据事态发展，经公司安全应急办公室研判不会发生大面积停电事件时，按照“谁发布、谁解除”的原则及时宣布解除预警，适时终止相关措施。如预警期满或直接进入应急响应状态，预警自动解除。

5 应急响应

5.1 响应分级

公司大面积停电事件应急响应分为Ⅰ、Ⅱ、Ⅲ、Ⅳ级。响应级别确定可采取以下方式：

（1）发生特别重大、重大、较大、一般大面积停电事件时，分别对应Ⅰ、Ⅱ、Ⅲ、Ⅳ级应急响应。

（2）对于尚未达到一般大面积停电事件标准，但对社会产生较大影响的其他停电事件，大面积停电事件专项处置领导小组根据大面积停电影响范围、严重程度和社会影响，确定响应级别。

5.2 响应启动

（1）公司大面积停电事件专项处置领导小组办公室初判发生大面积停电事件时，大面积停电事件专项处置领导小组启动相应级别应急响应。

（2）对于尚未达到一般大面积停电事件标准，但对社会产生较大影响的其他停电事件，也应启动应急响应。

5.3 指挥协调

公司大面积停电事件专项处置领导小组及其办公室开展以下应急处置工作：

5.3.1 Ⅰ级响应

（1）组织召开公司大面积停电事件专项处置领导小组会议，就有关重大应急问题做出决策和部署。

（2）立即启动应急指挥中心，公司大面积停电事件专项处置领导小组办公室进入24小时应急值守状态，及时收集汇总事件信息。

（3）公司领导带队，组成工作组赶赴现场，参与应急处置工作。

（4）及时组织专家进行会商，分析研判事件发展情况。

（5）协调解决应急处置中发生的其他问题。

5.3.2 Ⅱ级响应

（1）组织召开公司大面积停电事件处置领导小组会议，就有关重大应急问题做出决策和部署。

（2）立即启动应急指挥中心，公司大面积停电事件专项处置领导小组办公室进入 24 小时应急值守状态，及时收集汇总事件信息。

（3）公司领导或副总师带队，组成工作组赶赴现场参与应急处置工作。

（4）及时组织专家进行会商，分析研判事件发展情况。

（5）协调解决应急处置中发生的其他问题。

5.3.3　Ⅲ级、Ⅳ级响应

（1）组织召开公司大面积停电事件专项处置领导小组会议，就有关重大应急问题做出决策和部署。

（2）启动应急指挥中心，开展应急值班，跟踪事件发展情况，收集汇总分析事件信息。

（3）副总师带队，组成工作组赶赴现场参与应急处置。

（4）协调解决应急处置中发生的其他问题。

5.4　响应措施

5.4.1　先期处置

（1）相关盟市供电单位立即开展电网事故调度处理，迅速开展电网设施设备抢修工作，尽量缩小和减轻事故影响，全面了解事件情况，及时向分部报送相关信息。

（2）公司安全应急办公室密切关注事件发展态势，全面了解事件情况。

（3）调控中心立即开展电网调度事故处理。

5.4.2　调度处置

调控中心做好直调系统故障处置；调整电网运行方式，掌握电网故障处置进展，做好调度业务指导；掌握电网“黑启动”工作情况。

5.4.3　设备抢修

生产管理部组织受损设备抢修工作；安全质量监察部及时了解抢修情况；调控中心及时了解掌握电网设备、信息系统、通信设备恢复情况。

5.4.4　舆论引导

党委宣传部、综合管理部及时收集有关舆论信息，组织编写对外发布信息；通过公司网站等渠道及时发布相关停电情况、处理结果及预计抢修恢复所需时间等信息；做好信息披露与舆情引导工作。

5.4.5　信访维稳

党委宣传部、综合管理部要迅速有效地处置各类突发性群体事件，做好职工思想情绪的安抚稳定工作。

5.4.6　资金保障

财务资产部要确保应急响应处置过程中资金能够安全、有效、快速到位，并与保险公司取得联系，做好理赔的前期工作。

5.4.7 交易保障

交易分中心及时组织开展短时电力交易，必要时协调交易相关方调整或终止执行中的各类交易计划，有效缓解供需平衡压力，事后及时向监管机构、交易相关方做好汇报及解释说明。

5.4.8 后勤保障

综合管理部、安全质量监察部要做好办公大楼安全供电及安全保卫工作；做好分部应急处置值班人员的食宿安排和供应，提供必要的生活用品。

5.4.9 协调联动

公司及事发单位按照与政府、社会相关部门和单位启动协调联动机制，共同应对停电事件。

5.4.10 事态评估

公司大面积停电事件专项处置领导小组办公室组织对大面积停电范围、影响程度、发展趋势及恢复进度进行评估，并将评估情况报分部大面积停电事件处置领导小组，必要时为请求政府部门支援提供依据。

5.5 响应调整和结束

5.5.1 响应调整

公司大面积停电事件处置领导小组根据事件危害程度、救援恢复能力和社会影响等综合因素，按照事件分级条件，调整响应级别，避免响应不足或响应过度。

5.5.2 响应结束

同时满足下列条件，按照“谁启动、谁结束”的原则结束应急响应：

（1）电网主干网架基本恢复正常接线方式，电网运行参数保持在稳定限额之内，主要发电厂机组运行稳定。

（2）停电负荷恢复80%及以上，重点地区、重要城市负荷恢复90%及以上。

（3）造成大面积停电事件的隐患基本消除。

（4）大面积停电事件造成的重特大次生衍生事故基本处置完成。

（5）政府结束大面积停电事件应急响应。

6 信息报告

6.1 报告程序

6.1.1 内部报告程序

（1）预警期内相关部室向公司安全应急办公室报告综合信息。

（2）调控中心在获知发生大面积停电事件后立即向公司领导和公司安全应急办公室报告，报告方式可采取电话、邮件、短信息等形式；并应在2小时内以书面形式报告大面积停电事件专项处置领导小组办公室。

6.1.2 对外报告程序

当可能发生电网一般及以上大面积停电事件时，公司安全应急办公室向华北能源监管局报送信息。

获知发生大面积停电事件后，公司安全应急办公室履行相关手续后，在1小时内向华北能源监管局、政府应急办进行信息初报；如构成重大以上生产安全事故，立即报告内蒙古安全监管局；其后根据政府要求做好信息续报。

6.2 报告内容

6.2.1 内部报告内容

（1）预警阶段，调控中心向公司安全应急办公室报告电网运行情况、电网设施设备受损情况、已造成的减负荷情况、电厂电煤库存情况、停电影响的重要用户、已采取的措施、事态发展情况等信息。

（2）发生大面积停电事件，即时报告的内容包括时间、地点、基本经过、影响范围等概要信息。

（3）响应阶段，调控中心向公司大面积停电事件专项处置领导小组办公室报告电网设施设备受损、电网运行、对电网和用户的影响等情况；安全质量监察部了解电网抢险救援、次生灾害、人员伤亡等情况，已经采取的措施及事件发展趋势等。

6.2.2 对外报告内容

（1）信息初报的内容包括时间、地点、基本经过、影响范围等概要信息。

（2）信息续报的内容包括事件信息来源、时间、地点、基本经过、影响范围、已造成后果、初步原因和性质、事件发展趋势和采取的措施以及信息报告人员的联系方式等。

6.3 报告要求

（1）向政府相关部门汇报信息，必须做到数据源唯一、数据正确。

（2）Ⅰ、Ⅱ级应急响应期间，执行每天两次定时报告制度。

（3）预警期内和Ⅲ、Ⅳ级应急响应期间，执行每天一次定时报告制度。

（4）根据政府应急办临时要求，完成相关信息报送。

6.4 信息发布

信息发布和新闻报道内容须经分部大面积停电专项处置领导小组授权，由党委宣传部统一发布。

党委宣传部接到公司安全应急办公室报告的大面积停电事件信息后，要在30分钟内通过分部网站等方式完成首次发布，在此后1小时内进行事件相关信息发布。并视事态进展情况，每隔2小时开展后续信息发布工作，直至应急响应结束。

信息发布渠道包括分部网站、当地主流媒体及手机客户端等形式。

7 后期处置

7.1 善后处置

（1）贯彻“考虑全局、突出重点”原则，开展善后处理。

（2）公司安全应急办公室应及时了解各供电单位开展设备隐患排查和治理工作情况，避免次生事故的发生，确保电网稳定运行。

（3）公司安全应急办公室应及时了解省公司受损电网设施、设备，抢修恢复速度等情况。

7.2 保险索赔

财务资产部组织按保险合同条款进行索赔，公司资产运维单位及时报险并核实、统计设备设施等损失情况。

7.3 事件调查

大面积停电事件应急响应终止后，除按照政府要求配合进行事件调查外，公司应急领导小组还应按照《内蒙古电力公司电力事故调查规程》组织调查工作。

7.4 应急处置评估

大面积停电事件应急响应终止后，公司安全应急办公室应按有关要求及时对事件处置工作进行评估，总结经验教训，分析查找问题，提出整改措施，形成处置评估报告。

7.5 恢复重建

大面积停电事件应急响应终止后，需对电网网架结构和设备设施进行修复或重建的，公司安全应急办公室应及时了解掌握事发单位恢复重建工作情况。

8 保障措施

8.1 应急队伍

建立公司大面积停电事件应急专家库，为应急抢修和救援提供技术支撑。调控中心、直属单位应建立健全应急队伍体系，加强专业化建设，做到人员精干，持续提高电网大面积停电事件应急处置能力。

8.2 应急物资与装备

调控中心、盟市供电单位应建立健全应急物资装备，投入必要的资金，配备应急处置所需的抢修工器具、信息通信、交通等各类物资。

督导盟市供电单位各投入必要的资金，配备应急处置所需的抢修工器具、信息通信、交通等各类装备和电力抢险物资，积极获取政府相关部门、其他电力企业、社会机构等外部应急物资装备信息。

8.3　应急电源

综合管理部加强分部调度大楼应急电源管理，根据需要联系呼和浩特供电局启动应急发电车，保障分部调度大楼电源可靠供应。

督导各供电单位根据自身情况配备各种类型、各种容量应急发电车、应急发电机等设备，加强日常维护和保养，保证事件发生后可立即投入使用。

8.4　电网“黑启动”

调控中心应每年滚动修订电网“黑启动”方案，并组织演练，重视“黑启动”电源的合理布局，保障区域内“黑启动”电源。

8.5　备用调度

调控中心要加强备用调度系统的建设，做好备用调度系统的管理、运行维护和演练工作，保证紧急时刻备用调度能顺利启用。

8.6　通信与信息

调控中心要以电力光纤通信为主要传输手段、海事卫星电话为主要应急通信系统，确保应急处置过程中的通信畅通。

信通中心应协调各供电单位利用基建和技改工程持续完善骨干通信网。

8.7　技术保障

（1）调控中心应开展大电网理论和技术研究，采用新技术、新装备提高电力系统安全稳定控制水平及大面积停电事件风险监测与预防能力，提高电网安全运行水平。开展大面积停电恢复控制研究，统筹考虑电网恢复方案和恢复策略。

（2）安全质量监察部应加强电力应急理论和技术的研究，进一步提高公司应急管理水平。

（3）安全质量监察部和调控中心应加强应急指挥中心和应急平台建设，依托调度自动化和其他信息系统，实现应急信息的交换和共享。

8.8　经费保障

对于应急响应或应急演练过程中发生的费用，按照有关规定，发生相关审批、备案程序后，财务资产部纳入分部年度预算管理。

8.9　其他保障

安全质量监察部、综合管理部应加强与公安部门的沟通与协调，做好调度通信大楼的安全保卫；合理调配各种资源，提供车辆供应保障。

9 预案管理

9.1 预案培训

安全质量监察部应组织与大面积停电事件应急预案密切相关人员开展培训，每年至少一次。

9.2 预案演练

调控中心应每年组织 1 次电网大面积停电突发事件应急演练。邀请并网电厂等参加的联合演练三年内至少开展一次。

9.3 预案备案

本预案按有关规定备案，向华北能源监管局备案。

9.4 预案修订

本预案应定期修订，原则上每三年至少修订一次。有下列情况之一的，应及时开展预案修订工作：

（1）国家相关法律法规、上级预案发生变化；

（2）分部发生重大机构调整；

（3）面临的风险发生重大变化；

（4）重要应急资源发生重大变化；

（5）预案中的其他重要信息发生重大变化；

（6）在大面积停电事件应对和应急演练中发现问题需作出重大调整；

（7）有关政府部门提出修订要求；

（8）公司应急领导小组提出修订要求。

9.5 制定与解释

本预案由安全质量监察部、系统运行部组织制定并负责解释。

9.6 预案实施时间

本预案自发布之日起实施。

附件 1　大面积停电事件分级标准

附件 2　（略）

附件 3　大面积停电事件应急响应分级标准

附件 4　规范化格式文本

附件 1

大面积停电事件分级标准

1．特别重大大面积停电事件

（1）区域性电网：减供负荷 30%以上。

（2）省、自治区电网：负荷 20000 兆瓦以上的减供负荷 30%以上，负荷 5000 兆瓦以上 20000 兆瓦以下的减供负荷 40%以上。

（3）直辖市电网：减供负荷 50%以上，或 60%以上供电用户停电。

（4）省、自治区人民政府所在地城市电网：负荷 2000 兆瓦以上的减供负荷 60%以上，或 70%以上供电用户停电。

2．重大大面积停电事件

（1）区域性电网：减供负荷 10%以上 30%以下。

（2）省、自治区电网：负荷 20000 兆瓦以上的减供负荷 13%以上 30%以下，负荷 5000 兆瓦以上 20000 兆瓦以下的减供负荷 16%以上 40%以下，负荷 1000 兆瓦以上 5000 兆瓦以下的减供负荷 50%以上。

（3）直辖市电网：减供负荷 20%以上 50%以下，或 30%以上 60%以下供电用户停电。

（4）省、自治区人民政府所在地城市电网：负荷 2000 兆瓦以上的减供负荷 40%以上 60%以下，或 50%以上 70%以下供电用户停电；负荷 2000 兆瓦以下的减供负荷 40%以上，或 50%以上供电用户停电。

（5）其他设区的市电网：负荷 600 兆瓦以上的减供负荷 60%以上，或 70%以上供电用户停电。

3．较大大面积停电事件

（1）区域性电网：减供负荷 7%以上 10%以下。

（2）省、自治区电网：负荷 20000 兆瓦以上的减供负荷 10%以上 13%以下，负荷 5000 兆瓦以上 20000 兆瓦以下的减供负荷 12%以上 16%以下，负荷 1000 兆瓦以上 5000 兆瓦以下的减供负荷 20%以上 50%以下，负荷 1000 兆瓦以下的减供负荷 40%以上。

（3）直辖市电网：减供负荷 10%以上 20%以下，或 15%以上 30%以下供电用户停电。

（4）省、自治区人民政府所在地城市电网：减供负荷 20%以上 40%以下，或

30%以上 50%以下供电用户停电。

（5）其他设区的市电网：负荷 600 兆瓦以上的减供负荷 40%以上 60%以下，或 50%以上 70%以下供电用户停电；负荷 600 兆瓦以下的减供负荷 40%以上，或 50%以上供电用户停电。

（6）县级市电网：负荷 150 兆瓦以上的减供负荷 60%以上，或 70%以上供电用户停电。

4．一般大面积停电事件

（1）区域性电网：减供负荷 4%以上 7%以下。

（2）省、自治区电网：负荷 20000 兆瓦以上的减供负荷 5%以上 10%以下，负荷 5000 兆瓦以上 20000 兆瓦以下的减供负荷 6%以上 12%以下，负荷 1000 兆瓦以上 5000 兆瓦以下的减供负荷 10%以上 20%以下，负荷 1000 兆瓦以下的减供负荷 25%以上 40%以下。

（3）直辖市电网：减供负荷 5%以上 10%以下，或 10%以上 15%以下供电用户停电。

（4）省、自治区人民政府所在地城市电网：减供负荷 10%以上 20%以下，或 15%以上 30%以下供电用户停电。

（5）其他设区的市电网：减供负荷 20%以上 40%以下，或 30%以上 50%以下供电用户停电。

（6）县级市电网：负荷 150 兆瓦以上的减供负荷 40%以上 60%以下，或 50%以上 70%以下供电用户停电；负荷 150 兆瓦以下的减供负荷 40%以上，或 50%以上供电用户停电。

上述分级标准有关数量的表述中，“以上”含本数，“以下”不含本数。

附件 3

大面积停电事件应急响应分级标准

响应级别 / 事件分级	各层面相关单位应急响应等级			
	公司	省会城市	地市级	县级
特别重大	Ⅰ	Ⅰ	Ⅰ	Ⅰ
重大	Ⅱ	Ⅰ	Ⅰ	Ⅰ
较大	Ⅲ	Ⅱ	Ⅱ	Ⅰ
一般	Ⅳ	Ⅲ	Ⅲ	Ⅱ
小规模大影响	Ⅳ	Ⅳ	Ⅳ	Ⅲ

注：1. 省会城市公司为四级应急响应，Ⅰ级响应对应特别重大、重大事件，Ⅱ、Ⅲ级响应分别对应较大、一般事件，Ⅳ级响应对应其他事件；

2. 地市级公司分为四级应急响应，Ⅰ、Ⅱ、Ⅲ级响应对应重大、较大、一般事件，Ⅳ级响应对应其他事件；

3. 县级公司分为三级应急响应，Ⅰ、Ⅱ级响应对应较大、一般事件，Ⅲ级响应对应其他事件；

4. 发生特别重大、重大事件，省级公司启动Ⅰ、Ⅱ级响应时，受到影响的省会城市、地市和县市公司，均应启动Ⅰ级响应；

5. 大型供电企业参照省会城市供电公司。

附件 4

规范化格式文本

附件 4.1　大面积停电事件报告

填报时间：　　　年　　月　　日　　时　　分

□第一次报告　　　　　□后续报告（第一次报告时间：　　　年　月　日　时　分）

报告方式：□电话/ □电传/ □电子邮件/ □其他________________

事件发生单位			
事件简况			
事件起止时间	年　月　日　时　分～　年　月　日　时　分		
基本经过（事件发生、扩大和采取措施、初步原因判断）：			
事件后果（伤亡情况、停电影响、设备损坏或可能造成不良社会影响等）的初步估计：			
填报人姓名		单　位	
联系方式		信息来源	

附件 4.2　内蒙古电力公司大面积停电事件处置日报（××期）

大面积停电事件处置领导小组办公室　　　　　20××年×月×日

一、事件概况

（包括事件概况、影响、发展趋势、恢复情况等，以及有关领导指示批示、工作要求、参加处置工作情况）

二、应急处置工作开展情况

1．电网调度处置

2．设备抢修恢复

3．新闻舆论应对

4．应急协调联动

5．应急通信保障

6．应急物资供应

7．其他专业

三、事发单位应急工作开展情况

四、下一步工作

附件 4.3　应急信息披露模板

×年×月×日×时×分，××地区发生×××电网故障，停电影响区域为×××××××××××××。目前内蒙古电力公司已启动应急处置预案，故障原因正在调查，相关信息即时更新。

紧急联系电话：××，网址：http://www.impc.com.cn。

内蒙古电力公司

年　　月　　日

附件 4.4　变电站停运及恢复情况

填报单位：　　　数据截止时间　年　月　日　时　　填报时间：　年　月　日　时

单位	500kV		220kV		110kV		35kV	
	停运（座）	恢复（座）	停运（座）	恢复（座）	停运（座）	恢复（座）	停运（座）	恢复（座）
合计								

注：如果灾区有其他等级的 35kV 及以上变电站，根据本单位变电站电压等级实际情况添加相关内容。

附件 4.5　输电线路停运及恢复情况

填报单位：　　　　数据截止时间　年　月　日　时　　填报时间：　　年　　月　　日　　时

单位	500kV		220kV		110kV		35kV		10kV	
	停运（条）	恢复（条）	停运（条）	恢复（条）	停运（条）	恢复（条）	停运（条）	恢复（条）	停运（条）	恢复（条）
合计										

注：1. 如果灾区有其他等级的 10kV 及以上输电线路，根据本单位输电线路电压等级实际情况添加相关内容。

2. 10kV 输电线路统计口径为主线，35kV 及以上输电线路统计口径包括主线、支线。

附件 4.6　倒杆断线情况统计表

填报单位：　　　　数据截止时间　年　月　日　时　　填报时间：　　年　　月　　日　　时

单位	500kV		220kV		110kV		35kV		10kV	
	倒杆塔（基）	断线（处）	倒杆塔（基）	断线（处）	倒杆塔（基）	断线（处）	倒杆塔（基）	断线（处）	倒杆塔（基）	断线（处）
合计										

附件 4.7　电网负荷损失情况统计表

填报单位：　　　　数据截止时间　年　月　日　时　　填报时间：　　年　　月　　日　　时

单位	损失负荷（万千瓦）			损失电量（万千瓦时）
	事故前负荷	损失负荷	损失比	
合计				

附件 4.8　重要用户停电及应急供电情况

填报单位：　　　　数据截止时间　年　月　日　时　　填报时间：　　年　月　日　时

单位	停电重要用户名称	停电简明情况（含停电时间、影响及用户自备电源情况）	采取措施	供电恢复情况（含恢复时间）	备注
合计					

附件 4.9　电网大面积停电事件影响公司城区供电及恢复情况

填报单位：　　　　数据截止时间　年　月　日　时　　填报时间：　　年　月　日　时

单位	供电台区		用户	
	停电（个）	恢复（个）	停电（个）	恢复（个）
合计				

附件 4.10　电网大面积停电事件影响农网供电及恢复情况

填报单位：　　　　数据截止时间　年　月　日　时　　填报时间：　　年　月　日　时

单位	供电台区		乡镇		行政村		用户	
	停电（个）	恢复（个）	停电（个）	恢复（个）	停电（个）	恢复（个）	停电（个）	恢复（个）
合计								

附件 4.11　应急发电设备调集情况

填报单位：　　　　数据截止时间　年　月　日　时　　填报时间：　　年　月　日　时

使用公司	调出单位	调集		到达		备注
		数量（台/辆）	容量（千瓦）	数量（台/辆）	容量（千瓦）	
合计						

附件 4.12　抢修力量投入统计表

填报单位：　　　　数据截止时间　年　月　日　时　　填报时间：　　年　月　日　时

单位	抢修队伍（支）	抢修人员（人次）	抢修车辆（辆次）	发电车（辆次）	发电机（台次）	大型抢修机械（台次）
合计						

附件 4.13　应急物资、设备调拨情况统计表

填报单位：　　　　数据截止时间　年　月　日　时　　填报时间：　　年　月　日　时

单位	设备/材料名称	规格型号	单位（按ERP）	数量	估价金额（元）	库存运维物资/项目物资/供应商物资	调用仓库/项目/供应商名称	抢修项目名称	备注

附件 4.14　应急物资投入情况统计表

填报单位：　　　　数据截止时间　年　月　日　时　　填报时间：　　年　月　日　时

序号	设备/材料名称	电压等级	规格型号	单位（按 ERP）	投入数量	估价金额	原有库存数量	现库存数量	抢修项目名称	备注

附录　大面积停电事件应对工作相关法律法规、规章制度和标准规范

中华人民共和国突发事件应对法

（中华人民共和国主席令第六十九号）

目　　录

第一章　总则

第一条　为了预防和减少突发事件的发生，控制、减轻和消除突发事件引起的严重社会危害，规范突发事件应对活动，保护人民生命财产安全，维护国家安全、公共安全、环境安全和社会秩序，制定本法。

第二条　突发事件的预防与应急准备、监测与预警、应急处置与救援、事后恢复与重建等应对活动，适用本法。

第三条　本法所称突发事件，是指突然发生，造成或者可能造成严重社会危害，需要采取应急处置措施予以应对的自然灾害、事故灾难、公共卫 S 生事件和社会安全事件。

按照社会危害程度、影响范围等因素，自然灾害、事故灾难、公共卫生事件分为特别重大、重大、较大和一般四级。法律、行政法规或者国务院另有规定的，从其规定。

突发事件的分级标准由国务院或者国务院确定的部门制定。

第四条　国家建立统一领导、综合协调、分类管理、分级负责、属地管理为主的应急管理体制。

第五条　突发事件应对工作实行预防为主、预防与应急相结合的原则。国家建立重大突发事件风险评估体系，对可能发生的突发事件进行综合性评估，减少重大突发事件的发生，最大限度地减轻重大突发事件的影响。

第六条 国家建立有效的社会动员机制，增强全民的公共安全和防范风险的意识，提高全社会的避险救助能力。

第七条 县级人民政府对本行政区域内突发事件的应对工作负责；涉及两个以上行政区域的，由有关行政区域共同的上一级人民政府负责，或者由各有关行政区域的上一级人民政府共同负责。

突发事件发生后，发生地县级人民政府应当立即采取措施控制事态发展，组织开展应急救援和处置工作，并立即向上一级人民政府报告，必要时可以越级上报。

突发事件发生地县级人民政府不能消除或者不能有效控制突发事件引起的严重社会危害的，应当及时向上级人民政府报告。上级人民政府应当及时采取措施，统一领导应急处置工作。

法律、行政法规规定由国务院有关部门对突发事件的应对工作负责的，从其规定；地方人民政府应当积极配合并提供必要的支持。

第八条 国务院在总理领导下研究、决定和部署特别重大突发事件的应对工作；根据实际需要，设立国家突发事件应急指挥机构，负责突发事件应对工作；必要时，国务院可以派出工作组指导有关工作。

县级以上地方各级人民政府设立由本级人民政府主要负责人、相关部门负责人、驻当地中国人民解放军和中国人民武装警察部队有关负责人组成的突发事件应急指挥机构，统一领导、协调本级人民政府各有关部门和下级人民政府开展突发事件应对工作；根据实际需要，设立相关类别突发事件应急指挥机构，组织、协调、指挥突发事件应对工作。

上级人民政府主管部门应当在各自职责范围内，指导、协助下级人民政府及其相应部门做好有关突发事件的应对工作。

第九条 国务院和县级以上地方各级人民政府是突发事件应对工作的行政领导机关，其办事机构及具体职责由国务院规定。

第十条 有关人民政府及其部门作出的应对突发事件的决定、命令，应当及时公布。

第十一条 有关人民政府及其部门采取的应对突发事件的措施，应当与突发事件可能造成的社会危害的性质、程度和范围相适应；有多种措施可供选择的，应当选择有利于最大程度地保护公民、法人和其他组织权益的措施。

公民、法人和其他组织有义务参与突发事件应对工作。

第十二条 有关人民政府及其部门为应对突发事件，可以征用单位和个人的财产。被征用的财产在使用完毕或者突发事件应急处置工作结束后，应当及时返还。财产被征用或者征用后毁损、灭失的，应当给予补偿。

第十三条 因采取突发事件应对措施，诉讼、行政复议、仲裁活动不能正常进行的，适用有关时效中止和程序中止的规定，但法律另有规定的除外。

第十四条 中国人民解放军、中国人民武装警察部队和民兵组织依照本法和其他有关法律、行政法规、军事法规的规定以及国务院、中央军事委员会的命令，参加突发事件的应急救援和处置工作。

第十五条 中华人民共和国政府在突发事件的预防、监测与预警、应急处置与救援、事后恢复与重建等方面，同外国政府和有关国际组织开展合作与交流。

第十六条 县级以上人民政府作出应对突发事件的决定、命令，应当报本级人民代表大会常务委员会备案；突发事件应急处置工作结束后，应当向本级人民代表大会常务委员会作出专项工作报告。

第二章 预防与应急准备

第十七条 国家建立健全突发事件应急预案体系。

国务院制定国家突发事件总体应急预案，组织制定国家突发事件专项应急预案；国务院有关部门根据各自的职责和国务院相关应急预案，制定国家突发事件部门应急预案。

地方各级人民政府和县级以上地方各级人民政府有关部门根据有关法律、法规、规章、上级人民政府及其有关部门的应急预案以及本地区的实际情况，制定相应的突发事件应急预案。

应急预案制定机关应当根据实际需要和情势变化，适时修订应急预案。应急预案的制定、修订程序由国务院规定。

第十八条 应急预案应当根据本法和其他有关法律、法规的规定，针对突发事件的性质、特点和可能造成的社会危害，具体规定突发事件应急管理工作的组织指挥体系与职责和突发事件的预防与预警机制、处置程序、应急保障措施以及事后恢复与重建措施等内容。

第十九条 城乡规划应当符合预防、处置突发事件的需要，统筹安排应对突发事件所必需的设备和基础设施建设，合理确定应急避难场所。

第二十条 县级人民政府应当对本行政区域内容易引发自然灾害、事故灾难和公共卫生事件的危险源、危险区域进行调查、登记、风险评估，定期进行检查、监控，并责令有关单位采取安全防范措施。

省级和设区的市级人民政府应当对本行政区域内容易引发特别重大、重大突发事件的危险源、危险区域进行调查、登记、风险评估，组织进行检查、监控，并责令有关单位采取安全防范措施。

县级以上地方各级人民政府按照本法规定登记的危险源、危险区域，应当按照国家规定及时向社会公布。

第二十一条 县级人民政府及其有关部门、乡级人民政府、街道办事处、居民委员会、村民委员会应当及时调解处理可能引发社会安全事件的矛盾纠纷。

第二十二条 所有单位应当建立健全安全管理制度，定期检查本单位各项安全防范措施的落实情况，及时消除事故隐患；掌握并及时处理本单位存在的可能引发社会安全事件的问题，防止矛盾激化和事态扩大；对本单位可能发生的突发事件和采取安全防范措施的情况，应当按照规定及时向所在地人民政府或者人民政府有关部门报告。

第二十三条 矿山、建筑施工单位和易燃易爆物品、危险化学品、放射性物品等危险物品的生产、经营、储运、使用单位，应当制定具体应急预案，并对生产经营场所、有危险物品的建筑物、构筑物及周边环境开展隐患排查，及时采取措施消除隐患，防止发生突发事件。

第二十四条 公共交通工具、公共场所和其他人员密集场所的经营单位或者管理单位应当制定具体应急预案，为交通工具和有关场所配备报警装置和必要的应急救援设备、设施，注明其使用方法，并显著标明安全撤离的通道、路线，保证安全通道、出口的畅通。

有关单位应当定期检测、维护其报警装置和应急救援设备、设施，使其处于良好状态，确保正常使用。

第二十五条 县级以上人民政府应当建立健全突发事件应急管理培训制度，对人民政府及其有关部门负有处置突发事件职责的工作人员定期进行培训。

第二十六条 县级以上人民政府应当整合应急资源，建立或者确定综合性应急救援队伍。人民政府有关部门可以根据实际需要设立专业应急救援队伍。

县级以上人民政府及其有关部门可以建立由成年志愿者组成的应急救援队伍。单位应当建立由本单位职工组成的专职或者兼职应急救援队伍。

县级以上人民政府应当加强专业应急救援队伍与非专业应急救援队伍的合作，联合培训、联合演练，提高合成应急、协同应急的能力。

第二十七条 国务院有关部门、县级以上地方各级人民政府及其有关部门、有关单位应当为专业应急救援人员购买人身意外伤害保险，配备必要的防护装备和器材，减少应急救援人员的人身风险。

第二十八条 中国人民解放军、中国人民武装警察部队和民兵组织应当有计划地组织开展应急救援的专门训练。

第二十九条 县级人民政府及其有关部门、乡级人民政府、街道办事处应当组织开展应急知识的宣传普及活动和必要的应急演练。

居民委员会、村民委员会、企业事业单位应当根据所在地人民政府的要求，结合各自的实际情况，开展有关突发事件应急知识的宣传普及活动和必要的应急演练。

新闻媒体应当无偿开展突发事件预防与应急、自救与互救知识的公益宣传。

第三十条 各级各类学校应当把应急知识教育纳入教学内容，对学生进行应急知识教育，培养学生的安全意识和自救与互救能力。

教育主管部门应当对学校开展应急知识教育进行指导和监督。

第三十一条 国务院和县级以上地方各级人民政府应当采取财政措施，保障突发事件应对工作所需经费。

第三十二条 国家建立健全应急物资储备保障制度，完善重要应急物资的监管、生产、储备、调拨和紧急配送体系。

设区的市级以上人民政府和突发事件易发、多发地区的县级人民政府应当建立应急救援物资、生活必需品和应急处置装备的储备制度。

县级以上地方各级人民政府应当根据本地区的实际情况，与有关企业签订协议，保障应急救援物资、生活必需品和应急处置装备的生产、供给。

第三十三条 国家建立健全应急通信保障体系，完善公用通信网，建立有线与无线相结合、基础电信网络与机动通信系统相配套的应急通信系统，确保突发事件应对工作的通信畅通。

第三十四条 国家鼓励公民、法人和其他组织为人民政府应对突发事件工作提供物资、资金、技术支持和捐赠。

第三十五条 国家发展保险事业，建立国家财政支持的巨灾风险保险体系，并鼓励单位和公民参加保险。

第三十六条 国家鼓励、扶持具备相应条件的教学科研机构培养应急管理专门人才，鼓励、扶持教学科研机构和有关企业研究开发用于突发事件预防、监测、预警、应急处置与救援的新技术、新设备和新工具。

第三章 监测与预警

第三十七条 国务院建立全国统一的突发事件信息系统。

县级以上地方各级人民政府应当建立或者确定本地区统一的突发事件信息系

统，汇集、储存、分析、传输有关突发事件的信息，并与上级人民政府及其有关部门、下级人民政府及其有关部门、专业机构和监测网点的突发事件信息系统实现互联互通，加强跨部门、跨地区的信息交流与情报合作。

第三十八条 县级以上人民政府及其有关部门、专业机构应当通过多种途径收集突发事件信息。

县级人民政府应当在居民委员会、村民委员会和有关单位建立专职或者兼职信息报告员制度。

获悉突发事件信息的公民、法人或者其他组织，应当立即向所在地人民政府、有关主管部门或者指定的专业机构报告。

第三十九条 地方各级人民政府应当按照国家有关规定向上级人民政府报送突发事件信息。县级以上人民政府有关主管部门应当向本级人民政府相关部门通报突发事件信息。专业机构、监测网点和信息报告员应当及时向所在地人民政府及其有关主管部门报告突发事件信息。

有关单位和人员报送、报告突发事件信息，应当做到及时、客观、真实，不得迟报、谎报、瞒报、漏报。

第四十条 县级以上地方各级人民政府应当及时汇总分析突发事件隐患和预警信息，必要时组织相关部门、专业技术人员、专家学者进行会商，对发生突发事件的可能性及其可能造成的影响进行评估；认为可能发生重大或者特别重大突发事件的，应当立即向上级人民政府报告，并向上级人民政府有关部门、当地驻军和可能受到危害的毗邻或者相关地区的人民政府通报。

第四十一条 国家建立健全突发事件监测制度。

县级以上人民政府及其有关部门应当根据自然灾害、事故灾难和公共卫生事件的种类和特点，建立健全基础信息数据库，完善监测网络，划分监测区域，确定监测点，明确监测项目，提供必要的设备、设施，配备专职或者兼职人员，对可能发生的突发事件进行监测。

第四十二条 国家建立健全突发事件预警制度。

可以预警的自然灾害、事故灾难和公共卫生事件的预警级别，按照突发事件发生的紧急程度、发展势态和可能造成的危害程度分为一级、二级、三级和四级，分别用红色、橙色、黄色和蓝色标示，一级为最高级别。

预警级别的划分标准由国务院或者国务院确定的部门制定。

第四十三条 可以预警的自然灾害、事故灾难或者公共卫生事件即将发生或者发生的可能性增大时，县级以上地方各级人民政府应当根据有关法律、行政法规和国务院规定的权限和程序，发布相应级别的警报，决定并宣布有关地区进入预警期，同时向上一级人民政府报告，必要时可以越级上报，并向当地驻军和可能受到危害的毗邻或者相关地区的人民政府通报。

第四十四条 发布三级、四级警报，宣布进入预警期后，县级以上地方各级人民政府应当根据即将发生的突发事件的特点和可能造成的危害，采取下列措施：

（一）启动应急预案；

（二）责令有关部门、专业机构、监测网点和负有特定职责的人员及时收集、报告有关信息，向社会公布反映突发事件信息的渠道，加强对突发事件发生、发展情况的监测、预报和预警工作；

（三）组织有关部门和机构、专业技术人员、有关专家学者，随时对突发事件信息进行分析评估，预测发生突发事件可能性的大小、影响范围和强度以及可能发生的突发事件的级别；

（四）定时向社会发布与公众有关的突发事件预测信息和分析评估结果，并对相关信息的报道工作进行管理；

（五）及时按照有关规定向社会发布可能受到突发事件危害的警告，宣传避免、减轻危害的常识，公布咨询电话。

第四十五条 发布一级、二级警报，宣布进入预警期后，县级以上地方各级人民政府除采取本法第四十四条规定的措施外，还应当针对即将发生的突发事件的特点和可能造成的危害，采取下列一项或者多项措施：

（一）责令应急救援队伍、负有特定职责的人员进入待命状态，并动员后备人员做好参加应急救援和处置工作的准备；

（二）调集应急救援所需物资、设备、工具，准备应急设施和避难场所，并确保其处于良好状态、随时可以投入正常使用；

（三）加强对重点单位、重要部位和重要基础设施的安全保卫，维护社会治安秩序；

（四）采取必要措施，确保交通、通信、供水、排水、供电、供气、供热等公共设施的安全和正常运行；

（五）及时向社会发布有关采取特定措施避免或者减轻危害的建议、劝告；

（六）转移、疏散或者撤离易受突发事件危害的人员并予以妥善安置，转移重要财产；

（七）关闭或者限制使用易受突发事件危害的场所，控制或者限制容易导致危害扩大的公共场所的活动；

（八）法律、法规、规章规定的其他必要的防范性、保护性措施。

第四十六条 对即将发生或者已经发生的社会安全事件，县级以上地方各级人民政府及其有关主管部门应当按照规定向上一级人民政府及其有关主管部门报告，必要时可以越级上报。

第四十七条 发布突发事件警报的人民政府应当根据事态的发展，按照有关规定适时调整预警级别并重新发布。

有事实证明不可能发生突发事件或者危险已经解除的，发布警报的人民政府应当立即宣布解除警报，终止预警期，并解除已经采取的有关措施。

第四章 应急处置与救援

第四十八条 突发事件发生后，履行统一领导职责或者组织处置突发事件的人民政府应当针对其性质、特点和危害程度，立即组织有关部门，调动应急救援队伍和社会力量，依照本章的规定和有关法律、法规、规章的规定采取应急处置措施。

第四十九条 自然灾害、事故灾难或者公共卫生事件发生后，履行统一领导职责的人民政府可以采取下列一项或者多项应急处置措施：

（一）组织营救和救治受害人员，疏散、撤离并妥善安置受到威胁的人员以及采取其他救助措施；

（二）迅速控制危险源，标明危险区域，封锁危险场所，划定警戒区，实行交通管制以及其他控制措施；

（三）立即抢修被损坏的交通、通信、供水、排水、供电、供气、供热等公共设施，向受到危害的人员提供避难场所和生活必需品，实施医疗救护和卫生防疫以及其他保障措施；

（四）禁止或者限制使用有关设备、设施，关闭或者限制使用有关场所，中止人员密集的活动或者可能导致危害扩大的生产经营活动以及采取其他保护措施；

（五）启用本级人民政府设置的财政预备费和储备的应急救援物资，必要时调用其他急需物资、设备、设施、工具；

（六）组织公民参加应急救援和处置工作，要求具有特定专长的人员提供服务；

（七）保障食品、饮用水、燃料等基本生活必需品的供应；

（八）依法从严惩处囤积居奇、哄抬物价、制假售假等扰乱市场秩序的行为，稳定市场价格，维护市场秩序；

（九）依法从严惩处哄抢财物、干扰破坏应急处置工作等扰乱社会秩序的行为，维护社会治安；

（十）采取防止发生次生、衍生事件的必要措施。

第五十条 社会安全事件发生后，组织处置工作的人民政府应当立即组织有关部门并由公安机关针对事件的性质和特点，依照有关法律、行政法规和国家其他有关规定，采取下列一项或者多项应急处置措施：

（一）强制隔离使用器械相互对抗或者以暴力行为参与冲突的当事人，妥善解决现场纠纷和争端，控制事态发展；

（二）对特定区域内的建筑物、交通工具、设备、设施以及燃料、燃气、电力、水的供应进行控制；

（三）封锁有关场所、道路，查验现场人员的身份证件，限制有关公共场所内的活动；

（四）加强对易受冲击的核心机关和单位的警卫，在国家机关、军事机关、国家通讯社、广播电台、电视台、外国驻华使领馆等单位附近设置临时警戒线；

（五）法律、行政法规和国务院规定的其他必要措施。

严重危害社会治安秩序的事件发生时，公安机关应当立即依法出动警力，根据现场情况依法采取相应的强制性措施，尽快使社会秩序恢复正常。

第五十一条 发生突发事件，严重影响国民经济正常运行时，国务院或者国务院授权的有关主管部门可以采取保障、控制等必要的应急措施，保障人民群众的基本生活需要，最大限度地减轻突发事件的影响。

第五十二条 履行统一领导职责或者组织处置突发事件的人民政府，必要时可以向单位和个人征用应急救援所需设备、设施、场地、交通工具和其他物资，请求其他地方人民政府提供人力、物力、财力或者技术支援，要求生产、供应生活必需品和应急救援物资的企业组织生产、保证供给，要求提供医疗、交通等公共服务的组织提供相应的服务。

履行统一领导职责或者组织处置突发事件的人民政府，应当组织协调运输经营单位，优先运送处置突发事件所需物资、设备、工具、应急救援人员和受到突发事件危害的人员。

第五十三条 履行统一领导职责或者组织处置突发事件的人民政府，应当按照有关规定统一、准确、及时发布有关突发事件事态发展和应急处置工作的信息。

第五十四条 任何单位和个人不得编造、传播有关突发事件事态发展或者应急处置工作的虚假信息。

第五十五条 突发事件发生地的居民委员会、村民委员会和其他组织应当按照当地人民政府的决定、命令，进行宣传动员，组织群众开展自救和互救，协助维护社会秩序。

第五十六条 受到自然灾害危害或者发生事故灾难、公共卫生事件的单位，应当立即组织本单位应急救援队伍和工作人员营救受害人员，疏散、撤离、安置受到威胁的人员，控制危险源，标明危险区域，封锁危险场所，并采取其他防止危害扩大的必要措施，同时向所在地县级人民政府报告；对因本单位的问题引发的或者主体是本单位人员的社会安全事件，有关单位应当按照规定上报情况，并迅速派出负责人赶赴现场开展劝解、疏导工作。

突发事件发生地的其他单位应当服从人民政府发布的决定、命令，配合人民政府采取的应急处置措施，做好本单位的应急救援工作，并积极组织人员参加所在地的应急救援和处置工作。

第五十七条 突发事件发生地的公民应当服从人民政府、居民委员会、村民委员会或者所属单位的指挥和安排，配合人民政府采取的应急处置措施，积极参加应急救援工作，协助维护社会秩序。

第五章 事后恢复与重建

第五十八条 突发事件的威胁和危害得到控制或者消除后，履行统一领导职责或者组织处置突发事件的人民政府应当停止执行依照本法规定采取的应急处置措施，同时采取或者继续实施必要措施，防止发生自然灾害、事故灾难、公共卫生事件的次生、衍生事件或者重新引发社会安全事件。

第五十九条 突发事件应急处置工作结束后，履行统一领导职责的人民政府应当立即组织对突发事件造成的损失进行评估，组织受影响地区尽快恢复生产、生活、工作和社会秩序，制定恢复重建计划，并向上一级人民政府报告。

受突发事件影响地区的人民政府应当及时组织和协调公安、交通、铁路、民航、邮电、建设等有关部门恢复社会治安秩序，尽快修复被损坏的交通、通信、供水、排水、供电、供气、供热等公共设施。

第六十条 受突发事件影响地区的人民政府开展恢复重建工作需要上一级人民政府支持的，可以向上一级人民政府提出请求。上一级人民政府应当根据受影响地区遭受的损失和实际情况，提供资金、物资支持和技术指导，组织其他地区提供资金、物资和人力支援。

第六十一条 国务院根据受突发事件影响地区遭受损失的情况，制定扶持该地区有关行业发展的优惠政策。

受突发事件影响地区的人民政府应当根据本地区遭受损失的情况，制定救助、补偿、抚慰、抚恤、安置等善后工作计划并组织实施，妥善解决因处置突发事件引发的矛盾和纠纷。

公民参加应急救援工作或者协助维护社会秩序期间，其在本单位的工资待遇和福利不变；表现突出、成绩显著的，由县级以上人民政府给予表彰或者奖励。

县级以上人民政府对在应急救援工作中伤亡的人员依法给予抚恤。

第六十二条　履行统一领导职责的人民政府应当及时查明突发事件的发生经过和原因，总结突发事件应急处置工作的经验教训，制定改进措施，并向上一级人民政府提出报告。

第六章　法律责任

第六十三条　地方各级人民政府和县级以上各级人民政府有关部门违反本法规定，不履行法定职责的，由其上级行政机关或者监察机关责令改正；有下列情形之一的，根据情节对直接负责的主管人员和其他直接责任人员依法给予处分：

（一）未按规定采取预防措施，导致发生突发事件，或者未采取必要的防范措施，导致发生次生、衍生事件的；

（二）迟报、谎报、瞒报、漏报有关突发事件的信息，或者通报、报送、公布虚假信息，造成后果的；

（三）未按规定及时发布突发事件警报、采取预警期的措施，导致损害发生的；

（四）未按规定及时采取措施处置突发事件或者处置不当，造成后果的；

（五）不服从上级人民政府对突发事件应急处置工作的统一领导、指挥和协调的；

（六）未及时组织开展生产自救、恢复重建等善后工作的；

（七）截留、挪用、私分或者变相私分应急救援资金、物资的；

（八）不及时归还征用的单位和个人的财产，或者对被征用财产的单位和个人不按规定给予补偿的。

第六十四条　有关单位有下列情形之一的，由所在地履行统一领导职责的人民政府责令停产停业，暂扣或者吊销许可证或者营业执照，并处五万元以上二十万元以下的罚款；构成违反治安管理行为的，由公安机关依法给予处罚：

（一）未按规定采取预防措施，导致发生严重突发事件的；

（二）未及时消除已发现的可能引发突发事件的隐患，导致发生严重突发事件的；

（三）未做好应急设备、设施日常维护、检测工作，导致发生严重突发事件或者突发事件危害扩大的；

（四）突发事件发生后，不及时组织开展应急救援工作，造成严重后果的。

前款规定的行为，其他法律、行政法规规定由人民政府有关部门依法决定处罚的，从其规定。

第六十五条　违反本法规定，编造并传播有关突发事件事态发展或者应急处置工作的虚假信息，或者明知是有关突发事件事态发展或者应急处置工作的虚假信息而进行传播的，责令改正，给予警告；造成严重后果的，依法暂停其业务活动或者吊销其执业许可证；负有直接责任的人员是国家工作人员的，还应当对其依法给予处分；构成违反治安管理行为的，由公安机关依法给予处罚。

第六十六条 单位或者个人违反本法规定，不服从所在地人民政府及其有关部门发布的决定、命令或者不配合其依法采取的措施，构成违反治安管理行为的，由公安机关依法给予处罚。

第六十七条 单位或者个人违反本法规定，导致突发事件发生或者危害扩大，给他人人身、财产造成损害的，应当依法承担民事责任。

第六十八条 违反本法规定，构成犯罪的，依法追究刑事责任。

第七章 附则

第六十九条 发生特别重大突发事件，对人民生命财产安全、国家安全、公共安全、环境安全或者社会秩序构成重大威胁，采取本法和其他有关法律、法规、规章规定的应急处置措施不能消除或者有效控制、减轻其严重社会危害，需要进入紧急状态的，由全国人民代表大会常务委员会或者国务院依照宪法和其他有关法律规定的权限和程序决定。

紧急状态期间采取的非常措施，依照有关法律规定执行或者由全国人民代表大会常务委员会另行规定。

第七十条 本法自 2007 年 11 月 1 日起施行。

电力安全事故应急处置和调查处理条例

（国务院令第 599 号）

目　录

第一章　总则

第一条　为了加强电力安全事故的应急处置工作，规范电力安全事故的调查处理，控制、减轻和消除电力安全事故损害，制定本条例。

第二条　本条例所称电力安全事故，是指电力生产或者电网运行过程中发生的影响电力系统安全稳定运行或者影响电力正常供应的事故（包括热电厂发生的影响热力正常供应的事故）。

第三条　根据电力安全事故（以下简称事故）影响电力系统安全稳定运行或者影响电力（热力）正常供应的程度，事故分为特别重大事故、重大事故、较大事故和一般事故。事故等级划分标准由本条例附表列示。事故等级划分标准的部分项目需要调整的，由国务院电力监管机构提出方案，报国务院批准。

由独立的或者通过单一输电线路与外省连接的省级电网供电的省级人民政府所在地城市，以及由单一输电线路或者单一变电站供电的其他设区的市、县级市，其电网减供负荷或者造成供电用户停电的事故等级划分标准，由国务院电力监管机构另行制定，报国务院批准。

第四条　国务院电力监管机构应当加强电力安全监督管理，依法建立健全事故应急处置和调查处理的各项制度，组织或者参与事故的调查处理。

国务院电力监管机构、国务院能源主管部门和国务院其他有关部门、地方人民政府及有关部门按照国家规定的权限和程序，组织、协调、参与事故的应急处置工作。

第五条 电力企业、电力用户以及其他有关单位和个人，应当遵守电力安全管理规定，落实事故预防措施，防止和避免事故发生。

县级以上地方人民政府有关部门确定的重要电力用户，应当按照国务院电力监管机构的规定配置自备应急电源，并加强安全使用管理。

第六条 事故发生后，电力企业和其他有关单位应当按照规定及时、准确报告事故情况，开展应急处置工作，防止事故扩大，减轻事故损害。电力企业应当尽快恢复电力生产、电网运行和电力（热力）正常供应。

第七条 任何单位和个人不得阻挠和干涉对事故的报告、应急处置和依法调查处理。

第二章 事故报告

第八条 事故发生后，事故现场有关人员应当立即向发电厂、变电站运行值班人员、电力调度机构值班人员或者本企业现场负责人报告。有关人员接到报告后，应当立即向上一级电力调度机构和本企业负责人报告。本企业负责人接到报告后，应当立即向国务院电力监管机构设在当地的派出机构（以下称事故发生地电力监管机构）、县级以上人民政府安全生产监督管理部门报告；热电厂事故影响热力正常供应的，还应当向供热管理部门报告；事故涉及水电厂（站）大坝安全的，还应当同时向有管辖权的水行政主管部门或者流域管理机构报告。

电力企业及其有关人员不得迟报、漏报或者瞒报、谎报事故情况。

第九条 事故发生地电力监管机构接到事故报告后，应当立即核实有关情况，向国务院电力监管机构报告；事故造成供电用户停电的，应当同时通报事故发生地县级以上地方人民政府。

对特别重大事故、重大事故，国务院电力监管机构接到事故报告后应当立即报告国务院，并通报国务院安全生产监督管理部门、国务院能源主管部门等有关部门。

第十条 事故报告应当包括下列内容：

（一）事故发生的时间、地点（区域）以及事故发生单位；

（二）已知的电力设备、设施损坏情况，停运的发电（供热）机组数量、电网减供负荷或者发电厂减少出力的数值、停电（停热）范围；

（三）事故原因的初步判断；

（四）事故发生后采取的措施、电网运行方式、发电机组运行状况以及事故控制情况；

（五）其他应当报告的情况。

事故报告后出现新情况的，应当及时补报。

第十一条 事故发生后，有关单位和人员应当妥善保护事故现场以及工作日志、工作票、操作票等相关材料，及时保存故障录波图、电力调度数据、发电机组运行数据和输变电设备运行数据等相关资料，并在事故调查组成立后将相关材料、资料移交事故调查组。

因抢救人员或者采取恢复电力生产、电网运行和电力供应等紧急措施，需要改变事故现场、移动电力设备的，应当作出标记、绘制现场简图，妥善保存重要痕迹、物证，并作出书面记录。

任何单位和个人不得故意破坏事故现场，不得伪造、隐匿或者毁灭相关证据。

第三章 事故应急处置

第十二条 国务院电力监管机构依照《中华人民共和国突发事件应对法》和《国家突发公共事件总体应急预案》，组织编制国家处置电网大面积停电事件应急预案，报国务院批准。

有关地方人民政府应当依照法律、行政法规和国家处置电网大面积停电事件应急预案，组织制定本行政区域处置电网大面积停电事件应急预案。

处置电网大面积停电事件应急预案应当对应急组织指挥体系及职责，应急处置的各项措施，以及人员、资金、物资、技术等应急保障作出具体规定。

第十三条 电力企业应当按照国家有关规定，制定本企业事故应急预案。

电力监管机构应当指导电力企业加强电力应急救援队伍建设，完善应急物资储备制度。

第十四条 事故发生后，有关电力企业应当立即采取相应的紧急处置措施，控制事故范围，防止发生电网系统性崩溃和瓦解；事故危及人身和设备安全的，发电厂、变电站运行值班人员可以按照有关规定，立即采取停运发电机组和输变电设备等紧急处置措施。

事故造成电力设备、设施损坏的，有关电力企业应当立即组织抢修。

第十五条 根据事故的具体情况，电力调度机构可以发布开启或者关停发电机组、调整发电机组有功和无功负荷、调整电网运行方式、调整供电调度计划等电力调度命令，发电企业、电力用户应当执行。

事故可能导致破坏电力系统稳定和电网大面积停电的，电力调度机构有权决定采取拉限负荷、解列电网、解列发电机组等必要措施。

第十六条 事故造成电网大面积停电的，国务院电力监管机构和国务院其他有关部门、有关地方人民政府、电力企业应当按照国家有关规定，启动相应的应急预案，成立应急指挥机构，尽快恢复电网运行和电力供应，防止各种次生灾害的发生。

第十七条 事故造成电网大面积停电的，有关地方人民政府及有关部门应当立即组织开展下列应急处置工作：

（一）加强对停电地区关系国计民生、国家安全和公共安全的重点单位的安全保卫，防范破坏社会秩序的行为，维护社会稳定；

（二）及时排除因停电发生的各种险情；

（三）事故造成重大人员伤亡或者需要紧急转移、安置受困人员的，及时组织实施救治、转移、安置工作；

（四）加强停电地区道路交通指挥和疏导，做好铁路、民航运输以及通信保障工作；

（五）组织应急物资的紧急生产和调用，保证电网恢复运行所需物资和居民基本生活资料的供给。

第十八条 事故造成重要电力用户供电中断的，重要电力用户应当按照有关技术要求迅速启动自备应急电源；启动自备应急电源无效的，电网企业应当提供必要的支援。

事故造成地铁、机场、高层建筑、商场、影剧院、体育场馆等人员聚集场所停电的，应当迅速启用应急照明，组织人员有序疏散。

第十九条 恢复电网运行和电力供应，应当优先保证重要电厂厂用电源、重要输变电设备、电力主干网架的恢复，优先恢复重要电力用户、重要城市、重点地区的电力供应。

第二十条 事故应急指挥机构或者电力监管机构应当按照有关规定，统一、准确、及时发布有关事故影响范围、处置工作进度、预计恢复供电时间等信息。

第四章 事故调查处理

第二十一条 特别重大事故由国务院或者国务院授权的部门组织事故调查组进行调查。

重大事故由国务院电力监管机构组织事故调查组进行调查。

较大事故、一般事故由事故发生地电力监管机构组织事故调查组进行调查。国务院电力监管机构认为必要的，可以组织事故调查组对较大事故进行调查。

未造成供电用户停电的一般事故，事故发生地电力监管机构也可以委托事故发生单位调查处理。

第二十二条 根据事故的具体情况，事故调查组由电力监管机构、有关地方人民政府、安全生产监督管理部门、负有安全生产监督管理职责的有关部门派人组成；有关人员涉嫌失职、渎职或者涉嫌犯罪的，应当邀请监察机关、公安机关、人民检察院派人参加。

根据事故调查工作的需要，事故调查组可以聘请有关专家协助调查。

事故调查组组长由组织事故调查组的机关指定。

第二十三条 事故调查组应当按照国家有关规定开展事故调查，并在下列期限内向组织事故调查组的机关提交事故调查报告：

（一）特别重大事故和重大事故的调查期限为60日；特殊情况下，经组织事故调查组的机关批准，可以适当延长，但延长的期限不得超过60日。

（二）较大事故和一般事故的调查期限为45日；特殊情况下，经组织事故调查组的机关批准，可以适当延长，但延长的期限不得超过45日。

事故调查期限自事故发生之日起计算。

第二十四条 事故调查报告应当包括下列内容：

（一）事故发生单位概况和事故发生经过；

（二）事故造成的直接经济损失和事故对电网运行、电力（热力）正常供应的影响情况；

（三）事故发生的原因和事故性质；

（四）事故应急处置和恢复电力生产、电网运行的情况；

（五）事故责任认定和对事故责任单位、责任人的处理建议；

（六）事故防范和整改措施。

事故调查报告应当附具有关证据材料和技术分析报告。事故调查组成员应当在事故调查报告上签字。

第二十五条 事故调查报告报经组织事故调查组的机关同意，事故调查工作即告结束；委托事故发生单位调查的一般事故，事故调查报告应当报经事故发生地电力监管机构同意。

有关机关应当依法对事故发生单位和有关人员进行处罚，对负有事故责任的国家工作人员给予处分。

事故发生单位应当对本单位负有事故责任的人员进行处理。

第二十六条 事故发生单位和有关人员应当认真吸取事故教训，落实事故防范和整改措施，防止事故再次发生。

电力监管机构、安全生产监督管理部门和负有安全生产监督管理职责的有关部门应当对事故发生单位和有关人员落实事故防范和整改措施的情况进行监督检查。

第五章　法律责任

第二十七条　发生事故的电力企业主要负责人有下列行为之一的，由电力监管机构处其上一年年收入40%至80%的罚款；属于国家工作人员的，并依法给予处分；构成犯罪的，依法追究刑事责任：

（一）不立即组织事故抢救的；

（二）迟报或者漏报事故的；

（三）在事故调查处理期间擅离职守的。

第二十八条　发生事故的电力企业及其有关人员有下列行为之一的，由电力监管机构对电力企业处100万元以上500万元以下的罚款；对主要负责人、直接负责的主管人员和其他直接责任人员处其上一年年收入60%至100%的罚款，属于国家工作人员的，并依法给予处分；构成违反治安管理行为的，由公安机关依法给予治安管理处罚；构成犯罪的，依法追究刑事责任：

（一）谎报或者瞒报事故的；

（二）伪造或者故意破坏事故现场的；

（三）转移、隐匿资金、财产，或者销毁有关证据、资料的；

（四）拒绝接受调查或者拒绝提供有关情况和资料的；

（五）在事故调查中作伪证或者指使他人作伪证的；

（六）事故发生后逃匿的。

第二十九条　电力企业对事故发生负有责任的，由电力监管机构依照下列规定处以罚款：

（一）发生一般事故的，处10万元以上20万元以下的罚款；

（二）发生较大事故的，处20万元以上50万元以下的罚款；

（三）发生重大事故的，处50万元以上200万元以下的罚款；

（四）发生特别重大事故的，处200万元以上500万元以下的罚款。

第三十条　电力企业主要负责人未依法履行安全生产管理职责，导致事故发生的，由电力监管机构依照下列规定处以罚款；属于国家工作人员的，并依法给予处分；构成犯罪的，依法追究刑事责任：

（一）发生一般事故的，处其上一年年收入30%的罚款；

（二）发生较大事故的，处其上一年年收入40%的罚款；

（三）发生重大事故的，处其上一年年收入60%的罚款；

（四）发生特别重大事故的，处其上一年年收入 80%的罚款。

第三十一条 电力企业主要负责人依照本条例第二十七条、第二十八条、第三十条规定受到撤职处分或者刑事处罚的，自受处分之日或者刑罚执行完毕之日起 5 年内，不得担任任何生产经营单位主要负责人。

第三十二条 电力监管机构、有关地方人民政府以及其他负有安全生产监督管理职责的有关部门有下列行为之一的，对直接负责的主管人员和其他直接责任人员依法给予处分；直接负责的主管人员和其他直接责任人员构成犯罪的，依法追究刑事责任：

（一）不立即组织事故抢救的；

（二）迟报、漏报或者瞒报、谎报事故的；

（三）阻碍、干涉事故调查工作的；

（四）在事故调查中作伪证或者指使他人作伪证的。

第三十三条 参与事故调查的人员在事故调查中有下列行为之一的，依法给予处分；构成犯罪的，依法追究刑事责任：

（一）对事故调查工作不负责任，致使事故调查工作有重大疏漏的；

（二）包庇、袒护负有事故责任的人员或者借机打击报复的。

第六章　附则

第三十四条 发生本条例规定的事故，同时造成人员伤亡或者直接经济损失，依照本条例确定的事故等级与依照《生产安全事故报告和调查处理条例》确定的事故等级不相同的，按事故等级较高者确定事故等级，依照本条例的规定调查处理；事故造成人员伤亡，构成《生产安全事故报告和调查处理条例》规定的重大事故或者特别重大事故的，依照《生产安全事故报告和调查处理条例》的规定调查处理。

电力生产或者电网运行过程中发生发电设备或者输变电设备损坏，造成直接经济损失的事故，未影响电力系统安全稳定运行以及电力正常供应的，由电力监管机构依照《生产安全事故报告和调查处理条例》的规定组成事故调查组对重大事故、较大事故、一般事故进行调查处理。

第三十五条 本条例对事故报告和调查处理未作规定的，适用《生产安全事故报告和调查处理条例》的规定。

第三十六条 核电厂核事故的应急处置和调查处理，依照《核电厂核事故应急管理条例》的规定执行。

第三十七条 本条例自 2011 年 9 月 1 日起施行。

国家突发公共事件总体应急预案

（国办发〔2005〕第 11 号）

目　　录

1　总则

1.1　编制目的

提高政府保障公共安全和处置突发公共事件的能力，最大程度地预防和减少突发公共事件及其造成的损害，保障公众的生命财产安全，维护国家安全和社会稳定，促进经济社会全面、协调、可持续发展。

1.2　编制依据

依据宪法及有关法律、行政法规，制定本预案。

1.3　分类分级

本预案所称突发公共事件是指突然发生，造成或者可能造成重大人员伤亡、财产损失、生态环境破坏和严重社会危害，危及公共安全的紧急事件。

根据突发公共事件的发生过程、性质和机理，突发公共事件主要分为以下四类：

（1）自然灾害。主要包括水旱灾害，气象灾害，地震灾害，地质灾害，海洋灾害，生物灾害和森林草原火灾等。

（2）事故灾难。主要包括工矿商贸等企业的各类安全事故，交通运输事故，公共设施和设备事故，环境污染和生态破坏事件等。

（3）公共卫生事件。主要包括传染病疫情，群体性不明原因疾病，食品安全和职业危害，动物疫情，以及其他严重影响公众健康和生命安全的事件。

（4）社会安全事件。主要包括恐怖袭击事件，经济安全事件和涉外突发事件等。

各类突发公共事件按照其性质、严重程度、可控性和影响范围等因素，一般分为四级：Ⅰ级（特别重大）、Ⅱ级（重大）、Ⅲ级（较大）和Ⅳ级（一般）。

1.4 适用范围

本预案适用于涉及跨省级行政区划的，或超出事发地省级人民政府处置能力的特别重大突发公共事件应对工作。

本预案指导全国的突发公共事件应对工作。

1.5 工作原则

（1）以人为本，减少危害。切实履行政府的社会管理和公共服务职能，把保障公众健康和生命财产安全作为首要任务，最大程度地减少突发公共事件及其造成的人员伤亡和危害。

（2）居安思危，预防为主。高度重视公共安全工作，常抓不懈，防患于未然。增强忧患意识，坚持预防与应急相结合，常态与非常态相结合，做好应对突发公共事件的各项准备工作。

（3）统一领导，分级负责。在党中央、国务院的统一领导下，建立健全分类管理、分级负责，条块结合、属地管理为主的应急管理体制，在各级党委领导下，实行行政领导责任制，充分发挥专业应急指挥机构的作用。

（4）依法规范，加强管理。依据有关法律和行政法规，加强应急管理，维护公众的合法权益，使应对突发公共事件的工作规范化、制度化、法制化。

（5）快速反应，协同应对。加强以属地管理为主的应急处置队伍建设，建立联动协调制度，充分动员和发挥乡镇、社区、企事业单位、社会团体和志愿者队伍的作用，依靠公众力量，形成统一指挥、反应灵敏、功能齐全、协调有序、运转高效的应急管理机制。

（6）依靠科技，提高素质。加强公共安全科学研究和技术开发，采用先进的监测、预测、预警、预防和应急处置技术及设施，充分发挥专家队伍和专业人员的作用，提高应对突发公共事件的科技水平和指挥能力，避免发生次生、衍生事件；加强宣传和培训教育工作，提高公众自救、互救和应对各类突发公共事件的综合素质。

1.6 应急预案体系

全国突发公共事件应急预案体系包括：

（1）突发公共事件总体应急预案。总体应急预案是全国应急预案体系的总纲，是国务院应对特别重大突发公共事件的规范性文件。

（2）突发公共事件专项应急预案。专项应急预案主要是国务院及其有关部门为应对某一类型或某几种类型突发公共事件而制定的应急预案。

（3）突发公共事件部门应急预案。部门应急预案是国务院有关部门根据总体应急预案、专项应急预案和部门职责为应对突发公共事件制定的预案。

（4）突发公共事件地方应急预案。具体包括：省级人民政府的突发公共事件总体应急预案、专项应急预案和部门应急预案；各市（地）、县（市）人民政府及其基层政权组织的突发公共事件应急预案。上述预案在省级人民政府的领导下，按照分类管理、分级负责的原则，由地方人民政府及其有关部门分别制定。

（5）企事业单位根据有关法律法规制定的应急预案。

（6）举办大型会展和文化体育等重大活动，主办单位应当制定应急预案。

各类预案将根据实际情况变化不断补充、完善。

2 组织体系

2.1 领导机构

国务院是突发公共事件应急管理工作的最高行政领导机构。在国务院总理领导下，由国务院常务会议和国家相关突发公共事件应急指挥机构（以下简称相关应急指挥机构）负责突发公共事件的应急管理工作；必要时，派出国务院工作组指导有关工作。

2.2 办事机构

国务院办公厅设国务院应急管理办公室，履行值守应急、信息汇总和综合协调职责，发挥运转枢纽作用。

2.3 工作机构

国务院有关部门依据有关法律、行政法规和各自的职责，负责相关类别突发公共事件的应急管理工作。具体负责相关类别的突发公共事件专项和部门应急预案的起草与实施，贯彻落实国务院有关决定事项。

2.4 地方机构

地方各级人民政府是本行政区域突发公共事件应急管理工作的行政领导机构，负责本行政区域各类突发公共事件的应对工作。

2.5 专家组

国务院和各应急管理机构建立各类专业人才库，可以根据实际需要聘请有关专家组成专家组，为应急管理提供决策建议，必要时参加突发公共事件的应急处置工作。

3 运行机制

3.1 预测与预警

各地区、各部门要针对各种可能发生的突发公共事件，完善预测预警机制，建立预测预警系统，开展风险分析，做到早发现、早报告、早处置。

根据预测分析结果，对可能发生和可以预警的突发公共事件进行预警。预警级别依据突发公共事件可能造成的危害程度、紧急程度和发展势态，一般划分为四级：Ⅰ级（特别严重）、Ⅱ级（严重）、Ⅲ级（较重）和Ⅳ级（一般），依次用红色、橙色、黄色和蓝色表示。

预警信息包括突发公共事件的类别、预警级别、起始时间、可能影响范围、警示事项、应采取的措施和发布机关等。

预警信息的发布、调整和解除可通过广播、电视、报刊、通信、信息网络、警报器、宣传车或组织人员逐户通知等方式进行，对老、幼、病、残、孕等特殊人群以及学校等特殊场所和警报盲区应当采取有针对性的公告方式。

3.2 应急处置

3.2.1 信息报告

特别重大或者重大突发公共事件发生后，各地区、各部门要立即报告，最迟不得超过 4 小时，同时通报有关地区和部门。应急处置过程中，要及时续报有关情况。

3.2.2 先期处置

突发公共事件发生后，事发地的省级人民政府或者国务院有关部门在报告特别重大、重大突发公共事件信息的同时，要根据职责和规定的权限启动相关应急预案，及时、有效地进行处置，控制事态。

在境外发生涉及中国公民和机构的突发事件，我驻外使领馆、国务院有关部门和有关地方人民政府要采取措施控制事态发展，组织开展应急救援工作。

3.2.3 应急响应

对于先期处置未能有效控制事态的特别重大突发公共事件，要及时启动相关预案，由国务院相关应急指挥机构或国务院工作组统一指挥或指导有关地区、部门开展处置工作。

现场应急指挥机构负责现场的应急处置工作。

需要多个国务院相关部门共同参与处置的突发公共事件，由该类突发公共事件的业务主管部门牵头，其他部门予以协助。

3.2.4 应急结束

特别重大突发公共事件应急处置工作结束，或者相关危险因素消除后，现场应急指挥机构予以撤销。

3.3 恢复与重建

3.3.1 善后处置

要积极稳妥、深入细致地做好善后处置工作。对突发公共事件中的伤亡人员、应急处置工作人员，以及紧急调集、征用有关单位及个人的物资，要按照规定给予抚恤、补助或补偿，并提供心理及司法援助。有关部门要做好疫病防治和环境污染消除工作。保险监管机构督促有关保险机构及时做好有关单位和个人损失的理赔工作。

3.3.2 调查与评估

要对特别重大突发公共事件的起因、性质、影响、责任、经验教训和恢复重建等问题进行调查评估。

3.3.3 恢复重建

根据受灾地区恢复重建计划组织实施恢复重建工作。

3.4 信息发布

突发公共事件的信息发布应当及时、准确、客观、全面。事件发生的第一时间要向社会发布简要信息，随后发布初步核实情况、政府应对措施和公众防范措施等，并根据事件处置情况做好后续发布工作。

信息发布形式主要包括授权发布、散发新闻稿、组织报道、接受记者采访、举行新闻发布会等。

4 应急保障

各有关部门要按照职责分工和相关预案做好突发公共事件的应对工作，同时根据总体预案切实做好应对突发公共事件的人力、物力、财力、交通运输、医疗卫生及通信保障等工作，保证应急救援工作的需要和灾区群众的基本生活，以及恢复重建工作的顺利进行。

4.1 人力资源

公安（消防）、医疗卫生、地震救援、海上搜救、矿山救护、森林消防、防洪抢险、核与辐射、环境监控、危险化学品事故救援、铁路事故、民航事故、基础信息网络和重要信息系统事故处置，以及水、电、油、气等工程抢险救援队伍是应急救援的专业队伍和骨干力量。地方各级人民政府和有关部门、单位要加强应急救援队伍的业务培训和应急演练，建立联动协调机制，提高装备水平；动员社会团体、企事业单位以及志愿者等各种社会力量参与应急救援工作；增进国际间的交流与合作。要加强以乡镇和社区为单位的公众应急能力建设，发挥其在应对突发公共事件中的重要作用。

中国人民解放军和中国人民武装警察部队是处置突发公共事件的骨干和突击力量，按照有关规定参加应急处置工作。

4.2　财力保障

要保证所需突发公共事件应急准备和救援工作资金。对受突发公共事件影响较大的行业、企事业单位和个人要及时研究提出相应的补偿或救助政策。要对突发公共事件财政应急保障资金的使用和效果进行监管和评估。

鼓励自然人、法人或者其他组织（包括国际组织）按照《中华人民共和国公益事业捐赠法》等有关法律、法规的规定进行捐赠和援助。

4.3　物资保障

要建立健全应急物资监测网络、预警体系和应急物资生产、储备、调拨及紧急配送体系，完善应急工作程序，确保应急所需物资和生活用品的及时供应，并加强对物资储备的监督管理，及时予以补充和更新。

地方各级人民政府应根据有关法律、法规和应急预案的规定，做好物资储备工作。

4.4　基本生活保障

要做好受灾群众的基本生活保障工作，确保灾区群众有饭吃、有水喝、有衣穿、有住处、有病能得到及时医治。

4.5　医疗卫生保障

卫生部门负责组建医疗卫生应急专业技术队伍，根据需要及时赴现场开展医疗救治、疾病预防控制等卫生应急工作。及时为受灾地区提供药品、器械等卫生和医疗设备。必要时，组织动员红十字会等社会卫生力量参与医疗卫生救助工作。

4.6　交通运输保障

要保证紧急情况下应急交通工具的优先安排、优先调度、优先放行，确保运输安全畅通；要依法建立紧急情况社会交通运输工具的征用程序，确保抢险救灾物资和人员能够及时、安全送达。

根据应急处置需要，对现场及相关通道实行交通管制，开设应急救援“绿色通道”，保证应急救援工作的顺利开展。

4.7　治安维护

要加强对重点地区、重点场所、重点人群、重要物资和设备的安全保护，依法严厉打击违法犯罪活动。必要时，依法采取有效管制措施，控制事态，维护社会秩序。

4.8 人员防护

要指定或建立与人口密度、城市规模相适应的应急避险场所，完善紧急疏散管理办法和程序，明确各级责任人，确保在紧急情况下公众安全、有序的转移或疏散。

要采取必要的防护措施，严格按照程序开展应急救援工作，确保人员安全。

4.9 通信保障

建立健全应急通信、应急广播电视保障工作体系，完善公用通信网，建立有线和无线相结合、基础电信网络与机动通信系统相配套的应急通信系统，确保通信畅通。

4.10 公共设施

有关部门要按照职责分工，分别负责煤、电、油、气、水的供给，以及废水、废气、固体废弃物等有害物质的监测和处理。

4.11 科技支撑

要积极开展公共安全领域的科学研究；加大公共安全监测、预测、预警、预防和应急处置技术研发的投入，不断改进技术装备，建立健全公共安全应急技术平台，提高我国公共安全科技水平；注意发挥企业在公共安全领域的研发作用。

5 监督管理

5.1 预案演练

各地区、各部门要结合实际，有计划、有重点地组织有关部门对相关预案进行演练。

5.2 宣传和培训

宣传、教育、文化、广电、新闻出版等有关部门要通过图书、报刊、音像制品和电子出版物、广播、电视、网络等，广泛宣传应急法律法规和预防、避险、自救、互救、减灾等常识，增强公众的忧患意识、社会责任意识和自救、互救能力。各有关方面要有计划地对应急救援和管理人员进行培训，提高其专业技能。

5.3 责任与奖惩

突发公共事件应急处置工作实行责任追究制。

对突发公共事件应急管理工作中做出突出贡献的先进集体和个人要给予表彰和奖励。

对迟报、谎报、瞒报和漏报突发公共事件重要情况或者应急管理工作中有其他失职、渎职行为的，依法对有关责任人给予行政处分；构成犯罪的，依法追究刑事责任。

6 附则

6.1 预案管理

根据实际情况的变化，及时修订本预案。

本预案自发布之日起实施。

国务院批转发展改革委、电监会《关于加强电力系统抗灾能力建设的若干意见》的通知

（国发〔2008〕20号）

各省、自治区、直辖市人民政府，国务院各部委、各直属机构：

国务院同意发展改革委、电监会《关于加强电力系统抗灾能力建设的若干意见》，现转发给你们，请认真贯彻执行。

电力工业是国民经济的重要基础产业。在今年我国南方地区大范围低温雨雪冰冻和汶川特大地震灾害中，电力设施大面积损毁，给经济社会发展和人民群众生活造成严重影响。为保障国家能源安全和国民经济正常运行，必须采取有效措施，加强电力系统抗灾能力建设。国家电力主管部门要会同有关部门抓紧研究制订配套措施，协调推动电力系统抗灾能力建设工作。电力监管机构要严格执法，加大电力安全监管力度，督促电力企业加强安全管理，确保电力正常供应。地方各级人民政府和电力企业要高度重视这项工作，科学制订工作计划和方案，认真抓好组织实施。

国务院

2008年6月25日

关于加强电力系统抗灾能力建设的若干意见

发展改革委　电监会

为提高电力系统抵御自然灾害能力，最大限度地减少自然灾害造成的损失，维护正常的生产和生活秩序，保障国家能源安全和国民经济正常运行，现提出以下意见：

一、加强电力建设规划工作，优化电源和电网布局

（一）电力建设要坚持统一规划的原则，统筹考虑水源、煤炭、运输、土

地、环境以及电力需求等各种因素，处理好电源与电网、输电与配电、城市与农村、电力内发与外供、一次系统与二次系统的关系，合理布局电源，科学规划电网。

（二）电力规划要充分考虑自然灾害的影响，在低温雨雪冰冻、地震、洪水、台风等自然灾害易发地区建设电力工程，要充分论证、慎重决策。要根据电力资源和需求的分布情况，优化电源电网结构布局，合理确定输电范围，实施电网分层分区运行和无功就近平衡。要科学规划发电装机规模，适度配置备用容量，坚持电网、电源协调发展。

（三）电源建设要与区域电力需求相适应，分散布局，就近供电，分级接入电网。鼓励以清洁高效为前提，因地制宜、有序开发建设小型水力、风力、太阳能、生物质能等电站，适当加强分布式电站规划建设，提高就地供电能力。结合西部地区水电开发和负荷增长，积极推进“西电东送”，根据煤炭、水资源分布情况，合理实施煤电外送。进一步优化火电、水电、核电等电源构成比例，加快核电和可再生能源发电建设，缓解煤炭生产和运输压力。

（四）受端电网和重要负荷中心要多通道、多方向输入电力，合理控制单一通道送电容量，要建设一定容量的支撑电源，形成内发外供、布局合理的电源格局。重要负荷中心电网要适当规划配置应对大面积停电的应急保安电源，具备特殊情况下“孤网运行”和“黑启动”能力。充分发挥热电联产机组对受端电网的支撑作用，鼓励在热负荷条件好的地区建设背压型机组或大型燃煤抽凝式热电联产机组，严禁建设凝汽式小火电机组。

（五）电力设施选址要尽量避开自然灾害易发区和设施维护困难地区。电网输电线路要尽可能避免跨越大江大河、湖泊、海域和重要运输通道，确实无法避开的要采取相应防范措施。同一方向的重要输电通道要尽可能分散走廊，减少同一自然灾害易发区内重要输电通道的数量。

（六）加强区域、省内主干网架和重要输电通道建设，提高相互支援能力。位于覆冰灾害较重地区的输电线路，要具备在覆冰期大负荷送电的能力。位于洪水灾害易发地区的输电线路，要对杆塔基础采取防护加固措施。必须穿越地震带等地质环境不安全地区的输电线路，要对杆塔及其基础采取抗震防护措施。

（七）加强电力规划管理，促进输电网与配电网协调发展。国家电力主管部门负责全国电力规划工作，组织编制 330 千伏以上和重点地区电网发展规划；省级电力主管部门根据国家电力规划，组织编制 220 千伏以下电网规划并报国家电力主管部门备案。

（八）地方各级人民政府在制订当地国民经济发展规划、城乡总体规划和土地利用总体规划时，要为电网建设预留合适的输电通道和变电站站址，统一规划城市管线走廊，协调解决电网建设中的问题。

二、调整电网建设标准，推进电力抗灾技术创新

（九）有关部门要加强组织协调，积极推进电力抗灾技术创新，及时分析总结各种自然灾害对电力系统的影响，兼顾安全性和经济性，修订和完善适合我国国情的电力建设标准和规范。

（十）科学确定电网设施设防标准。对骨干电源送出线路、骨干网架及变电站、重要用户配电线路等重要电力设施，要在充分论证的基础上，适当提高设防标准。对跨越主干铁路、高等级公路、河流航道、其他输电线路等重要设施的局部线路，以及位于自然灾害易发区、气候条件恶劣地区和设施维护困难地区的局部线路，要适当提高设防标准。结合城市建设和经济发展，鼓励城市配电网主干线路采用入地电缆。

（十一）气象、地震、环保、国土和水利等部门要将与电网安全相关的数据纳入日常监测范围，及时调整自然灾害判定标准和划分自然灾害易发区，加强监测预报，提高灾害预测和预警能力。电网企业要会同气象等部门在自然灾害易发区的输电走廊设立观测点，统一观测标准，积累并共享相关资料。

（十二）电网企业、发电企业、电力施工企业和设备制造企业要高度重视工程建设质量管理，认真执行国家质量管理的有关规定，健全安全保障体系。有关部门要加强电力施工质量监管，确保材料、设备、工程质量和施工安全。

（十三）发展改革、科技、财政、金融等有关部门要研究制定相应政策，鼓励企业和科研机构加大电力抗灾、救灾的科研投入，加快电力抗灾新技术、新产品的开发和推广应用。

（十四）鼓励加快抵御自然灾害技术的研究，加强新型防冰雪、防污闪涂料和新型导地线、绝缘材料等新技术和新产品的研究开发与推广应用。进一步优化杆塔、金具等电网设施设计，合理匹配元器件强度，提高电网设施防强风、防冰冻、抗震减振等抗灾能力。

（十五）鼓励研究和推广输电设施在线监测、实时预警、故障测距和应急保护等技术，逐步推广应用破冰、融冰等除冰技术和专用工具，推广应用杆塔高效抢修技术和工具，提高电网设施的安全监测和应急抢修能力。

三、完善电力应急体系，做好灾害防范应对

（十六）按照统一指挥、分工负责、预防为主、保证重点的原则，建立政府领导、部门协作、电力监管机构监管、企业为主、用户积极配合的电力应急预警系统和电力抗灾体系，做好灾害防范、应急救助和灾后恢复重建工作。

（十七）国家电力监管机构是全国电力安全的监管机构，负责组织开展电力系统应急、灾害事故调查处理、信息发布等工作。地方各级人民政府是本行政区域电力应急指挥机构，负责协调指挥各有关部门、电力企业及相关单位，制订防灾预案，开展抢险救灾。电力企业是电力系统抢险救灾的责任主体，负责执行抢险救灾任务，做好灾后重建工作。

（十八）地方各级人民政府负责制订完善本地区防灾预案，研究确定当地重要用户范围和应对自然灾害的供电序位。要压缩高耗能、高排放和产能过剩行业用电，优先保证医院、矿山、学校、广播电视、通信、铁路、交通枢纽、供水供气供热、金融机构等重要用户和居民生活电力供应。

（十九）电力企业要根据本地区灾害特点，建立健全电力抗灾预警系统，形成与气象、防汛、地质灾害预防等有关部门的信息沟通和应急联动机制；要充分发挥电力设计、施工队伍在电力应急抢险中的作用，加强抢险救灾物资储备和应急抢险能力建设。

（二十）电网企业要针对灾害可能造成的电网大面积停电、电网解列、“孤网运行”等情况，制订和完善电网“黑启动”等应急处置预案。在灾害性天气多发季节，电网应急保安电源要做好应急启动和“孤网运行”的准备。

（二十一）发电企业在灾害性天气多发季节和法定长假到来之前，要提前做好燃料储备、设备维护等工作。燃煤电厂存煤要达到设计要求，调峰调频水电厂水库蓄水要满足应急需求。燃料生产、销售、运输部门要积极支持和配合发电企业做好燃料储备工作。

（二十二）电力施工企业要配备应急抢修的必要机具，加强施工人员培训，提高安全防护和应急抢修能力。

（二十三）医院、矿山、广播电视、通信、交通枢纽、供水供气供热、金融机构等重要用户，应自备应急保安电源，妥善管理和保养相关设备，储备必要燃料，保障应急需要。

（二十四）有关方面要认真贯彻落实《国家突发公共事件总体应急预案》和《国家处置电网大面积停电事件应急预案》，定期组织联合应急演练，采取多种形式加强防灾减灾的教育培训，增强抵御自然灾害的意识和能力。

四、明确分工职责，搞好抢险救灾

（二十五）地方各级人民政府在收到自然灾害预警信息后，要及时启动防灾应急预案，按照预案和供电序位通知电力企业、电力用户做好准备。一旦灾害引发严重电网事故，要组织电力企业实施应急抢修。要协调林业、交通、铁道和环保等有关部门，及时解决电力设施抢修、重建中的林木砍伐、抢险物资运输和污染防控等问题。

（二十六）电网企业在收到灾害预警后，要迅速组织有关人员和物资，进入抢险救灾的准备状态，并按照防灾预案要求，及时调整运行方式。灾害发生后，要随时监测输电线路安全运行情况，及早采取应对措施，将灾害对输电线路的影响减到最低。主干电网受灾害影响发生严重故障或出现大面积停电时，电网企业要立即按照预案确定的供电序位实施有序供电，并立即开展抢修工作。

（二十七）发电企业在收到灾害预警后，要加强设备巡检和维护，补充发电燃料等物资和相关应急机具，按照电力调度要求调整机组运行方式，做好非正常运行准备，并及时向有关单位通报设备状况。

（二十八）电力用户要服从电网企业的统一调度和指挥，确保电网安全。重要用户要做好启动自备应急保安电源的准备。

（二十九）各地区、各部门要打破区域、行业等限制，对受灾地区无条件实施紧急救助和支援，尽快恢复受灾地区的电力供应。

国务院办公厅关于印发《突发事件应急预案管理办法》的通知

（国办发〔2013〕101号）

各省、自治区、直辖市人民政府，国务院各部委、各直属机构：

《突发事件应急预案管理办法》已经国务院同意，现印发给你们，请认真贯彻执行。

国务院办公厅

2013年10月25日

突发事件应急预案管理办法

第一章　总则

第一条　为规范突发事件应急预案（以下简称应急预案）管理，增强应急预案的针对性、实用性和可操作性，依据《中华人民共和国突发事件应对法》等法律、行政法规，制订本办法。

第二条　本办法所称应急预案，是指各级人民政府及其部门、基层组织、企事业单位、社会团体等为依法、迅速、科学、有序应对突发事件，最大程度减少突发事件及其造成的损害而预先制定的工作方案。

第三条　应急预案的规划、编制、审批、发布、备案、演练、修订、培训、宣传教育等工作，适用本办法。

第四条　应急预案管理遵循统一规划、分类指导、分级负责、动态管理的原则。

第五条　应急预案编制要依据有关法律、行政法规和制度，紧密结合实际，合理确定内容，切实提高针对性、实用性和可操作性。

第二章　分类和内容

第六条　应急预案按照制定主体划分，分为政府及其部门应急预案、单位和基层组织应急预案两大类。

第七条 政府及其部门应急预案由各级人民政府及其部门制定，包括总体应急预案、专项应急预案、部门应急预案等。

总体应急预案是应急预案体系的总纲，是政府组织应对突发事件的总体制度安排，由县级以上各级人民政府制定。

专项应急预案是政府为应对某一类型或某几种类型突发事件，或者针对重要目标物保护、重大活动保障、应急资源保障等重要专项工作而预先制定的涉及多个部门职责的工作方案，由有关部门牵头制订，报本级人民政府批准后印发实施。

部门应急预案是政府有关部门根据总体应急预案、专项应急预案和部门职责，为应对本部门（行业、领域）突发事件，或者针对重要目标物保护、重大活动保障、应急资源保障等涉及部门工作而预先制定的工作方案，由各级政府有关部门制定。

鼓励相邻、相近的地方人民政府及其有关部门联合制定应对区域性、流域性突发事件的联合应急预案。

第八条 总体应急预案主要规定突发事件应对的基本原则、组织体系、运行机制，以及应急保障的总体安排等，明确相关各方的职责和任务。

针对突发事件应对的专项和部门应急预案，不同层级的预案内容各有所侧重。国家层面专项和部门应急预案侧重明确突发事件的应对原则、组织指挥机制、预警分级和事件分级标准、信息报告要求、分级响应及响应行动、应急保障措施等，重点规范国家层面应对行动，同时体现政策性和指导性；省级专项和部门应急预案侧重明确突发事件的组织指挥机制、信息报告要求、分级响应及响应行动、队伍物资保障及调动程序、市县级政府职责等，重点规范省级层面应对行动，同时体现指导性；市县级专项和部门应急预案侧重明确突发事件的组织指挥机制、风险评估、监测预警、信息报告、应急处置措施、队伍物资保障及调动程序等内容，重点规范市（地）级和县级层面应对行动，体现应急处置的主体职能；乡镇街道专项和部门应急预案侧重明确突发事件的预警信息传播、组织先期处置和自救互救、信息收集报告、人员临时安置等内容，重点规范乡镇层面应对行动，体现先期处置特点。

针对重要基础设施、生命线工程等重要目标物保护的专项和部门应急预案，侧重明确风险隐患及防范措施、监测预警、信息报告、应急处置和紧急恢复等内容。

针对重大活动保障制定的专项和部门应急预案，侧重明确活动安全风险隐患及防范措施、监测预警、信息报告、应急处置、人员疏散撤离组织和路线等内容。

针对为突发事件应对工作提供队伍、物资、装备、资金等资源保障的专项和部门应急预案，侧重明确组织指挥机制、资源布局、不同种类和级别突发事件发生后的资源调用程序等内容。

联合应急预案侧重明确相邻、相近地方人民政府及其部门间信息通报、处置措施衔接、应急资源共享等应急联动机制。

第九条 单位和基层组织应急预案由机关、企业、事业单位、社会团体和居委会、村委会等法人和基层组织制定，侧重明确应急响应责任人、风险隐患监测、信息报告、预警响应、应急处置、人员疏散撤离组织和路线、可调用或可请求援助的应急资源情况及如何实施等，体现自救互救、信息报告和先期处置特点。

大型企业集团可根据相关标准规范和实际工作需要，参照国际惯例，建立本集团应急预案体系。

第十条 政府及其部门、有关单位和基层组织可根据应急预案，并针对突发事件现场处置工作灵活制定现场工作方案，侧重明确现场组织指挥机制、应急队伍分工、不同情况下的应对措施、应急装备保障和自我保障等内容。

第十一条 政府及其部门、有关单位和基层组织可结合本地区、本部门和本单位具体情况，编制应急预案操作手册，内容一般包括风险隐患分析、处置工作程序、响应措施、应急队伍和装备物资情况，以及相关单位联络人员和电话等。

第十二条 对预案应急响应是否分级、如何分级、如何界定分级响应措施等，由预案制定单位根据本地区、本部门和本单位的实际情况确定。

第三章　预案编制

第十三条 各级人民政府应当针对本行政区域多发易发突发事件、主要风险等，制定本级政府及其部门应急预案编制规划，并根据实际情况变化适时修订完善。

单位和基层组织可根据应对突发事件需要，制定本单位、本基层组织应急预案编制计划。

第十四条 应急预案编制部门和单位应组成预案编制工作小组，吸收预案涉及主要部门和单位业务相关人员、有关专家及有现场处置经验的人员参加。编制工作小组组长由应急预案编制部门或单位有关负责人担任。

第十五条 编制应急预案应当在开展风险评估和应急资源调查的基础上进行。

（一）风险评估。针对突发事件特点，识别事件的危害因素，分析事件可能产生的直接后果以及次生、衍生后果，评估各种后果的危害程度，提出控制风险、治理隐患的措施。

（二）应急资源调查。全面调查本地区、本单位第一时间可调用的应急队伍、装备、物资、场所等应急资源状况和合作区域内可请求援助的应急资源状况，必要时对本地居民应急资源情况进行调查，为制定应急响应措施提供依据。

第十六条 政府及其部门应急预案编制过程中应当广泛听取有关部门、单位和专家的意见，与相关的预案作好衔接。涉及其他单位职责的，应当书面征求相关单位意见。必要时，向社会公开征求意见。

单位和基层组织应急预案编制过程中，应根据法律、行政法规要求或实际需要，征求相关公民、法人或其他组织的意见。

第四章 审批、备案和公布

第十七条 预案编制工作小组或牵头单位应当将预案送审稿及各有关单位复函和意见采纳情况说明、编制工作说明等有关材料报送应急预案审批单位。因保密等原因需要发布应急预案简本的，应当将应急预案简本一起报送审批。

第十八条 应急预案审核内容主要包括预案是否符合有关法律、行政法规，是否与有关应急预案进行了衔接，各方面意见是否一致，主体内容是否完备，责任分工是否合理明确，应急响应级别设计是否合理，应对措施是否具体简明、管用可行等。必要时，应急预案审批单位可组织有关专家对应急预案进行评审。

第十九条 国家总体应急预案报国务院审批，以国务院名义印发；专项应急预案报国务院审批，以国务院办公厅名义印发；部门应急预案由部门有关会议审议决定，以部门名义印发，必要时，可以由国务院办公厅转发。

地方各级人民政府总体应急预案应当经本级人民政府常务会议审议，以本级人民政府名义印发；专项应急预案应当经本级人民政府审批，必要时经本级人民政府常务会议或专题会议审议，以本级人民政府办公厅（室）名义印发；部门应急预案应当经部门有关会议审议，以部门名义印发，必要时，可以由本级人民政府办公厅（室）转发。

单位和基层组织应急预案须经本单位或基层组织主要负责人或分管负责人签发，审批方式根据实际情况确定。

第二十条 应急预案审批单位应当在应急预案印发后的 20 个工作日内依照下列规定向有关单位备案：

（一）地方人民政府总体应急预案报送上一级人民政府备案。

（二）地方人民政府专项应急预案抄送上一级人民政府有关主管部门备案。

（三）部门应急预案报送本级人民政府备案。

（四）涉及需要与所在地政府联合应急处置的中央单位应急预案，应当向所在地县级人民政府备案。

法律、行政法规另有规定的从其规定。

第二十一条 自然灾害、事故灾难、公共卫生类政府及其部门应急预案，应向社会公布。对确需保密的应急预案，按有关规定执行。

第五章 应急演练

第二十二条 应急预案编制单位应当建立应急演练制度，根据实际情况采取实战演练、桌面推演等方式，组织开展人员广泛参与、处置联动性强、形式多样、节约高效的应急演练。

专项应急预案、部门应急预案至少每3年进行一次应急演练。

地震、台风、洪涝、滑坡、山洪泥石流等自然灾害易发区域所在地政府，重要基础设施和城市供水、供电、供气、供热等生命线工程经营管理单位，矿山、建筑施工单位和易燃易爆物品、危险化学品、放射性物品等危险物品生产、经营、储运、使用单位，公共交通工具、公共场所和医院、学校等人员密集场所的经营单位或者管理单位等，应当有针对性地经常组织开展应急演练。

第二十三条 应急演练组织单位应当组织演练评估。评估的主要内容包括：演练的执行情况，预案的合理性与可操作性，指挥协调和应急联动情况，应急人员的处置情况，演练所用设备装备的适用性，对完善预案、应急准备、应急机制、应急措施等方面的意见和建议等。

鼓励委托第三方进行演练评估。

第六章 评估和修订

第二十四条 应急预案编制单位应当建立定期评估制度，分析评价预案内容的针对性、实用性和可操作性，实现应急预案的动态优化和科学规范管理。

第二十五条 有下列情形之一的，应当及时修订应急预案：

（一）有关法律、行政法规、规章、标准、上位预案中的有关规定发生变化的；

（二）应急指挥机构及其职责发生重大调整的；

（三）面临的风险发生重大变化的；

（四）重要应急资源发生重大变化的；

（五）预案中的其他重要信息发生变化的；

（六）在突发事件实际应对和应急演练中发现问题需要作出重大调整的；

（七）应急预案制定单位认为应当修订的其他情况。

第二十六条 应急预案修订涉及组织指挥体系与职责、应急处置程序、主要处置措施、突发事件分级标准等重要内容的，修订工作应参照本办法规定的预案编制、审批、备案、公布程序组织进行。仅涉及其他内容的，修订程序可根据情况适当简化。

第二十七条 各级政府及其部门、企事业单位、社会团体、公民等，可以向有关预案编制单位提出修订建议。

第七章 培训和宣传教育

第二十八条 应急预案编制单位应当通过编发培训材料、举办培训班、开展工作研讨等方式，对与应急预案实施密切相关的管理人员和专业救援人员等组织开展应急预案培训。

各级政府及其有关部门应将应急预案培训作为应急管理培训的重要内容，纳入领导干部培训、公务员培训、应急管理干部日常培训内容。

第二十九条 对需要公众广泛参与的非涉密的应急预案，编制单位应当充分利用互联网、广播、电视、报刊等多种媒体广泛宣传，制作通俗易懂、好记管用的宣传普及材料，向公众免费发放。

第八章 组织保障

第三十条 各级政府及其有关部门应对本行政区域、本行业（领域）应急预案管理工作加强指导和监督。国务院有关部门可根据需要编写应急预案编制指南，指导本行业（领域）应急预案编制工作。

第三十一条 各级政府及其有关部门、各有关单位要指定专门机构和人员负责相关具体工作，将应急预案规划、编制、审批、发布、演练、修订、培训、宣传教育等工作所需经费纳入预算统筹安排。

第九章 附则

第三十二条 国务院有关部门、地方各级人民政府及其有关部门、大型企业集团等可根据实际情况，制定相关实施办法。

第三十三条 本办法由国务院办公厅负责解释。

第三十四条 本办法自印发之日起施行。

国务院办公厅关于印发《国家大面积停电事件应急预案》的通知

（国办函〔2015〕134 号）

各省、自治区、直辖市人民政府，国务院各部委、各直属机构：

经国务院同意，现将《国家大面积停电事件应急预案》印发给你们，请认真组织实施。2005 年 5 月 24 日经国务院批准、由国务院办公厅印发的《国家处置电网大面积停电事件应急预案》同时废止。

国务院办公厅

2015 年 11 月 13 日

国家大面积停电事件应急预案

目　录

1 总则

1.1 编制目的

建立健全大面积停电事件应对工作机制，提高应对效率，最大程度减少人员伤亡和财产损失，维护国家安全和社会稳定。

1.2 编制依据

依据《中华人民共和国突发事件应对法》《中华人民共和国安全生产法》《中

华人民共和国电力法》《生产安全事故报告和调查处理条例》《电力安全事故应急处置和调查处理条例》《电网调度管理条例》《国家突发公共事件总体应急预案》及相关法律法规等，制定本预案。

1.3 适用范围

本预案适用于我国境内发生的大面积停电事件应对工作。

大面积停电事件是指由于自然灾害、电力安全事故和外力破坏等原因造成区域性电网、省级电网或城市电网大量减供负荷，对国家安全、社会稳定以及人民群众生产生活造成影响和威胁的停电事件。

1.4 工作原则

大面积停电事件应对工作坚持统一领导、综合协调，属地为主、分工负责，保障民生、维护安全，全社会共同参与的原则。大面积停电事件发生后，地方人民政府及其有关部门、能源局相关派出机构、电力企业、重要电力用户应立即按照职责分工和相关预案开展处置工作。

1.5 事件分级

按照事件严重性和受影响程度，大面积停电事件分为特别重大、重大、较大和一般四级。分级标准见附件 1。

2 组织体系

2.1 国家层面组织指挥机构

能源局负责大面积停电事件应对的指导协调和组织管理工作。当发生重大、特别重大大面积停电事件时，能源局或事发地省级人民政府按程序报请国务院批准，或根据国务院领导同志指示，成立国务院工作组，负责指导、协调、支持有关地方人民政府开展大面积停电事件应对工作。必要时，由国务院或国务院授权发展改革委成立国家大面积停电事件应急指挥部，统一领导、组织和指挥大面积停电事件应对工作。应急指挥部组成及工作组职责见附件 2。

2.2 地方层面组织指挥机构

县级以上地方人民政府负责指挥、协调本行政区域内大面积停电事件应对工作，要结合本地实际，明确相应组织指挥机构，建立健全应急联动机制。

发生跨行政区域的大面积停电事件时，有关地方人民政府应根据需要建立跨区域大面积停电事件应急合作机制。

2.3 现场指挥机构

负责大面积停电事件应对的人民政府根据需要成立现场指挥部，负责现场组织指挥工作。参与现场处置的有关单位和人员应服从现场指挥部的统一指挥。

2.4 电力企业

电力企业（包括电网企业、发电企业等，下同）建立健全应急指挥机构，在政府组织指挥机构领导下开展大面积停电事件应对工作。电网调度工作按照《电网调度管理条例》及相关规程执行。

2.5 专家组

各级组织指挥机构根据需要成立大面积停电事件应急专家组，成员由电力、气象、地质、水文等领域相关专家组成，对大面积停电事件应对工作提供技术咨询和建议。

3 监测预警和信息报告

3.1 监测和风险分析

电力企业要结合实际加强对重要电力设施设备运行、发电燃料供应等情况的监测，建立与气象、水利、林业、地震、公安、交通运输、国土资源、工业和信息化等部门的信息共享机制，及时分析各类情况对电力运行可能造成的影响，预估可能影响的范围和程度。

3.2 预警

3.2.1 预警信息发布

电力企业研判可能造成大面积停电事件时，要及时将有关情况报告受影响区域地方人民政府电力运行主管部门和能源局相关派出机构，提出预警信息发布建议，并视情通知重要电力用户。地方人民政府电力运行主管部门应及时组织研判，必要时报请当地人民政府批准后向社会公众发布预警，并通报同级其他相关部门和单位。当可能发生重大以上大面积停电事件时，中央电力企业同时报告能源局。

3.2.2 预警行动

预警信息发布后，电力企业要加强设备巡查检修和运行监测，采取有效措施控制事态发展；组织相关应急救援队伍和人员进入待命状态，动员后备人员做好参加应急救援和处置工作准备，并做好大面积停电事件应急所需物资、装备和设备等应急保障准备工作。重要电力用户做好自备应急电源启用准备。受影响区域地方人民政府启动应急联动机制，组织有关部门和单位做好维持公共秩序、供水供气供热、商品供应、交通物流等方面的应急准备；加强相关舆情监测，主动回应社会公众关注的热点问题，及时澄清谣言传言，做好舆论引导工作。

3.2.3 预警解除

根据事态发展，经研判不会发生大面积停电事件时，按照“谁发布、谁解除”的原则，由发布单位宣布解除预警，适时终止相关措施。

3.3 信息报告

大面积停电事件发生后，相关电力企业应立即向受影响区域地方人民政府电力运行主管部门和能源局相关派出机构报告，中央电力企业同时报告能源局。

事发地人民政府电力运行主管部门接到大面积停电事件信息报告或者监测到相关信息后，应当立即进行核实，对大面积停电事件的性质和类别作出初步认定，按照国家规定的时限、程序和要求向上级电力运行主管部门和同级人民政府报告，并通报同级其他相关部门和单位。地方各级人民政府及其电力运行主管部门应当按照有关规定逐级上报，必要时可越级上报。能源局相关派出机构接到大面积停电事件报告后，应当立即核实有关情况并向能源局报告，同时通报事发地县级以上地方人民政府。对初判为重大以上的大面积停电事件，省级人民政府和能源局要立即按程序向国务院报告。

4 应急响应

4.1 响应分级

根据大面积停电事件的严重程度和发展态势，将应急响应设定为Ⅰ级、Ⅱ级、Ⅲ级和Ⅳ级四个等级。初判发生特别重大大面积停电事件，启动Ⅰ级应急响应，由事发地省级人民政府负责指挥应对工作。必要时，由国务院或国务院授权发展改革委成立国家大面积停电事件应急指挥部，统一领导、组织和指挥大面积停电事件应对工作。初判发生重大大面积停电事件，启动Ⅱ级应急响应，由事发地省级人民政府负责指挥应对工作。初判发生较大、一般大面积停电事件，分别启动Ⅲ级、Ⅳ级应急响应，根据事件影响范围，由事发地县级或市级人民政府负责指挥应对工作。

对于尚未达到一般大面积停电事件标准，但对社会产生较大影响的其他停电事件，地方人民政府可结合实际情况启动应急响应。

应急响应启动后，可视事件造成损失情况及其发展趋势调整响应级别，避免响应不足或响应过度。

4.2 响应措施

大面积停电事件发生后，相关电力企业和重要电力用户要立即实施先期处置，全力控制事件发展态势，减少损失。各有关地方、部门和单位根据工作需要，组织采取以下措施。

4.2.1 抢修电网并恢复运行

电力调度机构合理安排运行方式，控制停电范围；尽快恢复重要输变电设备、电力主干网架运行；在条件具备时，优先恢复重要电力用户、重要城市和重点地区的电力供应。

电网企业迅速组织力量抢修受损电网设备设施，根据应急指挥机构要求，向重要电力用户及重要设施提供必要的电力支援。

发电企业保证设备安全，抢修受损设备，做好发电机组并网运行准备，按照电力调度指令恢复运行。

4.2.2 防范次生衍生事故

重要电力用户按照有关技术要求迅速启动自备应急电源，加强重大危险源、重要目标、重大关键基础设施隐患排查与监测预警，及时采取防范措施，防止发生次生衍生事故。

4.2.3 保障居民基本生活

启用应急供水措施，保障居民用水需求；采用多种方式，保障燃气供应和采暖期内居民生活热力供应；组织生活必需品的应急生产、调配和运输，保障停电期间居民基本生活。

4.2.4 维护社会稳定

加强涉及国家安全和公共安全的重点单位安全保卫工作，严密防范和严厉打击违法犯罪活动。加强对停电区域内繁华街区、大型居民区、大型商场、学校、医院、金融机构、机场、城市轨道交通设施、车站、码头及其他重要生产经营场所等重点地区、重点部位、人员密集场所的治安巡逻，及时疏散人员，解救被困人员，防范治安事件。加强交通疏导，维护道路交通秩序。尽快恢复企业生产经营活动。严厉打击造谣惑众、囤积居奇、哄抬物价等各种违法行为。

4.2.5 加强信息发布

按照及时准确、公开透明、客观统一的原则，加强信息发布和舆论引导，主动向社会发布停电相关信息和应对工作情况，提示相关注意事项和安保措施。加强舆情收集分析，及时回应社会关切，澄清不实信息，正确引导社会舆论，稳定公众情绪。

4.2.6 组织事态评估

及时组织对大面积停电事件影响范围、影响程度、发展趋势及恢复进度进行评估，为进一步做好应对工作提供依据。

4.3 国家层面应对

4.3.1 部门应对

初判发生一般或较大大面积停电事件时，能源局开展以下工作：

（1）密切跟踪事态发展，督促相关电力企业迅速开展电力抢修恢复等工作，指导督促地方有关部门做好应对工作；

（2）视情派出部门工作组赴现场指导协调事件应对等工作；

（3）根据中央电力企业和地方请求，协调有关方面为应对工作提供支援和技术支持；

（4）指导做好舆情信息收集、分析和应对工作。

4.3.2 国务院工作组应对

初判发生重大或特别重大大面积停电事件时，国务院工作组主要开展以下工作：

（1）传达国务院领导同志指示批示精神，督促地方人民政府、有关部门和中央电力企业贯彻落实；

（2）了解事件基本情况、造成的损失和影响、应对进展及当地需求等，根据地方和中央电力企业请求，协调有关方面派出应急队伍、调运应急物资和装备、安排专家和技术人员等，为应对工作提供支援和技术支持；

（3）对跨省级行政区域大面积停电事件应对工作进行协调；

（4）赶赴现场指导地方开展事件应对工作；

（5）指导开展事件处置评估；

（6）协调指导大面积停电事件宣传报道工作；

（7）及时向国务院报告相关情况。

4.3.3 国家大面积停电事件应急指挥部应对

根据事件应对工作需要和国务院决策部署，成立国家大面积停电事件应急指挥部。主要开展以下工作：

（1）组织有关部门和单位、专家组进行会商，研究分析事态，部署应对工作；

（2）根据需要赴事发现场，或派出前方工作组赴事发现场，协调开展应对工作；

（3）研究决定地方人民政府、有关部门和中央电力企业提出的请求事项，重要事项报国务院决策；

（4）统一组织信息发布和舆论引导工作；

（5）组织开展事件处置评估；

（6）对事件处置工作进行总结并报告国务院。

4.4 响应终止

同时满足以下条件时，由启动响应的人民政府终止应急响应：

（1）电网主干网架基本恢复正常，电网运行参数保持在稳定限额之内，主要发电厂机组运行稳定；

（2）减供负荷恢复 80%以上，受停电影响的重点地区、重要城市负荷恢复90%以上；

（3）造成大面积停电事件的隐患基本消除；

（4）大面积停电事件造成的重特大次生衍生事故基本处置完成。

5 后期处置

5.1 处置评估

大面积停电事件应急响应终止后，履行统一领导职责的人民政府要及时组织对事件处置工作进行评估，总结经验教训，分析查找问题，提出改进措施，形成处置评估报告。鼓励开展第三方评估。

5.2 事件调查

大面积停电事件发生后，根据有关规定成立调查组，查明事件原因、性质、影响范围、经济损失等情况，提出防范、整改措施和处理处置建议。

5.3 善后处置

事发地人民政府要及时组织制订善后工作方案并组织实施。保险机构要及时开展相关理赔工作，尽快消除大面积停电事件的影响。

5.4 恢复重建

大面积停电事件应急响应终止后，需对电网网架结构和设备设施进行修复或重建的，由能源局或事发地省级人民政府根据实际工作需要组织编制恢复重建规划。相关电力企业和受影响区域地方各级人民政府应当根据规划做好受损电力系统恢复重建工作。

6 保障措施

6.1 队伍保障

电力企业应建立健全电力抢修应急专业队伍，加强设备维护和应急抢修技能方面的人员培训，定期开展应急演练，提高应急救援能力。地方各级人民政府根据需要组织动员其他专业应急队伍和志愿者等参与大面积停电事件及其次生衍生灾害处置工作。军队、武警部队、公安消防等要做好应急力量支援保障。

6.2 装备物资保障

电力企业应储备必要的专业应急装备及物资，建立和完善相应保障体系。国家有关部门和地方各级人民政府要加强应急救援装备物资及生产生活物资的紧急生产、储备调拨和紧急配送工作，保障支援大面积停电事件应对工作需要。鼓励支持社会化储备。

6.3 通信、交通与运输保障

地方各级人民政府及通信主管部门要建立健全大面积停电事件应急通信保障

体系，形成可靠的通信保障能力，确保应急期间通信联络和信息传递需要。交通运输部门要健全紧急运输保障体系，保障应急响应所需人员、物资、装备、器材等的运输；公安部门要加强交通应急管理，保障应急救援车辆优先通行；根据全面推进公务用车制度改革有关规定，有关单位应配备必要的应急车辆，保障应急救援需要。

6.4 技术保障

电力行业要加强大面积停电事件应对和监测先进技术、装备的研发，制定电力应急技术标准，加强电网、电厂安全应急信息化平台建设。有关部门要为电力日常监测预警及电力应急抢险提供必要的气象、地质、水文等服务。

6.5 应急电源保障

提高电力系统快速恢复能力，加强电网“黑启动”能力建设。国家有关部门和电力企业应充分考虑电源规划布局，保障各地区“黑启动”电源。电力企业应配备适量的应急发电装备，必要时提供应急电源支援。重要电力用户应按照国家有关技术要求配置应急电源，并加强维护和管理，确保应急状态下能够投入运行。

6.6 资金保障

发展改革委、财政部、民政部、国资委、能源局等有关部门和地方各级人民政府以及各相关电力企业应按照有关规定，对大面积停电事件处置工作提供必要的资金保障。

7 附则

7.1 预案管理

本预案实施后，能源局要会同有关部门组织预案宣传、培训和演练，并根据实际情况，适时组织评估和修订。地方各级人民政府要结合当地实际制定或修订本级大面积停电事件应急预案。

7.2 预案解释

本预案由能源局负责解释。

7.3 预案实施时间

本预案自印发之日起实施。

附件：1．大面积停电事件分级标准

2．国家大面积停电事件应急指挥部组成及工作组职责

附件 1

大面积停电事件分级标准

一、特别重大大面积停电事件

1．区域性电网：减供负荷 30%以上。

2．省、自治区电网：负荷 20000 兆瓦以上的减供负荷 30%以上，负荷 5000 兆瓦以上 20000 兆瓦以下的减供负荷 40%以上。

3．直辖市电网：减供负荷 50%以上，或 60%以上供电用户停电。

4．省、自治区人民政府所在地城市电网：负荷 2000 兆瓦以上的减供负荷 60%以上，或 70%以上供电用户停电。

二、重大大面积停电事件

1．区域性电网：减供负荷 10%以上 30%以下。

2．省、自治区电网：负荷 20000 兆瓦以上的减供负荷 13%以上 30%以下，负荷 5000 兆瓦以上 20000 兆瓦以下的减供负荷 16%以上 40%以下，负荷 1000 兆瓦以上 5000 兆瓦以下的减供负荷 50%以上。

3．直辖市电网：减供负荷 20%以上 50%以下，或 30%以上 60%以下供电用户停电。

4．省、自治区人民政府所在地城市电网：负荷 2000 兆瓦以上的减供负荷 40%以上 60%以下，或 50%以上 70%以下供电用户停电；负荷 2000 兆瓦以下的减供负荷 40%以上，或 50%以上供电用户停电。

5．其他设区的市电网：负荷 600 兆瓦以上的减供负荷 60%以上，或 70%以上供电用户停电。

三、较大大面积停电事件

1．区域性电网：减供负荷 7%以上 10%以下。

2．省、自治区电网：负荷 20000 兆瓦以上的减供负荷 10%以上 13%以下，负荷 5000 兆瓦以上 20000 兆瓦以下的减供负荷 12%以上 16%以下，负荷 1000 兆瓦以上 5000 兆瓦以下的减供负荷 20%以上 50%以下，负荷 1000 兆瓦以下的减供负荷 40%以上。

3．直辖市电网：减供负荷 10%以上 20%以下，或 15%以上 30%以下供电用户停电。

4．省、自治区人民政府所在地城市电网：减供负荷 20%以上 40%以下，或

30%以上 50%以下供电用户停电。

5．其他设区的市电网：负荷 600 兆瓦以上的减供负荷 40%以上 60%以下，或 50%以上 70%以下供电用户停电；负荷 600 兆瓦以下的减供负荷 40%以上，或 50%以上供电用户停电。

6．县级市电网：负荷 150 兆瓦以上的减供负荷 60%以上，或 70%以上供电用户停电。

四、一般大面积停电事件

1．区域性电网：减供负荷 4%以上 7%以下。

2．省、自治区电网：负荷 20000 兆瓦以上的减供负荷 5%以上 10%以下，负荷 5000 兆瓦以上 20000 兆瓦以下的减供负荷 6%以上 12%以下，负荷 1000 兆瓦以上 5000 兆瓦以下的减供负荷 10%以上 20%以下，负荷 1000 兆瓦以下的减供负荷 25%以上 40%以下。

3．直辖市电网：减供负荷 5%以上 10%以下，或 10%以上 15%以下供电用户停电。

4．省、自治区人民政府所在地城市电网：减供负荷 10%以上 20%以下，或 15%以上 30%以下供电用户停电。

5．其他设区的市电网：减供负荷 20%以上 40%以下，或 30%以上 50%以下供电用户停电。

6．县级市电网：负荷 150 兆瓦以上的减供负荷 40%以上 60%以下，或 50%以上 70%以下供电用户停电；负荷 150 兆瓦以下的减供负荷 40%以上，或 50%以上供电用户停电。

上述分级标准有关数量的表述中，“以上”含本数，“以下”不含本数。

附件 2

国家大面积停电事件应急指挥部组成及工作组职责

国家大面积停电事件应急指挥部主要由发展改革委、中央宣传部（新闻办）、中央网信办、工业和信息化部、公安部、民政部、财政部、国土资源部、住房城乡建设部、交通运输部、水利部、商务部、国资委、新闻出版广电总局、安全监管总局、林业局、地震局、气象局、能源局、测绘地信局、铁路局、民航局、总参作战部、武警总部、中国铁路总公司、国家电网公司、中国南方电网有限责任公司等部门和单位组成，并可根据应对工作需要，增加有关地方人民政府、其他有关部门和相关电力企业。

国家大面积停电事件应急指挥部设立相应工作组，各工作组组成及职责分工如下：

一、电力恢复组：由发展改革委牵头，工业和信息化部、公安部、水利部、安全监管总局、林业局、地震局、气象局、能源局、测绘地信局、总参作战部、武警总部、国家电网公司、中国南方电网有限责任公司等参加，视情增加其他电力企业。

主要职责：组织进行技术研判，开展事态分析；组织电力抢修恢复工作，尽快恢复受影响区域供电工作；负责重要电力用户、重点区域的临时供电保障；负责组织跨区域的电力应急抢修恢复协调工作；协调军队、武警有关力量参与应对。

二、新闻宣传组：由中央宣传部（新闻办）牵头，中央网信办、发展改革委、工业和信息化部、公安部、新闻出版广电总局、安全监管总局、能源局等参加。

主要职责：组织开展事件进展、应急工作情况等权威信息发布，加强新闻宣传报道；收集分析国内外舆情和社会公众动态，加强媒体、电信和互联网管理，正确引导舆论；及时澄清不实信息，回应社会关切。

三、综合保障组：由发展改革委牵头，工业和信息化部、公安部、民政部、财政部、国土资源部、住房城乡建设部、交通运输部、水利部、商务部、国资委、新闻出版广电总局、能源局、铁路局、民航局、中国铁路总公司、国家电网公司、中国南方电网有限责任公司等参加，视情增加其他电力企业。

主要职责：对大面积停电事件受灾情况进行核实，指导恢复电力抢修方案，落实人员、资金和物资；组织做好应急救援装备物资及生产生活物资的紧急生产、储备调拨和紧急配送工作；及时组织调运重要生活必需品，保障群众基本生活和市场供应；维护供水、供气、供热、通信、广播电视等设施正常运行；维护铁路、道路、水路、民航等基本交通运行；组织开展事件处置评估。

四、社会稳定组：由公安部牵头，中央网信办、发展改革委、工业和信息化部、民政部、交通运输部、商务部、能源局、总参作战部、武警总部等参加。

主要职责：加强受影响地区社会治安管理，严厉打击借机传播谣言制造社会恐慌，以及趁机盗窃、抢劫、哄抢等违法犯罪行为；加强转移人员安置点、救灾物资存放点等重点地区治安管控；加强对重要生活必需品等商品的市场监管和调控，打击囤积居奇行为；加强对重点区域、重点单位的警戒；做好受影响人员与涉事单位、地方人民政府及有关部门矛盾纠纷化解等工作，切实维护社会稳定。

国家发展改革委　国家能源局关于推进电力安全生产领域改革发展的实施意见

（发改能源规〔2017〕1986号）

各省、自治区、直辖市及新疆生产建设兵团发展改革委（能源局）、经信委（工信委），国家能源局各派出能源监管机构，全国电力安委会企业成员单位，各有关单位：

为贯彻落实《中共中央国务院关于推进安全生产领域改革发展的意见》（中发〔2016〕32号），推进电力安全生产领域改革发展，落实电力企业主体责任，完善电力安全生产监督管理机制，保障电力系统安全稳定运行，防范和遏制重特大事故的发生，现提出以下实施意见。

一、落实电力安全生产责任

（一）压实企业安全生产主体责任。企业是安全生产的责任主体，对本单位安全生产工作负全面责任，要严格履行安全生产法定责任，实行全员安全生产责任制度，健全自我约束、持续改进的常态化机制。要健全法定代表人和实际控制人同为安全生产第一责任人的责任体系，建立并完善电力安全生产保证体系和监督体系，建立全过程安全生产管理制度，做到安全责任、管理、投入、培训和应急救援“五到位”。各电力企业和电力项目参建单位应当自觉接受派出能源监管机构及地方政府有关部门的安全监督管理。

（二）明确行业安全生产监管法定责任。国家能源局依据国家法律法规和部门职责，切实履行电力行业安全生产监督管理责任；不断完善电力安全生产政策法规体系和标准规范体系；指导地方电力管理等有关部门加强电力安全生产管理相关工作；统筹部署全国电力安全监管工作，组织开展电力安全生产督查，强化监管执法，严厉查处违法违规行为。派出能源监管机构依据国家规定职责和法律法规授权，开展相关工作，并接受地方政府的业务指导。

（三）落实地方安全生产管理法定责任。按照“管行业必须管安全、管业务必须管安全、管生产经营必须管安全”的原则，地方各级政府电力管理等有关部门按照国家法律法规及有关规定，履行地方电力安全管理责任，将安全生产工作作为行业管理的重要内容，督促指导电力企业落实安全生产主体责任，加强电力安全生产管理。

二、完善安全监管体制

（四）完善电力安全监管体系。牢固树立安全发展、科学发展理念，加强电力安全监管体系建设，逐步理顺电力行业跨区域监管体制，明确行业监管、区域监管与地方监管职责，鼓励有条件的地区先行先试。地方各级政府电力管理等有关部门积极协助配合国家能源局及其派出能源监管机构，构建上下联动、相互支撑、无缝对接的电力安全监管体系。

（五）完善电力安全监管职能。国家能源局依法依规履行电力行业安全监管职责，组织、指导和协调全国电力安全生产监管工作。各派出能源监管机构根据国家规定职责和法律法规授权，履行电力安全监管职责，加强监管执法，严厉查处违法违规行为。地方各级政府电力管理等有关部门依法依规履行地方电力安全管理责任，并积极配合派出能源监管机构，做好相关工作。

（六）强化电力安全协同监管。国家能源局及其派出能源监管机构加强与地方各级政府电力管理等有关部门的沟通联系，强化协同监管，形成工作合力，联合组织开展安全检查、安全执法等工作，积极配合、协助安监等相关专业部门做好安全监管工作。

（七）规范电力事故调查工作。特别重大电力事故，由国务院或者国务院授权的部门组成事故调查组进行调查；重大电力事故，由国家能源局组织或参与调查，有关派出能源监管机构和省级政府电力管理等有关部门参加；较大电力事故，由派出能源监管机构组织或参与调查，有关省级政府电力管理等有关部门参加；一般电力事故，由派出能源监管机构视情况组织或参与调查。

三、严格安全生产执法

（八）严肃安全生产事故查处。严格事故调查处理，严肃查处事故责任单位和责任人。对于发生事故的单位，负责组织事故调查的部门要在事故结案后一年内对其进行评估，存在履职不力、整改措施不落实或落实不到位的，依法依规严肃追究有关单位和人员责任，并及时向社会公开。企业要加大安全生产责任追究力度，严格事故责任处理，研究建立责任处理与职务晋升挂钩机制。对被追究刑事责任的生产经营者实施相应的职业禁入。

（九）强化安全监管行政执法。加强电力安全执法检查工作，完善执法程序规定，规范行政执法行为，发现危及安全情况的及时予以纠正，存在违法违规行为的坚决予以制止。完善通报、约谈制度，对事故多发频发、企业履职不到位及其他涉及安全的重大事项，及时予以通报或约谈企业负责人。积极推进电力安全生产诚信体系建设，完善安全生产不良记录和“黑名单”制度，建立失信惩戒和守信激励机制。畅通“12398”能源监管热线，加大社会参与监督电力安全生产违法违规问题的力度。

（十）健全安全生产考核激励机制。健全电力安全生产考核评价体系，坚持过程考核和结果考核相结合，科学设定可量化的考核指标。建立安全生产绩效与履职评定、职务晋升、奖励惩处挂钩制度，落实安全生产“一票否决”制。企业要研究建立以安全绩效为引导的动态薪酬管理制度，研究试行企业领导班子年度及离任专项安全履职评价考核制度，严格落实一岗双责考核机制。

（十一）加强安全信息管理。规范电力事故事件及相关信息的报送工作，畅通报送渠道，确保及时、准确、完整。对于瞒报、谎报、漏报、迟报事故的单位和个人，依法依规予以处理。完善安全生产执法信息公开制度，建立电力安全信息共享平台，及时发布安全信息。

（十二）严格安全生产监管责任追究。研究制定电力安全生产监管权力和责任清单，尽职免责，失职问责。建立电力安全生产全过程责任追溯制度，杜绝安全生产领域项目审批、行政许可、监管执法等方面的违法违规行为。

四、创新安全发展机制

（十三）健全企业安全资信管理。电力企业要强化安全资质准入管理和业务评价准入参考机制，建立承包单位安全履职能力基础信息数据库，健全承包单位安全履约评价动态管控机制，实行承包单位和管理人员安全资信“双报备”制、施工作业人员安全资质与安全记录“双审核”制。

（十四）严格落实安全评估制。电力企业要严格执行新、改、扩电力建设工程安全设施和职业病防护设施“三同时”制度，开展电力建设工程危险性较大的分部分项工程专项施工方案评估、安全投入与工期的动态评估、新技术新材料新工艺安全性评估，燃煤电厂液氨罐区和贮灰场大坝定期安全评估。

（十五）推进安全责任保险制度。发挥保险机构参与风险管控和事故预防功能的优势，引导保险机构服务电力安全生产，完善安全生产责任保险投保、服务与评价制度。构建政府、保险机构、企业等多方协调运作机制，实现安全生产责任保险公共信息共享。鼓励保险机构根据安全生产状况实行浮动费率，促进企业提高安全生产管理水平。

（十六）健全社会化服务体系。支持发展电力安全生产专业化行业组织，强化行业自律，推进电力行业安全生产咨询服务等第三方机构产业化和社会化。鼓励中小微电力企业订单式、协作式购买运用安全生产管理和技术服务。鼓励企业、高校、科研院所和第三方机构联合开展事故预防理论研究和关键技术装备研发，建设一批电力安全生产领域产、学、研中心，加快成果转化和推广应用。

（十七）建立科技支撑体系。充分应用现代信息化技术，适应大数据时代流程再造，实施“互联网+安全监管”战略，实现监管手段创新，完善监督检查、数据分析、人员行为“三位一体”管理网络，实现流程和模式创新。建立电力行业安全生产信息大数据平台，深度挖掘大数据应用价值，以信息技术手段提升电力安全生产管理水平。推进能源互联网、电力及外部环境综合态势感知、高压柔性输电、新型储能技术等新技术在电力建设和设备改造中的安全应用。

（十八）推进市场化改革与安全协同发展。规范市场交易和调度运行业务流程，推动电力市场参与各方的技术标准统一，加强监督执行，保障电网运行安全。加强辅助服务的市场化交易机制的监管，加大对负荷侧参与电网运行调节、“源、网、荷友好互动”等新型电力市场形态的安全监管。强化对多种所有制形式、业务形态各异的大量新兴市场主体的安全监管，构建与电力市场化改革发展相适应的安全保障体系。

五、建立健全安全生产预控体系

（十九）加强安全风险管控。健全安全风险辨识评估机制，构建风险辨识、评估、预警、防范和管控的闭环管理体系，建立健全风险清册或台账，确定管控重点，实行风险分类分级管理，加强新材料、新工艺、新业态安全风险评估和管控，有效实施风险控制。各企业要研究制定重特大事故风险管控措施，根据作业场所、任务、环境、强度及人员能力等，认真辨识风险及危害程度，合理确定作业定员、时间等组织方案，实行分级管控，落实分级管控责任。

（二十）加强隐患排查治理。牢固树立隐患就是事故的观念，健全隐患排查治理制度、重大隐患治理情况向所在地负有安全监管职责的部门和企业职代会“双报告”制度，实行自查自报自改闭环管理。制定隐患排查治理导则或通则，建立隐患排查治理系统联网信息平台，建立重大隐患报告和公示制度，严格重大隐患挂牌督办制度，实行隐患治理“绿色通道”，优先安排人员和资金治理重大隐患。

（二十一）落实企业事故预防措施。加强安全危险因素分析，制定落实电力安全措施和反事故措施计划，形成安全隐患排查、整改、消除的闭环管理长效机制。严格执行“两票三制”，完善组织管理，落实安全措施，强化安全监护，保障作业安全。

（二十二）加强重大危险源监控。严格落实重大危险源安全管理规定和标准规范，认真开展危险源辨识与评估，完善重大危险源监控设施。加强液氨罐区、油区、氢站等安全管理，落实重大危险源防范措施。加强重大危险源源头管控，新建燃煤发电项目应采用没有重大危险源的技术路线，生产过程中存在重大危险源的燃煤发电企业应研究实施重大危险源替代改造方案。

（二十三）强化安全禁令清单。针对电力安全生产过程中存在的突出问题和薄弱环节，进一步规范电力安全生产监督管理，从人员资格、作业流程控制、安全生产条件、安全生产管理等方面，明确必须坚决禁止的行为，避免和减少事故的发生。

（二十四）建立职业病防治体系。建立职业病防治中长期规划，制定职业健康安全发展目标，实施职业健康促进计划。强化高危粉尘、高毒作业管理，加强对贮煤、输煤及锅炉巡检过程中煤尘、矽尘和设备噪声等职业病危害治理。强化企业主要负责人持续改进职业健康水平的责任，将职业病防治纳入安全生产工作考核体系，落实职业病危害告知、日常监测、定期检测评价和报告、防护保障和职业健康监护等制度措施。

六、加强电力运行安全管理

（二十五）加强电网运行安全管理。调度机构要科学合理安排运行方式，做好电力平衡工作。各电力企业要严格执行调度指令，做到令行禁止。加强电网设备运维检修管理。加强涉网机组安全管理，建立网源协调全过程管理机制。加强大容量重要输电通道安全运行，制定相应的防范策略和应对措施。提升机组深度调峰和调频能力，完善新能源及分布式电源接入技术标准体系，增强电网对新能源的安全消纳能力。加强电网安全运行风险管控工作，确保电网安全稳定运行和可靠供电。

（二十六）加强电力二次系统安全管理。加强电力二次系统安全管理工作，梳理分析电力系统继电保护和安全自动装置等二次系统的配置和策略；查找和消除二次设备、二次回路、保护定值和软件版本等方面的隐患；加强发电侧涉网继电保护等二次系统的正确配置和安全运行。

（二十七）提升电力设备安全水平。加强设备运行安全性分析和设备全寿命周期管理，制定设备治理滚动计划。加强设备状态监测、设备维护和巡视检查，完善设备安全监视与保护装置。加强设备设施缺陷管理，着力整治“家族性”缺陷。加强电力设施保护，防范电力设施遭受外力破坏。

（二十八）保障水电站大坝运行安全。切实做好水电站大坝防汛调度、安全定期检查、安全注册登记和信息化建设等工作，加强病险大坝的除险加固和隐患排查治理。强化水电站大坝安全监测和运行安全分析，开展高坝大库的安全性研究。

（二十九）加强电力可靠性管理。加强电力可靠性数据统计及监督管理，提高可靠性数据的真实性、准确性和完整性。强化可靠性统计数据的分析，充分发挥可靠性技术与数据在电力规划设计、项目建设、运营维护、优质服务中的辅助决策作用。加强可靠性分析应用工作，服务企业安全生产，为电力安全生产监督管理提供支撑。

（三十）加强电力技术监督管理。建立企业主要技术负责人负总责的技术监督管理体系，赋予主要技术负责人安全生产技术决策和指挥权。健全完善技术监督组织体系和标准体系，规范电力技术监督服务工作。建立全国电力技术监督网，加强技术监督专业交流沟通。

七、加强建设工程施工安全和工程质量管理

（三十一）加强工程源头管理。优化工程选线、选址方案，规范开工程序，完善建设施工安全方案和相应安全防护措施，认真做好电力建设工程设计审核和阶段性验收工作（含防雷设施）。严格落实国务院《企业投资项目核准和备案条例》，加强对核准（备案）电力项目监督管理，将安全生产条件作为电力项目核准（备案）项目事中事后检查的重要内容，加大电力项目建设和验收阶段检查力度，对未核先建、核建不符、超国家总量控制核准以及不符合安全技术标准的电力工程项目，立即停工整改。

（三十二）严格工程工期管理。建设单位要依照国家有关工程建设工期规定和项目可行性研究报告中施工组织设计的工期要求，对工程充分论证、评估，科学确定项目合理工期及每个阶段所需的合理时间，严格执行国家有关建设项目开工规定，禁止违规开工。工期确需调整的，必须按照相关规范经过原设计审查单位或安全评价机构等审查，论证和评估其对安全生产的影响，提出并落实施工组织措施和安全保障措施。

（三十三）规范招投标管理和发承包管理。建设单位要明确勘察、设计、施工、物资材料和设备采购等环节招投标文件及合同的安全和质量约定，严格审查招投标过程中有关国家强制性标准的实质性响应，招标投标确定的中标价格要体现合理造价要求，防止造价过低带来安全质量问题。加强工程发包管理，将承包单位纳入工程安全管理体系，严禁以包代管。加强参建单位资质和人员资格审查，严厉查处租借资质、违规挂靠、弄虚作假等各类违法违规行为。

（三十四）严格安全措施审查。建设单位和监理单位要建立健全专项施工方案编制及专家论证审查制度，严格审查和评估复杂地质条件、复杂结构以及技术难度大的工程项目安全技术措施。设计单位要对新技术、新设备、新材料、新工艺给施工安全带来的风险进行分析和评估，提出预防事故的措施和建议。监理单位要严格审查施工组织设计、作业指导书及专项施工方案，尤其是施工重要部位、关键环节、关键工序安全技术措施方案。

（三十五）加强现场安全管理。施工单位要进一步规范电力建设施工作业管理，完善施工工序和作业流程，严格落实施工现场安全措施，强化工程项目安全监督检查。监理单位要加强现场监理，创新监理手段，实现工程重点部位、关键工序施工的全过程跟踪，严控安全风险。各参建单位要加强施工现场安全生产标准化建设，完善安全生产标准化体系，建立安全生产标准化考评机制，从安全设备设施、技术装备、施工环境等方面提高施工现场本质安全水平，提升电力建设安全生产保障能力。健全现场安全检查制度，及时排查和治理隐患，制止和纠正施工作业不安全行为。

（三十六）加强工程质量监督管理。理顺电力建设工程质量监督管理体系，强化政府监管，优化监督机制，落实主体责任。建立健全电力建设工程质量控制机制，落实国家工程建设标准强制性条文，严格控制施工质量和工艺流程，加强关键环节和关键工序的过程控制和质量验收，保证工程质量。

八、加强网络与信息安全管理

（三十七）加强网络安全建设。坚持统筹谋划，做好顶层设计，推进网络安全技术布防建设。按照“安全分区、网络专用、横向隔离、纵向认证”要求，做好电力监控系统的安全防护。开展关键网络安全技术创新研究与应用，支持电力监控系统安全防护关键设备研发，推动商用密码应用，组织实施网络安全重大专项工程，加快网络安全实时监测手段建设。

（三十八）建立安全审查制度。按照国家相关法律法规规定，制定电力行业网络安全审查制度，形成支撑网络安全审查的电力行业网络安全标准体系，探索建立电力行业网络安全审查专业机构，组建电力行业网络安全审查专家库，开展重要网络产品及服务选型审查，提高网络安全可控水平。

（三十九）做好安全防护风险评估与等级保护测评工作。建立健全电力监控系统安全防护管理制度，开展电力监控系统安全防护风险评估，推进电力工控设备信息安全漏洞检测。完善电力行业信息安全等级保护测评标准和规范，加强信息安全等级保护测评机构和测评力量建设。

九、完善电力应急管理

（四十）完善应急管理体制。按照统一领导、综合协调、属地为主、分工负责的原则，完善国家指导协调、地方政府属地指挥、企业具体负责、社会各界广泛参与的电力应急管理体制。加强各级应急指挥机构和应急管理机构建设，明确责任分工，落实资金与装备保障。

（四十一）健全应急管理机制。加强预警信息共享机制建设，建立应急会商制度，以现代科技手段提升监测预警能力。建立协同联动机制，开展跨省跨区电力应急合作，形成应急信息、资源区域共享。完善灾后评估机制，科学指导灾后恢复重建工作。推进电力应急领域金融机制创新。

（四十二）加强应急预案管理。健全应急预案体系，强化预案编制管理和评审备案，充分发挥预案在应急处置中的主导作用。注重预案情景构建，突出风险分析和应急资源能力评估，提高预案针对性和可操作性。推动应急演练常态化，创新演练模式，逐步实现桌面推演与实战演练、专项演练与综合演练、常态化演练与示范性演练相结合。

（四十三）强化大面积停电防范和应急处置。落实《国家大面积停电事件应急预案》，推进省、市、县各级政府制订出台大面积停电事件应急预案。健全各级人民政府主导、电力企业具体应对、社会各方力量共同参与的大面积停电事件应对机制。积极推进电力设施抗灾能力建设，加快防范大面积停电关键技术研究与应用，重点提升电网防御和应对重特大自然灾害的能力。强化大面积停电事件应急处置资金保障，探索大面积停电事件资源征用和停电损失保险业务。

（四十四）加强应急处置能力建设。加强企业专业化应急抢修救援队伍、应急物资装备、应急经费保障建设和应急通信保障体系建设，提升极端情况下应急处置能力。推动重要电力用户自身应急能力建设。组织开展电力企业应急能力建设评估，推进评估成果应用。

十、加强保障能力建设

（四十五）健全规章制度标准规范体系。加强电力安全生产规章制度标准规范顶层设计，增强规章制度标准规范的系统性、可操作性。建立健全电力安全生产规章制度标准规范立改废释工作协调机制，加快推进规章制度标准规范制修订工作。完善电力建设工程、危险化学品等高危作业的安全规程。建立以强制性标准为主体、推荐性标准为补充的电力安全标准体系。

（四十六）保障安全生产投入。电力企业要加大安全生产投入，保证安全生产条件。电力建设参建单位要按照高危行业有关标准，提取并规范使用安全生产费用。推动制定电力企业安全生产费用提取标准，实行安全生产费用专款专用。建立健全政府引导、企业为主、社会资本共同参与的多元化安全投入长效机制，引导企业研发、采用先进适用的安全技术和产品，吸引社会资本参与电力安全基础设施项目建设和重大安全科技攻关。鼓励企业通过发行债券、基金等多种投融资方式加大安全投入。

（四十七）持续推进安全生产标准化建设。建立健全电力安全生产标准化工作长效机制，推进电力企业安全生产标准化创建工作。强化企业班组建设，实现安全管理、操作行为、设备设施和作业环境的标准化，提升企业本质安全水平。

（四十八）加大安全教育培训力度。电力企业要全面落实安全培训的主体责任，抓好本单位从业人员安全培训工作，依法对从业人员进行与其所从事岗位相应的安全教育培训，确保从业人员具备必要安全生产知识。电力企业应当制定本单位年度安全培训计划，建立安全培训管理制度，保障安全培训投入，保证培训时间，建立安全培训档案，如实记录安全生产培训的时间、内容、参加人员以及考核结果等情况。要将外包单位作业人员、劳务派遣人员、实习人员等纳入本单位从业人员统一管理，对其进行岗位安全操作规程和安全操作技能教育培训。

（四十九）推进安全文化建设。营造安全和谐的氛围与环境，有序推进电力安全文化建设，不断提高人员安全意识和安全技能，培养良好的安全行为习惯，提升各类人员综合安全素养。创建安全文化示范企业，打造安全文化精品，鼓励和引导社会力量参与电力安全文化作品创作和推广。

（五十）加强安全监管监督能力建设。加强电力安全监管能力建设，充实安全监督管理力量，建立安全监管人员定期培训轮训机制，按规定配备安全监管执法装备及现场执法车辆，建立电力安全专家库，完善安全监管执法支撑体系。企业要依法设置安全监督管理机构，有条件的企业鼓励设置安全总监，充实安全监督管理力量，支持并维护安全监督人员行使安全监督权力。

国家发展改革委　国家能源局

2017年11月17日

国家发展改革委办公厅关于做好国家大面积停电事件应急预案贯彻落实工作的通知

（发改办能源〔2016〕201 号）

各省、自治区、直辖市人民政府办公厅，国家能源局各派出机构，国家电网公司、南方电网公司，华能、大唐、华电、国电、国电投集团公司，内蒙古电力公司，各有关单位：

《国家大面积停电事件应急预案》（国办函〔2015〕134 号，以下简称《预案》）已于 2015 年 11 月由国务院办公厅发布实施。为扎实做好《预案》的贯彻落实，现就有关工作提出如下要求。

一、高度重视，切实提高对《预案》重要性认识。国家大面积停电事件应急预案，是各级政府电力突发事件处置应对的行动计划，是政府和社会由常态向非常态转换的预先安排，是相关行业领域进行应急准备的工作纲要。《预案》的颁布实施，对于健全大面积停电事件应对机制，规范工作，提高应对效率，最大程度减少损失，维护国家安全和社会稳定具有十分重要的意义。各单位要高度重视，切实加强组织领导，扎实有效地做好《预案》的贯彻落实工作。

二、落实责任，健全大面积停电事件处置机制。国家能源局负责大面积停电事件应对的指导协调和组织管理工作。县级以上人民政府是本行政区域内大面积停电事件应急响应和处置的责任主体，负责指挥、协调本行政区域内大面积停电事件应对工作；要结合实际，明确相应组织指挥机构，明确牵头单位和成员单位以及相应职责，建立健全应急联动机制。地方人民政府电力运行主管部门、国家能源局派出机构按《预案》规定职责负责大面积停电事件的预警信息管理和信息报告工作。电力企业负责大面积停电事件监测、风险分析及信息报告，负责电网抢修恢复和应急供电保障等工作。

三、强化衔接与联动，扎实开展预案编修工作。各单位要贯彻落实国务院办公厅《突发事件应急预案管理办法》，将本地区本单位大面积停电事件应急预案列入专项预案编修计划，在风险评估和资源调查基础上，组织开展预案制修订工作。省级人民政府预案要衔接国家预案，重点明确大面积停电事件的组织指挥机制、信息报告、响应及行动、人员物资保障及调动程序，明确地市级人民政府职责以及电力企业、重要电力用户职责。电力企业预案要衔接相关政府预案，重点明确和落实监测预警、信息报告和电网抢修恢复、应急供电保障等各项措施。省级人民政府、中央企业总部大面积停电事件应急预案要按规定向国家能源局备案，力争2016年6月底前完成。

四、切实加强预案的宣传教育和培训演练。各单位要加强大面积停电事件应急预案的宣传教育，特别要注重对基层单位和社会公众的宣传教育，使相关单位和个人了解掌握自身所涉及预案的相关内容，增强应急意识，提高自救互救能力和应急处置能力。要强化本级预案所涉及的指挥机构、工作组成员、抢修队伍等人员培训，落实岗位职责和具体要求。要全面推进预案应急演练，建立长效机制，定期组织、广泛开展演练活动，切实提高预案的实效性、适用性和可操作性。新修编的大面积停电事件应急预案应组织演练检验。

五、建立完善《预案》持续改进工作机制。国家能源局要强化对省级人民政府和电力企业的工作指导检查和信息通报力度，开展调查研究，完善制度措施，及时解决突出问题。国家能源局派出机构要按照统一部署，强化电力企业应急工作的监管，坚决防范大面积停电事件发生；加强工作协调和技术支持，配合地方人民政府完成预案编修、应急演练和教育培训等任务，促进全社会电力应急能力不断提高，共同维护国家安全和社会稳定。各单位工作中遇到的问题及有关情况要及时向国家发展改革委和国家能源局反映。

国家发展改革委办公厅

2016年1月26日

国家能源局关于印发《单一供电城市电力安全事故等级划分标准》的通知

（国能电安〔2013〕255 号）

各派出机构，国家电网公司，南方电网公司，华能、大唐、华电、国电、中电投集团公司，各有关电力企业：

根据《电力安全事故应急处置和调查处理条例》有关规定，国家能源局组织制定了《单一供电城市电力安全事故等级划分标准》，已经国务院审核批准，现予以印发，请遵照执行。

单一供电城市电力安全事故等级划分标准

判定项 事故等级	造成单一供电城市电网减供负荷的比例	造成单一供电城市供电用户停电的比例
重大事故	电网负荷 2000 兆瓦以上的省、自治区人民政府所在地城市电网减供负荷 60%以上。	电网负荷 2000 兆瓦以上的省、自治区人民政府所在地城市 70%以上供电用户停电。
较大事故	电网负荷 2000 兆瓦以上的省、自治区人民政府所在地城市电网减供负荷 40%以上 60%以下。 电网负荷 2000 兆瓦以下的省、自治区人民政府所在地城市电网减供负荷 60%以上。 电网负荷 600 兆瓦以上的其他设区的市电网减供负荷 60%以上。	电网负荷 2000 兆瓦以上的省、自治区人民政府所在地城市 50%以上 70%以下供电用户停电。 电网负荷 2000 兆瓦以下的省、自治区人民政府所在地城市 50%以上供电用户停电。 电网负荷 600 兆瓦以上的其他设区的市 70%以上供电用户停电。
一般事故	电网负荷 2000 兆瓦以上的省、自治区人民政府所在地城市电网减供负荷 20%以上 40%以下。 电网负荷 2000 兆瓦以下的省、自治区人民政府所在地城市电网减供负荷 40%以上 60%以下。 电网负荷 600 兆瓦以上的其他设区的市，减供负荷 40%以上 60%以下。	省、自治区人民政府所在地城市 30%以上 50%以下供电用户停电。 电网负荷 600 兆瓦以上的其他设区的市 50%以上 70%以下供电用户停电。 电网负荷 600 兆瓦以下的其他设区的市 50%以上供电用户停电。

续表

判定项 / 事故等级	造成单一供电城市电网减供负荷的比例	造成单一供电城市供电用户停电的比例
一般事故	电网负荷600兆瓦以下的其他设区的市电网减供负荷40%以上。 电网负荷150兆瓦以上的县级市电网减供负荷60%以上。	电网负荷150兆瓦以上的县级市70%以上供电用户停电。

注：1. 本标准依据《电力安全事故应急处置和调查处理条例》第三条第二款制定。

2. 本标准下列用语的含义：

（1）单一供电城市，是指由独立的或者通过单一输电线路与外省连接的省级电网供电的省级人民政府所在地城市，以及由单一输电线路或者单一变电站供电的其他设区的市、县级市。

（2）独立的省级电网，是指与其他省级电网没有交流输电线路联系的电网。

（3）单一输电线路供电，是指由与省级主电网连接的一回三相交流输电线路或者一回正负双极运行的直流输电线路供电的供电方式。同杆架设的双回输电线路因一次故障同时跳开的情形，视为单一输电线路供电。

（4）单一变电站供电，是指由与省级主电网连接的一个变电站且一台变压器供电的供电方式。由一回路或者多回路输电线路串联供电的多个变电站的供电方式，视同于单一变电站供电。

3. 本标准适用于由于独立的省级电网故障，或者由于单一输电线路或者单一变电站故障造成单一供电城市电网减供负荷或者供电用户停电的电力安全事故。

单一供电城市因电网内部故障造成的减供负荷或者供电用户停电的电力安全事故，适用《电力安全事故应急处置和调查处理条例》附表列示的事故等级划分标准。

4. 本标准中所称的“以上”包括本数，“以下”不包括本数。

国家能源局关于印发《电力安全事件监督管理规定》的通知

（国能安全〔2014〕205号）

各派出机构，国家电网公司，南方电网公司，华能、大唐、华电、国电、中电投集团公司，各有关电力企业：

按照工作安排，国家能源局修订了原电监会《电力安全事件监督管理暂行规定》，现将完成后的《电力安全事件监督管理规定》印发你们，请依照执行。

国家能源局

2014年5月10日

电力安全事件监督管理规定

第一条 为贯彻落实《电力安全事故应急处置和调查处理条例》(以下简称《条例》)，加强对可能引发电力安全事故的重大风险管控，防止和减少电力安全事故，制定本规定。

第二条 本规定所称电力安全事件，是指未构成电力安全事故，但影响电力（热力）正常供应，或对电力系统安全稳定运行构成威胁，可能引发电力安全事故或造成较大社会影响的事件。

第三条 电力企业应当加强对电力安全事件的管理，严格落实安全生产责任，建立健全相关的管理制度，完善安全风险管控体系，强化基层基础安全管理工作，防止和减少电力安全事件。

第四条 电力企业应当依据《条例》和本规定，制定本企业电力安全事件相关管理规定，明确电力安全事件分级分类标准、信息报送制度、调查处理程序和责任追究制度等内容。

第五条 电力企业制定的电力安全事件相关管理规定应当报送国家能源局及其派出机构。属于全国电力安全生产委员会成员单位的电力企业向国家能源局报送，其他电力企业向当地国家能源局派出机构（以下简称“派出机构”）报送。电力安全事件相关管理规定作出修订后，应当重新报送。

第六条 国家能源局及其派出机构指导、督促电力企业开展电力安全事件防范工作，并重点加强对以下电力安全事件的监督管理：

（一）因安全故障（含人员误操作，下同）造成城市电网（含直辖市、省级人民政府所在地城市、其他设区的市、县级市电网）减供负荷比例或者城市供电用户停电比例超过《电力安全事故应急处置和调查处理条例》规定的一般电力安全事故比例数值60%以上；

（二）500千伏以上系统中，一次事件造成同一输电断面两回以上线路同时停运；

（三）省级以上电力调度机构管辖的安全稳定控制装置拒动或误动、330千伏以上线路主保护拒动或误动、330千伏以上断路器拒动；

（四）装机总容量1000兆瓦以上的发电厂、330千伏以上变电站因安全故障造成全厂（全站）对外停电；

（五）±400千伏以上直流输电线路双极闭锁或一次事件造成多回直流输电线路单级闭锁；

（六）发生地市级以上地方人民政府有关部门确定的特级或者一级重要电力用户外部供电电源因安全故障全部中断；

（七）因安全故障造成发电厂一次减少出力1200兆瓦以上，或者装机容量5000兆瓦以上发电厂一次减少出力2000兆瓦以上，或者风电场一次减少出力200兆瓦以上；

（八）水电站由于水工设备、水工建筑损坏或者其他原因，造成水库不能正常蓄水、泄洪，水淹厂房、库水漫坝；或者水电站在泄洪过程中发生消能防冲设施破坏、下游近坝堤岸垮塌；

（九）燃煤发电厂贮灰场大坝发生溃决，或发生严重泄漏并造成环境污染；

（十）供热机组装机容量200兆瓦以上的热电厂，在当地人民政府规定的采暖期内同时发生2台以上供热机组因安全故障停止运行并持续12小时。

第七条 发生第六条所列电力安全事件后，对于造成较大社会影响的，发生事件的单位负责人接到报告后应当于1小时内向上级主管单位和当地派出机构报告，在未设派出机构的省、自治区、直辖市，应向当地国家能源局区域派出机构报告。全国电力安全生产委员会成员单位接到报告后应当于1小时内向国家能源局报告。

其他电力安全事件报国家能源局的时限为事件发生后24小时。同时，当地派出机构要对事件进一步核实，及时向国家能源局报送事件情况的书面报告。

第八条 电力企业对发生的电力安全事件，应当吸取教训，按照本企业的相关管理规定，制定和落实防范整改措施。

对第六条所列电力安全事件，电力企业应当依据国家有关事故调查程序，组织调查组进行调查处理。

对电力系统安全稳定运行或对社会造成较大影响的电力安全事件，国家能源局及其派出机构认为必要时，可以专项督查。

第九条 对第六条所列电力安全事件的调查期限依据《电力安全事故应急处置和调查处理条例》规定的一般电力安全事故调查期限执行，调查工作结束后5个工作日内，电力企业应当将调查结果以书面形式报国家能源局及其派出机构。

第十条 涉及电网企业、发电企业等两个或者两个以上企业的电力安全事件，组织联合调查时发生争议且一方申请国家能源局及其派出机构调查的，可以由国家能源局及其派出机构组织调查。

第十一条 对发生第六条所列电力安全事件且负有主要责任的电力企业，国家能源局及其派出机构将视情况采取约谈、通报、现场检查和专项督办等手段加强督导，督促电力企业落实安全生产主体责任，全面排查安全隐患，落实防范整改措施，切实提高安全生产管理水平，防止类似事件重复发生，防止由电力安全事件引发电力安全事故。

第十二条 电力企业违反本规定要求的，由国家能源局及其派出机构依据有关规定处理。

第十三条 派出机构可根据本规定，结合本辖区实际，制定相关实施细则。

第十四条 本规定自发布之日起执行。

国家能源局综合司关于做好电力安全信息报送工作的通知

（国能综安全〔2014〕198号）

全国电力安全生产委员会成员单位：

为进一步贯彻落实国务院《电力安全事故应急处置和调查处理条例》（国务院令第599号）和《生产安全事故报告和调查处理条例》（国务院令第493号）有关要求，规范和加强电力安全信息报送工作，现将有关事项通知如下。

一、信息报送范围

1．电力生产（含电力建设施工）过程中发生的电力安全事故、电力人身伤亡事故（其统计范围见附件4）、电力设备损坏造成直接经济损失达到100万元以上的事故（简称“设备事故”），以上统称“电力事故”。

2．影响电力（热力）正常供应，或对电力系统安全稳定运行构成威胁，可能引发电力安全事故或造成较大社会影响的电力安全事件（具体见国能安全〔2014〕205号《关于印发电力安全事件监督管理规定的通知》）。对电力企业、电力行业和国家安全造成或可能造成危害的电力信息安全事件（具体见电监信息〔2007〕36号《关于印发〈电力行业网络与信息安全应急预案〉的通知》，以下简称“信息安全事件”）电力安全事件和信息安全事件以下统称“事件”。

3．境外电力工程建设和运营项目发生的较大以上人身伤亡事故。

二、信息报告单位

发生“信息报送范围”中所述电力事故或事件的电力企业是信息报告的责任单位。其中，电力建设施工中发生电力事故或事件时，电力工程项目业主、建设、施工、监理等各单位都有报告信息的责任。

三、即时报告信息的程序、时限、内容及方式

1．报告程序及时限

信息报告责任单位负责人接到电力事故报告后应当于1小时内向上级主管单位、事故发生地国家能源局派出机构报告，在未设派出机构的省、自治区、直辖市，信息报告责任单位负责人应向国家能源局相关区域监管局报告。全国电力安全生产委员会（以下简称“电力安委会”）成员单位接到电力事故报告后应当于1

小时内向国家能源局值班室报告。境外电力工程建设和运营项目发生较大以上人身伤亡事故的，事故发生单位在国内的主管企业在接到报告后 1 小时内向国家能源局值班室报告。

造成较大社会影响的电力安全事件和信息安全事件报送时限参照电力事故报送时限执行。其他电力安全事件和信息安全事件报国家能源局的时限为：信息报告责任单位负责人接到事件报告后 12 小时内向上级主管单位、事件发生地国家能源局派出机构报告，未设派出机构的省、自治区、直辖市，信息报告责任单位负责人应向国家能源局相关区域监管局报告。全国电力安全生产委员会（以下简称“电力安委会”）成员单位接到事件报告后 12 小时内向国家能源局值班室报告。

涉及电网减供负荷或者城市供电用户停电的电力安全事故或事件，由省级以上电网企业向国家能源局派出机构报告。

2．报告内容及方式

信息报告应当采取书面方式（内容及格式见附件 1）上报，不具备书面报告条件的可先通过电话报告，再行书面报告。信息报告后又出现新情况的，应当及时补报。

四、综合信息的报送程序、时间及内容

1．月（年）度电力事故或电力安全事件信息统计表

报送程序：省（自治区）监管办统计本省（自治区）月（年）度电力事故或事件信息报区域监管局，未设监管办的省（自治区、直辖市）发生的电力事故或电力安全事件信息由区域监管局负责统计。区域监管局汇总本区域月（年）度电力事故或电力安全事件信息后报国家能源局电力安全监管司。电力安委会企业成员单位汇总本企业月（年）度电力事故或电力安全事件信息后报国家能源局电力安全监管司。

报送时间及内容：区域监管局和电力安委会企业成员单位应于每月 17 日前报送上月电力事故或事件信息统计表（见附件 2、附件 3），次年 1 月底前报送上年度电力事故或电力安全事件信息统计表（见附件 2、附件 3）。

2．年度电力安全生产情况分析报告

电力安委会成员单位应于次年 1 月底前向国家能源局电力安全监管司报送上年度电力安全生产情况分析报告，主要内容包括：全年电力安全生产情况，电力事故或事件规律研究，存在的问题和风险分析，以及整改措施等。

3．电力事故或事件调查报告书

组织或参与事故或事件调查的国家能源局派出机构和事故或事件发生单位应于事故或事件调查报告书经正式批复或同意后 5 个工作日内将事故或事件调查报告书报送国家能源局电力安全监管司。

五、信息报送要求

1．各单位要高度重视电力安全信息报送工作，加强领导，落实责任，建立健全工作机制，完善工作制度，采取有效措施，切实做好信息报送工作，确保信息的及时、准确和完整。

2．各单位要完善电力安全信息报送工作程序，明确信息报送的部门、人员和24小时联系方式，报国家能源局电力安全监管司，如发生变动，须及时通报。

3．电力事故或电力安全事件即时报告，应在书面报告后立即报送电子信息；报送月（年）度电力事故或电力安全事件信息统计表、年度电力安全生产情况分析报告、电力事故或电力安全事件调查报告书时应同时报送纸质文件和电子信息。纸质文件和电子信息须经本单位安全生产部门负责人签发和审核。电子信息在“电力安全信息报送”软件上直接填报。

4．国家能源局派出机构要加强对企业该项工作的监督检查，对成绩突出的单位和个人给予表彰；对迟报、漏报、谎报、瞒报信息的单位要责令其改正，情节严重或造成严重后果的单位应当予以通报或处罚。

5．本通知自印发之日起施行。以前有关文件中如有与上述规定不符的，以此通知为准。

六、信息报送相关联系方式

（略）。

附件：1．电力事故或事件即时报告单

2．____月（年）电力事故信息统计表（电力人身伤亡事故部分）

____月（年）电力事故信息统计表（电力安全事故/设备事故部分）

3．____月（年）电力事故基本信息统计表

____月（年）电力安全事件信息统计表

4．电力人身伤亡事故统计范围

国家能源局综合司

2014年5月16日

附件 1

电力事故或电力安全事件即时报告单

<table>
<tr><td>内容
序号</td><td colspan="4">报告内容</td></tr>
<tr><td>1</td><td>报告类型</td><td colspan="3">事故报告□　　　　事件报告□</td></tr>
<tr><td rowspan="2">2</td><td rowspan="2">填报时间及方式</td><td colspan="3">第 1 次报告□　　　　后续报告□</td></tr>
<tr><td colspan="2">第 1 次报告时间</td><td>年　月　日　时　分</td></tr>
<tr><td rowspan="10">3</td><td rowspan="10">企业名称、地址及联系方式</td><td colspan="2">企业详细名称</td><td></td></tr>
<tr><td colspan="2">企业详细地址、电话</td><td></td></tr>
<tr><td colspan="2">上级主管单位名称</td><td></td></tr>
<tr><td rowspan="3">事故涉及的外包单位情况</td><td>外包单位名称</td><td></td></tr>
<tr><td>外包单位地址电话</td><td></td></tr>
<tr><td>外包单位上级主管单位</td><td></td></tr>
<tr><td rowspan="4">在建项目</td><td>建设单位名称</td><td></td></tr>
<tr><td>施工单位名称</td><td></td></tr>
<tr><td>设计单位名称</td><td></td></tr>
<tr><td>监理单位名称</td><td></td></tr>
<tr><td rowspan="5">4</td><td rowspan="5">事故或事件经过</td><td colspan="2">发生时间</td><td></td></tr>
<tr><td colspan="2">地点（区域）</td><td></td></tr>
<tr><td colspan="2">事故或事件类型</td><td></td></tr>
<tr><td colspan="2">初判事故等级</td><td></td></tr>
<tr><td colspan="2">简要经过</td><td></td></tr>
<tr><td rowspan="6">5</td><td rowspan="6">损失情况</td><td rowspan="3">人身伤亡情况</td><td>死亡人数</td><td></td></tr>
<tr><td>失踪人数</td><td></td></tr>
<tr><td>重伤人数</td><td></td></tr>
<tr><td colspan="2">电力设备设施损坏情况及损失金额</td><td></td></tr>
<tr><td colspan="2">停运的发电（供热）机组数量、电网减供负荷或者发电厂减少出力的数值、停电（停热）范围，停电用户数量等</td><td></td></tr>
<tr><td colspan="2">其他不良社会影响</td><td></td></tr>
</table>

续表

序号＼内容	报告内容				
6	原因及处置恢复情况	原因初步判断			
		事故或事件发生后采取的措施、电网运行方式、发电机组运行状况以及事故或事件的控制或恢复情况等			
7	填报单位		填报人		联系方式

注：1. 事故类型：电力生产人身伤亡事故、电力建设人身伤亡事故、电力安全事故、设备事故。
事件类型：影响电力（热力）正常供应事件（参见《电力安全事件监督管理规定》第六条第一、十款）、影响电力系统安全稳定运行事件（参见第六条第二、三、四、五、七款）、造成较大社会影响事件（参见第六条第六、八、九款）。
2. 初判事故等级：一般、较大、重大和特别重大。事件信息不填报事故等级。
3. 境外电力工程建设和运营项目发生较大以上人身伤亡事故的，填写本表。
4. 电网企业直管、控股、代管县及县级市供电企业及其所属农村供电所组织的10千伏及以下生产经营等业务活动中发生的事故或事件亦属电力安全信息报送范围。
5. 本页填报不完的可另附页。

信息安全事件报告表

报告单位	
事件时间	自___年___月___日___时至___年___月___日___时
事件描述及危害程度：	
处置措施：	
分析研判：	
有关意见和建议：	
领导意见： （单位公章） 年　月　日	

附件 2

____月（年）电力事故信息统计表

（电力人身伤亡事故部分）

填报单位（章）：____________

<table>
<tr><td rowspan="4">项目
期间</td><td colspan="12">电力生产人身伤亡事故</td><td colspan="12">电力建设人身伤亡事故</td></tr>
<tr><td colspan="3" rowspan="2">电力生产人身伤亡情况</td><td colspan="9">其中</td><td colspan="3" rowspan="2">电力建设人身伤亡情况</td><td colspan="9">其中</td></tr>
<tr><td colspan="3">较大</td><td colspan="3">重大</td><td colspan="3">特别重大</td><td colspan="3">较大</td><td colspan="3">重大</td><td colspan="3">特别重大</td></tr>
<tr><td>起数</td><td>死亡</td><td>重伤</td><td>起数</td><td>死亡</td><td>重伤</td><td>起数</td><td>死亡</td><td>重伤</td><td>起数</td><td>死亡</td><td>重伤</td><td>起数</td><td>死亡</td><td>重伤</td><td>起数</td><td>死亡</td><td>重伤</td><td>起数</td><td>死亡</td><td>重伤</td><td>起数</td><td>死亡</td><td>重伤</td></tr>
<tr><td>当月</td><td></td><td></td><td></td><td></td><td></td><td></td><td></td><td></td><td></td><td></td><td></td><td></td><td></td><td></td><td></td><td></td><td></td><td></td><td></td><td></td><td></td><td></td><td></td><td></td></tr>
<tr><td>本年累计</td><td></td><td></td><td></td><td></td><td></td><td></td><td></td><td></td><td></td><td></td><td></td><td></td><td></td><td></td><td></td><td></td><td></td><td></td><td></td><td></td><td></td><td></td><td></td><td></td></tr>
<tr><td>上年同期</td><td></td><td></td><td></td><td></td><td></td><td></td><td></td><td></td><td></td><td></td><td></td><td></td><td></td><td></td><td></td><td></td><td></td><td></td><td></td><td></td><td></td><td></td><td></td><td></td></tr>
<tr><td>上年累计</td><td></td><td></td><td></td><td></td><td></td><td></td><td></td><td></td><td></td><td></td><td></td><td></td><td></td><td></td><td></td><td></td><td></td><td></td><td></td><td></td><td></td><td></td><td></td><td></td></tr>
<tr><td colspan="25">填报说明：</td></tr>
</table>

注：电力人身伤亡事故“起数”的单位为“次”，“死亡”和“重伤”的单位为“人”。

审核人签字：　　　　制表人签字：　　　　填报日期：____年____月____日

____月（年）电力事故信息统计表

（电力安全事故 / 设备事故部分）

填报单位（章）：____________

统计项目 统计期间	电力安全事故（次）				设备事故（次）			
		其中				其中		
	事故次数	较大	重大	特别重大	事故次数	较大	重大	特别重大
当月								
本年累计								
上年同期								
上年累计								
填报说明：								

审核人签字：　　　　制表人签字：　　　　填报日期：____年____月____日

附件 3

____月（年）电力事故基本信息统计表

填报单位（章）：______________

项目 序号	时间	地点（单位）	事故类型	事故等级	电力人身伤亡事故类别	造成电力安全事故 / 设备事故责任原因	事故简要经过、后果及处置情况
1							
2							
3							
填报说明：							

审核人签字：　　　　制表人签字：　　　　填报日期：____年____月____日

注：1. 事故类型：电力生产人身伤亡事故、电力建设人身伤亡事故、电力安全事故、设备事故。

2. 事故等级：一般、较大、重大和特别重大。

3. 电力人身伤亡事故类别：触电、高处坠落、物体打击、机械伤害、淹溺、灼烫伤、火灾、坍塌、中毒、爆炸、道路交通等。

4. 造成电力安全事故 / 设备事故责任原因：规划设计不周、制造质量不良、施工安装不良、检修质量不良、调整试验不当、运行不当、管理不当、调度不当、电力系统影响、用户误操作、外力破坏、自然灾害等。

5. 本页填报不完的可另附页。

____月（年）电力安全事件信息统计表

填报单位（章）：______________

项目 序号	时间	地点（单位）	事件类型	造成电力安全事件原因	事件简要经过、后果	事件处置情况
1						
2						
3						
填报说明：本月（年）事件次数______，本年累计____，上年同期____，上年累计____。						

审核人签字：　　　制表人签字：　　　填报日期：____年____月____日

注：1. 事件类型：影响电力（热力）正常供应事件（参见《电力安全事件监督管理规定》第六条第一、十款）、影响电力系统安全稳定运行事件（参见第六条第二、三、四、五、七款）、造成较大社会影响事件（参见第六条第六、八、九款）。

2. 造成电力安全事件原因：规划设计不周、制造质量不良、施工安装不良、检修质量不良、调整试验不当、运行不当、管理不当、调度不当、用户误操作、外力破坏、自然灾害等。

3. 本页填报不完的可另附页。

附件 4

电力人身伤亡事故范围

1．电力生产（建设）类人身伤亡事故：包括电力企业人员从事电力生产（建设）过程中发生的人身伤亡事故；非电力企业人员从事电力生产（建设）过程中发生的人身伤亡事故。电力企业人员从事电力用户工程过程中发生的人身伤亡事故。

2．交通类人身伤亡事故：包括厂（场）内交通事故，作业路途中发生的道路、水上等交通事故造成的人身伤亡事故（交通部门牵头调查的交通事故除外）。

3．自然灾害类人身伤亡事故：由于自然灾害造成的电力生产（建设）人员的伤亡事故。

注：1．“电力企业”范围执行《电力安全生产监管办法》规定。

2．发生上述电力人身伤亡事故的单位要按规定时限上报事故信息，事后定性与初判不符的可在后续统计中调整。其中，地方政府定性为意外的人身伤亡事故，取得国家能源局承装修试资质的非电力企业从事电力用户业务时发生的人身伤亡事故，电力企业人员私自从事工作范围以外涉电工作造成的人身伤亡事故不纳入事故信息统计范围。

国家能源局综合司关于印发《大面积停电事件省级应急预案编制指南》的通知

（国能综安全〔2016〕490号）

各省、自治区、直辖市人民政府办公厅，国家能源局各派出机构：

为深入贯彻落实《国家大面积停电事件应急预案》和《国家发展改革委办公厅关于做好国家大面积停电事件应急预案贯彻落实工作的通知》，指导省级人民政府开展大面积停电事件应急预案的制修订工作，我局编制了《大面积停电事件省级应急预案编制指南》，现印送你们，供工作参考。

国家能源局综合司

2016年8月5日

大面积停电事件省级应急预案编制指南

国家能源局电力安全监管司

2016年8月

前　言

为加强各省、自治区、直辖市大面积停电事件应急预案编制工作的指导，规范其编制程序、框架内容和基本要素，高效有序处置大面积停电事件，参照《中华人民共和国突发事件应对法》《国务院有关部门和单位制定和修订突发公共事件应急预案框架指南》《国家突发公共事件总体应急预案》《国家大面积停电事件应急预案》《国务院办公厅突发事件应急预案管理办法》《生产安全事故应急预案管理办法》等法律法规和相关文件制定本指南。

本指南适用于各省、自治区、直辖市人民政府开展应急预案编制工作，各市县级人民政府和各相关单位编制本级或本单位大面积停电事件应急预案可参照本指南。

本指南由编制工作指南和预案框架指南两部分构成。编制工作指南部分主要对预案定位、预案体系结构以及预案编制过程中的重点提出指导性要求；预案框架指南部分主要对预案的内容提出指导性参考。

第一部分　编制工作指南

1　预案编制原则

1.1　大面积停电事件省级应急预案（以下简称省级预案）是为省、自治区、直辖市（以下简称省级）人民政府制定的针对大面积停电事件的专项应急预案，是大面积停电事件应对中涉及的多个部门职责的制度安排与工作方案，应由省级人民政府电力运行主管部门牵头制定。

1.2　预案编制应当依据国家相关法律法规和本辖区突发事件应急管理相关法规和制度，并紧密结合本辖区实际情况。

省级预案框架各部分内容所涉及的法律法规制度依据见附录一。

1.3　省级预案重点明确在发生大面积停电事件时的组织指挥机制、信息报告要求、分级响应标准及响应行动、队伍物资保障及调用程序、市县级政府职责等，重点规范省级层面应对行动，同时体现对市县级预案的指导性。省级预案与其他省级专项预案的衔接界面由省级综合预案规定；省级预案涉及市县级层面的应对及处置行动由市县级相关专项预案规定；省级预案涉及的跨部门响应与保障行动由相关协同联动机制规定。

省级预案的体系框架图见附录二。

1.4　省级预案应当与《国家大面积停电事件应急预案》在应对原则、指挥机制、预警机制、事件分级、响应分级、响应行动以及保障措施等方面进行衔接。

2　编制工作组织机构

2.1　由省级人民政府电力运行主管部门牵头成立应急预案编制工作组织（以下简称编制组织），编制组织负责人应由省级人民政府电力运行主管部门有关工作责任人担任。编制组织的典型构成见附录三。

2.2　编制组织成员构成应当注重全面性和专业性，吸收相关政府部门应急管理人员、相关应急指挥机构管理人员、应急管理领域专业人员和相关行业专业人员参与，必要时组织专门培训。

2.3 编制组织应当注重工作的延续性，充分发挥编制组织成员在大面积停电事件应急处置指挥和省级预案持续优化完善工作中的作用。

3 编制准备

3.1 风险源评估

预案编制前应当对可能引发大面积停电事件的风险源进行全面评估。风险源评估应当基于全面的样本资料收集，包括本辖区十年以上的相关历史事件、国内外代表性案例以及对未来一段时间本辖区自然、社会、经济演变的预期，形成风险源事件样本库。风险源评估应当采用科学有效的事件分解和模式归类方法，形成预案情景构建工作的基础。

3.2 社会风险影响分析

预案编制前应当进行大面积停电事件社会风险影响分析，形成应急响应和保障的决策依据，提出控制风险、治理隐患和防范次生衍生灾害的措施和极端情况下应急处置与资源保障的需求。

社会风险影响分析宜采用情景构建的科学方法，对大面积停电事件造成的对城市秩序、交通运输、公共安全、通讯保障、医疗卫生、物资供应、燃料供应等领域的影响情景进行构建。

3.3 应急资源调查

3.3.1 从大面积停电事件发生时供电保障的角度出发，对电力企业应急资源，重要电力用户应急资源，其他应急与保障机制，相关部门、组织及机构的备用电源，应急燃料储备情况，应急队伍，物资装备，应急场所等状况进行全面调查。必要时，依据电网结构和地域特性，对合作区域内可用的电力应急资源进行调查，为制定应急响应措施提供依据。

3.3.2 从大面积停电事件发生时民生与社会安全保障的角度出发，对通讯、交通、公共安全、民政、卫生、医疗、市政、军队、武警等相关部门和单位以及社会化应急组织的应急资源情况进行调查，必要时对合作区域内可用的社会应急资源情况进行调查，为制定协同联动机制提供依据。

4 隐患治理与预案要素的先期完善

4.1 对于在风险分析中发现的易发、高发风险源隐患，应当进行事前治理。有整改条件的由编制组织提请省级安全生产监督管理部门督促相关单位进行整改，没有整改条件的应在预案中特别列明，并在预案中对监测预警、应急处置措施等手段和程序上予以强化。

4.2 对于在影响分析中发现的社会影响敏感因素，应当在预案编制过程中强化相关单位的专业处置力量，完善预案中相应的响应与处置措施，同时将上述因素作为确定响应级别与响应升级的重要依据。

4.3 对于在应急资源调查中发现的应急资源明显不足的情况，应当按照相关规范标准要求及时配备。应急资源与保障措施协同联动机制不到位的，应及时组织相关部门和单位会商并建立完善机制。地方人民政府应当积极推进全社会共同参与的应急资源调用机制建设。

5 编制过程要点

5.1 预案中规定的程序、机制与措施都应当有法可依、有据可查，编制过程中可充分借鉴和体现本辖区应急管理历史工作经验和成果。

5.2 预案编制中应当采用标准化的文字与流程图，规定监测预警、应急组织指挥机构召集、信息共享与报送、响应启动、响应级别调整等行动。

5.3 预案编制中宜采用情景构建方法，保证预案内容与实际情况相符，提高预案的针对性和可操作性。

5.4 预案内容应当体现统一指挥、分工负责的工作原则，对指挥权设定、分级组织指挥以及现场工作组、现场指挥机构的权利责任划分应当严谨清晰。

5.5 省级预案应当与相关预案做好衔接，涉及其他单位职责的，应当书面征求相关单位意见。必要时，向地方立法机构和社会公开征求意见。

6 审批和发布

省级预案的审批、发布、备案及修订更新工作按照《突发事件应急预案管理办法》《国家发展改革委办公厅关于做好大面积停电事件应急预案贯彻落实工作的通知》等文件执行。

第二部分 预案框架指南

1 总则

1.1 编制目的

建立健全涉及本省、自治区、直辖市（以下简称本省）的大面积停电事件应对工作机制，提高应对效率，最大程度减少人员伤亡和财产损失，维护本辖区安全和社会稳定。

1.2 编制依据

国家相关法律法规和政策文件，一般包括:《中华人民共和国突发事件应对法》《中华人民共和国安全生产法》《中华人民共和国电力法》《生产安全事故报告和调查处理条例》《电力安全事故应急处置和调查处理条例》《电网调度管理条例》《国家突发公共事件总体应急预案》《国家大面积停电事件应急预案》。

省级人民政府颁发的相关法规和政策文件：如某省（自治区、直辖市）突发事件应对条例、某省（自治区、直辖市）突发事件总体应急预案、某省（自治区、直辖市）突发事件预警信息发布管理办法等。

1.3 适用范围

明确省级预案的适用行政辖区。

省级预案是应对由于本辖区内外自然灾害、电力安全事故和外力破坏等原因造成的本辖区内电网大量减供负荷，对本辖区安全、社会稳定以及人民群众生产生活造成影响和威胁的停电事件的工作方案。

按照突发事件省级综合预案明确本省级预案与省内其他相关预案关系。

1.4 工作原则

遵从国家大面积停电事件应急处置工作原则，同时突出本省应急处置工作特点。

1.5 事件分级

事件分级原则上按照《国家大面积停电事件应急预案》规定的标准执行，分为特别重大、重大、较大和一般四级，具体内容结合本省实际，与本省无关的标准可以不列入。

2 组织指挥体系及职责

2.1 省级层面组织指挥机构

明确本省大面积停电事件应对指导协调和组织管理工作的负责单位。

明确省级层面应对大面积停电事件的应急组织指挥机构（以下简称应急组织指挥机构）及其召集机制、成员组成、职责分工，日常管理工作机制。成员和职责可以附件形式附后。明确必要时派出应急工作组指导市县开展大面积停电事件应急处置工作的机制。

依照“统一领导”，“属地为主”的工作原则，明确当成立国家大面积停电事件应急指挥部时，由国家大面积停电事件应急指挥部统一领导、组织和指挥大面积停电事件应对工作，(本辖区）应急组织指挥机构应衔接上一层级指挥体系并做好辖区内事件应对的领导、组织和指挥工作。

省级层面组织指挥机构构成体系见附录四。

2.2 市县层面组织指挥机构

明确市县级指挥、协调本行政区域内大面积停电事件应对工作的负责单位。

明确市县级大面积停电事件应急组织指挥机构及其召集机制。

2.3 电力企业

明确电力企业应对大面积停电事件的应急指挥机构。

明确电力企业应急指挥机构与应急组织指挥机构之间的关系与界面。

2.4 专家组

制定专家组召集机制。明确专家组的专业领域构成，专家组对应急组织指挥机构的决策支持流程。

3 风险分析和监测预警

3.1 风险分析

3.1.1 风险源分析

3.1.1.1 从本辖区气象、地质、水文、植被等自然环境因素方面，分析可能引发大面积停电事件的环境危险因素。

3.1.1.2 从本辖区电网结构、设备特性等方面分析可能引发大面积停电事件的电网危险因素。

3.1.1.3 从系统分析和历史经验角度，发现可能引发本辖区大面积停电事件的辖区外电网、自然和社会环境危险因素。

3.1.2 社会风险影响分析

结合本辖区人口、政治、经济发展特点，对大面积停电引发的社会面风险因素进行分析。可以基于本辖区历史灾害样本数据进行社会影响情景构建。

3.2 监测

明确本辖区内需要监测的重点对象。以早发现、早报告、早处置的原则，建立监测信息的管理方法和机制。

适当考虑发生在本辖区外、有可能对本辖区造成重大影响事件的信息收集与传报。

除从上述专业渠道获取监测信息外，预案监测体系还应支持从舆情监测、互联网感知、民众报告等多种渠道获得预警信息的方式，并对民众报告的接报方式进行公示。

3.3 预警

3.3.1 预警信息发布

明确规范省级大面积停电事件预警职责、预警程序、预警调整及解除等具体内容。重点明确电网企业大面积停电事件预警信息上报电力运行主管部门和国家能源局派出机构的程序、内容和相关渠道，明确电力运行主管部门后续研判、报告、审批和预警信息发布的程序。明确预警信息的发布平台、渠道以及发布形式。

明确向国家能源局的上报程序和对市县及其他相关部门的通报程序。

3.3.2　预警行动

一般应采取的预警行动措施包括：

（1）应急准备措施

电力企业的应急准备措施，重要电力用户的应急准备措施，受影响区域人民政府应启动的应急联动机制及其他应急准备措施。

（2）舆论监测与引导措施

舆论监测方法与系统，舆情指标体系，舆论引导的依据、方法与渠道。

设置舆情指标越限时应采取的响应行动。

3.3.3　预警解除

当判断不可能发生突发大面积停电事件或者危险已经消除时，按照“谁发布、谁解除”的原则，适时终止相关措施。

4　信息报告

依据国家大面积停电事件应急预案信息报告程序，明确大面积停电事件发生后，相关电力企业的信息报告规范与程序。

明确地方人民政府（电力运行主管部门）和能源局派出机构接到大面积停电事件报告后应采取的向上信息报告和向下信息通报的规范与程序。

对市县级人民政府接到大面积停电事件信息后应采取的信息研判与报告措施提出指导性要求。

5　应急响应

5.1　响应分级

参照国家大面积停电事件应急预案响应分级，依据本省实际情况制定响应分级标准及必要时应采取的响应升级机制。

明确与响应级别对应的各单位应急处置基本任务清单以及与情景构建对应的各单位应急处置动态任务清单。

包含对于尚未达到一般大面积停电事件标准，但对社会产生较大影响的其他停电事件，省级或事发地人民政府的应急响应启动程序。

可以定义为避免应急响应不足或响应过度对应急响应级别进行调整的程序。

5.2 省级层面应对

5.2.1 省级应急组织指挥机构应对

明确初判发生重大以上大面积停电事件时，省级应急组织指挥机构应该开展的主要工作，主要包括：贯彻落实国务院指示精神，组织进行客观事态评估，组织专家研判，视情况进行现场指挥与协调，配合国务院工作组及上级指挥机构的工作，舆情管理，处置评估等。

5.2.2 省级应急工作组应对

明确省级应急工作组派出后应该采取的主要工作，主要包括：贯彻落实本省政府应急处置工作要求，收集汇总事件信息，指导当地应急指挥机构处置应对工作，协调实施跨市县合作机制等。

5.2.3 现场指挥部应对

明确现场指挥部的成立机制、工作职责，以及对参与现场处置的单位和个人的工作要求。明确现场指挥部的组织结构与指挥权限的设定、行政命令权与应急指挥权的界限划分。

5.3 工作机制和响应措施

5.3.1 工作机制

明确全面支撑应急响应措施的工作机制，如：应急组织指挥机构各成员单位间的信息共享机制；应急资源调配决策机制；现场应急指挥与协调机制；通信保障与应急联动机制；地市间跨区域大面积停电事件应急合作机制。

5.3.2 响应措施

明确大面积停电事件发生后各相关单位的响应措施和需要进行协调联动的工作机制，明确响应牵头部门，必要时列明各单位响应措施的任务清单，一般包括：

（1）抢修电网并恢复运行。明确以电力企业为主责的抢修电网并恢复运行的响应要求。

（2）防范次生衍生事故。明确以重要电力用户为主责的防范次生衍生事故的响应措施。

（3）保障民生。明确与消防、市政、供水、燃气、物资、卫生、教育、采暖等基本民生事务保障相关的一系列响应措施，响应牵头部门。

（4）维护社会稳定。明确与应急指挥体系，政府重要机构，人员密集区域，市场经济秩序，安全生产重要场所等安全与稳定保障相关的一系列响应措施，响应牵头部门。

（5）加强信息发布。明确信息发布的主要内容、方式、手段，如召开新闻发布会向社会公众发布停电信息的工作程序。

（6）组织事态评估。明确应急组织指挥机构对大面积停电事件影响范围、影响程度、发展趋势及恢复进度进行评估的组织形式和工作流程。

5.4 响应终止

满足响应终止条件时，由启动响应的地方人民政府终止应急响应。响应终止的必要条件参照《国家大面积停电事件应急预案》，可以结合本省情况按照上调响应级别的原则进行调整。

6 后期处置

6.1 处置评估

明确应急处置结束后，省级人民政府总结评估、吸取教训和改进工作的程序。明确鼓励开展第三方评估的相关要求。

6.2 事故调查

按照《电力安全事故应急处置和调查处理条例》规定成立事故调查组，查明事件原因、性质、影响范围、经济损失等情况，提出防范、整改措施和处理处置建议。

6.3 善后处置

明确应急响应结束后，事发地人民政府开展善后处置的内容和程序，如保险机构理赔工作要求；因灾受损单位灾后评估及损失申报流程。

6.4 恢复重建

明确对大面积停电事件应急响应中止后，对受损电网和设备进行恢复重建的组织、规划和实施流程。

7 应急保障

7.1 应急队伍保障

明确本辖区各类电力应急救援队伍体系建设和能力建设的基本要求。电力应急救援队伍体系包括：电力企业专业和兼职救援队伍，各相关行业协同救援队伍，军队、武警、公安消防等专业保障力量，社会志愿者队伍等。

7.2 物资装备保障

对电力企业应急装备及物资储备工作提出要求。

对县级以上人民政府加强应急救援装备物资及生产生活物资的紧急生产、储备调拨和紧急配送工作，保障支援大面积停电事件应对工作需要提出指导性要求。

对鼓励支持社会化应急物资装备储备提出指导性要求。

7.3 通信、交通和运输保障

明确本辖区的应急通信保障体系和交通运输保障体系建设工作要求，确定牵头部门。

7.4 技术保障

明确电力企业在大面积停电事件应急关键技术研究、装备研发、应急技术标准制定、应急能力评估、应急信息化平台建设等方面的工作要求。

明确气象、国土资源、水利等部门为电力日常监测预警及电力应急抢险提供技术保障的要求。

7.5 应急电源保障

明确说明本辖区加强电网“黑启动”能力建设工作要求。描述辖区内应急电源保障机制和地方人民政府督导检查机制。

7.6 医疗卫生保障

明确大面积停电应急处置过程中，对保障伤员紧急救护、卫生防疫等工作提出要求。

7.7 资金保障

明确地方人民政府以及各相关电力企业对大面积停电事件应对的资金保障规定和要求。

8 附则

8.1 预案编制与审批

说明预案的编制部门以及预案的审批及发布记录。

8.2 预案修订与更新

明确定期评审与更新制度、备案制度、评审与更新方式方法和主办机构等。

8.3 预案实施

说明预案的生效实施时间节点。

8.4 演练与培训

说明预案实施后的演练与培训计划。

9 附录

9.1 省级大面积停电事件分级说明。

9.2 应急指挥机构成员工作职责或各小组职责。

9.3 《大面积停电事件省级应急预案操作手册》，规定更加详细的行动流程、联系方式、资源清单、报告格式、路线图等，作为省级预案附录。

操作手册内容一般包含：

（1）大面积停电事件监控信息汇总流程

（2）大面积停电事件公众报告接报流程

（3）大面积停电事件预警信息初判、报告、审批、发布与解除流程及信息报告格式文书

（4）大面积停电事件组织指挥机构召集、集中、联络流程与路线图

（5）应急人力资源清单、应急设备设施资源清单、应急抢险物资清单

（6）大面积停电事件响应信息报告流程及信息格式文书

（7）事件分级（如前文未列明）判定流程

（8）事件响应分级（如前文未列明）与调整流程

第三部分　附　　录

附录一：大面积停电事件省级应急预案框架涉及法律法规制度依据

<table>
<tr><th>预案框架章节</th><th>法律法规制度</th><th>对应内容</th></tr>
<tr><td>总则</td><td>《国家大面积停电事件应急预案》
《突发事件应对法》
《突发事件应急预案管理办法》
《生产安全事故应急预案管理办法》</td><td>事件定义
事件分级
适用范围和工作原则</td></tr>
<tr><td rowspan="3">组织指挥体系及职责</td><td>《突发事件应对法》
《中央编办关于国家能源局派出机构设置的通知》
省级突发事件应对条例、省级突发事件总体应急预案</td><td>省级应急组织指挥机构设置
市县级应急组织指挥机构设置</td></tr>
<tr><td>《电力安全事故应急处置和调查处理条例》
《电网调度管理条例》
《电力企业应急预案管理办法》</td><td>电力企业应急指挥机构设置</td></tr>
<tr><td>《突发事件应对法》
《国家突发事件总体应急预案》</td><td>专家组</td></tr>
<tr><td rowspan="3">监测预警和信息报告</td><td>《电力安全事故应急处置和调查处理条例》</td><td>电力设施及监测预警</td></tr>
<tr><td>《突发事件应对法》
各省关于突发事件预警信息发布的管理办法</td><td>预警发布</td></tr>
<tr><td>《关于加强重要电力用户供电电源及自备应急电源配置监督管理的意见》
《重大活动电力安全保障工作规定（试行）》</td><td>预警行动</td></tr>
<tr><td>信息报告</td><td>《突发事件应对法》
《电力安全事故应急处置和调查处理条例》
《国家能源局综合司关于做好电力安全信息报送工作的通知》
各省关于突发事件信息报送的管理办法</td><td>信息报送</td></tr>
<tr><td rowspan="3">应急响应</td><td>《电力安全事故应急处置和调查处理条例》
《电网调度管理条例》</td><td>电力企业响应</td></tr>
<tr><td>《重要电力用户供电电源及自备应急电源配置技术规范》</td><td>重要电力用户响应</td></tr>
<tr><td>《突发事件应对法》
省级突发事件应对条例、省级突发事件总体应急预案、省级各部门专项预案、省／市／县级跨部门协同联动机制</td><td>社会响应
协同联动
保障机制</td></tr>
</table>

续表

预案框架章节	法律法规制度	对应内容
后期处置	《突发事件应对法》 《电力安全事故应急处置和调查处理条例》 《关于加强电力系统抗灾能力建设的若干意见》	善后处置，事故调查，灾后重建
保障措施	《国务院关于全面加强应急管理工作的意见》 《国务院办公厅转发安全监管总局等部门关于加强企业应急管理工作的意见》 《关于加强基层应急队伍建设的意见》	应急队伍建设
	《关于进一步加强电力应急管理工作的意见》 《关于深入推进电力企业应急管理工作的通知》 《关于加强电力应急体系建设的指导意见》	电力应急队伍建设
	《军队参加抢险救灾条例》 《消防法》	军队、武警、公安参加应急处置
	《突发事件应对法》	社会救援力量组织与建设
	《国家通信保障应急预案》 《国家突发公共事件总体应急预案》 《关于全面推进公务用车制度改革的指导意见》	通讯、交通与运输保障
	《电力系统安全稳定导则》	技术保障
	《突发事件应对法》	资金保障
附则	《突发事件应急预案管理办法》 《生产安全事故应急预案管理办法》	宣传、培训、演练、修订、备案与发布

附录二：大面积停电事件省级应急预案体系框架图

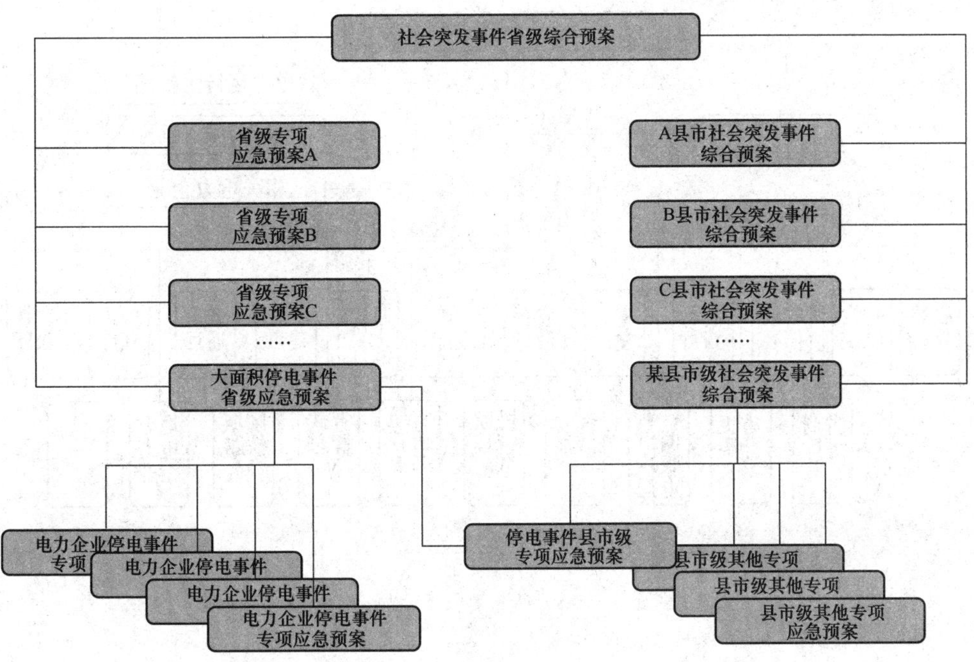

附录三：预案编制组织的典型构成

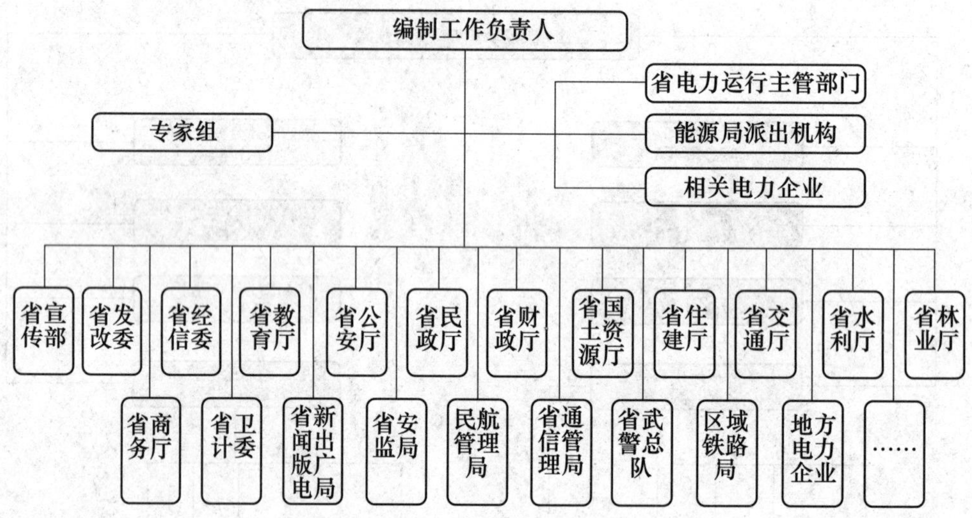

附录四：省级层面组织指挥机构构成体系

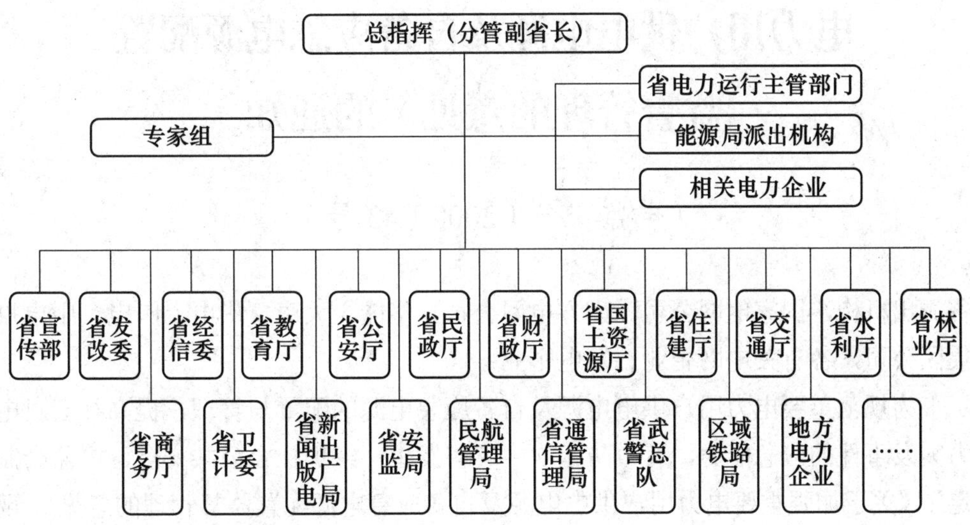

国家电力监管委员会关于印发《关于加强重要电力用户供电电源及自备应急电源配置监督管理的意见》的通知

（电监安全〔2008〕43号）

各派出机构，国家电网公司，南方电网公司，华能、大唐、华电、国电、中电投集团公司，各有关电网企业、发电企业：

为规范重要电力用户供电电源及自备应急电源的配置与管理，提高社会对电力突发事件的应急能力，有效防止次生灾害发生，维护社会公共安全，电监会制定了《关于加强重要电力用户供电电源及自备应急电源配置监督管理的意见》，现印发给你们，请依照执行。执行中有何问题和建议，请及时告电监会。

国家电力监管委员会

2008年10月17日

关于加强重要电力用户供电电源及自备应急电源配置监督管理的意见

为了加强重要电力用户供电电源及自备应急电源配置监督管理，提高社会应对电力突发事件的应急能力，有效防止次生灾害发生，维护社会公共安全，提出以下意见：

一、明确重要电力用户范围和管理职能

（一）重要电力用户是指在国家或者一个地区（城市）的社会，政治、经济生活中占有重要地位，对其中断供电将可能造成人身伤亡、较大环境污染、较大政治影响、较大经济损失、社会公共秩序严重混乱的用电单位或对供电可靠性有特殊要求的用电场所。

（二）根据供电可靠性的要求以及中断供电危害程度，重要电力用户可以分为特级、一级、二级重要电力用户和临时性重要电力用户。

1．特级重要用户，是指在管理国家事务中具有特别重要作用，中断供电将可能危害国家安全的电力用户。

2．一级重要用户，是指中断供电将可能产生下列后果之一的：

（1）直接引发人身伤亡的；

（2）造成严重环境污染的；

（3）发生中毒、爆炸或火灾的；

（4）造成重大政治影响的；

（5）造成重大经济损失的；

（6）造成较大范围社会公共秩序严重混乱的。

3．二级重要用户，是指中断供电将可能产生下列后果之一的：

（1）造成较大环境污染的；

（2）造成较大政治影响的；

（3）造成较大经济损失的；

（4）造成一定范围社会公共秩序严重混乱的。

4．临时性重要电力用户，是指需要临时特殊供电保障的电力用户。

（三）供电企业要根据地方人民政府有关部门确定的重要电力用户的行业范围及用电负荷特性，提出重要电力用户名单，经地方人民政府有关部门批准后，报电力监管机构备案。

（四）电力监管机构要按照地方人民政府有关部门确定的重要电力用户名单，加强对重要电力用户供电电源配置情况的监督管理，并与地方人民政府有关部门共同做好重要电力用户自备应急电源配置管理工作。

二、合理配置供电电源和自备应急电源

（五）重要电力用户供电电源的配置至少应符合以下要求：

1．特级重要电力用户具备三路电源供电条件，其中的两路电源应当来自两个不同的变电站，当任何两路电源发生故障时，第三路电源能保证独立正常供电；

2．一级重要电力用户具备两路电源供电条件，两路电源应当来自两个不同的变电站，当一路电源发生故障时，另一路电源能保证独立正常供电；

3．二级重要电力用户具备双回路供电条件，供电电源可以来自同一个变电站的不同母线段；

4．临时性重要电力用户按照供电负荷重要性，在条件允许情况下，可以通过临时架线等方式具备双回路或两路以上电源供电条件；

5．重要电力用户供电电源的切换时间和切换方式要满足重要电力用户允许中断供电时间的要求。

（六）重要电力用户应配置自备应急电源，并加强安全使用管理。重要电力用户的自备应急电源配置应符合以下要求：

1．自备应急电源配置容量标准应达到保安负荷的120%；

2．自备应急电源启动时间应满足安全要求；

3．自备应急电源与电网电源之间应装设可靠的电气或机械闭锁装置，防止倒送电；

4．临时性重要电力用户可以通过租用应急发电车（机）等方式，配置自备应急电源。

三、安全规范使用自备应急电源

（七）重要电力用户选用的自备应急电源设备要符合国家有关安全、消防、节能、环保等技术规范和标准要求。

（八）重要电力用户新装自备应急电源及其业务变更要向供电企业办理相关手续，并与供电企业签订自备应急电源使用协议，明确供用电双方的安全责任后方可投入使用。自备应急电源的建设、运行、维护和管理由重要电力用户自行负责。

（九）重要电力用户新装自备应急电源投入切换装置技术方案要符合国家有关标准和所接入电力系统安全要求。重要电力用户保安负荷由供电企业与重要电力用户共同协商确定，并报当地电力监管机构备案。

（十）供电企业要掌握重要电力用户自备应急电源的配置和使用情况，建立基础档案数据库，并指导重要电力用户排查治理安全用电隐患，安全使用自备应急电源。

（十一）重要电力用户如需要拆装自备应急电源、更换接线方式、拆除或者移动闭锁装置，要向供电企业办理相关手续，并修订相关协议。

（十二）重要电力用户要按照国家和电力行业有关规程、规范和标准的要求，对自备应急电源定期进行安全检查、预防性试验、启机试验和切换装置的切换试验。

（十三）重要电力用户要制订自备应急电源运行操作、维护管理的规程制度和应急处置预案，并定期（至少每年一次）进行应急演练。

（十四） 重要电力用户运行维护自备应急电源的人员应持有电力监管机构颁发的《电工进网作业许可证》，持证上岗。

（十五）重要电力用户的自备应急电源在使用过程中应杜绝和防止以下情

况发生：

1．自行变更自备应急电源接线方式；

2．自行拆除自备应急电源的闭锁装置或者使其失效；

3．自备应急电源发生故障后长期不能修复并影响正常运行；

4．擅自将自备应急电源引入，转供其他用户；

5．其他可能发生自备应急电源向电网倒送电的。

国家电力监管委员会办公厅关于印发《重大活动电力安全保障工作规定（试行）》的通知

（办安全〔2010〕88号）

各派出机构，国家电网公司，南方电网公司，华能、大唐、华电、国电、中电投集团公司，各有关电力企业：

为规范重大活动电力安全保障工作，加强电力安全保障工作的监督管理，保证用电安全，根据《电力监管条例》和国家有关规定，我会组织制定了《重大活动电力安全保障工作规定（试行）》，现印发你们，请依照执行，执行中如有问题和建议，请及时告电监会。

国家电力监管委员会办公厅

2010年10月20日

重大活动电力安全保障工作规定

（试行）

目　　录

第一章　总则

第一条　为规范重大活动电力安全保障工作，加强电力安全保障工作的监督管理，保证供用电安全，依据《电力监管条例》和国家有关规定，制定本规定。

本规定适用于承担重大活动电力安全保障任务的电力企业、重点用户和电力监管机构。

第二条　本规定所称重大活动，是指由省级以上人民政府组织或认定的、具有重大影响和特定规模的政治、经济、科技、文化、体育等活动。

第三条　重大活动电力安全保障工作的总体目标是：确保重大活动期间电力系统安全稳定运行，确保重点用户供、用电安全，杜绝造成严重社会影响的停电事件发生。

第四条　重大活动电力安全保障应当遵循“超前部署、规范管理、各负其责、相互协作”的工作原则。

第五条　电力企业是安全生产的责任主体，承担重大活动期间发电、输电、供电设施安全运行和电力可靠供应的职责。

重点用户是安全用电的责任主体，承担重大活动期间其产权范围内的变压器、线路、自备应急电源等用电设施安全可靠运行的职责。

电力监管机构依法对重大活动电力安全保障工作实施监管。

第六条　重大活动电力安全保障工作分为准备、实施、总结三个阶段。

准备阶段，主要包括保障工作组织机构建立、保障工作方案制定、安全评估和隐患治理、网络与信息安全防控、电力设施安全保卫、配套电力工程建设、应急机制建立等工作。

实施阶段，主要包括落实保障工作方案、人员到岗到位、重要电力设施及用电设施的巡视检查和现场保障、突发事件处置、信息报告等工作。

总结阶段，主要包括工作评估总结、经验交流、表彰奖励等工作。

第七条　电力企业、重点用户和电力监管机构应当结合安全生产日常工作，建立重大活动电力安全保障工作常态机制，推进重大活动电力安全保障工作制度化和规范化建设。

第八条　重大活动电力安全保障工作中应当严格执行保密制度，防止涉密资料和敏感信息外泄。

第九条 电力企业、重点用户、电力监管机构、重大活动举办方等相关单位应当相互沟通，密切配合，共同做好电力安全保障工作。

第二章 工作职责

第十条 电力企业重大活动电力安全保障工作主要职责是：

（一）贯彻落实各级政府和有关部门关于重大活动电力安全保障工作的决策部署；

（二）提出本单位重大活动电力安全保障工作的目标和要求，制定本单位保障工作方案并组织实施；

（三）开展安全评估和隐患治理、网络与信息安全防控、电力设施安全保卫等工作，确保重大活动期间电力设施安全运行；

（四）建立重大活动电力安全保障应急体系和应急机制，制定应急预案，开展应急培训和演练，及时处置电力突发事件；

（五）协助重点用户开展用电安全检查，督促重点用户进行隐患整改，开展重点用户供电服务工作；

（六）及时向电力监管机构报送电力安全保障工作情况。

第十一条 重点用户重大活动电力安全保障工作主要职责是：

（一）贯彻落实各级政府和有关部门关于重大活动电力安全保障工作的决策部署；

（二）制定、落实重大活动安全用电管理制度，制定电力安全保障工作方案并组织实施；

（三）及时消除用电设施安全隐患，保证用电设施安全稳定运行；

（四）建立安全用电应急机制，制定停电事件应急预案，开展应急培训和演练，及时处置涉及用电安全的突发事件。

第十二条 电力监管机构重大活动电力安全保障工作主要职责是：

（一）贯彻落实国家和地方政府有关重大活动电力安全保障工作的决策部署；

（二）建立重大活动电力安全保障监管机制，协调、指导电力企业、重点用户开展电力安全保障工作；

（三）监督检查电力企业、重点用户重大活动电力安全保障工作开展情况；

（四）协调政府有关部门和重大活动举办地人民政府，解决电力安全保障工作相关重大问题。

第三章　保障工作方案制定

第十三条　电力企业应当根据重大活动电力安全保障任务的特点和要求，制定本单位电力安全保障总体工作方案，并报电力监管机构备案。

总体工作方案主要内容包括：工作目标、组织机构、重要电力设施范围、分阶段重点工作、监督检查等。

第十四条　电力企业应当在重大活动电力安全保障总体工作方案基础上，针对生产专业和生产环节的不同特点，细化工作目标和措施，根据需要制定重大活动电力安全保障专项工作方案。

第十五条　电网企业重大活动电力安全保障专项工作方案主要有：

（一）调度运行专项方案：内容包括重大活动期间电网运行方式安排、供（配）电设施接线方式、保证电力系统安全稳定运行的措施等；

（二）设备运行专项方案：内容包括电力设备隐患排查治理计划、设备运行维护措施等；

（三）供电服务专项方案：内容包括重点用户的基本情况、供电服务措施等；

（四）网络与信息安全专项方案：内容包括重点网络安全防护措施、敏感信息管控措施、实时监测措施等；

（五）安全保卫专项方案：内容包括重要电力设施的安全保卫范围和标准、现场看护安排、巡视检查制度等；

（六）配套电力工程建设专项方案：内容包括配套电力工程建设计划、进度安排、施工质量保证措施、大负荷试验方案等。

第十六条　发电企业重大活动电力安全保障专项工作方案主要有：

（一）生产安全专项方案：内容包括重要发电厂范围、隐患排查治理计划、设备运行维护措施等。水力发电企业还应当包括大坝、水库运行安全相关内容；

（二）物资保障专项方案：内容包括煤、气、油、化学用品等生产物资供应保障措施；

（三）厂区安全保卫专项方案：内容包括主厂房、升压站、制氢站、油区、灰坝、水电站大坝等重点部位的安全保卫措施、现场看护安排、巡视检查制度等；

（四）网络与信息安全专项方案：内容包括重点网络安全防护措施、敏感信息管控措施、实时监测措施等；

（五）环境保护专项方案：内容包括环保设备在线运行保障措施、污染物减排措施等。

第十七条　电力企业可根据重大活动电力安全保障任务要求和本单位具体情

况，对专项方案内容进行调整，并可根据需要增加其他专项方案。

第四章　安全评估与隐患治理

第十八条　电网企业应当开展以下重大活动安全评估：

（一）电网运行风险评估：对影响主配网安全稳定运行的主要因素和环节进行评估；

（二）设备运行安全评估：对输电、变电、配电设施的健康状况、运行环境等进行评估；

（三）网络与信息安全评估：对重要网络、重要应用系统、门户网站、电子邮件及网络互联接口等方面的安全状况进行评估；

（四）应急能力评估：对应急预案、应急演练、应急队伍、技术装备、物资储备、后勤保障等方面的情况进行评估；

（五）用电安全评估：对重点用户运行管理、人员资质、设备状况、自备应急电源配置、应急处置能力等方面的情况进行评估。

第十九条　发电企业应当开展以下重大活动安全评估：

（一）设备运行安全评估：对发电机组及其辅助设备、相关涉网设备等电力设备的健康状况、运行环境等进行评估；

（二）燃料保障能力评估：对发电用煤、油、气等燃料的供应风险、保障能力等进行评估；

（三）危险源安全状况评估：对列入国家、省、市级的重大危险源，以及企业内部确认的其他危险源的安全状况进行评估；

（四）网络与信息安全评估：对重要网络、重要应用系统、门户网站、电子邮件及网络互联接口等方面的安全状况进行评估；

（五）水电站大坝安全风险评估：对大坝及附属水工结构状况、防洪度汛、安全保卫等方面的情况进行评估；

（六）应急能力评估：对应急预案、应急演练、应急队伍、技术装备、物资储备、后勤保障等方面情况进行评估。

第二十条　电力企业应当结合安全评估工作，全面治理安全隐患。对可能影响重大活动供电安全的隐患，应当落实责任，落实措施，落实资金，落实时限，完成整改工作。

第二十一条　电力企业应当将重大活动安全评估和隐患整改情况向电力监管机构及时报告。

第五章　网络与信息安全防控

第二十二条　电力企业应当按照国家和行业网络与信息安全保障要求，制定重大活动期间的网络与信息安全防护策略和防护措施，制定专项应急预案，开展应急培训和演练。

第二十三条　电力企业应当对信息安全组织机构和人员落实、安全策略配置、网络边界完整性防护、网络设备和服务器配置、病毒防护和操作系统补丁升级、应用系统账户口令管理、机房出入人员管理及系统维护操作登记、移动存储介质管理及数据备份、应急响应与灾难恢复等方面的工作进行检查，发现问题及时整改。

第二十四条　电力企业应当按照分区防御策略要求，落实网络互联接口管控、网站入侵防护和病毒木马防治措施，开展对互联网出口、对外服务业务系统和终端计算机的安全监测。必要时可以临时采取其他非常规措施保障网络与信息安全，并将有关情况报电力监管机构备案。

第二十五条　电力企业应当对重大活动相关网络设备、操作系统、应用系统进行重点安全防护，严格网络设备安全配置策略，安装系统补丁，开展容灾备份，落实移动存储介质管理措施，及时分析日志。

第二十六条　电力企业应当依据国家和行业等级保护要求，开展为重大活动提供服务的电力信息系统安全等级保护建设，及时完成相关信息系统的定级、备案、测评、整改工作。

第六章　电力设施安全保卫

第二十七条　电力企业应当建立重要电力设施安全保卫机制，综合采取人防、物防、技防措施，防止外力破坏、盗窃、恐怖袭击等因素影响重大活动电力安全保障工作。

第二十八条　电力企业应当与公安（武警）、当地群众建立联动机制，根据重大活动的时段安排和重要电力设施对重大活动可靠供电的影响程度，确定重要电力设施的保卫方式。

（一）警企联防。电力企业在发电厂、变电站、电力调度中心等相关电力设施、生产场所周边设置固定、流动岗位，由公安（武警）人员与本单位安全保卫人员联合站岗值勤；在重要输电线路沿线，由公安（武警）人员、企业专业护线人员、沿线群众按照事先制定的保卫方案进行现场值守和巡视检查。

（二）专群联防。电力企业在发电厂、变电站、电力调度中心等相关电力设施、生产场所周边设置固定、流动岗位，由本单位安全保卫人员站岗值勤；在重要输电线路沿线，由本单位专业护线人员、沿线群众按照事先制定的保卫方案进行现场值守和巡视检查。

（三）企业自防。电力企业组织本单位生产操作人员、安全保卫人员，按照事先制定的保卫方案，对相关电力设施、生产场所进行现场值守和巡视检查。

第二十九条 电力企业应当将需要实行警企联防的重要电力设施名单报电力监管机构备案。

第三十条 电力企业应当加大电力设施物防投入，加固、修缮重要电力生产场所防护体，按照需求配置、更新安保器材和防暴装置，并对安保器材、防暴装置的发放、使用和维护进行统一管理。

第三十一条 电力企业应当在重要电力设施内部及周界安装视频监控、高压脉冲电网、远红外报警等技防系统，并保证技防系统正确投入使用。

电力企业可以根据需要将重要变电站、发电厂重点部位等生产场所的视频监控系统接入公安机关保安监控系统，实现多方监控。

第三十二条 重要电力生产场所应当实行分区管理和现场准入制度，对出入人员、车辆和物品进行安全检查。

第三十三条 重要电力设施遭受破坏后，电力企业应当及时进行处置，并向当地公安机关和所在地电力监管机构报告。

第七章 配套电力工程建设

第三十四条 电力企业应当及时掌握配套电力工程建设情况，做好其接入系统的准备工作。

第三十五条 电力企业应当采取措施，确保配套电力工程质量和施工安全，保证工程按期投入使用。

第三十六条 电力企业应当及时组织完成新投产设备的传动试验等工作，对新设备运行情况进行重点监测，并创造条件对新设备进行大负荷试验。

第三十七条 重大活动举办方应当为配套电力工程建设提供必要的条件。

第八章 用电安全管理

第三十八条 重大活动举办方选择活动举办场所、相关服务场所时，应当优先选择具备双回路及以上供电电源、自备应急电源容量满足保安负荷用电要求的场所。

对不具备上述条件的场所，重大活动举办方应当协调相关单位，采取建设临时电力工程、租赁应急电源等方式，提高供电可靠性。

第三十九条 重点用户应当掌握用电设施基本情况，建立并及时更新变（配）电设备清册、电气接线图、设备试验报告、二次设备整定参数等档案资料，并按照供电企业需要向其提供。

第四十条 重点用户应当根据电力安全保障工作需要，明确工作目标，制定重大活动期间用电设施运行方案、安全保卫措施等，明确活动期间用电设施操作要求、巡视检查规定、自备应急电源运行方式，保证用电安全。

第四十一条 重点用户应当对用电设施的运行方式、运行环境、健康状况等进行评估，发现问题及时整改。

第四十二条 重点用户应当开展用电设施隐患排查和预防性试验，并创造条件进行大负荷试验，及时消除安全隐患。

供电企业应当对上述工作提供技术支持。

第四十三条 重点用户电气运行人员数量应当满足用电设施运行维护需要，电气运行人员应当按照国家和行业规定持证上岗。

第四十四条 重点用户应当根据重大活动保障工作需要，储备必要的用电设施备品、备件和应急物资。

第四十五条 重大活动举办方应当协调解决重点用户在用电安全中存在的问题，监督重点用户对用电设施安全隐患进行整改。

第四十六条 供电企业应当开展重点用户供用电安全服务，提出安全用电建议，督促重点用户进行安全隐患整改，指导重点用户维护维修用电设施，协助重点用户制定停电事件应急预案，开展应急培训和演练。

第九章　电力应急管理

第四十七条 电力企业、重点用户应当建立重大活动电力安全保障应急指挥体系和应急机制，制定突发事件应急预案。

第四十八条 重大活动电力安全保障突发事件应急预案主要包括：人身事故、电网事故、设备事故、重点用户停电事件、发电厂全厂停电事故、网络信息系统安全事故、防自然灾害、燃料供应紧缺事件、防外力破坏和恐怖袭击、环境污染事故等应急预案。

第四十九条 电力企业应当开展突发事件应急培训和演练，及时完善相关应急预案。

第五十条 电力企业应当配置应急队伍及装备，足额储备应急物资。

电力安全保障应急队伍、装备、物资，应当在重大活动电力安全保障工作实施前落实到位。

第五十一条 电力企业应当开展电力预警工作，及时掌握气象信息、自然灾害情况，研判电网负荷变化趋势，适时发布电力预警信息。

第五十二条 重点用户应当编制停电事件应急预案，开展应急培训和演练，提高应对突发事件的能力。

第五十三条 经常举办重大活动、经常为重大活动提供服务的场所，应当按照国家电力监管委员会《关于加强重要电力用户供电电源及自备应急电源配置监督管理工作的意见》，配备自备应急电源，并定期维护。

第五十四条 电力突发事件发生后，电力企业应当及时启动应急预案，采取有效措施，恢复重点用户供电，并将有关情况及时向电力监管机构报告。

受到影响的重点用户应当及时启动自备应急电源，保证保安负荷用电。当自备应急电源启动失效时，供电企业应当提供必要的支援。

第十章　电力安全保障实施

第五十五条 电力企业、重点用户应当根据重大活动电力安全保障需要，提前完成保障准备工作。

重大活动开始前，电网企业应当适时安排相关电网保持全接线、全保护运行方式，不安排设备计划检修和调试。

第五十六条 电力企业、重点用户应当按照重大活动安排及电力安全保障工作方案规定，及时启动电力安全保障工作，并保证各项方案、措施落实到位。

第五十七条 电力企业、重点用户应当实时监视、监测电力系统和用电设施运行状态，严格按照电力安全保障工作方案规定开展重要电力设施、用电设施特巡检查，及时消除设备缺陷。

第五十八条 电力企业、重点用户应当跟踪掌握重大活动举办期间自然灾害情况，及时采取应对措施，防止电力设施、用电设施故障影响重大活动电力安全保障工作的事件发生。

第五十九条 电力企业、重点用户应当严格执行值班制度。各级领导应当深入现场，指挥、协调、监督本单位电力安全保障工作方案的实施；生产运行人员应当按照岗位职责要求，执行巡视、检查和报告制度。

电力企业、重点用户应当保证应急物资、应急车辆、常用备件保持随时可调、可用状态。

第六十条 电力企业应当实时监测网络与信息系统运行情况，及时发现信息安全风险，并采取措施消除安全隐患，保证网络与信息系统运行稳定，防止敏感信息泄漏。

第六十一条 电力企业应当按照电力监管机构的要求，指定专人负责，及时、完整地报送电力安全保障工作信息，主要包括：

（一）电力系统运行情况；

（二）电力生产事故，发电、输电、供电设备故障情况；

（三）重点用户可靠供电情况，供电服务开展情况；

（四）电力设施安全保卫工作情况；

（五）网络与信息安全情况；

（六）自然灾害及其对电力系统的影响情况；

（七）需要报告的其他情况。

第六十二条 电力企业应当按照国家有关规定，规范电力安全保障活动的新闻宣传及信息发布程序，及时、准确发布电力安全保障工作信息。

第十一章 电力安全保障监管

第六十三条 电力监管机构应当及时了解电力企业、重点用户保障工作开展情况，提出监管要求。

第六十四条 电力监管机构应当根据电力安全保障任务需要，制定重大活动电力安全保障工作方案。主要内容包括：保障工作目标、组织机构及其职责、保障工作范围及时限、工作要求、应急措施、监管措施等。

第六十五条 电力监管机构应当对电力企业、重点用户重大活动电力安全保障工作进行专项检查，督促电力企业、重点用户对存在的问题进行整改。

第六十六条 电力监管机构应当编制重大活动电力安全保障突发事件应急预案，主要内容包括：各部门职责、应急处置程序、应急保障措施等。

电力监管机构应当开展应急培训和演练。

第六十七条 电力监管机构应当与政府有关部门沟通协调，通报电力安全保障工作情况，协调解决电力设施安全保卫、发电燃料供应、重点用户用电安全等方面遇到的问题。

第六十八条 重大活动电力安全保障实施期间，电监会派出机构应当及时掌握电力安全保障工作实施情况，并向电监会报告。

第六十九条 重大活动电力安全保障实施期间，电力监管机构应当实行 24 小时值班和 12398 电话值班制度。值班人员应当随时保持与政府有关部门、重要电力企业的沟通联系。

第十二章　附　　则

第七十条　电力企业、重点用户、电力监管机构应当及时总结电力安全保障工作经验，对工作突出的单位和个人进行表彰。

第七十一条　省级以上人民政府临时组织的重要活动，电力企业可以参照本规定相关要求，开展电力安全保障工作。

电力企业应当及时将上述电力安全保障任务向电力监管机构报告。

第七十二条　本规定下列用词的含义：

（一）“重点用户”，是指重大活动举办场所、相关服务场所，以及可能对重大活动造成严重影响的其他用电单位。

（二）“重要电力设施”，是指与重大活动电力安全保障相关的发电厂、变电站、输（配）电线路、电力调度中心、电力应急中心等电力设施或场所。

（三）“配套电力工程”，是指与重大活动电力安全保障工作相关的永久性或临时性新建、改建、扩建电力工程。

第七十三条　电力企业、重点用户可依据本规定，制定本单位重大活动电力安全保障实施办法。

第七十四条　本规定自印发之日起施行。

重要电力用户供电电源及自备应急电源配置技术规范

（GB/Z 29328—2012）

目 录

前　言

本指导性技术文件按照GB/T 1.1—2009给出的规则起草。

本指导性技术文件由国家电力监管委员会提出。

本指导性技术文件由全国电力监管标准化技术委员会（SAC/TC 296）归口。

本指导性技术文件主要起草单位：国家电网公司。

本指导性技术文件参加起草单位：中国电力科学研究院、重庆电力公司、北京电力公司、河南电力公司。

本指导性技术文件主要起草人：侯义明、李蕊、王子龙、付振罡、胡军毅、李立刚、苏剑、廖学中、徐阿元、方耀明、王鹏。

1 范围

本指导性技术文件规定了重要电力用户的界定和分级、供电电源和自备应急电源的配置原则和主要技术条件。

本指导性技术文件适用于重要电力用户的供电电源及自备应急电源的配置。

其他电力用户的供电电源和自备应急电源配置可参照执行。

2 规范性引用文件

下列文件对于本文件的应用是必不可少的。凡是注日期的引用文件，仅注日期的版本适用于本文件。凡是不注日期的引用文件，其最新版本（包括所有的修改单）适用于本文件。

GB 50052 供配电系统设计规范

3 术语和定义

下列术语和定义适用于本文件。

3.1 保安负荷（protective load）

用于保障用电场所人身与财产安全所需的电力负荷。一般认为，断电后会造成下列后果之一的，为保安负荷：

a） 直接引发人身伤亡的；

b） 使有毒、有害物溢出，造成环境大面积污染的；

c） 将引起爆炸或火灾的；

d） 将引起较大范围社会秩序混乱或在政治上产生严重影响的；

e） 将造成重大生产设备损坏或引起重大直接经济损失的。

3.2 主供电源（prime power supply）

在正常情况下，能正常有效且连续为全部负荷提供电力的电源。

3.3 备用电源（standby power supply）

根据用户在安全、业务和生产上对供电可靠性的实际需求，在主供电源发生故障或断电时，能有效且连续为全部负荷或保安负荷提供电力的电源。

3.4 自备应急电源（self-emergency power supply）

由用户自行配备的，在正常供电电源全部发生中断的情况下，能为用户保安负荷可靠供电的独立电源。

3.5 双回路（double circuit）

为同一用户负荷供电的两回供电线路。

3.6 双电源（double power supply）

分别来自两个不同变电站，或来自不同电源进线的同一变电站内两段母线，为同一用户负荷供电的两路供电电源。

3.7 允许断电时间（allowable outage time）

电力用户的重要用电负荷所能容忍的最长断电时间。

3.8 非电保安措施（non-electrical security measures）

为保证安全，用户所采取的非电性质的应急手段和方法。

4 总则

4.1 为指导重要电力用户供电电源及自备应急电源的合理配置，提高其应对电力突发事件的能力，有效防止次生灾害发生，维护社会公共安全，特制定本指导性技术文件。

4.2 本指导性技术文件对重要电力用户的范围进行了界定和分级，规定了重要电力用户供电电源的配置原则和技术条件。

4.3 本指导性技术文件规定了重要电力用户自备应急电源的配置原则和技术条件，对重要电力用户自备应急电源的接入、投切、运行和维护等方面进行了规范。

4.4 重要电力用户供电电源及自备应急电源的配置应遵照本指导性技术文件执行，已有相关国家标准规定的行业，可按照相关标准执行。

5 重要电力用户的界定和分级

5.1 重要电力用户界定

5.1.1 重要电力用户是指在国家或者一个地区（城市）的社会、政治、经济生活中占有重要地位，对其中断供电将可能造成人身伤亡、较大环境污染、较大政治影响、较大经济损失、社会公共秩序严重混乱的用电单位或对供电可靠性有特殊要求的用电场所。重要电力用户的分类与范围参见附录A和附录B。

5.1.2 重要电力用户的认定应在省级政府部门主导下，由相关政府部门组织供电企业和用户统一开展，采取一次认定，每年审核新增和变更的重要电力用户。

5.1.3 供电企业应依据对重要电力用户的界定及分级范围，遵照本指导性技术文件要求提出重要电力用户的供电电源及自备应急电源配置方案，报政府电力主管部门备案。

5.2 重要电力用户分级

5.2.1 根据供电可靠性的要求以及中断供电的危害程度，重要电力用户可分为特级、一级、二级重要电力用户和临时性重要电力用户。

5.2.2　特级重要电力用户，是指在管理国家事务中具有特别重要的作用，中断供电将可能危害国家安全的电力用户。

5.2.3　一级重要电力用户，是指中断供电将可能产生下列后果之一的电力用户：

a）直接引发人身伤亡的；

b）造成严重环境污染的；

c）发生中毒、爆炸或火灾的；

d）造成重大政治影响的；

e）造成重大经济损失的；

f）造成较大范围社会公共秩序严重混乱的。

5.2.4　二级重要电力用户，是指中断供电将可能产生下列后果之一的电力用户：

a）造成较大环境污染的；

b）造成较大政治影响的；

c）造成较大经济损失的；

d）造成一定范围社会公共秩序严重混乱的。

5.2.5　临时性重要电力用户，是指需要临时特殊供电保障的电力用户。

6　重要电力用户的供电电源配置

6.1　重要电力用户供电电源配置原则

6.1.1　重要电力用户的供电电源一般包括主供电源和备用电源。重要电力用户的供电电源应依据其对供电可靠性的需求、负荷特性、用电设备特性、用电容量、对供电安全的要求、供电距离、当地公共电网现状、发展规划及所在行业的特定要求等因素，通过技术、经济比较后确定。

6.1.2　重要电力用户电压等级和供电电源数量应根据其用电需求、负荷特性和安全供电准则来确定。

6.1.3　重要电力用户应根据其生产特点、负荷特性等，合理配置非电性质的保安措施。

6.1.4　在地区公共电网无法满足重要电力用户的供电电源需求时，重要电力用户应根据自身需求，按照相关标准自行建设或配置独立电源。

6.2　重要电力用户供电电源配置技术要求

6.2.1　重要电力用户的供电电源应采用多电源、双电源或双回路供电。当任何一路或一路以上电源发生故障时，至少仍有一路电源应能对保安负荷持续供电。

6.2.2　特级重要电力用户宜采用双电源或多路电源供电；一级重要电力用户宜采用双电源供电；二级重要电力用户宜采用双回路供电。重要电力用户典型供电模式，包括适用范围及其供电方式参见附录C。

6.2.3 临时性重要电力用户按照用电负荷的重要性，在条件允许情况下，可以通过临时敷设线路等方式满足双回路或两路以上电源供电条件。

6.2.4 重要电力用户供电电源的切换时间和切换方式宜满足重要电力用户允许断电时间的要求。切换时间不能满足重要负荷允许断电时间要求的，重要电力用户应自行采取技术手段解决。

6.2.5 重要电力用户供电系统应当简单可靠，简化电压层级，重要电力用户的供电系统设计应按GB 50052执行。如果用户对电能质量有特殊需求，应当自行加装电能质量控制装置。

6.2.6 双电源或多路电源供电的重要电力用户，宜采用同级电压供电。但根据不同负荷需要及地区供电条件，亦可采用不同电压供电。采用双电源或双回路的同一重要电力用户，不应采用同杆架设供电。

7 重要电力用户的自备应急电源配置

7.1 自备应急电源类型

下列电源可作为自备应急电源：

a）自备电厂

b）发动机驱动发电机组，包括：

1）柴油发动机发电机组；

2）汽油发动机发电机组；

3）燃气发动机发电机组。

c）静态储能装置，包括：

1）不间断电源UPS；

2）EPS；

3）蓄电池；

4）干电池。

d）动态储能装置（飞轮储能装置）；

e）移动发电设备，包括：

1）装有电源装置的专用车辆；

2）小型移动式发电机。

f）其他新型电源装置。

7.2 自备应急电源配置原则

7.2.1 重要电力用户均应自行配置自备应急电源，电源容量至少应满足全部保安负荷正常供电的要求。新增重要电力用户自备应急电源应同步建设，在正式生产运行前投运，有条件的可设置专用应急母线。

7.2.2 自备应急电源的配置应依据保安负荷的允许断电时间、容量、停电影响等负荷特性，按照各类应急电源在启动时间、切换方式、容量大小、持续供电时间、电能质量、节能环保、适用场所等方面的技术性能，选取合理的自备应急电源。重要电力用户自备应急电源配置典型模式参见附录D。

7.2.3 重要电力用户应具备外部自备应急电源接入条件，有特殊供电需求及临时重要电力用户，急配置外部应急电源接入装置。

7.2.4 自备应急电源应符合国家有关安全、消防、节能、环保等技术规范和标准要求。

7.3 自备应急电源配置技术要求

7.3.1 允许断电时间的技术要求

重要负荷允许断电时间为毫秒级的，用户应选用满足相应技术条件的静态储能不间断电源或动态储能不间断电源，且采用在线运行的运行方式。

重要负荷允许断电时间为秒级的，用户应选用满足相应技术条件的静态储能电源、快速自动启动发电机组等电源，且自备应急电源应具有自动切换功能。

重要负荷允许断电时间为分钟级的，用户应选用满足相应技术条件的发电机组等电源，可采用手动方式启动自备发电机。

7.3.2 自备应急电源需求容量的技术要求

自备应急电源需求容量达到百兆瓦级的，用户可选用满足相应技术条件的独立于电网的自备电厂等自备应急电源。

自备应急电源需求容量达到兆瓦级的，用户应选用满足相应技术条件的大容量发电机组、动态储能装置、大容量静态储能装置（如EPS）等自备应急电源；如选用往复式内燃机驱动的交流发电机组，可参照GB 2820.1的要求执行。

自备应急电源需求容量达到百千瓦级的，用户可选用满足相应技术条件的中等容量静态储能不间断电源（如UPS）或小型发电机组等自备应急电源。

自备应急电源需求容量达到千瓦级的，用户可选用满足相应技术条件的小容量静态储能电源（如小型移动式UPS、蓄电池、干电池）等自备应急电源。

7.3.3 持续供电时间和供电质量的技术要求

对于持续供电时间要求在标准条件下12h以内，对供电质量要求不高的重要负荷，可选用满足相应技术条件的一般发电机组作为自备应急电源。

对于持续供电时间要求在标准条件下12h以内，对供电质量要求较高的重要负荷，可选用满足相应技术条件的供电质量高的发电机组、动态储能不间断供电装置、静态储能装置与发电机组的组合作为自备应急电源。

对于持续供电时间要求在标准条件下 2h 以内,对供电质量要求较高的重要负荷，可选用满足相应技术条件的大容量静态储能装置作为自备应急电源。

对于持续供电时间要求在标准条件下 30min 以内，对供电质量要求较高的重要负荷，可选用满足相应技术条件的小容量静态储能装置作为自备应急电源。

7.3.4 对于环保和防火等有特殊要求的用电场所，应选用满足相应要求的自备应急电源。

7.4 自备应急电源的运行

7.4.1 自备应急电源应定期进行安全检查、预防性试验、启机试验和切换装置的切换试验。

7.4.2 用户装设自备发电机组应向供电企业提交相关资料，备案后机组方可投入运行。

7.4.3 自备发电机组与供电企业签订并网调度协议后方可并入公共电网运行。签订并网调度协议的发电机组用户应严格执行电力调度计划和安全管理规定。

7.4.4 重要电力用户的自备应急电源在使用过程中应杜绝和防止以下情况发生：

a） 自行变更自备应急电源接线方式；

b） 自行拆除自备应急电源的闭锁装置或者使其失效；

c） 自备应急电源发生故障后长期不能修复并影响正常运行；

d） 擅自将自备应急电源引入，转供其他用户；

e） 其他可能发生自备应急电源向公共电网倒送电的。

附录 A
（资料性附录）

重要电力用户分类

A.1 根据目前不同类型重要电力用户的断电后果，将重要电力用户分为社会类和工业类两类，工业类分为煤矿及非煤矿山、危险化学品、冶金、电子及制造业、军工 5 类；社会类分为党政司法机关和国际组织、广播电视、通信、信息安全、公共事业、交通运输、医疗卫生和人员密集场所 8 类，见表 A.1。

表 A.1　　重要电力用户所在行业分类

重要电力用户分类		
[A] 工业类	[A1] 煤矿及非煤矿山	[A1.1] 煤矿
		[A1.2] 非煤矿山
	[A2] 危险化学品	[A2.1] 石油化厂
		[A2.2] 盐化工
		[A2.3] 煤化工
		[A2.4] 精细化工
	[A3] 冶金	
	[A4] 电子及制造业	[A4.1] 芯片制造
		[A4.2] 显示器制造
	[A5] 军工	[A5.1] 航天航空、国防试验基地
		[A5.2] 危险性军工生产
[B] 社会类	[B1] 党政司法机关、国际组织、各类应急指挥中心	
	[B2] 通信	
	[B3] 广播电视	
	[B4] 信息安全	[B4.1] 证券数据中心
		[B4.2] 银行
	[B5] 公用事业	[B5.1] 供水、供热
		[B5.2] 污水处理
		[B5.3] 供气
		[B5.4] 天然气运输
		[B5.5] 石油运输

续表

<table>
<tr><th colspan="3">重要电力用户分类</th></tr>
<tr><td rowspan="7">［B］
社会类</td><td rowspan="2">［B6］交通运输</td><td>［B6.1］民用运输机场</td></tr>
<tr><td>［B6.2］铁路、轨道交通、公路隧道</td></tr>
<tr><td colspan="2">［B7］医疗卫生</td></tr>
<tr><td rowspan="4">［B8］人员密集场所</td><td>［B8.1］五星级以上宾馆饭店</td></tr>
<tr><td>［B8.2］高层商业办公楼</td></tr>
<tr><td>［B8.3］大型超市、购物中心</td></tr>
<tr><td>［B8.4］体育馆场馆、大型展览中心及其他重要场馆</td></tr>
<tr><td colspan="3">注 1：本分类未涵盖全部行业，其他行业可参考本分类。
注 2：不同地区重要电力用户分类可参照各地区发展情况确定。</td></tr>
</table>

附录 B
（资料性附录）

重要电力用户的范围

B.1 为便于对重要电力用户范围的界定，表 B.1 列出了部分重要电力用户及断电影响。

表 B.1 重要电力用户范围

重要电力用户类别		重要电力用户范围	断电影响
[A]工业类	[A1.1] 煤矿	井工煤矿	可能引发人身伤亡
	[A1.2] 非煤矿山	井工非煤矿山	可能引发人身伤亡
	[A2.1] 石油化工	以石油为原料的化工企业	可能引发人身伤亡、中毒、爆炸或火灾等重大安全事故、造成重大经济损失和严重环境污染
	[A2.2] 盐化工	以粗盐为原料的化工企业	可能引发人身伤亡、中毒、爆炸或火灾等重大安全事故、造成重大经济损失和严重环境污染
	[A2.3] 煤化工	以煤为原料的化工企业	可能引发人身伤亡、中毒、爆炸或火灾等重大安全事故、造成重大经济损失和严重环境污染
	[A3] 冶金	黑色金属和有色金属的冶炼和加工企业	可能引发人身伤亡、爆炸或火灾等重大安全事故、造成重大经济损失
	[A4.1] 芯片制造	对电能质量要求高的电子企业	可能造成重大经济损失
	[A4.2] 显示器制造	汽车、造船、飞行器、发电机、锅炉、汽轮机、机车、机床加工等机械制造企业	可能引发人身伤亡、造成重大经济损失
	[A5] 军工	航天航空、国防试验基地、危险性军工生产企业	可能造成重大政治影响和重大社会影响、可能引发人身伤亡
[B]社会类	[B1] 党政司法机关、国际组织、各类应急指挥中心	国家级首脑机关的办公地点，外国驻华使馆及外交机构，省级党政机关、地市级党政机关和一些重要的涉外组织；以及气象监测指挥和预报中心、电力调度中心、重要水利大坝、重要的防汛防洪闸门、排涝站、地震监测指挥预报中心、防汛防灾等应急指挥中心、消防（含森林防火）指挥中心、交通指挥中心、公安监控指挥中心等重要应急指挥中心	可能造成重大政治影响和重大社会影响

续表

重要电力用户类别		重要电力用户范围	断电影响
[B]社会类	[B2] 通信	国家级和省级的枢纽、容灾备份中心、省会级枢纽、长途通信楼、核心网局、互联网安全中心、省级IDC数据机房、网管计费中心、国际关口局、卫星地球站	可能造成大的社会影响
	[B3] 广播电视	国家级和省级广播电视机构及广播电台、电视台、无线发射台、监测台，卫星地球站等	可能造成大的政治影响和社会影响
	[B4.1] 证券数据中心	全国性证券公司、省级证券交易中心、市级证券交易中心	可能造成大的经济损失和社会影响
	[B4.2] 银行	国家级银行、省级银行一级数据中心和营业厅、地市级银行营业网点	可能造成大的经济损失和社会影响
	[B5.1] 供水、供热	供水面积大的大、中型水厂（用水泵进行取水）、重要的加压站以及大型供热厂	可能造成社会公共秩序混乱
	[B5.2] 污水处理	国家一级污水处理厂、中型、小型污水处理厂	可能造成环境污染
	[B5.3] 供气	天然气城市门站、燃气储配站、调压站、供气管网等	可能造成安全事故和环境污染
	[B5.4] 天然气运输	天然气输气干线、输气支线、矿场集气支线、矿场集气干线、配气管线、普通计量站等	可能造成安全事故和环境污染
	[B5.5] 石油运输	石油输送首站、末站、减压站和压力、热力不可逾越的中间（热）泵站、其他各类输油站等	可能造成安全事故和环境污染
	[B6.1] 民用运输机场	国际航空枢纽、地区性枢纽机场及一些普通小型机场	可能引发人身伤亡、造成重大安全事故、造成大的政治影响和社会影响
	[B6.2] 铁路、城市轨道交通、公路、隧道	铁路牵引站、国家级铁路干线枢纽站、次级枢纽站、铁路大型客运站、中型客运站、铁路普通客运站；城市轨道交通牵引站、城市轨道交通换乘站、城市轨道交通普通客运站	可能造成安全事故和大的社会影响
	[B7] 医疗卫生	三级医院	可能引发人身伤亡、造成社会影响和公共秩序混乱
	[B8.1] 五星级以上宾馆、饭店	特殊定点涉外接待的宾馆、饭店及其他五星级及以上高等级宾馆	可能造成政治影响和社会公共秩序混乱

续表

重要电力用户类别		重要电力用户范围	断电影响
[B]社会类	[B8.2] 高层商业办公楼	高度超过 100m 的特别重要的商业办公楼、商务公寓、购物中心	可能引发人身伤亡和社会公共秩序混乱
	[B8.3] 大型超市、购物中心	营业面积在 6000m^2 以上的多层或地下大型超市及大型购物中心	可能引发人身伤亡和社会公共秩序混乱
	[B8.4] 体育馆场馆、大型展览中心及其他重要场馆	国家级承担重大国事活动的会堂、国家级大型体育中心；举办世界级、全国性或单项国际比赛；举办地区性和全国单项比赛、举办地方性、群众性运动会展会；承担国际或国家级大型展览的会展中心；承担地区级展览的会展中心	可能引发人身伤亡、可能造成重大政治影响和社会公共秩序混乱
注 1：本范围未涵盖全部行业，其他行业可参考执行。 注 2：不同地区重要电力用户范围可参照各地区发展情况确定。			

附录 C

（资料性附录）

供电电源配置典型模式

C.1 根据不同供电电源配置的实际情况和可靠性的高低，可确定以下 14 种重要电力用户供电方式的典型模式。

C.2 按照供电电源回路数分为Ⅰ、Ⅱ、Ⅲ三类供电方式，分别代表三电源、双电源、双回路供电。

a）三电源供电：模式Ⅰ

Ⅰ.1：三路电源来自三个变电站，全专线进线；

Ⅰ.2：三路电源来自两个变电站，两路专线进线，一路环网公网供电进线；

Ⅰ.3：三路电源来自两个变电站，两路专线进线，一路辐射公网供电进线。

b）双电源供电：模式Ⅱ

Ⅱ.1：双电源（不同方向变电站）专线供电；

Ⅱ.2：双电源（不同方向变电站）一路专线、一路环网公网供电；

Ⅱ.3：双电源（不同方向变电站）一路专线、一路辐射公网供电；

Ⅱ.4：双电源（不同方向变电站）两路环网公网供电进线；

Ⅱ.5：双电源（不同方向变电站）两路辐射公网供电进线；

Ⅱ.6：双电源（同一变电站不同母线）一路专线、一路辐射公网供电；

Ⅱ.7：双电源（同一变电站不同母线）两路辐射公网供电。

c）双回路供电：模式Ⅲ

Ⅲ.1：双回路专线供电；

Ⅲ.2：双回路一路专线、一路环网公网进线供电；

Ⅲ.3：双回路一路专线、一路辐射公网进线供电；

Ⅲ.4：双回路两路辐射公网进线供电。

C.3 根据国家或行业对于重要电力用户的相关标准，重要电力用户应尽量避免采用单电源供电方式。

C.4 表 C.1 给出了典型供电模式的适用范围及其供电方式。

表 C.1　典型供电模式的适用范围及其供电方式

供电模式		电源	电源点	接入方式	适用重要电力用户类别	正常 / 故障下电源供电方式
三电源 Ⅰ	Ⅰ.1	电源 1	变电站 1	专线	具有极高可靠性需求，中断供电将可能危害国家安全的特别重要的电力用户，如党中央、全国人大、全国政协、国务院、中央军委等最高首脑机关办公地点等	三路电源专线进线，两供一备，两路主供电源任一路失电后热备用电源自动投切；任一路电源在峰荷时应带满所有的一、二级负荷
		电源 2	变电站 2	专线		
		电源 3	变电站 3	专线		
	Ⅰ.2	电源 1	变电站 1	专线	具有极高可靠性需求涉及国家安全，但位于城区中心，电源出线资源非常有限且不易改造的特别重要电力用户，如党和国家领导人及来访外国首脑经常出席的活动场所等	三路电源两路专线进线，一路环网公网供电，两供一备，两路主供电源任一路失电后热备用电源自动投切；任一路电源在峰荷时应带满所有的一、二级负荷
		电源 2	变电站 2	专线		
		电源 3	变电站 2	环网公司		
	Ⅰ.3	电源 1	变电站 1	专线	具有极高可靠性需求涉及国家安全，但地理位置偏远的特别重要电力用户，如国家级的军事机构和军事基地	三路电源两路专线进线，一路辐射公网供电，两供一备，两路主供电源任一路失电后热备用电源自动投切；任一路电源在峰荷时应带满所有的一、二级负荷
		电源 2	变电站 2	专线		
		电源 3	变电站 2	辐射公司		
双电源 Ⅱ	Ⅱ.1	电源 1	变电站 1	专线	具有很高可靠性需求，中断供电将可能造成重大政治影响或社会影响的重要电力用户，如省级政府机关、国际大型枢纽机场、重要铁路牵引站、三级甲等医院等	两路电源互供互备，任一路电源都能带满负荷，而且应尽量配置备用电源自动投切装置
		电源 2	变电站 2	专线		
	Ⅱ.2	电源 1	变电站 1	专线	具有很高可靠性需求，中断供电将可能危害造成人身伤亡或重大政治社会影响的重要电力用户，如国家级广播电台、电视台、国家级铁路干线枢纽站、国家级通信枢纽站、国家一级数据中心、国家级银行等	可采用专线主供、公网热备运行方式、主供电源失电后，公网热备电源自动投切，两路电源应装有可靠的电气、机械闭锁装置
		电源 2	变电站 2	环网公司		

续表

供电模式		电源	电源点	接入方式	适用重要电力用户类别	正常 / 故障下电源供电方式
双电源Ⅱ	Ⅱ.3	电源 1	变电站 1	专线	具有很高可靠性需求，中断供电将可能造成重大政治社会影响的重要电力用户，如城市轨道交通牵引站、承担重大国事活动的国家级场所、国家级大型体育中心、承担国际或国家级大型展览的会展中心、地区性枢纽机场、各省级广播电台、电视台及传输发射台站等	可采用专线主供、公网热备运行方式，主供电源失电后，公网热备电源自动投切，两路电源应装有可靠的电气、机械闭锁装置
		电源 2	变电站 2	辐射公司		
	Ⅱ.4	电源 1	变电站 1	环网公司	具有很高可靠性需求，中断供电将可能造成重大社会影响的重要电力用户，如铁路大型客运站、城市轨道交通大型换乘站等	可采用双电源各带一台变压器，低压母线分段运行方式，双电源互供互备，要求每台变压器在峰荷时至少能够带满全部的一、二级负荷
		电源 2	变电站 2	环网公司		
	Ⅱ.5	电源 1	变电站 1	辐射公司	具有很高可靠性需求，中断供电将可能造成较大范围社会公共秩序混乱或重大政治影响的重要电力用户，如特别重要的定点涉外接待宾馆等、举办全国性和单项国际比赛的场馆等人员特别密集场所等	双电源可采用母线分段，互供互备运行方式；公网热备电源自动投切，两路电源应装有可靠的电气、机械闭锁装置
		电源 2	变电站 2	辐射公司		
	Ⅱ.6	电源 1	变电站 1（不同母线）	专线	不具备来自两个方向变电站条件，具有较高可靠性需求，中断供电将可能造成人身伤亡、重大经济损失或较大范围社会公共秩序混乱的重要电力用户，如石油输送首站和末站、天然气输气干线、6 万吨以上的大型井工煤矿、石化、冶金等高危企业、供水面积大的大型水厂、污水处理厂等	由于用户不具备来自两个方向变电站条件，但又具有较高可靠性需求，可采用专线主供、公网热备运行方式，主供电源失电后，公网热备电源自动投切，两路电源应装有可靠的电气、机械闭锁装置
		电源 2	变电站 1（不同母线）	辐射公司		

续表

供电模式		电源	电源点	接入方式	适用重要电力用户类别	正常 / 故障下电源供电方式
双电源 Ⅱ	Ⅱ.7	电源 1	变电站 1（不同母线）	辐射公司	不具备来自两个方向变电站条件，有较高可靠性需求，中断供电将可能造成重大经济损失或较大范围社会公共秩序混乱的重要电力用户，如天然气输气支线、6 万吨的中型井工煤矿、石化、冶金等高危企业、中型水厂、污水处理厂等	由于涉及一些地点偏远的高危该类用户，进线电源可采用母线分段，互供互备运行方式；要求公网热备电源自动投切，两路电源应装有可靠的电气、机械闭锁装置
		电源 2	变电站 1（不同母线）	辐射公司		
双回路 Ⅲ	Ⅲ.1	电源 1	变电站 1	专线	不具备来自两个方向变电站条件，具有较高可靠性需求，中断供电将可能造成较大社会影响的重要电力用户，如市政府部门、普通机场等	两路电源互供互备，任一路电源都能带满负荷，而且应尽量配置备用电源自动投切装置
		电源 2	变电站 1	专线		
	Ⅲ.2	电源 1	变电站 1	专线	不具备来自两个方向变电站条件，具有较高可靠性需求，中断供电将可能造成较大社会影响的重要电力用户，如国家二级通信枢纽站、国家二级数据中心、二级医院等重要电力用户	两路电源互供互备，任一路电源都能带满负荷，而且应尽量配置备用电源自动投切装置
		电源 2	变电站 1	环网公网		
	Ⅲ.3	电源 1	变电站 1	专线	不具备来自两个方向变电站条件，具有较高可靠性需求，中断供电将可能造成重大经济损失或一定范围社会公共秩序混乱的重要电力用户，如汽车、造船、飞行器、发电机、锅炉、汽轮机、机车、机床加工等机械制造企业、达到一定供水面积的中型水厂、污水处理厂等	由于部分是工业类重要电力用户，采用专线主供、公网热备运行方式，主供电源失电后，公网热备电源自动投切，两路电源应装有可靠的电气、机械闭锁装置
		电源 2	变电站 1	辐射公司		

续表

供电模式		电源	电源点	接入方式	适用重要电力用户类别	正常 / 故障下电源供电方式
双回路Ⅲ	Ⅲ.4	电源 1	变电站 1	辐射公网	不具备来自两个方向变电站条件，具有较高可靠性需求中断供电将可能造成较大经济损失或一定范围社会公共秩序混乱的重要电力用户，如一定规模的重点工业企业、各地市级广播电视台及传输发射台、高度超过 100 米的特别重要的商业办公楼等	由于该类用户一般容量不大，可采用两路电源互供互备，任一路电源都能带满负荷，且应尽量配置备用电源自动投切装置
		电源 2	变电站 1	辐射公司		

附录 D
（资料性附录）

自备应急电源配置典型模式

为了引导重要电力用户的自备应急电源配置，表 D.1 列出了不同类型自备应急电源及自备应急电源组合的技术指标及适用范围，为重要电力用户的自备应急电源选型提供参考；表 D.2 提供了自备应急电源的选择方法；表 D.3 针对不同类型的工业类重要电力用户给出了自备应急电源典型配置方案；表 D.4 针对不同类型的社会类重要电力用户给出了自备应急电源典型配置方案。

表 D.1　不同类型自备应急电源及自备应急电源组合的技术指标及适用范围

序号	自备应急电源种类	容量	工作方式	持续供电时间	切换时间	切换方式	使用寿命	成本	节能与环保	适用范围
1	UPS	<800kW	在线、热备	10～30min	<10ms	在线或STS	寿命较短，一般5～8年	造价高	电源自身发热（效率90%），同时也造成了电能的损耗	计算机房，实验室等，一般适合电阻、电容性等负载
2	动态UPS	<1700kW	热备	标准条件12h	0.03～2s	ATS	使用寿命较长	成本及维护费用高	热备用工作方式，噪音大，有震动，有污染	对大容量且电能质量要求高的负荷，如整条生产线
3	EPS	0.5～800kW	冷备、热备	60min、90min、120min 等	0.1s～2s	ATS	使用寿命在20年左右	约为 UPS 价格的 60%	离线式工作，耗电0.1%左右（效率85%～95%），节能，噪声小，无震动，无公害	消防、建筑场所，适用于电阻性照明负载、电感性电机、电容性负载以及混合负载，带载能力强

续表

序号	自备应急电源种类	容量	工作方式	持续供电时间	切换时间	切换方式	使用寿命	成本	节能与环保	适用范围
4	HEPS	0.5kW～800kW	热备	60min、90min、120min	<10ms	STS	使用寿命在20年左右	略高于EPS，低于UPS	节能，噪声小，无震动，无公害	高强气体发电灯、医疗抢救设备、通信设备等
5	燃气发电机组	500kW～2000kW	冷备、热备	标准条件12h	0.6s～1.5s	ATS或手动	使用寿命长	土建复杂，设备成本较高	平时不耗电；工作时噪声低，振动小，污染小，节能	大型建筑物、大型电信局等
6	柴油发电机组	2.5kW～2500kW	冷备、热备	标准条件12h	5s～30s	ATS或手动	寿命较长，一般10年以上	成本低、辅助设施、运行费用高	平时不耗电，工作时噪声大，有震动，排烟，有污染	大型建筑物内专用发电机组
7	UPS+发电机	＞800kW	在线、冷备、热备	标准条件12h	<10ms	在线或STS	同UPS	同UPS	同UPS	同UPS
8	EPS+发电机	2.5kW～800kW	冷备、热备	标准条件12h	0.1s～2s	ATS或手动	同EPS	同EPS	同EPS	同EPS
9	汽轮发电供热机组	＞50MW	旋转备用	标准条件12h	30s	ATS或手动	使用寿命在30年左右	高	节能	大型石化企业电网电力缺额运行，对外联络线故障跳闸

表 D.2　自备应急电源选择

	应急条件需求		自备应急电源推荐结果	
	允许停电时间	容量（kW）	推荐自备应急电源	理　由
重要负荷	零秒	0～400	UPS	在线运行方式的 UPS 能够满足零秒的切换，其他自备应急电源均很难满足
		400～2000	动态 UPS	大容量零秒切换的应急发电机目前最优的是动态 UPS，将 UPS 与发电机组合的方式价格贵且性能低
	毫秒	0～10	UPS	毫秒级切换的自备应急电源主要有 UPS、HEPS 和动态 UPS 三种，其中 HEPS 和动态 UPS 容量普遍较大，因此在 10kW 内首选 UPS
		10～300	UPS/HEPS	在 10kW～300kW 间，自备应急电源可选 UPS 和 HEPS，HEPS 的价格约为 UPS 的 70%～80%，但 UPS 技术相对成熟，用户可根据自身需要在二者之间选择
		300～800	HEPS	UPS 随着容量增加价格迅速增加，因此应急负荷在 300kW 以上，宜使用大容量的 HEPS
	秒级（10s 内）	0～600	EPS	秒级的切换可不必高价格的毫秒级切换的自备应急电源，而符合毫秒级切换的自备应急电源主要有 EPS 和燃气发电机，在小容量应急负荷 EPS 明显具有优势，价格约为燃气发电机的 1/4，因此首选 EPS
		500～2000	燃气发电机	EPS 很难做到大容量，否则价格会突增，因此大容量秒级的应急负荷首选燃气发电机
	分钟级	0～800	EPS / 柴油发电机	EPS 与柴油发电机均符合要求，EPS 比柴油发电机贵大约 40%，但 EPS 比柴油发电机节能、省电，因此用户可根据自身需求对二者进行选择
		800～2500	柴油发电机	EPS 很难做到大容量，因此首选柴油发电机，其性价比最高

续表

重要负荷	应急条件需求		自备应急电源推荐结果	
	允许停电时间	容量（kW）	推荐自备应急电源	理　由
	分钟级	＞2500	汽轮发电供热机组（包括热电联产）	企业电网有功电力缺额超过柴油发电机的容量，只有保有旋转备用的自备热电站的汽轮发电供热机组，才能避免重要负荷被甩掉

说明：

1．表 D.1、表 D.2 所推荐的自备应急电源，只是根据重要负荷的应急需求条件，给出性价比较好的推荐结果，并不是标准的唯一结果。

2．用户可根据自身的需求考虑，来对自备应急电源进行选择。例如，可将具有毫秒级切换能力的自备应急电源应用于秒级切换需求的应急负荷，或者将具有秒级切换能力的自备应急电源应用于分钟级切换需求的应急负荷等。

3．自备应急电源技术本身在不断的发展，在表 D.1、表 D.2 中所使用的数据以及边界条件等，主要是根据目前主流的自备应急电源技术条件所确定的，未含盖所有自备应急电源类型，随着自备应急电源技术条件的提高，上表所列的技术条件也应进行相应的调整。

表 D.3　工业类重要电力用户自备应急电源典型配置

重要电力用户类别	保安负荷名称	允许停电时间	配置用户自备应急电源种类	工作方式	后备时间	切换时间	切换方式
［A1］煤矿及非煤矿山	应急照明	≤1min	蓄电池 / UPS / EPS	在线 / 热备	＞30 min	<5s	STS / ATS
	消防用电	≤1min	EPS / 柴油发电机	冷备 / 热备	＞60min	<30s	ATS
	通风设备	≤1min	柴油发电机	冷备 / 热备	30min～120min	<30s	ATS
	制氮设备	≤1min	柴油发电机	冷备 / 热备	30min～120min	<30s	ATS

续表

重要电力用户类别		保安负荷名称	允许停电时间	配置用户自备应急电源种类	工作方式	后备时间	切换时间	切换方式
［A1］煤矿及非煤矿山		立井提升设备	≤1min	柴油发电机	冷备／热备	30min～120min	<30s	ATS
		矿井监测监控系统	≤200ms	UPS	在线／热备	30min～120min	几个周波	在线／STS
		排水设备	≤10min	柴油发电机	冷备／热备	120min～240min	<10min	ATS 或手动
		井下消防洒水给水系统	≤1min	柴油发电机	冷备／热备	30min～120min	<30s	ATS
［A2］危险化学品	［A2.1］石油化工	应急照明	≤1min	蓄电池/UPS/EPS	在线／热备	＞30min	<5s	STS／ATS
		消防用电	≤1min	EPS/柴油发电机	冷备／热备	＞60min	<30s	ATS
		紧急停车及安全连锁系统	≤200ms	UPS	在线／热备	30min～120min	≤200ms	在线／STS
		DCS 设备	≤200ms	UPS	在线／热备	30min～120min	≤200ms	在线／STS
		监视设备	≤1min	UPS	在线／热备	30min～120min	<30s	在线／STS
		空气分离装置	≤200ms	带旋转备用的汽轮发电机组	在线	长期	<30s	在线
		压缩空气站、仪用压缩空气站、循环水场、低硅水车间、工业水车间、泵房、污水处理厂、火炬系统、生产调度系统、信息系统、供电调度系统、供热调度系统、自备电厂厂用电系统	≤1min	带旋转备用的汽轮发电机组	在线	长期	<30s	在线

续表

重要电力用户类别		保安负荷名称	允许停电时间	配置用户自备应急电源种类	工作方式	后备时间	切换时间	切换方式
［A2］危险化学品	［A2.2］盐化工	应急照明	≤1min	蓄电池 / UPS / EPS	在线 / 热备	＞30min	<5s	STS / ATS
		消防用电	≤1min	EPS / 柴油发电机	冷备 / 热备	＞60min	<30s	ATS
		紧急停车及安全连锁系统	≤200ms	UPS	在线 / 热备	30min～120min	≤200ms	在线 / STS
		DCS 设备	≤200ms	UPS	在线 / 热备	30min～120min	≤200ms	在线 / STS
		监视设备	≤1min	UPS	在线 / 热备	30min～120min	≤1min	在线 / STS
		氯处理环节	≤1min	柴油发电机	冷备 / 热备	30min～120min	<30s	ATS
		化学品库	≤10min	柴油发电机	冷备 / 热备	30min～120min	<30s	ATS
	［A2.3］煤化工	应急照明及疏散照明	≤1min	蓄电池 / UPS / EPS	在线 / 热备	＞30min	<5s	STS / ATS
		消防用电	≤1min	EPS / 柴油发电机	冷备 / 热备	＞60min	<30s	ATS
		DCS 系统	≤200ms	UPS	在线 / 热备	30min～120min	≤200ms	在线 / STS
		车间监控设备	≤1min	UPS	在线 / 热备	30min～120min	≤200ms	在线 / STS
		紧急停车系统	≤200ms	UPS	在线 / 热备	30min～120min	≤200ms	在线 / STS
		循环泵	≤1min	柴油发电机	冷备 / 热备	30 min～120min	<30s	ATS
	［A2.4］精细化工	应急照明及疏散照明	≤1min	蓄电池 / UPS / EPS	在线 / 热备	＞30min	<5s	STS / ATS
		消防设施	≤1min	EPS / 柴油发电机	冷备 / 热备	＞60min	<30s	ATS
		纯净水制备系统	≤10min	柴油发电机	冷备 / 热备	30min～120min	≤10min	ATS / 手动
		车间监控设备	≤1min	UPS	在线 / 热备	30min～120min	≤200ms	在线 / STS

续表

重要电力用户类别		保安负荷名称	允许停电时间	配置用户自备应急电源种类	工作方式	后备时间	切换时间	切换方式
［A2］危险化学品	［A2.4］精细化工	空气净化设备	≤10min	柴油发电机	冷备／热备	30min～120min	≤10min	ATS／手动
		反应釜	≤200ms	UPS	在线／热备	30min～120min	≤200ms	在线／STS
［A3］冶金		应急照明	≤1min	蓄电池／UPS／EPS	在线／热备	＞30min	＜5s	STS／ATS
		冷却水泵	≤1min	柴油发电机	冷备／热备	30min～120min	≤10min	ATS 或手动
		风机	≤10min	柴油发电机	冷备／热备	30min～120min	≤10min	ATS 或手动
		消防设施	≤1min	EPS／柴油发电机	冷备／热备	＞60min	＜30s	ATS
		紧急停车系统	≤1s	UPS	在线／热备	30min～120min	≤200ms	在线／STS
［A4］电子及制造业	［A4.1］芯片制造	应急照明及疏散照明	≤1min	蓄电池／UPS／EPS	在线／热备	＞30min	＜5s	STS／ATS
		消防设施	≤1min	EPS／柴油发电机	冷备／热备	＞30min	＜30s	ATS
		IT CIM 设备	≤200ms	动态 UPS	热备	持续供电	≤200ms	ATS
		自动送板机	≤200ms					
		刮锡机	≤200ms					
		焊膏印刷机	≤200ms					
		高速贴片机	≤200ms					
		波峰焊炉	≤200ms					
	［A4.2］显示器制造	应急照明及疏散照明	≤1min	蓄电池／UPS／EPS	在线／热备	＞30min	＜5s	STS／ATS
		消防设施	≤1min	EPS／柴油发电机	冷备／热备	＞60min	＜30s	ATS

续表

重要电力用户类别		保安负荷名称	允许停电时间	配置用户自备应急电源种类	工作方式	后备时间	切换时间	切换方式
[A4] 电子及制造业	[A4.2] 显示器制造	光刻工艺（涂布机曝光机）	≤200ms	动态 UPS	热备	持续供电	≤200ms	ATS
		取向排列工艺（摩擦机）	≤200ms					
		丝印制盒工艺（丝网印刷机、喷粉机、贴合机、热压机）	≤200ms					
		切割工艺（切割机和裂片机）	≤200ms					
		液晶灌注及封口工艺（液晶灌注机和整平封口机）	≤200ms					
	[A4.2] 显示器制造	贴片工艺（切片机、贴片机、偏光片除泡机）	≤200ms	动态 UPS	热备	持续供电	≤200ms	ATS
		净化系统的空调（冷冻机、冷却泵、热水泵、空气处理）	≤10min	柴油发电机	冷备 / 热备	30min～120min	≤10min	ATS / 手动
	[4.3] 机械制造	应急照明及疏散照明	≤1min	蓄电池 / UPS / EPS	在线 / 热备	＞30min	<5s	STS / ATS
		消防设施	≤1min	EPS / 柴油发电机	冷备 / 热备	＞60min	<30s	ATS
		测试台	≤200ms	UPS	在线 / 热备	30min～120min	≤200ms	在线 / STS
		高频炉	≤10min	柴油发电机	冷备 / 热备	30min～120min	<30s	ATS

表 D.4　社会类重要电力用户自备应急电源典型配置

重要电力用户类别		保安负荷名称	允许停电时间	配置用户自备应急电源种类	工作方式	后备时间	切换时间	切换方式
［B2］通信		开关电源、传输设备、上网数据设备、上网用交换机设备、语音交换数据设备、计算机系统、机房空调	≤800ms	UPS / UPS+发电机	在线 / 热备	30min～120min	≤800ms	在线 / STS
		空调	≤1min	EPS / 柴油发电机组	热备 / 冷备	30min～120min	<30s	ATS
		服务器、传输设备、交换机	≤800ms	UPS	在线 / 热备	30min～120min	<200ms	在线
［B3］广播电视		消防用电机	≤1min	EPS / 柴油发电机组	热备 / 冷备	＞60min	<30s	ATS
		应急照明	≤1min	蓄电池 / UPS / EPS	热备 / 冷备	＞30min	<5s	ATS
		演播室、直播机房、制播系统、总控机房、监测机房、节目集成平台、节目传输系统等	≤800ms	UPS＋发电机	在线 / 热备	30min～120min	≤800ms	在线 / STS
［B4］信息安全	［B4.1］证券数据中心	微波传输设备、程控交换机、移动集群通讯、调度中心、卫星通讯设施	≤800ms	UPS	在线 / 热备	30min～120min	≤800ms	在线 / STS
	［B4.2］银行	服务器、交换机、磁盘阵列、通讯终端、一般银行的防盗照明、大型银行营业厅及门厅照明、应急照明、机房的精密空调	≤800ms	UPS / UPS＋发电机	在线 / 热备	30min～120min	≤800ms	在线 / STS

续表

重要电力用户类别		保安负荷名称	允许停电时间	配置用户自备应急电源种类	工作方式	后备时间	切换时间	切换方式
[B5] 公用事业	[B5.2] 污水处理	应急照明	≤1min	蓄电池 / UPS / EPS	热备 / 冷备	＞30min	＜5s	ATS
		消防设施	≤1min	EPS / 柴油发电机组	热备 / 冷备	＞60min	＜30s	ATS
		计算机系统中央监控站、PLC 控制站	≤1min	UPS	在线 / 热备	30min～120min	≤800ms	在线 / STS
	[B5.3] 供气	SCADA 控制系统，一氧化碳报警器电动阀门	≤1min	UPS / EPS	热备 / 冷备	30min～120min	≤1min	在线 / STS
[B6] 交通运输	[B6.1] 民用运输机场	指挥调度、安保监控	≤800ms	UPS	在线 / 热备	＞60min	＜200ms	在线
		助航灯光	1s	UPS	在线 / 热备	＞60min	＜200ms	在线
		航站楼、空中交通管制与导航、通信、气象、助航灯光系统设施和台站电源、站坪照明；边防、海关的安全检查设备的电源；航班预报设备的电源；三级以上油库的电源；为飞行及旅客服务的办公用房及旅客活动场所的应急照明	≤1min	UPS / EPS	热备 / 冷备	＞30min	＜5s	ATS
	[B6.2] 铁路	铁路牵引负荷、自用变、通讯终端、信号、控制系统、电动岔道	≤800ms	UPS	在线 / 热备	30min～120min	＜200ms	在线

续表

重要电力用户类别		保安负荷名称	允许停电时间	配置用户自备应急电源种类	工作方式	后备时间	切换时间	切换方式
[B6] 交通运输	[B6.3] 地铁	应急照明	≤1min	蓄电池 / UPS / EPS	热备 / 冷备	＞30min	<5s	ATS
		消防设施	≤1min	EPS / 柴油发电机组	热备 / 冷备	＞60min	<30s	ATS
		牵引	≤1min	—	—	—	—	—
		信号系统、售票系统	ms	UPS	在线 / 热备	30min～120min	<200ms	在线
[B7] 医疗卫生		应急照明、疏散照明	≤1min	蓄电池 / UPS / EPS	热备 / 冷备	＞30min	<5s	ATS
		消防设施	≤1min	EPS / 柴油发电机组	热备 / 冷备	＞60min	<30s	ATS
		手术部的手术室、术前准备、术后复苏、麻醉、急诊抢救、血液病房净化室、产房、早产儿室、重症监护、血液透析、心血管 DSA，上述环境的照明及生命支持系统	≤0.5s	UPS＋发电机	在线 / 热备	持续到恢复供电	<0.5s	在线
		上条所述环境及急诊诊室、急诊观察处置、手术部的护士站、麻醉办、石膏室、冰冻切片、辅料制作消毒辅料、功能检查、内窥镜检查、泌尿科、影像科大型设备、放射治疗设备、核医学设备及试剂储存、分装、计量等、高压氧仓、输血科贮血、病理科取材、制片、镜检、医用气体供应系统	≤15s	发电机	冷备	持续到恢复供电	<15s	ATS

续表

重要电力用户类别	保安负荷名称	允许停电时间	配置用户自备应急电源种类	工作方式	后备时间	切换时间	切换方式
[B7] 医疗卫生	大型生化仪器	≤0.5s	UPS＋发电机	在线 / 热备	持续到恢复供电	<0.5 s	在线
	计算机系统（开药、挂号、处方），机房交换机	≤1min	UPS	在线 / 热备	30min～120min	≤800ms	在线 / STS
	太平柜、焚烧炉、锅炉房、药剂科贵重冷库、中心（消毒）供应、空气净化机组、电梯等动力负荷	≤30s	发电机	冷备	持续到恢复供电	<30s	ATS
[B8] 人员密集场所	消防设施	≤1min	EPS / 柴油发电机组	热备 / 冷备	＞60min	<30s	ATS
	应急照明	≤1min	蓄电池 / UPS / EPS	热备、冷备	＞30min	<5s	ATS
	红外线探测、电视监视、经营管理用计算机系统电源、高级客房、水泵房、弱电设备、部分电梯、门厅、主要通道及营业厅部分照明	≤1min	蓠电池 / UPS / EPS	热备 / 冷备	30min～120min	<5s	ATS

说明：本配置模式未含及全部保安负荷，其他保安负荷的应急电源配置可参考本模式。

参 考 文 献

［1］GB 2820.1　往复式内燃机驱动的交流发电机组　第 1 部分：用途、定额和性能

［2］GB/T 12325—2008　电能质量　供电电压偏差

［3］GB/T 12326—2008　电能质量　电压波动和闪变

［4］GB/T 14549—1993　电能质量　公用电网谐波

［5］GB/T 15543—2008　电能质量　三相电压不平衡

［6］GB/T 15945—2008　电能质量　电力系统频率偏差

［7］GB/T 18481—2001　电能质量　暂时过电压和瞬态过电压

［8］GB 18918—2002　城镇污水处理厂污染物排放标准

［9］GB 50045—2005　高层民用建筑设计防火规范

［10］GB/T 50054—1995　低压配电设计规范

［11］GB 50055—1994　通用用电设备配电设计规范

［12］GB/T 50060—1992　3～110kV 高压配电装置设计规范

［13］GB 50215—2005　煤炭工业矿井设计规范

［14］GB 50417—2007　煤矿井下供配电设计规范

［15］GB/T 50060—1992　3～110kV 高压配电装置设计规范

［16］CBJ 16—1987　建筑设计防火规范

［17］HG/T 20664—1999　化工企业供电设计技术规定

［18］SH 3038—2000　石油化工企业生产装置电力设计技术规范

［19］SH 3060—1994　石油化工企业工厂电力系统设计规范

［20］TB 10008—1999　铁路电力设计规范

［21］TB 100010—2005　铁路牵引供配电设计规范

［22］MH 5001—2006　民用机场飞行区技术标准

［23］YD 5040—2005　通信电源设备安装设计规范

［24］JGJ 16—2008　民用建筑电气设计规范

［25］IEEE Std 446—1995　IEEE Recommended Practice for Emergency and Standby Power Systems for Industrial and Commercial Applications

［26］NFPA 70—1996　National Electrical Code，NEC

［27］NFPA110　Standard for Emergency and Standby Power Systems

［28］ANSI / NFPA111　Stored Electrical Energy Emergency and Standby Power Systems

［29］中华人民共和国主席第六十号令　1995 年 12 月《中华人民共和国电力法》

［30］中华人民共和国电力工业部第 8 号令　1996 年《供电营业规则》

［31］国家电监会〔2009〕27 号令　《供电监管办法》

［32］电监安全〔2008〕43 号文　《关于加强重要电力用户供电电源及自备应急电源配置监督管理的意见》

［33］中华人民共和国煤炭部　1994 年 5 月 25 日《煤炭工业设计规范》

［34］中华人民共和国建设部公告第 451 号文件　《城镇燃气设计规范》《煤矿安全规程（2005）》《城市污水处理厂运行维护及其安全技术规程》

［35］冶金工业出版社 1995 年 1 月 1 日第 1 版《钢铁企业电力设计手册》